U0262603

住房和城乡建设领域专业人员岗位培训考核系列用书

质量员专业基础知识
（设备安装）

江苏省建设教育协会　组织编写

中国建筑工业出版社

图书在版编目（CIP）数据

质量员专业基础知识（设备安装）/江苏省建设教育协
会组织编写. —北京：中国建筑工业出版社，2014.4
住房和城乡建设领域专业人员岗位培训考核系列用书
ISBN 978-7-112-16660-2

Ⅰ.①质… Ⅱ.①江… Ⅲ.①建筑工程-质量管理-岗
位培训-教材②房屋建筑设备-设备安装-质量管理-岗位培
训-教材 Ⅳ.①TU712

中国版本图书馆 CIP 数据核字（2014）第 061427 号

　　本书是《住房和城乡建设领域专业人员岗位培训考核系列用书》中的
一本，依据《建筑与市政工程施工现场专业人员职业标准》编写。全书共
分 17 章，包括工程识图、房屋构造和结构体系、设备安装工程测量、工
程力学、电工学基础、设备安装工程材料、建筑给水排水工程施工技术、
建筑电气安装工程施工技术、通风与空调工程施工技术、智能建筑工程施
工技术、电梯安装工程技术、设备安装工程施工项目进度管理、设备安装
工程项目施工质量管理、设备安装工程安全管理、信息化技术管理概述、
工程建设相关的法律基础知识、职业道德。本书可作为设备安装工程质量
员岗位考试的指导用书，又可作为施工现场相关专业人员的实用手册，也
可供职业院校师生和相关专业技术人员参考使用。

　　责任编辑：刘　江　岳建光　万　李
　　责任设计：张　虹
　　责任校对：张　颖　赵　颖

住房和城乡建设领域专业人员岗位培训考核系列用书
质量员专业基础知识
（设备安装）
江苏省建设教育协会　组织编写

*

中国建筑工业出版社出版、发行（北京西郊百万庄）
各地新华书店、建筑书店经销
北京科地亚盟排版公司制版
环球印刷（北京）有限公司印刷

*

开本：787×1092 毫米　1/16　印张：33　字数：797 千字
2014 年 9 月第一版　　2015 年 6 月第四次印刷
定价：**84.00** 元
ISBN 978 - 7 - 112 - 16660 - 2
（25340）

住房和城乡建设领域专业人员岗位培训考核系列用书

编审委员会

主　任：杜学伦

副主任：章小刚　　陈　曦　　曹达双　　漆贯学

　　　　金少军　　高　枫　　陈文志

委　员：王宇旻　　成　宁　　金孝权　　郭清平

　　　　马　记　　金广谦　　陈从建　　杨　志

　　　　魏德燕　　惠文荣　　刘建忠　　冯汉国

　　　　金　强　　王　飞

出版说明

为加强住房城乡建设领域人才队伍建设，住房和城乡建设部组织编制了住房城乡建设领域专业人员职业标准。实施新颁职业标准，有利于进一步完善建设领域生产一线岗位培训考核工作，不断提高建设从业人员队伍素质，更好地保障施工质量和安全生产。第一部职业标准——《建筑与市政工程施工现场专业人员职业标准》（以下简称《职业标准》），已于 2012 年 1 月 1 日实施，其余职业标准也在制定中，并将陆续发布实施。

为贯彻落实《职业标准》，受江苏省住房和城乡建设厅委托，江苏省建设教育协会组织了具有较高理论水平和丰富实践经验的专家和学者，以职业标准为指导，结合一线专业人员的岗位工作实际，按照综合性、实用性、科学性和前瞻性的要求，编写了这套《住房和城乡建设领域专业人员岗位培训考核系列用书》（以下简称《考核系列用书》）。

本套《考核系列用书》覆盖施工员、质量员、资料员、机械员、材料员、劳务员等《职业标准》涉及的岗位（其中，施工员、质量员分为土建施工、装饰装修、设备安装和市政工程四个子专业），并根据实际需求增加了试验员、城建档案管理员岗位；每个岗位结合其职业特点以及培训考核的要求，包括《专业基础知识》、《专业管理实务》和《考试大纲·习题集》三个分册。随着住房城乡建设领域专业人员职业标准的陆续发布实施和岗位的需求，本套《考核系列用书》还将不断补充和完善。

本套《考核系列用书》系统性、针对性较强，通俗易懂，图文并茂，深入浅出，配以考试大纲和习题集，力求做到易学、易懂、易记、易操作。既是相关岗位培训考核的指导用书，又是一线专业人员的实用手册；既可供建设单位、施工单位及相关高、中等职业院校教学培训使用，又可供相关专业技术人员自学参考使用。

本套《考核系列用书》在编写过程中，虽经多次推敲修改，但由于时间仓促，加之编者水平有限，如有疏漏之处，恳请广大读者批评指正（相关意见和建议请发送至 JYXH05@163.com），以便我们认真加以修改，不断完善。

本书编写委员会

主　　编：陈从建

副 主 编：严　莹

编写人员：陈从建　严　莹　顾红军

　　　　　徐筱枫　金　强

前　言

　　为贯彻落实住房城乡建设领域专业人员新颁职业标准，受江苏省住房和城乡建设厅委托，江苏省建设教育协会组织编写了《住房和城乡建设领域专业人员岗位培训考核系列用书》，本书为其中的一本。

　　质量员（设备安装）培训考核用书包括《质量员专业基础知识（设备安装）》、《质量员专业管理实务（设备安装）》、《质量员考试大纲·习题集（设备安装）》三本，反映了国家现行规范、规程、标准，并以国家质量检查和验收规范为主线，不仅涵盖了现场质量检查人员应掌握的通用知识、基础知识和岗位知识，还涉及新技术、新设备、新工艺、新材料等方面的知识。

　　本书为《质量员专业基础知识（设备安装）》分册。全书共分17章，内容包括：工程识图；房屋构造和结构体系；设备安装工程测量；工程力学；电工学基础；设备安装工程材料；建筑给水排水工程施工技术；建筑电气安装工程施工技术；通风与空调工程施工技术；智能建筑工程施工技术；电梯安装工程技术；设备安装工程施工项目进度管理；设备安装工程项目施工质量管理；设备安装工程安全管理；信息化技术管理概述；工程建设相关的法律基础知识；职业道德。

　　本书既可作为质量员（设备安装）岗位培训考核的指导用书，又可作为施工现场相关专业人员的实用手册，也可供职业院校师生和相关专业技术人员参考使用。

目　　录

第四篇 设备安装工程施工项目管理

第五篇　设备安装工程信息化技术管理

第六篇　法律基础与职业道德

第一篇

工程识图、房屋构造与结构体系、设备安装工程测量

第1章 工程识图

1.1 建筑给水排水工程施工图识读

建筑给水排水工程施工图是建立在相应的房屋建筑工程施工图、结构工程施工图基础之上，用来表达房屋内部给水排水管网的布置、用水设备以及附属配件设置的图样。本章主要介绍室内给水排水工程施工图的图示内容、表达特点以及阅读方法；在此基础上，对一套室内给水排水施工图进行详细解读。

1.1.1 建筑给水排水工程施工图的特点及阅读方法

建筑给水排水工程施工图主要包括室内给水排水平面图、系统轴测图以及大样详图，用于表达建筑室内外管道及其附属设备、水处理构筑物、存储设备的结构形状、大小、位置、材料以及有关技术要求等，是给水排水工程施工的主要技术依据。

1. 管道表达

（1）图线

给水排水工程施工图中一般用单线绘制管道，图线宽度 b 一般为 0.7mm 或 1.0mm，各图线的用途见表 1-1。虚线通常为相应宽度实线所描述物体的不可见轮廓线。具体详见《建筑给水排水制图标准》GB/T 50106。

给水排水施工图常用线型   表 1-1

名　称	线　型	线　宽	用　途
粗实线	——————————	b	新设计的各种排水和其他重力流管线
粗虚线	- - - - - - - - -	b	新设计的各种排水和其他重力流管线的不可见轮廓线
中粗实线	——————————	$0.7b$	新设计的各种给水和其他压力流管线；原有的各种排水和其他重力流管线
中粗虚线	- - - - - - - - -	$0.7b$	新设计的各种给水和其他压力流管线及原有的各种排水和其他重力流管线的不可见轮廓线
中实线	——————————	$0.5b$	给水排水设备、零（附）件的可见轮廓线；总图中新建的建筑物和构筑物的可见轮廓线；原有的各种给水和其他压力流管线
中虚线	- - - - - - - - -	$0.5b$	给水排水设备、零（附）件的不可见轮廓线；总图中新建的建筑物和构筑物的不可见轮廓线；原有的各种给水和其他压力流管线的不可见轮廓线
细实线	——————————	$0.25b$	建筑的可见轮廓线；总图中原有的建筑物和构筑物的可见轮廓线；制图中的各种标注线

名　称	线　型	线　宽	用　途
细虚线	––––––––––––––––	0.25b	建筑的不可见轮廓线；总图中原有的建筑物和构筑物的不可见轮廓线
单点长画线	—·——·——·——·—	0.25b	中心线、定位轴线
折断线		0.25b	断开界线
波浪线		0.25b	平面图中水面线；局部构造层次范围线；保温范围示意线

（2）管径标注

管道规格的单位为毫米（通常省略不写），标注时应符合以下规定：

1）镀锌钢管、铸铁管、水煤气输送钢管等，用"DN 公称直径"表示，如 DN100。

2）无缝钢管、焊接钢管、铜管、不锈钢管等，用"D 外径×壁厚"表示，如 D108×4。

3）混凝土、钢筋混凝土管等，用"d 管道内径"表示，如 d200。

4）给水排水塑料管材，管径宜以外径 dn 表示。如 dn110。

管径尺寸标注的位置应注意：水平管道的管径尺寸应注在管道的上方，垂直管道的管径尺寸应注在管道的左侧，斜管道的尺寸应平行标注在管道的斜上方，如图 1-1（a）所示；当管径尺寸无法按上述位置标注时，可再找适当位置标注，但应用引出线示意该尺寸与管段的关系；多条管段的规格标注如图 1-1（b）、（c）、（d）所示。

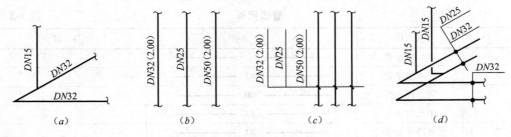

图 1-1　管径尺寸标注位置

（3）管道标高标注

管道所注的标高未予说明时表示管中心标高；标注管外底或顶标高时，应加注"底"或"顶"字样。平面图中，无坡度要求的管道标高可标注在管道尺寸后的括号内，如图 1-2（b）、（c）所示。轴测图中，管道标高如图 1-2（a）、（b）所示。剖面图中，管道标高如图 1-2（c）所示。标高的单位为米（m），通常可不标注。

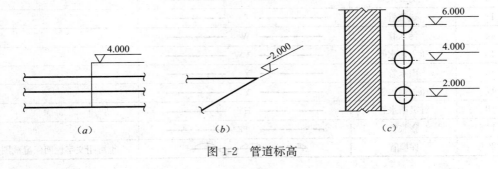

图 1-2　管道标高

（4）管道编号

室内给水引入管或排水排出管应用英文字母和阿拉伯数字进行编号，以便查找和绘制系统轴测图，编号宜按图 1-3 所示方法表达。室内给水排水立管是指穿过一层或多层楼板的竖向供水管道或排水管道，表示方法如图 1-4 所示。用指引线注明管道的类别代号，如"JL"表示给水立管，"PL"表示排水立管。

图 1-3　给水引入（排水排出）管编号　　　　图 1-4　立管编号

（5）管道代号

管道代号的名称，取自汉语拼音，具体代号见表 1-2。绘制时，将管道断开，于断开处写管道代号。文字方向和管道标注文字方向遵守相同的书写规则。管道代号应优先采用制图标准《建筑给水排水制图标准》GB/T 50106—2010 中规定的符号，对于其中没有的内容，可以自行建立代号，并在图样中对这些代号的含义进行说明。

管道代号　　　　　　　　　　　　　　　　　　　表 1-2

序　号	名　称	图　例	备　注
1	生活给水管	—— J ——	—
2	热水给水管	—— RJ ——	—
3	热水回水管	—— RH ——	—
4	中水给水管	—— ZJ ——	—
5	循环冷却给水管	—— XJ ——	—
6	循环冷却回水管	—— XH ——	—
7	热煤给水管	—— RM ——	—
8	热煤回水管	—— RMH ——	—
9	蒸气管	—— Z ——	—
10	凝结水管	—— N ——	—
11	废水管	—— F ——	可与中水原水管合用
12	压力废水管	—— YF ——	—
13	通气管	—— T ——	—
14	污水管	—— W ——	—
15	压力污水管	—— YW ——	—
16	雨水管	—— Y ——	—
17	压力雨水管	—— YY ——	—
18	虹吸雨水管	—— HY ——	—
19	膨胀管	—— PZ ——	—
20	保温管	～～～～	也可用文字说明保温范围

序 号	名 称	图 例	备 注
21	伴热管		也可用文字说明保温范围
22	多孔管		—
23	地沟管		—
24	防护套管		—
25	管道立管	XL-1 平面　　XL-1 系统	X 为管道类别 L 为立管 1 为编号
26	空调凝结水管	KN	
27	排水明沟	坡向	
28	排水暗沟	坡向	

2. 常用图例

室内给水排水系统常用设备、管件、附件、卫生设备图例详见《建筑给水排水制图标准》GB/T 50106—2010。

3. 给水排水施工图的阅读方法

给水排水工程所需的图样包括图样目录、设计说明、平面图、轴测图、原理图和大样详图。

（1）给水排水平面图

室内给水排水平面图通常是将同一建筑相应的给水平面图和排水平面图绘制在同一图样上，用来表达室内给水用具、卫生器具、管道及其附件的平面布置。以上内容都是用图例的形式表示，管线是示意性的，因此在读图前应熟悉相关图例。在识读给水排水平面图时，应重点阅读以下内容：

① 给水用具、卫生器具、立管等平面布置位置及尺寸关系。

② 给水系统和给水立管的编号，给水引入管、横管、干管、支管的平面走向，管道与室外管网以及用水设备的连接形式，水平管段的名称、材料、尺寸、敷设方式、坡度及坡向，管道附件（水表、阀门、支架等）的平面位置。

③ 排水系统和排水立管的编号，排水干管、立管、支管的平面走向，管道与室外管网以及卫生器具的连接形式，水平管段的名称、材料、尺寸、敷设方式、坡度及坡向，管道附件、清扫口、室内检查井等的平面位置。

④ 与室内给水相关的室外引入管、水表节点、加压设备等平面位置。

⑤ 与室外排水相关的室外检查井、化粪池、排出管等平面位置。

⑥ 屋面雨水排水管道的平面位置、雨水排水口的平面位置、水流的组织、管道安装敷设方式。

⑦ 屋顶水箱的容量、平面位置、进出水箱的各种管道的平面位置、管道支架、保温等内容。

⑧ 消防给水系统中消火栓的布置、口径大小以及消防水箱的形式与设置。

⑨ 管道剖面图的剖切符号、投射方向。

（2）给水排水系统轴测图

室内给水排水系统轴测图一般按正面斜等测的方式绘制，能够表达管道系统的空间关系。轴测图通常以整个排水系统或给水系统为表达对象，因此，也称为排水系统图或给水系统图。轴测图也可以以管路系统的某一部分为表达对象，如卫生间的给水或排水等。在识读给水排水轴测图时，应重点阅读以下内容：

① 系统编号和立管编号，与平面图中的编号进行对照。

② 管段管径。由于水平管道的水平投影不具有积聚性，而垂直管道的投影具有积聚性；所以，在平面图中可以反映水平管段的管径变化，而立管的管径变化无法在平面图中表示，只能在轴测图中表达。

③ 建筑标高、给水排水管道标高、卫生设备标高、管件标高、管径变化处的标高，管道的埋深等。

④ 管道及其设备与建筑的关系，管道的坡向和坡度，以及主要管件（如阀门、水表、检查口）的位置。

⑤ 与给水相关设施的空间位置，如屋顶水箱、室外蓄水池、加压水泵、室外阀门井、室外水表井等；与排水相关设施的空间位置，如室外排水检查井、雨水井、污水泵等。

⑥ 分区供水、分质供水情况。

⑦ 雨水排水情况：雨水排水管道的走向，雨水斗、落水井与排水管道的连接方式和空间关系。

（3）给水排水系统原理图

由于建筑物的层数越来越多，按原来绘制轴测图的方法绘制管道系统的轴测图很难表达清楚，而且效率低。所以在新标准中增加了系统原理图，可以代替系统轴测图，这时对卫生间等管道集中的地方要绘制轴测图。系统原理图表达的内容与系统轴测图基本相同，主要有以下不同：

① 以立管为主要表达对象，按管道类别分别绘制立管系统原理图。

② 以平面图左端立管为起点，顺时针自左向右按编号依次顺序排列，不按比例绘制。

③ 横管以首根立管为起点，按平面图的连接顺序，水平方向在所在层与立管连接。

④ 立管上的引出管在该层水平绘出，如支管上的用水或排水器具另有详图时，其支管可在分户水表后断掉，并在断开处注明详见图号。

⑤ 夹层、跃层、同层升降部分应以楼层线反映，在图样上注明楼层数和建筑标高。

⑥ 管道附件、各种设备、构筑物等均应示意绘出。

⑦ 立管、横管均应标注管径，排水立管上的检查口和通气帽注明距楼地面的高度。系统原理图的识读与系统轴测图的阅读方法相同，这里不再介绍。

（4）详图

详图主要包括管道节点、水表、过墙套管、卫生器具等的安装详图以及卫生间大样详图。

1.1.2　某住宅楼给水排水施工图解读

某六层（跃层）住宅楼室内给水排水工程的平面图、轴测图和详图分别如图 1-5～

图 1-14 所示。限于篇幅，图样目录略去，该工程的设计施工说明如下：

一、给水排水系统

（1）给水系统由室外管网直供水。

（2）排水系统：室内废污分流，室外雨污分流。

二、管材选用

（1）给水横干管、立管采用衬塑钢管螺纹连接，支管采用 PPR 给水管，热熔连接。排水横管、立管均采用 45°斜三通或 2×45°弯头连接。

（2）排水管采用芯层发泡 PVC-U 管，粘接。

三、施工要求

（1）凡管道穿梁、墙、板必须按管道位置配合土建预留洞或预埋套管。

（2）室内横管支架采用预埋件或膨胀螺栓固定。

（3）地下室排水采用潜污泵，湿式安装，液位自控运行排水。排水泵出水管用衬塑钢管螺纹连接，单向阀采用 SFCV 橡胶瓣逆止阀。

（4）试压及试水：生活给水系统试验压力为 1.0MPa；排水管需做闭水通球试验。

（5）排水立管检查口离地 1m，排水立管上每层设伸缩节，伸缩节做法见 10S406。

（6）防腐：钢管螺纹处刷红丹两道，外刷银粉漆两道，埋地管再刷沥青两道。

（7）设备安装：1）排水塑料管应设伸缩节，详见《建筑排水塑料管道工程技术规程》CJJ/T 29—2010；2）给水 PP—R 管道安装详见《建筑给水聚丙烯管道工程技术规范》GB/T 50349—2005。

（8）保温：室外明露给水管均采用离心玻璃棉双合管保温，保护层为一层玻璃丝布，外包镀锌薄钢板；保温层厚度 50turn，消防水箱采用 50mm 岩棉保温。

（9）排水支管坡度：0.026；排水横管坡度：$dn110≥0.004$，$dn160≥0.003$。

四、其他

（1）本工程室内地坪标高±0.000，室内外高差 0.600；图中管道标高为管中心。

（2）遵循国家相关施工及验收规范。

1. 首层平面图

如图 1-5 所示是首层给水排水平面图，主要表达了给水排水设施在建筑首层中所处的位置、给水排水管道的平面走向、管道的尺寸、穿过首层的给水排水立管编号、室外给水引入管平面位置、排水排出管和室外检查井的平面位置。

从图中可以看出：

（1）该栋建筑共两个单元，每个单元两户。

（2）室内供水是从室外管网由建筑物的北侧接入，整个住宅楼共有两个引入管 ⊕ 和 ⊕，管径均为 DN50。两个供水系统有相似之处，下面以 ⊕ 为例进行解读。从首层平面的局部放大图（如图 1-6a 所示，加粗管线表示给水管道）可知：引入管入楼后，分成两个支路；一个支路水平向南，水平支管上依次安装了阀门（图例 ⊸▪⊸ ）和水表（图例 ▶），从楼梯西侧的阳台穿墙入户，入户后管线向西布置，最后到达"厨 1"；另一个支路水平向东再水平向南，水平支管上依次安装了阀门和水表，从楼梯东侧的阳台穿墙入户，入户后管线向东布置，最后到达"厨 2"；给水管道入户后，管线在厨房和卫生间内的具体布置参见给水系统图（图 1-12）；此外，给水引入管在楼梯西外墙内侧与给水立

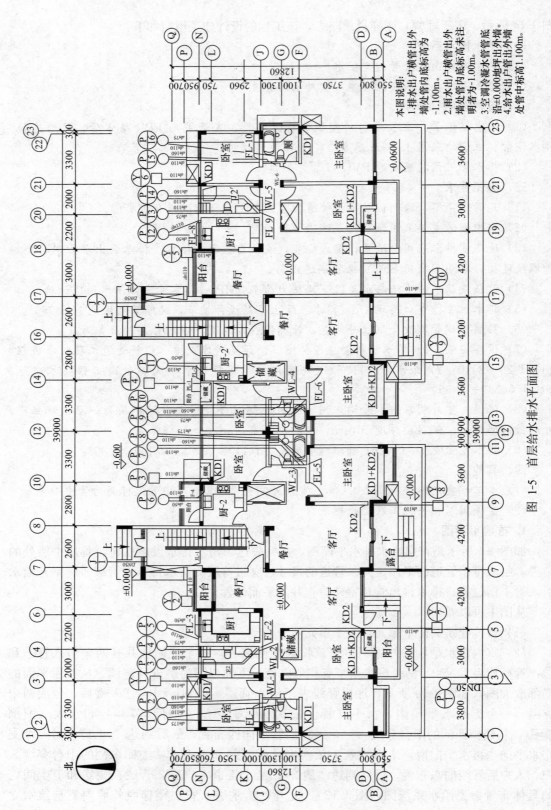

图 1-5 首层给水排水平面图

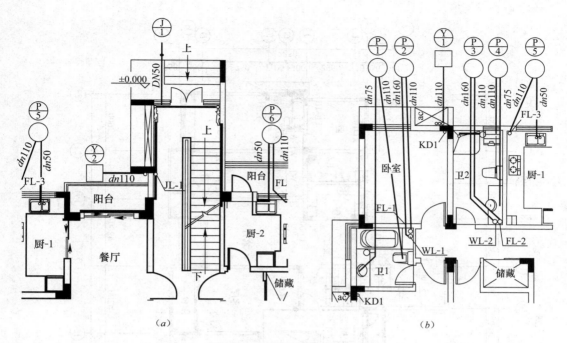

图 1-6　首层平面图局部放大

管 JL-1 相连接，通过立管向上面的楼层供水。

（3）⊕表示排水系统，可见该楼的排水系统共有 16 个，且每个排水系统在室外设置一个圆形检查井。以首层西侧一户为例，解读其排水系统，从首层平面的局部放大图（图 1-6b）可知：与这一户相关的排水系统共有 5 个；排水系统⊕接有一根污水排出管（管径 $dn110$），仅排出首层"卫 1"坐便器中的污水，另一根为废水排出管（管径 $dn75$），排出首层"卫 1"浴盆、洗脸盆、地漏中的废水；排水系统⊕接有一根污水排出管（管径 $dn160$），与立管 WL-1 连接，排出二层及以上楼层"卫 1"污水，另一根为废水排出管（管径 $dn110$），与立管 FL-1 连接，排出二层及以上楼层"卫 1"废水；排水系统⊕接有一根污水排出管（管径 $dn160$），与立管 WL-2 连接，排出二层及以上楼层"卫 2"污水，另一根为废水排出管（管径 $dn110$），与立管 FL-2 连接，排出二层及以上楼层"卫 2"废水；排水系统⊕接有一根污水排出管（管径 $dn110$），仅排出首层"卫 2"坐便器中的污水，另一根为废水排出管（管径 $dn75$），排出首层"卫 2"洗衣机、洗脸盆、地漏中的废水；排水系统⊕接有一根废水排出管（管径 $dn50$），仅排出首层"厨 1"洗涤盆中的污水，另一根废水排出管（管径 $dn110$）与立管 FL-3 连接，排出二层及以上楼层"厨 1"污水；此外，卫生间内排水管道与卫生器具的连接方式以及管道的布置，具体见卫生间大样图（图 1-14）。

（4）⊕表示管径为 $dn110$ 的雨水排出管，该楼共有 10 个雨水排出管，每个雨水排出管在室外设置一个方形雨水检查井。

（5）防水套管、排水管基础的做法、检查井做法以及雨水井做法，参见相关的专业图集。

2. 二～五层平面图

图 1-7 是标准层给水排水平面布置图，主要表达了标准层室内给水排水设施的布置以及给水排水立管的位置。

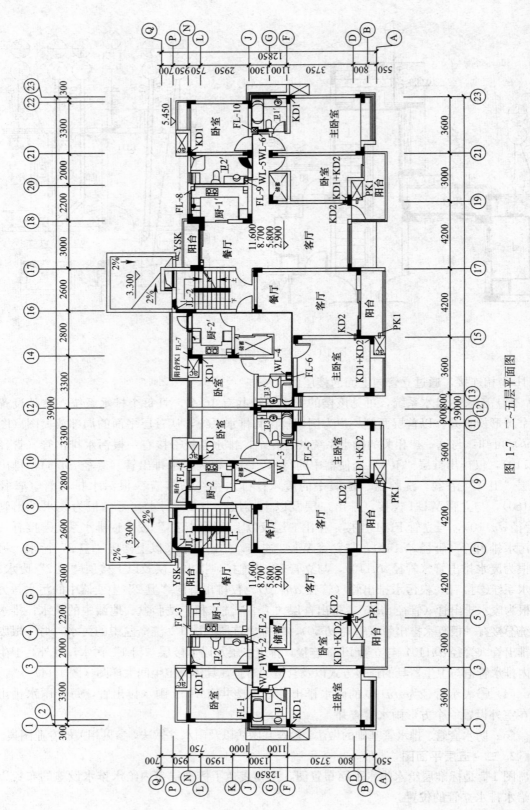

图 1-7 二~五层平面图

10

从图中可以看出：

（1）给水立管为 JL-1 和 JL-2，分别设置在楼梯间的西北角，下面以 JL-1 为例进行解读。从平面的局部放大图（如图 1-8 所示，加粗管线表示给水管道）可知：给水立管 JL-1 分成两个水平支路，每个水平支管入户前设置一水表箱（安装阀门和水表）；其中一个支路从水表箱出来后向南，从楼梯间西侧的阳台穿墙入户，入户后管线向西布置，首先进入"厨 1"对洗涤盆进行供水，管线继续向西进入"卫 2"，在"卫 2"的东北角供水管分成两支，一支为淋浴和洗衣机供水，另一支沿墙向南布置，依次对坐便器和洗脸盆供水，管线继续向南，出"卫 2"后向西，进入"卫 1"，在"卫 1"的东北角供水管分成两支，一支直接为坐便器供水，另一支沿墙布置，依次对浴盆和洗脸盆供水。给水立管 JL-1 分出的另一个支路从水表箱出来后向西，从楼梯间东侧的阳台穿墙入户，首先进入"厨 2"对洗涤盆供水，管线沿墙向南布置，进入餐厅后向东布置，最终进入"卫 3"，在"卫 3"的西南角供水管分成两支，一支直接为坐便器供水，另一支沿墙布置，依次对浴盆和洗脸盆供水。

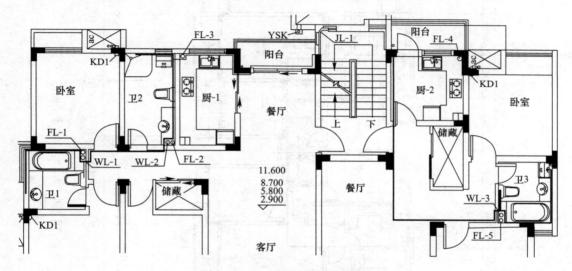

图 1-8　二～五层平面图局部放大

（2）从水表箱出来的给水支管入户后，管道在厨房和卫生间内的空间布置以及管段尺寸详见给水系统图（图 1-12）。

（3）排水立管包括废水立管（F1-1 至 FL-10）和污水立管（WL-1 至 WL-6），例如：立管 FL-1 和 WL-1 设置在各层"卫 1"的东北角，用于排出"卫 1"的污水和废水，排水管道与卫生器具的连接以及管道的布置和尺寸详见卫生间大样图（图 1-14）。

（4）二层设置了 2 个雨水口（图中编号：YSK），分别引入一楼的 ⊕ 和 ⊕（如图 1-15 所示）。

3. 六层平面图

如图 1-9 所示是六层给水排水平面图，图样内容与图 1-7 基本相同，这里不再详细介绍。

4. 跃层平面图

如图 1-10 所示是跃层平面图，主要表达了该层室内排水立管位置、室内排水设施布置、

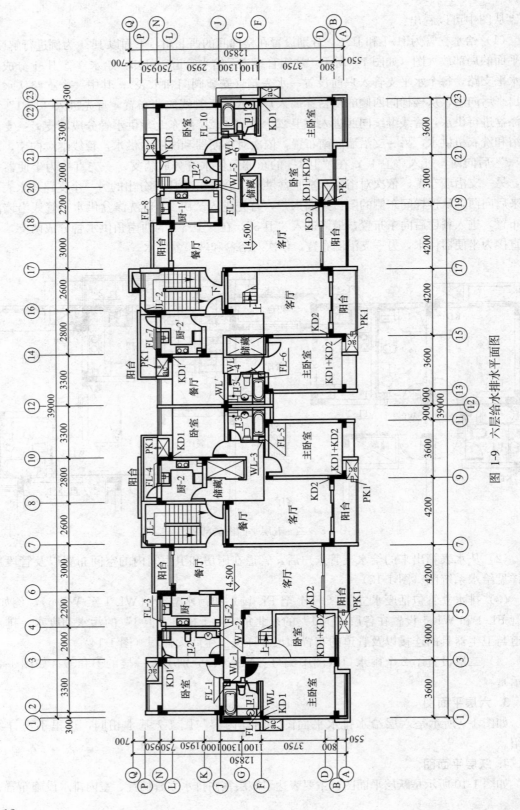

图 1-9 六层给水排水平面图

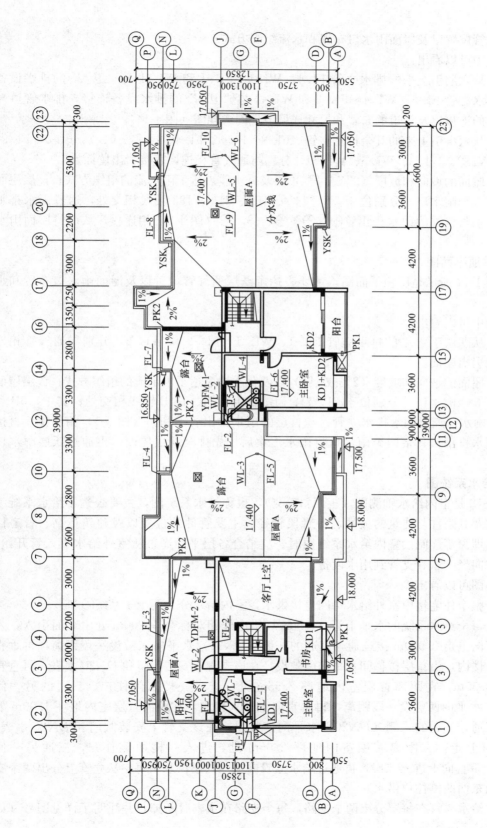

图 1-10 跃层平面图

13

屋面通气管位置以及屋面雨水口布置和水流组织方式。

从图中可以看出：

（1）从六层引上来的排水立管 FL-1、WL-1、FL'-1 和 WL'-1 与"卫 4"的排水设备连接，排水立管 FL-6、WL-4、FL'-2 和 WL'-2 与"卫 5"的排水设备连接，排水管道与卫生器具的连接以及管道的布置和尺寸详见卫生间大样图（图 1-14）。

（2）从六层引上来的其余排水立管（FL-2、FL-3、FL-4、FL-5、FL-7、FL-8、FL-9、FL-10，WL-2、WL-3、WL-5、WL-6），分别与通气管相连，直接引出屋面。

（3）屋面的坡向和坡度（2%或1%）以及分水线表达了雨水流的组织方式；该层屋面共设置了 5 个雨水口，分别位于 3N、14N、18L、21N、198 轴线相交处，通过雨水排水立管，分别与首层的雨水排出管⊕、⊕、⊕、⊕、⊕（图 1-5）相连接，从而将屋面雨水排出。

5. 屋顶平面图

如图 1-11 所示是屋顶平面图，主要表达了跃层通气管位置以及屋面雨水口布置和水流组织。

从图中可以看出：

（1）从跃层引上来的排水立管 FL'-1、WL'-1、FL'-2 和 WL'-2，分别与通气管相连接，直接引出屋面。

（2）屋面的坡向和坡度（2%或1%）以及分水线表达了雨水流的组织方式；该层屋面共设置了 6 个雨水口，分别位于 2J、7J、5B、12J、17J、15 B 轴线相交处；其中，5B 和 15B 处的雨水口通过雨水排水立管，与首层的雨水排出管⊕和⊕（图 1-5）相连接，直接将屋面雨水排出；其余四个雨水口将雨水汇集后，先排至跃层屋面，再通过跃层雨水口排出。

6. 给水系统图

图 1-12 是室内给水轴测图（正面斜等测），也称给水系统图，主要表达了给水系统编号、管道及其附件与建筑的关系、各管段管径、主要管件的位置以及建筑标高、管道标高、管道埋深等。阅读室内给水系统图时，应结合各层平面图，从室外给水引入管开始，沿水流方向经干管、支管到用水设备。

从本图可以看出：

（1）整个住宅楼由室外给水管网直接供水，室内给水分为两个子系统⊕和⊕。

（2）每个给水系统的水平干管（$DN50$）从室外相对标高 1.200m 处由北面引入，入楼后垂直向上走 0.950m 接三通，三通的一侧（$DN20$）水平向东敷设一段距离，再垂直向上进入楼内，沿首层楼梯间水平向南敷设，在该支管上安装阀门和 $DN20$ 水表，再垂直向上走 1.55m，在距离首层室内地坪 2.55m 处，进入一楼东侧住户。三通的另一侧（$DN50$）水平向西敷设一段距离，再垂直向上进入楼内，在距离首层室内地坪 1.00m 处接一个三通，三通的一侧（$DN20$）水平向南敷设，在该支管上安装阀门和 $DN20$ 水表，再垂直向上走，在距离首层室内地坪 2.65m 处，进入一楼西侧住户，三通另一侧（$DN50$）垂直向上进入二层，再通过给水立管向二～六层供水（每层从立管上分出两个支路分别向东西两侧住户供水）。

（3）给水立管在每层分出两个支路，每个支路在水表后断掉，并注明了详见图号（如

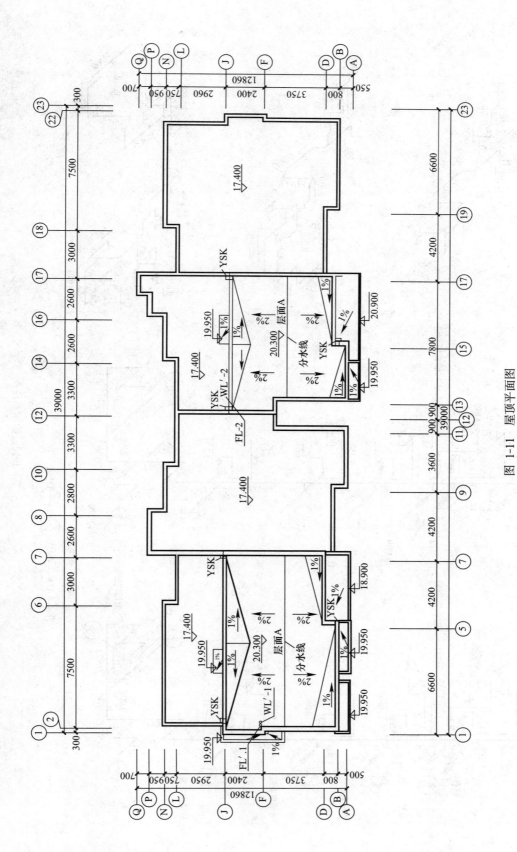

图 1-11 屋顶平面图

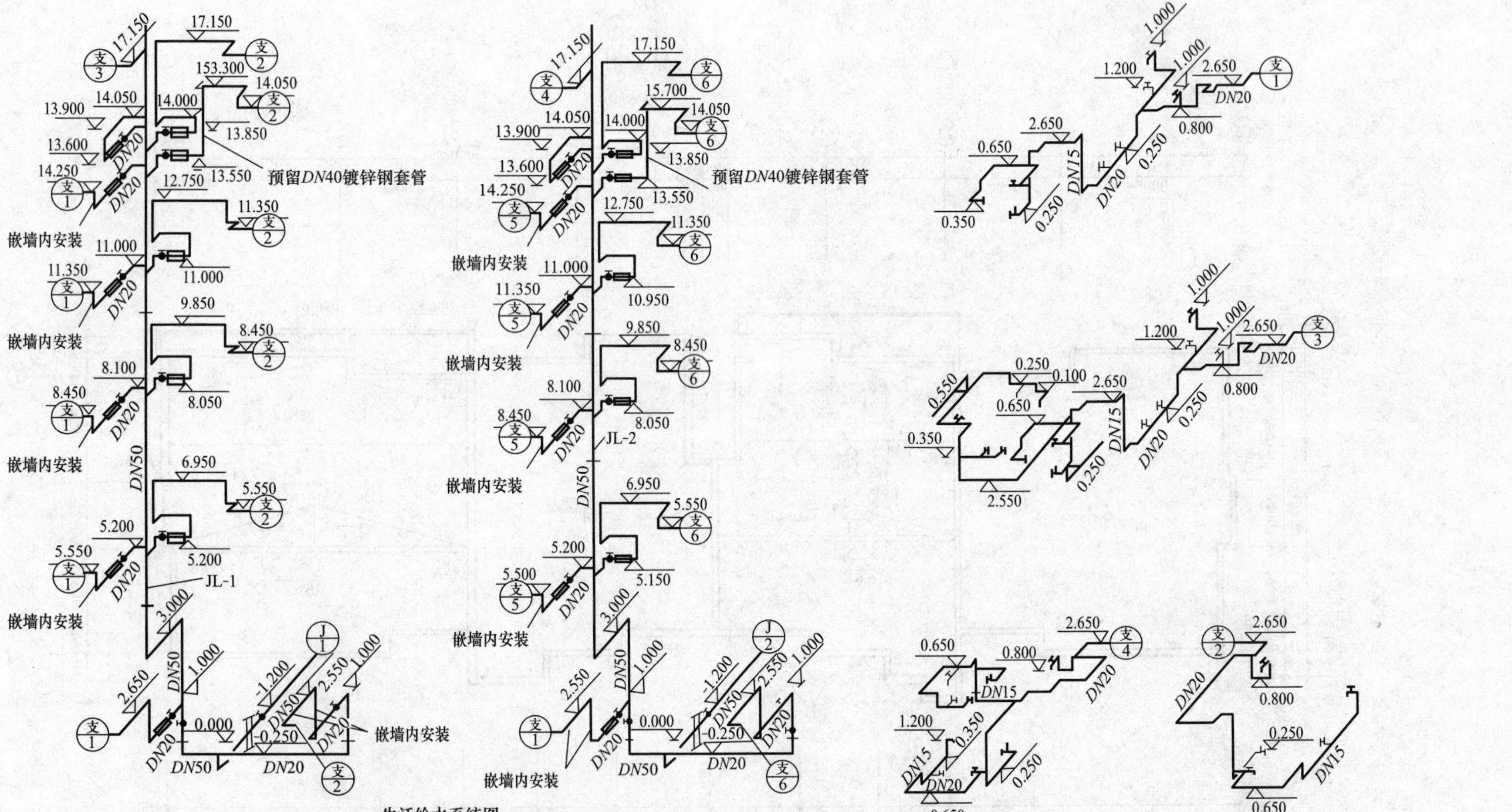

图 1-12 给水系统图

生活给水系统图

注：支⑤与支②对称，支⑥与支①对称

预留DN40镀锌钢套管

嵌墙内安装

JL-1　JL-2

⊕表示支路 1），可在本图右侧找到与之对应的支路轴测图，支路轴测图表达了给水管道的走向、管径、标高以及与用水设备的连接。以支路⊕为例进行说明：结合前面的平面图可以看出该支路负责"卫 1"、"卫 2"、"厨 1"的供水，四个水龙头（图例↰）分别向洗涤盆、洗衣机和两个洗脸盆供水，四个角阀（图例↳）分别与淋浴、两个坐便器、浴盆相连接。

（4）给水立管编号分别与各层平面图中立管的编号相对应。

7. 排水系统图

图 1-13 是排水系统图，主要表达了排水系统编号、管道及其附件与建筑的关系、各管段管径、主要管件的位置以及建筑标高、管道标高、管道埋深等。看排水系统图时，可由上而下，自排水设备开始沿污水流向，经支管、立管、干管到排出管，同时要结合卫生间的大样详图进行阅读。

从该图可以看出：

（1）整个排水系统并不按照轴测关系绘制，而是以平面图左端立管为起点（FL-1 和 WL-1），顺时针自左向右按编号依次顺序均匀排列开。图中的水平平行线为各层地面线和屋面线。

（2）整个住宅楼分为 16 个排水系统，以两个系统为例进行说明：

⊕排水系统仅负责首层"卫 1"的排水，无排水立管，连接两根排出管，洗脸盆的存水弯（图例↰）、地漏（图例↰）、浴缸存水弯依次与废水排出管（管径 $dn75$）相连接，坐式大便器的排出口与污水排出管（管径 $dn110$）相连接。

⊕排水系统负责二～六层"卫 1"的排水，各层的排水支管分别与废水立管 FL-1（管径 $dn75$）和污水立管 WL-1（管径 $dn110$）相连接，最后通过废水排出管（管径 $dn110$）和污水排出管（管径 $dn160$）排出室外；排水支管与"卫 1"中各卫生器具的连接以及管段的空间走向、尺寸和标高，详见卫生间大样图（图 1-14）。

（3）各废水立管和污水立管的一、四层均没有检查口（图例↳）；各废水立管和污水立管顶端均伸出屋面 600mm，上部接通气帽（图例⊗）。

（4）排水立管编号分别与各层平面图中立管的编号相对应。

8. 卫生间大样图

图 1-14 是卫生间大样图，主要表达了卫生间内各给水排水末端设备的位置、排水支管的布置、尺寸和标高等。限于篇幅，这里仅给出"卫 1"的大样图，其他卫生间的大样图略去。每个卫生间内管道的空间走向应结合其平面图和轴测图进行阅读，从"卫 1"的大样图中可以看出：

（1）废水立管 FL-（管径 $dn75$）和污水立管 WL-（管径 $dn110$）设置在"卫 1"的东北角。

（2）洗脸盆存水弯（规格 $dn32$）、地漏（规格 $dn50$）、浴缸存水弯（规格 $dn50$）依次接入排水横支管（管径 $dn50$），再接入废水立管 FL-，坐式大便器的排出口（规格 $dn110$）接入排水横支管（管径 $dn110$），再接入污水立管 WL-。

（3）各给水排水末端设备的具体位置也可以从图中获得，例如坐便器的排出口距北墙内侧 1100mm，距东墙内侧 300mm。

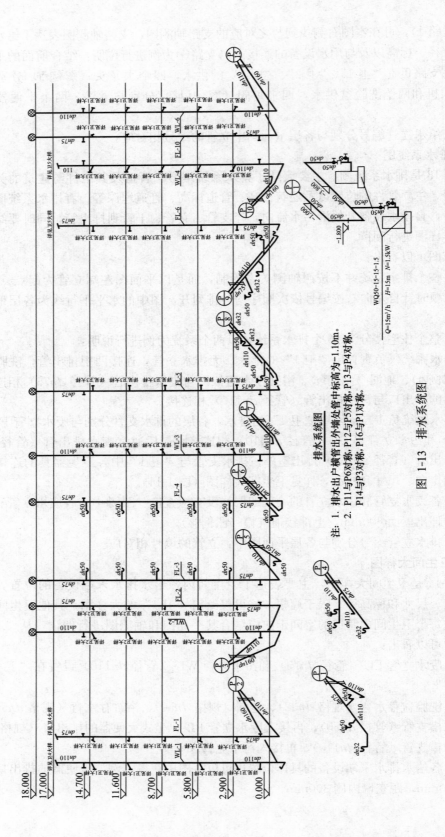

排水系统图

注: 1. 排水出户横管出外墙处管中标高为-1.10m。
    2. P11与P6对称, P12与P5对称, P13与P4对称,
       P14与P3对称, P16与P1对称。

图 1-13 排水系统图

18

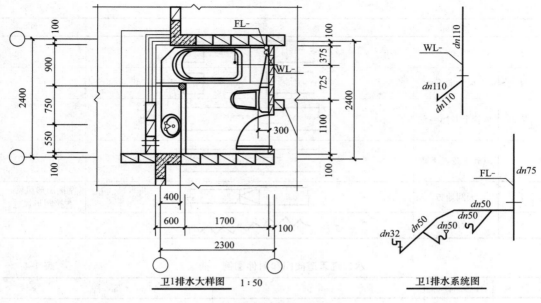

图 1-14　卫生间大样图

1.2　通风与空调工程施工图识读

1. 图例

通风空调施工图涉及的图例有很多，具体详见《暖通空调制图标准》GB/T 50114。只有牢记这些图例，才能正确地读懂图纸。

2. 通风空调施工图的组成

通风空调施工图一般有两大部分组成：文字部分与图纸部分。文字部分包括图纸目录、设计施工说明、设备及主要材料表。

图纸部分包括两大部分：基本图和详图。基本图包括通风空调系统的平面图、剖面图、轴测图、原理图等。详图包括系统中某局部或部分的放大图、加工图、施工图等。如果详图中采用了标准图或其他工程施工图纸，那么在图纸目录中必须附有说明。

（1）设计施工说明

设计施工说明包括采用的气象数据，通风空调系统的划分及具体施工要求等。有时还附有风机、水泵、空调箱等设备的明细表和风管及管件图例等（表 1-3～表 1-5）。

风道、阀门及附件图例　　　　　　　　　　　　　　　　　　　　表 1-3

序　号	名　称	图　例	备　注
1	矩形风管	*** × ***	宽×高（mm）
2	圆形风管	φ***	φ直径（mm）

序 号	名 称	图 例	备 注
3	风管向上		—
4	风管向下		—
5	风管上升摇手弯		—
6	风管下降摇手弯		—
7	天圆地方		左接矩形风管，右接圆形风管
8	软风管		

水、汽管道阀门和附件图例（摘录） 表 1-4

序 号	名 称	图 例	备 注
1	截止阀		—
2	闸阀		—
3	球阀		—
4	柱塞阀		—
5	快开阀		—
6	蝶阀		
7	旋塞阀		—
8	止回阀		
9	浮球阀		
10	三通阀		
11	平衡阀		
12	定流量阀		
13	定压差阀		
14	自动排气阀		
15	集气罐、放气阀		
16	节流阀		

1）需要敷设通风空调系统的建筑概况。

2）通风空调系统采用的设计参数。

3）空调房间的设计条件。包括冬季、夏季的空调房间内空气的温度、相对湿度（或湿球温度）、平均风速、新风量、噪声等级、含尘量等。

4）空调系统的划分与组成。包括系统编号、系统所服务的区域、送风量、设计负荷、空调方式、气流组织等。

5）空调系统的设计运行工况（只有要求自动控制时才有）。

6）风管系统。包括统一规定、风管材料及加工方法、支吊架要求、阀门安装要求、减振做法、保温等。

7）水管系统。包括统一规定、管材、连接方式、支吊架做法、减振做法、保温要求、阀门安装、管道试压、清洗等。

8）设备。包括制冷设备、空调设备、供暖设备、水泵等的安装要求及做法。

9）油漆。包括风管、水管、设备、支吊架等的除锈、油漆要求及做法。

10）调试和运行方法及步骤。

11）应遵守的施工规范、规定等。

通风空调设备图例（摘录）   表 1-5

序 号	名 称	图 例	备 注
1	散热器及手动放气阀		左为平面图画法，中为剖面图画法，右为系统图（Y 轴侧）画法
2	散热器及温控阀		—
3	轴流风机		—
4	轴（混）流式管道风机		—
5	离心式管道风机		—
6	立式明装风机盘管		—
7	立式暗装风机盘管		—
8	卧式明装风机盘管		—
9	卧式暗装风机盘管		—
10	窗式空调器		—
11	分体空调器	室内机　室外机	—
12	射流诱导风机		—
13	减振器		左为平面图画法，右为剖面图画法

（2）平面图

平面图包括建筑物各层通风空调系统的平面图、空调机房平面图、制冷机房平面图等。下面着重介绍通风空调系统平面图。

通风空调系统平面图主要说明通风空调系统的设备、系统风道、冷热媒管道、凝结水管道的平面布置。它的主要内容包括：

1）风管系统

一般以双线绘出。包括风管系统的构成、布置及风管上各部件、设备的位置，例如异径管、三通接头、四通接头、弯管、检查孔、测定孔、调节阀、防火阀、送风口、排风口等。并且注明系统编号、送回风口的空气流动方向。

2）水管系统

一般以单线绘出。包括冷、热媒管道、凝结水管道的构成、布置及水管上各部件、设备的位置，例如异径管、三通接头、四通接头、弯管、温度计、压力表、调节阀等。并且注明冷、热媒管道内的水流动方向、坡度。

3）空气处理设备

包括设备的轮廓、位置。

4）尺寸标注

包括各种管道、设备、部件的尺寸大小、定位尺寸以及设备基础的主要尺寸。还有各设备、部件的名称、型号、规格等。

此外，对于引用标准图集的图纸，还应注明所用的通用图、标准图索引号。对于恒温恒湿房间，应注明房间各参数的基准值和精度要求。

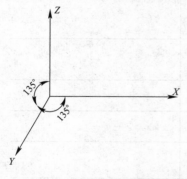

图 1-15　系统轴测图通常
　　　所采用的坐标系

图 1-16 是一办公楼的空调系统平面图（部分）。

（3）系统图（轴测图）

系统轴测图使用的坐标是三维的，如图 1-15 所示。它的主要作用是从总体上标明所讨论的系统构成情况及各种尺寸、型号、数量等。

具体地说，系统轴测图上包括该系统中设备、配件的型号、尺寸、定位尺寸、数量以及连接于各设备之间的管道在空间的曲折、交叉、走向和尺寸、定位尺寸等。系统轴测图上还应注明该系统的编号。

图 1-17 是用单线绘制的某空调通风系统的系统轴测图。

系统轴测图可以用单线绘制，也可以用双线绘制。虽然双线绘制的系统轴测图比单线绘制的更加直观化，但绘制过程比较复杂，因此，工程上多采用单线绘制系统轴测图。

（4）剖面图

剖面图总是与平面图相对应的，用来说明平面图上无法表明的事情。因此，与平面图相对应，通风空调施工图中剖面图主要有通风空调系统剖面图、通风空调机房剖面图、冷冻机房剖面图等。至于剖面和位置，在平面图上都有说明，例如图 1-16 中的 A-A 位置。由此可见剖面图上的内容与平面图上的内容是一致的，有所区别的一点是：剖面图上还标注有设备、管道及配件的高度。

1.风机盘管 42CF-006
2.铝合金方形散流器 240×240
3.铝合金单层风口 1030×200

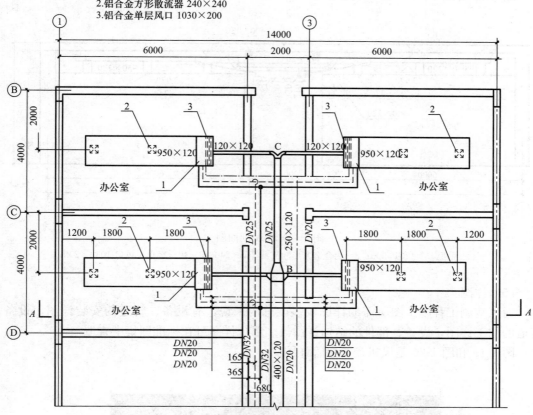

图 1-16　办公室空调平面图

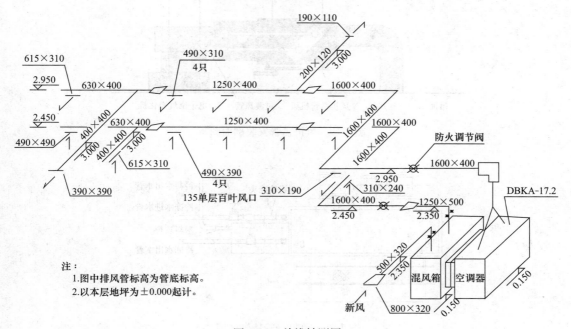

注:
1.图中排风管标高为管底标高。
2.以本层地坪为±0.000起计。

图 1-17　单线轴测图

23

图 1-18 是图 1-16 的 A-A 位置剖面图。

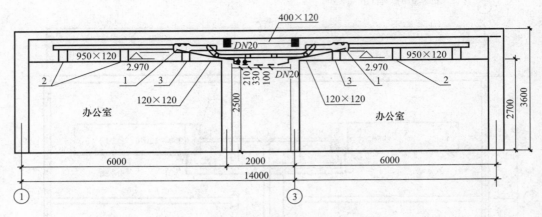

图 1-18　A-A 剖面图

1—风机盘管 42CF.006；2—铝合金方形散流器 240×240；3—铝合金单层风口 1030×200

（5）详图

通风空调工程施工图所需的详图较多，总的来说，有设备、管道的安装详图，设备、管道的加工详图，设备、部件的结构详图等。部分详图可在标准图集中查取。

图 1-19 和图 1-20 是风机盘管接管详图。

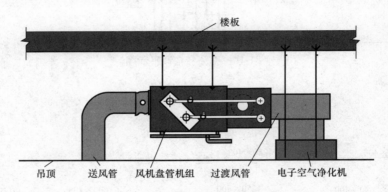

图 1-19　风机盘管安装剖面图

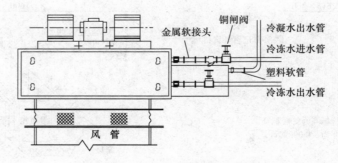

图 1-20　风机盘管接管详图

3. 看图的要点

（1）看图的步骤与方法

1）阅读图纸目录

根据图纸目录了解该工程施工图纸的概况，包括图纸张数、图幅大小及名称、编号等信息。

2）阅读施工说明

根据施工说明了解该工程概况，包括空调系统的形式、划分及主要设备布置等信息，在这基础上，确定哪些图纸是代表着该工程特点、是这些图纸中的典型或重要部分，图纸的阅读就从这些重要部分开始。

3）阅读有代表性的图纸

在第2）步中确定了代表该工程特点的图纸，现在就根据图纸目录，确定这些图纸的编号，并找出这些图纸进行阅读。

在通风空调施工图中，有代表性的图纸基本上都是反映空调系统布置、空调机房布置、冷冻机房布置的平面图，因此通风空调施工图的阅读基本上都是从平面图开始的，先是总平面图，然后是其他的平面图。

4）阅读辅助性图纸

对于平面图上没有表达清楚的地方，就要根据平面图上的提示（如剖面位置）和图纸目录找出该平面图的辅助图纸进行阅读，这包括立面图、侧立面图、剖面图等。对于整个系统可参考系统轴测图。

5）阅读其他内容

在读懂整个通风空调系统的前提下，再进一步阅读施工说明与设备主要材料表，了解通风空调系统的详细安装情况，同时参考加工、安装详图。从而完全掌握图纸的全部内容。

对于初次接触通风空调施工图的读者，识图的难点在于如何区分送风管与回风管、供水管与回水管。对风系统，送风管与回风管的识别在于：以房间为界，送风管一般将送风口在房间内均匀布置，管路复杂；回风管一般集中布置，管路相对简单些；另一方面，可从送风口、回风口上区别，送风口一般为双层百叶、方形（圆形）散流器、条缝送风口等，回风口一般为单层百叶、单层格栅，较大。有的图中还标示出送、回风口气流方向，则更便于区分。还有一点，回风管一般与新风管（通过设于外墙或新风井的新风口吸入）相接，然后一起混合被空调箱吸入，经空调箱处理后送至送风管。供水管与回水管的区分在于：一般而言回水管与水泵相连，经过水泵打至冷水机组，经冷水机组冷却后送至供水管，有一点至为重要，即回水管基本上与膨胀水箱的膨胀管相连；另一方面，空调施工图基本上用粗实线表示供水管，用粗虚线表示回水管。

（2）识图举例

以某大厦多功能厅空调施工图为例，图1-21为多功能厅空调平面图，图1-22为其剖面图，图1-23为风管系统轴测图。

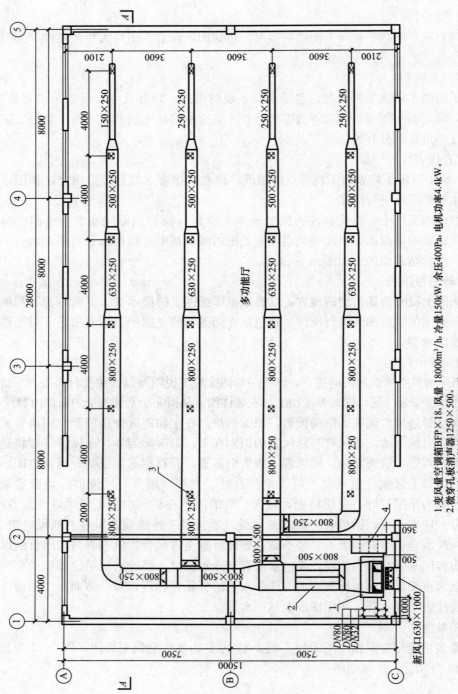

多功能厅

1. 变风量空调箱BFP×18, 风量18000m³/h, 冷量150kW, 余压400Pa, 电机功率4.4kW。
2. 微穿孔板消声器1250×500。
3. 铝合金方形散流器240×240, 共24只。
4. 阻抗复合式消声器1600×800, 回风口。

图 1-21 多功能厅空调平面

图中标注: 2100 3600 3600 3600 2100

150×250 250×250 250×250 250×250

500×250 500×250 500×250 500×250

8000 4000 4000 4000

630×250 630×250 630×250 630×250

28000 8000 4000 4000

800×250 800×250 800×250 800×250

8000 4000 4000 4000

2000 300×250 300×250 800×250

800×500 800×500 800×250

4000 800×500 800×500

360 500 1000

新风口 630×1000

DN80 DN80 DN32

7500 7500

15000

26

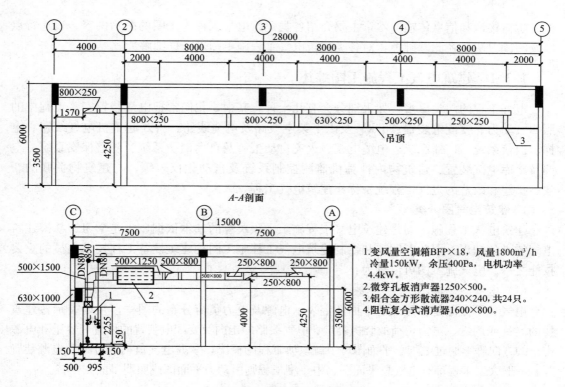

图 1-22 多功能厅空调剖面图

1.变风量空调箱BFP×18,风量1800m³/h
冷量150kW,余压400Pa,电机功率
4.4kW。
2.微穿孔板消声器1250×500。
3.铝合金方形散流器240×240,共24只。
4.阻抗复合式消声器1600×800。

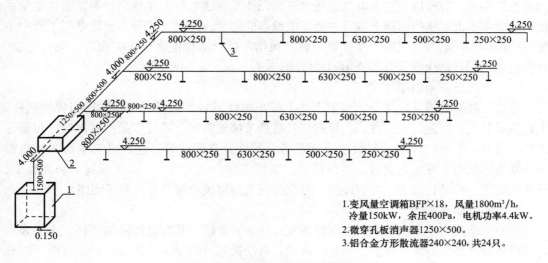

1.变风量空调箱BFP×18,风量1800m³/h,
冷量150kW,余压400Pa,电机功率4.4kW。
2.微穿孔板消声器1250×500。
3.铝合金方形散流器240×240,共24只。

图 1-23 多功能厅空调风管轴测图

1.3 建筑电气工程施工图识读

建筑电气工程是建筑设备工程的重要组成部分,为建筑物提供能源、动力、照明、监控、防雷接地和信息传输。本章主要介绍各类建筑电气工程施工图的图示内容、表达特点以及阅读方法；在此基础上，对各类建筑电气工程施工图进行详细解读。

1.3.1 建筑电气工程施工图综述

电气工程的门类繁多，如果细分会有几十种。其中，我们常把电气装置安装工程中的照明、动力、变配电装置、35kV 及以下架空线路及电缆线路、桥式起重机电气线路、电梯、通信系统、广播系统、电缆电视、火灾自动报警及自动消防系统、防盗保安系统、空调及冷库电气装置、建筑物内计算机监测控制系统及自动化仪表等，与建筑物关联的新建、扩建和改造的电气工程统一称作建筑电气工程。

1. 建筑电气图分类

建筑电气工程施工图是建筑电气工程施工、预决算的基本依据，也是学习、掌握建筑电气的必备知识。因此，阅读和绘制建筑电气工程施工图是建筑设备工程技术人员的重要技能之一。电气施工图可以分为：

（1）电气总平面图

电气总平面图是在建筑总平面图上表示电源及电力负荷分布的图样，主要表示各建筑物的名称或用途、电力负荷的装机容量、电气线路的走向及变配电装置的位置、容量和电源进户的方向等。通过电气总平面图可了解该项工程的概况，掌握电气负荷的分布及电源装置等。一般大型工程都有电气总平面图，中小型工程则由动力平面图或照明平面图代替。

（2）电气系统图

电气系统图是用单线图表示电能或电信号接回路分配出去的图样，主要表示各个回路的名称、用途、容量以及主要电气设备、开关元件及导线电缆的规格型号等。通过电气系统图可以知道该系统的回路个数及主要用电设备的容量、控制方式等。建筑电气工程中系统图用得很多，动力、照明、变配电装置、通信广播、电缆电视、火灾报警、防盗保安、计算机监控、自动化仪表等都要用到系统图。

（3）电气设备平面图

电气设备平面图是在建筑物的平面图上标出电气设备、元件、管线实际布置的图样，主要表示其安装位置、安装方式、规格型号数量及接地网等。通过平面图可以知道每幢建筑物及其各个不同的标高上装设的电气设备、元件及其管线等。建筑电气平面图用得很多，动力、照明、变配电装置、各种机房、通信广播、电缆电视、火灾报警、防盗保安、计算机监控、自动化仪表、架空线路、电缆线路及防雷接地等都要用到平面图。

（4）控制原理图

控制原理图是单独用来表示电气设备及元件控制方式及其控制线路的图样，主要表示电气设备及元件的启动、保护、信号、联锁、自动控制及测量等。通过控制原理图可以知道各设备元件的工作原理、控制方式，掌握建筑物的功能实现的方法等。控制原理图用得很多，动力、变配电装置、火灾报警、防盗保安、计算机监控、自动化仪表、电梯等都要用到控制原理图，较复杂的照明及声光系统也要用到控制原理图。

（5）二次接线图（接线图）

二次接线图是与控制原理图配套的图样，用来表示设备元件外部接线以及设备元件之间的接线。通过接线图可以知道系统控制的接线及控制电缆、控制线的走向及布置等。动力、变配电装置、火灾报警、防盗保安、计算机监控、自动化仪表、电梯等都要用到接线图。一些简单的控制系统一般没有接线图。

（6）大样图

大样图一般是用来表示某一具体部位或某一设备元件的结构或具体安装方法的，通过大样图可以了解该项工程的复杂程度。一般非标准的控制柜、箱，检测元件和架空线路的安装等都要用到大样图，大样图通常均采用标准通用图集。剖面图也是大样图的一种。

（7）电缆清册

清册电缆清册是用表格的形式表示该系统中电缆的规格、型号、数量、走向、敷设方法、头尾接线部位等内容，一般使用电缆较多的工程均有电缆清册，简单的工程通常没有电缆清册。

（8）设备材料表

设备材料表一般都要列出系统主要设备及主要材料的规格、型号、数量、具体要求或产地。但是表中的数量一般只作为概算估计数，不作为设备和材料的供货依据。

（9）设计施工说明

设计施工说明主要标注图中交代不清或没有必要用图表示的要求、标准、规范等。

上述图样类别具体到工程上则根据工程的规模大小、难易程度等原因有所不同。其中，系统图、平面图、原理图是必不可少的，也是读图的重点，是掌握工程进度、质量、投资及编制施工组织设计和预决算书的主要依据。

此外，电气工程包括强电——电力和照明工程，弱电——各种信号和信息的传递和交换工程。强电系统包括变配电系统、动力系统、照明系统、防雷系统等，弱电系统包括通信系统、电视系统、建筑物自动化系统、火灾自动报警与灭火系统、安全防范系统等。因此，电气工程施工图也可以分为强电图样和弱电图样。

2. 建筑电气图一般规定

（1）建筑电气施工图的特点

完整的建筑电气施工图包括图样目录、设备材料表、设计施工说明、系统图和平面图。

在建筑电气工程施工图中的电气元件和电气设备并不采用比例画其形状和尺寸，均采用图形符号进行绘制，《电气简图用图形符号》GB/T 4728 规定了电气图中常用的图形符号。按照该规范要求，符号应按模数关系绘制：以 M＝2.5mm 的倍数 0.5M、1M、1.5M、2M 等长度作为边长或直径，角度为 30°或 60°。

为了进一步对设计意图进行说明，在电气工程施工图上往往还有文字标注和文字说明，对设备的容量、安装方式、线路的敷设方法等进行补充说明。

（2）建筑电气施工图的图线和比例

建筑电气工程施工图中的图线宽度 b 一般为 0.7mm 或 1.0mm，各图线的用途参见表 1-6。

建筑电气施工图常用线型　　　　　　　　　　　　表 1-6

名　称	线　型	线　宽	用　途
粗实线		b	主回路线、一次线路
中实线		$0.5b$	交流配电线路、二次线路

名　称	线　型	线　宽	用　途
细实线	————————	0.25b	建筑物轮廓线、一般线路
点画线	—·—·—·—·—	0.25b	控制线和信号线、建筑物轴线、分界线、围框线
双点画线	—··—··—··—	0.25b	50V 以下电、照明线路
虚线	- - - - - -	0.25b	事故照明线、直流配电线、钢索或屏蔽等，不可见轮廓线、不可见导线

除平面图外，一般电气简图不按比例绘制。平面图常用比例为：1：10、1：20、1：50、1：100、1：200、1：500等。

3. 建筑电气图常用符号

《电气简图用图形符号》GB/T 4728.2～4728.13—2008 规定了电气图中常用的图形符号，操作与效应图例见表1-7，电线和电缆图例见表1-8，常用开关、插座、配电箱和照明灯具的图例分别见表1-9～表1-12。

操作与效应图例　　　　　　　　　　　　　　　　　　　表 1-7

说　明	图　例	说　明	图　例	说　明	图　例
热效应		电磁效应		手动控制	
推动操作		受限手动控制		拉拔操作	
旋转操作		紧急开关		手轮操作	
钥匙操作		热执行器操作		电动机操作	

电线和电缆图例　　　　　　　　　　　　　　　　　　　表 1-8

说　明	图　例	说　明	图　例
向上引线		向下引线	
向上引线		向上下引线	
自上向下引线		自下向上引线	
电缆中的导线为 3 根		五根导线，箭头所指两根位于同一电缆中	
胶合导线		保护线	
柔性导线		中性线	
保护和中性共线		具有保护线和中性线的三相配线	
屏蔽导线		导线、电线、电缆、线路等的一般符号	
直流电路，110V，两根铝导线截面积为 120mm²	110V / 2×120mm²AL	三相交流电，50Hz，380V，三根导线截面积为 120mm²，中性线线截面积为 50mm²	3N~50Hz380V / 3×120mm²+1×50mm²

开关图例

表 1-9

说　明	图　例	说　明	图　例	说　明	图　例
一般符号		单极开关		双极开关	
三极开关		暗装单极开关		暗装双极开关	
暗装三极开关		密闭防水双极开关		防爆三极开关	
具有指示灯开关		双控开关			

插座图例

表 1-10

说　明	图　例	说　明	图　例	说　明	图　例
单相插座		暗装		密闭（防水）	
防爆		带接地插孔的单相插座		暗装	
密闭（防水）		防爆		带接地插孔的三相插座	
暗装		密闭（防水）		防爆	
插座箱（板）		多个插座（示出 3 个）	3 或	具有护板的插座	
具有单极开关的插座					

配电箱图例

表 1-11

说　明	图　例	说　明	图　例	说　明	图　例
屏、台、箱、柜一般符号		动力或动力—照明配电箱（注：需要时符号内可标示电源种类符号）		信号板、信号箱（屏）	
照明配电箱（屏）（注：需要时允许涂红）		事故照明配电箱（屏）		多种电源配电箱（屏）	
直流配电盘（屏）		交流配电盘（屏）		电源自动切换箱（屏）	
架空交接箱		落地交接箱		壁龛交接箱	
分线盒的一般符号		熔断器箱		组合开关箱	
自动开关箱					

说　明	图　例	说　明	图　例	说　明	图　例
一般灯具：最低照度（示出 15lx）		荧光灯一般符号		3 管荧光灯	
5 管荧光灯		防爆荧光灯		在专用电路上的事故照明灯	
自带电源的事故照明灯装置（应急灯）		球形灯		局部照明灯	
矿山灯		安全灯		隔爆灯	
深照型灯		广照型灯		防水防尘灯	
顶棚灯		花灯		弯灯	
壁灯					

《建筑电气制图标准》GB/T 50786—2012 中规定了电气设备常用参照代号的字母代码（表 1-13）。

设备、装置和元器件名称	参照代号的字母代码		设备、装置和元器件名称	参照代号的字母代码	
	主类代码	含子类代码		主类代码	含子类代码
10kV 开关柜		AK	电动机		MA
低压配电柜		AN	励磁线圈	M	MB
信号箱		AS	执行器		ML
电源自动切换箱		AT	断路器		QA
动力配电箱	A	AP	隔离开关	Q	QB
控制箱		AC	软启动器		QAS
照明配电箱		AL	控制开关		SF
电度表箱		AW	启动按钮		SF
应急照明配电箱		ALE	停止按钮	S	SS
液位测量传感器		BL	复位按钮		SR
温度传感器		BT	实验按钮		ST
感光探测器		BR	电力变压器		TA
烟雾探测器		BR	变频器	T	TA
压力传感器		BP	高压母线、母线槽		WA
流量传感器	B	BF	低压母线、母线槽		WB
压差传感器		BF	控制电缆		WG
电流互感器		BE	电力线路	W	WP
电压互感器		BE	照明线路		WL
保护继电器		BB	应急照明线路		WLE
白炽灯、荧光灯	E	EA	高压端子、接线盒		XB
紫外灯		EA	高压电缆头		XB
熔断器		FA	低压端子、接线盒		XD
电涌保护器	F	FC	低压电缆头		XD
接闪器		FE	插座、插座箱	X	XD
柴油发电机组	G	GA	接地端子		XE
不间断电源		GU	型号分配器		XG

4. 电气设备及线路标注

（1）绝缘电线的表示

低压供电线路及电气设备的连线，多采用绝缘导线。按绝缘材料分有橡胶绝缘导线和塑料绝缘导线等。线芯的材料有铜芯和铝芯，有单芯和多芯。导线的标准截面有 $0.2mm^2$、$0.3mm^2$、$0.4mm^2$、$0.5mm^2$、$0.75mm^2$、$1mm^2$、$1.5mm^2$、$2.5mm^2$、$4mm^2$、$6mm^2$、$10mm^2$、$16mm^2$、$25mm^2$、$35mm^2$、$50mm^2$、$70mm^2$、$95mm^2$、$150mm^2$、$185mm^2$ 等。常用的绝缘导线的型号、名称、用途见表 1-14。

（2）电缆的表示

电缆按用途分有电力电缆、通用（专用）电缆、通信电缆、控制电缆、信号电缆等。按绝缘材料分有纸绝缘电缆、橡胶绝缘电缆、塑料绝缘电缆等。电缆的结构主要有三个部分，即线芯、绝缘层和保护层，保护层又分为内保护层和外保护层。电缆的结构、特点和用途可通过型号表示出来，其型号表示方法见表 1-15，外护层数字代号含义见表 1-16。

常用绝缘导线　　　　　　　　　　　　　　表 1-14

型　号	名　称	用　途
BXF（BLXF）	氯丁橡胶铜铝（芯）线	适用于交流 500V 及以下，直流 1000V 及以下的电气设备和照明设备之间
BX（BLX）	橡胶铜（铝）芯线	
BXR	铜芯橡胶软线	
BV（BLV）	聚氯乙烯铜（铝）芯线	适用于各种设备、动力、照明的线路固定敷设
BVR	聚氯乙烯铜芯软线	
BVV（BLVV）	铜（铝）芯聚氯乙烯绝缘和护套线	
RVB	铜芯聚氯乙烯平行软线	适用于各种交直流电器、电工仪器、小型电动工具、家用电器装置的连接
RVS	铜芯聚氯乙烯绞型软线	
RV	铜芯聚氯乙烯软线	
RX、RXS	铜芯、橡胶棉纱编织软线	

电缆型号字母含义　　　　　　　　　　　　表 1-15

类　别	绝缘种类	线芯材料	内护层	其他特征
电力电缆（不表示）	Z-纸绝缘	T-铜	Q-铝套	D-不滴流
K-控制电缆	X-橡胶绝缘		L-铝套	F-分相护套
P-信号电缆	V-聚氯乙烯		H-橡胶套	P-屏蔽
Y-移动式软电缆	Y-聚乙烯	L-铝	V-聚氯乙烯套	C-重型
H-市内电话电缆	YJ-交联聚乙烯		Y-聚乙烯套	

电缆外护层数字代号含义　　　　　　　　　表 1-16

第一个数字		第二个数字	
代号	铠装层类型	代号	外被层类型
0	无	0	无
1		1	纤维绕包
2	双钢带	2	聚氯乙烯护套
3	细圆钢丝	3	聚乙烯护套
4	粗圆钢丝	4	

(3) 线路标注

电力线路和照明线路的编号、导线型号、规格、根数、敷设方式、管径、敷设部位等的表示，可以在图线旁直接标注线路安装代号。其基本格式是

$$a\text{-}b(c\times d+c\times d)e\text{-}f$$

式中　a——线路的编号，见表 1-17；

　　　b——导线的型号；

　　　c——导线的根数；

　　　d——导线的截面积（mm²）；

　　　e——配线方式和穿管管径（mm），参见表 1-18；

　　　f——线路的敷设部位，见表 1-19。

例如，"WP1-BV($3\times50+1\times35$)CT-CE"表示为 1 号动力线路，导线型号为铜芯塑料绝缘线，3 根导线截面为 50mm²、1 根导线截面为 35mm²，沿顶板面用电缆桥架敷设。"WL2-BV(3×2.5)SC15-WC"表示为 2 号照明线路，导线型号为铜芯塑料绝缘线，3 根导线截面 2.5mm²，穿钢管敷设，管径为 15mm，沿墙暗敷。

标注线路用文字符号　　　　　　　　　　表 1-17

线路名称	文字符号	线路名称	文字符号
控制线路	WC	电力线路	WP
直流线路	WD	声道（广播）线路	WS
应急照明线路	WE	电视线路	WV
电话线路	WF	插座线路	WX
照明线路	WL		

线路配线方式文字符号　　　　　　　　　　表 1-18

配线方式	旧代号	新代号	配线方式	旧代号	新代号
用瓷瓶或瓷柱敷设	CP	K	穿半硬塑料管敷设	ZVG	FPC
用塑料线槽敷设	XC	PR	穿塑料波纹电线管敷设		KPC
用钢线槽敷设		SR	用电缆桥架敷设		CT
穿水煤气管敷设		RC	用瓷夹敷设	CJ	PL
穿焊接钢管敷设	G	SC	用塑料夹敷设	VT	PCL
穿电线管敷设	DG	TC	穿金属软管敷设		CP
穿硬质塑料管敷设	VG	PC			

线路敷设部位文字符号　　　　　　　　　　表 1-19

敷设部位	旧代号	新代号	敷设部位	旧代号	新代号
沿钢索敷设	S	SR	沿屋架或跨屋架敷设	LM	BE
沿柱或跨柱敷设	ZM	CLE	沿墙面敷设	QM	WE
沿顶棚或顶面板敷设	PM	CE	在能进入吊顶内敷设	PNM	ACE
暗敷设在梁内	LA	BC	暗敷设在柱内	ZA	CLC
暗敷设在墙内	QA	WC	暗敷设在地面内	DA	FC
暗敷在屋面或顶板内	PA	CC	暗敷在不能进入吊顶内	PNA	ACC

（4）用电设备标注

电力和照明设备用图形符号表示后，一般还在图形符号旁加注文字符号，用以说明电力和照明设备的型号、规格、数量、安装方式、离地高度等。其标写格式如下

$$\frac{a}{b} \quad 或 \quad \frac{a}{b} + \frac{c}{d}$$

式中　a——设备编号；

　　　b——额定功率（kW）；

　　　c——线路熔断片或自动开关释放的电流（A）；

　　　d——安装标高（m）。

（5）动力、照明配电设备标注配电箱的文字标注为

$$a\frac{b}{c} \quad 或 \quad a\text{-}b\text{-}c$$

当需要标注引入线的规格时，则标注为

$$a\frac{b\text{-}c}{d(e \times f)\text{-}g}$$

式中　a——设备编号；

　　　b——设备型号；

　　　c——设备功率（kW）；

　　　d——导线型号；

　　　e——导线根数；

　　　f——导线截面（mm^2）；

　　　g——安装标高（m）。

例如，"AP4-(XL-3-2)..40"表示4号动力配电箱，其型号为XL-3-2，功率为40kW。

"$5\dfrac{(Y200L\text{-}4)30}{BL(3\times35)SC40\text{-}FC}$"表示这台电动机在系统内的编号为5，是Y系列笼型异步电动机，机座中心高200mm，机座为长机座，4极，额定功率30kW，三根35mm^{2}的橡胶绝缘铝芯导线穿直径为40mm的焊接钢管，沿地板埋地敷设引入电源负荷线。

（6）照明灯具标注

照明灯具的标注形式为

$$a\text{-}b\frac{c \times d \times l}{e}f$$

式中　a——灯具数；

　　　b——型号；

　　　c——每盏灯的灯泡数或灯管数；

　　　d——灯泡容量（W）；

　　　e——安装高度（m）；

　　　f——安装方式，见表1-20，若吸顶安装，安装方式和安装高度不需标注；

　　　l——光源种类。

例如，

"9-YZ40RR$\frac{2\times40}{2.5}$Ch"表示该房间或区域内安装 9 只型号为 YZ40RR 的荧光灯，每只灯 2 根 40W 灯管，用链吊安装，安装高度 2.5m（指灯具底部与地面距离）。

照明灯具安装方式文字符号   表 1-20

安装方式	旧代号	新代号	安装方式	旧代号	新代号
线吊式		CP	嵌入式（不可进入顶棚）	R	R
自在器线吊式	X	CP	顶棚内安装	DR	CR
固定线吊式	X1	CP1	墙壁内安装	BR	WR
防水线吊式	X2	CP2	台上安装	T	T
吊线器式	X3	CP3	支架上安装	J	SP
链吊式	L	Ch	壁装式	B	W
管吊式	G	P	柱上安装	Z	CL
吸顶式或直附式	D	S	座装	ZH	HM

（7）开关、熔断器标注

开关、熔断器的一般标注形式为

$$a\frac{b}{c/i} \quad 或 \quad a\text{-}b\text{-}c/i$$

当需要标注引入线的规格时，则标注为

$$a\frac{b\text{-}c/i}{d(e\times f)\text{-}g}$$

式中　a——设备编号；

　　　b——设备型号；

　　　c——额定电流（A）；

　　　i——整定电流（A）；

　　　d——导线型号；

　　　e——导线根数；

　　　f——导线截面（mm²）；

　　　g——导线敷设。

例如，"m3-(DZ20Y..200).200/200 或 m3$\frac{DZ20Y\text{-}200}{200/200}$"表示设备编号为 m3，开关型号为 DZ20Y.200，即额定电流为 200A 的低压空气断路器，断路器的整定值为 200A。

"m3$\frac{DZ20Y\text{-}200\text{-}200/200}{BV\times(3\times50)K\text{-}BE}$"表示设备编号为 m3，开关型号为 DZ20Y-200 的低压空气断路器，整定电流为 200A，引入导线为塑料绝缘铜线，三根 50mm²，用瓷瓶式绝缘子沿屋架敷设。

5. 建筑电气图识读方法

建筑电气的读图顺序通常是设计施工说明、电气总平面图、电气系统图、电气设备平面图、控制原理图、二次接线图和电缆清册、大样图、设备材料表和图例。阅读时以系统图为主，平面图为辅。

（1）总电气平面图

阅读总电气平面图时，要注意并掌握以下有关内容：建筑物名称、编号、用途、层数、标高、等高线、用电设备容量及大型电动机容量台数、弱电装置类别、电源及信号进户位置；变配电所位置、变压器台数及容量、电压等级、电源进户位置及方式、系统架空线路及电缆走向、杆型及路灯、拉线布置、电缆沟及电缆井的位置、回路编号、主要负荷导线截面及根数、电缆根数、弱电线路的走向及敷设方式、大型电动机及主要用电负荷位置以及电压等级、特殊或直流用电负荷位置、容量及其电压等级等；系统周围环境、河道、公路、铁路、工业设施、电网方位及电压等级、居民区、自然条件、地理位置、海拔等；设备材料表中的主要设备材料的规格、型号、数量、进货要求、特殊要求等；文字标注、符号意义以及其他有关说明、要求等。

（2）电气系统图

阅读变配电装置系统图时，要注意并掌握以下有关内容：进线回路个数及编号、电压等级、进线方式（架空、电缆）、导线电缆规格型号、计量方式、电流、电压互感器及仪表规格型号数量、防雷方式及避雷器规格型号数量；进线开关规格型号及数量、进线柜的规格型号及台数、高压侧联络开关规格型号；变压器规格型号及台数、母线规格型号及低压侧联络开关（柜）规格型号；低压出线开关（柜）的规格型号及台数、回路个数用途及编号、计量方式及标志、有无直控电动机或设备及其规格型号台数起动方法、导线电缆规格型号，同时对照单元系统图和平面图查阅送出回路是否一致；有无自备发电设备或连续不间断供电电源（UPS），其规格型号容量与系统连接方式及切换方式、切换开关及线路的规格型号、计量方式及仪表；电容补偿装置的规格型号及容量、切换方式及切换装置的规格型号。

（3）动力系统图

阅读动力系统图时，要注意并掌握以下内容：进线回路编号、电压等级、进线方式、导线电缆及穿管的规格型号；进线盘、柜、箱、开关、熔断器及导线规格的型号、计量方式及标志；出线盘、柜、箱、开关、熔断器及导线规格型号、回路个数用途、编号及容量，穿管规格、起动柜或箱的规格型号、电动机及设备的规格型号容量、起动方式，同时核对该系统动力平面图回路标号与系统图是否一致；自备发电设备或 UPS 情况；电容补偿装置情况。

（4）照明系统图

阅读照明系统图时，要注意并掌握以下内容：进线回路编号、进线线制（三相五线、三相四线、单相两线制）、进线方式、导线电缆及穿管的规格型号；照明箱、盘、柜的规格型号、各回路开关熔断器及总开关熔断器的规格型号、回路编号及相序分配、各回路容量及导线穿管规格、电流互感器规格型号，同时核对该系统照明平面图回路标号与系统图是否一致；直控回路编号、容量及导线穿管规格、控制开关型号规格；箱、柜、盘有无漏电保护装置，其规格型号，保护级别及范围；应急照明装置的规格型号台数。

（5）弱电系统图

弱电系统图通常包括通信系统图、广播音响系统图、电缆电视系统图、火灾自动报警及消防系统图、保安防盗系统图等，阅读时，要注意并掌握以下内容：设备的规格型号及数量、外线进户对数、电源装置的规格型号、总配线架或接线箱的规格型号及接线对数、外线进户方式及导线电缆穿管规格型号；系统各分路送出导线对数、房号插孔数量、导线及穿管规格型号，同时对照平面布置图，核对房号及编号；各系统之间的联络方式。

1.3.2 建筑设备控制电路图解读

在建筑设备工程的设计、施工、调试以及运行管理过程中，需要专业人员读懂相关设备的电气控制图，以深入了解设备的工作原理，下面介绍典型设备电气图的识读。

1. 电动机控制电路图解读

电动机控制有点动与长动控制和正反转控制（图1-24）。

（1）点动与长动控制

图1-24（a）所示中KM为一接触器，接触器实质是一个电磁开关，当接触器线圈得电时，在电磁铁作用下，动合触点闭合，动断触点打开。在图1-24（b）所示中与SB并联了一个KM辅助动合触点，当KM得电后SB2（启动按钮）由于辅助触点的闭合而失去了作用，称该辅助触点为自锁触点。

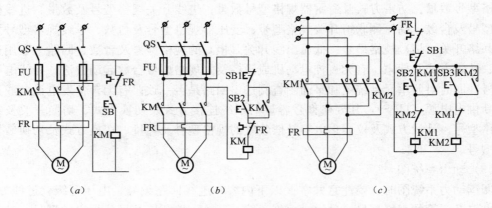

图1-24 电动机控制电路图

（2）正反转控制

电动机的转动方向取决于通入三相绕组中电流的相序，所以只要对调接到电动机上三根相线的任意两根线的位置就可改变电动机的转向。图1-24（c）所示中，SB2为正转起动按钮，注意到在KM1（正转接触器）的控制回路中串入了KM2的辅助触点，这样做的目的是为了防止KM1、KM2同时得电而发生短路事故。这两个触点具有相互制约的作用，称为互锁触点。

2. 风机控制电路图解读

某排风兼排烟风机控制原理如图1-25所示，包括三部分内容：风机主电路、风机控制原理和主要控制设备表。

由风机主电路可知，当1KM主触电闭合，2KM、3KM主触点断开时，U1、V1、W1接三相电源，U2、V2、W2端空着，此时风机低速运行，正常排风；当1KM断开，2KM、3KM闭合时，U1、V1、W1短接，U2、V2、W2接三相电源，此时风机高速运行，排出火灾烟气。

由控制原理图可知风机的控制方法如下：

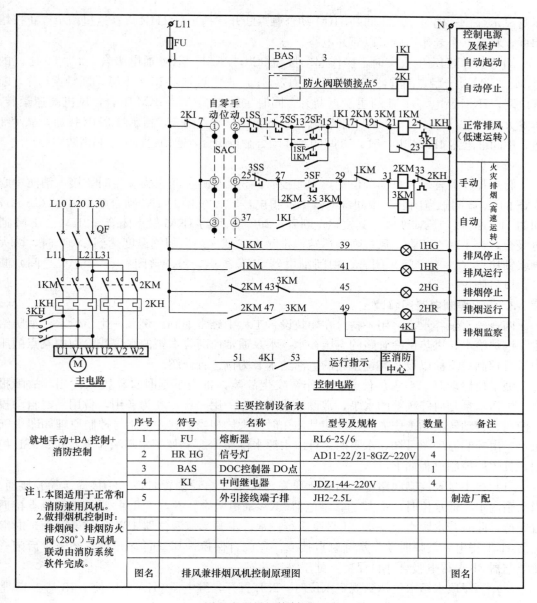

图 1-25 风机控制原理图

就地手动+BA 控制+ 消防控制	序号	符号	名称	型号及规格	数量	备注
	1	FU	熔断器	RL6-25/6	1	
	2	HR HG	信号灯	AD11-22/21-8GZ~220V	4	
	3	BAS	DOC控制器 DO点		1	
	4	KI	中间继电器	JDZ1-44~220V	4	
	5		外引接线端子排	JH2-2.5L		制造厂配
注1.本图适用于正常和 消防兼用风机。 2.做排烟机控制时: 排烟阀、排烟防火 阀(280°)与风机 联动由消防系统 软件完成。						
	图名		排风兼排烟风机控制原理图		图名	

主要控制设备表

(1) 手动

当选择开关 SAC 置于"手动"位置时,①②接通、⑤⑥接通,在就地控制箱旁可以起动风机,使其低速排风或高速排烟:

1) 正常排风操作起动按钮 1SF(或 2SF,这里设置了两个启动按钮并联,互为备用),接触器 1KM 通电吸合,13 与 15 间的 1KM 动合触点闭合,完成自保持;1KM 的主触点闭合,风机起动,低速运转,正常排风运行;同时 1、41 间的 1KM 动合触点闭合,指示灯 1HR 接通,显示红色;1、39 间的 1KM 断开,1HG 指示灯灭。操作停止按钮 1SS(或者 2SS),1KM 断电,1KM 主触点断开,停止排风;1、39 间的 1KM 接通,1HG 指示灯显示绿色；同时 1、41 间的 1KM 动合触点断开，指示灯 1HR 灭；这里两个停止按钮串联，只要一个起作用就可以断开电路。

2）火灾排烟发生火灾时，操作起动按钮 3SF，2KM、3KM 通电吸合，27、29 之间的 2KM、3KM 动合触点闭合，完成自保持；17、19、21 之间的 2KM、3KM 动断触点动作，断开电路，1KM 断电，1KM 的主触点断开。同时主触点 2KM、3KM 闭合，风机高速运转，排除火灾烟气。同时 1、47、49 间的 2KM、3KM 动合触点闭合，指示灯 2HR 接通，显示红色；中间继电器 4KI 得电，51、53 间的 4KI 动合触点闭合，通知运行中心和消防中心。

（2）自动

将选择开关置于"自动"位置，①②接通、③④接通。当火灾发生时，接入消防中心 BAS 的 1、3 间触点闭合，中间继电器 1KI 得电，37、29 间的 1KI 动合触点闭合，15～17 间的 1KI 断开，1KM 断电，其主触点断开；29～33 间的 1KM 触点闭合，2KM、3KM 通电吸合，其主触点闭合，风机高速运转，排除火灾烟气。当烟气温度达到 280℃时，防火阀联锁接点（1、5 之间）闭合，中间继电器 2KL 得电，2KI 常闭触点（1、7 之间）断开，风机停止运行。

3. 水泵控制电路图解读

两台给水泵补水，一用一备，在建筑设备工程中经常遇到。例如，生活给水、消防给水、锅炉给水、供热供冷管路的定压补水。水泵通常由高位水箱的水位或管网中某点的压力进行控制。下面以设有高位水箱的生活给水泵为例进行介绍。

低水位启动泵，高水位停泵。工作泵发生故障，备用泵延时自动投入使用，故障报警。生活水泵是启停频繁的水泵，常设计成两台，一用一备，互为备用，备用延时自动投入使用、自动转换的工作方式，以使其使用时间大体相当。其主电路与控制原理如图 1-26 所示。由控制原理图可知，水泵的运行由水源水位器 1SL 和屋顶水箱液位器 2SL、3SL 控制，具体的控制过程如下：

（1）在 1 号泵控制回路中，当选择开关 SAC 置于自动位置时，③④接通、⑤⑥接通。当水箱内水在低水位时 3SL 接通，继电器 2KA 通电吸合，并与 3SL 并联的常开触点接通自保持。此时若水源水池有水，1 号泵运行供水，水源水池液位器 1SL 不接通，而延时继电器 1KT 得电，其瞬时动作常开触点接通，完成自保持，其延时常开触点经延时后闭合使继电器 3KA 得电吸合并自保持，处于等待状态。

（2）当屋顶水箱水位达到规定水位时，2SL 打开，继电器 2KA 断电使 1-13 与 1-15 常开触点 2KA 释放断开，接触器 1KM 断电，1 号泵停机。

（3）当屋顶水箱水位再次下降后，2SL 复位闭合，3SL 受压而闭合，2KA 再次得电吸合，由于 3KA 处于闭合状态，所以接触器 2KM 得电，2 号泵启动运行供水，从而实现了两台水泵自动轮换供水。

继电器 3KA 是使两台水泵轮换工作的主要元件，它是否吸合，决定了两台泵中哪一台工作，分两种状况来说明：一是如果 1 号泵在启动时发生故障，接触器 1KM 刚通电便跳闸（如过载故障）或未吸合，作为备用的 2 号泵经 1KT 延时后，继电器 3KA 吸合，接触器 KM 通电吸合，2 号泵启动；二是如果 1 号泵的故障是发生在运行一段时间之后，故障时，时间继电器 1KT 的延时已到，继电器 3KA 已经吸合，此时，1 号泵的接触器一旦故障跳闸，其常闭触头 1KM 复位，2 号泵立即启动。从而实现了备用投入功能。

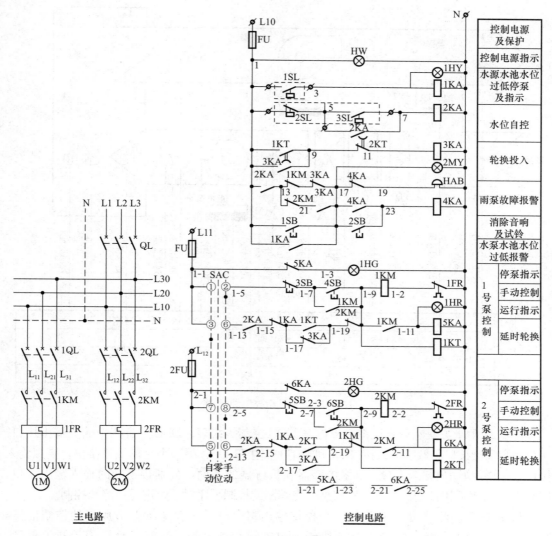

图 1-26 水泵控制原理图

两台泵的故障报警回路是以继电器 2KA 已经吸合为前提（若 2KA 没有吸合则水泵不运行，报警没有意义），1 号泵的故障报警是接触器 1KM 常闭触点和继电器 3KA 常闭触点串联；2 号泵的故障报警是接触器 2KM 常闭触点和 3KA 常开触点串联。若要求某一水泵运行，如因故不能运行便报警。当水源水池的水位过低已达到消防预留水位时，水位控制器 1SL 闭合，使继电器 1KA 得电吸合，强迫所有泵停机，并同时报警，以通知值班人员检查。

继电器 5KA、6KA 分别为停泵指示。手动控制时选择开关 SAC 的①②、⑦⑧两路接通。

4. 空调机组控制电路图解读

四管制空气处理机组送冷热风、加湿控制电路如图 1-27 所示。

该系统有一台送风机向管道内送风，另有一台回风机把室内污浊空气抽回风道。一部分回风直接排到室外（称为排风），剩下的回风与室外新风混合，经过滤、冷却（或加热）、加湿处理后，送入室内保持室内空气的温度和湿度。

41

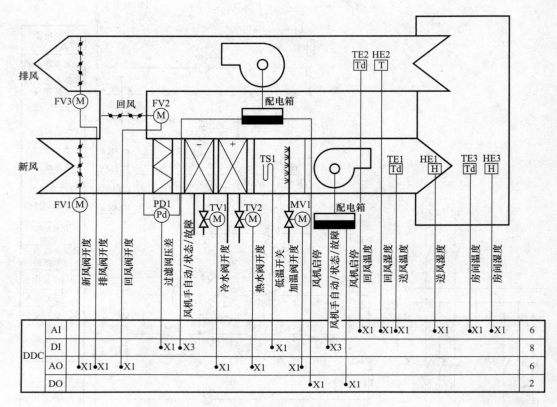

图 1-27 空调机组控制原理图

图 1-27 的上方是空调系统图，下方是 DDC 控制接线表。DDC 上有四个输入输出接口：两个是数字量接口，数字输入接口 DI 和数字输出接口 DO；另两个是模拟量接口，模拟输入接口 AI 和模拟输出接口 AO。根据传感器和执行器的不同，分别接不同的输入输出接口。DDC 是一台工业用控制计算机，它根据事先编制的控制程序对系统进行检测和控制。

从图 1-27 左侧开始，DDC 的三个模拟输出口 AO 是三台电动调节风阀的控制信号，其中，FV1、FV2 和 FV3 分别是新风阀、回风阀和排风阀，调整三台风阀的开闭程度，可以控制三路风管中的风量，使系统中的风量保持恒定。

数字输入口 DI 接压差传感器 PD1 的信号线，监测空气过滤器前后压差的变化，如果过滤器使用时间过长发生堵塞，会出现压差信号，提示系统检修。

回风机的配电箱连接三个数字输出口 DO 和一个数字输入口 DI，是回风机的控制信号线，对风机的启动、停止进行控制，对风机的工作和故障状态进行监测。

表冷器电动调节阀 TV1 以及空气加热器电动调节阀 TV2 的控制信号线分别接 DDC 的两个模拟输出口 AO，调整两个水阀的开闭程度，可以控制冷、热水流量，用来调整风道内空气的温度。

防冻开关 TS1 的信号线接 DDC 的数字输入口 DI。

加湿器电动调节阀 MV1 的控制信号线接 DDC 的模拟输出口 AO，可以控制蒸汽流量，进而调整风道内空气的湿度。

送风机的配电箱连接三个数字输出口 DO 和一个数字输入口 DI，是送风机的控制信号线，对风机的启动、停止进行控制，对风机的工作和故障状态进行监测。

回风的温度传感器 TE2 和湿度传感器 HE2 分别接 DDC 的模拟输入口 AI，用于监测回风的温湿度；送风的温度传感器 TE1 和湿度传感器 HE1 分别接 DDC 的模拟输入口 AI，用于监测送风的温湿度；空调房间内的温度传感器 TE3 和湿度传感器 HE3 分别接 DDC 的模拟输入口 AI，用于监测室内的温湿度。

1.3.3 某住宅楼电气工程施工图解读

图 1-28～图 1-38 所示为某住宅楼的电气施工图，主要设备材料表见表 1-21。该住宅楼地上 6 层，地下一层为车库。

主要设备材料表

表 1-21

编 号	图 例	名 称	规格及型号	安装方式
1	▬	总电表箱	铁制非标箱，见系统图	下沿距地 0.5m 暗装
2	MEB	总等电位箱	《等电位箱联结安装》 02D501-2	距地 0.3m 暗装
3	RZX	单元弱电总箱（小棚层）	铁制非标箱 900×600×160	下沿距地 1.6m 暗装
4	CRD	楼层弱电接线箱（标准层）	铁制非标箱 800×600×160	上沿距顶 0.5m 暗装
5	⊗	户弱电分配器箱	HIB-21A	距顶 0.5m 暗装
6	DJ	对讲系统不间断电源	设备配套带来	下沿距地 1.8m 暗装
7	▷	对讲门口主机	设备配套带来	设于大门上
8	▽	电控锁	设备配套带来	设于大门上
9	▬	户配电箱	ACP	底边距地 1.8m 暗装
10	LEB	卫生间局部等电位箱	《等电位箱联结安装》 02D501-2	距地 0.3m 暗装
11	K	单相三孔空调插座	RL86Z13A16	距地 2.0m 暗装
12	L	单相三孔空调插座	RL86Z13A16	距地 0.3m 暗装
13	Y	单相三孔油烟机插座	RL86Z13A10	距地 2.0m 暗装
14		单相二三孔普通插座	RL86Z223A10	餐厅距地 1.0m 暗装 卧室客厅距地 0.3m 暗装
15	X	单相三孔防溅洗衣机插座	86Z13F101	距地 1.6m 暗装
16	R	单相三孔防溅热水器插座	86Z13F101	距地 1.8m 暗装
17	Q	单相二孔防溅插座排气扇	RL86Z12A10	距地 2.0m 暗装
18		单相三孔插座	RL86Z13A10	吸顶安装
19	Ⓢ	声光控制灯（楼梯）	40W	吸顶安装

编 号	图 例	名 称	规格及型号	安装方式
20	◎	吸顶式节能灯	36W	吸顶安装
21	⊛	防水圆球灯	40W	吸顶安装
22	⊕	花灯	3×40W	吸顶安装
23	✕	座灯头	40W	吸顶安装
24	●	单联单控开关	RL86K11-10	距地 1.3m 暗装
25	●	双联单控开关	RL86K21-10	距地 1.3m 暗装
26	●	三联单控开关	RL86K31-10	距地 1.3m 暗装
27	⌐	密闭单联单控开关 （防水防溅型）		距地 1.3m 暗装
28	TV	单孔电视插座		距地 0.3m 暗装
29	⊥	单孔信息插座	RJ45	距地 0.3m 暗装
30	TP	双孔电话插座		距地 0.3m 暗装
31	▭	户对讲分机	设备配套	距地 1.4m 暗装
32	— T —	CATV 线		
33	— H —	电话线		
34	— X —	宽带线		
35	— D —	可视对讲系统总线		
36	— Z —	家庭总线		

1. 配电系统图

如图 1-28 所示。该工程分单元自室外穿钢管埋地引入 380V/220V 电源，电缆型号为 VV22-4×70SC100FC，导线进户处做重复接地，自重复接地后 PE 线与 N 线应严格分开，低压配电接地系统采用 TN-C-S 系统。电源引入单元的总配电箱 AL，配备总控四极断路器 l25/125/4P，该箱有 15 个支路。

（1）线路型号为 BV-3×10PC25FCWC 的支路接该单元地下车库的配电箱 AL1。

（2）配备电能表 DD862-4，220V10(40)A 和单极断路器 63C16/1P 的支路（线路型号 BV.3×2.5PC16）供该单元各层楼梯间公用照明使用。

（3）配备电能表 DD862-4，220V10(40)A 和双极断路器 32C16/2P 的支路分成三个回路（线路型号 BV.3×2.5PCI6），分别供该单元对讲、闭路电视和弱电机柜用电。

（4）其余 12 个支路［线路型号 BV-3×10PC25W(F)C］供该单元各层住户使用。每个支路配备电能表 DD862-4，220V10(40)A 和单极断路器 C63/40/1P，接一个户配电箱 HX。

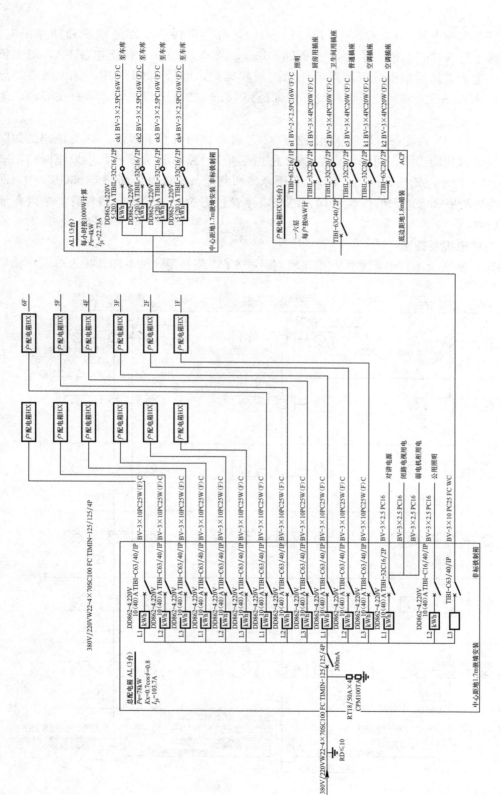

图 1-28　配电系统图

地下车库配电箱 AL1 有四个回路 ck1～ck4，分别供四个车库的照明和插座用电。每个回路上配备单相电能表一块，型号 DD862-4，220V5（20）A，额定电流 5A，最大负载 20A；电能表后设双极低压断路器作为控制和保护，型号 32C16/2P。各个回路的导线为三根 $2.5mm^2$ 的聚氯乙烯铜芯线，穿管径为 16mm 的硬质塑料管，暗敷在墙内、地面内。

户配电箱 HX 内配备双极低压断路器 63C40/2P，该箱有 6 个回路，n1 为该户的照明回路，c1 为该户厨房插座回路，c2 为该户卫生间插座回路，c3 为该户其余插座回路，k1 和 k2 为该户两个空调插座回路。以 n1 为例，该回路配备单极低压断路器 63C16/1P，回路的导线为两根 $2.5mm^2$ 的聚氯乙烯铜芯线，穿管径为 16mm 的硬质塑料管，暗敷在墙内、顶板内。

2. 有线电视系统图

如图 1-29 所示。自单元室外人孔井埋地引进 SYV-75-9 型同轴电缆，接入单元小棚层

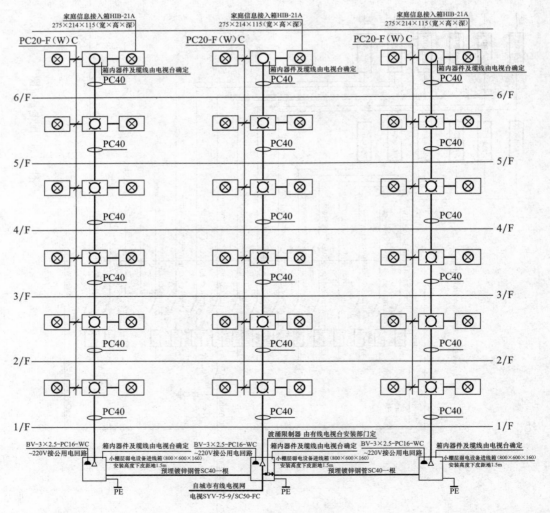

图 1-29 有线电视系统图

综合弱电箱内的前端箱,穿管径为 40mm 或 50mm 的焊接钢管(中间单元为 50mm 管径,其余单元为 40mm 管径)。自前端箱引出 SYV-75-9 型同轴电缆(穿管径为 40mm 的 PC 管)至各层弱电设备箱内的电视层分支器,再分成两路,分支电视电缆选用 SYV-75-5 型,穿管径 20mm 的 PC 管,沿地面、沿墙暗敷设至家庭信息接入箱内的电视分支器。

3. 电话、宽带网络系统图

如图 1-30 所示。电话系统由单元室外人孔井引来 80 对 HYV 型电话电缆,穿管径为 50mm 的钢管敷设,接入小棚层综合弱电箱内的配线架。自单元综合弱电箱引出 24 对 RVB-2×0.5 铜芯软线,分别穿不同管径的 PC 管,单独式引向每层家庭信息接入箱内的跳线架(详见图 1-31)。

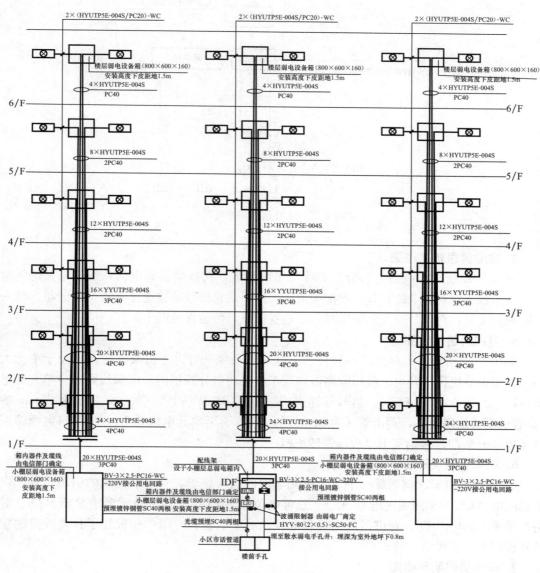

图 1-30 电话、宽带网络系统图

网络系统自单元室外人孔井引进六芯多模光纤至小棚层综合弱电箱内的配线架，并预埋 SC40 钢管。自单元综合弱电箱配线架引出的网络线为 24 对超五类双绞线（型号 HYUTP5E）穿 4 根 PC 管保护暗敷设，放射式引向每层家庭信息接入箱内的跳线架（详见图 1-31）。

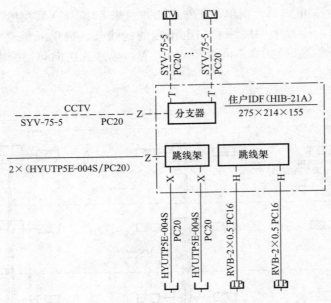

图 1-31　家庭信息箱系统图

4. 家庭信息箱系统图

如图 1-31 所示。该系统为全五类综合布线系统，支持数据和电话系统。该系统为每户提供 1 根 4 对对绞电缆；每户设配线架箱，住户信息插座的数量详见图 1-31。每户设一个电视分支器，将信号分配到输出端——电视插座，数量详见图 1-31。

5. 可视对讲系统图

如图 1-32 所示。每单元设一套普通可视对讲系统，对讲主机及电控锁均设于单元大门上，对讲分机设于各户。楼层隔离器均设于各层弱电分线箱内。电源线路引自单元配电箱 AL1 为 BV-3×2.5-PC16，信号线路 SYV-75-5-1 和 RVVP-6×1.0 穿管径为 25mm 的 PC 管引至楼层隔离器，再由管径为 32mm 的 PC 管引至单元电源箱 DJ，最终自电源箱穿管径为 32mm 的焊接钢管引至小区管理主机。

6. 车库层电气干线平面图

如图 1-33 所示。该图反映了每个单元电源的引入位置、对讲联网线的引出位置，以及总配电 AL、车库照明配电箱 AL1、总等电位箱 MEB、小棚层单元弱电总箱 RZX、对讲系统不间断电源 DJ、对讲门口主机和电控锁的平面位置。图中还标注了预埋线路的穿管管径和向上引线的位置。

7. 车库层照明平面图

如图 1-34 所示。地下车库共设三个配电箱 AL1，每个配电箱供四间车库的照明电源，

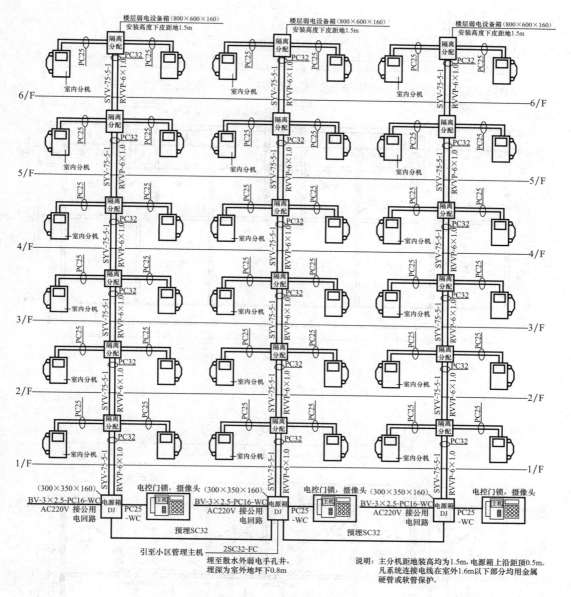

图 1-32　可视对讲系统图

分出四个回路 ck1～ck4。每个回路供一间车库的照明电源，带有两个单相二三孔普通插座（距地 1.0m 暗装）、一个单相三孔插座（吸顶安装）、一个座灯头（吸顶安装）和一个单联单控开关（距地 1.3m 暗装）。

车库层楼梯间的照明分别由总配电箱 AL 的公用照明回路供电。每个公用照明回路在车库层的楼梯间有两盏声光控制灯（吸顶安装），并在楼梯间左侧沿墙向上引线，为一～六层楼梯间各灯送电。

8. 标准层照明平面图

如图 1-35 所示。该住宅楼共三个单元，每个单元两户，每户一个配电箱 HX，设置

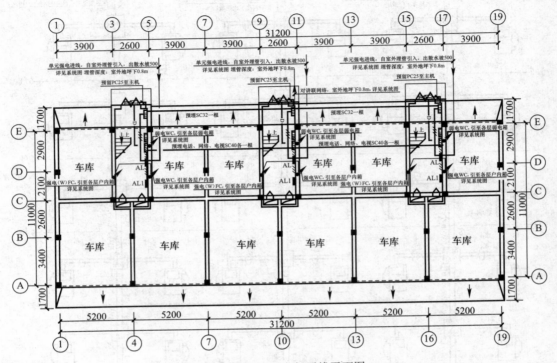

图 1-33 车库层电气干线平面图

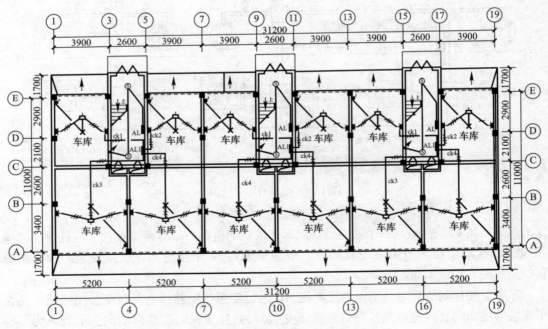

说明：车库插座安装高度为距地1.0m暗装。

图 1-34 车库层照明平面图

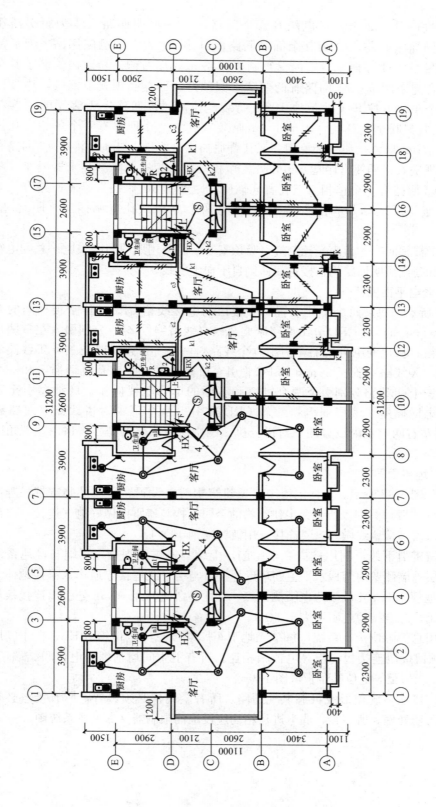

图 1-35　标准层照明平面图

在每户室内的进门处。每个户配电箱有 6 个回路，n1 为照明回路，c1 为厨房插座回路，c2 为卫生间插座回路，c3 为其余插座回路，k1 和 k2 为空调插座回路。为了使图面线条清晰，图 1-35 中左侧三户室内仅绘制了回路 n1，而右侧三户室内绘制了其余五个回路，应结合起来阅读。n1 回路有两盏防水圆球灯、四盏吸顶式节能灯，均吸顶安装，分别由六个单联单控开关（距地 1.3m 暗装）控制；该回路还为客厅的一盏花灯（吸顶安装）及其三联单控开关（距地 1.3m 暗装）供电。c1 回路有一个单相三孔油烟机插座（距地 2.0m 暗装）和三个单相二三孔普通插座（距地 1.3m 暗装）。c2 回路有一个单相三孔防溅洗衣机插座（距地 1.6m 暗装）和一个单相三孔防溅热水器插座（距地 1.8m 暗装）。c3 回路有十个单相二三孔普通插座（距地 1.3m 暗装）。K1 回路有一个单相三孔空调插座（距地 0.3m 暗装）。k2 回路有两个单相三孔空调插座（距地 2.0m 暗装）。

此外，每个楼梯间有一盏声光控制灯（吸顶安装）由公用照明回路供电。总配电箱引出的配电干线和公用照明回路均在楼梯间两侧自下向上引线。

9. 标准层弱电平面图

如图 1-36 所示。每层每个单元设置一个楼层弱电接线箱 CRD，位于楼梯间的东北角。结合图 1-31 可知，从 CRD 分出两路家庭总线（线路编号 Z），分别引入左右两户的户弱电分配器箱。从户弱电分配器箱引出六个线路：两个 H＋X 线路、三个 T 线路和一个 H 线路。H＋X 线路穿管径 20mm 的 PC 管引至卧室内的一个双孔电话插座和一个单孔信息插座；三个 T 线路分别引至两个卧室和客厅的单孔电视插座；H 线路引至客厅内的一个双孔电话插座。楼层弱电接线箱 CRD 还引出两个可视对讲线路（线路编号 D），分别引至左右两户室内设置的户对讲分机。图中所有线路的型号规格由左下角的图例表可知。

10. 防雷接地平面图

如图 1-37、图 1-38 所示。该住宅楼按三类建筑物防雷设置。屋顶设避雷带，避雷网采用直径 10mm 的镀锌圆钢。所有突出建筑物的金属结构与避雷网做好电气连接，进出建筑物的金属管道需与接地线做好电气连接（用镀锌扁钢 40×4）。

共做 8 根避雷引下线，利用柱内 2 根主筋，上端与避雷网焊接，下端与接地系统焊接。地下车库层外墙侧壁内两根水平主筋环形焊接，与引下线焊接连通作水平接地体。引下线在距室外地坪 1.8m 处做接地电阻测试点，在距室外地坪下 0.8m 处引出连接板供补打人工接地体用。综合接地电阻不大于 1Ω。

本工程采用总等电位接地系统，每单元地下车库层设总等电位箱 MEB，在小棚层内距地 0.3m 处预留接地连接板，与等电位箱相连。所有卫生间均预埋等电位联结端子箱，卫生间插座 PE 线引至等电位端子板（图 1-35）。

此外，避雷接地系统须形成可靠电气通路，所有金属件必须镀锌，所有接点必须电焊，焊点处做防锈处理。所有强、弱电进户箱均应设浪涌限制器（参见各系统图）。

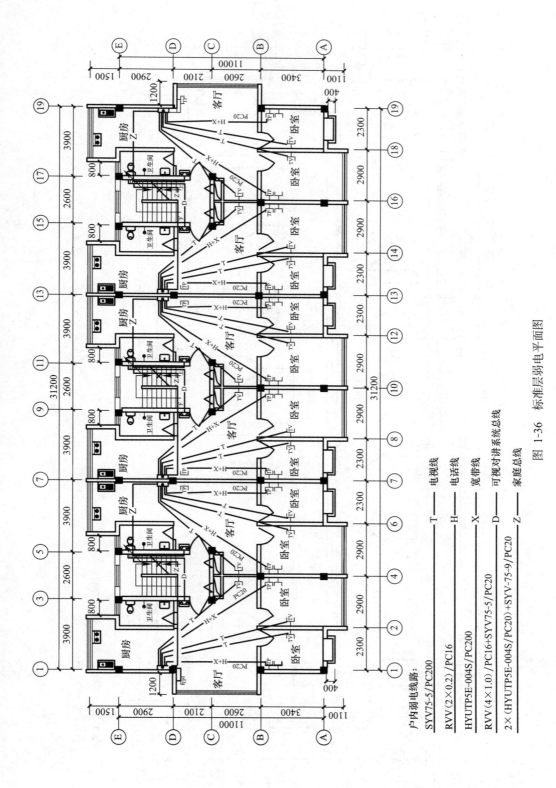

图 1-36 标准层弱电平面图

户内弱电线路：

SYV75-5/PC200	T —— 电视线
RVV(2×0.2)/PC16	H —— 电话线
HYUTP5E-004S/PC200	X —— 宽带线
RVV(4×1.0)/PC16+SYV75-5/PC20	D —— 可视对讲系统总线
2×(HYUTP5E-004S/PC20)+SYV-75-9/PC20	Z —— 家庭总线

53

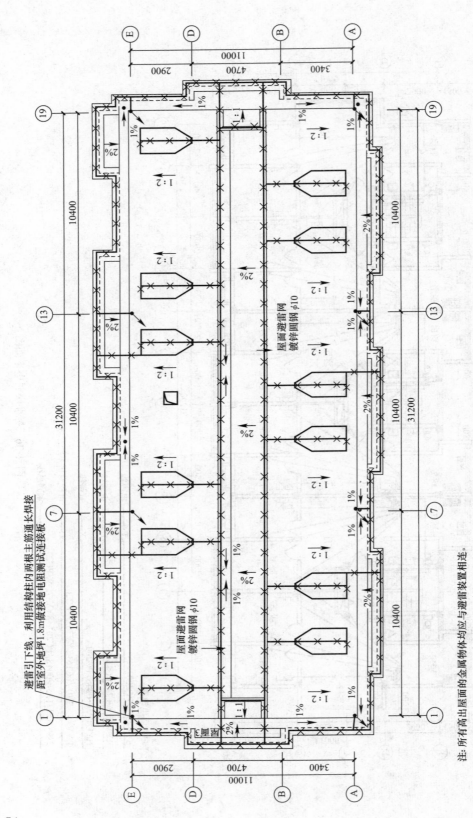

图 1-37 屋顶避雷平面图

注：所有高出屋面的金属物体均应与避雷装置相连。

54

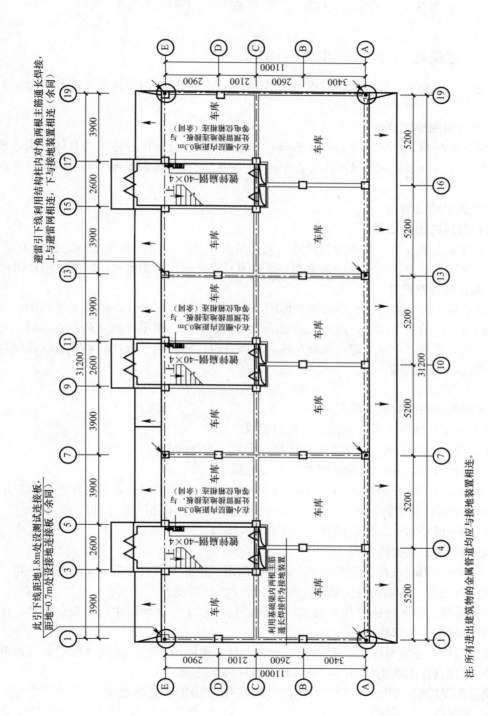

图 1-38 基础接地平面图

注：所有进出建筑物的金属管道均应与接地装置相连。

55

1.4 建筑设备安装工程施工图的绘制

1.4.1 建筑施工图的绘制步骤和方法

建筑施工图的绘制是绘制安装工程施工图的基础，下面先介绍建筑施工图的绘制基本方法和步骤。

1. 确定绘制图样的数量

根据房屋的外形、层数、平面布置和构造内容的复杂程度，以及施工的具体要求，确定图样的数量，做到表达内容既不重复也不遗漏。图样的数量在满足施工要求的条件下以少为好。

2. 选择适当的比例

3. 进行合理的图面布置

图面布置要主次分明，排列均匀紧凑，表达清楚，尽可能保持各图之间的投影关系。同类型的、内容关系密切的图样，集中在一张或图号连续的几张图纸上，以便对照查阅。

4. 施工图的绘制方法

绘制建筑施工图的顺序，一般是按平面图→立面图→剖面图→详图顺序来进行的。先用铅笔画底稿，经检查无误后，按国标规定的线型加深图线。铅笔加深或描图上墨时，一般顺序是：先画上部，后画下部；先画左边，后画右边；先画水平线，后画垂直线或倾斜线；先画曲线，后画直线。

建筑施工图画法举例

(1) 建筑平面图的画法步骤

1) 画所有定位轴线，然后画出墙、柱轮廓线。

2) 定门窗洞口的位置，画细部，如楼梯、台阶、卫生间等。

3) 经检查无误后，擦去多余的图线，按规定线型加深。

4) 标注轴线编号、标高尺寸、内外部尺寸、门窗编号、索引符号以及书写其他文字说明。在底层平面图中，还应画剖切符号以及在图外适当的位置画上指北针图例，以表明方位。

最后，在平面图右下方标题栏内写出图名及比例等。

(2) 建筑立面图的画法步骤

建筑立面图一般应画在平面图的上方，侧立面图或剖面图可放在所画立面图的一侧。

1) 画室外地坪、两端的定位轴线、外墙轮廓线、屋顶线等。

2) 根据层高、各种分标高和平面图门窗洞口尺寸，画出立面图中门窗洞、檐口、雨篷、雨水管等细部的外形轮廓。

3) 画出门扇、墙面分格线、雨水管等细部，对于相同的构造、做法（如门窗立面和开启形式）可以只详细画出其中的一个，其余的只画外轮廓。

4) 检查无误后加深图线，并注写标高、图名、比例及有关文字说明。

(3) 剖面图的画法步骤

1) 画定位轴线、室内外地坪线、各层楼面线和屋面线，并画出墙身轮廓线。

2) 画出楼板、屋顶的构造厚度，再确定门窗位置及细部（如梁、板、楼梯段与休息平台等）。

3）经检查无误后，擦去多余线条。按施工图要求加深图线，画材料图例。注写标高、尺寸、图名、比例及有关文字说明。

（4）楼梯详细的画法步骤

1）楼梯平面图

① 首先画出楼梯间的开间、进深轴线和墙厚、门窗洞位置。确定平台宽度、楼梯宽度和长度。

② 采用两平行线间距任意等分的方法划分踏步宽度。

③ 画栏杆（或栏板），上下行箭头等细部，检查无误后加深图线，注写标高、尺寸、剖切符号、图名、比例及文字说明等。

2）楼梯剖面图的画法步骤

① 画轴线、定室内外地面与楼面线、平台位置及墙身，量取楼梯段的水平长度、竖直高度及起步点的位置。

② 用等分两平行线间距离的方法划分踏步的宽度、步数和高度、级数。

③ 画出楼板和平台板厚，再画楼梯段、门窗、平台梁及栏杆、扶手等细部。

④ 检查无误后加深图线，在剖切到的轮廓范围内画上材料图例，注写标高和尺寸，最后在图下方写上图名及比例等。

1.4.2　室内给水排水工程图的绘制

绘制室内给水排水工程图，一般是先绘制其平面图，然后绘制系统图，最后绘制详图。

1. 室内给水排水平面图的绘制步骤

绘制室内给水排水平面图，一般是先绘制底层给水排水平面图，后绘制其余各楼层给水排水平面图，最后绘制屋顶给水排水平面图。每一楼层给水排水平面图的绘制步骤如下：

（1）绘制建筑平面图。

绘制时，先绘制定位轴线，然后绘制墙体、柱子、门窗、洞口、楼梯及台阶等轮廓线。

（2）绘制卫生器具的平面布置。

（3）绘制给水排水管道的平面布置。

绘制顺序：立管→给水引入管、排水排出管→干管→支管→管道附件。

（4）绘制有关图例。

（5）标注尺寸、标高、编号及其必要的文字说明。

2. 室内给水排水系统图的绘制步骤

室内给水排水系统图是依照其平面图绘制。绘制时，按照给水系统和排水系统分别绘制。给水系统按照每根给水引入管分组绘制；排水系统又按照每根排水排出管分组绘制。其步骤如下：

（1）确定轴测轴。

（2）绘制立管、引入管和排出管。

在一般情况下，当一条引入管或排出管服务于一根立管时，常先绘制引入管或排出管；当一条引入管或排出管服务于多根立管时，则先绘制引入管或排出管，后绘制立管。

（3）绘制立管上的一层地面和各楼层地面（屋面）。

（4）绘制各层平面上的横管。

绘制时，先绘制与轴线相平行的横管，后绘制与轴线不平行的横管。

（5）绘制管道系统上的附件。

给水管道系统图上的阀门、水表、水龙头等，排水管道系统图上的检查口、透气帽、地漏等附件均应按照规定图例符号进行绘制。

（6）绘制管道穿墙、梁等的断面图。

（7）标注管径、标高、坡度、编号及其必要的文字说明。

1.4.3 供暖工程图的绘制

绘制供暖工程图，先绘制平面图，后绘制系统图，最后绘制国标图中所缺的详图（局部节点大样图）。

1. 平面图绘制步骤

绘制供暖平面图，一般先绘制一层供暖系统平面图，再绘制顶层供暖系统平面图（对于上分式而言），然后绘制其余各楼层供暖系统平面图。

绘制每一层供暖系统平面图的步骤如下：

（1）绘制建筑平面图。

供暖系统平面图中的建筑轮廓应与建筑平面图一致。绘制时，先绘制定位轴线，以便控制整个平面图的范围，然后根据定位轴线依次绘制墙体、门窗、楼梯等。

（2）绘制散热设备的平面布置图。

（3）绘制供暖管道系统图。

绘制时，可按照热力入口→立管→供水（汽）干管、回水（凝结水）干管→散热器支管→附件的顺序进行。

（4）编号、标注尺寸、编写说明。

2. 系统图绘制步骤

根据平面图绘制其系统图。一般采用与相对应的平面图的比例绘制。绘制时，可将系统图中的各立管所能穿过的地面、楼面相应地绘制在同一水平线上，以便绘制和识图。绘制步骤如下：

（1）确定轴测图。

一般采用三等轴测投影绘制。

（2）绘制管道系统。

对于上分式系统，可按照总立管→供水（汽）干管→立管→回水（凝结水）干管→热力入口→散热器支管→散热器→附件的顺序进行。

（3）标注尺寸、标高、供暖入口和立管编号及必要的文字说明。

1.4.4 通风空调工程图绘制步骤

1. 平面图

绘制每一层通风空调工程图的一般步骤如下：

（1）用细实线描绘建筑平面图的主要轮廓。描绘建筑平面图的步骤是：首称绘定位轴线，然后绘与通风空调系统有关的墙身、柱子、门窗、楼梯等的轮廓线。

（2）布置通风空调设备的位置。布置通风空调设备位置时，按其外形轮廓线绘出。

（3）绘制管道系统。绘制管道系统时，先绘主管，后绘支管，最后绘风口。

（4）标注尺寸与编号。标注建筑定位轴线间距、外墙长宽总尺寸、墙厚、地面标高、主要通风空调设备的轮廓尺寸、通风空调设备和管道的定位尺寸等。

2. 剖面图

绘制剖面图的步骤一般是：

（1）绘制房屋建筑的有关轮廓线，其顺序是：地面线→定位轴线→墙身、楼层、屋面→门、窗、楼梯等。

（2）绘制通风空调设备的外形轮廓线。

（3）绘制管道与部件。

（4）标注尺寸。

3. 系统图

绘制步骤一般为：确定轴测轴→通风空调设备→管道系统（先主管，后支管，最后风口等部件）→标注尺寸。

1.4.5 电气工程施工图的绘制

动力及照明平面图是在房屋建筑平面图的基础上，加上所采用的图形符号和文字标注的方法绘制而成的，其绘制步骤大致如下：

（1）抄绘房屋建筑平面的有关内容（外墙、门窗、房间、楼梯等），其图线宽度为 $b/3$。

（2）画有关的电力设备、配电箱、开关等（$b/2$）。

（3）画有关的照明灯具、插座等用电装置（$b/2$）。

（4）画进户线及电气设备、有关灯具间的连接线（b）。

（5）对线路、设备等附加文字标注及必要文字说明。

第 2 章　房屋构造和结构体系

2.1　房屋建筑的类型和构成

2.1.1　基本概念

（1）**建筑**：建筑既表示建造房屋和从事其他土木工程的活动，又表示这种活动的成果——建筑物（广义），也是某个时期、某种风格的建筑物及其所体现的建筑技术和艺术的总称。

（2）**建筑物**：人们为从事生产、生活和各种社会活动的需要，利用所掌握的物质技术条件，运用科学规律和美学法则而创造的社会生活环境或场所。

（3）**构筑物**：仅仅为满足生产、生活的某一方面需要而建造的某些工程设施。

2.1.2　房屋建筑的构成要素

（1）**建筑功能**：指建筑物的实用性，是任何建筑物所具有的为人所用的属性。

（2）**物质技术条件**：从事营造活动所采用的各种物质技术手段。包括建筑材料、建筑结构、建筑设备、建筑施工等。

（3）**建筑形象**：建筑内外观感的具体体现，包括建筑体形、建筑立面形式、建筑色彩、材料质感等。

2.1.3　房屋建筑的类型

1. 按建筑物的使用性质分

民用建筑——非生产性建筑，供人们居住和进行公共活动的建筑的总称。包括居住建筑和公共建筑。

工业建筑——工业生产性建筑，如主要生产厂房、辅助生产厂房等。

农业建筑——指农副业生产建筑，如粮仓、饲养场等。

2. 按建筑物主要承重构件采用的材料分

（1）木结构。

（2）砌体（砖石）结构建筑。

（3）钢结构建筑。

（4）砖混（混合）结构建筑。

（5）钢筋混凝土结构建筑。

（6）钢-钢筋混凝土结构建筑。

（7）其他材料建筑：索-膜结构。

3. 按建筑物的结构体系分

（1）墙承重体系：剪力墙结构。

（2）骨架承重（框架结构）：内框架结构、底层框架结构。

（3）筒体结构。

（4）大跨空间结构。

（5）组合结构：框架剪力墙结构；框架筒体结构。

4. 按建筑物的层数分

住宅建筑：低层：1～3 层；多层：4～6 层；中高层：7～9 层；高层：10～30 层。

公共建筑及综合性建筑：建筑物总高度在 24m 以下者为非高层建筑，总高度在 24m 以上者为高层建筑。

建筑物高度＞100m 时，不论住宅或公共建筑均为超高层建筑。

工业建筑（厂房）：单层厂房、多层厂房、混合层数的厂房。

5. 按建设的规模分

大量性建筑：大量性建筑是指单体建筑规模不大，但建设数量多的建筑、如住宅、学校、医院等。

大型性建筑：大型性建筑是指单体建筑规模大、投资大的建筑。如大型体育馆、大型剧院、大型博览馆等。

6. 按建筑物的耐火等级分类

现行《建筑设计防火规范》GB 50016 把建筑物的耐火等级划分为四级。建筑物的耐火等级是按组成房屋构件的耐火极限和燃烧性能两个因素来确定的。一级的耐火性能最好，四级最差。性质重要的或规模宏大的或具有代表性的建筑，通常按一、二级耐火等级进行设计；大量性的或者一般的建筑按二、三级耐火等级设计；很次要的或临时建筑按四级耐火等级设计。

7. 按建筑的耐久年限分类

以主体结构确定的建筑耐久年限分为四级：

一级建筑：耐久年限为 100 年以上，适用于重要的建筑和高层建筑。

二级建筑：耐久年限为 50～100 年，适用于一般性建筑。

三级建筑：耐久年限为 25～50 年，适用于次要的建筑。

四级建筑：耐久年限为 15 年以下，适用于临时性建筑。

2.1.4 房屋建筑的构成及影响因素

1. 房屋建筑的构成

不论是工业建筑还是民用建筑，房屋一般都由：

（1）基础（或地下室）。

（2）主体结构（墙、梁、柱、板或屋架等）。

（3）门窗。

（4）屋面（包括保温、隔热、防水层或瓦屋面）。

（5）楼面和地面（包括楼梯）及其各层构造。

（6）各种装饰。

（7）给水、排水系统，动力、照明系统，供暖、空调系统，通信等弱电系统。

（8）电梯等。

图 2-1、图 2-2 为一栋单层工业厂房和住宅的基本构成。

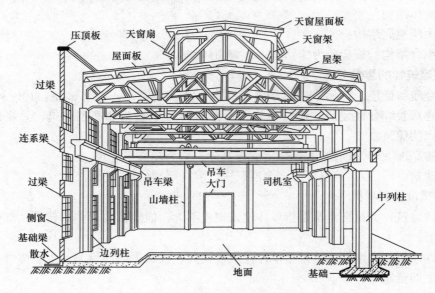

图 2-1　工业厂房的建筑构成

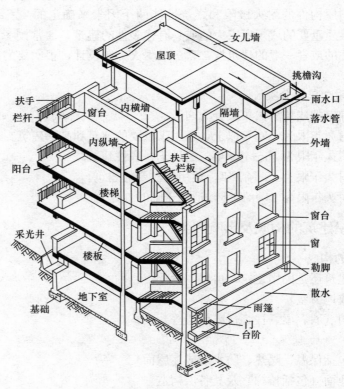

图 2-2　房屋建筑的构成

除了上述房屋构成外，还有一些附属部分，如阳台、雨篷、台阶、坡道、气窗等。

在设计工作中也常把房屋的各组成部分划分为建筑构件（主要指墙、柱、梁、楼板、屋架等承重结构）和建筑配件（指屋面、地面、墙面、门窗、栏杆、花格、细部装修等）。

2. 影响建筑构造的因素

（1）外界环境的影响。

外界作用力的影响主要包括：人、家具和设备、结构自重，风力、地震力以及雨雪荷载等。

（2）气候条件的影响。

气候条件的影响主要包括：温度、湿度、日照、雨雪、风向、风速、地形等。

（3）人为因素的影响。

（4）使用者的要求（生理和心理需求）。

（5）建筑技术条件的影响。

（6）建筑标准的影响。

3. 建筑构造的设计原则

在建筑构造设计中一般遵循坚固实用、技术适宜、经济合理、美观大方的原则。

4. 房屋建筑的等级

房屋建筑在使用中受到各种因素的影响，可根据其类别、重要性、使用年限、防火性划分成不同等级。

2.1.5 建筑模数

1. 基本知识

（1）模数

模数是选定的标准尺寸单位，作为尺度协调中的增值单位。

（2）分类

1）基本模数：模数协调中选用的基本尺度单位，用 M 表示。

$$1M = 100mm$$

2）导出模数：分为扩大模数与分模数，其基数应符合下列规定：

① 扩大模数：指基本模数的整倍数，扩大模数的基数为 3M、6M、12M、15M、30M、60M 共 6 个，其相应的尺寸分别为 300、600、1200、1500、3000、6000mm 作为建筑参数。

② 分模数：指整数除基本模数的数值，分模数的基数为 $\frac{1}{10}$M、$\frac{1}{5}$M、$\frac{1}{2}$M 共 3 个，相应的尺寸为 10、20、50mm。

（3）模数数列

以基本模数、扩大模数、分模数为基础扩展成的一系列尺寸。

2. 模数的应用

（1）基本模数：主要用于建筑物层高、门窗洞口和构配件截面。

（2）扩大模数：主要用于建筑物的开间或柱距、进深或跨度、层高、构配件截面尺寸和门窗洞口等处。

（3）分模数：主要用于缝隙、构造节点和构配件截面等处。

2.2　房屋建筑基本构成

2.2.1　房屋建筑地基与基础

在建筑工程中，把建筑物最下部的承重构件称为基础。基础一般是埋在土壤中的，它承受着整个建筑物的荷载并将这些荷载传递给地基；承受着基础传来荷载的那一部分土层称为地基。直接与基础地面接触的土层称为持力层，其下为下卧层。

基础一般是埋在土壤中的，它是墙体或柱向下的扩大部分，我们把基础和地基接触的那个面称为基础底面，简称基底。从室外的设计地面至基础底面的垂直距离称为基础的埋置深度，简称埋深，基础埋深不超过 5m 时称为浅基础，基础埋深大于或等于 5m 时称为深基础。基础埋深应大于等于 0.5m。

1. 条形基础

基础为连续的带形，也叫带形基础。当地基条件较好，基础埋置深度较浅时，墙承式的建筑多采用带形基础，以便传递连续的条形荷载。条形基础常用砖、石、混凝土等材料建造。当地基承载能力较小，荷载较大时，承重墙下也可采用钢筋混凝土条形基础。如图 2-3 所示。

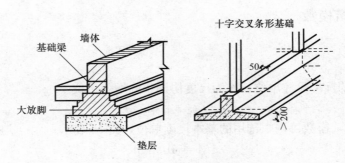

图 2-3　条形基础

2. 独立基础

独立式基础主要用于柱下。在墙承式建筑中，当地基承载力较弱或埋深较大时，为了节约基础材料，减少土石方工程量，加快工程进度，亦可采用独立式基础，如图 2-4 所示。

3. 筏式基础

当上部荷载较大，地基承载力较低，条形基础的底面积占建筑物平面面积较大比例时，可考虑选用整片的筏板承受建筑物的荷载并传给地基，这种基础形似筏子，称筏式基础。如图 2-5 所示。

4. 箱形基础

当建筑物很大，或浅层地质情况较差，基础需埋深时，为增加建筑物的整体刚度，不致因地基的局部变形影响上部结构时，常采用钢筋混凝土将基础四周的墙、顶板、底板整

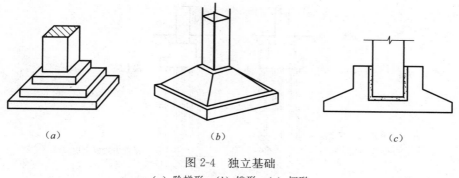

图 2-4　独立基础

(*a*) 阶梯形；(*b*) 锥形；(*c*) 杯形

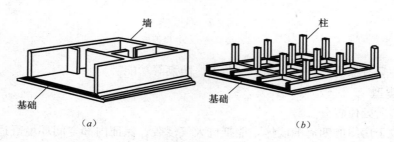

图 2-5　筏形基础

(*a*) 板式；(*b*) 梁板式

浇成刚度很大的盒状基础，即箱形基础，常用于高层建筑或在软弱地基上建造重型建筑。如图 2-6 所示。

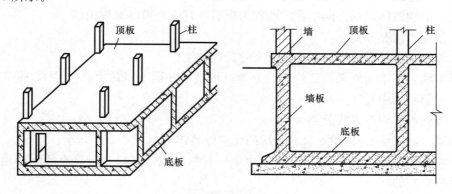

图 2-6　箱形基础

5. 桩基础

当建筑物荷载较大，地基的软弱土层厚度在 5m 以上，基础不能埋在软弱土层内，或对软弱土层进行人工处理困难和不经济时，常采用桩基础。桩基的种类很多，最常采用的是钢筋混凝土桩，其根据施工方法不同可分为打入桩、压入桩、振入桩及灌入桩等。根据受力性能不同，又可以分为端承桩和摩擦桩等，见图 2-7。

2.2.2　墙体的构造

墙体是在房屋中起承重、围护和分隔作用的构件。墙体除满足结构方面的要求外，作

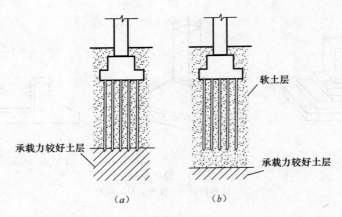

图 2-7　桩基础
(a) 端承桩；(b) 摩擦桩

为围护构件还具有保温、隔热、隔声、防火、防潮等功能。

1. 墙体类型

（1）按墙所处位置分

外墙：位于房屋的四周的墙体，能抵抗大气侵袭、保证内部空间环境舒适，故又称为外围护墙。

内墙：位于房屋内部的墙体，主要起分隔内部空间作用。

（2）按墙的布置方向分

纵墙：沿建筑物长轴方向布置的墙称为纵墙。

横墙：沿建筑物短轴方向布置的墙称为横墙，其中外横墙又称山墙。

（3）按受力情况分类

承重墙：直接承受楼板及屋顶传下来的荷载的墙。

非承重墙：不承受外来荷载的墙。分为自承重墙和隔墙（砖混结构中）、框架填充墙和幕墙（框架结构中）。

（4）按材料及构造方式分类

实体墙（实心墙）：由单一材料组成的无空隙墙体。

空体墙（空斗墙、烧结空心砖墙）：由单一材料组成，材料本身具有孔洞或由一种材料砌成具有空腔的墙。

复合墙：由两种以上材料组合而成的墙。如钢筋混凝土和加气混凝土构成的复合板材墙，前者起承重作用，后者起保温隔热作用。

（5）按施工方法分类

叠砌式墙（块材墙）：如砖墙、石墙及各种砌块墙等。

现浇整体式墙（板筑墙）：如现浇混凝土墙等。

预制装配式墙（板材墙）：如预制混凝土大板墙、各种轻质条板内隔墙。

2. 承重墙体的结构布置

结构布置是指梁、板、墙、柱等结构构件在房屋中的总体布局。砖混结构建筑的结构布置方案通常有横墙承重、纵墙承重、纵横墙双向承重、局部框架承重几种方式。

3. 块材墙构造

块材墙是用砂浆等胶结材料将砖石块材等组砌而成，也可以简称为砌体。

（1）墙体组砌要求

墙体组砌是指块材在砌体中的排列方式。组砌时要求：横平竖直、砂浆饱满、上下错缝、内外搭接、接槎牢固。

（2）墙体尺度

1）墙段厚度

普通砖墙的厚度是按砖的尺度加灰缝尺度来确定的。常见砖墙厚度如表 2-1 所示。

常见砖墙厚度　　　　　　　　　　　　　　　　　　表 2-1

墙　厚	名　称	尺寸（mm）	墙　厚	名　称	尺寸（mm）
1/4 砖墙	6 厚墙	53	1 砖墙	24 墙	240
1/2 砖墙	12 墙	115	$1\frac{1}{2}$ 砖墙	37 墙	365
3/4 砖墙	18 墙	178	2 砖墙	49 墙	490

2）墙段长度

按砖的尺度倍数确定。

常用：240、370、490、620、740、870、990、1120、1240mm 等数列。

3）洞口尺寸

洞口尺寸主要指门窗洞口，其尺寸应按模数协调统一标准制定。一般 1000mm 以内的洞口尺度采用基本模数 100mm 的倍数，如 600、700、800、900、1000mm，大于 1000mm 的洞口尺度采用扩大模数 300mm 的倍数，如 1200、1500、1800mm 等。

（3）墙身的细部构造

1）墙脚构造

墙脚是指室内地面以下，基础顶面以上的这段墙体。

① 墙身防潮的方法是在墙角铺设防潮层，防止土壤和地面水渗入砖墙体。防潮层的构造做法常用防水砂浆防潮层、细石混凝土防潮层、油毡防潮层三种，如图 2-8 所示。如果墙脚采用不透水的材料（如条石或混凝土等），或设有钢筋混凝土地圈梁时，可以不设防潮层。

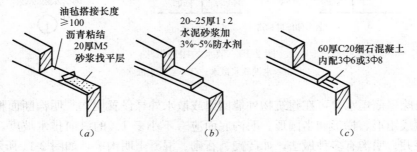

图 2-8　墙身防潮层的构造做法

（a）油毡防潮层；（b）防水砂浆防潮层；（c）细石混凝土防潮层

② 勒脚构造

勒脚是外墙的墙角，它起着保护墙体和增加建筑物立面美观的作用。它不但受到地基土壤水气的侵袭，而且雨水的飞溅、地面积雪和外界机械作用力对它产生危害作用，所以除要求要设置墙身防潮层外，还应特别加强勒脚的坚固耐久性。通常做法有三种，如图 2-9 所示。

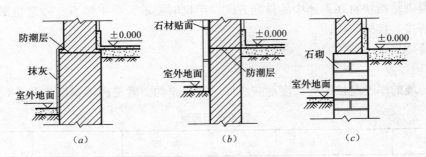

图 2-9　勒脚构造做法
(a) 抹面；(b) 贴面；(c) 石砌

③ 外墙周围的排水处理

为了防止雨水对墙基的侵蚀，常在外墙四周将地面做成倾斜的坡面，以便将雨水排至远处，这一坡面称散水或护坡。散水的宽度一般为 600～1000mm，并要求比屋面檐口宽出 200mm 左右，散水向外设 5% 左右的排水坡度。散水做法通常有砖砌、块石、水泥砂浆、混凝土等。如图 2-10 所示。

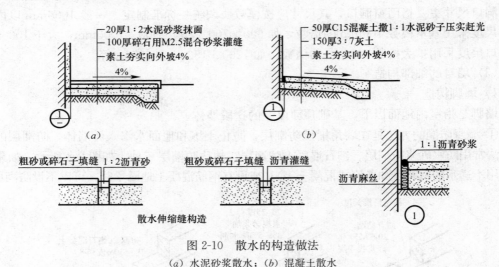

图 2-10　散水的构造做法
(a) 水泥砂浆散水；(b) 混凝土散水

为了排除屋面雨水，可在建筑物外墙四周或散水外缘设置明沟。明沟断面根据所用材料的不同做成矩形、梯形和半圆形。明沟底面应有不小于 1% 的纵向排水坡度，使雨水顺畅地流至窨井。明沟有多种做法，如砖砌、石砌、混凝土明沟等，如图 2-11 所示。

2) 门窗洞口构造

① 门窗过梁

过梁是用来支承门窗洞口以上墙体和楼板荷载的承重构件。根据材料和构造方式不同，过梁有钢筋混凝土过梁、平拱砖过梁、钢筋砖过梁三种。

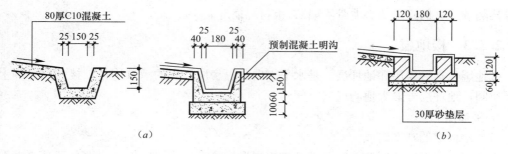

图 2-11　明沟构造

② 窗台

窗台的作用是排出沿窗面流下的雨水，防止其渗入墙身且沿窗缝渗入室内，同时避免雨水污染外墙面。为便于排水一般设置为挑窗台。

3）墙身加固措施

① 壁柱和门垛

门垛用以保证墙身稳定和门框安装，其宽度同墙厚、长度与块材尺寸规格相对应；当墙体受到集中荷载或墙体过长时应增设壁柱，和墙共同承担荷载并稳定墙身，其尺寸应符合块材规格。

② 圈梁

圈梁是指在房屋外墙和部分内墙中设置的连续而封闭的梁。其作用是增加房屋的整体刚度和稳定性，减轻地基不均匀沉降对房屋的破坏，抵抗地震力影响。

③ 构造柱

构造柱与各层圈梁连接，形成空间骨架，加强墙体抗弯、抗剪能力，使墙体在破坏过程中具有一定的延伸性，减缓墙体的酥碎现象产生，如图 2-12 所示。构造柱设置基本要求：抗震设防地区，多层砖混结构房屋，外墙四角、错层部位横墙与外纵墙交接处、较大洞口两侧、大房间内外墙交接处、楼梯间四角。

④ 空心砌块墙体墙芯柱

采用混凝土空心砌块时，应在房屋四大角、外墙转角、楼梯间四角设芯柱。芯柱用 C15 细石混凝土填入砌块孔洞中，并在孔中插入通长钢筋。

4）墙体变形缝构造

变形缝是为防止建筑物在外界因素（温度变化、地基不均匀沉降及地震）作用下产生变形，导致开裂甚至破坏而人为设置的适当宽度的缝隙，包括温度伸缩缝、沉降缝和防震缝三种。

4. 隔墙

隔墙是指分隔室内空间的非承重构件。

按构成方式：分为块材隔墙（砌筑隔墙）、

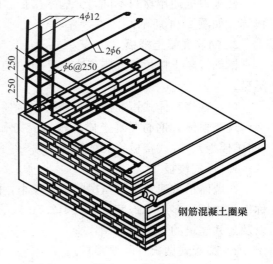

图 2-12　构造柱

轻骨架隔墙（立筋式隔墙、龙骨隔墙）、板材隔墙等。

2.2.3 楼地层

楼地层包括楼盖层和地坪层，是水平方向分隔房屋空间的承重构件，楼盖层分隔上下楼层空间，地坪层分隔大地与底层空间。

1. 楼盖层

（1）楼板层的基本组成

为了满足楼板层使用功能的要求，楼板层形成了多层构造的做法，而且其总厚度取决于每一构造层的厚度。通常楼板层由以下几个基本部分组成，如图2-13所示。

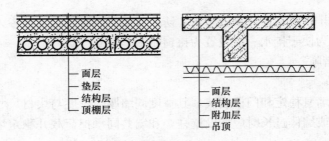

图 2-13　楼板层的组成

面层：又称楼面或地面。保护楼板、承受并传递荷载，清洁及装饰作用。

楼板结构层：楼板层的结构层，一般包括梁和板。承受楼板层上的全部荷载，并将这些荷载传给墙或柱，同时还对墙身起水平支撑的作用，增强房屋刚度和整体性。

顶棚：楼板层的底面部分。根据其构造不同，有抹灰顶棚、粘贴类顶棚和吊顶三种，清洁及装饰作用。

现代化多层建筑中楼盖层往往还需设置管道敷设、防水、隔声、保温等各种附加层。

（2）楼板的类型

楼板根据使用材料不同，分为木楼板、砖拱楼板、钢筋混凝土楼板、压型钢板组合楼板等。如图2-14所示。

2. 钢筋混凝土楼板

钢筋混凝土楼板按其施工方法不同，有现浇整体式、预制装配式和装配整体式三种类型。

（1）现浇整体式钢筋混凝土楼板

现浇整体式钢筋混凝土楼板根据受力和传力情况的不同分为板式楼板、梁板式楼板（肋梁楼板）、井式楼板、无梁楼板。

1）板式楼板

在墙体承重建筑中，当房间尺度较小，楼板上的荷载直接靠楼板传给墙体，这种楼板称板式楼板。多用于跨度较小（≤2.5m）的房间或走廊（如居住建筑中的厨房、卫生间以及公共建筑的走廊等）。

2）梁板式楼板（肋梁楼板）

当房间的跨度较大，为使楼板结构的受力与传力更加合理，常在楼板下设梁，以减小

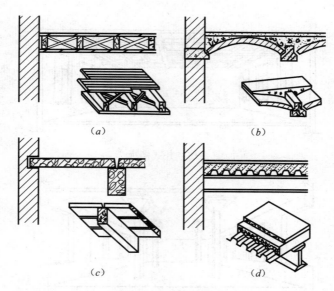

图 2-14 楼板的类型

(*a*) 木楼板；(*b*) 砖拱楼板；(*c*) 钢筋混凝土楼板；(*d*) 压型钢板组合楼板

板的跨度，使楼板上的荷载先由板传给梁，然后由梁再传给墙或柱。这样的楼板结构称肋梁楼板，亦称梁板式楼板。有单向板肋梁楼板和双向板肋梁楼板之分。其中梁有主梁与次梁之分。如图 2-15 所示。

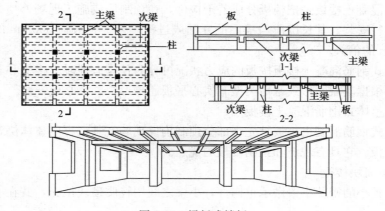

图 2-15 梁板式楼板

3）井式楼板

对平面尺寸较大且平面形状为方形或近似方形的房间或门厅，可将两个方向的梁等间距布置，并采用相同的梁高，形成井字形梁，称为井字梁式楼板或井式楼板，如图 2-16 所示。它是梁式楼板的一种特殊布置形式，井式楼板无主梁、次梁之分。井式楼板的梁由于布置规整，故具有较好的装饰性。一般多用于公共建筑的门厅或大厅。

4）无梁楼板

无梁楼板是将楼板直接支承在柱上，楼板的四周支撑在边梁或圈梁上，边梁支撑在墙或柱上，楼板内不设梁，如图 2-17 所示。无梁楼板具有顶棚平整、室内空间大、采光通

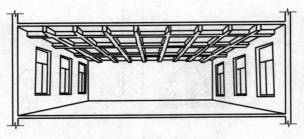

图 2-16　井式楼板

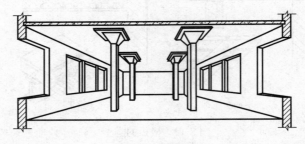

图 2-17　无梁楼板

风好等特点，适用于楼面荷载较大且平面近方形、层高受限的商场、展览馆、仓库等建筑。

（2）预制装配式钢筋混凝土楼板

预制钢筋混凝土楼板是把楼板分成若干构件，在预制厂或施工现场外预先制作，然后在施工现场进行安装。其长度应与房屋的开间或进深一致，一般为 300mm 的倍数。宽度一般是 100mm 的倍数。

预制装配式钢筋混凝土楼板按板的应力状况可分为预应力混凝土楼板和非预应力混凝土楼板两种。根据其截面形式常用类型有实心平板、槽形板、空心板三种。

（3）装配整体式钢筋混凝土楼板

装配整体式钢筋混凝土楼板是先将部分预制构件现场安装，再以整体浇筑的方法将其连成一体的楼板。它具有现浇和预制楼板的优点。

1）密肋填充块楼板

采用间距较小的密肋小梁做承重构件，小梁之间用轻质砌块填充，并在上面整浇面层而形成的楼板。

2）叠合式楼板

由预制板和现浇钢筋混凝土层叠合而成的装配整体式楼板。适用于对整体刚度要求较高的高层建筑和大开间建筑。

3. 地坪层

地坪层一般由面层、垫层和基层（素土夯实层）组成，对有特殊要求的地坪层，可在面层与垫层之间增设附加层。

4. 阳台和雨篷

（1）阳台的类型

1）按阳台与建筑物外墙关系的不同：凸阳台（挑阳台）；凹阳台；半凸半凹阳台。

2）按阳台在外墙上所处位置不同：中间阳台；转角阳台。

3）按施工方法分：现浇阳台和预制阳台。

4）按用途分：生活阳台——设在向阳面或主立面、主要供人们休息、活动、晾晒用；服务阳台——多与厨房相连，主要供人们从事家庭劳务操作与存放杂物用。

（2）阳台承重结构的布置

1）墙承式阳台

墙承式阳台是将阳台板搁置在墙体上，阳台荷载直接传递到承重墙上，阳台板的跨度和板型一般与房间楼板相同。

2）悬挑式

分挑梁式（阳台两边设置挑梁，挑梁上搁阳台板）和挑板式阳台（由楼板或圈梁、过梁出挑阳台板形成阳台的承重构件）。施工方式可为现浇或预制。

（3）雨篷

雨篷设于房屋出入口上方，防止人们被雨淋湿，保护门和丰富建筑立面造型。由雨篷梁、雨篷板、挡水台、排水口等组成。

2.2.4 楼梯

楼梯是供人们在房屋中楼层间竖向交通的构件。楼梯由梯段、楼梯平台、栏杆和扶手组成。如图 2-18 所示。

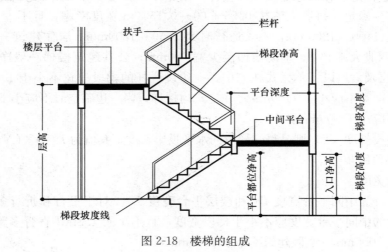

图 2-18　楼梯的组成

1. 楼梯的分类

楼梯的类型按照楼梯的材料分类有：竹楼梯、木楼梯、钢楼梯、钢筋混凝土楼梯和组合材料楼梯等；按照楼梯的位置分为室内楼梯和室外楼梯；按照楼梯的使用性质：有主要交通楼梯、辅助楼梯、疏散楼梯和消防楼梯；按照楼梯间的平面形式：有开敞楼梯、封闭楼梯和防烟楼梯；按结构形式：有梁式楼梯、板式楼梯、悬臂式楼梯、悬挂式楼梯和墙承式楼梯；按照施工方法的不同分为现浇整体式钢筋混凝土楼梯和预制装配式钢筋混凝土楼梯。

2. 楼梯尺寸

(1) 楼梯的坡度及踏步尺寸

楼梯坡度范围在 $25°\sim45°$ 之间，$30°$ 是楼梯的适宜坡度。普通楼梯的坡度不宜超过 $38°$，楼梯的坡度决定了踏步的高宽比，在设计中常使用如下经验公式：

$$2h+b=600\sim620\text{mm} \text{ 或 } h+b=450\text{mm} \tag{2-1}$$

式中　　　h——踏步高度；

　　　　　b——踏步宽度；

$600\sim620$mm——人的平均步距。

踏步尺寸一般根据建筑的使用功能、使用者的特征及楼梯的通行量综合确定，具体可参见表 2-2 之规定。为适应人们上下楼常将踏面适当加宽，而又不增加梯段的实际长度，可将踏面适当挑出，或将踢面前倾。

楼梯踏步尺寸　　　　　　　　　　　　　　　　　　表 2-2

名　称	住　宅	学校、办公楼	剧院、会堂	医院（病人用）	幼儿园
踏步高 h（mm）	$150\sim175$	$140\sim160$	$120\sim150$	150	$120\sim150$
踏步宽 b（mm）	$260\sim300$	$280\sim340$	$300\sim350$	300	$260\sim300$

注：住宅楼梯踏步宽不小于 260mm，高不大于 175mm。

(2) 梯段尺度（宽度及长度）

宽度：（整栋建筑梯段总宽及单部楼梯梯段宽）梯段宽度应根据紧急疏散时要求通过的人流股数多少确定。每股人流按 $0.55+(0\sim0.15)$ m 宽度考虑，且不少于两股人流。双人通行时为 $1100\sim1200$mm，三人通行时为 1650～1800mm。居住建筑一般为 1100～1200mm，供两股人流上下。辅助楼梯至少宽 900mm；公共建筑楼梯一般净宽为 1400～2000mm；六层及六层以下单元式住宅中，一边设栏杆的梯段净宽不小于 1000mm；高层居住建筑楼梯净宽不应小于 1100mm；住宅户内楼梯，当一边临空时不应小于 750mm，当两边为墙时不应小于 900mm。

长度：梯段长度（L）则是每一梯段的水平投影长度，其值为 $L=b\times(N-1)$。b 为踏步宽；N 为梯段踏步数。

(3) 平台宽度

平台宽度分为中间平台宽度 D_1 和楼层平台宽度 D_2。对于平行和折行多跑等类型楼梯，其转向后的中间平台宽度应不小于梯段宽度，且不小于 1.2m；直行多跑楼梯中间平台宽度不小于 1000mm（医院建筑不小于 1800mm）。

对于楼层平台宽度，则应比中间平台更宽松一些，以利人流分配和停留。

(4) 梯井宽度

所谓梯井，系指梯段之间形成的空档，此空档从顶层到底层贯通。为了安全，宽度应小，以 $60\sim200$mm 为宜。公共建筑梯井不宜小于 150mm。当梯井宽大于 500mm 时，常在平台处设水平保护栏杆或其他防坠落措施。

(5) 栏杆扶手尺度

梯段栏杆扶手高度应从踏步中心点垂直量至扶手顶面。高度影响因素：人体重心高度和楼梯坡度大小等。一般不低于 900mm，供儿童使用的楼梯应在 500～600mm 高度增设扶手。住宅楼梯扶手高度不应小于 1050mm。

（6）楼梯净空高度

楼梯各部位的净空高度应保证人流通行和家具搬运，一般要求不小于 2000mm，梯段范围内净空高度应大于 2200mm。如图 2-19 所示。

3. 其他竖向交通设施

楼梯（扶梯）作为竖向交通和人员紧急疏散的主要交通设施，使用最为广泛。垂直升降电梯用于高层建筑或 7 层及 7 层以上的住宅建筑以及使用要求较高的宾馆等低层建筑。自动扶梯（通过链式输送机自动运送）仅用于人流量大且使用要求高的公

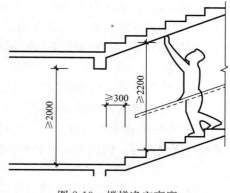

图 2-19　楼梯净空高度

共建筑，如商场、候车楼等。台阶用于室内外高差之间和室内局部高差之间的联系。坡道则多用于有无障碍交通要求的高差之间的联系，也用于多层车库中通行汽车和医疗建筑中通行担架车等，在其他建筑中，坡道也作为残疾人轮椅车的专用交通设施。爬梯专用于不常用的消防和检修等。自动步道（依靠电动机械自动运送）适用于大型公共建筑，一般坡度小于 12°。

2.2.5　门窗

1. 门

（1）门的作用：出入、疏散、采光、通风、防火（防火门）、分隔建筑空间、突出建筑重点等。

（2）门的设置要求：门是围护结构的一部分，故要求门的材料、构造和施工质量能满足隔声、保温、防风沙、防雨淋等要求。门的设置位置、开启方式、开启方向等做到方便简捷、少占面积、开关自如、减少交叉。位于外墙的门（外门）应设置雨篷或门廊，以防雨水淋湿和防止雨水流入室内。位于内墙的门（内门），应轻便简捷，开关无噪声。

（3）门的形式、组成与尺度

1）门的形式按开启方式有：平开门、弹簧门、推拉门、折叠门、转门、卷帘门、上翻门、伸缩门等。按使用材料分类：有木门、钢门、塑钢门、铝合金门、玻璃钢门、无框玻璃门等等。

2）门的基本组成

门由门框、门扇、亮子和建筑五金（铰链、插销、门锁、拉手、门碰头等）及附件（贴脸板、筒子板等）等组成。

3）门的尺度

门的尺度通常是指门洞的高宽尺寸。门作为交通疏散，其尺度取决于人的通行要求，家具设备的搬运及与建筑物的比例关系等，并要符合现行《建筑模数协调统一标准》的规定（3M）。

门的高度一般为 2100mm 左右。如门设有亮子时，亮子高度一段为 300～600mm，则门洞高度为门扇高加亮子高，再加门框及门框与墙间的缝隙尺寸，即门洞高度一般为 2400～3000mm。

门的宽度：单扇门为 700～1000mm，双扇门为 1200～1800mm；宽度在 2100mm 以上时，则多做成三扇、四扇门或双扇带固定扇的门；对于辅助房间（如浴厕、贮藏室等），门的宽度可窄些，一般为 700～800mm。

2. 窗

（1）窗的作用：日照采光、通风、传递、观察、眺望、丰富建筑立面等。

（2）窗的形式、组成与尺度

1）窗的形式按开启方式有：平开窗、固定窗、悬窗、推拉窗、立转窗、百叶窗、滑轴窗、折叠窗等。按使用材料分：木窗、钢窗、塑钢窗、铝合金窗、玻璃钢窗等。

2）窗的基本组成

窗由窗框（也称窗樘）、窗扇和建筑五金等组成。

3）窗的尺度

窗的尺度主要取决于房间的采光通风、构造做法和建筑造型等要求，并要符合现行《建筑模数协调统一标准》的规定（扩大模数 3M）。平开木窗窗扇高度 800～1200mm，宽度不宜大于 500mm；上下悬窗窗扇高度为 300～600mm，中悬窗窗扇高度不宜大于 1200mm，宽度不宜大于 1000mm；推拉窗高宽均不宜大于 1500mm。

2.2.6 屋架和屋盖构造

1. 屋架

民用建筑中的坡形屋面和单层工业厂房中的屋盖都有屋架构件。屋架是跨过大的空间（一般在 12～30m）的构件，承受屋面上所有的荷载，如风压、雪重、维修人员的活动、屋面板、屋面瓦或防水、保温层的重量。屋架一般支承在柱上或墙体和附墙柱上。

2. 屋盖

屋盖是房屋最上部的围护构件，起维护、承重、丰富建筑形象等作用。

（1）屋盖的形式

屋盖按所使用的材料，可分为钢筋混凝土屋顶、瓦屋顶、金属屋顶、玻璃屋顶等；按屋顶的外形和结构形式，又可分为平屋顶（坡度小于 10%，一般在 2%～5%）、坡屋顶（坡度大于 10%）、其他形式屋顶（如悬索屋顶、薄壳屋顶、拱屋顶、折板屋顶等）。

（2）屋顶的基本组成

屋顶通常由防水层、保温隔热层、结构层、顶棚层组成。

（3）屋盖排水方式

屋盖排水方式分为无组织排水和有组织排水两类。其中有组织排水又可分为檐沟外排水、女儿墙外排水及内排水。

2.2.7 房屋内外的装修构造

装饰是增加房屋建筑的美感，也是体现建筑艺术的一种手段。装饰分为外装饰和室内装饰。外装饰是对建筑的外部，如墙面、屋顶、柱子、门、窗、勒脚、台阶等表面进行美化；内装饰是在房屋内对墙面、顶棚、地面、门窗、卫生间、内庭院等进行美化。

1. 墙面的装修

根据饰面材料和做法不同分为抹灰类、贴面类、涂料类、铺钉类和裱糊类（内墙面）。

（1）抹灰类墙面装修

抹灰层一般分底灰、中灰、面灰三层。

一般抹灰常用的有石灰砂浆抹灰、水泥砂浆抹灰、混合砂浆抹灰、纸筋石灰浆抹灰、麻刀石灰浆抹灰等。外墙抹灰一般有混合砂浆抹灰、水泥砂浆抹灰等。

装饰抹灰常用的有水刷石面、水磨石面、斩假石面（剁斧石）、干粘石面、喷涂面等。

（2）铺贴类墙面装修

铺贴类墙面装修常用天然石材及面砖类饰面。

天然石材墙面常用花岗石墙面、大理石墙面、碎拼大理石墙面等。其常用安装有：拴挂法、干挂法、聚酯砂浆固定法、树脂胶粘结法。

面砖类墙面常用釉面砖、无釉面砖、仿花岗石瓷砖、劈裂砖等。

（3）涂料类墙面

常用涂料分有机涂料（溶剂型涂料主要用于外墙面、水溶性涂料主要用于内墙面、乳液涂料乳胶漆和乳液厚质涂料用于内外墙）、无机涂料两种。

（4）板材类墙面装修

板材类墙面装修常见的有木制板、金属板、石膏板、塑料板、铝合金板及玻璃钢等其他非金属板材。

（5）裱糊类墙面

裱糊类多用于内墙装饰，也可用于顶棚装饰。其种类：纸面纸基壁纸（糊墙纸），塑料壁纸，玻璃纤维贴墙布，无纺贴墙布，锦缎等。

2. 楼地面装修

楼地面装修包括底层地面和楼层地面两大部分。按其材料和做法分为整体地面、块料地面、塑胶地面、木地面。

（1）整体地面

包括水泥砂浆地面、现制水磨石地面（水泥、石子）、涂饰地面（用调制好的胶浆材料现场涂刷）等。

（2）块材地面

包括石材地面和地砖地面。

（3）塑胶地面

有成卷状供应的卷材地板和成块状供应的块材地板，有较好的弹性、保温、隔声、耐磨、防滑、绝缘和无毒无味等性能。

（4）木地面

有良好的弹性和蓄热性，但不耐火、不耐水、造价昂贵。

硬木地面有条形和拼花两种。条形地面应顺房间采光方向铺设，走道板应沿行走方向铺设，以减少磨损，便于清扫。有空铺和实铺两种做法。

（5）其他类型地面：

地毯：主要有化纤地毯和羊毛地毯，铺设方式有固定和不固定两种，前者在找平层上设弹性垫层，然后铺地毯。

活动地面：又称装配式地板，地板配以横梁、橡胶垫、可供调节高度的金属支架组装成架空地板，一般铺在水泥类基层上，安装、调试、清理和维修方便，下面还可以敷设多条管道和导线，而且可随意开启检查、迁移，广泛用于计算机房、变电所控制室、电化教室、剧场舞台等要求防尘、防静电、防火的房间。

弹性木地面：加了弹性构造的木地面。构造上分为衬垫式和弓式两种，衬垫式是在木龙骨下增设弹性衬垫材料，如橡皮、弹簧等；弓式以木或钢弓支托木搁栅。

3. 顶棚装修

（1）直接式顶棚

直接喷刷涂料顶棚：当楼板底面平整时，可直接在楼板底面喷刷大白浆涂料或 106 涂料二道。

直接抹灰顶棚：当楼板底面不够平整或室内装修要求较高时，可在板底进行抹灰装修。

直接粘贴顶棚：对一些装修要求较高或有保温、隔热、吸声要求的建筑物，如商店营业厅等，在顶棚上直接粘贴装饰墙纸、装饰吸声板以及着色泡沫塑胶板等。

（2）吊顶

吊顶由基层和面层两部分组成。

基层：承受吊顶的荷载，并通过吊筋传给屋顶或楼板承重结构。由吊筋（横撑龙骨）组成。

面层：有植物板材（如胶合板、木工板）、矿物板材（如石膏板、矿棉板）、金属板材（如铝合金板、铝塑板）等。

2.3　常见建筑结构体系简介

2.3.1　混合结构体系

混合结构房屋一般是指楼盖和屋盖采用钢筋混凝土或钢木结构，而墙和柱采用砌体结构建造的房屋，大多用在住宅、办公楼、教学楼建筑中。

因为砌体的抗压强度高而抗拉强度很低，所以住宅建筑最适合采用混合结构，一般在 6 层以下。混合结构不宜建造大空间的房屋。

2.3.2　框架结构体系

框架结构是利用梁、柱组成的纵、横两个方向的框架形成的结构体系。它同时承受竖向荷载和水平荷载。

框架结构的主要优点是建筑平面布置灵活，可形成较大的建筑空间，建筑立面处理也比较方便；主要缺点是侧向刚度较小，当层数较多时，会产生过大的侧移，易引起非结构性构件（如隔墙、装饰等）破坏，而影响使用。

2.3.3　剪力墙体系

剪力墙体系是利用建筑物的墙体（内墙和外墙）做成剪力墙来抵抗水平力。剪力墙一般为钢筋混凝土墙，厚度不小于 140mm。剪力墙的间距一般为 3～8m，适用于小开间的住宅和旅馆等。一般在 30m 高度范围内都适用。

剪力墙结构的优点是侧向刚度大，水平荷载作用下侧移小；缺点是剪力墙的间距小，结构建筑平面布置不灵活，不适用于大空间的公共建筑，另外结构自重也较大。

2.3.4 框架-剪力墙结构

框架-剪力墙结构是在框架结构中设置适当剪力墙的结构。

框架-剪力墙结构中，剪力墙主要承受水平荷载，竖向荷载主要由框架承担。框架-剪力墙结构一般宜用于 10～20 层的建筑。

2.3.5 筒体结构

筒体结构是抵抗水平荷载最有效的结构体系。这种结构体系适用于 30～50 层的房屋。

筒体结构可分为框架-核心筒结构、筒中筒和多筒结构等。

多筒结构是将多个筒组合在一起，使结构具有更大的抵抗水平荷载的能力。

2.3.6 桁架结构体系

桁架结构的优点是可利用截面较小的杆件组成截面较大的构件。单层厂房的屋架常选用桁架结构。

屋架的弦杆外形和腹杆布置对屋架内力变化规律起决定性作用。

2.3.7 网架结构

网架结构可分为平板网架和曲面网架两种。平板网架采用较多，其优点是：空间受力体系，杆件主要承受轴向力，受力合理，节约材料，整体性能好，刚度大，抗震性能好。杆件类型较少，适于工业化生产。

平板网架可分为交叉桁架体系和角锥体系两类。角锥体系受力更为合理，刚度更大。网架的高度主要取决于跨度，网架尺寸应与网架高度配合决定，腹杆的角度以 45°为宜。网架的高度与短跨之比一般为 1/15 左右。

网架杆件一般采用钢管，节点一般采用球节点。

2.3.8 拱式结构

拱是一种有推力的结构，它的主要内力是轴向压力。

拱式结构的主要内力为压力，可利用抗压性能良好的混凝土建造大跨度的拱式结构。由于拱式结构受力合理，故在建筑和桥梁中被广泛应用。它适用于体育馆、展览馆等建筑中。

按照结构的组成和支承方式，拱可分为三铰拱、两铰拱和无铰拱。

2.3.9 悬索结构

悬索结构，是比较理想的大跨度结构形式之一，在桥梁中被广泛应用。目前，悬索屋盖结构的跨度已达 160m，主要用于体育馆、展览馆中。

悬索结构的主要承重构件是受拉的钢索，钢索由高强度钢绞线或钢丝绳制成。

悬索结构包括三部分：索网、边缘构件和下部支承结构。

悬索结构可分为单曲面与双曲面两类。单曲拉索体系构造简单，屋面稳定性差。双曲拉索体系，由承重索和稳定索组成。

2.3.10　薄壁空间结构

薄壁空间结构，也称壳体结构。它的厚度比其他尺寸（如跨度）小得多，所以称薄壁。

它属于空间受力结构，主要承受曲面内的轴向压力。弯矩很小。

薄壳常用于大跨度的屋盖结构，如展览馆、俱乐部、飞机库等。

薄壳结构多采用现浇钢筋混凝土，费模板、费工时。

第3章　设备安装工程测量

3.1　施工测量前期准备工作

施工测量前期准备工作，一般包括：施工资料的收集分析、红线点和测量控制点的交接与复测、测量方案编制以及测量仪器和工具的检验校正等。

3.1.1　施工资料收集、分析

施工测量前，应根据建设工程的要求和施工类型、规模、特点、进度计划安排等，全面收集有关的施工资料，分析其可用性和可靠性，并对数据关系等进行必要的复核。

1. 资料收集

为了满足工程施工和施工测量的需要，一般需要收集的资料有：

（1）城市规划部门的建设用地规划审批图及说明；

（2）建设用地红线点测绘成果资料和测量平面控制点、高程控制点；

（3）总平面图、建筑施工图、结构施工图、设备施工图等施工设计图纸与有关变更文件；

（4）施工组织设计或施工方案；

（5）工程勘察报告；

（6）施工场区地形、地下管线、建（构）筑物等测绘成果。

2. 资料分析

（1）城市规划部门的建设用地规划审批文件的分析

各类工程建设都是经过国家规划管理部门统筹规划并通过审批的。规划用地批复文件，都明确地规定了用地的使用面积、范围、性质、与周边位置关系、建筑高度限制等重要规划指标和要求，是建设用地使用时必须遵守的。因此必须认真分析和理解规划数据和要求。

（2）施工设计图纸与有关变更文件的分析

建筑施工是按设计图纸进行施工的过程，对施工设计图纸与有关变更文件的分析就是对设计要素和条件的了解、掌握与消化、分析的过程，以便指导施工测量工作。

3. 测绘成果资料和测量控制点的交接与复测

建设用地红线点成果，既是确定建设位置详细的成果资料，同时也是施工测量的重要依据。首先要到现场通过正式交接，实地确认桩点完好情况，交接后要对其进行复测，以检核红线点成果坐标和边角关系。

3.1.2　施工测量方案编制

施工测量方案是编制施工方案的重要内容之一。施工测量方案应包括施工准备测量、临时设施测量、管线改移测量、主体施工测量、附属设施及配套工程施工测量、工程监控测量以及竣工验收测量等。对于特殊工程，还应编制专项测量方案。

3.2 常用测量仪器的使用

在建筑安装工程测量中，常用测量仪器有经纬仪、水准仪、全站仪等。

3.2.1 经纬仪

经纬仪是角度测量仪器，由照准部、水平度盘和基座三部分组成。其中照准部由望远镜、竖盘、水准器、读数显微镜与横轴等部分组成；水平度盘部分由水平度盘、度盘变换手轮或复测手柄组成；基座由连接板和三个脚螺旋组成。

1. 经纬仪的对中

对中，对中目的是使水平度盘中心与测站点位于同一铅垂线上。其具体步骤为：

（1）安置三脚架于测站上，使其高度适宜（约与心脏部位等高），脚架头大致处于水平位置，并使架头中心尽可能对准测站点；

（2）在脚架头上安上经纬仪、拧紧中心螺旋。稍稍提起靠近自己的一条三脚架腿，前后左右平移，同时观察光学对中器对准测站点，平移时注意保持架头水平。当仪器整平后对中器少许偏离测站点时，可稍稍松动中心螺旋，使仪器在架头上移动，直至对中器对准测站点，然后拧紧中心螺旋。对中误差一般应小于 1mm。

2. 经纬仪的整平

整平目的是使仪器竖轴竖直，水平度盘处于水平位置。其具体步骤为：

（1）当对中器对准测站点后，踩紧三脚架的三条架腿，伸缩其中两条架腿使圆水准气泡居中；

（2）转动照准部，使水准管平行于任意两个脚螺旋的连线。两手同时相对旋转这两个脚螺旋，使水准管气泡居中（气泡移动的方向和左手拇指的转动方向相一致），如图 3-1（b）所示。

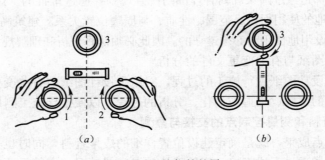

图 3-1 经纬仪的整平

（3）将照准部转动 90°，使水准管与前一位置相垂直，旋转第三个脚螺旋使水准管气泡再次居中，如图 3-1（b）所示。如此反复多次，直至照准部位于任何位置气泡均居中为止。

3. 经纬仪的读数

经纬仪目前一般有两种读数方法：分微尺读数法和测微器读数法，分述于下：

（1）分微尺读数法：先读出位于分微尺上的一根度盘分划线的整度读数，再加上分划线所指示的分微尺上的分秒数。

（2）测微器读数法：先转动测微螺旋，移动双平行丝指标线使之夹准度盘的一条分划线。然后读出此度盘分划注记的读数，再加上单指标线在测微尺上所指的分划数。

3.2.2 全站仪简介

全站仪是一种集测角、测距、计算记录于一体的测量仪器。在实际应用中，只要将各种固定参数（如测站坐标、仪器离、仪器照准差、指标差、棱镜参数、气温、气压等）预先置人仪器，然后照准目标上的反射镜，启动仪器，就可获得水平角、水平距或目标的 X、Y、Z 坐标，且这些观测值都已经过多项改正，并显示在仪器的显示屏上。同时，数据记录在随机的存储器或外置的电子手簿当中，并利用随机的软件进行预处理，作业时直接传输到 PC（个人电脑）中，大大提高了作业的精度和效率。

全站仪大都有角度测量模式、距离测量模式、坐标测量模式、偏心测量模式等功能，其中在角度测量模式下可使仪器水平角置零、水平角读数锁定、从键盘输入设置水平角、设置倾斜改正、设置角度重复测量模式、垂直角及坡度显示等；在距离测量模式下设置距离精测或跟踪模式、偏心测量模式、放样测量模式等；在坐标测量模式下也可设置偏心测量模式等。根据测量任务和目的，利用全站仪可以进行待定点坐标测量、导线测量、后方交会、坐标放样等。

3.2.3 水准仪

水准仪是进行高程测量的仪器，水准测量是采用水准仪和水准尺测定地面点高程的一种方法，该方法在高程测量中普遍采用。随着数字技术的发展，数字电子水准仪相继出现，实现了水准标尺的精密照准、标尺读数、数据储存和处理等数据采集的自动化，从而减轻了水准测量的劳动强度，提高了测量成果质量。

1. 普通水准仪

普通水准仪包括 DS3 中等精度以下水准仪，主要分为光学微倾式水准仪和光学自动安平水准仪。其中光学微倾式水准仪用圆水准器进行粗略整平，水准管进行精确整平。每对准一个方向，就要调平一次水准管。水准管上安装有一组棱镜，把气泡两端各半个影像反射到望远镜左侧的观察镜中，当两半个气泡对称时，气泡居中，则仪器水平，如图 3-2 所示。

由于微倾式水准仪对环境要求高，尤其是多风地区，使用难度较大，已经较少使用。

2. 光学自动安平水准仪

光学自动安平水准仪见图 3-3 所示。

光学自动安平水准仪取消了水准管及微倾螺旋，增加了光学补偿器，以补偿视准轴微小倾斜，但光学补偿器补偿能力有限，因此在使用

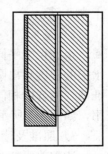

图 3-2 光学微倾式水准仪气泡

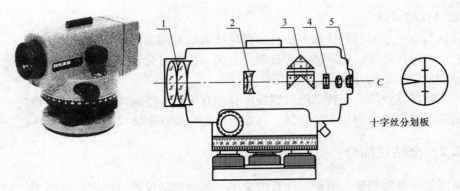

图 3-3　光学自动安平水准仪
1—物镜；2—物镜调焦透镜；3—补偿器棱镜组；4—十字丝分划板；5—目镜

自动安平水准仪时，应将圆水准器气泡居中。

（1）光学自动安平水准仪的构造

目前使用最为广泛的是 DS3 级光学自动安平的水准仪（图 3-3），它由望远镜、水准器、基座 3 部分组成。其中望远镜由物镜、目镜、十字丝分划板和调焦透镜等主要部件组成。旋转物镜调焦螺旋，对光（调焦）透镜可沿光轴前后移动，使远近不同距离目标反射来的光线，通过物镜构成影像落在固定的十字丝分划板上。目镜的作用是放大十字丝平面上的影像，转动目镜调焦螺旋，目镜前后移动，使不同视力的观测者能通过目镜清晰地看到放大的影像。

图 3-4 中纵横十字线称为十字丝，垂直于纵轴的上下短横线，称为视距丝，视距丝可

图 3-4　十字丝分划板

配合水准尺测定立尺点至仪器间的距离。一般水准仪，都是用上下丝读数之差乘以 100 计算仪器至尺之间的距离。十字丝分划板装在十字丝环内，并用 4 个压环螺钉固定在望远镜的镜筒上。

（2）水准仪操作

1）置架

松开脚架固定螺旋，抽出三条活动架腿，使三条架腿大约等长，高度适中，张开架腿，使架头大致水平。在斜坡上置架时，应两腿置于坡下，一腿置于坡上。仪器基座三边与架头三边大致平行，拧紧连接螺旋后，将仪器的 3 个脚螺旋调到等高。架设水准仪要选坚实的地面，并将架腿尖角牢固地插入土中。

2）整平

水准仪整平同经纬仪。整平时，如果气泡无法调至水准器中间的圆圈内，说明架头不水平的程度超出圆水准器的调整范围，此时应再将脚螺旋全部调至等高位置，调整与圆水准器气泡方向相同或相反的架腿，将气泡调至靠近圆圈的位置后，再重新整平后即可使用，如图 3-5 所示。

3）照准及读数

读数前要打开补偿器锁定装置，确保补偿器处于自由状态。调节目镜对光螺旋，使十字丝清晰可见。用望远镜的照门、准星瞄准水准尺，使其成为一条直线。

图 3-5　自动安平水准仪整平

调节物镜对光螺旋，使目标影像清晰，再调节水平微动螺旋，使目标影像与十字丝重合，用十字丝中央部分截取标尺读数。读数之前，要用眼睛在目镜处上下晃动，如果十字丝与目标影像相对运动，表示有视差存在，应反复调节目镜和物镜对光螺旋，仔细对光，消除视差。消除视差后，如果目标清晰，圆水准器气泡居中即可开始读数，图 3-6 中所对应的读数为 0.201m。

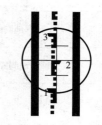

3. 精密水准仪

DS05 级和 DS1 级水准仪属精密水准仪，主要用于国家一、二级等水准测量和高精度的工程测量。

图 3-6　水准尺读书

3.3　设备安装工程施工测量

3.3.1　机械设备安装施工测量

1. 机械设备安装测量准备

在机械设备安装前须对设备基础进行测量控制网复核和控制点外观检查、相对位置及标高复查，检查合格后才能进行交接工序，开始机械设备的安装。

（1）设备基础的测量控制网复核

设备基础结构施工完成后，施工的单位应在基础表面上弹出纵、横中心标记线，大型设备基础还要加弹其他必要的辅助标记线，并在设备基础的立面用油漆画出标记。设备安装单位应对现场的轴线和高程基准点，及各种标记线进行复核，凡超过规定值不可进行交接工序。

（2）设备基础的外观检查

根据《混凝土结构工程施工质量验收规范》GB 50204 中的相关规定，对设备基础进行外观检查，检查有否蜂窝、孔洞、麻面、露筋、裂纹等缺陷，凡超过规定值不可进行交接工序。

（3）设备基础尺寸和位置允许偏差的检查

依据表 3-1 对设备基础的尺寸和位置允许偏差进行检查，凡超过规定值不可进行交接工序。

设备基础尺寸和位置的允许偏差 表 3-1

项 目		允许偏差（mm）
坐标位置（纵、横轴线）		±20
不同平面的标高		—20
平面外形尺寸		±20
凸台上平面外形尺寸		—20
凹穴尺寸		±20
平面的水平度（包括地坪上需安装设备的部分）	每米	5
	全长	10
垂直度	每米	5
	全长	10
预埋地脚螺栓	标高（顶端）	±20
	中心距（在根部和顶部测量）	±2
预埋地脚螺栓孔	中心位置	±10
	深度	+20
	孔壁铅垂度每米	10
预埋活动地脚螺栓锚板	标高	+20
	中心位置	±5
	水平度（待槽的锚板）每米	5
	水平度（带螺栓孔的锚板）每米	2

2. 机械设备安装测量

机械设备安装测量的目的是找出设备安装的基准线，将机械设备安放和固定在设计规定的位置上。要保证设备安放到正确的位置，并满足设备的精度要求，可通过确定设备的中心线以保证设备在水平方向位置的正确性；通过查找设备的标高以保证设备在垂直方向位置的正确性；通过确定设备的水平度以保证设备在安装方面的精度。

（1）确定基准线和基准点

利用水准仪、经纬仪等仪器，对施工单位移交的基础结构的中心线、安装基准线及标高精度是否符合规范，平面位置安装基准线与基础实际轴线，或是厂房墙柱的实际轴线、边缘线的距离偏差等进行复核检查，各项偏差应小于表 3-1 的规定。对于超出允许偏差的应进行校正。

根据已校正的中心线与标高，测出基准线的端点及基准点的标高。

（2）确定设备中心线

1）确定基准中心点

一些建筑物尤其是厂房，在建筑物的控制网和主轴线上设有固定的水准点和中心线，这种情况下，可通过测量仪器直接定出基准中心点。对于无固定水准点和中心线的建筑物，可直接利用设备基础为基准确定基准中心点。

2）埋设中心标板

在一些大中型设备及要求坐标位置精确的设备安装中，可用预埋或后埋的方法，将一定长度的型钢埋设在基础表面，并使用经纬仪投点标记中心点，以作为设备安装时中心线放线的依据。

3）基准线放线

基准中心点测定后，即可放线。基准线放线常用的有以下三种形式：

画墨线法：在设备安装精度要求 2mm 以下且距离较近时常采用画墨线法。

经纬仪投点：此法精度高、速度快。放线时将经纬仪架设在某一端点，后视另一点，用红铅笔在该直线上画点。点间的距离、部位可根据需要确定。

拉线法：拉线法为最常用的方法。但拉线法对线、线锤、线架以及使用方法都有一定的要求，现说明如下：线：可采用直径为 0.3～0.8mm 的钢丝；线锤：将线锤的锤尖对准中心点然后进行引测；线架：线架上必须具备拉紧装置和调心装置。通过移动滑轮调整所拉线的位置，线架形式如图 3-7 所示。

4）设备中心找正的方法

设备中心找正的方法有两种：①钢板尺和线锤测量法：通过在所拉设的安装基准线上挂线锤和在设备上放置钢板尺测量；②边线悬挂法：在测量圆形物品时可采用此法，使线锤沿圆形物品表面自然下垂以测量垂线间的距离，边线悬挂法示意图如图 3-8 所示。

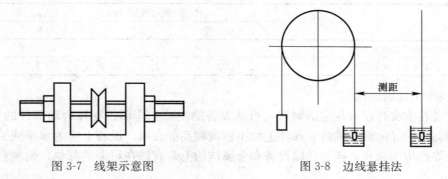

图 3-7　线架示意图　　　　　　　图 3-8　边线悬挂法

（3）确定设备的标高

1）设备标高

设备标高基准点从建筑物的标高基准点引入到其他设备的基准点时，应一次完成。对一些大型、重型设备应多布置一些基准点，且基准点尽量布置在轴承部位和加工面附件上。

设备标高一般为相对标高。设备标高基准点一般分为临时基准点和永久基准点，对一些大型、重型设备而言，永久基准点也应作为沉降观测点使用。

2）设备标高基准点的形式

标记法：在设备基础上或设备附近的墙体、柱子上画出标高符号即可。

铆钉法：将焊有铆钉的方形铁板埋设在设备附近的基础上，作为标高基准点。

3）埋设标高基准点要求

标高基准点可采用 φ20 的铆钉，牢固埋设在设备基础表面，并需露出铆钉的半圆形端。如铆钉焊在基础钢筋上，应采用高强度水泥砂浆以保证灌浆牢固。在灌浆养护期后需进行复测。标高基准点应设在方便测量作业且便于保护的位置。

4）测量标高的方法

测量标高的方法主要有以下三种：

① 利用水平仪和钢尺在不同加工面上测定标高。以加工平面为例：将水平仪放在加工平面上，调整设备使水平仪为零位，然后用钢尺测出加工平面到标高基准点之间的距离，即可测量出加工平面的标高（弧面和斜面可参考本方法）。

② 利用样板测定标高：对于一些无规则面的设备，可制作样板，置放于设备上，以样板上的平面作为测定标高的基准面。

③ 利用水准仪测定标高：这种方法操作较简单，在设备上安放标尺并将测量仪器放在无建筑物影响测量视线的位置即可。

（4）确定设备的水平度

1）准备工作

按照《机械设备安装工程施工及验收通用规范》GB 50231 中的相关规定，见表 3-2，对设备的平面位置和标高对安装基准线的允许偏差进行检查，如超过允许偏差应进行调整。

设备的平面位置和标高对安装基准线的允许偏差　　　　　　　　表 3-2

项　目	允许偏差（mm）	
	平面位置	标高
与其他设备无机械联系的	±10	−10～+2
与其他设备有机械联系的	±2	±1

2）找平工作面的确定

当设备技术文件没有规定的时候，可从设备的主要工作面、支撑滑动部件的导向面、保持转动部件的导向面或轴线、部件上加工精度较高的表面、设备上应为水平或铅垂的主要轮廓面等部位中选择，连续运输设备和金属结构上，宜选在可调的部位，两测点间距不宜大于 6m。

3）设备找平

设备的找平主要通过平尺和水平仪按照施工规范和设备技术文件要求偏差进行，但需要注意以下事项：

① 在较大的测定面上测量水平度时，应放上平尺，再用水平仪检测，两者接触应均匀。

② 在高度不同的加工面上测量水平度时，可在低的平面垫放垫铁。

③ 在有斜度的测定面上测量水平度时，可采取角度水平仪进行测量。

④ 平尺和水平仪使用前，应到相关单位进行校正。

⑤ 对于一些精度要求不高的设备，可以采用液体连通器和钢板尺进行测量。

⑥ 对于一些精度要求高和测点距离远的可采用光学仪器进行测量。

3.3.2　场区管线工程测量

1. 管道中线定位测量

管道中线定位测量主要是通过确定管线的交点桩、中桩，将管线位置在地面上测设出来。

（1）交点桩测设

交点桩主要包括转折点、起点及终点桩。交点桩测设方法。

图解法：当管线规划设计图的比例尺较大，且管线交点附近又有明显可靠的地物，交点桩与地物有明显的几何关系时，则可采用图解法。

解析法：根据已有管线的坐标资料，并计算相关数据利用导线点进行测设。

交点桩的校核：采用极坐标法从不同的已知点进行校核。

（2）中桩测设

中桩测设主要指沿管线中心线由起点开始测设，用以测定管线长度和纵、横断面图。

中桩测设起点的确定：对于排水管道以下游出水口、给水管道以水源、煤气管道以气源、热力管道以热源、电力电信管道以电源为起点。

（3）转向角测量

管线转向角均应实测。线路密集部分或居民区的低压电力线和通信线，可选择主干线测绘；当管线直线部分的支架、线杆和附属设施密集时，可适当取舍；当多种线路在同一根柱上时，应择其主要表示。

2. 地下管线测量

（1）开槽管线测量

1）施工控制桩测设

① 地下管线施工时，各控制桩应设在引测方便、便于保存桩位的地方。

② 中线控制桩一般测没在管线起点、终点及转折点处的中线延长线上。井位控制桩则应测设在中线的垂直线上。

2）槽口测设

根据槽口横断面坡度、埋深、土质情况、管径大小等计算开槽宽度，并在地面上定出槽边线位置，作为开槽的依据。

3）中线及坡度控制标志测设

通过龙门板法及腰桩法等方法控制管线中线及高程。

（2）架空管线测量

1）选线测量工作

实地选线前，先确定选线方案，选线测量主要工作是中线测量，纵、横断面测量，纵、横断面绘制。

2）管线施工测量

对于单杆、双杆高压线路测量工作主要控制线路方向，即拐点定位。对于塔式线架主要放样塔脚位置和抄平工作。此外还要控制每个支架的位置和支撑底座的高程，以满足设计要求。

第二篇

工程力学、电工学基础与
设备安装工程材料

第 4 章　工 程 力 学

4.1　静力学基础知识

4.1.1　静力学的基本概念

力是物体与物体之间的相互机械作用，这种作用的效果会使物体的运动状态发生变化（力的运动效应或外效应），或者使物体的形状发生变化（力的变形效应或内效应）。力是一个有大小和方向的量，所以力是矢量。

实践证明，力对物体的作用效果，取决于三个要素：力的大小、力的方向、力的作用点。这三个要素通常称为力的三要素。通常可以用一段带箭头的线段来表示力的三要素。线段的长度（按选定的比例）表示力的大小；线段与某定直线的夹角表示力的方位，箭头表示力的指向；带箭头线段的起点或终点表示力的作用点。

4.1.2　静力学基本公理

1. 二力平衡公理

作用在同一刚体上的两个力，使刚体处于平衡状态的必要与充分条件是：这两个力大小相等，方向相反，作用在同一直线上（简称二力等值、反向、共线）。

2. 加减平衡力系公理

在作用于刚体的任意力系中，加上或减去任何一个平衡力系，并不改变原力系对刚体的作用效应。

3. 作用力与反作用力公理

若甲物体对乙物体有一个作用力，则同时乙物体对甲物体必有一个反作用力，这两个力大小相等、方向相反、并且沿着同一直线而相互作用。

4.1.3　力的合成与分解

1. 合力与分力的概念

作用于物体上的一个力系，如果可以用一个力 F 来代替而不改变原力系对物体的作用效果，则该力 F 称为原力系的合力，而原力系中的各力称为合力 F 的分力。

2. 力的合成法则

作用于物体上同一点的两个力可以合成为作用于该点的一个合力，合力的大小和方向由这两个力的作用线所构成的平行四边形的对角线来表示，如图 4-1 所示。这就是力的合成的平行四边形法则。图中 F 表示合力，F_1、F_2 表示分力。

3. 力的分解

利用力的平行四边形法则也可以把作用在物体上的一个力分解为两个相交的分力，分力和合力作用于同一点。如图 4-1 中的 F_1、F_2 可以看作是 F 分解而成的。

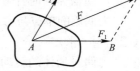

图 4-1　力的合成与分解

4. 两个推论

根据上述静力学基本原理，可以得出以下两个重要推论。

（1）力的可传性原理：作用于刚体上的力，其作用点可以沿着作用线移动到该刚体上任意一点，而不改变力对刚体的作用效果。

（2）三力平衡汇交原理：若刚体在三个互不平行的力作用下处于平衡，则此三个力的作用线必在同一平面内且汇交于一点。

4.1.4　力矩

1. 力矩的概念和性质

用力的大小与力臂的乘积 $F \cdot d$ 再加上正号或负号来表示力 F 使物体绕 O 点转动的效应（图 4-2），称为力 F 对 O 点的矩，简称力矩，用符号 $M_O(F)$ 或 M_O 表示。力矩的单位是力与长度的单位的乘积，常用 N・m 或 kN・m。一般规定：使物体产生逆时针方向转动的力矩为正；反之为负。所以力对点的矩是代数量，即

$$M_O(F) = \pm F \cdot d$$

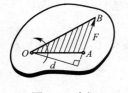

图 4-2　力矩

2. 合力矩定理

由于一个力系的合力产生的效应与力系中各个分力产生的总效应相同。因此，合力对平面上任一点的矩等于各分力对同一点的矩的代数和，这就是合力矩定理。即

$$M_O(F) = M_O(F_1) + M_O(F_2) + \cdots + M_O(F_n) = \sum_{i=1}^{n} M_O(F_i)$$

4.1.5　力偶

1. 力偶的定义

在力学中，把大小相等、方向相反、作用线互相平行但不重合的一对力所组成的力系，称为力偶，写成（F、F'）。力偶两力作用线之间的垂直距离 d 称为力偶臂。

力偶对物体的作用效果，只能使物体产生转动，而不能使物体产生移动。

2. 力偶的性质

（1）力偶中的两力在任意坐标轴上的投影的代数和为零。

（2）力偶不能与力等效，只能与另一个力偶等效。

（3）力偶不能与力平衡，而只能与力偶平衡。

（4）力偶可以在它的作用平面内任意移动和转动，而不会改变它对物体的作用。因此，力偶对物体的作用完全决定于力偶矩，而与它在其作用平面内的位置无关。

3. 力偶矩

力偶矩是用来度量力偶对物体转动效果的大小。它等于力偶中的任一个力与力偶臂的

乘积。以符号 $m(F、F')$ 表示，或简写为 m，即

$$m = \pm F \cdot d$$

上式中的正负号表示力偶的转动方向，与力矩一样，使物体逆时针方向转动的力偶矩为正，使物体顺时针方向转动的力偶矩为负。

力偶矩的单位与力矩的单位相同。在国际单位制中通常用 N·m（牛顿·米）或 kN·m（千牛顿·米）。

力偶对物体的转动效果取决于力偶的三个要素，即力偶矩的大小，力偶的转向以及力偶的作用平面。

4.1.6　荷载

1. 荷载的概念

作用在物体上的力或力系统称为外力，物体所受的外力包括主动力和约束反力两种，其中主动力又称为荷载（即为直接作用）。此外，其他可以使物体产生内力和变形的任何作用，如温度变形、材料收缩、地震的冲击等，从广义上讲也称为荷载（即间接作用）。本节只讨论直接作用。

2. 荷载的分类

（1）按作用时间分类

1）永久荷载（又称为恒荷载）：长期作用不变的荷载。如构件本身自重、设备自重等。永久荷载的大小可根据其形状尺寸、材料的容重计算确定。

2）可变荷载（又称为活荷载）：荷载的大小和作用位置经常随时间变化。如楼面上人群、物品的重量、雪荷载、风荷载、吊车荷载等。

（2）按分布形式分类

1）集中荷载：荷载的分布面积远小于物体受荷的面积时，为简化计算，可近似地看成集中作用在一点上，这种荷载称为集中荷载。集中荷载的单位是 N（牛顿）或 kN（千牛顿），通常用字母 F 表示。

2）均布荷载：荷载连续作用，且大小各处相等，这种荷载称为均布荷载。单位面积上承受的均布荷载称为均布面荷载，通常用字母 p 表示，单位为 N/m^2（牛顿/平方米）或 kN/m^2（千牛顿/平方米）。单位长度上承受的均布荷载称为均布线荷载，通常用字母 q 表示，单位为 N/m（牛顿/米）或 kN/m（千牛顿/米）。

3）非均布荷载：荷载连续作用，大小各处不相等，而是按一定规律变化的，这种荷载称为非均布荷载。

4.1.7　约束与约束反力

1. 约束和约束反力的概念

在空间能自由作任意方向运动的物体称为自由体，如空气中的气球和飞行的飞机就是自由体。在某一方向的运动受到限制的物体称为非自由体。

使非自由体在某一方向不能自由运动的限制装置称为约束。由约束引起的沿约束方向阻止物体运动的力称为约束反力。

2. 工程中常见的几种约束类型及其约束反力：

（1）柔体约束

工程中常见的绳索、皮带、链条等柔性物体构成的约束称为柔体约束（图 4-3a）。这种约束只能限制物体沿着柔体伸长的方向运动，而不能限制其他方向的运动。因此，柔体约束反力的方向沿着它的中心线且背离研究对象，即为拉力（图 4-3b）。

（2）光滑接触面约束

如果两个物体接触面之间的摩擦力很小，可忽略不计，两个物体之间构成光滑面约束（图 4-4a）。这种约束只能限制物体沿着接触点朝着垂直于接触面方向的运动，而不能限制其他方向的运动。因此，光滑接触面约束反力的方向垂直于接触面或接触点的公切线。并通过接触点指向物体（图 4-4b）。

图 4-3　柔体约束　　　　　　　　图 4-4　光滑接触面约束

（3）固定铰支座

在工程实际中，常将一支座用螺栓与基础或静止的结构物固定起来，再将构件用销钉与该支座相连接，构成固定铰支座，用来限制构件某些方向的位移。如图 4-5（a）所示。这种约束的性质与柱铰链完全相同。其简图及约束反力如图 4-5（b）～图 4-5（e）所示。

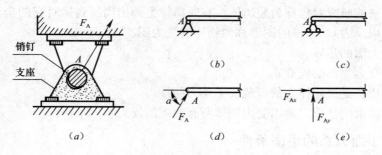

图 4-5　固定铰支座

（4）可动铰支座

将铰链支座安装在带有滚轴的固定支座上，支座在滚子上可以任意地左右作相对运动，如图 4-6（a）所示，这种约束称为可动铰支座。被约束物体不但能自由转动，而且可以沿着平行于支座底面的方向任意移动，因此可动铰支座只能阻止物体沿着垂直于支座底面的方向运动。故可动铰支座的约束反力 F_y 的方向必垂直于支承面，作用线通过铰链中心。可动铰支座的计算简图如图 4-6（b）、（c）所示。

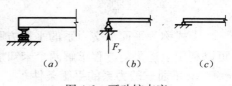

图 4-6　可动铰支座

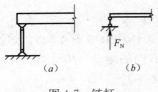

(a)   (b)

图 4-7　链杆

（5）链杆

两端用铰链与物体连接而不计自重的直杆称为链杆，如图 4-7（a）所示。链杆能阻止物体沿链杆轴线方向的运动，但不能阻止其他方向的运动，所以链杆的约束反力 F_N 的方向是沿着链杆的轴线，而指向则由受力情况而定。链杆的计算简图如图 4-7（b）所示。

链杆通常又称为二力杆。凡是两端具有光滑铰链，杆中间不受外力作用，又不计自身重量的刚性杆，就是二力杆。

（6）固定端支座

工程中常将构件牢固地嵌在墙或基础内，使构件不仅不能在任何方向上移动，而且也不能自由转动，这种约束称为固定端支座。

固定端支座的约束反力有三个：作用于嵌入处截面形心上的水平约束反力 F_x，垂直约束反力 F_y 以及约束反力偶 M（图 4-8）。

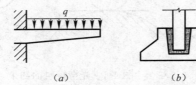
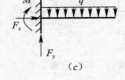

(a)   (b)   (c)

图 4-8　固定端支座

4.1.8　受力图和结构计算简图

为了分析研究对象的受力情况，往往把该研究对象从与它有联系的周围物体上脱离出来。被脱离出来的研究对象称为脱离体。在脱离体上画出周围物体对它的全部作用力（包括主动力和约束反力），这样的图形称为物体的受力图。

画物体受力图的步骤为：

（1）画出受力物体的轮廓；

（2）将作用在受力物体上的荷载或主动力照抄；

（3）根据约束的性质，画出受力物体所有约束的反力。

4.1.9　平面力系的平衡条件

1. 平面汇交力系的平衡条件

平面汇交力系平衡的必要和充分条件是该力系的合力等于零，即 $F_R=0$。要使 $F_R=0$，必须也只需

$$\begin{cases} \sum F_{xi} = 0 \\ \sum F_{yi} = 0 \end{cases}$$

上式称为平面汇交力系的平衡方程。这是两个独立的方程。当物体处于平衡状态时，可以利用上述平衡方程求解两个未知量。

2. 平面一般力系的平衡条件

平面一般力系可以分解为一个平面汇交力系和一个平面力偶系。因此，平面一般力系

平衡的必要和充分条件是：力系的主矢和主矩都等于零。即

$$F_{R}' = \sqrt{\left(\sum F_{xi}\right)^2 + \left(\sum F_{yi}\right)^2} = 0$$

$$M_O = \sum M_O(F) = 0$$

从而得

$$\begin{cases} \sum F_{xi} = 0 \\ \sum F_{yi} = 0 \\ \sum M_O(F) = 0 \end{cases}$$

上式表明，平面一般力系平衡的必要和充分条件是：力系中所有各力在 x 坐标轴上的投影的代数和等于零，力系中所有各力在 y 坐标轴上投影的代数和等于零，力系中各力对任意一点的力矩的代数和等于零。上式称为平面一般力系的平衡方程。它是三个独立的方程，利用它可以求解出三个未知量。除此以外还有以下两种形式：

(1) 二矩式（即三个平衡方程中，有两个力矩方程和一个投影方程）

$$\begin{cases} \sum F_{xi} = 0 \quad (\sum F_{yi} = 0) \\ \sum M_A(F) = 0 \\ \sum M_B(F) = 0 \end{cases}$$

式中取矩中心 A、B 两点的连线不能与 x 轴（或 y 轴）垂直。

(2) 三矩式（即三个平衡方程都是力矩方程）

$$\begin{cases} \sum M_A(F) = 0 \\ \sum M_B(F) = 0 \\ \sum M_C(F) = 0 \end{cases}$$

式中取矩中心 A、B、C 三点不能共线。

3. 平面平行力系的平衡条件

在平面力系中，如果各力的作用线互相平行，这种力系称为平面平行力系。平面平行力系平衡的必要和充分条件是：力系中所有各力在与力平行的轴上投影的代数和为零，力系中所有各力对任一矩心取矩的代数和为零。

与平面一般力系相同，平面平行力系的平衡方程也有二矩式，即

$$\begin{cases} \sum M_A(F) = 0 \\ \sum M_B(F) = 0 \end{cases}$$

式中 A、B 两点的连线不能平行于力系的作用线。

4.2　材料力学

从工程实际来讲，任何一个建筑结构物的正常工作，就必须保证该建筑结构物中的任意构件都应满足一定的强度、刚度和稳定性要求。

杆件强度的基本概念：结构杆件在规定的荷载作用下，保证不因材料强度发生破坏的要求，称为强度要求。

刚度的基本概念：结构杆件在规定的荷载作用下，虽有足够的强度，但其变形不能过大，超过了允许的范围，也会影响正常的使用，限制过大变形的要求即为刚度要求。

杆件稳定性的基本概念：在工程结构中，有些受压杆件比较细长，受力达到一定的数值时，杆件突然发生弯曲以致引起整个结构的破坏，这种现象称为失稳，也称丧失稳定性。因此受压杆件要有稳定的要求。

4.2.1 轴向拉伸与压缩

1. 轴向拉伸与压缩的内力和应力

（1）轴向拉伸与压缩的概念

沿杆件轴线作用一对大小相等、方向相反的外力，杆件将发生轴向伸长（或缩短）的变形，这种变形称为轴向拉伸（或压缩）（图 4-9a、b）。产生轴向拉伸或压缩的杆件称为拉杆或压杆。

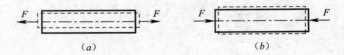

图 4-9　轴向拉伸与压缩

（2）轴向拉伸与压缩的内力——轴力

与杆件轴线相重合的内力，称为轴力，用符号 F_N 表示。当杆件受拉时，轴力为拉力，其指向背离截面；当杆件受压时，轴力为压力，其指向指向截面。通常规定：拉力用正号表示，压力用负号表示。

轴力的单位为 N 或 kN。

（3）轴向拉伸和压缩的应力

内力在一点处的集度称为应力。轴向拉伸和压缩的应力为垂直于截面的应力，称为正应力（或称法向应力），用 σ 表示。应力的单位为 Pa。$1Pa = 1N/m^2$。

工程实际中应力数值较大，常用 MPa 或 GPa 作单位：

$$1MPa = 10^6 Pa$$
$$1GPa = 10^9 Pa$$

当轴力为拉力时，σ 为拉应力，用正号表示；当轴力为压力时，σ 为压应力，用负号表示。

2. 轴向拉伸（压缩）杆件的变形

杆件受轴向力作用时，沿杆轴方向会产生伸长（或缩短），称为纵向变形；同时杆的横向尺寸将减小（或增大），称为横向变形。如图 4-10 （a）、（b）所示。

（1）纵向变形

设杆件变形前长为 l，变形后长为 l_1，则杆件的纵向变形为：

$$\Delta l = l - l_1$$

拉伸时纵向变形为正，压缩时纵向变形为负。纵向变形 Δl 的单位是 m。

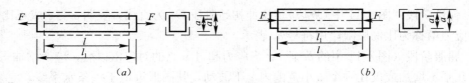

图 4-10　轴向拉伸（压缩）杆件的变形

单位长度上的变形称纵向线应变，简称线应变，以 ε 表示。对于轴力为常量的等截面直杆，其纵向变形在杆内分布均匀，故线应变为：

$$\varepsilon = \frac{\Delta l}{l}$$

拉伸时 ε 为正，压缩时 ε 为负。线应变是无量纲（无单位）的量。

（2）横向变形

拉（压）杆产生纵向变形时，横向也产生变形。设杆件变形前的横向尺寸为 a，变形后为 a_1（图 4-10a、b），则横向变形为 $\Delta a = a_1 - a$。

横向应变 ε' 为

$$\varepsilon' = \frac{\Delta a}{a}$$

杆件伸长时，横向减小，ε' 为负值；杆件压缩时，横向增大，ε' 为正值。因此，拉（压）杆的线应变 ε 与横向应变 ε' 的符号总是相反的。

（3）弹性定律

实验证明，当杆件应力不超过某一限度时，其纵向变形与杆件的轴力及杆件长度成正比，与杆件的横截面面积成反比，即：

$$\Delta l = \frac{F_{\mathrm{N}} l}{EA}$$

上式称为弹性定律，该定律也可表示为

$$\sigma = E \cdot \varepsilon$$

它表明当应力不超过某一限度时，应力与应变成正比。

比例系数 E 称为材料的弹性模量。当其他条件相同时，材料的弹性模量越大，则变形越小，这说明弹性模量表征了材料抵抗弹性变形的能力。弹性模量的单位与应力的单位相同。

EA 称为杆件的抗拉（压）刚度，它反映了杆件抵抗拉伸（压缩）变形的能力。EA 越大，杆件的变形就越小。

3. 材料在轴向拉伸（压缩）时的力学性质

（1）低碳钢在拉伸时的力学性质

材料拉伸试验要求采用标准试件，试件的工作段长度（称为标距）l 与截面直径 d 的比例规定为：$l = 5d$ 或 $l = 10d$。

图 4-11 为低碳钢拉伸时的应力-应变曲线。

根据曲线的变化情况，可以将其分为四个阶段：

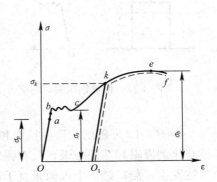

图 4-11　低碳钢拉伸时的应力-应变曲线

99

1）弹性阶段（图4-11中Ob段）。拉伸初始阶段Oa为直线，表明σ与ε成正比。a点对应的应力值称为比例极限，用符号σ_p表示。

2）屈服阶段（图4-11中的bc段）。当应力超过b点的对应值以后，应变增加得很快，而应力几乎不增加或仅在一个微小范围内上下波动，其图形近似于一条水平线，它表明材料此时丧失了抵抗变形的能力。这种现象称为屈服现象，bc段称为屈服阶段，bc段中的最低点所对应的应力值称为屈服极限，用符号σ_s表示。

3）强化阶段（图4-11中的ce段）。经过屈服阶段后，材料内部结构进行重新调整，又产生了新的抵抗变形的能力。此时，增加荷载才会继续变形，这种现象称为材料的强化。强化阶段的最高点e所对应的应力值是材料所能承受的最大应力，称为强度极限，用符号σ_b表示。

4）颈缩阶段（图4-11中的ef段）。过e点以后，试件在局部范围内，横截面的尺寸将急剧减小，形成颈缩现象。此时，试件继续伸长变形所需的拉力相应减少，曲线形成下降段并很快达到f点，试件被拉断。

（2）低碳钢压缩时的力学性质

压缩试验的试件一般做成圆柱形，如图4-12（a）所示。试件的长度l一般为直径d的1.5～3倍，即$l=(1.5～3)\ d$。

图4-12（b）为低碳钢压缩时的应力-应变图（其中实线为拉伸时的应力-应变图）。从图中可看出，压缩时低碳钢的比例极限σ_p、屈服极限σ_s和弹性模量E都与拉伸时相同，但无法测定压缩时的强度极限。因为屈服阶段以后，试件越压越扁，没有颈缩阶段，不发生断裂。

（3）铸铁的拉伸和压缩试验

对于铸铁的拉伸和压缩试验，其试件及试验方法与低碳钢试验相同。

铸铁拉伸及压缩的应力-应变曲线及试件的破坏情况，如图4-13所示。

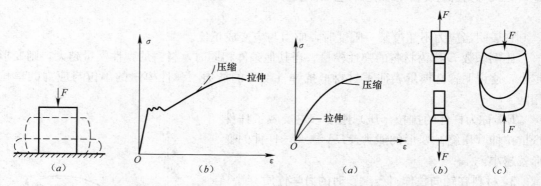

图4-12　低碳钢压缩时的应力-应变图　　图4-13　铸铁拉伸及压缩的应力-应变曲线及
试件的破坏情况

由图4-13可看出，铸铁拉伸和压缩时的应力-应变曲线没有直线部分和屈服阶段，即没有比例极限和屈服极限，只有强度极限。延伸率$\delta=0.5\%～0.6\%$。无颈缩现象，破坏突然发生，断口是一个近似垂直于试件轴线的横截面。

铸铁压缩时也没有明显的直线阶段，没有屈服和颈缩现象，也只有一个强度特征值，

即强度极限 σ_b，其值为 600～900MPa。压缩破坏时，沿着与轴线夹角为 $(0.25～0.3)\pi$ 的斜截面突然破裂。

（4）两类材料力学性能的比较

低碳钢是一种典型的塑性材料，通过试验可以看出塑性材料的抗拉和抗压强度都很高，拉杆在断裂前变形明显，有屈服、颈缩等报警现象，可及时采取措施加以预防。

铸铁是一种典型的脆性材料，其特点是抗压强度很高，但抗拉强度很低，脆性材料破坏前毫无预兆，突然断裂，令人措手不及。

（5）许用应力和安全系数

任何一种构件材料都存在着一个能承受应力的固有极限，称极限应力，用 σ_0 表示。杆内应力达到此值时，杆件即告破坏。

对塑性材料 $\sigma_0 = \sigma_s$；

对脆性材料 $\sigma_0 = \sigma_b$。

为了保证构件能正常地工作，必须使构件工作时产生的实际应力不超过材料的极限应力。因此规定将极限应力 σ_0 缩小 n 倍作为衡量材料承载能力的依据，称为许用应力，以符号 $[\sigma]$ 表示：

$$[\sigma] = \frac{\sigma_0}{n}$$

n 为大于 1 的数，称为安全因数。

一般工程中

脆性材料 $\qquad\qquad [\sigma] = \dfrac{\sigma_b}{n_b} \qquad n_b = 2.5 \sim 3.0$

塑性材料 $\qquad\qquad [\sigma] = \dfrac{\sigma_s}{n_s} \qquad n_s = 1.4 \sim 1.7$

（6）轴向拉伸（压缩）的强度条件

对于轴向拉、压杆件，为了保证杆件安全正常地工作，杆内最大工作应力不得超过材料的许用应力，即：

$$\sigma_{max} \leqslant [\sigma]$$

上式称为轴向拉压杆的强度条件。

4.2.2 剪切

1. 剪切的概念

杆件受到一对与杆轴线垂直、大小相等、方向相反且作用线相距很近的力 F 作用时，杆件在两力之间的截面沿着力的作用方向发生相对错动，这种错动称为剪切变形。在工程实际中，许多构件的连接常采用螺栓、铆钉、键、销钉等，这类连接件的受力特点就属于剪切变形，如图 4-14 所示。

2. 剪切弹性定律

实验证明，剪应力 τ 不超过材料剪切比例极限 τ_p 时，剪应力与剪应变 γ 成正比关系：

$$\tau = G \cdot \gamma$$

式中 G——剪切变形模量。

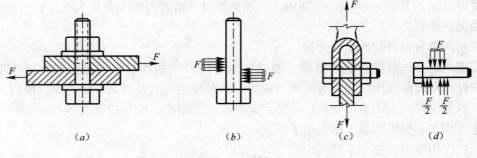

图 4-14 剪切

此关系为剪切弹性定律。

3. 剪切强度计算

剪切强度条件就是使构件的实际剪应力不超过材料的许用剪应力:

$$\tau = \frac{V}{A} \leqslant [\tau]$$

这里 $[\tau]$ 为材料的许用剪应力,单位为 Pa 或 MPa。

一般来说,材料的剪切许用应力 $[\tau]$ 与材料的许用拉应力 $[\sigma]$ 之间,存在如下关系:

对塑性材料: $[\tau] = (0.6 \sim 0.8)[\sigma]$
对脆性材料: $[\tau] = (0.8 \sim 1.0)[\sigma]$

4.2.3 梁的弯曲

1. 梁的平面弯曲

(1) 弯曲变形和平面弯曲

荷载的方向与梁的轴线相垂直时,梁在荷载作用下变弯,其轴线由原来的直线变成了曲线,构件的这种变形称为弯曲变形,产生弯曲变形的构件称为受弯构件。

在实际工程中常见的梁,其横截面大都具有一个对称轴,如图 4-15 所示,对称轴与梁轴线所组成的平面称为纵向对称平面,如图 4-16 所示。如果梁上的外力(包括荷载和支座反力)的作用线都位于纵向对称平面内,组成一个平衡力系。此时,梁的轴线将弯曲成一条位于纵向对称平面内的平面曲线,这样的弯曲变形称为平面弯曲。

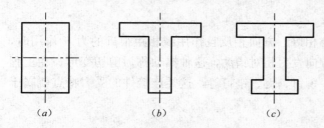

图 4-15 横截面上的对称轴

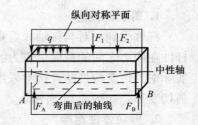

图 4-16 纵向对称平面

(2) 梁的类型

工程中常见的单跨静定梁,按其支座情况可分为以下三种:

102

1）简支梁：该梁的一端为固定铰支座，另一端为可动铰支座，如图 4-17（*a*）所示；
2）外伸梁：一端或两端向外伸出的简支梁称为外伸梁，如图 4-17（*b*）所示；
3）悬臂梁：该梁的一端为固定端支座，另一端为自由端，如图 4-17（*c*）所示。

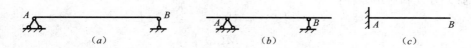

图 4-17　梁的类型

（*a*）简支梁；（*b*）外伸梁；（*c*）悬臂梁

2. 梁的内力

（1）剪力和弯矩

梁受外力作用后，在各个横截面上会引起与外力相当的内力。即：

1）相切于横截面的内力 F_Q，称为剪力；

2）作用面与横截面相垂直的内力偶矩 M，称为弯矩。

剪力的常用单位为 N 或 kN，弯矩的常用单位为 N·m 或 kN·m。

（2）剪力和弯矩的正负号规定

为了使从左、右两部分梁求得同一截面上的内力 F_Q 与 M 具有相同的正负号，并由它们的正负号反映变形的情况，对剪力和弯矩的正负号特作如下规定：

1）剪力的正负号：当截面上的剪力 F_Q 使所考虑的脱离体有顺时针方向转动趋势时为正（图 4-18*a*）；反之为负（图 4-18*b*）。

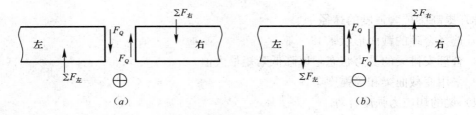

图 4-18　剪力和弯矩的正负号

2）弯矩的正负号：当截面上的弯矩使所考虑的脱离体产生向下凸的变形时（即上部受压、下部受拉）为正（图 4-19*a*）；反之为负（图 4-19*b*）。

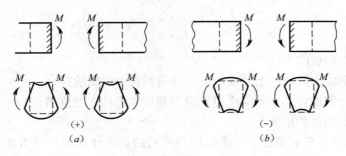

图 4-19　弯矩的正负号

（3）梁的内力方程和内力图

一般情况下，梁横截面上的剪力和弯矩都是随截面位置不同而变化的。若以横坐标 x 表示横截面沿梁轴线的位置，则梁内各横截面上的剪力和弯矩均可以写成坐标 x 的函数，即梁的剪力方程和弯矩方程：

$$V = V(x)$$
$$M = M(x)$$

它表明剪力、弯矩沿梁轴线变化的情况。

在实用上，表示剪力、弯矩沿梁轴线变化情况的另一种方法是绘制剪力图和弯矩图。

此外，剪力图和弯矩图也可用叠加法绘制，即先分别作出各种荷载单独作用下梁的剪力图和弯矩图，然后将其对应截面的内力纵坐标代数相加。

3. 梁的弯曲应力和强度计算

（1）正应力计算公式

$$\sigma = \frac{M \cdot y}{I_z}$$

上式表明：横截面上任意一点的正应力 σ 与该截面上的弯矩 M 和该点到中性轴的距离量 y 成正比，与横截面对中性轴的惯性矩 I_z 成反比。

（2）梁的正应力强度计算

根据强度要求，同时考虑留有一定的安全储备，梁内的最大正应力 σ_{max} 不应超过材料的弯曲许用正应力 $[\sigma]$，即

$$\sigma_{max} = \frac{M_{max}}{W_z} \leqslant [\sigma]$$

（3）提高梁抗弯强度的途径

1）选择合理的截面形状；

2）合理安排梁的受力状态，以降低弯矩最大值；

3）采用变截面梁和等强度梁。

（4）梁的切应力强度计算

梁的最大切应力一般发生在剪力最大的梁的横截面的中性轴上。可用下式计算

$$\tau_{max} = \frac{F_{Qmax} \cdot S^*_{zmax}}{I_z \cdot b}$$

所以梁的切应力强度条件为

$$\tau_{max} = \frac{F_{Qmax} \cdot S^*_{zmax}}{I_z \cdot b} \leqslant [\tau]$$

式中　　$[\tau]$——许用切应力；

S^*_{zmax}——截面中性轴以上（或以下）的面积对中性轴的静矩。

在梁的强度计算中，必须同时满足正应力和切应力两个强度条件。

（5）提高弯曲刚度的措施

1）在截面面积不变的情况下，采用适当形状的截面使其面积尽可能分布在距中性轴较远的地方；

2）缩小梁的跨度或增加支承；

3）调整加载方式以减小弯矩的数值。

4.3 流 体 力 学

4.3.1 流体的基本物理性质

流体的平衡、运动与外界对它的作用情况有关，但更重要的是决定于流体本身所具有的内在性质。

1. 流体的概念

（1）流体

通常我们将易流动的气体、液体统称为流体。

从力学的性质看，固体具有抵抗压力、拉力和切向力的能力。当固体受到外力作用时，仅产生一定程度的变形，只要作用力保持不变，固体的变形就不再变化。流体仅能抵抗压力而不能抵抗拉力和切向力。流体受到任何微小的切向力，都要产生连续变形（这一变形就是流动）。只要切向力存在，流体就将继续变形，只有当外力停止作用，变形才会停止。

固体与流体相比较，其分子间的距离要小得多，分子间的引力也就大得多。因而固体能够抵抗一定的外力，保持本身的形状。流体由于分子之间距离较大，吸引力小，仅能抵抗一定的压力，不能保持自身的形状。气体与液体相比较，其分子间的间距更大，分子间的吸引力更小，因而气体比液体更易流动，且能充满所在容器的空间。不仅不能保持本身的形状，也不能保持本身的体积。

正是由于流体的易流动性，才能在外力作用下，通过一定的通道将流体输送到指定的地点，以满足人们生产或生活的需要。

（2）连续介质的概念

流体和一切物体一样，都是由分子组成的。分子之间具有一定的空隙，又都不停地作不规则的分子运动。所以从微观角度看，流体的内部结构是不连续的。但是工程流体力学所研究的并不是流体的微观运动，而是研究由大量分子组成的宏观流体在外力（如重力、压力差等）作用下的平衡和运动规律。在工程实际中，流体所占有的空间与分子的尺寸相比大得无法比拟。例如在 1 个标准大气压下，温度为 0℃时，每 $1cm^3$ 的液体约有 3×10^{24} 个分子；每 $1cm^3$ 的气体约有 2.7×10^{19} 个分子。由此可见，流体分子的间隙微不足道。为了简化问题和能应用连续函数这一数学工具，而引入流体具有连续性的假设。这一假设将流体看作由无穷多个连续分布的流体微团组成的连续介质。流体微团又称为质点，是组成流体的基本单元。

将流体看作连续介质，就可以使流体力学摆脱研究分子运动的复杂性，同时反映流体情况的各物理量（如速度、压力等）就都可以看作是空间位置坐标和时间的连续函数。因此在以后的讨论中，都可以用连续函数的解析方法，来研究流体处于平衡和运动状态下各物理量间的数量关系。

把流体看作连续介质来研究，对于大部分工程技术问题都是可行的，但对于某些特殊问题是不适合的。例如在高真空环境中，气体就不能再看作连续介质了。本书只研究可以看作连续介质的流体的力学规律。

2. 流体的物理性质

（1）惯性和万有引力特性

1）惯性

惯性是流体所具有的保持原有运动状态的物理性质。流体的质量愈大，其惯性也愈大。流体的质量是指流体所含物质的多少，用符号 M 表示。流体具有质量的情况，常用单位体积的流体所具有的质量——密度来表示。对于均质流体，密度等于流体的质量与其体积的比值，即

$$\rho = M/V$$

式中　ρ——流体的密度（kg/m^3）；

　　　M——流体的质量（kg）；

　　　V——流体的体积（m^3）。

2）万有引力特性

流体和自然界中任何物体一样具有万有引力特性。万有引力特性是物体之间相互具有吸引力的物理性质。流体受到地球的吸引力称为重力，用符号 G 表示。重力的数值取决于流体的质量和重力加速度，即

$$G = Mg$$

式中　G——流体的重力（N）；

　　　M——流体的质量（kg）；

　　　g——重力的加速度（m/s^2），一般计算中常采用 $g=9.8m/s^2$。

（2）压缩性和膨胀性

流体的体积随所承受的压力和温度的不同而改变。流体的体积随压力增加而缩小的性质称为流体的压缩性。流体的体积随温度增加而增大的性质称为流体的膨胀性。

任何流体都具有压缩性。但各流体的可压缩程度不同。液体的压缩性较小，而气体的压缩性比较大。例如，在等温过程中，完全气体当压力增大一倍时，其体积就要缩小一半，可见气体压缩性之大。气体在其他过程的压缩性也是比较大的。

在工程实际中，是否需要考虑流体的压缩性，视具体情况而定。通常把液体看作不可压缩流体，即忽略对于工程实际没有多大影响的微小体积变化。由于忽略了体积的变化，其密度就可看作常数，从而使工程计算大大简化。但在研究管道中的水击、水下爆破等问题时，又必须考虑水的压缩性。否则，所得结果与实际不符。通常不能把气体看作不可压缩流体，特别是在流速较高、压力变化较大的场合，气体体积的变化是不能忽略的。必须把气体的密度看作变数。但在流速不高（约小于 $100m/s$）、压力变化不大的场合，可忽略压缩性的影响，而把气体看作不可压缩流体。例如当空气流速为 $68m/s$ 时，不考虑压缩性所引起的相对误差约为 1%。

（3）流体的黏滞性

在相邻的两流层之间，运动较慢的流层（慢层）是在运动较快的流层（快层）的带动下运动的。同时，快层的运动又受到慢层的阻碍。也就是说，在相邻的两流层之间存在着相对运动。快层对慢层产生一个拖力 T，使其加速。根据牛顿第三定律，慢层对快层必然

作用有一个拖力 T 的反作用力 T'，使其减速。反作用力 T' 是阻止运动的力，称为阻力。拖力和阻力是大小相等、方向相反的一对作用力。这对力的作用，阻碍了相邻两层间的相对运动。这对力叫做内摩擦力或黏性阻力。流体运动时，在流体内部产生摩擦力或黏性阻力的特性称为流体的黏滞性。

（4）实际流体与理想流体

自然界中的流体都具有黏滞性，称为实际流体。不具有黏滞性的流体称为理想流体，这是自然界中并不存在的一种假想流体。在流体力学中引入这一概念，是为了简化研究对象，便于问题的讨论。在许多问题中要求得黏性流体流动的精确解答是很困难的。若先不考虑黏滞性的影响，问题就大为简化，从而有于利掌握流体流动的基本规律。至于黏滞性对流体运动的影响，可根据试验引进必要的修正系数，将对理想流体研究所得的流动规律加以修正，从而得出符合黏性流体的流动规律。另外，先研究简单的理想流体，再研究复杂的黏性流体，这一研究方法也符合人们认识事物由简到繁的规律。

4.3.2　流体静力学

流体静力学是研究不可压缩流体处于平衡状态下遵守的力学规律及其在工程实践中的应用。这里所说的平衡状态是指液体质点之间没有相对运动的状态。如盛于容器中的液体，作等速直线运动及等速旋转，容器中的液体都是处在平衡状态。

因为处在平衡状态的液体质点间没有相对运动，不存在内摩擦力，黏滞性表现不出来。所以本章得出的一切结论，对于理想的和实际的不可压缩流体都是适用的。

1. 作用在流体上的力

流体平衡及运动情况除取决于本身的物理性质外，还与作用在流体上的力有密切关系。所以要先分析作用在流体上的力。作用力按作用方式不同，可分为两类：质量力和表面力。

（1）质量力

质量力是指作用在每一个流体质点上的力，其大小与质量成正比。因为均质流体的质量与体积成正比，故质量力又称为体积力。

质量力又可分为重力和惯性力两种。

若质量为 M 的流体，受到的重力为 $\vec{G}=M\cdot\vec{g}$。若该流体作直线等加速 $\vec{a}$ 运动受到的惯性力为：$\vec{F}=M\cdot\vec{a}$。若该流体作等角速 $\vec{\omega}$ 旋转运动受到惯性力为：$\vec{R}=M\cdot\vec{\omega}^2 r$，式中 r 为质心半径。若三个质量力同时存在，则总质量力为：

$$\vec{W} = M(\vec{g}+\vec{a}+\vec{\omega}^2 r)$$

通常用 X、Y、Z 表示单位质量的流体所受的质量力在 x、y、z 三个坐标方向的分力。如作用在质量为 M 流体上的质量力为 $\vec{W}$，则

$$X = W_x/M$$
$$Y = W_y/M$$
$$Z = W_z/M$$

式中　W_x、W_y 及 W_z——质量力 W 在三个坐标方向的分力。

（2）表面力

表面力是作用在所研究流体的体积表面上的力，其大小与表面积成正比。它是由与流

体相接触的其他物体（流体或固体）的作用产生的。按表面力的方向分为与液体表面相垂直的法向力（如大气对水面的压力）和与流体表面相平行的切向力（如液体的内摩擦力）两种。

在流体力学的研究中常常采用"微元体分析法"。就是从整个流体中取出一个微小的流体块，分析这个微小流体块的受力和运动情况，从而得出所遵守基本规律的表达式，再将所得的表达式应用到整个流体中去。

本节所讨论的内容也适用于可压缩流体（如气体等）。

2. 流体静压力及其特性

（1）流体静压力（静压强）

流体处在平衡状态时，其中任何一点所受的压力称为流体静压力（简称为静压力），以 p 所示。

用若干个力代替周围物体的作用，使其保持原来的平衡状态。将分离体再用一平面分割为Ⅰ、Ⅱ两部分。将上部Ⅰ取掉，则必须在Ⅰ、Ⅱ两部分的分界面 A 上加上Ⅰ部分对Ⅱ部分的作用力 p，才可保持Ⅱ部分的平衡状态。作用力 p 在整个 A 面上按某一规律分布。分布在 K 点周围微小面积 ΔA 上的作用力 ΔP。$\dfrac{\Delta P}{\Delta A}$ 叫做面积 ΔA 上的流体平均静压力。当面积 ΔA 无限缩小到 K 点时，这个比值的极限就是 K 点的静压力。故流体静压力的定义式为：

$$p = \lim_{\Delta A_n \to 0} \frac{\Delta P}{\Delta A}$$

（2）流体静压力的特性

流体静压力具有两个重要特性。

第一个特性：静压力的方向总是与作用面相垂直，且指向作用面，即沿着作用面的内法线方向。

第二个特性：液体静压力的大小与其作用面的方位无关。

（3）液体的相对平衡

1）液体相对平衡的基本概念

当盛有液体的容器作等速直线运动或作等加速直线运动或等角速度旋转运动时，液体就如同刚体一样，随同容器一起运动。由于这时液体与容器之间没有相对运动，所以称液体的这种状态为相对平衡状态。根据理论力学中的达朗伯尔原理，给运动的液体质点加上惯性力便可把液体质点随容器运动的动力学问题按静力学问题来研究了。

2）作等速直线运动容器中液体的相对平衡

因这种情况下，液体所受的惯性力为零，质量力只有重力，其受力情况与液体处在静止状态一样。因此，以前对静止液体的结论完全适用于这种情况。即

液体内任何一点的压力可由 $p = p_0 + \rho g h$ 确定；

等压面是水平的平面。

4.3.3 流体运动的特性

1. 流体流动阻力产生的原因

实际流体具有黏性，贴近固体壁面的流体质点会粘附在壁面上固定不动，从而引起流

速沿横向的变化梯度，相邻两层流体之间会产生摩擦切应力。流速较低的流层通过摩擦切应力作用使流速较高的流层受到阻力作用，即摩擦阻力。在流动过程中，摩擦阻力会做功，将流体的部分机械能转化为热能而散失，即产生能量损失。实际流体总流能量方程中的水头损失 h_w，便体现了流体中的这种摩擦阻力作用产生的能量损失。为了应用实际流体能量方程来解决实际问题，必须确定流体能量损失的大小。

流动阻力与水头损失的大小取决于流道的形状，因为在不同的流动边界作用下流场内部的流动结构与流体黏性所起的作用均有差别。为了方便地分析一维流动，能够根据流动边界形状的不同，将流动阻力与水头损失分为两种类型：沿程阻力与沿程水头损失、局部阻力与局部水头损失。

在长直管道或长直明渠中，流动为均匀流或渐变流，流动阻力中只包括与流程的长短有关的摩擦阻力，称其为沿程阻力。流体为克服沿程阻力而产生的水头损失称为沿程水头损失或简称沿程损失。

在流道发生突变的局部区域，流动属于变化较剧烈的急变流，流动结构急剧调整，流速大小、方向迅速改变，往往伴有流动分离与旋涡运动，流体内部摩擦作用增大。称这种流动急剧调整产生的流动阻力为局部阻力，流体为克服局部阻力而产生的水头损失称为局部水头损失或简称局部损失。局部损失的大小主要与流道的形状有关。在实际情况下，大多急变流产生的部位会产生局部水头损失。

将水头损失分成沿程损失与局部损失的方法能够简化水头损失计算。方便于对水头损失变化规律的研究。在计算一段流道的总水头损失时，能够将整段流道分段来考虑。先计算每段的沿程损失或局部损失，然后将所有的沿程损失相加，所有的局部损失相加，两者之和即为总水头损失。

2. 层流与紊流

实际流体黏性的存在，一方面使流层间产生摩擦阻力；另一方面使流体的运动具有截然不同的两种运动状态，即层流流态和紊流流态。处于层流流态的流体，质点呈有条不紊、互不掺混的层状运动形式；而处于紊流流态的流体，质点的运动形式以杂乱无章、相互掺混与涡体旋转为特征。

第5章 电工学基础

5.1 直流电路

5.1.1 电路的组成及基本物理量

1. 电路的组成及功能

(1) 电路的组成

电路是由各种电气器件按一定方式用导线连接组成的总体，它提供了电流通过的闭合路径。电气器件包括电源、开关、负载等。

电源是把其他形式的能量转换为电能的装置。负载是取用电能的装置，它把电能转换为其他形式的能量。导线和开关用来连接电源和负载，为电流提供通路，把电源的能量供给负载，并根据负载需要接通和断开电路。

(2) 电路的功能和作用

有两类：第一类功能是进行能量的转换、传输和分配；第二类功能是进行信号的传递与处理。例如，扩音机的输入是由声音转换而来的电信号，通过晶体管组成的放大电路，输出的便是放大了的电信号，从而实现了放大功能。

2. 电路的基本物理量

(1) 电流

电流是由电荷的定向移动而形成的。

其大小和方向均不随时间变化的电流叫恒定电流，简称直流。

电流的强弱用电流强度来表示，对于恒定直流，电流强度 I 用单位时间内通过导体截面的电量 Q 来表示，即

$$I = \frac{Q}{t}$$

电流的单位是 A（安［培］）。在 1s 内通过导体横截面的电荷为 1C（库仑）时，其电流则为 1A。

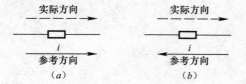

图 5-1　电流的方向

(a) 参考正方向与实际方向一致（$i > 0$）；

(b) 参考正方向与实际方向相反（$i < 0$）

计算微小电流时，电流的单位用 mA（毫安）、μA（微安）或 nA（纳安），其换算关系为：

$1mA = 10^{-3}A$，　$1\mu A = 10^{-6}A$，　$1nA = 10^{-9}A$

规定正电荷的移动方向表示电流的实际方向。在外电路，电流由正极流向负极；在内电路，电流由负极流向正极。

在复杂电路中，引入电流的参考正方向的

110

概念。

（2）电压

电场力把单位正电荷从电场中点 A 移到点 B 所做的功 W_{AB} 称为 A、B 间的电压，用 U_{AB} 表示，即

$$U_{AB} = \frac{W_{AB}}{Q}$$

电压的单位为 V（伏〔特〕）。如果电场力把 1C 电量从点 A 移到点 B 所做的功是 1J（焦耳），则 A 与 B 两点间的电压就是 1V。

计算较大的电压时用 kV（千伏），计算较小的电压时用 mV（毫伏）。其换算关系为：$1kV = 10^3V$，$1mV = 10^{-3}V$

电压的实际方向规定为：从高电位点指向低电位点，即由"＋"极指向"－"极，因此，在电压的方向上电位是逐渐降低的。

（3）电阻及欧姆定律

电阻是一个限流元件，将电阻接在电路中后，电阻器的阻值是固定的，一般是两个引脚，它可限制通过它所连支路的电流大小。阻值不能改变的称为固定电阻器。阻值可变的称为电位器或可变电阻器。理想的电阻器是线性的，即通过电阻器的瞬时

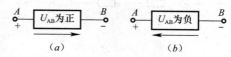

图 5-2　电压的正负与实际方向

（a）参考正方向与实际方向一致；

（b）参考正方向与实际方向相反

电流与外加瞬时电压成正比。用于分压的可变电阻器。在裸露的电阻体上，紧压着一至两个可移金属触点。触点位置确定电阻体任一端与触点间的阻值。

通常流过电阻的电流与电阻两端的电压成正比，这就是欧姆定律。

欧姆定律可用下式表示：

$$U/R = I$$

由上式可见，当所加电压 U 一定时，电阻 R 愈大，则电流 I 愈小。显然，电阻具有对电流起阻碍作用的物理性质。式中 R 即为该段电路的电阻。在国际单位制中，电阻的单位是欧姆（Ω）。

（4）电动势

如图 5-3 所示，外力克服电场力把单位正电荷由低电位 B 端移到高电位 A 端，所做的功称为电动势，用 E 表示。电动势的单位也是 V。如果外力把 1C 的电量从点 B 移到点 A，所做的功是 1J，则电动势就等于 1V。

电动势的方向规定为从低电位指向高电位，即由"－"极指向"＋"极。

（5）电功率

在直流电路中，根据电压的定义，电场力所做的功是 $W = QU$。把单位时间内电场力所做的功称为电功率，则有

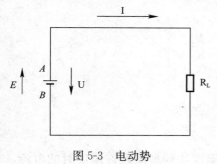

图 5-3　电动势

$$P = \frac{QU}{t} = UI$$

功率的单位是 W（瓦［特］）。

对于大功率，采用 kW（千瓦）或 MW（兆瓦）作单位，对于小功率则用 mW（毫瓦）或 μW（微瓦）作单位。

在电源内部，外力做功，正电荷由低电位移向高电位，电流逆着电场方向流动，将其他能量转变为电能，其电功率为：$P=EI$。

若计算结果 $P>0$，说明该元件是耗能元件；若 $P<0$，则该元件为供能元件。

5.1.2 电路的连接

1. 电阻的串联

由若干个电阻顺序地连接成一条无分支的电路，称为串联电路。如图 5-4 所示电路是由三个电阻串联组成的。

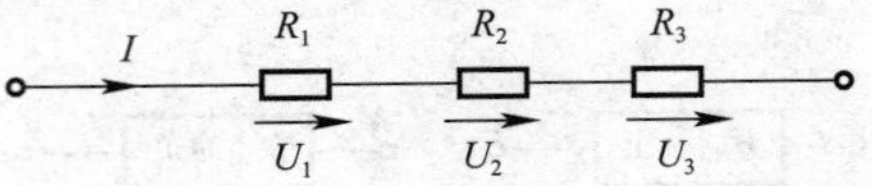

图 5-4 串联电路

串联电路的基本特点：
(1) 流过串联各元件的电流相等，即 $I_1=I_2=I_3$；
(2) 等效电阻 $R=R_1+R_2+R_3$；
(3) 总电压 $U=U_1+U_2+U_3$；
(4) 总功率 $P=P_1+P_2+P_3$；
(5) 电阻串联具有分压作用，即

$$U_1=\frac{R_1U}{R}, \quad U_2=\frac{R_2U}{R}, \quad U_3=\frac{R_3U}{R}$$

2. 电阻的并联

将几个电阻元件都接在两个共同端点之间的连接方式称为并联。

并联电路的基本特点是：

(1) 并联电阻承受同一电压，即 $U=U_1=U_2=U_3$；

(2) 总电流 $I=I_1+I_2+I_3$；

(3) 总电阻的倒数 $1/R=1/R_1+1/R_2+1/R_3$

即总电导 $G=G_1+G_2+G_3$；

若只有两个电阻并联，其等效电阻 R 可用下式计算：

$$R=R_1 /\!/ R_2=\frac{R_1 \times R_2}{R_1+R_2}$$

其中，符号"$/\!/$"表示电阻并联。

(4) 总功率 $P=P_1+P_2+P_3$；

(5) 分流作用：

$$I_1=\frac{RI}{R_1}, \quad I_2=\frac{RI}{R_2}, \quad I_3=\frac{RI}{R_3}$$

5.1.3 电气设备的额定值、电路的三种状态

1. 电器设备的额定值

电气设备的额定值，通常有如下几项：

① 额定电流（I_N）：电气设备长时间运行以致稳定温度达到最高允许温度时的电流，

称为额定电流。

② 额定电压（U_N）：为了限制电气设备的电流并考虑绝缘材料的绝缘性能等因素，允许加在电气化设备上的电压限值，称为额定电压。

③ 额定功率（P_N）：在直流电路中，额定电压与额定电流的乘积就是额定功率，即 $P_N = U_N \cdot I_N$。

电气设备的额定值都标在铭牌上，使用时必须遵守。

2. 电路的三种状态

电路在工作时有三种工作状态，分别是通路、短路、断路。

（1）通路（有载工作状态）

1）如图 5-5 所示，当开关 S 闭合，使电源与负载接成闭合回路，电路便处于通路状态。在实际电路中，负载都是并联的，R_L 代表等效负载电阻。可见，所谓负载增大或负载减小，是指增大或减小负载电流，而不是增大或减小电阻值。

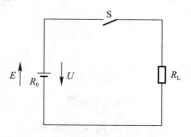

图 5-5　有载工作状态示意

2）根据负载大小，电路在通路时又分为三种工作状态：

当电气设备的电流等于额定电流时，称为满载工作状态；

当电气设备的电流小于额定电流时，称为轻载工作状态；

当电气设备的电流大于额定电流时，称为过载工作状态。

（2）断路

所谓断路，就是电源与负载没有构成闭合回路。

$$R = \infty, I = 0$$

电源内阻消耗功率 $P_E = 0$。

负载消耗功率 $P_L = 0$。

路端电压 $U_0 = E$，此种情况，称为电源的空载。

（3）短路

所谓短路，就是电源未经负载而直接由导线接通成闭合回路，短路的特征是：

$$R = 0, \quad U = 0$$
$$I_S = E/R_0 （短路电流）$$
$$P_L = 0$$
$$P_E = I_S^2 R_0 （电源内阻消耗功率）$$

因电源内阻 R_0 一般很小，短路电流 I_S 很大。电源短路是一种严重事故，应严加防止。

为了防止发生短路事故，以免损坏电源，常在电路中串接熔断器。

熔断器的符号如图 5-6 所示，熔断器在电路中的接法如图 5-7 所示。

5.1.4　基尔霍夫定律及其应用

1. 基本概念

分析与计算电路的基本定律，除了欧姆定律外，还有基尔霍夫电流定律和电压定律。基尔霍夫电流定律应用于节点，电压定律应用于回路。电路中任一闭合路径，称为回路，例如，图 5-8 中 *ABEFA*、*BCDEB*、*ABCDEFA* 等都是回路。电路中的每一分支称为支路，如图 5-8 中，*BAF*、*BCD*、*BE* 等都是支路。一条支路流过一个电流，称为支路电流。电路中三条或三条以上的支路相连接的点称为节点。例如，图 5-8 中的 *B*、*E* 都是节点。

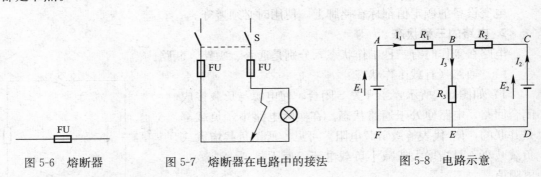

图 5-6　熔断器　　　　图 5-7　熔断器在电路中的接法　　　　图 5-8　电路示意

2. 基尔霍夫电流定律

（1）基尔霍夫第一定律——节点电流定律

基尔霍夫电流定律是用来确定连接在同一结点上的各支路电流间关系的。由于电流的连续性，电路中任何一点（包括节点在内）均不能堆积电荷。因此，在任一瞬时，流向某一节点的电流之和应该等于由该节点流出的电流之和。基尔霍夫电流定律也称为节点电流定律，于 1845 年由古斯塔夫·基尔霍夫所发现（又简写为 *KCL*）。

即

$$\sum I_i = \sum I_o$$

如图 5-8 所示，对节点 *B* 有 $I_1 + I_2 = I_3$。

（2）基尔霍夫第二定律——回路电压定律（*KVL*）

基尔霍夫电压定律是用来确定回路中各段电压间关系的。如果从回路中任意一点出发，以顺时针方向或逆时针方向沿回路循行一周，则在这个方向上的电位降之和应该等于电位升之和。回到原来的出发点时，该点的电位是不会发生变化的。此即电路中任意一点的瞬时电位具有单值性的结果。

在任何一个闭合回路中，各段电阻上的电压降的代数和等于电动势的代数和，即

$$\sum IR = \sum E$$

从一点出发绕回路一周回到该点时，各段电压的代数和恒等于零，即

$$\sum U = 0$$

5.2　正弦交流电路

5.2.1　正弦交流电的基本概念

1. 交流电

在电力系统中，大都采用交流电。工程上应用的交流电，一般是随时间按正弦规律变

化的，称为正弦交流电，简称交流电。

2. 交流电的产生

标有 N、S 的为两个静止磁极。磁极间放置一个可以绕轴旋转的铁心，铁心上绕有线圈 a、b、b'、a'，线圈两端分别与两个铜质滑环相连。滑环经过电刷与外电路相连。如图 5-9 所示。

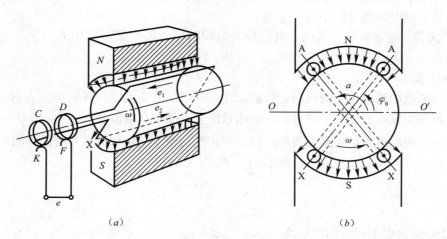

（a）　　　　　　　　　　　　　　　（b）

图 5-9　交流电的产生

磁极形状，使空气隙中的磁感应强度 B 在 O-O' 平面（即磁极的分界面，称中性面）处为零，在磁极中心处最大（$B=B_m$），沿着铁心的表面按正弦规律分布。

若用 α 表示气隙中某点和轴线构成的平面与中性面的夹角，则该点的磁感应强度为

$$B = B_m \sin\alpha$$

当铁心以角速度 ω 旋转时，线圈绕组切割磁力线，产生感应电动势，其大小是

$$e = BL_v$$

计时开始时，绕组所在位置与中性面的夹角为 φ_0，经 t 秒后，它们之间的夹角则变为 $\alpha = \omega_t + \varphi_0$，对应绕组切割磁场的磁感应强度为：

$$B = B_m \sin\alpha = B_m \sin(\omega_t + \varphi_0)$$

将上式代入式 $e = BL_v$ 得到绕组中感应电动势随时间变化的规律，即

$$e = BL_v = B_m \cdot L_v \sin(\omega_t + \varphi_0) \text{ 或 } e = E_m \sin(\omega_t + \varphi_0)$$

3. 表示正弦交流电特征的物理量

（1）波形图

如图 5-10 所示。图中横轴表示时间，纵轴表示电动势大小。

（2）描述交流活动的物理量

1）周期、频率、角频率

a. 把正弦交流电变化一周所需的时间叫周期，用 T 表示。周期的单位是 s（秒）。

b. 1s 内交流电变化的周数，称为交流电的频率，用 f 表示。

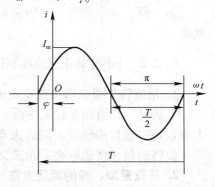

图 5-10　表示正弦交流电的波形图

115

频率的单位是 Hz（赫［兹］）。$1Hz=1s^{-1}$。

c. 每秒钟经过的电角度叫角频率，用 ω 表示。角频率与频率、周期之间的关系：

$$\omega = 2/T = 2\pi f$$

2）瞬时值、最大值、有效值

a. 瞬时值：交流电在变化过程中，每一时刻的值都不同，该值称为瞬时值。瞬时值是时间的函数，瞬时值规定用小写字母表示。

b. 最大值：它表示在一周内，数值最大的瞬时值。最大值规定用大写字母加脚标 m 表示，例如 I_m、E_m、U_m 等。

c. 有效值

正弦交流电的瞬时值是随时间变化的，计量时用正弦交流电的有效值来表示。交流电表的指示值和交流电器上标示的电流、电压数值一般都是有效值。

正弦交流电的有效值是最大值的 $\sqrt{2}$ 倍。对正弦交流电动势和电压亦有同样的关系：

$$I_m = \sqrt{2}I$$
$$U_m = \sqrt{2}U$$
$$E_m = \sqrt{2}E$$

3）正弦交流电的相位和相位差

a. 相位正弦交变电动势 $e = E_m\sin(\omega_t + \varphi_0)$，它的瞬时值随着电角度（$\omega_t + \varphi_0$）而变化。电角度（$\omega_t + \varphi_0$）叫做正弦交流电的相位。

b. 初相：当 $t=0$ 时的相位叫初相。

c. 相位差：两个同频率的正弦交流电的相位之差叫相位差。

例如，已知 $i = I_{1m}\sin(\omega_t + \varphi_1)$，$i_2 = i_{2m}\sin(\omega_t + \varphi_2)$

则 i_1 和 i_2 的相位差为：$\varphi = (\omega_t + \varphi_1) - (\omega_t + \varphi_2) = \varphi_1 - \varphi_2$

这表明两个同频率的正弦交流电的相位差等于初相之差。

若两个同频率的正弦交流电的相位差 $\varphi_1 - \varphi_2 > 0$，称"$i_1$ 超前于 i_2"；若 $\varphi_1 - \varphi_2 < 0$，称"$i_1$ 滞后于 i_2"；若 $\varphi_1 - \varphi_2 = 0$，称"$i_1$ 和 i_2 同相位"；相位差 $\varphi_1 - \varphi_2 = \pm 180°$，则称"$i_1$ 和 i_2 反相位"。

在比较两个正弦交流电之间的相位时，两正弦量一定要同频率才有意义。

4）正弦交流电的三要素

最大值、频率和初相角叫做正弦交流电的三要素。它们描述了大小、变化快慢和起始状态。

5.2.2 同频率正弦量的相加和相减

1. 用旋转矢量表示正弦交流电

方法是：在直角坐标系中画一个旋转矢量，规定用该矢量的长度表示正弦交流电的最大值，该矢量与横轴的正向的夹角表示正弦交流电的初相，矢量以角速度 ω 按逆时针旋转，旋转的角速度也就表示正弦交流电的角频率。

2. 正弦量加、减的简便方法

几个同频率的正弦量相加、相减，其结果还是一个相同频率的正弦量。在画旋转矢量图时，只要选其中一个正弦量为参考量，将其矢量图画在任意方向上（一般画在水平位置上），其他正弦量仅按它们和参考量的相位关系画出，便可直接按矢量计算法进行。

5.2.3 *RLC* 串联电路及电路谐振

1. *RLC* 串联电路
由电阻、电感和电容组成的串联电路称为 *RLC* 串联电路。如图 5-11 所示。

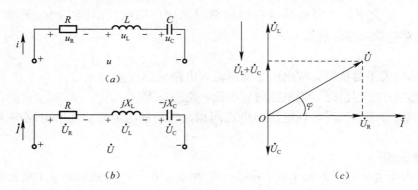

图 5-11　*RLC* 串联电路图

（*a*）*RLC* 串联回路电压电流瞬时值标注图；（*b*）*RLC* 串联回路电流电压有效值标注图；

（*c*）*RLC* 串联回路相量的表示图

（1）阻抗：电路元件对交流电的阻碍作用称为阻抗。

$$Z = R + j(X_L + X_C)$$

电抗 X 的正负决定阻抗角 φ 的正负，而阻抗角 φ 的正负反映了总电压与电流的相位关系。因此，可以根据阻抗角 φ 为正、为负、为零的 3 种情况，将电路分为 3 种性质。

1）感性电路：当 $X>0$ 时，即 $X_L>X_C$，$\varphi>0$，$U_L>U_C$，总电压 u 比电流 i 超前 φ，表明电感的作用大于电容的作用，电抗是电感性的，称为感性电路；

2）容性电路：当 $X<0$ 时，即 $X_L<X_C$，$\varphi<0$，$U_L<U_C$，总电压 u 比电流 i 滞后 $|\varphi|$，电抗是电容性的，称为容性电路；

3）电阻性电路：当 $X=0$ 时，即 $X_L=X_C$，$\varphi=0$，$U_L=U_C$，总电压 u 与电流 i 同相，表明电感的作用等于电容的作用，达到平衡，电路阻抗是电阻性的，称为电阻性电路。当电路处于这种状态时，又叫做谐振状态。

（2）电压、电流和阻抗三者之间的关系：电压有效值等于电流与阻抗的乘积。

在交流电路中各元件上的电压可以比总电压大，这是交流电路与直流电路特性的不同之处。

（3）频率关系：电压与电流同频率。

（4）功率：

1）视在功率 S：又称表观功率，在交流电路中，平均功率一般不等于电压与电流有效值的乘积，如将两者的有效值相乘，则得出所谓视在功率。单位为伏安（VA）或千伏安（kVA）；

其值为电路两端电压与电流的乘积，它表示电源提供的总功率，反映了交流电源容量

117

的大小。

2）有功功率 P：等于电阻两端电压与电流的乘积，也等于视在功率×功率因数。

3）无功功率 Q：为建立交变磁场和感应磁通而需要的电功率称为无功功率，无功功率单位为乏（var）。

三种功率之间的关系：
$$S = \sqrt{P^2 + Q^2}$$

（5）功率因数：电路所具有的参数不同，则电压与电流间的相位差 φ 就不同，在同样电压 U 和电流 I 之下，这时电路的有功功率和无功功率也就不同。$\cos\varphi$ 称为功率因数。反映了电路对电源功率的利用率。

注意：

1）当感抗大于容抗时，则电压超前电流，电路呈感性；

2）当感抗小于容抗时，则电压滞后电流，电路呈容性；

3）当感抗等于容抗时，则电压与电流同相，电路呈电阻性，此时电路的工作状态称为谐振。

2. 电路谐振

在具有电阻 R、电感 L 和电容 C 元件的交流电路中，电路两端的电压与其中电流位相一般是不同的。当电路元件（L 或 C）的参数或电源频率，可以使它们位相相同，整个电路呈现为纯电阻性，电路达到这种状态称为谐振。在谐振状态下，电路的总阻抗达到极值或近似达到极值。按电路连接的不同，有串联谐振和并联谐振两种。

（1）串联谐振

电路中电阻、电感和电容元器件串联产生的谐振称为串联谐振。

1）谐振条件

当感抗等于容抗电路处于谐振状态。

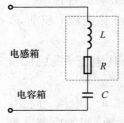

图 5-12 R、L、C 串联电路图

电感和电容元件串联组成的一端口网络如图 5-12 所示。

该网络的等效阻抗：$Z = R + j(X_L - X_C)$

是电源频率的函数。当该网络发生谐振时，其端口电压与电流同相位。

即：
$$\omega L - 1/\omega C = 0$$

得到谐振角频率 $\omega_0 = 1/\sqrt{LC}$

定义谐振时的感抗 ωL 或容抗 $1/\omega C$ 为特性阻抗 ρ，特性阻抗 ρ 与电阻 R 的比值为品质因数 Q。

即：
$$Q = \rho/R = \omega_0 L/R = \sqrt{L/C}/R$$

2）串联谐振特点

电流与电压同相位，电路呈电阻性；阻抗最小，电流最大；电感电压与电容电压大小相等，相位相反，电阻电压等于总电压；电感电压与电容电压有可能大大超过总电压。故串联谐振又称电压谐振。

（2）并联谐振

1）谐振条件

并联谐振电路的谐振条件和谐振频率与串联谐振相同。

2）并联谐振特点

电流与电压同相位，电路呈电阻性；阻抗最大，电流最小；电感电流与电容电流大小相等，相位相反；电感电流或电容电流有可能大大超过总电流。故并联谐振又称电流谐振。

供电系统中不允许电路发生谐振，以免产生高压引起设备损坏或造成人身伤亡等。

5.2.4 功率因数的提高

直流电路的功率等于电流与电压的乘积，但交流电路则不然。在计算交流电路的平均功率时还要考虑电压与电流间的相位差 φ，即 $P=UI\cos\varphi$。$\cos\varphi$ 是电路的功率因数。电压与电流间的相位差或电路的功率因数决定于电路（负载）的参数。只有在电阻负载（例如白炽灯、电阻炉等）的情况下，电压和电流才同相，其功率因数为 1。对其他负载来说，其功率因数均介于 0 与 1 之间。

1. 提高功率因数的意义

1）使电源设备得到充分利用

负载的功率因数越高，发电机发出的有功功率就越大，电源的利用率就越高。

2）降低线路损耗和线路压降

要求输送的有功功率一定时，功率因数越低，线路的电流就越大。电流越大，线路的电压和功率损耗越大，输电效率也就越低。

2. 提高功率因数的方法

电力系统的大多数负载是感性负载（例如电动机、变压器等），这类负载的功率因数较低。

为了提高电力系统的功率因数，常在负载两端并联电容器，叫并联补偿。

感性负载和电容器并联后，线路上的总电流比未补偿时减小，总电流和电源电压之间的相角也减小了，这就提高了线路的功率因数。

5.3 半导体器件

5.3.1 半导体二极管

1. 二极管的结构和类型

半导体二极管就是由一个 PN 结加上相应的电极引线及管壳封装而成的。由 P 区引出的电极称为阳极，N 区引出的电极称为阴极。因为 PN 结的单向导电性，二极管导通时电流方向是由阳极通过管子内部流向阴极。二极管的种类很多，按材料来分，最常用的有硅管和锗管两种；按结构来分，有点接触型，面接触型和硅平面型 3 种；按用途来分，有普通二极管、整流二极管、稳压二极管等多种。

图 5-13 所示是常用二极管的符号、结构及外形的示意图。二极管的符号如图 5-13（a）所示。箭头表示正向电流的方向。一般在二极管的管壳表面标有这个符号或色点、色圈来表示二极管的极性，左边实心箭头的符号是工程上常用的符号，右边的符号为新规定的符号。从工艺结构来看，点接触型二极管（一般为锗管）如图 5-13（b）所示，其特点是结面积小，

因此结电容小，允许通过的电流也小，适用高频电路的检波或小电流的整流，也可用作数字电路里的开关元件；面接触型二极管（一般为硅管）如图5-13（c）所示，其特点是PN结面积大，允许通过的电流较大，适用于低频整流；硅平面型二极管如图5-13（d）所示，PN结面积大的可用于大功率整流。

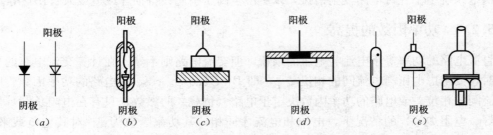

图 5-13　常用二极管的符号、结构和外形示意图

（a）符号；（b）点接触型；（c）面接触型；（d）硅平面型；（e）外形示意图

2. 二极管的特性及参数

（1）二极管的伏安特性

二极管的伏安特性是指半导体二极管两端电压U和流过的电流I之间的关系。二极管的伏安特性曲线如图5-14所示。

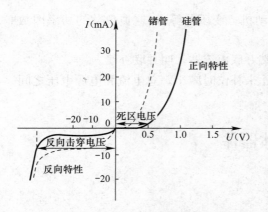

图 5-14　半导体二极管的伏安特性曲线

1）正向特性

在外加正向电压较小时，外电场不足以克服内电场对多数载流子扩散运动所造成的阻力，电路中的正向电流几乎为零，这个范围称为死区，相应的电压称为死区电压。锗管死区电压约为0.1V，硅管死区电压约为0.5V。当外加正向电压超过死区电压时，电流随电压增加而快速上升，半导体二极管处于导通状态。锗管的正向导通压降为$0.2\sim0.3$V，硅管的正向导通压降为$0.6\sim0.7$V。

2）反向特性

在反向电压作用下，少数载流子漂移形成的反向电流很小，在反向电压不超过某一范围时，反向电流基本恒定，通常称之为反向饱和电流。在同样的温度下，硅管的反向电流比锗管小，硅管为1uA至几十uA，锗管可达几百uA，此时半导体二极管处于截止状态。当反向电压继续增加到某一电压时，反向电流剧增，半导体二极管失去了单向导电性，称为反向击穿，该电压称为反向击穿电压。半导体二极管正常工作时，不允许出现这种情况。

（2）二极管的主要参数

二极管的特性除用伏安特性曲线表示外，参数同样能反映出二极管的电性能，器件的参数是正确选择和使用器件的依据。各种器件的参数由厂家产品手册给出，由于制造工艺方面的原因，即使同一型号的管子，参数也存在一定的分散性，因此手册常给出某个参数的范围。半导体二极管的参数是合理选择和使用半导体二极管的依据。半导体二极管的主要参数有以下几个。

1) 最大整流电流 IFM

它是指半导体二极管长期使用时允许流过的最大正向平均电流。使用时工作电流不能超过最大整流电流，否则二极管会过热烧坏。

2) 最大反向工作电压 URM

它是指半导体二极管使用时允许承受的最大反向电压，使用时半导体二极管的实际反向电压不能超过规定的最大反向工作电压。为了安全起见，最大反向工作电压为击穿电压的一半左右。

3) 最大反向电流 IRM

它是指半导体二极管外加最大反向工作电压时的反向电流。反向电流越小，半导体二极管的单向导电性能越好。反向电流受温度影响较大。

4) 最高工作频率 FM

它是指保持二极管单向导通性能时外加电压的最高频率，二极管工作频率与 PN 结的极间电容大小有关，容量越小，工作频率越高。使用中若频率超过了半导体二极管的最高工作频率，单向导电性能将变差，甚至无法使用。

二极管的参数很多，除上述参数外还有结电容、正向压降等，在实际应用时，可查阅半导体器件手册。

（3）特殊二极管

1) 稳压二极管

稳压管是一种特殊的面接触型半导体硅二极管，具有稳定电压的作用。稳压管与普通二极管的主要区别在于，稳压管是工作在 PN 结的反向击穿状态。通过在制造过程中的工艺措施和使用时限制反向电流的大小，能保证稳压管在反向击穿状态下不会因过热而损坏。稳压管的伏安特性曲线及符号如图 5-14 所示。从稳压管的反向特性曲线可以看出，当反向电压较小时，反向电流几乎为零，当反向电压增高到击穿电压 u_Z（也是稳压管的工作电压）时，反向电流（稳压管的工作电流）会急剧增加，稳压管反向击穿。在特性曲线 AB 段，当在较大范围内变化时，稳压管两端电压 u_Z 基本不变，具有恒压特性，利用这一特性可以起到稳定电压的作用。

稳压管正常工作的条件有两条，一是工作在反向击穿状态，二是稳压管中的电流要在稳定电流和最大允许电流之间。当稳压管正偏时，它相当于一个普通二极管。

2) 发光二极管

发光二极管是一种将电能直接转换成光能的半导体固体显示器件，简称 LED（Light Emitting Diode）。和普通二极管相似，发光二极管也是由一个 PN 结构成。发光二极管的 PN 结封装在透明塑料壳内，外形有方形、矩形和圆形等。发光二极管的符号如图 5-15 所示。它的伏安特性和普通二极管相似，死区电压为 0.9～1.1V，正向工作电压为 1.5～2.5V，工作电流为 5～15mA。反向击穿电压较低，一般小于 10V。

3) 光电二极管

光电二极管又称光敏二极管。它的管壳上备有一个玻璃窗口，以便于接受光照。其特点是，当光线照射于它的 PN 结时，可以成对地产生自由电子和空穴，使半导体中少数载流子的浓度提高。这些载流子在一定的反向偏置电压作用下可以产生漂移电流，使反向电流增加。因此它的反向电流随光照强度的增加而线性增加，这时光电二极管等效于一个恒流源。当无光照时，光电二极管的伏安特性与普通二极管一样。光电二极管的等效电路如图 5-16（a）所示，图 5-16（b）所示为光电二极管的符号。

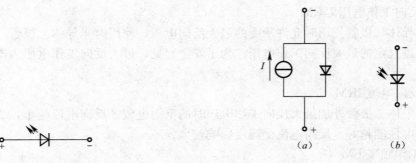

图 5-15　发光二极管

图 5-16　光电二极管
(a) 光电二极管的等效电路；(b) 光电二极管的符号

5.3.2　半导体三极管

半导体三极管是组成放大电路的主要元件，是最重要的一种半导体器件，常用的一些半导体三极管外形如图 5-17 所示。

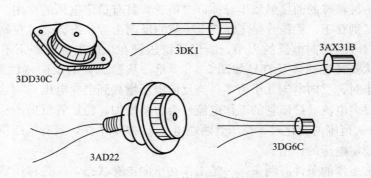

图 5-17　半导体三极管外形图

1. 三极管的基本结构

最常见的三极管结构有平面型和合金型两类，如图 5-18 所示。图 5-18（a）所示为平面型（主要是硅管），图 5-18（b）所示为合金型（主要为锗管）。

不论是平面型还是合金型的半导体三极管，内部都由 PNP 或 NPN 这 3 层半导体材料构成，因此又把半导体三极管分为 PNP 型和 NPN 型两类，图 5-19 所示为半导体三极管的结构示意图及符号。半导体三极管有 3 个区、两个 PN 结和 3 个电极。3 个区分别为发射区、基区、集电区。基区与发射区之间的 PN 结称为发射结，基区与集电区之间的 PN 结称为集电结。从基区、发射区和集电区各引出一个电极，基区引出的是基极（B），发射区引出的是发射极（E），集电区引出的是集电极（C）。

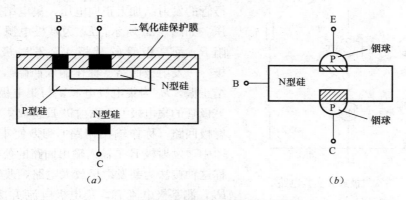

图 5-18　半导体三极管的基本结构
(a) 平面型；(b) 合金型

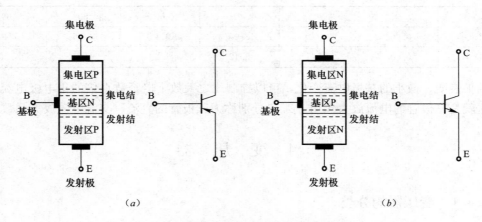

图 5-19 半导体三极管的结构示意图及符号
(a) PNP 型；(b) NPN 型

　　半导体三极管的基区很薄，集电区的几何尺寸比发射区大；发射区杂质浓度最高，基区杂质浓度最低；尽管发射区和集电区为同类型的半导体，但发射区和集电区不能互换使用。

　　PNP 型和 NPN 型半导体三极管的工作原理基本相同，不同之处在于使用时电源连接极性不同，电流方向相反。

　　半导体三极管根据基片的材料不同，可以分为锗管和硅管两大类，目前国内生产的硅管多为 NPN 型（3D 系列），锗管多为 PNP 型（3A 系列）；根据频率特性可以分为高频管和低频管；根据功率大小可以分为大功率管、中功率管和小功率管等。实际应用中采用 NPN 型半导体三极管较多，下面以 NPN 型半导体三极管为例进行讨论，其结论对于 PNP 型半导体三极管同样适用。

2. 三极管的电流分配和放大作用

　　NPN 上面介绍了三极管具有电流放大用的内部条件。为实现晶体三极管的电流放大

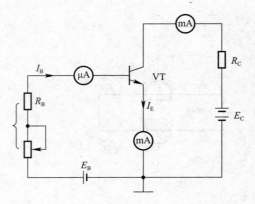

图 5-20 共发射极放大实验电路

作用还必须具有一定的外部条件，这就是要给三极管的发射结加上正向电压，集电结加上反向电压。如图 5-20 所示，E_B 为基极电源，与基极电阻 R_B 及三极管的基极 B、发射极 E 组成基极——发射极回路（称作输入回路），E_b 使发射结正偏，E_c 为集电极电源，与集电极电阻 R_c 及三极管的集电极 C、发射极 E 组成集电极——发射极回路（称作输出回路），Ec 使集电结反偏。图中，发射极 E 是输入输出回路的公共端，因此称这种接法为共发射极放大电路，改变可变电阻 R_B，测基极电流 I_B，集电极电流 I_C 和发射结电流 I_E 的测试结果见表 5-1。

三极管电流测试数据   表 5-1

I_B（μA）	0	20	40	60	80	100
I_C（mA）	0.005	0.99	2.08	3.17	4.26	5.40
I_E（mA）	0.005	1.001	2.12	3.23	4.34	5.50

结果表明，微小的基极电流变化，可以控制比之大数十倍至数百倍的集电极电流的变化，这就是三极管的电流放大作用。β、β 分别称为三极管的直流、交流电流放大系数。

5.4 变 压 器

5.4.1 变压器的分类

变压器是一种静止的电气设备，利用电磁感应原理将一种形态（电压、电流、相数）的交流电能转换成另一种形态的交流电能。

变压器可以按照用途、绕组数目、相数、冷却方式和调压方式分类。

1. 按用途分类

主要有电力变压器、调压变压器、仪用互感器和供特殊电源用的变压器（如整流变压器、电炉变压器）。

2. 按绕组数目分类

主要有双绕组变压器、三绕组变压器、多绕组变压器和自耦变压器。

3. 按相数分类

主要有单相变压器、三相变压器和多相变压器。

4. 按冷却方式分类

主要有干式变压器、充气式变压器和油浸式变压器。

5. 按调压方式分类

主要有无载调压变压器、有载调压变压器和自动调压变压器。

124

5.4.2　变压器的工作原理

变压器是依据电磁感应原理工作的如图 5-21 所示。

单相变压器是由一个闭合的铁芯和套在其上的两个绕组构成。这两个绕组彼此绝缘，同心套在一个铁芯柱上，但是为了分析问题的方便，将这两个绕组分别画在两个不同的铁芯柱上。与电源相连的称为原绕组（或称初级绕组、一次绕组），与负载相连的称为副绕组（或称次级绕组、二次绕组），原、副绕组的匝数分别为 N_1 和

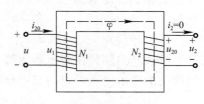

图 5-21　变压器工作原理

N_2，当原绕组接上交流电压时，原绕组中便有电流通过。原绕组的磁通势产生的磁通绝大部分通过铁芯而闭合，从而在原、副绕组中感应出电动势 e_1、e_2。

若略去漏磁通的影响，不考虑绕组电阻上的压降，则有原、副边的电动势和电压分别相等。且原、副绕组上的电压的比值等于两者的匝数比，比值 K 称为变压器的变比。

综上所述，变压器是利用电磁感应原理，将原绕组吸收的电能传送给副绕组所连接的负载，实现能量的传送；使匝数不同的原、副绕组中分别感应出大小不等的电动势，实现电压等级变换。

5.4.3　变压器的基本结构

以工程中常用的三相油浸式电力变压器为例说明。

三相油浸式电力变压器主要由铁芯、绕组及其他部件组成。

1. 铁芯

铁芯构成变压器的磁路和固定绕组及其他部件的骨架。为了减小铁损，铁芯大多采用薄硅钢片叠装而成。国产三相油浸式电力变压器大多采用心式结构。

2. 绕组

绕组是变压器的电路部分，原绕组吸取电源的能量，副绕组向负载提供电能。变压器的绕组由包有绝缘材料的扁导线或圆导线绕成，有铜导线和铝导线两种。按照高、低压绕组之间的安排方式，变压器的绕组有同芯式和交叠式两种基本形式。

3. 其他部件

（1）油箱

变压器的器身放置在灌有高绝缘强度、高燃点变压器油的油箱内。

变压器运行时产生的热量，通过变压器油在油箱内发生对流，将热量传送至油箱壁及壁上的散热器，再利用周围的空气或冷却水达到散热的目的。

（2）储油柜

又称为油枕，设置在油箱上方，通过连通管与油箱连通，起到保护变压器油的作用。

（3）气体继电器

又称为瓦斯继电器，设置在油箱与储油柜的连通管道中，对变压器的短路、过载、漏油等故障起到保护的作用。

（4）安全气道

又称为防爆管，设置在较大容量变压器油箱顶上的一个钢质长筒，下筒口与油箱连

通，上筒口以玻璃板封口。当变压器内部发生严重故障时，避免油箱受力变形或爆炸。

（5）绝缘套管

绝缘套管是装置在变压器油箱盖上面的绝缘套管，以确保变压器的引出线与油箱绝缘。

（6）分接开关

分接开关装置在变压器油箱盖上面，通过调节分接开关来改变原绕组的匝数，从而使副绕组的输出电压可以调节。分接开关有无载分接开关和有载分接开关两种。

5.4.4　变压器的特性参数

1. 工作频率

变压器铁芯损耗与频率关系很大，故应根据使用频率来设计和使用，这种频率称工作频率。

2. 额定功率

在规定的频率和电压下，变压器能长期工作，而不超过规定温升的输出功率。

3. 额定电压

指在变压器的线圈上所允许施加的电压，工作时不得大于规定值。

4. 电压比

指变压器初级电压和次级电压的比值，有空载电压比和负载电压比的区别。

5. 空载电流

变压器次级开路时，初级仍有一定的电流，这部分电流称为空载电流。空载电流由磁化电流（产生磁通）和铁损电流（由铁芯损耗引起）组成。对于 50Hz 电源变压器而言，空载电流基本上等于磁化电流。

6. 空载损耗

指变压器次级开路时，在初级测得功率损耗。主要损耗是铁芯损耗，其次是空载电流在初级线圈铜阻上产生的损耗（铜损），这部分损耗很小。

7. 效率

指次级功率 P_2 与初级功率 P_1 比值的百分比。通常变压器的额定功率愈大，效率就愈高。

8. 绝缘电阻

表示变压器各线圈之间、各线圈与铁芯之间的绝缘性能。绝缘电阻的高低与所使用的绝缘材料的性能、温度高低和潮湿程度有关。

5.4.5　变压器的额定值和运行特性

变压器的油箱表面都镶嵌有铭牌，铭牌上标明了变压器的型号、额定数据及其他一些数据。

1. 变压器的型号

按照国家标准规定，变压器的型号由汉语拼音字母和几位数字组成，表明变压器的系列和规格。

2. 变压器的额定值

（1）额定容量：指变压器的额定视在功率，单位为 VA 或 kVA。

（2）额定电压：指保证变压器原绕组安全的外加电压最大值，单位为 V 或 kV。对三相变压器，额定电压指线电压值。

（3）额定电流：指变压器原、副绕组允许长期通过的最大电流值，单位为 A。对三相变压器，额定电流指线电流值。

（4）额定频率：我国工业的供用电频率标准规定为 50Hz。

除了上述特性参数以外，变压器的铭牌上还标明效率、温升等额定值以及短路电压或短路阻抗百分值、连接组别、使用条件、冷却方式、重量、尺寸等。

3. 运行特性

变压器的运行特性主要指外特性和效率特性。

（1）外特性

当变压器的一次绕组电压和负载功率因数一定时，二次电压随负载电流变化的曲线称为变压器的外特性。

对于电阻性和感性负载来说，外特性曲线是稍向下倾斜的，而且功率因数越低，下降得越快。

（2）效率特性

变压器的效率特性是指变压器的传输效率与负载电流的关系，如图 5-22 所示。

图 5-22 中 β 是负载电流与额定电流的比值，称为负载系数。变压器的效率总是小于 1，变压器的效率与负载有

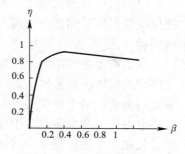

图 5-22　变压器工作特性

关。空载时，效率 $\eta=0$，随着负载增大，开始时效率 η 也增大，但后来因铜损增加很快，在不到额定负载时出现 η 的最大值，其后开始下降。

5.4.6　其他常用变压器

1. 仪用变压器

仪用变压器是在测量高电压、大电流时使用的一种特殊的变压器，也称为仪用互感器，有电流互感器和电压互感器两种形式。

仪用变压器用于电力系统中，作为测量、控制、指示、继电保护等电路的信号源。使用仪用变压器，可以使仪表、继电器等与高电压、大电流的被测电路绝缘；可以使仪表、继电器等的规格比直接测量高电压、大电流电路时所用的仪表、继电器规格小得多；可以使仪表、继电器的规格统一，以便于制造且可减小备用容量。

2. 电焊变压器

交流电弧焊在生产实践中应用很广泛，其主要部件就是电焊变压器。电焊变压器实际上是一台特殊的变压器，为了满足电焊工艺的要求，电焊变压器应该具有以下特点：

（1）具有 60～75V 的空载起弧电压；

（2）具有陡降的外特性；

（3）工作电流稳定且可调；

（4）短路电流被限制在两倍额定电流以内。

要具备以上特点，电焊变压器必须比普通变压器具有更大的电抗值，而且其电抗值可以调节。电焊变压器的原、副绕组通常分绕在不同的两个铁芯柱上，以便获得较大的电抗值。电抗值通常采用磁分路法和串联可变电抗法来进行调节。

5.5 交流电动机

电动机的作用是将电能转换为机械能。现代各种生产机械都广泛应用电动机来驱动。

有的生产机械只装配着一台电动机，如单轴钻床；有的需要好几台电动机，如某些机床的主轴、刀架、横梁以及润滑油泵和冷却油泵等都是由单独的电动机来驱动的。常见的桥式起重机上就有三台电动机。

生产机械由电动机驱动有很多优点：简化生产机械的结构；提高生产率和产品质量；能实现自动控制和远距离操纵；减轻繁重的体力劳动。

电动机可分为交流电动机和直流电动机两大类。交流电动机又分为异步电动机（或称感应电动机）和同步电动机。直流电动机按照励磁方式的不同分为他励、并励、串励和复励四种。

在生产上主要用的是交流电动机，特别是三相异步电动机。它被广泛地用来驱动各种金属切削机床、起重机、锻压机、传送带、铸造机械、功率不大的通风机及水泵等。仅在需要均匀调速的生产机械上，如龙门刨床、轧钢机及某些重型机床的主传动机构，以及在某些电力牵引和起重设备中才采用直流电动机。同步电动机主要应用于功率较大、不需调速、长期工作的各种生产机械，如压缩机、水泵、通风机等。单相异步电动机常用于功率不大的电动工具和某些家用电器中。除上述动力用电动机外，在自动控制系统和计算装置中还用到各种控制电机。

5.5.1 三相异步电动机的构造

三相异步电动机分成两个基本部分：定子（固定部分）和转子（旋转部分）。

图 5-23 所示的是三相异步电动机的构造。

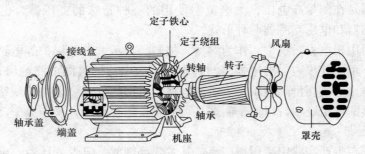

图 5-23 三相异步电动机的构造

三相异步电动机的定子由机座和装在机座内的圆筒形铁心以及其中的三相定子绕组组成。机座是用铸铁或铸钢制成的，铁心是由互相绝缘的硅钢片叠成的。铁心的内圆周表面冲有槽（图 5-24），用以放置对称三相绕组 U_1U_2，V_1V_2，W_1W_2，有的接成星形，有的接成三角形。

三相异步电动机的转子根据构造上的不同分为两种形式：笼型和绕线型。转子铁心是圆柱状，也用硅钢片叠成，表面冲有槽（图 5-24）。铁心装在转轴上，轴上加机械负载。

笼型的转子绕组做成鼠笼状，就是在转子铁心的槽中放铜条，其两端用端环连接（图 5-25）。或者在槽中浇铸铝液，铸成一鼠笼（图 5-26），这样便可以用比较便宜的铝来代替铜，同时制造也快。因此，目前中小型笼型电动机的转子很多是铸铝的。笼型异步电动机的"鼠笼"是它的构造特点，易于识别。

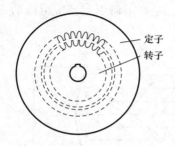

图 5-24　定子和转子的铁心片

图 5-25　笼型转子
(*a*) 笼型绕组；(*b*) 转子外形

绕线型异步电动机的构造如图 5-27 所示，它的转子绕组同定子绕组一样，也是三相的，作星形联结。它每相的始端连接在三个铜制的滑环上，滑环固定在转轴上。环与环，环与转轴都互相绝缘。在环上用弹簧压着碳质电刷。起动电阻和调速电阻是借助于电刷同滑环和转子绕组连接的，通常就是根据绕线型异步电动机具有三个滑环的构造特点来辨认它的。

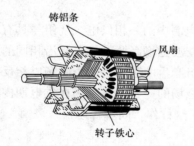

图 5-26　铸铝的笼型转子

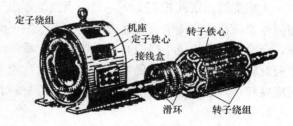

图 5-27　绕线型异步电动机的构造

笼型与绕线型只是在转子的构造上不同，它们的工作原理是一样的。

笼型电动机由于构造简单，价格低廉，工作可靠，使用方便，就成为生产上应用得最广泛的一种电动机。

5.5.2　三相异步电动机的工作原理

三相异步电动机是利用定子绕组中三相交流电产生的旋转磁场和转子绕组内的感生电流相互作用工作的。

当电动机的三相定子绕组（各相差 120° 的电角度），通入三相对称交流电后，将产生一个旋转磁场，该旋转磁场切割转子绕组，从而在转子绕组中产生感应电流（转子绕组是闭合通路），载流的转子导体在定子旋转磁场作用下将产生电磁力，从而在电机转轴上形成电磁转矩，驱动电动机旋转，并且电机旋转方向与旋转磁场方向相同。

当导体在磁场内切割磁力线时，在导体内产生感应电流，"感应电机"的名称由此而来。

感应电流和磁场的联合作用向电机转子施加驱动力。

让闭合线圈 ABCD 在磁场 B 内围绕轴 xy 旋转。如果沿顺时针方向转动磁场，闭合线圈经受可变磁通量，产生感应电动势，该电动势会产生感应电流（法拉第定律），如图 5-28 所示。根据楞次定律，电流的方向为：感应电流产生的效果总是要阻碍引起感应电流的原因。因此，每个导体承受与感应磁场运动方向相反的洛仑兹力 F。

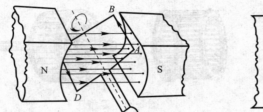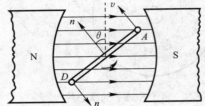

图 5-28　法拉第定律

确定每个导体力 F 方向的一个简单的方法是采用右手三手指定则将拇指置于感应磁场的方向，食指为力的方向，将中指置于感应电流的方向。这样一来，闭合线圈承受一定的转矩，从而沿与感应子磁场相同方向旋转，该磁场称为旋转磁场。闭合线圈旋转所产生的电动转矩平衡了负载转矩。

1. 旋转磁场的产生

三组绕组间彼此相差 120°，每一组绕组都由三相交流电源中的一相供电，绕组与具有相同电相位移的交流电流相互交叉，每组产生一个交流正弦波磁场。此磁场总是沿相同的轴，当绕组的电流位于峰值时，磁场也位于峰值。每组绕组产生的磁场是两个磁场以相反方向旋转的结果，这两个磁场值都是恒定的，相当于峰值磁场的一半。此磁场在供电期内完成旋转，其速度取决于电源频率（f）和磁极对数（P）。这称作"同步转速"。

2. 转差率

只有当闭合线圈有感应电流时，才存在驱动转矩。转矩由闭合线圈的电流确定，且只有当环内的磁通量发生变化时才存在。因此，闭合线圈和旋转磁场之间必须有速度差。因而，遵照上述原理工作的电机被称作"异步电机"。

同步转速（n_s）和闭合线圈速度（n）之间的差值称作"转差"，用同步转速的百分比表示：

$$s = [(n_s - n)/n_s] \times 100\%$$

运行过程中，转子电流频率为电源频率乘以转差率。当电动机启动时，转子电流频率处于最大值，等于定子电流频率。

转子电流频率随着电机转速的增加而逐步降低。处于恒稳态的转差率与电机负载有关系。它受电源电压的影响，如果负载较低，则转差率较小，如果电机供电电压低于额定值，则转差率增大。

同步转速三相异步电动机的同步转速与电源频率成正比，与定子的对数成反比。

$$n_s = 60f/p$$

式中 n_s——同步转速（r/min）；

f——频率（Hz）；

P——磁极对数。

若要改变电动机的旋转方向，则改变电源的相序便可实现，即将通入到电机的三相电压接到电机端子中任意两相就行。

3. 铭牌数据

每台电动机的外壳上都附有一块铭牌，上面有这台电动机的基本数据。铭牌数据的含义如下：

（1）型号

例如"Y160L-4"，其中：

Y——表示（笼型）异步电动机；160——表示机座中心高为160mm；L——表示长机座（S表示短机座，M表示中机座）；4——表示4极电动机。

（2）额定电压

指电动机定子绕组应加的线电压有效值，即电动机的额定电压。

（3）额定频率

指电动机所用交流电源的频率，我国电力系统规定为50Hz。

（4）额定功率

指在额定电压、额定频率下满载运行时电动机轴上输出的机械功率，即额定功率。

（5）额定电流

指电动机在额定运行（即在额定电压、额定频率下输出额定功率）时定子绕组的线电流有效值，即额定电流。

（6）接法

指电动机在额定电压下，三相定子绕组应采用的连接方法（三角形连接和星形连接）。

（7）绝缘等级

按电动机所用绝缘材料允许的最高温度来分级的。目前一般电动机采用较多的是E级绝缘和B级绝缘。

5.6　电气设备简介

5.6.1　高压熔断器

1. 熔断器的作用

熔断器（FU）是最为简单和常用的保护电器，它是在通过的电流超过规定值并经过一定的时间后熔体（熔丝或熔片）熔化而分断电流、断开电路，在电路中起到过载（过负荷）和短路保护。

在输配电系统中，对容量小且不太重要的负荷，广泛采用高压熔断器作为高压输配电线路、电力变压器、电压互感器和电力电容器等电气设备的短路和过负荷保护。户内广泛采用 RN 系列的高压管式限流熔断器，户外则广泛使用 RW4、RW10F 等型号的高压跌开式熔断器或 RW10-35 型的高压限流熔断器。

2. 户内高压熔断器

RN 系列户内高压管式熔断器有 RN1、RN2、RN3、RN4、RN5 及 RN6 等。主要用于 3~35kV 配电系统中作短路保护和过负荷保护。

RN 型熔断器的灭弧能力很强，能在短路后不到半个周期即短路电流未达到冲击电流值时就能完全熄灭电弧、切断短路电流。具有这种特性的熔断器称为"限流"式熔断器。

3. 户外高压熔断器

RW 系列跌开式熔断器，又称跌落式熔断器，被广泛用于环境正常的户外场所，作高压线路和设备的短路保护用。它串接在线路中，可利用绝缘钩棒（俗称"令克棒"）直接操作熔管（含熔体）的分、合，此功能相当于"隔离开关"。

5.6.2 高压隔离开关

1. 高压隔离开关的作用

高压隔离开关（QS）的主要功能是隔离高压电源，以保证对其他电器设备及线路的安全检修及人身安全。

2. 隔离开关的特点

1）隔离开关的结构特点是断开后具有明显可见的断开间隙，且断开间隙的绝缘及相间绝缘都是足够可靠的。

2）隔离开关没有灭弧装置，所以不容许带负荷操作。但可容许通断一定的小电流，如励磁电流不超过 2A 的 35kV、1000kVA 及以下的空载变压器电路和电容电流不超过 5A 的 10kV 及以下、长 5km 的空载输电线路以及电压互感器和避雷器回路等。

3. 高压隔离开关分类

高压隔离开关按安装地点，分为户内式和户外式两大类；按有无接地开关可分为不接地、单接地、双接地三类。

1）10kV 高压隔离开关型号较多，常用的有 GN8、GN19、GN24、GN28、GN30 等户内式系列。

2）户外高压隔离开关常用的有 GW4、GW5 等系列。

3）带有接地开关的隔离开关称接地隔离开关，是用来进行电气设备的短接、连锁和隔离，一般是用来将退出运行的电气设备和成套设备部分接地和短接。

5.6.3 高压负荷开关

1. 高压负荷开关的特点和作用

高压负荷开关（QL）具有简单的灭弧装置，能通断一定的负荷电流和过负荷电流，但是不能用它来断开短路电流，它常与熔断器一起使用，具有分断短路电流的能力。高压负荷开关大多还具有隔离高压电源，保证其后的电气设备和线路安全检修的功能，因为它断开后通常有明显的断开间隙，与高压隔离开关一样，所以这种负荷开关有"功率隔离开关"之称。

2. 高压负荷开关的分类

高压负荷开关根据所采用的灭弧介质不同可分为：产气式、压气式、油浸式、真空式和六氟化硫（SF_6）等；按安装场所分户内式和户外式两种。

5.6.4 高压断路器

1. 高压断路器的特点和作用

高压断路器（QF）是高压输配电线路中最为重要的电气设备。高压断路器具有完善的灭弧装置，不仅能通断正常的负荷电流和过负荷电流，而且能通断一定的短路电流，并能在保护装置作用下，自动跳闸，切断短路电流。

2. 高压断路器的分类

1）按其采用的灭弧介质分为：油断路器、六氟化硫（SF_6）断路器、真空断路器、压缩空气断路器和磁吹断路器等。

2）按使用场合分为户内型和户外型。

3）按分断速度分为高速（<0.01s）、中速（0.1~0.2s）和低速（>0.2s），现采用高速比较多。

3. 各种断路器的特点

1）油断路器按油量大小又分为少油和多油两类。少油断路器的油量少，只作灭弧介质用。少油断路器因其成本低，结构简单，依然应用于不需要频繁操作及要求不高的各级高压电网中，但压缩空气断路器和多油断路器已基本淘汰。

2）真空断路器和断路器目前应用较广，高压真空断路器是利用"真空"作为绝缘和灭弧介质，具有无爆炸、低噪声、体积小、重量轻、寿命长、电磨损少、结构简单、无污染、可靠性高、维修方便等优点，因此，虽然价格较贵，仍在要求频繁操作和高速开断的场合，尤其是安全要求较高的工矿企业、住宅区、商业区等被广泛采用。

3）SF_6断路器具有下列优点：断流能力强，灭弧速度快，电绝缘性能好，检修周期长，适用于需频繁操作及有易燃易爆炸危险的场所；然而，SF_6断路器的要求加工精度高，密封性能要求严，价格相对昂贵。

5.6.5 成套配电装置

配电装置是按电气主结线的要求，把一、二次电气设备如开关设备、保护电器、监测仪表、母线和必要的辅助设备组装在一起构成在供配电系统中接受、分配和控制电能的总体装置。

1. 配电装置的分类

1）配电装置按安装的地点，可分为户内配电装置和户外配电装置。为了节约用地，一般35kV及以下配电装置宜采用户内式。

2）配电装置还可分为装配式配电装置和成套配电装置。电气设备在现场组装的配电装置称为装配式配电装置；成套配电装置是制造厂成套供应的设备，在制造厂按照一定的线路接线方案预先把电器组装成柜再运到现场安装。一般企业的中小型变配电所多采用成套配电装置。

（1）常用的成套配电装置按电压高低可分为高压成套配电装置（也称高压开关柜）和

低压成套配电装置（低压配电屏和配电箱）低压成套配电装置通常只有户内式一种，高压开关柜则有户内式和户外式两种。另外还有一些成套配电装置，如高、低压无功功率补偿成套装置。高压综合启动柜等也常使用。

（2）高压成套配电装置按主要设备的安装方式分为固定式和移开式（手车式）；按开关柜隔室的构成形式分为铠装式、间隔式、箱型、半封闭型等；根据一次电路安装的主要元器件和用途分为断路器柜、负荷开关柜、高压电容器柜、电能计量柜、高压环网柜、熔断器柜、电压互感器柜、隔离开关柜、避雷器柜等。

2. 高压开关柜的功能

开关柜在结构设计上要求具有"五防"功能。所谓"五防"是指防止误操作断路器；防止带负荷拉合隔离开关（防止带负荷推拉小车）；防止带电挂接地线（防止带电合接地开关）；防止带接地线（接地开关处于接地位置时）送电；防止误入带电间隔。

3. 低压配电装置

低压成套配电装置包括低压配电屏（柜）和配电箱，它们是按一定的线路方案将有关的低压一、二次设备组装在一起的一种成套配电装置，在低压配电系统中作控制、保护和计量之用。

低压配电屏（柜）按其结构形式分为固定式、抽屉式和混合式。

低压配电箱有动力配电箱和照明配电箱等。

5.6.6 低压电器

供配电系统中的低压开关设备种类繁多，常用的有：刀开关、刀熔开关、负荷开关、低压断路器等。

低压刀开关（QK）是一种最普通的低压开关电器，适用于交流 50Hz、额定电压 380V，直流 440V、额定电流 1500A 及以下的配电系统中，作不频繁手动接通和分断电路或作隔离电源以保证安全检修之用。

刀熔开关（QKF 或 FU-QK）又称熔断器式刀开关，是一种由低压刀开关和低压熔断器组合而成的低压电器，通常是把刀开关的闸刀换成熔断器的熔管。它具有刀开关和熔断器的双重功能。因为其结构的紧凑简化，又能对线路实行控制和保护的双重功能，被广泛地应用于低压配电网络中。

低压负荷开关（QL）是由带灭弧装置的刀开关与熔断器串联而成，外装封闭式铁壳或开启式胶盖的开关电器，又称"开关熔断器组"。低压负荷开关具有带灭弧罩的刀开关和熔断器的双重功能，既可带负荷操作，也能进行短路保护，但一般不能频繁操作，短路熔断后需重新更换熔体才能恢复正常供电。

低压断路器（QF），俗称低压自动开关、自动空气开关或空气开关等，它是低压供配电系统中最主要的电器元件。它不仅能带负荷通断电路，而且能在短路、过负荷、欠压或失压的情况下自动跳闸，断开故障电路。

5.6.7 变压器

变压器的功能主要有：电压变换；电流变换；阻抗变换；隔离；稳压（磁饱和变压器）等，变压器常用的铁芯形状一般有 E 型和 C 型铁芯，XED 型，ED 型和 CD 型。变压器按用途可以分为：配电变压器、电力变压器、全密封变压器、组合式变压器、干式变压器、油浸式变压器、单相变压器、电炉变压器、整流变压器、电抗器、抗干扰变压器、防雷变压器、箱式变压器、试验变压器、转角变压器、大电流变压器、励磁变压器。

5.7 自动控制系统概述

5.7.1 自动控制的方式

1. 自动控制的定义

（1）自动控制、自动控制系统的定义

自动控制：在没有人直接参与的情况下，利用外加的设备或装置（控制器或控制装置）使机器设备或生产过程（被控对象）的某个工作状态或参数（被控量）自动的按照预定的规律运行。

自动控制系统：将被控对象和控制装置按照一定的方式组合起来，组成一个整体，从而实现复杂的自动控制任务。

（2）自动控制的方式

按照不同的目的和要求，自动控制方式分为：简单控制、串级控制系统、前馈控制系统、比值控制系统、均匀控制系统、分程控制系统、选择性控制系统。

生产过程中80%左右的控制系统是简单控制系统。以提高系统质量为目的的复杂控制系统，主要有串级控制系统和前馈控制系统；满足特定要求的控制系统，主要有比值控制系统、均匀控制系统、分程控制系统、选择性控制系统。

2. 简单控制系统

简单控制系统是指由一个控制器、一个执行器（控制阀）、一个被控对象、一个检测单元和一个变送器组成的单闭环负反馈控制系统，也称单回路控制系统。

简单控制系统作用原理：在简单控制系统中，检测元件和变送器用来检测被控量并转换成标准信号。当系统受到扰动时，检测信号与设定值之间就有偏差，检测变送信号在控制器中，与设定值比较，并将偏差值按一定控制规律运算，输出控制信号驱动执行器，改变操作变量，使控制变量回到设定值。

简单控制系统的特点如下：

1）结构简单；

2）所需自动化装置数量少、投资低、操作维护简单；

3）在一般情况下易满足控制要求。

3. 串级控制系统

串级控制系统，即用两只调节器串联起来工作，其中一个调节器的输出作为另一个调节器的给定值的系统。例如，加热炉出口温度与炉膛温度串级控制系统。

（1）组成结构

串级控制系统采用两套检测变送器和两个调节器，前一个调节器的输出作为后一个调节器的设定，后一个调节器的输出送往调节阀。

前一个调节器称为主调节器，它所检测和控制的变量称为主变量（主被控参数），即工艺控制指标；后一个调节器称为副调节器，它所检测和控制的变量称为副变量（副被控参数），是为了稳定主变量而引入的辅助变量。

整个系统包括两个控制回路，主回路和副回路。副回路由副变量检测变送、副调节器、调节阀和副过程构成；主回路由主变量检测变送、主调节器、副调节器、调节阀、副过程和主过程构成。

一次扰动：作用在主被控过程上的，而不包括在副回路范围内的扰动；二次扰动：作用在副被控过程上的，即包括在副回路范围内的扰动。

（2）串级控制系统的工作原理

当扰动发生时，破坏了稳定状态，调节器进行工作。根据扰动施加点的位置不同，分几种情况进行分析：

1）扰动作用于副回路；

2）扰动作用于主过程；

3）扰动同时作用于副回路和主过程。

分析可以看到：在串级控制系统中，由于引入了一个副回路，不仅能及早克服进入副回路的扰动，而且又能改善过程特性。副调节器具有"粗调"的作用，主调节器具有"细调"的作用，从而使其控制品质得到进一步提高。

（3）系统特点及分析

1）改善了过程的动态特性，提高了系统控制质量；

2）能迅速克服进入副回路的二次扰动；

3）提高了系统的工作频率；

4）对负荷变化的适应性较强。

（4）工程应用场合

1）应用于容量滞后较大的过程；

2）应用于纯时延较大的过程；

3）应用于扰动变化激烈而且幅度大的过程；

4）应用于参数互相关联的过程；

5）应用于非线性过程。

4. 前馈控制系统

（1）前馈控制系统的原理

前馈控制的基本概念是测取进入过程的干扰（包括外界干扰和设定值变化），并按其信号产生合适的控制作用去改变操纵变量，使受控变量维持在设定值上。

它主要根据扰动大小来进行的控制系统，与前馈控制系统比较，具有快速及时的特点，但不易做到完全补偿。

在前馈控制系统中，一旦出现扰动，控制器将直接测得扰动大小和方向，按一定规律实施控制，补偿扰动对被控对象的影响。

（2）前馈控制系统的特点

1）是一个开环控制；

2）是按一种扰动大小进行补偿的控制；

3）是对象特性而定的专用控制器；

4）作用是克服一种扰动、干扰；

5）只能抑制可测不可控的扰动对被控量的影响。

5. 其他控制系统

（1）均匀控制系统

均匀控制系统是在连续生产过程中各种设备前后紧密联系的情况下采用的特殊液位（气压）—流量控制系统，目的在于使液位保持在一个允许的变化范围，而流量保持平稳。

均匀控制系统：以控制方案所起作用而言，因为从结构上无法看出它与简单控制系统和串级控制系统的区别。

均匀控制系统应具有如下特点：

1）允许表征前后供求矛盾的两个变量在一定范围内变化。

2）又要保证它们的变化不过于剧烈。

均匀控制系统是通过控制器的参数整定来实现控制作用。

（2）自动保护控制系统

自动保护控制系统是把工艺的限制条件所构成的逻辑关系，叠加到正常的自动控制系统上去的一种组合逻辑方案。在正常工况下，有一个正常的控制方案起作用，当生产操作趋向限制条件时，另一个用于防止不安全情况的控制方案起作用，直到生产操作回到允许范围内，恢复原来的控制方案。

（3）分程控制系统

一般，一台调节器的输出仅操纵一只调节阀，若用一台调节器去控制两个以上的阀并且是按输出信号的不同区间去操作不同的阀门，这种控制方式习惯上称为分程控制。其目的：一是改善控制系统的品质，分程控制可以扩大控制阀的可调范围，使系统更为合理；二是为了满足操作工艺的特殊要求。

5.7.2 自动控制系统的类型

根据系统元件的属性可分为机电系统、液动系统、气动系统等；根据系统功率大小可分为大功率系统与小功率系统。通常是根据系统较明显的结构特征来进行分类的，常见的分类如下：

1. 按给定信号的特征划分

给定信号是系统的指令信息。它代表了系统希望的输出值，反映了控制系统要完成的基本任务和职能。

（1）恒值控制系统

恒值控制系统的特点是给定输入一经设定就维持不变，希望输出维持在某一特定值上。这种系统主要任务是当被控量受某种干扰而偏离希望值时，通过自动调节的作用，使它尽可能快地恢复到希望值。例如，液位控制系统、直流电动机调速系统，以及其他恒定压力、恒定流量、恒定温度等系统，都属于这一类系统。

（2）随动控制系统

随动控制系统的主要特点是给定信号的变化规律是事先不能确定的随机信号。这类系统的任务是使输出快速、准确地随给定值的变化而变化，故称作随动控制系统。

如用于军事上的自动炮火系统、雷达跟踪系统，用于航天、航海中的自动导航系统、自动驾驶系统，工业生产中的自动测量仪器等都属于典型随动控制系统。

（3）程序控制系统

程序控制系统与随动控制系统不同之处就是它的给定输入不是随机的，而是按事先预定的规律变化。这类系统往往适用于特定的生产工艺或工业过程，按所需要的控制规律给定输入，要求输出按预定的规律变化。

在工业生产中广泛应用的程序控制有仿真控制系统、机床数控加工系统、加热炉温度自动变化控制等。

2. 按系统的数学描述划分

（1）线性系统

当系统各元件输入输出特性是线性特性、系统的状态和性能可以用线性微分（或差分）方程来描述时，则称这种系统为线性系统。

（2）非线性系统

系统中只要存在一个非线性特性的元件，系统就由非线性方程来描述，这种系统称为非线性系统。

3. 按信号传递的连续性划分

（1）连续系统

连续系统的特点是系统中各元件的输入信号和输出信号都是时间的连续函数。这类系统的运动状态是用微分方程来描述的。

连续系统中各元件传输的信息在工程上称为模拟量，多数实际物理系统都属于这一类。

（2）离散系统

控制系统中只要有一处的信号是脉冲序列或数码序列时，该系统即为离散系统。这种系统的状态和性能一般用差分方程来描述。实际物理系统中，信息的表现形式为离散信号的并不多见，往往是控制上的需要，人为地将连续信号离散化，我们称其为采样。采样过程是通过采样开关把连续的模拟量变为脉冲序列，具有这类信号的系统一般又称为脉冲控制系统。

当今时代，计算机作为控制器用于系统控制越来越普遍，计算机进行采样的过程，是把采样信号转换成数码信号来进行运算处理的，MD转换器承担了这一任务。具有数码信号的系统一般称为数字控制系统。

离散系统的数学描述形式与连续系统不同，分析研究方法也有不同的特点。随着计算机控制的广泛应用，离散系统理论方法也越显重要。

4. 按系统的输入与输出信号的数量划分

1）单变量系统（SISO）

单变量系统只有一个输入量和一个输出量，所谓单变量是从系统外部变量的描述来分类的，不考虑系统内部的通路与结构。也就是说给定输入是单一的，响应也是单一的。但系统内部的结构回路可以是多回路的，内部变量显然也是多种形式的。内部变量可称为中间变量，输入与输出变量称为外部变量。对系统的性能分析，只研究外部变量之间的关系。

单变量系统是经典控制理论的主要研究对象。它以传递函数作为基本数学工具，讨论线性定常系统的分析和设计问题。

2）多变量系统（MIMO）

多变量系统有多个输入量和多个输出量。一般地说，当系统输入与输出信号高于一个时，就称为多变量系统。多变量系统的特点是变量多，回路也多，而且相互之间呈现多路耦合，研究起来比单变量系统复杂得多。

多变量系统是现代控制理论研究的主要对象。在数学上以状态空间法为基础，讨论多变量、变参数、非线性、高精度、高效能等控制系统的分析和设计。

5.7.3 典型自动控制系统的组成

在自动控制系统中，反馈控制是最基本的控制方式之一。一个典型的反馈控制系统总是由控制对象和各种结构不同的职能元件组成的。除控制对象外，其他各部分可统称为控制装置。每一部分各司其职，共同完成控制任务。

1. 典型自动控制系统职能元件的种类和各自的职能

（1）给定元件：其职能是给出与期望输出相对应的系统输入量，是一类产生系统控制指令的装置。

（2）测量元件：其职能是检测被控量，如果测出的物理量属于非电量，大多情况下要把它转化成电量，以便利用电的手段加以处理。

（3）比较元件：其职能是把测量元件检测到的实际输出值与给定元件给出的输入值进行比较，求出它们之间的偏差。常用的电量比较元件有差动放大器、电桥电路等。

（4）放大元件：其职能是将过于微弱的偏差信号加以放大，以足够的功率来推动执行机构或被控对象。当然，放大倍数越大，系统反应越敏感。一般情况下，只要系统稳定，放大倍数应适当大些。

（5）执行元件：其职能是直接推动被控对象，使其被控量发生变化。如阀门、伺服电动机等。

（6）校正元件：为改善或提高系统的性能，在系统基本结构基础上附加参数可灵活调整的元件。工程上称为"调节器"。常用串联或反馈的方式连接在系统中。简单的校正元件可以是一个 RC 网络，复杂的校正元件可含有电子计算机。

2. 典型的反馈控制系统表示方式

典型的反馈控制系统基本组成可用图 5-29 表示，比较元件可用"⊗"代表。

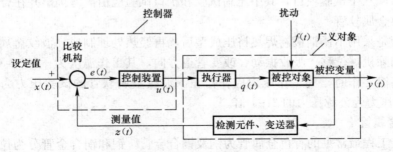

图 5-29　典型的反馈控制系统基本组成

第6章 设备安装工程材料

6.1 给水管材

给水管材,是指自来水或者其他输水工程中所需要使用的输送管材,和排水管不同,给水管材一般都是需要能够承受一定的给水压力。过去,用于给水的管道主要是铸铁管。室外主要用砂模铸铁管,室内用的是镀锌铸铁管,又可分为冷(电)镀锌和热镀锌两种。我国已规定在 2000 年 6 月 1 日起淘汰砂模铸造管件和冷镀锌铸铁管,逐步限制热镀铸铁管在的使用,推广使用铝塑复合管、塑料管等。因此,目前使用的管道主要有三大类。第一类是金属管,如钢管、不锈钢管等。第二类是塑料管,如 PP-R(交联聚丙烯高密度网状工程塑料)。第三类是塑复金属管,如塑复钢管,铝塑复合管等。

6.1.1 金属管材

1. 钢管

(1)输送流体用无缝钢管

此类钢管由优质碳素钢 10、20 及低合金高强度结构钢 Q295/Q345 制造。输送流体用无缝钢管有热轧和冷拔(冷轧)两种生产方法,每一种外径规格可以按需要生产多种壁厚。

(2)结构用无缝钢管

此类钢管可由优质碳素钢、低合金和合金钢管制造。结构用无缝钢管适用于一般金属结构和机械结构,有热轧和冷拔(冷轧)两种生产方法,同一种外径规格可以按需要生产多种壁厚。

(3)不锈钢无缝钢管

此类钢管有热轧和冷拔(冷轧)两种生产方法。在工艺性能方面,有水压试验、压扁试验和扩口试验三个试验项目,其中压扁试验和扩口试验应由需方提出并在合同中注明。

(4)波纹金属软管

金属软管是采用不锈钢板卷焊热挤压成型后,再经热处理制成。波纹金属软管可实现温度补偿、消除机械位移、吸收振动、改变管道方向,其工作温度为 $-196 \sim 450$℃。波纹金属软管在高温工作时,其工作压力应作修正。波纹金属软管的试验压力为公称压力的 1.5 倍,爆破压力为公称压力的 3~4 倍。

2. 有色金属管

设备安装工程最常见的有色金属管为铜及铜合金管。铜和铜合金管分为拉制管和挤制管,此类铜管适用于输送饮用水、卫生用水或民用天然气、煤气、氧气及对铜无腐蚀作用的其他介质。铜管一般采用焊接、扩口或压紧的方式与管接头连接。

3. 铸铁给水管

在市政给水和厂区、小区给排水工程中，应用最广泛的仍然是材质为灰口铸铁的给排水铸铁管。根据铸造方法的不同，分为砂型铸铁管、连续铸铁管。支管及管件均采用承插式，按承口的形状，直管及管件分为 A 型和 B 型。

（1）砂型离心铸铁管

此种管材按壁厚的不同，压力等级分为 P 级和 G 级，选用时应根据工作压力、埋设深度及其他条件进行验算。

（2）连续铸铁管

连续铸铁管是用连续铸造法生产的灰铸铁管，其压力等级分为 LA 级、A 级和 B 级三个等级。连续铸铁管与砂型铸铁管的外观区别是其插口端没有凸缘。

（3）球墨铸铁给水管

其承插接口不再采用油麻或圆截面胶圈加水泥类密封填料的传统方式，而是采用以滑入式梯式胶圈的 T 型接口，属于柔性接口，具有施工简便、劳动强度低和抗震性能好的特点。

6.1.2　塑料管材

塑料管材是以合成的或天然的树脂作为主要成分，添加一些辅助材料（如填料、增塑剂、稳定剂、防老剂等）在一定温度、压力下加工成型。

1. 硬质聚氯乙烯（UPVC）管

硬质聚氯乙烯（UPVC）管以卫生级聚氯乙烯树脂为主要原料，经挤压或注塑制成。管材不会使自来水产生气味、味道和颜色，符合饮用水卫生标准，可用于输送生活用水。

2. 氯化聚氯乙烯（CPVC）管

最高使用温度可达 110℃，长期使用温度为 95℃。用 CPVC 制造的管道，有重量轻、隔热性能好的特点，主要用于生产板材、棒材、管材输送热水及腐蚀性介质，并且可以用作工厂的热污水管、电镀溶液管道、热化学试剂输送管和氯碱厂的湿氯气输送管道。在不超过 100℃时可以保持足够的强度，而且在较高的内压下可以长期使用。

3. 聚乙烯（PE）管

聚乙烯（PE）管具有良好的卫生性能、卓越的耐腐蚀性能、长久的使用寿命、较好的耐冲击性、可靠的连接性能、良好的施工性能等特点。可用于饮用水管道，化工、化纤、食品、林业、印染、制药、轻工、造纸、冶金等工业的料液输送管道，通信线路、电力电线保护套管。

4. 交联聚乙烯（PE-X）管

交联聚乙烯（PE-X）管比聚乙烯（PE）管具有更好的耐热性、化学稳定性和持久性，同时又无毒无味，可广泛用于生活给水和低温热水系统中。交联聚乙烯（PE-X）管采用专用配件连接，当与金属管件连接时，宜将聚乙烯（PE）管件作为外螺纹，金属管件作为内螺纹。

5. 三型聚丙烯（PP-R）管

三型聚丙烯（PP-R）管道材质属于高分子量碳氢化学物，具有生物惰性，不溶于水，在生产过程中不产生有害物质，完全能达到食品卫生标准的要求，且（PP-R）材料可以回收循环使用，作为热水管道可在 70° 以下长期使用，能满足建筑热水供应管道的要求，一般可不再保温。PP-R 材料刚性及抗冲击性能较差，在低温环境下应注意保护；抗紫外线性能差，在阳光下容易老化，不适于在室外明装敷设；PP-R 材料属于可燃性材料，必须注意防火。

6. 聚丁烯（PB）管

聚丁烯（PB）管，它具有很高的耐温性、持久性、化学稳定性和可塑性，无味、无臭、无毒。该材料重量轻，柔韧性好，耐腐蚀，用于压力管道时耐高温特性尤为突出，可在 95℃ 下长期使用，最高使用温度可达 110℃。不结垢，无须作保温，保护水质、使用效果很好。可用于直饮水工程用管、供暖用管材、太阳能住宅温水管、融雪用管、工业用管。

7. 工程塑料（ABS）管

工程塑料（ABS）管的耐腐蚀，耐温及耐冲击性能均优于聚氯乙烯管，使用温度为 −20～70℃，压力等级分为 B、C、D 三级。工程塑料（ABS）管可用于给排水管道、空调工程配管、海水输送管、电气配管、压缩空气配管、环保工程用管等。冷水管工作温度为 −40～96℃，热水管工作温度为 20～95℃，在正常状态下，室内可使用 50 年以上。

8. 铝塑复合管

铝塑复合管是以焊接铝管为中间层，内外均为聚乙烯塑料，采用专用热熔剂，通过挤出成型方法复合成一体的管材。

6.1.3 给水管件的分类及特性

1. 阀门

（1）阀门分类

阀门是用以连接、关闭、和调节液体、气体或蒸汽流量的设备。按不同的分类方法，其作用和用途为：

截断阀：作用是接通或截断管路中的介质，如闸阀、截止阀、球阀、旋塞阀、蝶阀和隔膜阀等。止回阀：作用是防止管路中介质倒流，又称单向阀或逆止阀，离心水泵吸水管的底阀也属此类。安全阀：作用是防止管路或装置中的介质压力超过规定数值，以起到安全保护作用。调节阀：作用是调节介质的压力和流量参数，如节流阀、减压阀，在实际使用过程中，截断类阀门也常用来起到一定的调节作用。分流阀：作用是分离、分配或混合介质，如疏水阀。

（2）阀门形式

1）闸阀

闸阀用于截断或接通管路中的介质，结构分类有多种不同的方式，其主要区别是所采用的密封元件结构形式不同，根据密封元件的结构，常常把闸阀分成几种不同的类型，而最常见的形式是平行式闸阀和契式闸阀；根据阀门的连接方式，还可分为内螺纹闸阀和法兰闸阀，如图 6-1 所示。

2）截止阀

截止阀的启闭件是塞形的阀瓣，密封面呈平面或锥面，阀瓣沿阀座的中心线作直线运动。根据阀瓣的这种移动形式，阀座通口的变化是与阀瓣行程成正比例关系。这种类型的

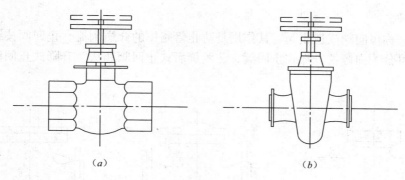

图 6-1　闸阀
(a) 内螺纹闸阀；(b) 法兰闸阀

截流截止阀阀门非常适合作为切断或调节以及节流用。根据阀门的连接方式，还可分为内螺纹闸截止阀和法兰闸截止阀，如图 6-2 所示。

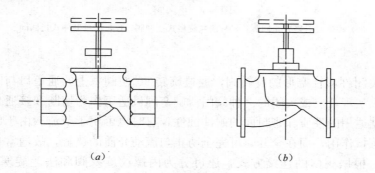

图 6-2　截止阀
(a) 内螺纹截止阀；(b) 法兰截止阀

3）节流阀

节流阀是通过改变节流截面或节流长度以控制流体流量的阀门。由于节流阀的流量不仅取决于节流口面积的大小，还与节流口前后的压差有关，阀的刚度小，故只适用于执行元件负载变化很小且速度稳定性要求不高的场合。对于执行元件负载变化大及对速度稳定性要求高的节流调速系统，必须对节流阀进行压力补偿来保持节流阀前后压差不变，从而达到流量稳定。节流阀按通道方式可分为直通式和角式两种，如图 6-3 所示。

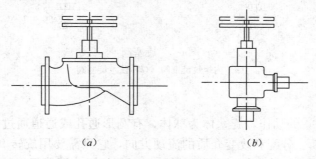

图 6-3　节流阀
(a) 直通式节流阀；(b) 角式节流阀

4）止回阀

止回阀又称单向阀或逆止阀，其作用是防止管路中的介质倒流。止回阀按结构和连接方式划分，可分为内螺纹升降式止回阀、法兰旋启式止回阀和法兰升降式止回阀三种，如图 6-4 所示。

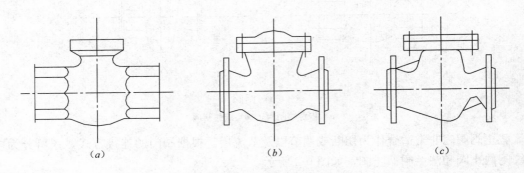

图 6-4　止回阀

（a）内螺纹升降式止回阀；（b）法兰旋启式止回阀；（c）法兰升降式止回阀

5）旋塞阀

旋塞阀是关闭件或柱塞形的旋转阀，通过旋转 90°使阀塞上的通道口与阀体上的通道口相同或分开，实现开启或关闭的一种阀门。旋塞阀最适于作为切断和接通介质以及分流使用，但是依据适用的性质和密封面的耐冲蚀性，有时也可用于节流。由于旋塞阀密封面之间运动带有擦拭作用，而在全开时可完全防止与流动介质的接触，故通常也能用于带悬浮颗粒的介质。根据阀门的连接方式，还可分为内螺纹旋塞阀和法兰旋塞阀，如图 6-5 所示。

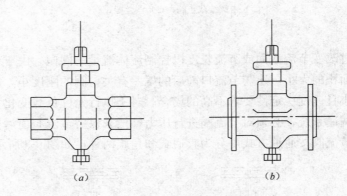

图 6-5　旋塞阀

（a）内螺纹旋塞阀；（b）法兰旋塞阀

6）球阀

球阀具有旋转 90°的动作，旋塞体为球体，有圆形通孔或通道通过其轴线。球阀在管路中主要用来做切断、分配和改变介质的流动方向，它只需要用旋转 90°的操作和很小的转动力矩就能关闭严密。球阀最适宜做开关、切断阀使用。根据阀门的连接方式，还可分为内螺纹球阀和法兰球阀，如图 6-6 所示。

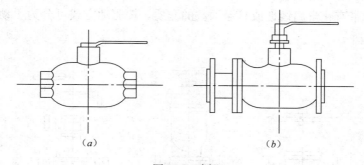

图 6-6　球阀

（a）内螺纹球阀；（b）法兰球阀

7）蝶阀

　　蝶阀是结构简单的调节阀，同时也可用于低压管道介质的开关控制。蝶阀是指关闭件（阀瓣或蝶板）为圆盘，围绕阀轴旋转来达到开启与关闭的一种阀，在管道上主要起切断和节流作用。蝶阀适用于发生炉、煤气、天然气、液化石油气、城市煤气、冷热空气、化工冶炼和发电环保等工程系统中输送各种腐蚀性、非腐蚀性流体介质的管道上，用于调节和截断介质的流动。如图 6-7 所示。

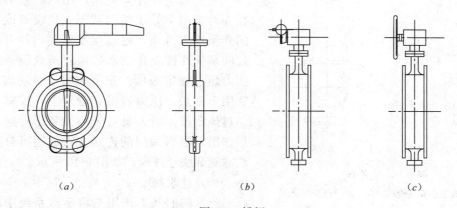

图 6-7　蝶阀

（a）对夹式蝶阀；（b）电动蝶阀；（c）螺杆传动蝶阀

8）隔膜阀

　　隔膜阀的启闭件是用柔软的橡胶或塑料制成的隔膜，把阀体和内腔与阀盖内腔隔开，因此，它的阀杆部分没有填料函，不存在阀杆被腐蚀或填料函的泄露问题，因而其密封性能比其他阀门好。隔膜阀的结构有屋脊式、截止式和闸板式。其中屋脊隔膜阀应用最广，其结构如图 6-8 所示。隔膜阀中，由于工作介质接触的仅仅是隔膜和阀体，两者均可以采用多种不同的材料，因此该阀能理想地控制多种工作

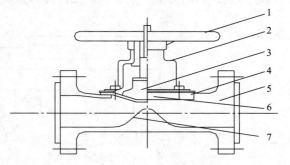

图 6-8　屋脊式隔膜阀结构示意图

1—手轮；2—阀盖；3—压闭圆板；4—弹性橡胶；
5—阀体；6—隔膜；7—衬里

145

介质，尤其适合带有化学腐蚀性或悬浮颗粒的介质，按驱动方式可分为手动、电动和气动三种，如图6-9所示。

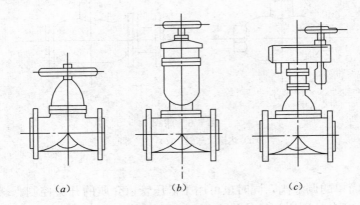

图 6-9　隔膜阀外形示意图
(a) 手动隔膜阀；(b) 气动隔膜阀；(c) 电动隔膜阀

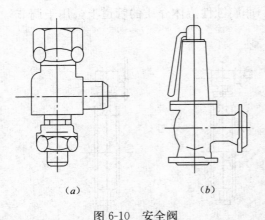

图 6-10　安全阀
(a) 内螺纹弹簧安全阀；(b) 法兰弹簧安全阀

9）安全阀

安全阀是一种安全保护用阀，它的启闭件在外力作用下处于常闭状态，当设备或管道内的介质压力升高，超过规定值时自动开启，通过向系统外排放介质来防止管道或设备内介质压力超过规定数值。安全阀属于自动阀类，主要用于锅炉、压力容器和管道上，控制压力不超过规定值，对人身安全和设备运行起重要保护作用，根据阀门的连接方式，还可分为内螺纹球阀和法兰球阀，如图6-10所示。

10）疏水阀

疏水阀的基本作用是将蒸汽系统中的凝结水、空气和二氧化碳气体尽快排出；同时最大限度地自动防止蒸汽的泄露。分为机械型、热静力型、热动力型类别。机械型的浮球式疏水阀及杠杆式疏水阀，如图6-11所示。

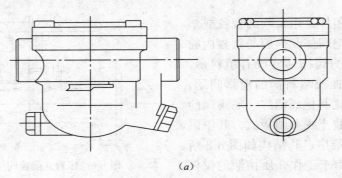

(a)

图 6-11　疏水阀（一）
(a) 浮球式疏水阀

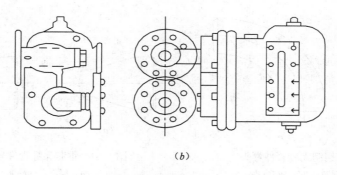

(b)

图 6-11　疏水阀（二）

(b) 杠杆式疏水阀

11）减压阀

减压阀是通过调节，将进口压力减至某一需要的出口压力，并依靠介质本身的能量，使出口压力自动保持稳定的阀门。减压阀是一个局部阻力可以变化的节流元件，即通过改变节流面积，使流速及流体的动能改变，造成不同的压力损失，从而达到减压的目的。然后依靠控制与调节系统的调节，使阀后压力的波动与弹簧力相平衡，使阀后压力在一定的误差范围内保持恒定，按结构形式可分为薄膜式、弹簧薄膜式、活塞式、杠杆式和波纹管式，这里以活塞式及波纹管式减压阀举例，如图 6-12 所示。

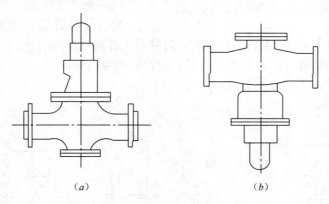

(a)　　　　　　　　　　　　(b)

图 6-12　减压阀

(a) 活塞式减压阀；(b) 波纹管式减压阀

2. 管件接头

各种工业和民用管道安装工程中，所需要的对焊无缝管件，应符合《钢制对焊无缝管件》GB/T 12459 的要求。选用的管件，材质应与管道材质相同，外径相同，壁厚相同或稍厚。

（1）无缝钢管件接头

1）弯头

钢制无缝管件分 45°弯头和 90°弯头，其外形如图 6-13 所示。

2）异径接头

即大小头，其外形如图 6-14 所示。

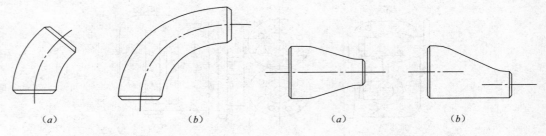

图 6-13　钢制无缝管件弯头

(a) 45°弯头；(b) 90°弯头

图 6-14　钢制无缝管件异径接头

(a) 同心；(b) 偏心

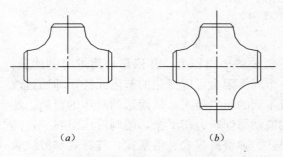

图 6-15　钢制无缝管件三通和四通接头

(a) 三通接头；(b) 四通接头

3）三通和四通接头

三通和四通接头的外形如图 6-15 所示。

（2）不锈钢和铜螺纹管件接头

不锈钢和铜螺纹管件的品种、外形、结构与可锻铸铁管件相似。不锈钢和铜螺纹管件按适用压力分为两个系列：Ⅰ 系列 PN≤3.4MPa，Ⅱ 系列 N≤1.6MPa。不锈钢和铜螺纹管件的品种见图 6-16。

（3）铜管件接头

铜管件与管道采用承插式接口，钎焊连接。管件公称压力有 1.0MPa、1.6MPa 两种，工作温度应小于等于 135℃，材料采用 T2 或 T3 铜。常用铜管件的种类见图 6-17，并符合相应的标准。

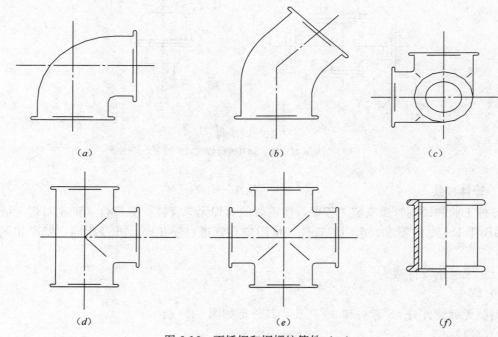

图 6-16　不锈钢和铜螺纹管件（一）

(a) 弯头；(b) 45°弯头；(c) 侧孔弯头；(d) 三通；(e) 四通；(f) 通丝外接头

148

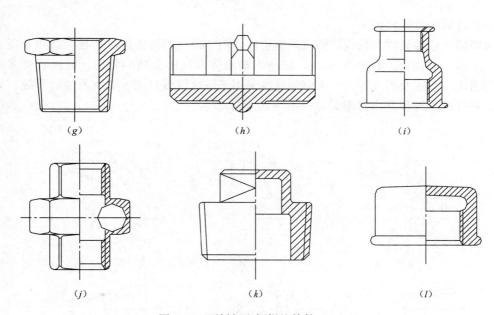

图 6-16　不锈钢和铜螺纹管件（二）

(g) 内外接头；(h) 内接头；(i) 异径外接头；(j) 活接头；(k) 管堵；(l) 管帽

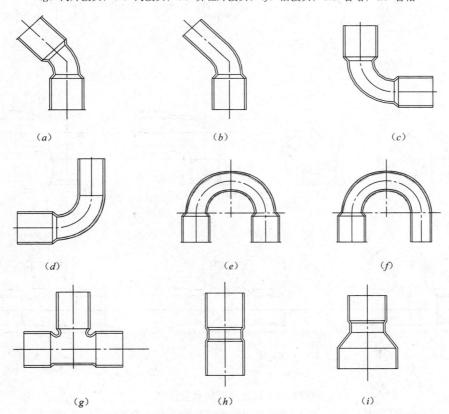

图 6-17　建筑用铜管件

(a) 45°弯头（A 型）；(b) 45°弯头（B 型）；(c) 90°弯头（A 型）；(d) 90°弯头（B 型）；(e) 180°弯头（A 型）；
(f) 180°弯头（B 型）；(g) 异径三通接头；(h) 套管接头；(i) 套管异径接头

（4）可锻铸铁管件接头

可锻铸铁管件又称为马铁管件或玛钢管件，用于焊接钢管的螺纹连接，适用于压力不超过 1.6MPa、工作温度 200℃以内，输送一般液体和气体介质的管道。镀锌管件多用于输送生活冷、热水及燃气管道；不镀锌管件多用于输送供暖热水、蒸汽及油品管道。同径及异径管件的品种和规格如图 6-18～图 6-20 所示。

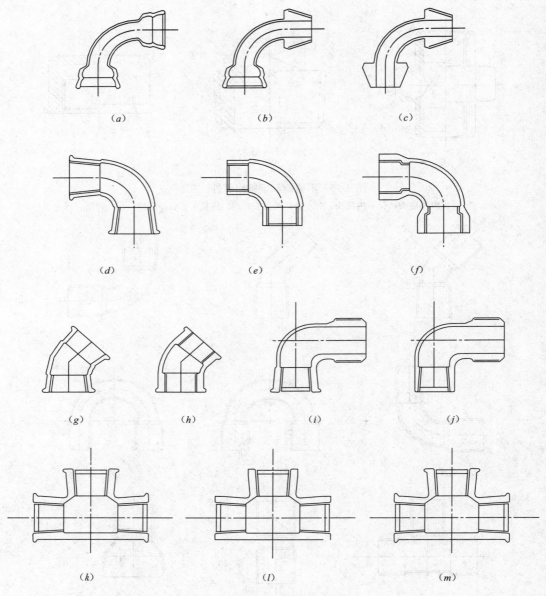

图 6-18　同径可锻铸铁管件之一

（a）圆边内丝月弯；（b）内外丝月弯；（c）外丝月弯；（d）圆边弯头；（e）无边弯头；

（f）方边弯头；（g）45°圆边弯头；（h）45°无边弯头；（i）圆边内外丝弯头；

（j）无边内外丝弯头；（k）圆边三通；（l）无边三通；（m）方边三通

150

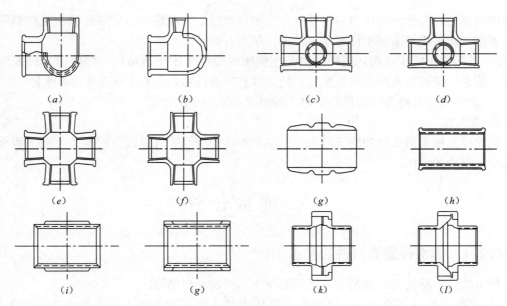

图 6-19　同径可锻铸铁管件之二

(a) 圆边侧孔弯头；(b) 无边侧孔弯头；(c) 圆边侧孔三通；(d) 无边侧孔三通；(e) 圆边四通；(f) 无边四通；
(g) 内接头；(h) 圆边外接头；(i) 无边外接头；(j) 方边外接头；(k) 平形活接头；(l) 锥形活接头

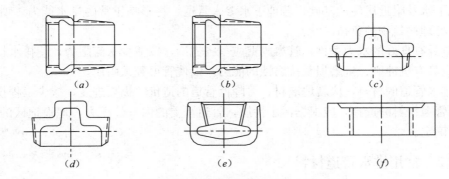

图 6-20　同径可锻铸铁管件之三

(a) 圆边内外丝接头；(b) 无边内外丝接头；(c) 圆边外方管堵；(d) 无边外方管堵；(e) 圆边管帽；(f) 锁紧螺母

3. 水锤消除设备

水锤是供水装置中常见的一种物理现象，它在供水装置管路中的破坏力是惊人的，对管网的安全平稳运行是十分有害的，容易造成爆管事故。水锤消除的措施通常可以采用以下一些设备。

（1）采用恒压控制设备

（2）采用泄压保护设备

1）水锤消除器

2）泄压保护阀：该设备安装在管道的任何位置，和水锤消除器工作原理一样，只是设定的动作压力是高压，当管路中压力高于设定保护值时，排水口会自动打开泄压。

（3）采用控制流速设备

1）采用水力控制阀，一种采用液压装置控制开关的阀门，一般安装于水泵出口，该阀利用机泵出口与管网的压力差实现自动启闭，阀门上一般装有活塞缸或膜片室控制阀板启闭速度，通过缓闭来减小停泵水锤冲击，从而有效消除水锤。

2）采用快闭式止回阀，该阀结构是在快闭阀板前采用导流结构，停泵时，阀板同时关闭，依靠快闭阀板支撑住回流水柱，使其没有冲击位移，从而避免产生停泵水锤。

3）在管路中各峰点安装可靠的排气阀也是必不可少的措施。

4. 消火栓

消火栓有地上消火栓和地下消火栓。地上消火栓适用于气温较高的地方，地下消火栓适用于较寒冷的地区。

6.2 排 水 管 材

6.2.1 排水管道的材料的要求

排水管渠的材料有：混凝土、钢筋混凝土、铸铁、塑料等。

1）必须具有足够的强度，以承受土壤压力及车辆行驶造成外部荷载和内部的水压，以保证在运输和施工过程中不致损坏。

2）应具有较好的抗渗性能，以防止污水渗出和地下水渗入。若污水从管道中渗出，将污染地下水及附近房屋的基础；若地下水渗入管道，将影响正常的排水能力，增加排水泵站以及处理构筑物的负荷。

3）应具有良好的水力条件，管渠内壁应整齐光滑，以减少水流阻力，使排水畅通。

4）应具有抗冲刷、抗磨损及抗腐蚀的能力，以使管渠经久耐用。

5）排水管道的材料，应就地取材，可降低管道的造价，提高进度，减少工程投资。

排水管渠材料的选择，应根据污水性质，管道承受的内、外压力，埋设地区的土质条件等因素确定。

6.2.2 常用排水管道材料

1. 非金属管

（1）混凝土管

制作混凝土的原料充足，可就地取材，制造价格较低，其设备、制造工艺简单，因此被广泛采用。缺点是，抗腐蚀性能差，耐酸碱及抗渗性能差，同时抗沉降、抗震性能也差，管节短、接头多、自重大。

（2）钢筋混凝土管：制造方便，成本低，抗压能力强，适用于大管径。缺点：抗酸、碱和浸蚀能力低；抗渗透性能低；管节短，接头多，施工困难；重量大，搬运不便。

（3）塑料排水管：由于塑料管具有表面光滑、水力性能好、水力损失小、耐磨蚀、不易结垢、重量轻、加工接口搬运方便、漏水率低及价格低等优点，因此，在排水管道工程中已得到应用和普及。其中聚乙烯（PE）管、高密度聚乙烯（HDPE）管和硬聚氯乙烯（UPVC）管的应用较广。但塑料管管材强度低、易老化。

2. 金属管

排水铸铁管：经久耐用，有较强的耐腐蚀性，缺点是质地较脆，不耐振动和弯折，重量较大。连接方式有承插式和法兰式两种。

钢管可以用无缝钢管，也可以用焊接钢管。钢管的特点是能抗高压、耐振动、重量较轻、单管的长度大和接口方便，但耐腐蚀性差，采用钢管时必须涂刷耐腐蚀的涂料并注意绝缘，以防锈蚀。钢管用焊接或法兰接口。

合理选择排水管道，将直接影响工程造价和使用年限，因此排水管道的选择是排水系统设计中的重要问题。主要可从以下三个方面来考虑：一是看市场供应情况；二是从经济上考虑；三是满足技术方面的要求。

6.3 卫生陶瓷及配件

卫生陶瓷的型号规格种类繁多，不同厂家的产品结构尺寸不尽相同，这里介绍常用卫生陶瓷的型号规格。

1. 洗脸盆

洗脸盆常见的有立柱式、台式及托架式洗脸盆。其外形如图 6-21 所示。

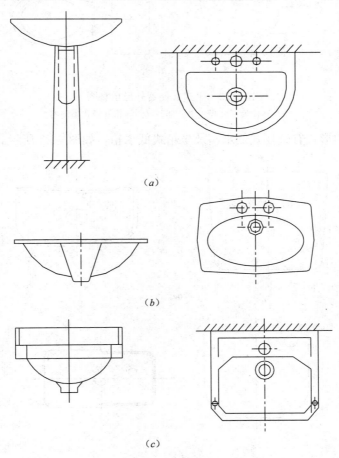

(a)

(b)

(c)

图 6-21　洗脸盆外形示意图
(a) 立柱式洗脸盆；(b) 台式洗脸盆；(c) 托架式洗脸盆

2. 坐式大便器及低水箱

坐式大便器常见的有连体喷射虹吸式坐便器及挂箱虹吸式坐便器，如图 6-22 所示。

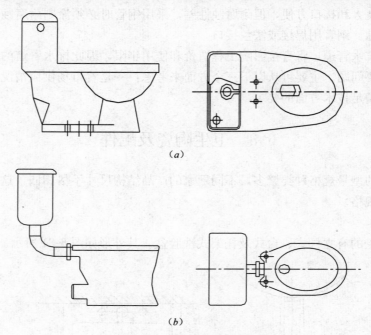

(a)

(b)

图 6-22　坐式大便器外形示意图
(a) 连体喷射虹吸式坐便器；(b) 挂箱虹吸式坐便器

低水箱常见的形式有壁挂式低水箱及坐箱式低水箱，如图 6-23 所示。

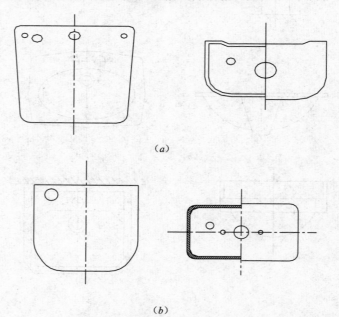

(a)

(b)

图 6-23　低水箱外形示意图
(a) 壁挂式低水箱；(b) 坐箱式低水箱

3. 蹲式大便器及高水箱

蹲式大便器及高水箱如图 6-24 所示。

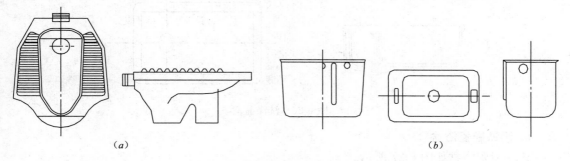

(a) (b)

图 6-24 蹲式大便器及高水箱
(a) 蹲式大便器；(b) 高水箱

4. 小便器

小便器常见的有斗式小便器、壁挂式小便器、落地式小便器等，如图 6-25 所示。

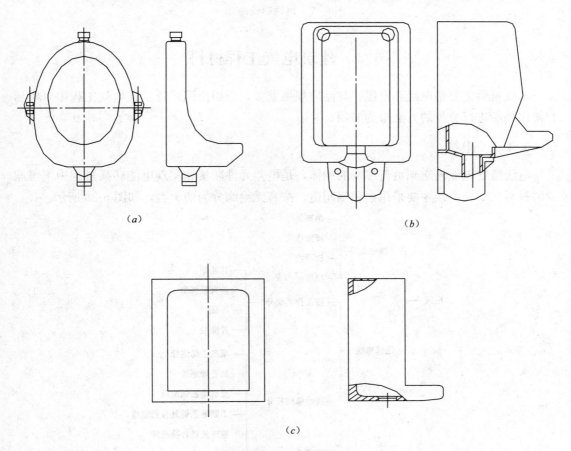

(a) (b)

(c)

图 6-25 小便器
(a) 斗式小便器；(b) 壁挂式小便器；(c) 落地式小便器

5. 洗涤盆

洗涤盆如图 6-26 所示。

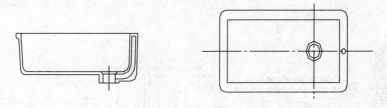

图 6-26　洗涤盆

6. 铸铁搪瓷浴盆

铸铁搪瓷浴盆如图 6-27 所示。

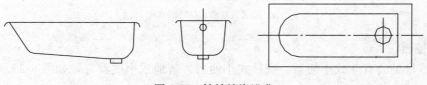

图 6-27　铸铁搪瓷浴盆

6.4　建筑电气工程材料

电气材料主要是电线和电缆。其品质规格繁多，应用范围广泛，在电气工程中以电压和使用场所进行分类的方法最为实用。

6.4.1　电线

电线是把电能输送到负荷终端的载体，是电器元件联接和实现电能转换过程中不可缺少的材料之一。电线主要采用铜和铝制造。按有无绝缘分为两大类，如图 6-28 所示。

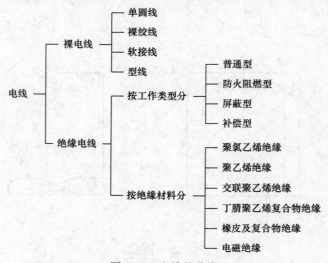

图 6-28　电线的分类

1. 裸电线

（1）裸电线

裸电线是没有绝缘层的电线，裸电线主要用于户外架空、绝缘导线线芯、室内汇流排和配电柜、箱内连接。

裸电线制品按结构和用途的不同，分类如下：

单圆线：包括圆铜线、圆铝线、镀锡圆铜线、铝合金线、铝包钢圆线、铜包钢圆线和镀银圆线等。裸绞线：包括铝绞线、钢芯铝绞线、轻型钢芯铝绞线、加强钢芯铝绞线、防腐钢芯铝绞线、扩径空心内铝绞线、扩径钢芯铝绞线、铝合金绞线和硬铜绞线等。软接线：包括有铜电刷线、铜天线、铜软绞线、同铜特软绞线和铜编织线等。型线：包括有扁铜线、铜母线、铜带、扁铝线、铝母线、管型母线（铝锰合金管）、异性铜排和电车线等。

裸电线的型号、类别、用途等用汉语拼音字母表示，如表 6-1 所示。

裸电线型号及字母、代号含义表　　　　　　　表 6-1

类别、用途（或以导体区分）	特征			派　生
	加工	形状	软、硬	
T—钢线 L—铝线 LH—铝合金 T—天线 M—母线	J—胶制 X—镀锡 N—镀镍 K—扩径 Z—编织	Y—圆形 G—沟形	R—柔软 Y—硬 F—防腐 G—钢芯	A 或 1：第一种（或一级） B 或 2：第二种（或二级） 3：第三种（或三级） 185：标称截面（mm²） 630：标称截面（mm²）不显示

注：裸电线试验方法尺寸测量见《裸电线试验方法　第 2 部分：尺寸测量》GB/T 4909.2—2009。

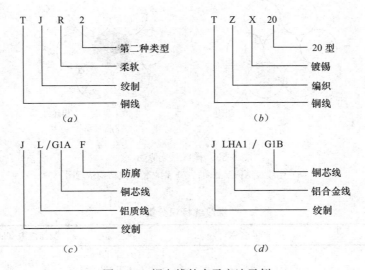

图 6-29　裸电线的表示方法示例

（a）铜软绞线（第二种类型）；（b）20 型斜纹镀锡编织铜线；（c）防腐钢芯铝绞线；（d）铜芯铝合金绞线

（2）单圆线

单圆线的品种、型号、特性及主要用途如表 6-2 所示。

单圆线品种、型号、特性及主要通途 表 6-2

型号	产品名称		技术标准	特 性	主要用途
TR TY TYT	圆铜线	软圆铜线 硬圆铜线 特硬圆铜线	GB/T 3953	软线的延伸率高；硬线的抗拉强度比软线约大一倍	硬线主要用作架空导线；半硬线和软线主要用作电线、电缆及电磁线的线芯及电子电器的元件接线用，亦用于其他电器制品
LR LY4 LY6 LY8 LY9	圆铝线	0 状态软圆铝线 H4 状态硬圆铝线 H6 状态硬圆铝线 H8 状态硬圆铝线 H9 状态硬圆铝线	GB/T 3955 GB/T 23308		
TRX	镀锡软圆铜线		GB/T 4910	具有良好的焊接性及耐蚀性，并起铜线与被覆绝缘（如橡胶）之间的隔离作用	电线、电缆用线芯及其他电气制品
HL HL2	铝合金圆线		GB/T 23308	具有比纯铝线更高的抗拉强度	HL 用于制造架空导线，HL2 主要用于电线、电缆芯线等
GL	铝包钢圆线		GB/T 17937	抗拉强度更高	架空导线、通信用载波避雷线，大跨越导线制造绞线用
GTA GTB	铜包钢圆线				
	镀银圆铜线		JB/T 3135	耐高温性好	航空用氟塑料导线，射频电缆芯等

（3）裸绞线

裸绞线的结构如图 6-30 所示，品种型号及主要用途等如表 6-3 所示。

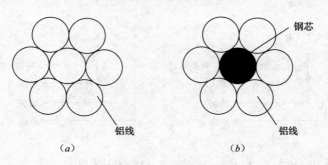

（a） （b）

图 6-30 裸绞线分类示意

（a）铝绞线结构示意图；（b）钢芯铝绞线结构示意图

裸绞线标识分类 表 6-3

型 号	产品名称	执行标准	截面范围（mm²）	主要用途
JL	铝绞线	GB/T 1179 GB/T 17048	10～600	高压输电线路
JL/G1A；JL/G2A JL/G1B	钢芯铝绞线	GB/T 1179	10～400	
JL/G1AF 等	防腐型钢芯铝绞线	GB/T 1179	10～800	
LGJQ	轻型钢芯铝绞线	GB/T 1179	150～700	

158

型　号	产品名称	执行标准	截面范围（mm²）	主要用途
LGJJ	加强型钢芯铝绞线	GB/T 1179	150～400	
LGKK	扩径空心铝钢绞线		587～1400	
LGJK	扩径钢芯铝绞线（软母线）		600～1400	
TJ	硬铜绞线		16～400	
JLHA1（HLJ）	热处理型铝镁（硅）合金绞线	GB/T 23308 GB/T 1179	10～600	
LHBJ	热处理型铝镁硅稀土合金绞线	GB/T 23308 GB/T 1179	10～600	高压输电线路
HL2J	非热处理型铝镁合金绞线	GB/T 23308 GB/T 1179	10～600	
HL2GJ	钢芯非热处理型铝镁合金绞线	GB/T 23308 GB/T 1179	10～800	
JLHA2/G1A JLHA2/G2A 等	钢芯铝合金绞线	GB/T 23308 GB/T 1179	10～800	
JLHA2/LB1A	铝包钢芯铝合金绞线	GB/T 17937	10～600	

（4）软接线

软接线的品种、型号、截面范围及主要用途等如表 6-4 所示。

软件线品种、型号、截面范围及主要用途　　　　表 6-4

型　号	产品名称	技术标准	截面范围（mm²）	主要用途
TS TSX TSR TSXR	铜电刷线 镀锡铜电刷线 软铜电刷线 镀锡软铜电刷线	GB/T 12970	0.3～16 0.16～2.5	电刷连接线
TT TTR	铜天线 软铜天线		1～25	通信架空天线
TJR-1 TJXR-1 TJR-2 TJXR-2 TJR-3 TJXR-3	同软绞线 （软铜绞线）		0.06～500 6～50 0.012～300	电气装置用接线 或接地线 电子电器设备或 元件用接线
TTJR	铜特软绞线		0.5～6	电气装置或电子元件 的耐振连接线
TZZ-07、10	直纹铜编织线	JB/T 6313.2	16～800	电气装置（设备）、开关 电器、电炉及蓄电池 等连接线
TZ-10 TZX-10	斜纹铜编织线		4～120	
TZ-15 TZX-15			4～35	
TZ-20 TZX-20			0.03～0.3	电子电气设备或 元件用接线
TZQ TZXQ	扬声器音圈用斜纹 铜编织线 扬声器音圈用镀锡 斜纹铜编织线		0.012～0.2	扬声器音圈接线
TZXP	镀锡斜纹铜编织套		1～60（套径）	屏蔽保护用

（5）型线

型线的品种、型号、规格及主要用途等如表6-5所示。

型线品种、型号、规格及主要用途   表6-5

型 号	产品名称	技术标准	规格范围（mm）	主要用途
TBX TBR	扁铜线	GB/T 4948	厚0.80～7.1 宽2.00～35.5	供电机、电器、配电设备及其他电工方面应用
TMY TMR	铜母线	GB/T 5585.1	厚4.0～31.5 宽16.0～25	
TDY TDR	铜带	GB/T 4948	厚1.0～3.55 宽9.0～100	
LBY LBBY LBR	扁铝线	GB/T 4948	厚0.80～7.1 宽2.00～35.5	
LMY LMR	铝母线	GB/T 5585.2	厚4.0～31.5 宽16～125	
TPT TYPT	梯形铜排	JB/T 9612.2	厚3～18 宽10～120	电机换向器的整流片
TBRK	空心铜导线		厚5～18 宽5～18	电机、变压器绕组用
LBRK	空心铝导线		厚6.5～14 宽8.5～22.5	

2. 绝缘电线

绝缘电线用于电气设备、照明装置、电工仪表、输配电线路的连接等。它一般是由导线的导电线芯、绝缘层和保护层组成。绝缘层的作用是防止漏电。

（1）绝缘电线的分类

按工作类型可分为普通型、防火阻燃型、屏蔽型及补偿型等。按绝缘材料可分为聚氯乙烯绝缘、聚乙烯绝缘、交联聚乙烯绝缘、橡胶绝缘和丁腈聚氯乙烯复合物绝缘等。电磁线也是一种绝缘线，它的绝缘层是涂漆或包缠纤维加丝包、玻璃丝及纸等。

导线芯按使用要求的软硬又分为硬线、软线和特软线等结构类型。如图6-31所示。

（2）绝缘电线的表示法

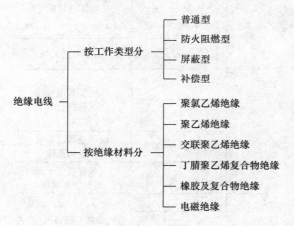

图6-31 绝缘电线的分类

绝缘电线的表示法如表6-6所示。

绝缘符号表示法   表6-6

符 号	绝缘材料	符 号	绝缘材料
X	橡胶绝缘	VV	聚氯乙烯绝缘聚氯乙烯护套
XF	氯丁橡胶绝缘	Y	聚乙烯绝缘
V	聚氯乙烯绝缘	YJ	交联聚乙烯绝缘

（3）绝缘电线型号、名称及用途

绝缘电线型号、名称及用途如表 6-7 所示。

常用绝缘电线型号、名称及用途　　　　　　表 6-7

型　号	名　称	用　途
BX BXF BLX BLXF BXR BXS	铜芯橡胶绝缘电线 铜芯氯丁橡胶绝缘电线 铝芯橡胶绝缘电线 铝芯氯丁橡胶绝缘电线 铜芯橡胶绝缘电线 铜芯橡胶绝缘棉纱编织双绞软线	适用于交流额定电压 500V 及以下或直流电压 1000V 及以下的电气设备及照明装置用
BV BV-CK-I BLV BVR BVV BVV-CK-I BLVV BVVB BLVVB BV-105	铜芯聚氯乙烯绝缘电线 铜芯聚氯乙烯绝缘电线 铝芯聚氯乙烯绝缘电线 铜芯聚氯乙烯绝缘软线 铜芯聚氯乙烯绝缘聚氯乙烯护套线（简称铜芯护套线） 铜芯聚氯乙烯绝缘聚氯乙烯护套线 铝芯聚氯乙烯绝缘聚氯乙烯护套线（简称铝芯护套线） 铜芯聚氯乙烯绝缘及护套平行线 铝芯聚氯乙烯绝缘及护套平行线 铜芯耐热 105℃聚氯乙烯绝缘电线	适用于各种交流、直流电气装置、电工仪器、仪表、电讯设备、动力及照明线路固定敷设用
RV RV-CK-I RVB RVS RVV RVV-CK-I RVVB BV-105	铜芯聚氯乙烯绝缘连接软线 铜芯聚氯乙烯绝缘连接软线 铜芯聚氯乙烯绝缘平行软线 铜芯聚氯乙烯绝缘绞型软线 铜芯聚氯乙烯绝缘聚氯乙烯护套圆形连接软线 铜芯聚氯乙烯绝缘聚氯乙烯护套圆形连接软线 铜芯聚氯乙烯绝缘聚氯乙烯护套平行连接软线 铜芯耐热 105℃聚氯乙烯绝缘连接软电线	适用于额定电压 450/750V 交流、直流电气、电工仪表、家用电器、小型电动工具、动力及照明装置的连接用
AV AV-CK-Ⅱ AV-105 AVR ARV-CK-Ⅱ AVR-105 AVVR	铜芯聚氯乙烯绝缘安装电线 铜芯聚氯乙烯绝缘安装电线 铜芯耐热 105℃聚氯乙烯绝缘安装电线 铜芯聚氯乙烯绝缘安装软电线 铜芯聚氯乙烯绝缘安装软电线 铜芯耐热 105℃聚氯乙烯绝缘安装软电线 铜芯聚氯乙烯绝缘聚氯乙烯护套圆形安装软线	用于额定电压 300/300V 及以下电气、仪表、电子设备及自动化装置接线
AVP AVP-105 RVP RVP-105 RVVP	铜芯聚氯乙烯绝缘屏蔽电线 铜芯耐热 105℃聚氯乙烯绝缘屏蔽电线 铜芯聚氯乙烯绝缘屏蔽软电线 铜芯耐热 105℃聚氯乙烯绝缘屏蔽软电线 铜芯聚氯乙烯绝缘聚氯乙烯护套屏蔽软电线（话筒线）	适用于交流额定电压 250V 及以下的电气、仪表、电讯电子设备及自动化装置屏蔽线路用
RFB RFFB RFS	丁腈聚氯乙烯复合物绝缘软线 方平型丁腈聚氯乙烯复合物绝缘软线 丁腈聚氯乙烯复合物绝缘绞型软线	适用于交流额定电压 250V 及以下或直流 500V 以下的各种移动电气、仪表、无线电设备和照明灯插座
RVFP	聚氯乙烯绝缘丁腈复合物护套屏蔽软电线	适用于交流额定电压 250V 及以下的电气、仪表、电讯、电子设备及自动化装置对外移动频繁，要求特别柔软的屏蔽接线用
HRV HRVB HRVT	铜芯聚氯乙烯绝缘聚氯乙烯护套电话软线 铜芯聚氯乙烯绝缘聚氯乙烯护套扁形电话软线 铜芯聚氯乙烯绝缘聚氯乙烯护套弹簧形电话软线	连接电话机基座与接线盒及话机手柄

型 号	名 称	用 途
HRBB HRBBT	聚丙烯绝缘聚氯乙烯护套扁形电话软线 聚丙烯绝缘聚氯乙烯护套弹簧形电话软线	连接电话机基座 连接接线盒及话机手柄
HR HRH	橡胶绝缘纤维编织电话软线 橡胶绝缘橡胶护套电话软线	用途同上并有防水防爆性能
HRE HRJ	橡胶绝缘纤维编织耳机软线 橡胶绝缘纤维编织交换机插塞软线	连接话务员耳机 连接交换机与插塞
HBV HBVV HBYV	聚氯乙烯绝缘平行线对室内电话线 聚氯乙烯绝缘聚氯乙烯护套平行线对室内线 聚乙烯绝缘聚氯乙烯护套平行线对室内线	用于电话用户室内布线
JY JLY JLHY JLGY JYL JLYJ JLHYJ JLGYJ	铜芯聚（氯）乙烯绝缘架空电线 铝芯聚（氯）乙烯绝缘架空电线 铝合金芯聚（氯）乙烯绝缘架空电线 钢芯绞线聚乙烯绝缘架空电线 铜芯交联聚乙烯绝缘架空电线 铝芯交联聚乙烯绝缘架空电线 铝合金芯交联聚乙烯绝缘架空电线 钢芯铝绞线交联聚乙烯绝缘架空电线	适用于交流 50Hz、额定电压 10kV 伏及以下输配电线路

注：CK 为数字程控电话交换机用，Ⅱ型为采用半硬聚氯乙烯塑料绝缘线

（4）应用范围

绝缘电线品种繁多，应用广泛，在电气工程中以电压和使用场所进行分类的方法最为实用。

1）BLX 型、BLV 型：铝芯电线，由于其重量轻，通常用于架空线路尤其是长距离输电线路。

2）BX、BV 型：铜芯电线被广泛采用在设备安装工程中，但由于橡胶绝缘电线生产工艺比聚氯乙烯绝缘电线复杂，且橡胶绝缘的绝缘物种某些化学成分会对铜产生化学作用，虽然这种作用轻微，但仍是一种缺陷，所以在设备安装工程中被聚氯乙烯绝缘电线基本替代。

3）RV 型：铜芯软线主要采用在需柔性连接的可动部位。

4）BVV 型：多芯的平形或圆形塑料护套，可用在电气设备内配线，较多地出现在家用电器内的固定接线，但型号不是常规线路用的 BVV 硬线，而是 RVV，为铜芯塑料绝缘塑料护套多芯软线。

例如：一般家庭和办公室照明通常采用 BV 型或 BX 型聚氯乙烯绝缘铜芯线作为电源连接线；设备安装工程现场中的电焊机至焊钳的连线多采用 RV 型聚氯乙烯平形铜芯软线，这是因为电焊机位置不固定，经常移动。

6.4.2 电力电缆

1. 电力电缆概念

电力电缆是传输和分配电能的一种特殊电线，主要用于输送和分配电流，广泛应用于电力系统、工矿企业、高层建筑及各行业中，并具有防潮、防腐蚀和防损伤、节约空间、易敷设、运行简单方便等特点。

按敷设方式和使用性质，电力电缆可分为普通电缆、直埋电缆、海底电缆、架空电缆、矿山井下用电缆和阻燃电缆等种类。按绝缘方式可分为聚氯乙烯绝缘、交联聚乙烯绝缘、油浸纸绝缘、橡胶绝缘和矿物绝缘等。

2. 电力电缆分类

电力电缆一般按照其绝缘类型分为聚氯乙烯绝缘电力电缆、交联聚乙烯绝缘电力电缆、橡胶绝缘电力电缆、充油及油浸纸绝缘电力电缆，按工作类型和性质可分为一般普通电力电缆、架空用电力电缆、矿山井下用电力电缆、海底用电力电缆、防（耐）火阻燃型电力电缆等类型。如图 6-32 所示。

3. 电力电缆及保护层的表示法

（1）电力电缆的表示法

为了准确表示出电缆的用途、结构类型及名称，国家标准《电缆外护层》GB/T 2952 规定用拼音字母和数字组合来表示电缆的类别和型号。型号通常用大写的汉语拼音字母来表示，电缆绝缘和内外保护层用拼音字母加数字组合来表示。电力电缆的表示法如表6-8 所示。

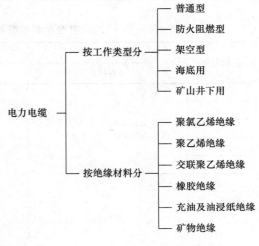

图 6-32　电力电缆分类

常用电缆型号字母含义　　　表 6-8

类别、用途	导　体	绝缘种类	内护层	其他特征
电力电缆（省略不表示） K—控制电缆 P—信号电缆 Y 移动式软电缆 R—软线 X—橡胶电缆 H—市内电话电缆	T—铜 （一般省略） L—铝线	Z—纸绝缘 X—天然橡胶 （X）D—丁基橡胶 （X）E—乙柄橡胶 V—聚氯乙烯 Y 聚乙烯 YJ—交联聚乙烯	Q—铅护套 L—铝护套 H—橡胶（护套） F—氯丁胶（护套） V—聚氯乙烯护套 Y—聚乙烯护套	D—不滴流 F—分相 P—屏蔽 CY—充油

注：在电缆型号前加上拼音字母 ZR—表示阻燃系列，NH—表示耐火系列。

（2）电缆外护层的表示方法

根据国家标准《电缆外护层》GB/T 2952 的规定，电缆如有外护层时，在表示型号的汉语拼音字母后面用两个阿拉伯数字来表示外护层的结构。其外护层的结构按铠装层和外被层的结构顺序用阿拉伯数字表示，前一个表示铠装结构，后一个数字表示外被层类型。电缆通用外护层和非金属电缆外护层中每一个数字所代表的主要材料及含义如表 6-9、表 6-10 所示。

电缆通用外护层型号数字含义　　　表 6-9

第一个数字		第二个数字	
代号	铠装层类型	代号	外被层类型
0	无	0	无
1	—	1	纤维层

第一个数字		第二个数字	
代号	铠装层类型	代号	外被层类型
2	双钢带（24—双钢带＋粗圆钢丝）	2	聚氯乙烯外套
3	细圆钢丝	3	聚乙烯外套
4	粗圆钢丝（44—双粗圆钢丝）	4	—

非金属套电缆外护层的结构组成标准　　　　　　　表 6-10

表示型号	外护层结构		
	内衬层	铠装层	外被层
12	绕包型：塑料带或无纺布袋 挤出型：塑料套	连锁铠装	聚氯乙烯外套
22		双钢带铠装	聚氯乙烯外套
23			聚乙烯外套
32		单细圆钢丝铠装	聚氯乙烯护套
33			聚乙烯外套
42	塑料套	单粗圆钢丝铠装	聚氯乙烯护套
43			聚乙烯外套
41		双粗圆钢丝铠装	胶粘涂料-聚丙烯或电缆沥青-浸渍麻-电缆沥青-白垩粉
441			
241		双钢带粗圆钢丝铠装	

　　电缆特殊外护层中充油电缆外护层的表示法按加强层、铠装层和外护套的结构顺序用阿拉伯数字表示，用三个数字组成，每一个数字所代表的主要材料及含义如表 6-11 所示。

电缆特种外护层型号数字含义　　　　　　　表 6-11

数码代号	第一位数代表含义	第一位数代表含义	第一位数代表含义
	加强层	铠装层	外被层或外护套
1		联锁钢带	
2	径向钢带	双钢带	
3	径向不锈钢带	细圆钢丝	纤维外被层
4	径、纵向铜带	粗圆钢丝	聚氯乙烯外护套
5	径、纵向不锈钢带	皱纹钢带	聚乙烯外护套
6		双铝带或铝合金带	

6.4.3　母线、桥架

1. 母线

　　母线是各级电压配电装置中的中间环节，它的作用是汇集、分配和传输电能。主要用于电厂发电机出线至变压器、厂用变压器以及配电柜之间的电气主回路的连接，又称为汇流排。母线分为裸母线和封闭母线两大类。裸母线按材料分为铜母线、铝母线、铝合金母线和钢母线。工程上母线的截面形状常采用矩形、管形、槽形、菱形和圆形等，其截面形状应保证集肤效应系数尽可能低、散热良好、机械强度高、安装简单和连接方便。封闭母线是为了解决发电机与变压器之间的连接母线由于大电流带来的一系列问题，将母线用非磁性金属材料（一般用铝合金）制成的外壳保护起来，防止因大电流通过而产生的一系列问题。

母线型号及名称如表 6-12 所示。

<table>
<tr><td colspan="3" style="text-align:center">母线型号及名称</td><td style="text-align:right">表 6-12</td></tr>
<tr><td>型　号</td><td>状　态</td><td>名　称</td></tr>
<tr><td>TMR</td><td>O—退火的</td><td>软铜母线</td></tr>
<tr><td>TMY</td><td>H—硬的</td><td>硬铜母线</td></tr>
<tr><td>LMR</td><td>O—退火的</td><td>软铜母线</td></tr>
<tr><td>LMY</td><td>H—硬的</td><td>硬铜母线</td></tr>
</table>

封闭母线的型号、结构表示方法及含义如图 6-33 所示。

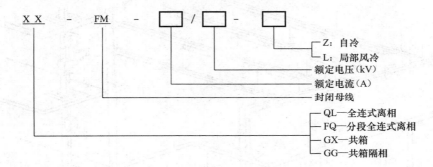

图 6-33　封闭母线的型号、结构表示方法

2. 母线槽

密集型插接封闭母线槽具有双重功能，一是传输电能，二是用作配电设备。特别适合于高层建筑、多层工业厂房等场所作为配电线路和变压器与高低压配电屏连接用。密集型插接封闭母线槽具有结构紧密、传输负荷电流大、占据空间小、系列配套、安装迅速方便、施工周期短、运行安全可靠和使用寿命长等特点，并具有较高的绝缘性和动、热稳定性。

密集型插接密闭母线槽是把铜（铝）母线用绝缘板夹在一起，用空气绝缘或缠包绝缘带绝缘后置于优质钢板的外壳内组合而成。

密集型插接封闭母线槽的型号规格表示方法大致如图 6-34 所示。

密集型封闭绝缘母线槽系统部件安装示意如图 6-35 所示。

3. 桥架

桥架，是由托盘、梯架的直线段、弯通、附件以及支吊架等组合构成，用以支持电缆的具有连续的刚性结构系统的总称。

电缆桥架按制造材料分为钢制桥架、铝合金制桥架和玻璃钢制阻燃桥架，最常用的是钢制电缆桥架。

桥架按结构形式分为梯级式、托盘式、槽式和组合式四种类型，其中组合式桥架具有结构简单、配置灵活、载荷大、设计安装方便等优点。

电缆桥架的分类如图 6-36 所示。

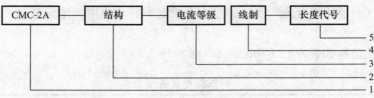

1——CMC——密集型绝缘母线槽；CCX——插接式密集绝缘母线槽；

2——母线槽结构单元代号；

3——母线槽额定电流（电压）等级代号；

4——线制代号；

5——标准长度代号；

图 6-34　母线槽的型号规格表示方法

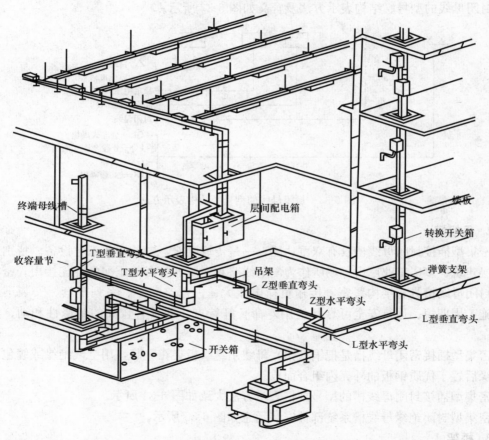

图 6-35　密集型封闭绝缘母线槽系统部件安装

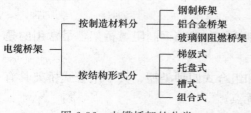

图 6-36　电缆桥架的分类

桥架的表面处理除了喷漆、镀锌外，还有采用粉末静电喷涂（喷塑）作防腐处理的，采用这项工艺处理的桥架不仅能增强强度，还能增强桥架的绝缘性和防腐型，使其更适用于重酸、重碱和有腐蚀性气体的环境中，并比一般的镀锌桥架使用寿命长 4～5 倍。

一般电缆桥架型号的表示方法如图 6-37 所示。

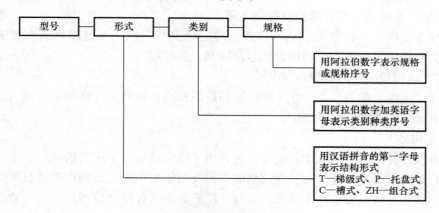

图 6-37　电缆桥架型号的表示方法

6.4.4　控制、通信、信号及综合布线

1. 控制电缆

控制电缆适用于直流和交流 50Hz，额定电压 450/750V、600/1000V 及以下的工矿企业、现代化高层建筑等远距离操作、控制回路、信号及保护测量回路。作为各类电器仪表及自动化仪表装置之间的连接线，起着传递各种电气信号、保障系统安全、可靠运行的作用。

控制电缆表示法如表 6-13 所示。

控制电缆标识分类　　　　　　　　　　　　　　　　　　　　　表 6-13

类型类别	导　体	绝缘材料	护套、屏蔽特征	外护层[2]	派生、特征
K—控制电缆系列代号	T—铜芯[1] L—铝芯	Y—聚乙烯 V—聚氯乙烯 X—橡胶 YJ—交联聚乙烯	Y—聚乙烯 V—聚氯乙烯 F—氯丁胶 Q—铅套 P—编织屏蔽	02、03 20、22 23、30 32、33	80、105[3] 1—铜丝缠绕屏蔽 2—铜带绕包屏蔽

① 铜芯代码字母"T"在型号中一般省略；
② 外护层型号（数字代码）表示的材料含义按《电缆外护层》GB/T 2952 规定执行；
③ 80—耐热 80℃塑料；105—耐热 105℃塑料。

使用范围如下：

1）塑料绝缘控制电缆

普通塑料绝缘控制电缆主要适用于室内桥架、钢管内、电缆沟等固定场合敷设。带屏蔽外护层的控制电缆适于较大电磁干扰的场合敷设，控制软电缆适用于敷设在室内、需要移动等要求柔软的场合。

钢带铠装控制电缆主要适用于室内桥架、电缆沟、直埋等可承受较大机械外力的固定场合敷设。

细钢丝铠装控制电缆主要适用于室内桥架、电缆沟、管井、竖井等能承受较大机械大力的固定场合敷设。

2）乙炳绝缘氯磺化聚乙烯护套控制电缆

主要用于发电厂、核电站、地下铁路、高层建筑和石油化工等阻燃防火要求高的场合，可作为配电装置中电器仪表传输信号及控制、测量用。

3）数字巡回检测用屏蔽型控制电缆

广泛用于电站、矿山、石油化工和国防部门的检测和控制用计算机系统或自动化装置系统以及其他的工业计算机系统中。

2. 通信电缆

通信电缆是传输电气信息用的电缆，包括用于市内或局部地区通信网络的市内电话电缆。用于长距离城市之间通信的长途通信电缆以及用于局内配线架到机架或机架之间的连接的局部用线。通信电缆适用于城市、农村及厂矿企业的各种通信线路中，可直埋、架空或在管道中敷设。

通信电缆的通用外护层型号数字表示法如表6-14所示。

电缆通用外护层型号数字含义表 表6-14

第一个数字		第二个数字	
数字代码	铠装层材料	数字代码	外被层材料
1	—	1	
2	双钢带	2	纤维层
3	细圆钢丝	3	聚氯乙烯外套
4	粗圆钢丝	4	聚乙烯外套
8	铜丝编织		

通信电缆的字母型号代码如表6-15所示。

通信电缆字母型号代码 表6-15

类别用途	导体	绝缘材料	内护套	特征	外护层	派生
H—市内话缆	T—铜芯	Y—聚乙烯	V—聚氯乙烯	A—综合护套	02，03	1—第一种
HE—长途通信电缆	L—铝芯	V—聚氯乙烯	F—氯丁橡胶	C—自承式	20，21	2—第二种
HH—海底通信电缆	G—铁芯	X—橡胶	H—氯磺化聚	E—耳机用	22，23	
HJ—局内电缆		J—交联聚乙烯	乙烯	J—交换机用	31，32	特征表示
HO—同轴电缆			L—铝套	D—带形	33，41	252—252kHz
HP—配线电缆		YF—泡沫聚乙烯	Q—铅套	P—屏蔽	42，43	DA—在火焰条件下燃烧
HU—矿用话缆		Z—纸		S—水下	82 等	
CH—船用话缆		E—乙丙橡胶		Z—纸		
HR—电话软线		S—硅橡胶		W—分歧电缆		
HB—通信线						

注：1. 代表铜芯的字母"T"在型号中一般省略。

2. 通信电缆执行标准见《聚氯乙烯绝缘聚氯乙烯护套低频通信电缆电线》GB/T 11327 和《聚烯烃绝缘聚烯烃护套室内通信电缆》GB/T 13849。

通信电缆型号名称及适用范围如表6-16所示。

型 号	名 称	主要适用范围
HPVV HPVQ	聚氯乙烯绝缘聚氯乙烯护套配线电话电缆 聚氯乙烯绝缘铝护套配线电话电缆	配线电缆适用于连接电话电缆至分线箱或配线架等线路的始端和终端及各级机器间的连接线
HJVV HJVVP	聚氯乙烯绝缘聚氯乙烯护套局用电话电缆 聚氯乙烯绝缘聚氯乙烯护套屏蔽局用电话电缆	局用电缆用于配线架至交换机或交换机内部机器间的连接，和用于电话电缆至分线箱或配线架等线路的始端和终端
HJVVP-530	聚乙烯绝缘聚氯乙烯护套局用高频电话电缆	用于载波通信局内高频分线盒至引入试验架、引入试验架至通信设备间的连接
HNVP HNVVP	实心或绞合导体聚氯乙烯绝缘屏蔽型设备用电缆 实心或绞合导体聚氯乙烯绝缘聚乙烯护套屏蔽型设备用电缆	用于传输设备、电话、数据处理设备的内部连接布线
HYA HYAV HYQ HYQ03 HYFY HYPAT HYAY53	聚乙烯绝缘综合护套市内电话电缆 聚乙烯绝缘聚氯乙烯综合护套室内通信缆 聚乙烯绝缘裸铅包市内电话电缆 聚乙烯绝缘铅护套市内电话电缆 泡沫聚烯烃绝缘填充挡潮层聚乙烯护套室内电话电缆 薄皮泡沫聚烯烃绝缘填充挡潮层聚乙烯护套市内电话电缆 实心聚烯烃绝缘填充式挡潮层聚乙烯护套钢塑带铠装市内电话电缆	适用于建筑物内总交接箱至各分线箱连接用
HUVV	聚氯乙烯绝缘及护套矿区用通信电缆	矿井坑道内的通信线路

3. 信号电缆

信号电缆以用途的代号字母列为首位，编制规则如表 6-17 所示。

类别、用途	导 体	绝 缘	内护套	外护套
P—信号电缆	T—铜芯 L—铝芯	V—聚氯乙烯 Y—聚乙烯	A—综合护套 L—铝套 V—聚氯乙烯护套	11；2；20；22…

注：1. 代表铜芯的字母"T"在型号中一般省略。
    2. 信号电缆执行标准《聚氯乙烯绝缘聚氯乙烯护套低频通信电缆电线》GB/T 11327 和《聚烯烃绝缘聚烯护套市内通信电缆》GB/T 13849。

通用信号电缆的型号、名称及用途如表 6-18 所示。

型 号	名 称	主要用途
PVV PVV22 PVV20	聚氯乙烯绝缘及护套信号电缆 聚氯乙烯绝缘及护套钢带铠装信号电缆 聚氯乙烯绝缘及护套裸钢带铠装信号电缆	用于交流额定电压 250V 及以下的铁路信号联锁、火警信号、电报及各种自动装置电路
PYV PYV20	聚乙烯绝缘聚氯乙烯护套信号电缆 聚乙烯绝缘及护套钢带铠装信号电缆	

型　号	名　称	主要用途
JXVP-P PPVV-1 PPVV-2 SPV PYV22P	聚氯乙烯绝缘及护套屏蔽信号电缆 聚氯乙烯绝缘及双护套双屏蔽信号电缆 聚氯乙烯绝缘及双护套双屏蔽信号电缆 聚乙烯绝缘聚氯乙烯护套屏蔽信号电缆 聚乙烯绝缘聚氯乙烯护套屏蔽信号电缆	用于具有屏蔽要求和有较高屏蔽要求的控制设备、电信设备、自动化装置及自动化系统工程中的信号线路传输
SBEYV	高频信号对称电缆	用于无线电仪器输高频信号
HSVV HSVVP	聚氯乙烯绝缘及护套通信设备和装置用电信电缆 聚氯乙烯绝缘及护套屏蔽型通信设备和装置用信号电缆	用于通信设备在室内的连接

4. 综合布线电缆

综合布线电缆是用于传输语音、数据、影像和其他信息的标准结构化布线系统，其主要目的是在网络技术不断升级的条件下，仍能实现高速率数据的传输要求。综合布线系统使语音和数据通信设备、交换设备和其他信息管理设备彼此连接。综合布线系统使用的传输媒体有各种大对数铜缆和各类非屏蔽双绞线及屏蔽双绞线。

综合布线用电缆的主要技术特性如表 6-19、表 6-20 所示。

综合布线用电缆的技术特性　　　　　　　　　　　　　　　　　表 6-19

标准技术要求	IEEE802.3（以太网）铜缆标准				
	10BASE-T	100BASE-TX	100BASE-T4	100BASE-T2	100BASE-T
数据速率（Mb/s）	10	100	100	100（全双工）	100（全双工）
介质速率	10MB	125MB	33.3Mbps/对	50Mbps/对 （25Mbps/对）	250Mbps/对 （125Mbps/对）
传输频率（MHz）	10	16（100）	12.5	16	100
传输电平（Vp）	2.2~2.8	1.9~2.1	3.15~3.85	2.14~2.4	1.0
介质要求（UTP）	3 类 100m 4 类 150m 5 类 150m	5 类 150m	3 类 100m 4 类 150m 5 类 150m	3 类 100m 4 类 150m 5 类 150m	5 类 150m

综合布线用电缆的技术特性　　　　　　　　　　　　　　　　　表 6-20

标准技术要求	ATM 论坛铜缆标准（专用 UNI）				PDDIANSIX3T12TP- PDM（令牌网）
	22.56Mb/s	51Mb/s	155Mb/s	155Mb/s	
数据速率（Mb/s）	25.5	51.84 以下速率 25.92 和 12.96	155.52	155.52	100
介质速率	32MB	12.96MB	155.52Mb/s	52.92MB	125MB（8B10B）
传输频率（MHz）	10	16（100）	12.5	16	100
传输电平（Vp）	2.7~3.4	3.8~4.2	0.84~1.06	3.8~4.2	1.9~2.1
介质要求（UTP）	3 类 100m 4 类 140m 5 类 160m	3 类 100m 4 类 140m 5 类 150m	5 类 100m	3 类 100m 4 类 140m 5 类 150m	5 类 100m

注：参见《综合布线系统工程设计规范》GB 50311。

6.4.5　照明开关与插座

1. 照明开关

开关是照明线路中的一种必不可少的电气元件，在应用中开关起到了控制照明灯亮灭的重要作用，照明开关种类很多，常用的有拉线开关、防水开关、台灯开关、吊盒开关与墙壁开关等。如图 6-38 所示。

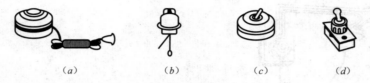

（a）   （b）   （c）   （d）

图 6-38　开关的种类

（a）拉线开关；（b）防水拉线开关；（c）平开关；（d）台灯开关

照明开关的适用范围如表 6-21 所示。

照明开关的适用范围

表 6-21

外形结构	名　称	品　种	额定电压（V）	额定电流（A）	适用范围
	拉线开关（普通型）	胶木瓷质	250	3	户内一般场所普遍应用
	顶装式拉线开关（挂线盒带开关）	胶木瓷质	250	3	户内吊装式灯座（座线盒与开关合一）
	防水拉线开关	瓷质	250	5	户外一般场所或户内有水汽、有漏水等严重潮湿场所
	平开关	胶木瓷质	250	3 5 10	户内一般场所
	暗装开关	胶木金属外壳	250	5 10	采用暗设管线线路的建筑物或户内一般场所
	台灯开关	胶木金属外壳	250	1 2 3	台灯和移动电具

照明开关的控制方式一般按应用结构分为单联和双联两种，单联开关应用最广泛，而双联开关主要用于在两处控制一盏电灯的场合，它需要用两根连线，把两只开关连接起

来，这样可方便地控制灯的亮灭。如图 6-39 所示。

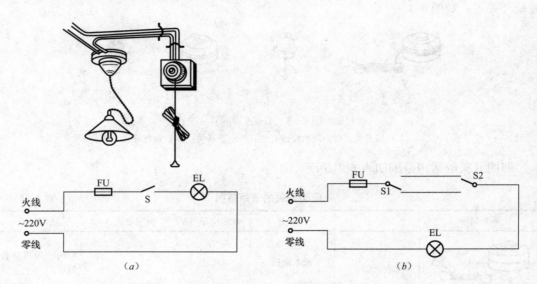

图 6-39　照明开关的控制方式

(a) 单联照明开关；(b) 双联照明开关

2. 照明插座

　　常用插头、插座是家用电器的电源接取口，电气插头插座种类很多，有单相两眼、单相三眼，也有三相四眼安全插头、插座等。两眼、三眼及四眼插头、插座的外形如图 6-40 所示。

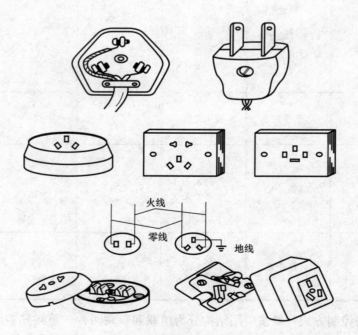

图 6-40　照明插头、插座图

6.5 通风空调器材

6.5.1 风管

风管就是用于空气输送和分布的管道系统。风管可按材质分为金属风管、非金属风管等。按截面形状可分为圆形风管、矩形风管、扁圆风管等多种,其中圆形风管阻力最小,但高度尺寸最大,制作复杂。目前主要以矩形风管应用为主。

1. 金属风管

(1) 镀锌钢板风管

镀锌钢板风管是以镀锌钢板为主要原材料,经过咬口、机械加工成型,具有现场制作方便,同时具有可设计性,是传统的通风、空调用管道,同时随着技术的发展,由以前的手工制作改变为现在的全部机械化生产,具有效率高,加工尺寸精确等优点。

适用范围:作为传统风管镀锌钢板风管广泛用于各种空调场合,但在高湿度环境下使用会使风管寿命降低。

(2) 不锈钢板风管

不锈钢板风管是以不锈钢板为原料,制作过程与镀锌钢板风管类似,因其优异的耐蚀性、耐热性、高强度等物化性能,在特殊场合代替镀锌钢板风管使用。

适用范围:主要应用于多种气密性要求较高的工艺排气系统、溶剂排气系统、有机排气系统、废气排气系统及普通排气系统室外部分、湿热排气系统、排烟除尘系统等。

2. 非金属风管

(1) 酚醛复合风管

酚醛复合风管中间层为酚醛泡沫,内外层为压花铝箔复合而成。酚醛泡沫材料具有阻燃性能好,导热系数小,吸声性能优良,使用年限长。防火等级能达到复合材料不燃A级。

适用范围:适用于低、中压空调系统及潮湿环境,不适用于高压及洁净空调、酸碱性环境和防排烟系统。

(2) 复合玻纤板风管

复合玻纤板风管是以超细纤板为基础,经特殊加工复合而成。集保温、消声、防潮防火、防腐、美观、外层强度高,内层表面防霉抗菌等多项功能于一体,具有重量轻、漏风量小、制作安装快、占用空间小、通风好、性能价格比较合理等优点。产品应符合建材行业标准《复合玻纤板风管》JC/T 591 的要求。

适用范围:复合玻纤板风管是低、中压空调通风系统中适用的一种通风管道,但在医院、食品加工厂、地下室等有防尘要求和高湿度场所不能使用。

(3) 无机玻璃钢风管

无机玻璃钢风管是以改性氯氧镁水泥为胶结材料,以中碱或无碱玻璃纤维布为增强材料制成的风管,具有防火、使用寿命长、隔声性能好、导热系数小等特点。防火等级为不燃A级,但是重量大,搬运困难,质脆易碎,且修补困难,耐水性差,会出现吸潮后返卤及泛霜现象,仅在特殊防火的场合使用。产品应符合建材行业标准《玻镁风管》JC/T 646

的要求。

适用范围：一般只应用于防排烟系统。

（4）聚氨酯复合风管

聚氨酯复合风管的板材一般是用压花（或光面）铝箔为表面、夹层为难燃性 B1 级的高密度硬质聚氨酯发泡材料所制成。采用这种材料制成的风管具有外表美观、内里光洁平滑、良好的隔热和隔声性能、重量较轻、制作安装方便、维修简易和耐用性高等多项优点。但是硬质聚氨酯发泡材料易燃，且燃烧时会产生带火熔滴，释放出有毒气体。

适用范围：适用于低、中、高压洁净空调系统及潮湿环境，但对酸碱性环境和防排烟系统不适用。

（5）玻镁复合风管

玻镁复合风管是用氧化镁、氯化镁、耐碱玻纤布及无机胶粘剂经现代工艺技术滚压而成，具有重量轻、强度高、不燃烧、隔声、隔热、防潮、抗水、使用寿命长等特点。

适用范围：主要应用于建筑、装饰、消防等领域，尤其适合餐厅、宾馆、商场等人流密集场所的装修以及地下室、人防和矿井等潮湿环境的工程。

6.5.2 风口

通风空调风口是指通风空调系统中用于送风、回风、排风的末端设备，属于一种空气分配设备。按其结构可分为：活动百叶风口、固定百叶风口、散流器、风口过滤器、圆形喷射式送风口、扩散孔板等。

1. 活动百叶风口

（1）单层百叶风口。

单层百叶风口可用于送风和回风。作为回风口使用时可与铝合金过滤器配套使用，叶片可上下或左右调节，便于控制气流出口风向和风量。单层百叶风口与铝合金过滤器的配套方式如图 6-41 所示。

（2）双层百叶风口

双层百叶风口多用于通风空调送风口，也可以直接与风机盘管配套使用。同时可配置调节阀，以控制风量。双层百叶风口

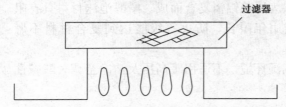

图 6-41　单层百叶风口与过滤器的连接

的形式分为前排叶片垂直于长边的 A 型和前排叶片平行于长边的 B 型两种，如图 6-42 所示。双层百叶风口的外形如图 6-43 所示。

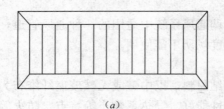
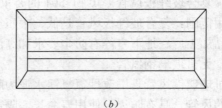

(*a*)　　　　　　　　　　　　　　(*b*)

图 6-42　双层百叶风口的形式

(*a*) A 型；(*b*) B 型

图 6-43 双层百叶风口的外形

（3）双层和单层百叶风口安装图

双层和单层百叶风口的安装方式如图 6-44 所示。

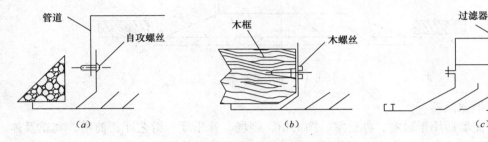

图 6-44 风口的安装方式

(a) 方式Ⅰ；(b) 方式Ⅱ；(c) 方式Ⅲ

2. 固定百叶风口

（1）侧壁格栅式风口

侧壁格栅式风口一般用作回风或新风口，也可做电梯管道及检修口的装饰及建筑物和外墙的通风口等，其外形如图 6-45 所示。

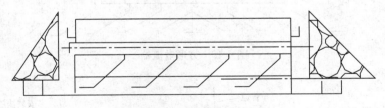

图 6-45 侧壁格栅式风口

（2）防水百叶风口

防水百叶风口与侧壁式格栅风口有相似的结构和相同的性能，其叶片的设计形状能防止雨水溅入风口内部，一般用做外墙上的新风口。防水百叶风口外形如图 6-46 所示。

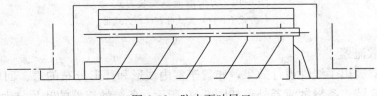

图 6-46 防水百叶风口

3. 散流器

（1）圆形散流器

圆形散流器一般用于冷暖送风，其结构为多次锥面形，通常安装在顶棚上。圆形散流器吹出的气流呈平送状态，气流减速较快，对任意风口面积来说可以供给较大的风量，而且在给定的风量范围内扩散半径的变化很小。圆形散流器应与圆形风口调节阀配套使用。圆形散流器如图6-47所示。

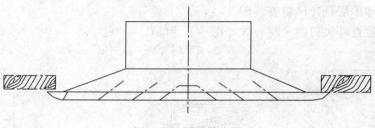

图 6-47　圆形散流器

（2）方形散流器

方形散流器适用于教室、办公室、图书馆、剧场、音乐厅、游艺厅、商场、宾馆及体育馆等场所，其叶片为固定式，不能随意调节。若需调节风量及气流分布时，需另行配置风口调节阀。方形散流器的叶片与边框为分离结构，叶片能整体取出，以便安装与调整风口调节阀。方形散流器如图6-48所示，安装方式如图6-49所示。

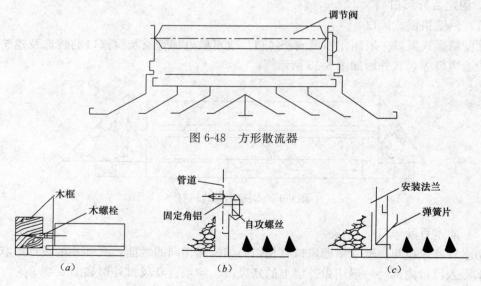

图 6-48　方形散流器

图 6-49　方形散流器安装方式
（a）方式Ⅰ；（b）方式Ⅱ；（c）方式Ⅲ

（3）条缝散流器

条缝散流器突出了线性设计效果，布置于室内线形和环形分布的送、回风装置，可在侧墙、吊顶上安装。条缝散流器外形如图6-50所示。条缝散流器的叶片分为双向倾斜（A

176

型）和单倾斜（B型），如图6-51所示。

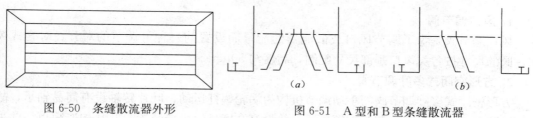

图6-50　条缝散流器外形

图6-51　A型和B型条缝散流器
(a) A型；(b) B型

4. 风口过滤器

风口过滤器用于铰式活芯回风百叶风口之后，对空气进行有效的过滤，具有结构美观、阻力小、重量轻、除尘率高、防潮、寿命长和清洗方便等特点。风口过滤器如图6-52所示。

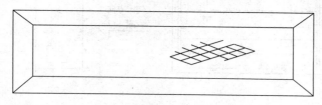

图6-52　风口过滤器

5. 圆形喷射式送风口

圆形喷射式送风口适用于大型生产车间、体育馆、电影院、候车厅等高大建筑的通风空调送风。该风口有较小的收缩角度，无叶片遮挡，因此喷口噪声低，紊流系数小，气流射程长等特点。圆形喷射式送风口如图6-53所示。

6. 扩散孔板

扩散孔板既可与高效过滤器组成高效过滤送风口，用于洁净室终端送风装置，又可以单独作为送风口用于通风空调系统的送风装置。扩散孔板采用1.5mm厚的合金铝板模压冲孔成型，四角采用氩弧焊，并经过磨平及阳极氧化处理，其表面平整，外形美观。扩散孔板如图6-54所示。

图6-53　圆形喷射式送风口

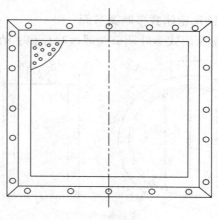

图6-54　扩散孔板

6.5.3 调节阀

1. 风口调节阀

风口调节阀是为了调节风口或散流器的流量而设置的一种可调节的对开、对合式风闸，阀的尺寸按各类风口颈部尺寸配制，高度约 50mm。

2. 方形密闭式多叶调节阀

方形密闭式多叶调节阀的手动调节机构为涡轮蜗杆运动，叶片转轴设有简易轴承，故开启平稳，无冲击噪声，调节方便灵活，并设有开度显示机械装置；叶片构造简单，并采用对开搭接方式，阻力小，漏风量小，因此适用于既有调节要求又有密闭要求的系统。方形密闭式多叶调节阀如图 6-55 所示。

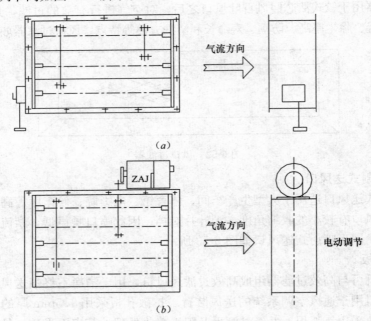

图 6-55　方形密闭式多叶调节阀
（*a*）手动；（*b*）电动

3. 圆形密闭式多叶调节阀

圆形密闭式多叶调节阀通过叶片和手动调节机构的改变，阀门的流通性、密闭性和调节性良好，广泛应用于工业与民用建筑通风空调及空气净化工程，其特点与方形密闭多叶调节阀相似。圆形密闭式多叶调节阀如图 6-56 所示。

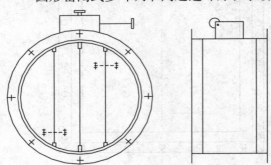

图 6-56　圆形密闭式多叶调节阀

6.5.4 防火阀、排烟阀

1. 防火阀

（1）重力式防火阀

重力式防火阀安装在通风空调系统管道

中，平时处于常开状态，当空气温度达到
70℃时，易熔片熔断，阀门叶片在重力作
用下自动关闭，从而起到防火作用。重力
式防火阀如图 6-57 所示。

（2）防火调节阀

防火调节阀安装在有防火要求的通风
空调系统管道上，平时处于常开状态，并
在 0～90°之间调节风量。当风管内气流温
度达到 70℃时，温度熔断器动作，阀门自
动关闭。防火调节阀可手动关闭，手动复

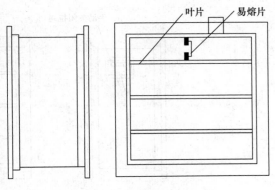

图 6-57　重力式防火阀

位（用于通风排烟共用系统时，280℃关闭）。矩形防火调节阀如图 6-58 所示，圆形防火
调节阀如图 6-59 所示。

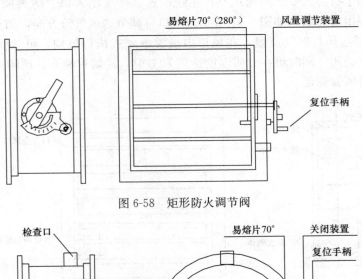

图 6-58　矩形防火调节阀

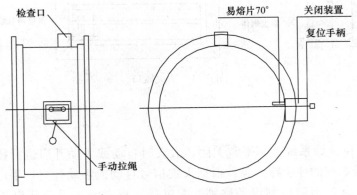

图 6-59　圆形防火调节阀

（3）防烟防火调节阀

防烟防火调节阀安装在有防烟防火要求的通风空调系统上，其性能特点是：阀门常
开，手动关闭，手动复位；根据火灾信号自动关闭；风管中空气温度达 70℃时自动关闭。
阀门叶片可在 0～90°之间调节；输出阀门关闭信号，与有关消防控制设备联锁。防烟防火
调节阀如图 6-60 所示。

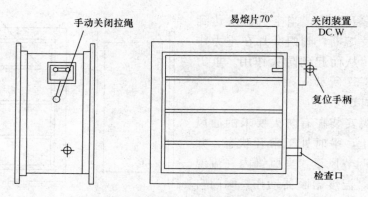

图 6-60　矩形防烟防火调节阀

（4）防火风口

防火风口用于有防火要求的通风空调系统的送、排风出入口。防火风口由铝合金送、排风口与防火阀组合而成，如图 6-61 所示。风口可调节送风气流方向，防火风口可在 0～90°范围内调节通过风口的气流量，在风口内设置电磁式执行机构，可接受电气控制中心的信号阀门迅速关闭。同时可在介质温度达到 70℃时，易熔片断开，使防火风口关闭，切断火势和烟气沿风管蔓延。

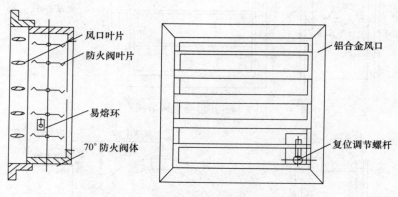

图 6-61　防火风口

2. 排烟阀

（1）排烟阀

排烟阀安装在排烟系统上，平常关闭，火灾时自动或手动开启进行排烟，其外形如图 6-62 所示。排烟阀的性能特点是：根据火灾信号自动或手动开启，手动复位；输出阀门开启信号，与有关消防控制设备联锁。配置远距离自动、手动开启装置，如图 6-63 所示。

（2）排烟防火阀

排烟防火阀安装在排烟系统的管道上或排烟风机的吸入口处，平常关闭，其性能特点是：根据火灾信号自动或手动开启阀门配合排烟风机排烟，手动复位；输出阀门开启信号，与有关消防控制设备联锁；烟气温度达到 280℃时温度熔断器动作，阀门自动关闭。排烟防火阀见图 6-64。

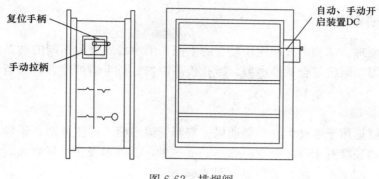

图 6-62　排烟阀

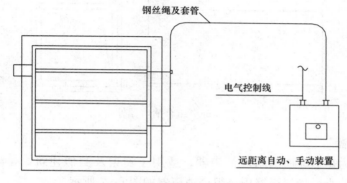

图 6-63　排烟阀的远距离控制装置示意

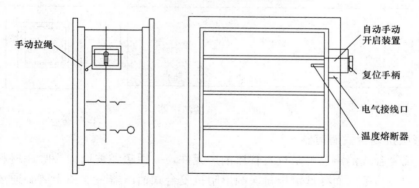

图 6-64　排烟防火阀

（3）板式排烟口

板式排烟口安装在走道或防烟前室，无窗房间的排烟系统上或侧墙及吊顶上，配合排烟风机进行排烟。其性能特点是：平常关闭，根据火灾信号自动开启；烟气温度达到 280℃时熔断器动作，排烟口关闭；输出排烟口开启信号，与有关的消防控制设备联锁；配置远距离自动、手动开启装置，如图 6-65 所示。

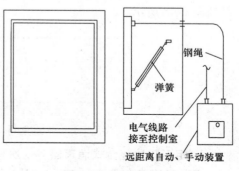

图 6-65　板式排烟口

6.5.5 消声器

根据消声原理、结构形式和应用场合的不同，消声器划分为不同的种类，有组合消声器、末端消声器、阻抗复合式消声器、微孔板消声器、折半消声器、弯头消声器、风口消声器等。

1. 组合消声器

组合消声器适用于各种大、中型通风、空调管道系统。可按风速、风量及消声量的要求选型，消声器长度有 1500、2500、3500mm 三种，其外形及接口尺寸相同，也可按设计和用户要求的长度生产。组合消声器如图 6-66 所示。

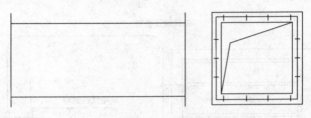

图 6-66　组合消声器外

2. 末端消声器

末端消声器为矩形断面的阻性消声器，适用于宾馆及类似建筑，是防止串音用消声器，也可作为末端小风量消声器用。组合消声器如图 6-67 所示。

图 6-67　末端消声器

3. 圆形阻抗复合式消声器

圆形阻抗复合式消声器为阻抗直管形消声元件，采用超细玻璃棉为吸声材料。该消声器能在较宽的中频范围而降低消声量。圆形阻抗复合式消声器主要用于离心通风机，锅炉引风机等通风机排气空气动力性噪声，进、排气口空气动力性噪声。圆形阻抗复合式消声器如图 6-68 所示。

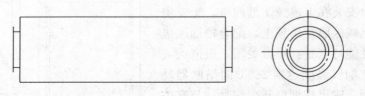

图 6-68　圆形阻抗复合式消声器

4. 矩形阻抗复合式消声器

矩形阻抗复合式消声器由超细玻璃棉阻性吸声片构成，它对中、高频有良好的消声效果，抗性消声器是由内管截面的突变及内外管之间膨胀室的作用所构成，它对低频及部分中频噪声有较好的消声作用，主要用于降低通风空调系统中风机的噪声。矩形阻抗复合式消声器外形与末端消声器类似。

5. 微孔板消声器

微孔板消声器是采用不同的穿孔率及腔深组合的金属微孔消声器，其性能特点是采用金属结构、耐高温、不怕油雾和水蒸气，即使气流中带有大量水分，消声器也可照常工作，不受影响；消音频带宽，对高、中、低频均有良好的消声效果；消声性能好阻力小，微孔板穿孔率低，可直接安装于风机的排风口，也可串接在管道上，水平或垂直安装均可，以接近风机为宜。微孔板消声器如图 6-69 所示。

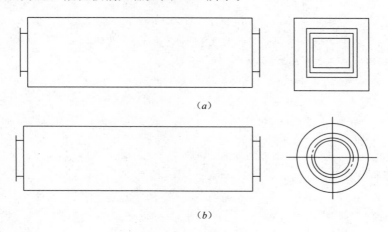

图 6-69　微孔板消声器
（a）方形微孔板消声器；（b）圆形微孔板消声器

第三篇

设备安装工程施工技术

第 7 章 建筑给水排水工程施工技术

7.1 建筑给水系统

7.1.1 管材的选用

目前市场上有多种给水塑料管和复合管，如硬聚氯乙烯管（UPVC）、聚丙烯管（PP-R）、工程塑料管（ABS）、铝塑复合管、钢塑复合管和无缝铝合金衬塑管等。由于每种管材均有自己的专用管配件及连接方法，因此选用的给水管道必须采用与管材相适应的管件；为防止生活饮用水在输送中受到二次污染，生活给水系统所选用管材、管件及所涉及的其他材料必须达到饮用水卫生标准。

室内给水管管材的选用及管道连接方式见表7-1。

室内给水管材及连接方式 表 7-1

管道类别	敷设方式	管径（mm）	宜用管材	主要连接方式
生活给水管	明装或暗设	DN≤100	铝塑复合管	卡套式连接
			钢塑复合管	螺纹连接
			给水硬聚氯乙烯管	粘接或橡胶圈接口
			聚丙烯管（PP-R）	热熔连接
			工程塑料管（ABS）	粘接
			给水铜管	钎焊承插连接
			热镀锌钢管	螺纹连接
		DN>100	钢塑复合管	沟槽或法兰连接
			给水硬聚氯乙烯管	粘接或橡胶圈接口
			给水铜管	焊接或卡套式连接
			热镀锌无缝钢管	卡套式或法兰连接
	埋地	DN<75	给水硬聚氯乙烯管	粘接
			聚丙烯管（PP-R）	热熔连接
		DN≥75	给水铸铁管	石棉水泥或橡胶圈接口
			钢塑复合管	螺纹或沟槽式连接
饮用水管	明装或暗设	DN≤100	给水铜管	钎焊承插连接
			薄壁不锈钢管	卡压式连接
	水质近于生活给水（埋地）		给水铸铁管	石棉水泥或橡胶圈接口
生产给水管	水质要求一般	明装	焊接钢管	焊接
		埋地	给水铸铁管	石棉水泥或橡胶圈接口

管道类别	敷设方式	管径（mm）	宜用管材	主要连接方式
消火栓给水管	明装或暗设	DN≤100	焊接钢管	焊接连接
			热镀锌钢管	螺纹连接
		DN>100	焊接无缝钢管	焊接连接
			热镀无缝锌钢管	沟槽式连接
	埋地		给水铸铁管	石棉水泥接口或橡胶圈接口
自动喷水管	明装或暗设	DN≤100	热镀锌钢管	螺纹连接
		DN>100	热镀锌无缝钢管	沟槽式连接
（湿式或干湿）	埋地		给水铸铁管	石棉水泥接口或橡胶圈接口

7.1.2 室内给水管道及附件安装

1. 室内给水管道布置、敷设原则及安装规定

室内给水管道由引入管、干管、立管、支管和管道配件组成，其布置及敷设原则和一般安装规定见表 7-2 和表 7-3，有关净距见表 7-4。

管道布置及敷设要求　　　　　　　　　　　　　　　　　　表 7-2

管道布置	管道敷设
1. 给水引入管及室内给水干管宜布置在用水量最大处或不允许间断供水处 2. 室内给水管道一般采用枝状布置，单向供水；当不允许间断供水时，可从室外环状管网不同侧设两条引入管，在室内连成环状或贯通枝状双向供水 3. 给水管道的位置不得妨碍生产操作、交通运输和建筑物的使用；管道不得布置在遇水能引起燃烧、爆炸或损坏产品和设备的上面，并尽量避免在设备上面通过 4. 给水埋地管道应避免布置在可能受重物压坏处，管道不得穿越设备基础 5. 塑料给水管道不得布置在灶台上边缘；明设的塑料给水立管距灶边不得于小 0.4m。距离气热水器边缘不小于 0.2m，达不到此要求时应有保护措施	1. 给水管道一般宜明设，尽量沿墙、梁、柱直线敷设；当建筑有要求时可在管槽、管井、管沟及吊顶内暗设 2. 给水管道不得敷设在烟道、风道、排水沟内，不宜穿过商店的橱窗、民用建筑的壁柜及木装修处，并不得穿过大便槽和小便槽 3. 给水管道不得穿过变配电间 4. 给水管道宜敷设在不冻结的房间内，否则管道应采取保温防冻措施 5. 给水管道不宜穿过伸缩缝、沉降缝，若必须穿过时，应有相应的技术措施 6. 给水引入管应有不小于 0.003 的坡度坡向室外阀门井；室内给水横管宜有 0.002～0.005 的坡度坡向泄水装置

管道布置及敷设要求　　　　　　　　　　　　　　　　　　表 7-3

项目	主要内容
引入管	1. 每条引入管上均应装设阀门和水表，必要时还要有泄水装置 2. 引入管应有不小于 0.003 的坡度，坡向室外给水管网 3. 给水引入管与排水的排出管的水平净距，在室外不得小于 1.0m，在室内平行敷设时其最小水平净距为 0.5m；交叉敷设时，垂直净距为 0.15m，且给水管应在上面 4. 引入管或其他管道穿越基础或承重墙时，要预留洞口，管顶和洞口间的净空一般不小于 0.15m 5. 引入管或其他管道穿越地下室或地下构筑物外墙时，应采取防水措施。根据情况采用柔性防水套管或刚性防水套管
干管和立管	1. 给水横管应有 0.002～0.005 的坡度坡向可以泄水的方向 2. 与其他管道同地沟或共支架敷设时，给水管应在热水管、蒸汽管的下面，在冷冻管或排水管的上面；给水管不要与输送有害、有毒介质的管道、易燃介质管道同沟敷设 3. 给水立管和装有 3 个或 3 个以上配水点的支管，在始端均应装设阀门和活接头 4. 立管穿过现浇楼板应预留孔洞，孔洞为正方形时，其边长与管径的关系为：DN32 以下为 80mm，DN32～DN50 为 100mm，DN70～DN80 为 160mm，DN100～DN125 为 250mm；孔洞为圆孔时，孔洞尺寸一般比管径大 50～100mm 5. 立管穿楼板时要加套管，套管底面与楼板底齐平，套管上沿一般高出楼板 20mm；安装在厨房和卫生间地面的套管，套管上沿应高出地面 50mm

项 目	主要内容
支管	1. 支管应有不小于 0.002 的坡度坡向立管 2. 冷、热水立管并行敷设时，热水管在左侧，冷水管在右侧 3. 冷、热水管水平并行敷设时，热水管在冷水管的上面 4. 明装支管沿墙敷设时，管外皮距墙面应有 20～30mm 的距离（当 DN≤32 时） 5. 卫生器具上的冷热水龙头，热水在左侧，冷水在右侧。这与冷、热水立管并行时的位置要求是一致的，但常常被忽视

管道布置及敷设要求 　　　　　　　　　　　　　　　　　　　　　　表 7-4

名 称	最小净距（mm）
引入管	1. 在平面上与排水管道不小于 1000 2. 与排水管水平交叉时，不小于 150
水平干管	1. 与排水管道的水平净距一般不小于 500 2. 与其他管道的净距不小于 100 3. 与墙、地沟壁的净距不小于 80～100 4. 与梁、柱、设备的净距不小于 50 5. 与排水管的交叉垂直净距不小于 100
立管	不同管径下的距离要求如下： 1. 当 DN≤32，至墙的净距不小于 25 2. 当 DN32～DN50，至墙面的净距不小于 35 3. 当 DN70～DNl00，至墙面的净距不小于 50 4. 当 DNl25～DNl50，至墙面的净距不小于 60
支管	与墙面净距一般为 20～25

2. 室内给水管道施工安装

（1）工艺流程

工艺流程见图 7-1。

图 7-1　室内给水管道施工工艺流程

（2）管道施工安装前的准备

1）施工图纸及其他技术文件齐全，并经会审，设计交底已经完成。

2）编制的施工组织设计（或施工方案）经技术主管部门审批通过，并向有关施工管理人员和班组长进行了书面及口头的技术交底。

3）管道安装部位的土建施工应能满足管道安装要求，并有明显的建筑轴线和标高控制线，墙面抹灰已完成。

4）安装使用的给水管材及管件等材料已按计划组织进场，并按设计选用的材质、规格、型号等要求进行了检查验收。

5）施工现场的用水、用电和材料存放库房等条件能满足安装要求，施工机具已备齐。

6）施工安装人员经过技术培训，能熟悉所选用的给水管材和管件的性能，并掌握安装操作技能。

（3）配合土建预留孔洞和预埋件

室内给水管道安装不可能与土建主体结构工程施工同步进行，因此在管道安装前要配合土建进行预留孔洞和预埋件的施工。

1）预留洞作业

给水管道安装前需要预留的孔洞主要是管道穿墙和穿楼板孔洞及穿墙、穿楼板套管的安装。一般混凝土结构上的预留孔洞，由设计在结构图上给出尺寸大小；其他结构上的孔洞，当设计无规定时应按表7-5规定预留。

2）支架预埋件安装

给水管道安装前的预埋件包括管道支架的预埋件和管道穿过地下室外墙或构筑物的墙壁、楼板处的预埋防水等套管。

支架预埋件大多设置在钢筋混凝土的墙、柱和楼板中。当土建施工进行到绑扎钢筋时，安装单位要依据土建单位给定的建筑轴线和标高线（50线）按设计要求的埋件位置进行预埋件就位安装，校正位置、标高、水平度或垂直度后，用钢丝与附近的钢筋绑牢。当要求支架预埋件有一个面与结构面相平时，在土建单位进行合模前，必须再进行一次预埋件的定位复查，尤其要检查与模板相靠是否符合要求，以免拆模时找不到预埋件。

预埋防水套管安装前，按照设计选定的套管型号、规格要求进行预制加工，套管内部刷防锈漆。在土建进行钢筋绑扎时，安装单位人员就要配合进行预埋套管的安装。首先，依据土建施工给出的建筑轴线和标高线（50线）为套管定位，在钢筋上画出定位线；再将预制好的套管依线定位，用铁丝固定在钢筋上，并用棉纱或纸团将套管两头封塞严实；在土建施工台模前再作一次复查，核查坐标、标高，平整合格后方可浇筑。

给排水管道预留孔洞尺寸　　　　　　　　　表 7-5

管道名称		明管留孔尺寸（长×宽）(mm)	暗管墙槽尺寸（宽×深）(mm)
给水立管	管径≤25mm	100×100	130×130
	管径32～50mm	150×150	150×130
	管径70～100mm	200×200	200×200
一根排水立管	管径≤50mm	150×150	200×130
	管径70～100mm	200×200	250×200
两根给水立管	管径≤32mm	150×100	200×130
一根给水立管和一根排水立管在一起	管径≤50mm	200×150	200×130
	管径70～100mm	250×200	250×200
两根给水立管和一根排水立管在一起	管径≤50mm	200×150	200×130
	管径70～100mm	250×200	250×200
给水支管	管径≤25mm	100×100	60×60
	管径32～40mm	150×130	150×100
排水支管	管径≤80mm	250×200	
	管径100mm	300×250	
排水主干管	管径≤80mm	300×250	
	管径100～125mm	350×300	
给水引入管	管径≤100mm	300×300	
排水排出管穿基础	管径≤80mm	300×300	
	管径100～150mm	(管径+300)×(管径+200)	

（4）给水铝塑复合管管道安装

铝塑复合管是中间层采用焊接铝管，外层和内层采用中密度或高密度聚乙烯塑料或交联高密度聚乙烯，经热熔胶粘合而复合成的一种管道。该管既具有金属管的耐压性能，又具塑料管的耐腐性能，是一种用于建筑给水的较理想管材。

1）干管安装

室内给水管道的安装顺序。一般先地下后地上，先大管后小管，先立管后支管。给水干管通常指水平干管，分地下干管和地上干管两种。根据管道的敷设安装方式不同，干管安装可分为埋地干管安装和架空干管安装。

① 埋地干管安装：

a. 埋地进户管（引入管）穿外墙处，应预留孔洞，孔洞高度一般管顶以上的净高不宜小于100mm。公称外径不小于40mm的进户管道，应采用水平折弯后进户。

b. 埋地管道开挖的沟槽应平整，且不得有尖硬凸出物，必要时可铺100mm的砂垫层。沟槽回填前，应检查埋地干管与立管接口位置、方向是否正确，确认无误后方可进行回填土。

c. 埋地管道回填时，管周围100mm以内回填土不得含有粒径大于10mm的尖硬石（砖）块。回填土应分层夯实，且不得损伤管道。室内埋地管道的埋设深度不宜小于300mm。

d. 埋地干管的铺设安装，应有2‰～5‰的坡度坡向室外泄水装置，以便于管道检修时排除管内存水。

e. 埋地铝塑复合管的管件，应做外防腐处理。防腐做法当设计无具体要求时可刷环氧树脂类油漆或按热沥青三油二布做法处理。

f. 给水引入管与排水排出管的水平净距不得小于1m。室内埋地给水干管与排水管道平行铺设时，两管间最小水平间净距不得小于500mm；交叉铺时，垂直净距为150mm，且给水管应铺设在排水管的上方。若给水管必须铺设在排水管的下面时，给水管应加套管，其长度不得小于排水管径的3倍。

g. 埋地管道在室内穿出地坪处，应在管外套上长度不小于100mm的金属套管，套管根部应插入地坪内30～50mm。

h. 埋地干管铺设安装完毕，应按设计要求或按施工质量验收规范的有关规定进行水压试验，试压合格并经隐蔽工程验收后，方可进行覆土回填。

② 架空干管安装：

架空干管有两种：一种是敷设在地坪（±0.000）以下的架空干管，是从给水引入管（进户管）穿过地下室外墙处进入室内的水平干管；另一种是敷设在地坪（±0.000）以上的架空干管，通常是指敷设在高层建筑顶层或其他楼层内的水平干管。这两种架空干管的安装方法和要求是相同的，管道是明装还是暗装，应由设计施工图确定。

架空干管的安装，首先应根据施工草图确定的干管位置、标高、管径、坡度、管段长度、阀门位置等和土建给出的建筑轴线、标高控制线，准确地确定管道支架的安装位置（预埋支架铁件的除外），在应栽支架的部位画出大于孔径的十字线，然后打洞栽埋支架或采用膨胀螺栓固定管支架。

暗敷在吊顶内的管道，管道表面（有防结露保温的按绝热层表面计）与周围墙、板面的净距一般不小于 50mm。管道安装完毕，应对预埋防水套管与管道之间的环形缝隙进行嵌缝，先在套管中部塞 3 圈以上油麻，再用 M10 膨胀水泥砂浆嵌缝至平套管口。管道穿过无防水要求的墙、梁、板的做法应符合两点：一是靠近穿越孔洞的一端应设固定支承将管道固定；二是管道与套管或孔洞之间的环形缝隙应用 M7.5 水泥砂浆填实。管道上连接的各种阀门，应固定牢靠。不应将阀门自重和操作力矩传给管道。管道外径不小于 40mm 的是直线形管材，有一定的刚度，敷设安装时应有 2‰～5‰ 的坡度坡向泄水装置。敷设在吊顶内干管，安装完毕应做水压试验，试压合格并经隐蔽验收后方可封闭。

　　2）立管安装

　　立管安装，首先应根据设计图纸要求或给水配件和卫生器具的种类确定横支管的高度，在土建墙面上画出横线；再用线坠吊在立管的中心位置上，在墙上画出垂直线，并根据立管卡件的高度在垂直线上确定出立管卡件的位置并画好横线，然后再根据其交叉点打洞栽管卡件。铝塑复合管的立管卡件应采用管材生产企业配套的产品；立管卡件的安装，当楼层高度小于或等于 4m 时，每层须设 1 个；当楼层高度大于 4m 时，每层不少于 2 个；管卡件的安装高度，应距地 1.5～1.8m；2 个以上管卡件应均匀安装，同一房间管卡件应安装在同一高度上。

　　管卡件栽好后，再根据干管和横支管画线，测出各立管的实际尺寸，在施工草图上进行编号记录，在地面上进行预制和组装，经检查和调直后可进行安装。立管安装按顺序由下往上，层层连接，一般应两人配合，一人在下端托管，一人在上端上管。立管安装前应先清除立管甩头处阀门或连接件的临时封堵物、污物和泥砂等。然后经检查管件的朝向准确无误后即可固定立管。

　　立管安装应注意下列问题：

　　① 铝塑复合管明设部位应远离热源，无遮挡或隔热措施的立管与炉灶的距离不得小于 400mm，距燃气热水器的距离不得小于 0.2m，不能满足此要求时应采取隔热措施。

　　② 铝塑管穿越楼板、层面、墙体等部位，应按设计要求配合土建预留孔洞或预埋套管，孔洞或套管的内径宜比管道公称外径大 30～40mm。

　　③ 布置在管井中的立管，应在立管上引出支管的三通配件处设固定支承点。

　　④ 冷、热水管的立管平行安装时，热水管应在冷水管的左侧。

　　⑤ 给水立管的始端应安装可拆卸的连接件（活接头），以方便今后的维修。

　　⑥ 铝塑复合管可塑性好，易弯曲变形，因此安装立管时应及时将立管卡牢，以防止立管位移或因受外力作用而产生弯曲及变形。

　　⑦ 敷设在管道井内的管道，管道表面（有防结露保温时按保温层表面计）与周围墙面的净距不宜小于 50mm。

　　⑧ 暗装的给水立管在隐蔽前应做水压试验，合格后方可隐蔽。

　　3）支管安装

　　支管明装：将预制好的支管从立管甩口处依次逐段进行安装，有阀门时应将手轮卸下再安装，根据管段长度加上临时固定卡，并核定不同卫生器具的预留口的高度、位置是否正确，找平找正后栽牢支管卡件，去掉临时固定卡件。如支管装有水表，应先装上连接管，试压后交工前拆下连接管，安装水表。

　　支管暗装：铝塑复合管的支管暗装方式通常有两种，一种是支管嵌墙敷设，另一种是支管在楼（地）面的找平层内敷设。嵌墙敷设和在楼（地）面的找平层内敷设的管道，其管外径一般不大于25mm。敷设的管道应采用整条管道，中途不应设三通接出支管，阀门应设在管道的端部。

① 管道嵌墙敷设：

a. 嵌墙敷设的管槽，宜配合土建施工时预留（对于砖墙或轻质隔墙可直接开出管槽），管槽的底和壁应平整无凸出的尖锐物。管槽尺寸设计无规定时，管槽宽度宜比管道外径大40~50mm，管槽深度比管道外径大20~25mm。

b. 铺放管后，应用管卡件（或鞍形卡片）将管固定牢固，并经水压试验合格后方可封填管槽。

c. 管槽的填塞应采用M7.5水泥砂浆。冷水管管槽的填塞宜分两层进行：第一层填塞至3/4管高，砂浆初凝时应将管道略作左右摇动，使管壁与砂浆之间形成缝隙，即应进行第二层填塞，填满管槽与墙面抹平，砂浆必须密实饱满。

② 管道在楼（地）面找平层内敷设：

管道在楼（地）面找平层内敷设，管槽预留尺寸（宽度和深度）、管道铺放与固定、管槽填塞步骤和操作要求等均与管道的嵌墙敷设相同。

住宅内敷设在楼（地）面找平层内的管道，在走道、厅部位宜沿墙脚敷设；在厨、卫间内宜设分水器，并使各分支管以最短距离到达各配水点。从分水器接出的支管每一条对应一个卫生器具，这样从分水器至配水件之间的管道不需用三通再接支管，使管道的连接口设在管段两端，从而使接口可明露，便于检查维修，也可降低造价。分水器的安装应尽量使管道通顺，减少弯曲。当分水器的分支管嵌墙敷设时，分水器宜垂直安装；当分支管在楼（地）面找平层内敷设时，分水器宜水平安装。管道与分水器的连接口应方便检修。

支管安装应注意的问题：

a. 从给水立管接出装有3个或3个以上配水点的支管始端，应安装可拆卸的连接件。冷、热水管上下平行安装时，热水管应在冷水管的上方，支管预留口位置应左热右冷；冷、热水管垂直平行安装时，热水管应在冷水管的左侧。

b. 明装给水支管应远离热源。立支管距灶边的净距不得小于0.4m。距燃气热水器的距离不得小于0.2m，不能满足要求时应采取隔热措施。

c. 嵌墙敷设和在楼（地）面找平层内敷设的给水支管，隐蔽前应进行水压试验，试压合格后方可隐蔽。

d. 厨房、卫生间是各种管道集中的地方，管道安装时各专业工种应协同配合，合理安排施工顺序。细心操作，避免打钉、钻孔时损伤管道和损坏土建防水层。

e. 嵌墙敷设和在楼（地）面找平层内敷设的给水支管安装完毕后，宜在墙面和地面管道所在位置画线显示，防止住户二次装修时损坏管道。

（5）钢塑复合管管道安装

1）管材、管件及连接方式的选择

给水钢塑复合管管材、管件及连接方式应符合设计要求，当设计要求不明确时，可按下列规定选择：

① 当管道系统工作压力不大于1.0MPa时，可采用涂（衬）塑焊接钢管和可锻铸铁衬塑管件，螺纹连接；

② 当管道系统工作压力大于 1.0MPa 且不大于 1.6MPa 时，可采用涂（衬）塑无缝钢管、无缝钢管件或球墨铸铁涂（衬）塑管件，法兰连接或沟槽式连接；

③ 当管道系统工作压力大于 1.6MPa 且小于 2.5MPa 时，应采用涂（衬）塑的无缝钢管和无缝钢管或铸钢涂（衬）塑管件，法兰或沟槽式连接；

④ 管径不大于 100mm 时宜采用螺纹连接；管径大于 100mm 时宜采用法兰或沟槽式连接。

2）管道安装一般规定

① 钢塑复合管道安装前，对安装所需管材、配件、阀门等附件以及管道支承件、紧固件、密封圈等应核对产品合格证、卫生部门的认证报告、规格型号、品种和数量，并进行外观检查。

② 钢塑复合管应选用的施工机具：切割应采用金属锯；套丝应采用自动套丝机；压槽应采用专用滚槽机；弯管应采用弯管机冷弯。

③ 钢塑复合管不得埋设在钢筋混凝土结构中。

④ 管径不大于 50mm 时可用弯管机冷弯，但弯曲半径不得小于 8 倍管径，弯曲角度不得大于 10°。

⑤ 埋地、嵌墙敷设的管道，在进行隐蔽工程验收后应及时填补。

3）管道预制加工

① 螺纹连接：

a. 截管：根据现场测绘的草图，在选好的管材上画线，按线截管。截管宜采用金属锯，不得采用砂轮切割［若采用砂轮切割，容易产生高温而将衬（涂）塑层熔化］。当采用盘锯切割时，其转速不得大于 800r/min。当采用手工锯截管时，其锯面应垂直于管中心。

b. 套丝：套丝应采用自动套丝机，套丝机应采用润滑油润滑。圆锥形管螺纹应符合现行国家标准《用螺纹密封的管螺纹》的要求，并应采用标准螺纹规检验。

c. 管端清理加工要求：应用细锉将金属管端的毛边修光，应采用棉丝和毛刷清除管端和螺纹内的油、水和金属切屑。管端和管螺纹清理加工后，应进行防腐、密封处理，宜采用防锈密封胶和聚四氟乙烯生胶带缠绕螺纹，同时应用色笔在管壁上标记拧入深度。

d. 管子与配件连接要求：

管子与配件连接不得采用非衬塑可锻铸铁管件。管子与配件连接前，应检查衬塑可锻铸铁管件内橡胶密封圈或厌氧密封胶。然后将配件用手捻上管端丝扣，在确认管件接口已插入衬（涂）塑钢管后，用管钳进行管子与配件的连接，注意不得逆向旋转。

管子与配件连接后，外露的螺纹部分及所有钳痕和表面损伤的部位应涂防锈密封胶。用厌氧密封胶密封的管接头，养护期不得少于 24h。其间不得进行试压。

钢塑复合管不得与阀门直接连接，应采用黄铜质内衬塑的内外螺纹专用过渡管接头。钢塑复合管不得与给水栓直接连接，应采用黄铜质专用内螺纹管接头。钢塑复合管与铜管、塑料管连接时应采用专用过渡接头。当采用内衬塑的内外螺纹专用过渡接头与其他材质的管配件、附件连接时，应在外螺纹的端部采取防腐处理。

② 法兰连接：

钢塑复合管法兰连接可根据施工人员技术熟练程度采取一次安装法或两次安装法。

a. 一次安装法：可现场测量、绘制管道单线加工图，送专业厂进行管段、配件涂（衬）加工后再运抵现场安装；

b. 二次安装法：可在现场用非涂（衬）钢管和管件，法兰焊接，拼装管道，然后拆下运抵专业加工厂进行涂（衬）加工，再运抵现场进行组合。当采用二次安装法时，现场安装的管段、管件、阀件和法兰盘均应打上钢印编号。

③ 沟槽连接：

a. 沟槽连接方式适用于公称直径不小于 65mm 的涂（衬）塑钢管的连接。沟槽式管接头应符合国家现行的有关产品标准，其工作压力应与管道工作压力相匹配。用于输送热水的沟槽式管接头应采用耐温型橡胶密封圈；用于饮用净水管道的橡胶材质应符合现行国家标准要求。

b. 对衬塑复合钢管，当采用现场加工沟槽并进行管道安装时，其施工应符合下列要求：

应优先采用成品沟槽式涂塑管件。连接管段的长度应是管段两端口间净长度减去 6～8mm 断料，每个连接口之间应有 3～4mm 间隙并用钢印编号。应采用机械截管，截面应垂直管轴线，允许偏差为：管径不大于 100mm 时，偏差不大于 1mm；管径大于 125mm 时，偏差不大于 1.5mm。管外壁端面应用机械加工 1/2 壁厚的圆角。应用专用滚槽机压槽，压槽时管段应保持水平，钢管与滚槽机正面呈 90°。压槽时应持续渐进，并应用标准量规测量槽的全周深度。如沟槽过浅，应调整压槽机后再行加工。与橡胶密封圈接触的管外端应平整光滑，不得有划伤橡胶圈或影响密封的毛刺。

4）钢塑复合管道最大支承间距

管径在 65～100mm 为 3.5m；管径在 125～200mm 为 4.2m。支承设置时应当注意：横管的任何两个接头之间应有支承；支承点不得置于接头上。

5）钢塑复合管干管、立管和支管的施工程序要求可参照给水铝塑复合管道安装的有关部分执行。

（6）给水硬聚氯乙烯（UPVC）管管道安装

给水硬聚氯乙烯（UPVC）管是国内最早使用在工业和民用建筑给水工程中的塑料管之一，它具有重量轻、耐腐蚀、投资低、水流阻力小、耐压强度较好和安装方便等优点。

1）管道布置与敷设要点：

① 室内地坪以下管道，应在土建回填土夯实后，重新开挖施工。管道一定要敷设在坚实的土层中，严禁在未经夯实的土层中敷设管道。回填土时不得有尖硬物直接与管道接触，土壤的颗粒一般不宜大于 12mm。必要时可铺设 100mm 厚的砂垫层。回填土应先夯实管道的两侧，待回填至管顶 300mm 时，经夯实后方可继续回填。地下敷设管道的埋设深度不宜小于 300mm。

② 管道穿过地下室外墙、基础及地下构筑物外墙时，应设金属套管并采取防水措施，同时穿过套管的一段管道应改为金属管。

③ 安装贮水池（箱）进水管、出水管、排污管时，其穿过水池（箱）壁至外部阀门间的管段，应改为金属管。

④ 管道穿过楼板和屋面处必须设置套管（穿楼处的套管可采用塑料管，穿屋面处的必须采用金属套管）。安装在楼板内的套管，其顶部应高出地面 20mm；安装在卫生间及

厨房内的套管，其顶部应高出地面 50mm，并要有防水措施。

⑤ 给水硬聚氯乙烯管道应远离热源，立管距灶边净距不得小于 400mm，与供暖管道净距不得小于 200mm，保证不得因热源辐射使管壁温度超过 40℃。

2）管道连接：

给水硬聚氯乙烯管之间的连接有承插口粘接和橡胶圈连接。外径 110mm 以下的塑料管应采用承插口粘接；切断管材时应采用细齿锯或割刀，以使断口平整。要去掉断口毛边并倒角，倒角坡口宜为 10°～15°，倒角长度为 2.5～3mm。当塑料管外径大于 110mm 时，则应优先采用橡胶圈接口。

① 承插口粘接

a. 粘接连接的管道在施工中被切断时，须将插口处倒角锉成坡口后再进行连接。切断管材时，应保证断口平整且垂直管轴线。加工成的坡口应符合下列要求：坡口长度一般不小于 3mm，坡口厚度约为管壁厚度的 1/3～1/2，坡口完成后应将残屑清除干净。

b. 管材或管件在粘接前，应用棉纱或干布将承口内侧和插口外侧擦拭干净，使被粘接面保持清洁，无尘砂与水迹。当表面沾有油污时，须用棉纱蘸丙酮等清洁剂擦净。

c. 粘接前应将两管试插一次，使插入深度及配合情况符合要求，并在插入端表面画出插入承口深度的标记，管端插入承口深度应不小于表 7-6 的规定。

管材插入承口深度   表 7-6

序号	管材公称外径（mm）	管端插入承口深度（mm）	序号	管材公称外径（mm）	管端插入承口深度（mm）
1	20	15.0	7	75	42.5
2	25	17.5	8	90	50.5
3	32	21.0	9	110	60.0
4	40	25.0	10	125	67.5
5	50	30.0	11	140	75.0
6	63	36.5	12	160	85.0

d. 用毛刷将胶粘剂迅速刷在插口外侧及承口的内侧结合面上时，宜先涂承口，后涂插口，宜轴向涂刷，涂刷均匀适量。

e. 承插口涂刷胶粘剂后，应立即找正方向，将管端插入承口，通过挤压使管端插入深度至所画标记，并保证承插接口的直度和接口位置正确。为防止接口脱滑，插入力必须保持至规定的时间方可放松。

f. 承插接口的养护：承插接口完毕后，应及时将挤出的胶粘剂擦拭干净。粘接后，不得立即对接合部强行加载。

② 橡胶圈连接（R-R 连接）

a. 清理干净承口内橡胶圈沟槽、插口端工作面及橡胶圈，不得有土或其他杂物。

b. 将橡胶圈正确安装在承口的橡胶圈沟槽中，不得装反或扭曲。为了安装方便，可先用水浸湿胶圈，但不得在橡胶圈上涂润滑剂安装。

c. 橡胶圈连接的管材在施工中被切断时，须在插口端另行倒角。并应画出插入长度标线，然后再进行连接，最小插入长度见表 7-7。切断管材时，应保证断口平整且垂直管轴线。

橡胶圈连接最小插入长度 表 7-7

序号	管材公称外径（mm）	插入长度（mm）	序号	管材公称外径（mm）	插入长度（mm）
1	63	64	8	180	90
2	75	67	9	200	94
3	90	70	10	225	100
4	110	75	11	250	105
5	125	78	12	280	112
6	140	81	13	315	113
7	160	86			

d. 用毛刷将润滑剂均匀地涂在装嵌在承口处的橡胶圈和管插口端外表面上，但不得将润滑剂涂到承口的橡胶圈沟槽内。润滑剂可采用 V 形脂肪酸盐，禁止用黄油或其他油类作润滑剂。

e. 将连接的管道的插口对准承口，保持插入管段的平直，用手动葫芦或其他拉力机械将管一次插入至标线。若插入阻力过大，切勿强行插入，以防橡胶圈扭曲。

f. 用塞尺顺承口间隙插入，沿管圆周检查橡胶圈的安装是否正常。

3）给水硬聚氯乙烯管干管、立管和支管的施工程序要求，可参照给水铝塑复合管道安装的相关部分。

（7）给水聚丙烯（PP-R）管管道安装

给水聚丙烯（PPR）塑料管具有质量轻、强度高、韧性好、耐冲击、耐热性能高、无毒、无锈蚀、安装方便、废品可回收等优点。

1）管道连接

① 同种材质的给水聚丙烯管及管配件之间，应采用热熔连接。其安装采用的专用机具有插座式热熔焊机和焊接器（图 7-2）及截管材用的剪切器。这种连接方法，成本低、速度快、操作方便、安全可靠，特别适合用于直埋、暗设的场合。

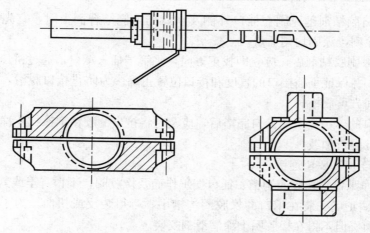

图 7-2　插座式热熔焊机和焊接器

② 给水聚丙烯管与金属管件连接，可采用带金属嵌件的聚丙烯管件作为过渡，该管件与塑料管采用热熔连接，与金属管件或卫生洁具五金配件采用丝扣连接。

③ 暗敷墙体、地坪层内的给水聚丙烯管道不得采用丝扣或法兰连接。

④ 热熔连接的操作步骤：给水聚丙烯管道的热熔连接应按下列操作步骤进行：

热熔工具接通电源，达到工作温度指示灯亮后方能开始工作。

切割管材，必须使端面垂直于管轴线。管材切割一般使用管子剪或管道切割机，必要时可使用锋利的钢锯。但切割后管材断面应去除毛边和毛刺。

管材与管件连接端面必须清洁、干燥、无油。

用卡尺和合适的笔在管端测量并绘制出热熔深度，热熔深度应符合表 7-8 的要求。

热熔连接技术要求 表 7-8

公称外径（mm）	热熔深度（mm）	加热时间（s）	加工时间（s）	冷却时间（min）
20	14	5	4	3
25	16	7	4	3
32	20	8	4	4
40	21	12	6	4
50	22.5	18	6	5
63	24	24	6	6
90	32	40	10	8
110	38.5	50	15	10

熔接弯头或三通时，按设计图纸要求，应注意其方向，在管件和管材的直线方向上用辅助标志标出其位置。

连接时，无旋转地把管端导入加热套内，插入到所标志的深度，同时无旋转地把管件推到加热头上，达到规定标志处。加热时间必须满足表 7-8 的规定（也可按热熔工具生产厂家的规定）。

达到加热时间后，立即把管材与管件从加热套与加热头上同时取下，迅速无旋转地直线均匀插入到所标深度，使接头处形成均匀凸缘。

在表 7-8 规定的加工时间内，刚熔接好的接头还可校正，但严禁旋转。

⑤ 明装和暗设在管道井、吊顶内、装饰板后的聚丙烯管道宜采用热熔连接；埋地敷设、嵌墙敷设和在楼（地）面找平层内敷设的管道应采用热熔连接。

2）管道安装

给水聚丙烯管道（PP-R）安装（干管、立管和支管安装），其施工安装工序、管道敷设方式、嵌墙暗管墙槽尺寸和施工要求。以及管道在楼（地）面找平层内敷设的开挖沟槽和回填土要求等，均与铝塑复合管和给水硬聚氯乙烯管的施工安装基本相同，施工安装可参照执行。

结合给水聚丙烯管道的特点，施工安装时应注意下列问题：

① 冷、热水管是几种压力等级不同的管材，管道安装时，先要复核管道的使用场合、管道的压力等级，以免在施工时混淆。冷水管道应采用公称压力不低于 1.0MPa 等级的管材和管件；热水管道应采用公称压力不低于 2.0MPa 等级的管材和管件。

② 水平干管与水平支管连接、水平干管与立管连接、立管与每层支管连接，应考虑管道互相伸缩时不受影响的措施。可采用热水管道通常做法：水平干管与立管连接，立管与每层支管连接采用 2 个 90°弯头和一段短管后接出。

③ 管道嵌墙暗敷时，宜配合土建预留凹槽，其尺寸设计无规定时，嵌墙暗管墙槽尺寸的深度为管外径 $D+20mm$，宽度为 $D+40\sim60mm$。凹槽表面必须平整，不得有尖角等突出物，管道试压合格后，墙槽用 M7.5 水泥砂浆填补密实。

④ 管道安装时，不得有轴向扭曲，穿墙或穿楼板时，不宜强制校正。给水聚丙烯管与其他金属管道平行敷设时应有一定的保护距离，净距离不宜小于 100mm，且聚丙烯管宜在金属管道的内侧。

⑤ 管道穿越楼板时，应设置钢套管。安装在楼板内的套管，其顶部应高出装饰地面 20mm；安装卫生间及厨房内的套管，其顶部应高出装饰地面 50mm。管道穿越屋面时，应采取严格的防水措施，穿越前端应设固定支承件，以防止管道变形而造成穿越管道与套管之间松动，产生渗漏。

⑥ 热水管道穿墙壁时，应配合土建设置钢套管；冷水管道穿墙时可预留洞，洞口尺寸较管外径大 50mm。

⑦ 埋地管道出地坪处应设置金属护管（即套管），其高度应高出地坪 100mm。

⑧ 管道穿基础墙时应设金属套管，套管与基础墙预留孔上方的净空高度，若设计无规定时，不应小于 100mm。

⑨ 管道安装时必须按不同管径和要求设置管卡件或吊架。位置要准确，埋设要平整，管卡件与管道接触应紧密，但不得损伤管道表面。

采用金属管卡件或吊架时，金属管卡件与管道之间应采用塑料带或橡胶等软物隔垫。在金属管配件与给水聚丙烯管道连接部位，管卡件应设在金属管配件一端。

明管敷设的支吊架作防膨胀的措施时，应按固定点要求施工。管道的各配水点、受力点以及穿墙支管节点处，应采取可靠的固定措施。

(8) 给水铜管管道安装

建筑给水铜管为薄壁铜管，常用的连接方式是钎焊承插连接，并且有配套的各种规格带承口的铜管件，连接的强度和严密性安全可靠。此外，对于管径小于 25mm 的支管也可采用卡套式连接或螺纹连接。主要用于与小口径的阀门、给水器具及仪表等附件的连接。

下面重点介绍给水铜管钎焊承插连接和卡套式连接的技术要点。

1) 铜管钎焊承插连接：钎焊连接适用于给水用的紫铜管与承插接头连接，包括管子与管子、管子与附件的钎焊。

钎焊连接工序和在焊接过程应注意的问题：

① 焊接前检查：管道连接前首先应再次确认管材、管件的规格尺寸是否满足连接要求和是否与施工图相符；其次，应仔细检查管材、管件的配合公差，并对外观和管口进行检查，发现有明显伤痕的管材、管件不得使用，变形的管口应用专用工具整圆。焊接前应对焊接处的铜管外壁和管件内壁用细砂纸或钢毛刷或含其他磨料的布砂纸擦磨。

② 精确测量、合理切割：测量精确与否将会影响接头的质量。如果管切得过短，则管不能插到承口底部，就不能得到一个正常的接头；如果管切得过长，就会影响毛细作用。薄壁铜管在切割的过程中应用力均匀合理，否则管口就会形成"喷嘴"，即管端直径减小，使内部毛刺难以清除干净，且会影响它与承口的毛细间隙。

③ 焊丝和焊剂的选用：铜管焊接宜选用含有脱氧元素的焊丝；铜管与铜合金管件或

铜合金管件与铜合金管件间焊接时，应在铜合金管件焊接处使用 301 或 302 焊剂，并在焊接完成之后清除管外壁的残余熔剂。

④ 焊前清理：钎焊质量主要取决于加工、装配精度和表面、端部的擦洗清洁工作；铜管外表与接头内外表面不得有任何种类的油脂、表面附着油污等，一般可用汽油或其他有机溶剂擦洗，或用砂纸打光。

⑤ 装配要求：装配时不得使套管内壁和已处理好的管子表面重新沾上油污。注意操作者手部清洁，必要时戴上手套或使用钳子。管子插入套管时不得歪斜，可边转动边插入。但不能硬性插入，更不能用榔头敲击。管路装配时尽量避免出现倒立焊。

⑥ 加热施焊：加热施焊是整个过程的关键一环，采用氧-乙炔加热方式，用火焰进行加热，火焰应呈中性或带有还原性。加热时焊枪沿管子作环向转动，使连接处的承口及焊条均匀加热。焊接口径较大管子时，可同时使用 2 个或 3 个焊枪协助加热。

⑦ 焊后处理：焊接结束几分钟后，用湿布擦连接部位，去除表面的熔渣。焊接后正常的焊缝应无气孔、裂纹和未熔合等缺陷。焊缝局部出现气孔、夹渣等时可进行修补，修补前应清除夹渣等物，修补温度不宜过高，范围要小，避免整体焊缝脱焊。

2）铜管卡套式连接：卡套式连接是机械挤压连接的一种，是通过拧紧螺母使配件内套入铜管的鼓形铜圈变形紧固，封堵管道连接处缝隙的连接方式。在施工过程中应注意如下问题：

① 与钎焊连接一样，施工过程中应特别注意管的切割和清洁，因为采用的是薄壁铜管，管在切割过程中容易发生变形，如形成"喷嘴"或其他变形将严重影响卡套式接口的质量，出现漏水。在施工中不要将连接面和螺纹弄脏或沾满砂粒。如不小心弄脏则必须用细砂纸、钢毛刷等用具清洗干净。

② 管口断面应垂直平整，且应使用专用工具将其整圆或扩口。

③ 应使用活络扳手或专用扳手，严禁使用管钳旋紧螺母。

④ 连接部位宜采用二次装配，当一次完成时，螺母拧紧应从力矩激增点后再旋转 1/4 圈，使卡套刃口切入管子，但不可旋得过紧。

3）铜管敷设安装应注意的问题：

室内给水铜管道（干管、立管和支管）的施工安装工序及埋地、嵌墙或架空敷设的基本原则和要求可参照给水铝塑复合管道安装。

根据铜管管材、管件的特点，给水铜管在敷设安装中应注意如下问题：

① 铜管安装前应清除管材、管件内外污垢等杂物；在敷设安装过程中应防止与酸、碱等对铜有腐蚀作用的液体、污物相接触，并应防止铜管表面被砂石或其他尖硬物划伤。

② 嵌墙敷设的可采用覆塑铜管，管径一般不大于 20mm，管线应水平或垂直布置在预留或开凿的凹槽内，槽内应用管卡固定。覆塑铜管焊接时应剥出长度不小于 200mm 的裸铜管，并在两端缠绕湿布，焊接完成后复原覆塑层。

③ 铜管虽具有很强的耐腐蚀性，但是由于在施工中焊枪对接头处充分加热使钎料熔化，冷却后接口表面会出现一层难看的氧化物以及管道过渡件和管件颜色不一，因此明装管道应对铜管进行除去氧化物和防腐处理。经一些工程实践，经除锈（清除氧化物）后可采用铁红醇酸漆作底漆，外刷与各管件同颜色的金粉面漆。

④ 埋地铜管外壁宜有防腐措施，具体做法由设计决定。

⑤ 如有采用松套法兰连接的情况，其垫片可采用耐温夹布橡胶板或铜垫片；法兰连接应采用镀锌螺栓，对称旋紧。

⑥ 铜管的固定支承件不宜大于 12m；固定支承件宜设置在变径、分支、接口及穿越承重墙、楼板的两侧等处。

给水铜管道支吊架的最大间距可按表 7-9 执行。

管道支承件宜采用铜合金制品，当采用钢件支架时，管与支架间应设置软隔垫。

铜管管道支架的最大间距

表 7-9

公称直径（mm）		15	20	25	32	40	50	65	80	100	125	150	200
支架的最大间距（m）	垂直管	1.8	2.4	2.4	3.0	3.0	3.0	3.5	3.5	3.5	3.5	4.0	4.0
	水平管	1.2	1.8	1.8	2.4	2.4	2.4	3.0	3.0	3.0	3.0	3.5	3.5

⑦ 铜管配件与附件螺纹连接时，宜采用聚四氟乙烯生料带。连接时应先用手拧入 2～3 扣，再用扳手一次装紧，不得倒回。装紧后应留有螺尾。

（9）给水铸铁管、钢管管道安装

1）管道连接：

① 管道螺纹连接

a. 套丝：将管内杂物清除干净，然后按管径尺寸分次套丝，管径 15～32mm 者一般套丝 2 次；40～50mm 者套丝 3 次；70mm 以上者套丝 3～4 次为宜。

b. 装配管件：根据施工现场测绘草图，将已套丝的管材装配管件。装配时应将连接管件试旋丝扣合适后（一般用手带入 3 扣为宜）进行，在丝扣处涂铅油、缠麻后带入管件，然后用管钳将管件拧紧，使丝扣外露 2～3 扣，去除麻头，擦铅油，编号放到适当位置等待调直。

c. 管段调直：将已装好管件的管段，在安装前进行调直。

② 管道法兰连接

a. 凡管段与管段采用法兰连接或管段与带法兰管件连接的，必须按照设计要求和工作压力选用标准法兰盘。管材与法兰的焊接，应先将管材插入法兰盘内，法兰盘应两面焊接，其内侧缝不得凸出法兰盘密封面。

b. 法兰的安装应垂直于管子中心线，其表面应相互平行；紧固法兰的螺栓直径、长度应一致，螺母应安装在法兰的同侧，对称拧紧。紧固好的螺栓外露丝扣应为 2～3 扣，并不应大于螺栓直径的 1/2。

c. 法兰连接衬垫，冷水管道一般采用 1.5～3.0mm 厚的橡胶垫，衬垫不得凸入管内，其外边缘接近螺栓孔为宜，并不得安放双垫或偏垫。

③ 沟槽式连接

沟槽式连接是应用于镀锌钢管（或镀锌无缝钢管）上的一种新型连接方式。镀锌钢管当管径大于 100mm 时套丝就比较困难；镀锌钢管与法兰的焊接处，为了确保水质需要二次镀锌，也是比较麻烦的；而沟槽连接便较好地解决了这一问题。沟槽式连接配件是管材生产工厂配套产品，有专用的接头安装工具，比镀锌钢管的丝扣连接和法兰焊接要方便得多。沟槽式接头见图 7-3。

④ 管道焊接

a. 焊接是非镀锌钢管的主要连接方式，管道焊接时应有防风、防雨雪措施，焊区环境温度低于 $-20℃$，焊口应预热，预热温度为 $100～200℃$，预热长度为 $200～250mm$。

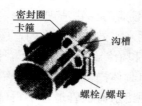

图 7-3　沟槽式接头大样

b. 管材壁厚在 5mm 以上者应对管端焊口部位铲坡口，如用气割加工管道坡口，必须除去坡口表面的氧化皮，并将影响焊接质量的凹凸不平处打磨平整。

c. 管道焊接一般采用焊条 E4303，$\phi2.5～\phi4$，焊接前焊条要烘干，E4303 焊条烘干温度控制 $150～200℃$，1.5h。焊接前要将两管轴线对中，先将两管端部点焊牢。管径在 100mm 以下者可点焊三个点，管径在 150mm 以上者以点焊四个点为宜。

d. 管道焊接完后，应作外观检查，如焊缝缺陷超过规定标准，应进行修整。

⑤ 承插式铸铁管接口

室内给水铸铁管承插接口形式有石棉水泥接口、橡胶圈口、自应力水泥接口、石膏氯化钙水泥接口、青铅接口等。

a. 石棉水泥接口操作要点：用麻钎向环向间隙打入一圈油麻并打实；按比例将石棉水泥拌制均匀，加入少许水拌和好；石棉水泥灰分 3～4 层用灰钎塞打，各层均应打实，打好的灰口应比承口端部凹进 $2～3mm$，当听到金属回击声。水泥发青并析出水分，打口即成；养护 $24～48h$。

b. 橡胶圈接口操作要点：橡胶圈应均匀，平展地套在插口平台上，不得扭曲和断裂。将装上橡胶圈的插口用拉链等机械拉入承口，并将胶圈均匀压实。胶圈内径与插口外径之比为 $0.85～0.87$，直径压缩率 $40\%～50\%$。储运时，胶圈不宜长时间受压。不宜长时间日晒，不得接触油类及橡胶溶剂。

c. 自应力水泥接口：接口用的自应力水泥为 3.0 级，黄砂为最大粒径不超过 2.5mm 的纯净细砂，其配比为砂：水泥：水：$1：1：0.28$。拌好后的砂浆应在 2h 内用完。若冬季施工时，其水温度应大于 $80℃$。自应力水泥接口做好后关键在于养护。接口必须保持湿润不少于 3d；自应力水泥接口的管道一般宜盖土养护，能确保其质量。

d. 石膏氯化钙水泥接口：石膏氯化钙水泥接口主要是指水泥、石膏粉、氯化钙按一定比例混合加水后拌和配制而成的接口填料。和石棉水泥接口相比，这种接口的施工大大减轻了操作人员的劳动强度。在接口操作中只需捣实、抹平，无须反复捻打。由于接口材料中添加了速凝剂氯化钙，使接口强度增长很快，抹口后几小时即可通水。

e. 青铅接口：由于青铅接口其刚性及防震性能较好，根据设计的特殊要求，承插式给水铸铁管道连接可采用青铅接口。青铅接口施工前，承口内同样须填打麻丝，深度一般打实后约 1/2 深。油麻打实后插口表面用卡箍及黏泥密封，或用油麻湿黏泥糊紧实。不论采用何种方法。在其插口上面应留一小缺口作灌铅液用。灌铅时应缓慢进行，使空气能逸出。但灌铅整个过程应一次完成，因此铅液要有足够余量。灌完并使其冷凝后将封条拆除，然后用扁凿沿管口铲凿一周，再用专用凿打实。一般先打下、后打上，直打到坚实、表面光滑、承口内凹下 $2～3mm$ 为止。

2）给水铸铁管道安装：

① 管道安装前，应认真检查管材及管件的质量是否合格，并将管内杂物和承口内壁、

插口外壁多余的沥青等污物清理干净。

② 承口应朝来水方向顺序排列，连接的对口间隙应不小于 3mm。找平找直后将管道固定；管道拐弯和始端处应支撑顶牢，防止捻口时轴向移动，所有的管口应封堵好。

③ 管遭接口具体操作应按前面介绍的"承插式铸铁管接口"要求进行。

④ 对于埋地给水铸铁管道，不得铺设在冻土和未经处理的松土上；敷设安装前应按设计要求做好沥青防腐；管道安装完毕，必须经水压试验合格后方能覆土隐蔽。

3）给水镀锌钢管安装：

① 干管安装时一般从给水引入管（进户管）进口端开始操作，进口端头应临时加好丝堵供试压用；设计要求沥青防腐时，应在管段预制后、安装前做好防腐。

② 把预制完的管道运到安装部位按编号依次排开。安装前，应将管内杂物清除干净，并按前面介绍的"管道螺纹连接"的要求进行操作，抹上铅油，缠好麻，用管钳按编号依次上紧，丝扣外露 2～3 扣。安装完后找直找正，复核甩口的位置、方向及变径无误，清除麻头，所有管口要临时加好丝堵。

③ 管径小于或等于 100mm 的镀锌钢管应采用螺纹连接，被破坏的镀锌层表面及外露螺纹部位应做好防腐处理；管径大于 100mm 者应采用法兰连接或沟槽式或卡套式专用管件连接。镀锌钢管与法兰焊接处应进行二次镀锌加工，加工镀锌管的管道不得刷漆及污染，管道镀锌后按编号进行二次安装。法兰接口应安装在易拆装的位置。

④ 埋地的镀锌钢管不得采用有活接头、法兰等接头；埋地镀锌钢管应做沥青防腐；埋地管道必须经水压试验合格后方能进行覆土回填。

⑤ 自动喷水镀锌钢管变径时，宜采用异径接头。在管道弯头处不得采用补芯。当需要补芯时，三通上可用 1 个，四通上不应超过 2 个。管径大于 50mm 的管道不宜采用活接头。

⑥ 自动喷水镀锌钢管在干管上用法兰连接时，每根配管长度不宜超过 6m，直管段可把几根连接在一起，使用倒链安装，但不宜过长。也可调直后按编号依次顺序吊装。吊装时，应先吊起管段一端，待稳定后再吊起另一端。

⑦ 自动喷水支管应分两次安装，第一次应在土建吊顶前将水平管安装到位，并开出三通；第二次在吊顶装饰吊龙骨时穿插支管。

⑧ 竖直安装的喷洒配水干管。应在其始端和终端设防晃支架或采用管卡固定，其安装位置距地面（或楼面）的距离为 1.5～1.8m。

⑨ 自动喷水配水干支管，当管径等于或大于 50mm 时，每段应设置防晃支架不少于 1 个。当管道改变方向时，应增设防晃支架。配水支管上每一直管段、相邻两个喷头之间的管段设置的吊架均不宜少于 1 个。当喷头之间距离小于 1.8m 时，可隔段设置吊架，但吊架的间距不宜大于 3.6m。管道支、吊架的安装位置不应妨碍喷头的喷水效果。其支、吊架与喷头之间的距离不宜小于 300mm，与末端喷头之间的距离不宜大于 750mm。

⑩ 管道应固定牢固。管道支架的最大间距应符合表 7-10 的规定。

钢管管道支架的最大间距　　　　　　　　　　　　　　　　　表 7-10

管径（mm）		15	20	25	32	40	50	70	80	100	125	150	200	250	300
支架的最大间距（m）	保温管	2	2.5	2.5	2.5	3.5	3	4	4	4.5	6	7	7	8	8.5
	不保温管	2.5	3	3.5	4	4.5	5	6	6	6.5	7	8	9.5	11	12

4）给水铸铁管、镀锌钢管和焊接钢管的管道施工程序要求均可参照本节给水铝塑复合管道安装相关部分执行。

（10）给水管道支架安装

给水管道的支架形式分为：吊架、托架和卡架。吊架和托架为水平管道上安装；而立管上装设卡架。对于给水塑料管、复合管及给水铜管等使用的管道支架，管材生产企业为了方便管道安装和考虑美观要求均有配套的支架产品，尤其是吊架和立管管卡应尽量采用。如采用给水钢管安装的型钢托架、型钢吊架、扁钢管卡支承件时，其管道与管卡之间应设塑料带或橡胶等软隔垫，以确保不损伤管道表面。

1）安装前的准备工作

管道安装前，应按设计要求定出支架的位置，再按管道的标高，按同一水平直管段两点间的距离和坡度大小，算出两点间的高差；然后在两点间拉直线，按照支架的间距，在墙上或柱子上画出每个支架的位置。

如果土建施工时已在墙上预留埋设支架的孔洞，或在钢筋混凝土构件上预埋了焊接支架的钢板，应检查预留孔洞或预埋钢板的位置及标高是否符合要求。

2）支架的安装方法

① 墙上有预留孔洞的，可将支架横梁埋入墙内。埋设前应清除洞内的碎砖及灰尘，并用水将洞浇湿。填塞用 M5 水泥砂浆，要填得密实饱满。

② 钢筋混凝土构件上的支架，可在浇筑时在各支架位置上预埋钢板，然后将支架横梁焊在预埋钢板上。

③ 没有预留孔洞和预埋钢板的砖墙或混凝土构件上，可以用射钉或膨胀螺栓紧固支架。

④ 沿柱敷设的管道，可采用抱柱式支架。

3）支架安装应符合下列规定

① 位置应正确，埋设应平整牢固。

② 支架与管道接触应紧密，固定应牢靠。

③ 支架不得有漏焊、欠焊或焊接裂纹等缺陷。

④ 固定在建筑结构上的管道支架，不得影响结构安全。

⑤ 给水立管管卡安装：层高小于或等于 5m，每层须安装 1 个；层高大于 5m，每层不得少于 2 个。管卡安装高度，距地面为 1.5～1.8m，2 个以上管卡可匀称安装。

⑥ 管道安装完毕后，应按设计要求逐个核对支架的形式、材质和位置。

（11）给水管道附件安装

室内给水管道常用附件主要有阀门、止回阀、减压阀、水表等。

1）阀门安装

① 安装前的准备工作

a. 阀门进场时应进行检验：阀门的型号、规格应符合设计要求。阀体铸造应规矩，表面光滑，无裂纹，开关灵活，关闭严密。手轮完整无损，具有出厂合格证。

b. 阀门安装前，应作强度和严密性试验。试压不合格的阀门应经研磨修理，重新试压，合格后方可安装使用。试验合格的阀门，应及时排除内部积水，密封面应涂防锈油，关闭阀门，并将两端暂时封闭。

c. 阀门安装前，先将管子内部杂物清除干净，以防止铁屑、砂粒等污物刮伤阀门的密封面。

② 安装要求

a. 阀门在安装、搬运过程中，不允许随手抛掷，以免无故损坏，也不得转动手轮，安装前应将阀壳内部清扫干净。

b. 阀杆的安装位置除设计注明外，一般应以便于操作和维修为准。水平管道上的阀门，其阀杆一般安装在上半周范围内。

c. 较重的阀门吊装时，绝不允许将钢丝绳拴在阀杆手轮及其他传动杆件和塞件上，而应拴在阀体的法兰处。

d. 在焊接法兰时，应注意与阀门配合，应检查法兰与阀门的螺孔位置是否一致。焊接时要把法兰的螺孔与阀门的螺孔先对好，然后焊接。安装时应保证两法兰端面相互平行和同心。不得与阀门连接的法兰强力对正。拧紧螺栓时，应对称或十字交叉地进行。

e. 安装截止阀、蝶阀和止回阀时，应注意水流方向与阀体上的箭头方向一致。

f. 安装螺纹连接的阀门时，应保证螺纹完整无缺。拧紧时，必须用扳手咬牢，要拧入管子一端的六角体，以确保阀体不被损坏。填料（麻丝、铅油等）应缠涂在管螺纹上，不得缠涂在阀体的螺纹上，以防填料进入阀内引起事故。

2）止回阀安装

止回阀设置及安装要求：

a. 管网最小压力或水箱最低水位时，应能自动开启止回阀（水箱的最低水位至止回阀中心的垂直距离一般不小于0.80m）；

b. 采用旋启式和升降式止回阀的安装有方向性，应使阀板或阀芯启闭既要与水流方向一致；

c. 对环境噪声要求比较严格的建筑物（如高层住宅、高级宾馆、医院等），应采用消声止回阀或微阻缓闭式止回阀。

3）减压阀安装

减压阀已广泛用于高层建筑生活和消防给水管道系统中。目前国内生产的减压阀主要有弹簧式减压阀和比例式减压阀两种。生活给水系统宜采用可调式减压阀；消防给水系统宜采用比例式减压阀，也可以采用减压孔板，应由设计决定。减压阀的安装应符合下列要求：

① 减压阀可水平安装，也可垂直安装。弹簧式减压阀一般宜水平安装，以减少重力作用对调节精度的影响；比例式减压阀更适合于垂直安装。因为垂直安装密封圈外径磨损比较均匀，而水平安装由于密封圈受其活塞自重的影响，易于单面磨损。

② 减压阀安装前应冲洗管道，防止杂物堵塞减压阀。减压阀安装时应使阀体箭头方向与水流方向一致，不得反装。

③ 减压阀的安装应考虑到调试、观察和维修方便。暗装于管道井中的减压阀，应在其相应位置设检修口。比例式减压阀必须保持平衡孔暴露在大气中，以不致被堵塞。

④ 减压阀如水平安装时，阀体上的透气孔应朝下，以防堵塞；垂直安装时，孔口应置于易观察检查之方向。

⑤ 用于分区给水的减压阀：减压阀前后应装设阀门和压力表。生活给水管道系统安

装的减压阀，其进口端宜加装 Y 形过滤器。并应便于排污。过滤器内的滤网采用 14~18 目/cm 的铜丝网。消防给水管道系统的减压阀组后面（沿水流方向），应设泄水阀，以防杂质沉积损坏减压阀。减压阀应安装旁通管，在检修减压阀时不造成停止运行。

4）水表安装

① 安装前的准备

a. 检查安装使用的水表型号、规格是否符合设计要求，表壳铸造规矩，无砂眼、裂纹，表玻璃盖无损坏，铅封完整，并具有产品出厂合格证及法定单位检测证明文件。

b. 复核已预留的水表连接管段口径、表位、管件及标高等，均应符合设计和安装要求。

c. 在施工草图上标出水表、阀门等位置及水表前后直线管段长度。然后按草图测得的尺寸下料编号、配管连接。

② 水表安装要点

a. 水表安装就位时，应复核水表上标示的箭头方向与水流方向是否一致。

b. 旋翼式水表应水平安装；水平螺翼式和容积式水表可根据实际情况确定水平、倾斜或垂直安装，但垂直安装时水流方向必须从下向上。

c. 螺翼式水表的前端，应有 8~10 倍水表接管直径的直线管段；其他类型水表前后应有不小于 300mm 的直线管段，或符合产品标准规定的要求。

d. 对于生活、生产、消防合一的给水系统，如只有一条引入管时，应在水表安装旁通管。水表前后和旁通管上均应装设检修阀门，水表与水表后阀门间应装设泄水装置。住宅中的分户水表，其表后检修阀门及专用泄水装置可以不设。

e. 水表支管除表前后需有直线管段外，其他超出部分管段应进行适当掀弯，使管段沿墙敷设，支管长度大于 1.2m 时应设管卡固定。

f. 组装水表连接处的连接件为铜质零件时，应对钳口加防护软垫或用布包扎，以防损伤铜件。

g. 给水管道进行单元或系统试压和冲洗时，应将水表卸下，待试压、冲洗完成后再行复位。

h. 水表安装未正式使用前不得启封，以防损伤表罩玻璃。

③ 水表安装质量要求

a. 水表安装的位置、标高应符合设计要求，安装应平整牢固。

b. 分户水表外壳边缘距墙面不应大于 30mm，也不应小于 10mm。

c. 水表应安装在便于读数和检修以及不受曝晒、冻结、污染和机械损伤的地方。

d. 远传数控水表：表箱安装应平正，距地面高度应符合设计要求；传导线的连接点必须连接牢固。配线管中严禁有接头存在，布线的端头必须甩到分户表位处，与分户表直接连接；远传数控水表表箱的开启和关闭应灵活。并应加锁保护。

7.2 建筑消防给水系统

消防系统按灭火范围和设置的位置可分为室外消防系统和室内消防系统。

7.2.1 室外消防系统

1. 室外消防系统的组成与作用

室外消防系统由室外消防水源、室外消防管道系统和室外消火栓组成。

室外消防系统既可以供消防车取水，又可以由消防车经水泵接合器向室内消防系统供水，增补室内消防用水量的不足，从而进行控制和扑救火灾。

2. 室外消防管道、室外消火栓和消防水池

（1）室外消防给水管网的布置

1）环状消防给水管网。城镇市政给水管网、建筑物室外消防给水管网应布置成环状管网，管线形成若干闭合环，水流四通八达，安全可靠，其供水能力比枝状管网在 1.5～2.0 倍。但室外消防用水量不大于 15L/h 时，可布置成枝状管网。输水平管向环状管网输水的进水管不应小于 2 条，输水管之间要保持一定距离，并应设置连接管。室外消防给水管网的管径不应小于 200mm，有条件的其管径不应小于 150mm。

2）枝状消防给水管网。在建设初期，或者分期建设和较大工程或是室外消防用水量不大的情况下，室外消防供水管网可以布置成枝状管道。即是管网有设成树枝状，分枝后干线彼此无联系，水流在管网内向单一方向流动，当管网检修或损坏时，其前方就会断水。所以，应限制枝状管网的使用范围。

（2）室外消火栓的布置

室外消火栓是设置在建筑物外面消防给水管网上的供水设施，主要供消防车从市政给水管网或室外消防给水管网取水实施灭火，也可以直接连接水带、水枪出水灭火，是扑救火灾的重要消防设施之一。

室外消火栓，传统的有地上式消火栓、地下式消火栓，新型的有室外直埋伸缩式消火栓（如：ZS100/65-1.6）。

地上式在地上接水，操作方便，但易被碰撞，易受冻；地下式防冻效果好，但需要建较大的地下井室，且使用时消防队员要到井内接水，非常不方便。室外直埋伸缩式消火栓平时消火栓压回地面以下，使用时拉出地面工作。比地上式能避免碰撞，防冻效果好；比地下式操作方便，直埋安装更简单。

1）设置的基本要求。

室外消火栓设置安装应明显容易发现，方便出水操作，地下消火栓还应当在地面附近设有明显固定的标志。地上式消火栓选用于气候温暖地面安装，地下室选用气候寒冷地面。

2）市政或居住区室外消火设置。

室外消火栓应沿道路铺设，道路宽度超过 60m 时，宜两侧设置，并宜靠近十字路口。布置间隔不应大于 120m，距离道路边缘不应超过 2m，距离建筑外墙不宜小于 5m，距离高层建筑外墙不宜大于 40m，距离一般建筑外墙不宜大于 150m。

3）建筑物室外消火栓数量。

室外消火栓数量应按其保护半径，流量和室外消防用量综合计算确定，每只流量按 10～15L/s。对于高层建筑，40m 范围内的市政消火栓可计入建筑物室外消火栓数量之内；对多层建筑，市政消火栓保护半径 150m 范围内，如消防用水量不大于 15L/s，建筑物可不设室外消火栓。

4）工业企业单位内室外消火栓的设置要求。

对于工艺装置区或储罐区，应沿装置周围设置消火栓，间距不宜大于60m，如装置宽度大于120m，宜在工艺装置区内的道路边增改消火栓，消火栓栓口直径宜为150mm。对于甲、乙、丙类液体或液化气体储罐区，消火栓应改在防火堤外，且距储罐壁15m范围内的消火栓，不应计算在储罐区可使用的数量内。

（3）消防水池的设置

消防水池是人工建造的储存消防用水的构筑物，是天然水源或市政给水管网的一种重要补充手段。消防用水宜于生活、生产用水合用一个水池，这样既可降低造价，又可以保证水质不变坏。

符合下列规定之一的，应设置消防水池：

1）当生产、生活用水量达到最大时，市政给水管道、进水管或天然水源不能满足室内外消防用水量；

2）市政给水管道为枝状或只有1条进水管，且室内外消防用水量之和大于25L/s（二类高层住宅建筑除外）。

7.2.2 室内消火栓消防系统

室内消火栓系统一般由消火栓箱、消火栓、水带、水枪、消防管道、消防水池、高位水箱、水泵接合器、加压水泵、报警装置等组成。

1. 室内消火栓安装

室内消火栓通常安装在走廊的消火栓箱内，分明装、暗装及半暗装三种。明装消火栓是将消火栓箱设在墙面上；暗装或半暗装是将消火栓箱置于预留的墙洞内。

（1）室内消火栓安装安装准备：

1）认真熟悉图纸，核对消火栓设置方式、箱体外框规格尺寸和栓阀是单栓还是双栓等情况。

2）对于暗装或半暗装消火栓。在土建主体施工过程中，要配合土建做好消火栓的预留洞工作。留洞的位置标高应符合设计要求，留洞的大小不仅要满足箱体的外框尺寸，还要留出从消火栓箱侧面或底部连接支管所需要的安装尺寸，这一点对于钢筋混凝土剪力墙结构特别重要，否则土建完成后要重新打洞将是非常困难的。

3）安装需要的消火栓箱及栓阀等设备材料，进场时必须进行检查验收。消火栓箱的规格型号应符合设计要求。箱体方正；表面平整、光滑；金属箱体无锈蚀、划痕，箱门开关灵活；栓阀外形规矩、无裂纹、开启灵活、关闭严密；具有出厂合格证和消防部门的使用许可证或质量证明文件。

（2）消火栓安装要点：

1）消火栓安装，首先要以栓阀位置和标高定出消火栓支管出口位置，经核定消火栓栓口（注意不是栓阀中心）距地面高度为1.1m，然后稳固消火栓箱。箱体找正稳固后再把栓阀安装好，栓口应朝外或朝下。栓阀侧装在箱内时应安装在箱门开启的一侧，箱门开启应灵活。

2）消火栓箱体安装在轻体隔墙上应有加固措施（如在隔墙两面贴钢板并用螺栓固定）。

3）箱体内的配件安装，应在交工前进行。消防水龙带应采用内衬胶麻带或锦纶带，折好放在挂架上，或卷实或盘紧放在箱内；消防水枪要竖放在箱体内侧，自救式水枪和软管应盘卷在卷盘上。消防水龙带与水枪和快速接头的连接，一般用 14 号钢丝绑扎两道。每道不少于两圈；使用卡箍时，在里侧加一道钢丝。设有电控按钮时应注意与电气专业配合施工。

4）建筑物顶层或水箱间内设置的检查用的试验消火栓处应装设压力表。

5）消火栓安装完毕，应消除箱内的杂物，箱体内外局部刷漆有损坏的要补刷，暗装在墙内的消火栓箱体周围不应出现空鼓现象。管道穿过箱体处的空隙应用水泥砂浆或密封膏封严。箱门上应标出"消火栓"三个红色大字。

2. 消防水箱

采用临时高压给水系统时，应设高位消防水箱。具体设置要求如下：

供消防车取水的消防水池应设取水口或取水井，其水深应保证消防车的消防水泵吸水高度不超过 6.00m。取水口或取水井与被保护高层建筑的外墙距离不宜小于 5.00m，并不宜大于 100m。

消防用水与其他用水共用的水池，应采取确保消防用水量不作他用的技术措施。

寒冷地区的消防水池应采取防冻措施。

3. 消防水泵

（1）消防给水系统应设置备用消防水泵，其工作能力不应小于其中最大一台消防工作泵。

（2）一组消防水泵，吸水管不应少于两条，当其中一条损坏或检修时，其余吸水管应仍能通过全部水量。

（3）消防水泵房应设不少于两条的供水管与环状管网连接。

（4）消防水泵应采用自灌式吸水，其吸水管应设阀门，供水管上应装设试验和检查用压力表和 65mm 的放水阀门。

（5）消防水泵应进行隔振处理，吸水管和出水管上应加装橡胶软接头，基座应设隔振措施。水泵出水管设弹性吊架。

（6）消防水泵房应采用耐火极限不低于 2.00h 的隔墙和 1.50h 的楼板与其他部位隔开，并应设甲级防火门。

（7）当消防水泵房设在首层时，其出口宜直通室外。当设在地下室或其他楼层时，其出口应直通安全出口。

（8）消防水泵房内应安装保证正常工作照度的应急照明灯。

4. 水泵接合器

（1）设置要求

水泵接合器的数量应按室内消防用水量经计算确定。每个水泵接合器的流量应按 10～15L/s 计算。

消防给水为竖向分区供水时，在消防车供水压力范围内的分区，应分别设置水泵接合器。

水泵接合器应设在室外便于消防车使用的地点，距室外消火栓或消防水池的距离宜为 15～40m。

水泵接合器宜采用地上式；当采用地下式水泵接合器时，应有明显标志。

（2）安装要求

应安装在便于消防车接近的人行道或非机动车行驶地段。

地下消防水泵接合器应采用铸有"消防水泵接合器"标志的铸铁井盖，并在附近设置与消火栓区别的指示其位置的固定标志。

地下消防水泵接合器的安装，应使进水口与井盖底面的距离不大于0.4m，且不应小于井盖的半径。

墙壁式水泵结合器的安装高度距地宜为0.7m，与墙面上的门、窗、孔洞近距离不应小于2.0m，且不应安装在玻璃幕墙下。

地下水泵结合器应使进水口与井盖地面距离不大于0.4m，且不应小于井盖半径。

7.2.3 自动喷水灭火系统

自动喷水灭火系统的组件主要有：喷头、报警阀组、水力警铃、压力开关、水流指示器、信号阀及末端试水装置等。

（1）喷头安装

喷头安装应在管道系统试压合格并冲洗干净后进行。安装时应使用专用扳手，严禁利用喷头的框架施拧；喷头的框架、溅水盘产生变形或释放原件损伤时，应采用规格、型号相同的喷头更换。安装喷头时不得对喷头进行拆装、改动，并严禁给喷头附加任何装饰性涂层。安装在易受机械损伤处的喷头，应加设喷头防护罩。

喷头的安装位置应符合设计要求。当设计要求不明确时，其安装位置应注意如下规定：

1）除吊顶型喷头及吊顶下安装的喷头外，直立型、下垂型标准喷头，其溅水盘与顶板的距离，不应小于75mm，且不应大于150mm。

2）图书馆、档案馆、商场、仓库的通道上方设置喷头时，喷头与保护对象的水平距离不应小于0.3m。喷头溅盘与保护对象的最小垂直距离：标准喷头不小于0.45m，其他喷头不小于0.9m。

3）直立型、下垂型喷头与梁、通风管道的距离应符合表7-11的要求。

直立型、下垂喷头与梁、通风管道的距离　　　　　　　表7-11

喷头溅水盘与梁或通风管道的底面的最大垂直距离 b		喷头与梁、通风管道的水平距离 a
标准喷头	其他喷头	
0	0	$a<0.3$
0.06	0.04	$0.3\leqslant a<0.6$
0.14	0.14	$0.6\leqslant a<0.9$
0.24	0.25	$0.9\leqslant a<1.2$
0.35	0.38	$1.2\leqslant a<1.5$
0.45	0.55	$1.5\leqslant a<1.8$
>0.45	>0.55	$a=1.8$

4）当梁、通风管道、排管、桥架等障碍物的宽度大于 1.2m 时，其下方应增设喷头，见图 7-4。

5）直立型、下垂型喷头与不到顶隔墙的水平距离，不得大于喷头溅水盘与不到顶隔墙顶面垂直距离的 2 倍，见图 7-5。

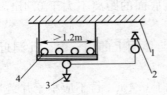

图 7-4　喷头与梁、通风管道距离
1—顶板；2—直立型喷头；3—下垂型喷头；
4—排管（或梁、通风管道、桥架）

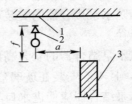

图 7-5　喷头与不到顶隔墙的水平距离
1—顶板；2—直立型喷头；
3—不到顶隔墙

（2）报警阀组安装

报警阀组的安装要点：

① 报警阀组的安装应先安装水源控制阀、报警阀，然后根据设备安装说明书再进行辅助管道及附件的安装。水源控制阀、报警阀与配水干管的连接，应使水流方向一致。报警阀组安装位置应符合设计要求。当设计无要求时，报警阀组应安装在便于操作的明显位置。距室内地面高度宜为 1.2m；两侧与墙的距离不应小于 0.5m；正面与墙的距离不应小于 1.2m。安装报警阀组的室内地面应有排水设施。

② 报警阀组附件安装：报警阀组附件包括压力表、压力开关、延时器、过滤器、水力警铃、泄水管等。应严格按照产品说明书或安装图册进行安装。压力表应安装在报警阀上便于观测的位置；压力开关应竖直安装在通往水力警铃的管道上，且不应在安装中拆装改动；报警水流通路上的过滤器应安装在延时器前，而且是便于排渣操作的位置；水力警铃应安装在公共通道或值班室附近的外墙上，且应安装检修、测试用的阀门。水力警铃和报警阀的连接应采用镀锌钢管，当公称直径为 15mm 时，其长度不应大于 6m；当公称直径为 20mm 时，其长度不应大于 20m。安装后的水力警铃启动压力不应小于 0.05MPa。

③ 其他组件安装：

a. 水流指示器安装：水流指示器的安装应在管道试压和冲洗合格后进行。水流指示器前后应保持有 5 倍安装管径长度的直管段。应竖直安装在水平管道上，注意其指示的箭头方向应与水流方向一致。安装后的水流指示器桨片、膜片应动作灵活，不应与管壁发生碰擦。

b. 信号阀安装：信号阀应安装在水流指示器前的管道上，与水流指示器之间的距离不应小于 300mm。

c. 末端试水装置安装：末端试水装置由试水阀、压力表及试水管道组成。试水管道和试水阀的直径均应为 25mm。末端试水装置的出水，应采取孔口出流的方式排入排水管道。

7.3 建筑排水系统

7.3.1 建筑排水系统常用管材、附件及卫生器具安装

1. 建筑排水常用管材

（1）排水铸铁管：具有比钢管好的耐蚀性能，有良好的强度及吸音减震性能；但其消耗金属量大，笨重、安装性较差，现已逐渐被硬聚氯乙烯塑料排水管取代。

（2）硬聚氯乙烯塑料排水管：其具有重量轻、不结垢、不腐蚀、外壁光滑、容易切割、便于安装，以及可制成各种颜色、投资省和节能的优点。但塑料管也有强度低、耐温性差、立管产生噪声、暴露于阳光下管道易老化、防火性能差等缺点。常用于室内连续排放污水温度不大于 40℃、瞬时温度不大于 80℃ 的生活污水管道。

（3）陶土管：其表面光滑、耐酸碱腐蚀，是良好的排水管材，但切割困难、强度低、运输安装过程损耗大。室内埋设覆土深度要求在 0.6m 以上，在荷载和振动不大的地方，可作为室外的排水管材。

（4）混凝土及钢筋混凝土管：多用于室外排水管道及车间内部地下排水管道，一般直径在 400mm 以下者为混凝土管，400mm 以上者为钢筋混凝土管。其最大优点是节约金属管材；缺点是强度低、内表面不光滑、耐腐蚀性能差。

（5）石棉水泥管：石棉水泥管重量轻、不易腐蚀、表面光滑、容易割锯钻孔，但易脆、强度低、抗冲击力差、容易破损，多作为屋面通气管、外排水雨水水落管。

2. 排水管道的常用附件

（1）存水弯

存水弯类型有带清通丝堵和不带清通丝堵的两种；按外形不同，还可分为 P 形和 S 形两种。存水弯是利用一定高度的静水压力来抵抗排水管内气压变化，隔绝和防止排水管道内所产生的难闻有害气体和可燃气体及小虫等通过卫生器具进入室内而污染环境。

（2）清通附件

清通附件种类有检查口、清扫口和室内检查井等。其作用为方便清通排水管道。

（3）地漏

地漏的作用用以排除厕所、浴室、盥洗室、卫生间等地面积水的排水。

（4）通气帽

通气帽作用：排除有害气体，减少室内污染和管道腐蚀，并向室内排水管道中补给空气，减轻立管内气压变化幅度，使水流通畅，气压稳定，防止卫生器具水封被破坏。

3. 卫生器具安装

卫生器具主要包括：洗脸盆、洗涤盆、浴盆、淋浴器、盥洗槽、大便器、小便器、妇女卫生盆、污水盆（池）、地漏等。

卫生器具安装前，首先应布置好冷热水和排水管的接口位置，这对安装各式各样的新产品及进口产品尤为重要。在与土建配合施工中不能只按国家产品标准中的尺寸或施工标准图集等资料确定预留口和预埋件位置，这样可能为后来的卫生器具安装带来许多麻烦。为了稳妥起见，在施工安装前，要弄清楚设计图纸所规定的产品型号、规格，向产品生产

企业要一套样品和安装说明书，在工地进行试安装，以便确定各种接口和预埋件的准确位置，为今后的大面积施工安装提供样板和依据。

其次，卫生器具进场时应进行检查验收。目前所安装的卫生器具多为陶瓷制品及部分铸铁搪瓷、玻璃钢制品，所有卫生器具外表面应光滑，造型周正，边缘平滑无棱角毛刺，无裂纹，色调应一致；卫生器具的零配件规格应标准，外表光滑，电镀均匀，螺纹清晰，锁母松紧适度，无砂眼、裂纹等缺陷。

各种卫生器在安装中应注意如下问题：

1）安装卫生器具有其共同的要求：

① 平：卫生器具的上口边缘要水平，同一房间内成排布置的器具标高应一致。

② 稳：卫生器具安装好后应无摇动现象。

③ 牢：安装应牢固、可靠，防止使用一段时间后产生松动。

④ 准：卫生器具的坐标位置、标高要准确。

⑤ 不漏：卫生器具上的给、排水管口连接处必须保证严密、无渗漏。

⑥ 使用方便：卫生器具的安装应根据不同使用对象（如住宅、学校、幼儿园、医院等）合理安排；阀门手柄的位置朝向合理。

⑦ 性能良好：阀门、水龙头开关灵活，各种感应装置应灵敏、可靠。

2）卫生器具除浴盆和蹲式大便器外，均应待土建抹灰、粉刷、贴瓷砖等工作基本完成后再进行安装。

3）各种卫生器具埋设支、托架除应平整、牢固外，还应与器具贴紧；栽入墙体内的深度要符合工艺要求，支、托架必须防腐良好；固定用螺钉、螺栓一律采用镀锌产品，凡与器具接触处应加橡胶垫。

4）蹲便器或坐便器与排水口连接处要用油灰压实；稳固地脚螺栓时，地面防水层不得破坏，防止地面漏水。

5）排水栓及地漏的安装应平正、牢固，并应低于排水表面；安装完后应试水检查，周边不得有渗漏。地漏的水封高度不得小于 50mm。

6）高水箱冲洗管与便器接口处，要留出槽沟，内填充砂子后抹平以便今后检修；为防止腐蚀，绑扎胶皮碗应采用成品喉箍或铜丝。

7）洗脸盆、洗涤盆（家具盆）的排水栓安装时，应将排水栓侧的溢水孔对准器具的溢水孔；无溢水孔的排水口，应打孔后再进行安装。

8）洗脸盆、洗涤盆的下水口安装时应上垫油灰、下垫胶皮，使之与器具接触紧密，避免产生渗漏现象。

9）带有裙边的浴盆是近几年引进的新型浴盆，应在靠近浴盆下水的地面结构预留 200mm×300mm 的孔洞，便于浴盆排水管的安装及检修。同时做好地面防水处理。裙边浴盆有左和右之分，安装时按照其位置选用。

10）小便槽冲洗管的安装制作：冲洗管应采用镀锌钢管或塑胶管

料管制作：冲洗孔距一般为 40mm、孔径为 3mm，镀锌钢管钻孔后应进行二次镀锌；安装时应使冲洗孔对墙向下倾斜 45°角，并根据管道长度适当用卡件固定。

11）冲浪浴盆是近几年从国外引进的洁具之一，浴盆侧部装有小型电动水泵，使盆内水流循环，盆两侧装有喷嘴和吸水口和吸气口，通过水泵的转动使盆内水产生冲浪，起到按摩作用；该浴盆有单人和多人用几种；电源有 220V 和 110V 两种。浴盆靠电机一侧要设检修门。

12）自动冲洗式小便器是由自动冲水器和小便器组成，安装时应在生产厂方指导下进行，并经调试合格后方可移交用户使用。

13）卫生器具给水配件（如角阀、截止阀、水嘴、淋浴器喷头等）应完好无损，接口严密，启闭部分灵活。

14）卫生器具安装完毕后应做满水和通水试验。

15）卫生器具的安装高度和卫生器具给水配件的安装高度，如设计无要求时，应符合表 7-12 和表 7-13 的规定。

卫生器具的安装高度　　　　　　　　　　表 7-12

序　号	卫生器具名称	卫生器具边缘离地面高度（mm）	
		居住和公共建筑	幼儿园
1	架空污水盆（池）（至上边缘）	800	800
2	落地式污水盆（至上边缘）	500	500
3	洗涤盆（池）（至上边缘）	800	800
4	洗手盆、洗脸盆（至上边缘）	800	800
5	盥洗槽（至上边缘）	800	500
6	浴盆（至上边缘）	480	—
7	蹲、坐式大便器（从台阶面至高水箱底）	1800	1800
8	蹲式大便器（从台阶面至冲洗水箱底）	900	900
9	坐式大便器（至冲洗水箱底） 外露排出管式	510 470	370
10	坐式大便器（从台阶面至水箱底） 外露排出管式	400 380	—
11	大便槽（从台阶面至冲洗水箱底）	不低于 2000	—
12	立式小便器（至受水部分上边缘）	100	—
13	挂式小便器（至受水部分上边缘）	600	450
14	小便槽（至上边缘）	200	150
15	化验盆（至上边缘）	800	
16	妇女卫生盆（至上边缘）	360	
17	饮水器（至上边缘）	1000	

卫生器具给水配件的安装高度　　　　　　　　　　表 7-13

项　次	给水配件名称		配件中心距地面高度（mm）	冷热水龙头距离（mm）
1	架空式污水盆（池）水龙头		1000	
2	落地式污水盆（池）水龙头		800	
3	洗涤盆（池）水龙头		1000	150
4	住宅集中给水龙头		1000	
5	洗手盆水龙头		1000	
6	洗脸盆	水龙头（上配水）	1000	150
		水龙头（下配水）	800	150
		角阀（下配水）	450	

项 次	给水配件名称		配件中心距地面高度（mm）	冷热水龙头距离（mm）
7	盥洗槽	水龙头	1000	150
		冷热水管上下并行其中热水龙头	1100	0
8	浴盆	水龙头（上配水）	670	150
9	淋浴器	截止阀	1150	95
		混合阀	1150	—
		淋浴喷头下沿	2100	—
10	蹲式大便器（台阶面算起）	高水箱角阀及截止阀	2040	—
		低水箱角阀	250	—
		手动式自闭冲洗阀	600	—
		脚踏式自闭冲洗阀	150	—
		控管式冲洗阀（从地面算起）	1600	—
		带防污助冲器阀门（从地面算起）	900	—
11	坐式大便器	高水箱角阀及截止阀	2040	—
		低水箱角阀	150	—
12	大便槽冲洗水箱截止阀（从台阶面算起）		不小于2400	—
13	立式小便器角阀		1130	—
14	挂式小便器角阀及截止阀		1050	—
15	小便槽多孔冲洗管		1100	—
16	实验室化验水龙头		1000	—
17	妇女卫生盆混合阀		360	—

注：装设在幼儿园内的洗手盆、洗脸盆和盥洗槽水嘴中心离地面安装高度应为700mm，其他卫生器具给水配件的安装高度，应按卫生器具实际尺寸相应减少。

7.3.2 排水管道布置及安装技术要求

1. 室内排水管道布置敷设的原则

（1）排水管道的位置不得妨碍生产操作、交通运输和建筑物的使用；排水管道不得布置在遇水会引起燃烧、爆炸或损坏的原料、产品与设备的上面；架空管道不得吊设在生产工艺或对卫生有特殊要求的生产厂房内。

（2）架空管道不得吊设在食品仓库、贵重商品仓库、通风小室以及配电间内。

（3）排水管应避免布置在饮食业厨房的主副食操作烹调的上方，不能避免时应采取防护措施。

（4）生活污水立管应尽量避免穿越卧室、病房等对卫生、安静要求较高的房间。

（5）排水管穿过地下室外墙或地下构筑物的墙壁处，应采取防水措施。

（6）排水埋地管道应避免布置在可能受到重物压坏处，管道不得穿越生产设备基础。

（7）排水管道不得穿过沉降缝、抗震缝、烟道和风道。

（8）排水管道应避免穿过伸缩缝，若必须穿过时，应采取相应技术措施，不使管道直接承受拉伸与挤压。

（9）排水管道穿过承重墙或基础处应预留孔洞或加套管，且管顶上部净空一般不小于150mm。

2. 室内排水管道安装技术要求

（1）卫生器具排水管与排水横支管可用 90°斜三通连接。

（2）生活污水管的横管与横管、横管与立管的连接，应采用 45°三通或 45°四通和 90°斜三通或 90°斜四通（TY 形）管件；立管与排出管的连接，应采用两个 45°的弯头或弯曲半径不小于 4 倍管径的 90°弯头。

（3）排出管与室外管道连接，前者管顶标高应大于后者；连接处的水流转角不得小于 90°，若有大于 0.3m 的落差可不受角度限制。

（4）在排水立管上每两层设一个检查口，且间距不宜大于 10m，但在最底层和有卫生设备的最高层必须设置；如为两层建筑，则只需在底层设检查口即可；立管如有乙字弯管，则在该层乙字弯管的上部设检查口；检查口的设置高度距地面为 1.0m，朝向应便于立管的疏通和维修。

（5）在连接 2 个及 2 个以上的大便器或 3 个及 3 个以上卫生器具的污水横管上，应设置清扫口。

（6）污水横管的直线管段较长时，为便于疏通防止堵塞，应按下表 7-14 的规定设置检查口或清扫口。

污水横管的设置   表 7-14

管径 DN（mm）	生产废水	生活污水及与之类似的生产污水	含有较多悬浮物和沉淀物的生产污水	清扫设备种类
	最大间距（m）			
≤75	15	12	10	检查口
≤75	10	8	6	清扫口
100～150	15	10	8	清扫口
100～150	20	15	12	检查口
200	25	20	15	检查口

（7）当污水管在楼板下悬吊敷设时，污水管起点的清扫口可设在上一层楼地面上，清扫口与管道垂直的墙面距离不得小于 200mm。若污水管起点设置堵头代替清扫口时，与墙面距离不得小于 400mm。

（8）在转角小于 135°的污水横管上，应设置检查口或清扫口。

（9）埋在地下或地板下的排水管道的检查口，应设在检查井内。井底表面标高与检查口的法兰相平，井底表面应有 5‰坡度坡向检查口。

（10）地漏的作用是排除地面污水，因此地漏应设置在房间的最低处，地漏算子面应比地面低 5mm 左右；安装地漏前，必须检查其水封深度不得小于 50mm，水封深度小于 50mm 的地漏不得使用。

（11）排水通气管不得与风道或烟道连接，且应符合下列规定：

1）通气管应高出屋面 300mm，但必须大于最大积雪厚度；

2）在通气管出口 4m 以内有门、窗时，通气管应高出门、窗顶 600mm 或将其引向无门、窗的一侧；

3）在经常有人停留的平屋顶上，通气管应高出屋面 2m，并应根据防雷需要设置防雷装置。

（12）对排水立管中间的甩口尺寸，应根据水平支管的坡度定出适当的距离尺寸，考虑坡度要从最长的管道计算；同类型立管甩口尺寸应一致。确定立管与墙壁的距离时，既要考虑便于操作，又要考虑整齐、美观、不影响使用，一般规定管承口外皮距离墙净距20～40mm。

（13）饮食业工艺设备引出的排水管及饮用水箱的溢流管不得与污水管道直接连接，并应留有不小于100mm的隔断空间。

（14）安装未经消毒处理的医院含菌污水管道，不得与其他排水管道直接连接。

（15）室内排水管道安装完毕后应做灌水、通球试验。

（16）室内排水管道防结露隔热措施：为防止夏季管表面结露，设置在楼板下、吊顶内及管道结露影响使用要求的生活污水排水横管，应按设计要求做好防结露隔热措施，保温材料及其厚度应符合设计规定。当设计对保温材料无具体要求时。可采用20mm厚阻燃型聚氨酯泡沫塑料，外缠塑料布。保温材料应有出厂合格证。保温层应表面平整、密实，搭接合理。封口严密，无空鼓现象。

3. 室内排水管道施工工艺流程

安装准备→支吊架制作→支吊架防腐刷漆→支吊架安装→放样加工管子→排水主干管安装→排水立管安装→器具排水管安装→封口堵洞→灌水试验

4. 排水铸铁管道安装要点

（1）排水铸铁管安装前应对其管材、管件进行检验。在检验中，排水铸铁管的管壁厚度应均匀，内外光滑整洁，无浮砂、粘砂，不允许有砂眼、裂纹和飞刺；承插口的内外径及管件造型规矩；管材、管件必须有出厂合格证。

（2）排水铸铁管道的水泥捻口是一项细致而又繁重的操作，为了减少安装位置操作不便处的捻口，应在地面上做大量的预制工作。预制前应根据预留甩口位置、朝向以及所需附件的尺寸进行实测排料，绘制加工草图，然后成批下料。捻好灰口的预制管段应编号并码放在平坦的场地上，管段下面用方木垫平垫实；对灰口要进行养护，一般可采用湿麻绳或草绳缠绕灰口。浇水养护24h，然后运到现场安装。

预制好的组合管段吊装时应多点绑扎，避免因受力集中而影响接口的严密性。安装就位后应合理布置卡件。

（3）生活污水铸铁管道在敷设安装过程中应特别重视坡度问题，其坡度必须符合设计要求或按表7-15的规定。

坡度设计规定　　　　　　　　　　　　　　　　　　表7-15

管径（mm）	通用坡度	最小坡度
50	0.035	0.025
75	0.025	0.015
100	0.020	0.012
125	0.015	0.010
150	0.010	0.007
200	0.008	0.005

（4）排水铸铁管道上支、吊架应按规定选用，其固定件的间距：横管不大于2m；立管不大于3m（楼层高度小于或等于4m时，立管可安装1个固定件）；立管底部的弯管处

应设支墩或其他固定措施。对于高层建筑，排水铸铁管的立管应每隔1-2层设置落地式型钢卡架，以利于管道重力分散分布。

（5）埋地的铸铁排水管道表面应刷沥青漆两道；明装的排水铸铁管，刷防锈漆两道，银粉（或按设计指定的面漆）两道。

5. 硬聚氯乙烯排水管道安装要点

（1）硬聚氯乙烯排水管道安装前应对其管材、管件等材料进行检验。管材、管件应有产品合格证，管材应标有规格、生产厂名和执行的标准号；在管件上应有明显的商标和规格；包装上应标有批号、数量、生产日期和检验代号。胶粘剂应有生产厂名、生产日期和有效日期，并具有出厂合格证和说明书。

（2）在土建主体结构工程施工过程中，应配合土建施工做好管道穿越墙壁、楼板等结构的预留孔洞、预埋套管和预埋件工作。

管道穿楼板、屋面、地下室外墙及管道穿检查井壁处的做法见图7-6。

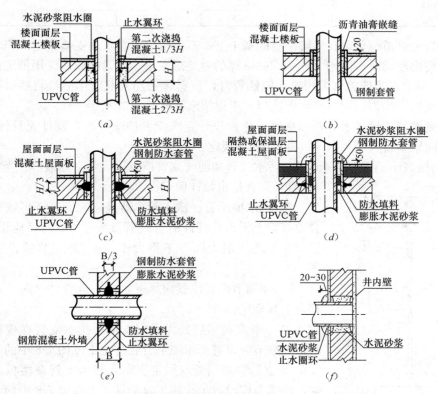

图 7-6　管道穿楼板、屋面、地下室外墙及管道穿检查井壁

（a）穿楼面（Ⅰ型）；（b）穿楼面（Ⅱ型）；（c）穿屋面（Ⅰ型）；
（d）穿屋面（Ⅱ型）；（e）穿地下外墙；（f）穿检查井壁

（3）硬聚氯乙烯管承插口粘接操作要点：粘接前，插口处应用板锉锉成15°～30°坡口，坡口完成后，应将残屑清除干净。粘接时应对承口作插入试验。不得全部插入，一般为承口的3/4深度。试插合格后，用棉布将承口需粘接部位的水分、灰尘擦拭干净，如有油污需用丙酮除掉。用毛刷涂抹胶粘剂时，先涂抹承口，后涂抹插口，随即用力垂直插入。插入粘接时将插口稍作转动，以利胶粘剂分布均匀，2～3min即可粘接牢固，并应将挤出的胶粘剂擦净。

（4）生活污水塑料排水横管道的坡度应符合表7-16的规定；管道支承间距见表7-17。

生活污水塑料排水横管道的坡度　　　　　　　表7-16

项　次	管径（mm）	标准坡度	最小坡度
1	50	0.025	0.012
2	75	0.015	0.008
3	110	0.012	0.006
4	125	0.010	0.005
5	160	0.007	0.004

生活污水塑料排水横管支吊架最大间距（m）　　　　　　　表7-17

管径（mm）	50	75	110	125	160
立管	1.2	1.2	2.0	2.0	2.0
横管	0.5	0.75	1.10	1.30	1.60

（5）埋地管道应敷设在坚实平整的基土上，不得用砖头、木块支垫管道。当基土凹凸不平或有突出硬物时，应用100～150mm厚的砂垫层找平。敷设完成后应用细土回填至管顶100mm以上。当埋地管采用排水铸铁管时，塑料管在插入前应用砂纸将插口打毛，插入后用麻丝填嵌均匀，用石棉水泥捻口，不得用水泥砂浆抹口。

（6）硬聚氯乙烯排水立管和横管上应按设计要求设置伸缩节；当设计无具体要求时，其伸缩节间距不得大于4m，并应符合如下规定：

1）当层高小于或等于4m时，污水立管和通气立管应每层设1个伸缩节；当层高大于4m时，其数量由设计确定。

2）污水横干管、横支管、器具通气管、环形通气管和汇合通气管上无汇合管件的直线管段大于2m时，应设伸缩节，但伸缩节之间最大间距不得大于4m。伸缩节的设置位置见图7-7。

3）伸缩节设置位置应靠近水流汇合管件（图7-8），并应符合下列规定：

① 立管穿越楼层处为固定支承且排水支管在楼板下接入时，伸缩节应设置于水流汇合管件之下（图7-8中的a、c）。

② 立管穿楼层处与固定支承且排水支管在楼板之上接入时，伸缩节应设置于水流汇合管件之上（图7-8中的b）。

③ 立管穿越楼层为不固定支承时，伸缩节应设置于水流汇合管之上或之下（图7-8中的e、f）。

④ 立管上无排水支管接入时，伸缩节可按设计间距于楼层任何部位（图7-8中的d、g）。

⑤ 立管穿越楼层处为固定支承时，伸缩节不得固定；伸缩节固定支承时，立管穿越楼层处不得固定。

⑥ 伸缩节插口应顺水流方向。

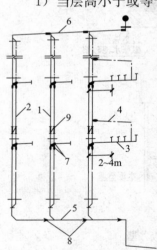

图7-7　排水管、通气管设置伸缩节位置

1—污水立管；2—专用通气立管；3—横支管；4—环形通气管；5—污水横干管；6—汇合通气管；7—伸缩节；8—弹性密封圈伸缩节；9—H管管件

218

⑦ 横管上设置伸缩节应设于水流汇合管件上游端。当横管上装设 2 个或 2 个以上伸缩节时，每 2 个伸缩节之间必须设 1 个固定管卡。

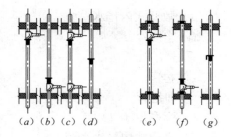

图 7-8　伸缩节设置位置

（7）高层建筑内明敷管道，当设计要求采取防止火灾贯穿措施时。应符合下列规定：

1）立管管径大于或等于 110mm 时，在楼板贯穿部位应设置阻火圈或长度不小于 500mm 的防火套管。同时。在管道穿越楼板的孔洞用细石混凝土分两次浇捣密实，在管道和防火套管周围应筑成厚度不小于 20mm、宽度不小于 300mm 的阻水圈。

2）管径大于或等于 110mm 的横支管与暗设立管相连时，墙体贯穿部位应设置阻火圈或长度不小于 300mm 的防火套管，且防火套管的明露部分长度不宜小于 200mm。

3）横干管穿越防火分区隔墙时，管道穿越墙体的两侧应设置阻火圈或长度不小于 500mm 的防火套管。

7.3.3　排水通气管系统

1. 排水通气管系统的作用

（1）将排水管道内有毒有害气体排放出去，以满足卫生要求。

（2）通气管向排水管道内补给空气，减少气压波动幅度，防止水封破坏。

（3）通过补充新鲜空气，减轻金属管道的腐蚀，延长使用寿命。

（4）设置通气管可提高排水系统的排水能力。

2. 排水通气管系统的类型

排水通气管系统有伸顶通气管、专用通气立管、主通气立管、副通气立管、结合通气管、环形通气管、器具通气管及汇合通气管等类型，分别用于不同的位置。此外，还有一种新型的苏维托排水立管系统，由各楼层的混合器和最低层放水器组成，它具有施工方便和工程造价低的优点。

7.3.4　屋面雨水排水系统

（1）外排水系统的组成、布置与敷设

1）檐沟外排水系统

檐沟外排水系统由檐沟、雨水斗和水落管组成，属于重力流，常采用重力流排水型雨水斗。

2）天沟外排水系统

天沟外排水系统属于单斗压力流，由天沟、雨水斗和排水立管组成，应采用压力流排水型雨水斗，雨水斗通常设置在伸出山墙的天沟末端。

（2）内排水系统的组成、布置与敷设

内排水系统由天沟、雨水斗、连接管、悬吊管、立管、排出管、埋地干管和检查井组成。降落到屋面的雨水，由屋面汇水流入雨水斗，经连接管、悬吊管、排水立管、排出管流入雨水检查井，或经埋地干管排至室外雨水管道。

1）敞开式内排水系统

① 连接管。

② 悬吊管。

③ 立管。

④ 埋地管。

⑤ 检查井（口）。

2）密闭式内排水系统

密闭式内排水系统由天沟、雨水斗、连接管、悬吊管、雨水立管、埋地管组成，其设计选型、布置和敷设与敞开式内排水系统相同。

3）雨水管道及附件安装要点

室内雨水管道其管材一般采用排水铸铁管、钢管或硬聚氯乙烯排水塑料管等，其管道本身的安装方法和要求可参照上述相应管道进行安装。

根据雨水管道的功能和附件的特点，安装时应注意以下几点：

① 雨水管道不得与生活污水管道相连接。

② 雨水斗的连接应固定在屋面承重结构上。雨水斗边缘与屋面相连处应严密不漏。连接管管径当设计无要求时，不得小于 100mm。

③ 密闭雨水管道系统的埋地管。应在靠立管处设水平检查口。高层建筑的雨水立管在地下室或底层向水平方向转弯的弯头下面应设支墩或支架，并在转弯处设检查口。

④ 雨水斗连接管与悬吊管的连接应用 45°三通；悬吊管与立管的连接，应采用 45°三通或 45°四通和 90°斜三通或 90°斜四通。

⑤ 悬吊式雨水管道的敷设坡度不得小于 0.005；埋地雨水管道的最小坡度应符合相关规范的规定。

⑥ 雨水立管应按设计要求装设检查口。

⑦ 雨水管道的管材如采用硬聚氯乙烯管，其伸缩节的设置应符合本章前述有关规定。

7.3.5 高层建筑排水系统

1. 高层建筑室内排水的特点

系统的通水、排气与补气不畅，使排水的压力波动大，水封易被破坏，生活污水对底部管道冲击力较大。

2. 高层建筑排水管道的安装

（1）排水立管须选用加厚的承插排水铸铁管，比普通铸铁管厚 2～3mm，以提高管道的强度和承压能力，并须在立管与排水横管垂直连接的底部设 C15 混凝土支墩，以支承整根立管的自重。

（2）高层建筑考虑管道胀缩补偿，可采用柔性法兰管件，并在承口处还要留出胀缩余量。

（3）为了保证高层建筑的排水通畅，可采用辅助透气管，主排水管与辅助透气管之间用辅助透气异形管件连接。

（4）对于 30m 以上的建筑，也可在排水立管上每层设一组气水混合器与排水横管连接，立管的底部排出管部分设气水分离器，这就是苏维脱排水系统。此系统适用于排水量大的高层宾馆和高级饭店，可起到粉碎粪便污物，分散和减轻低层管道的水流冲击力，保证排水通畅的作用。

7.4 热水供应系统

一个完全的热水供应系统是由加热设备（热源）、热媒管道、热水输配与循环管道、配水龙头或用水设备、热水箱以及水泵等组成。

7.4.1 管材的选用

热水管道应选用耐腐蚀、安装连接方便可靠、符合饮用水卫生要求的管材及相应的配件。一般可采用薄壁铜管、薄壁不锈钢管、铝塑复合管、交联聚乙烯（PE-X）管、三型无规共聚聚丙烯管（PP-R）等。

7.4.2 热水管道及附件安装

室内热水供应管道安装方法和基本要求均可参照本书室内给水管道及附件安装中的相关管材的安装。但是，热水供应管道输送的是热水（水温一般不超过75℃），其管道及附件安装还应注意以下几点：

（1）用于热水供应的塑料管或复合塑料管，应选用热水型而不得选用冷水型的，如聚丙烯（PP-R）塑料管，热水管道应采用公称压力不低于2.0MPa等级的管材和管件，而冷水管可采用公称压力不低于1.0MPa等级的管材和管件；钢塑复合管，其冷、热水型管材内衬材料是不相同的。

（2）由于热水供应系统在升温和运行过程中会析出气体，因此安装管道应注意坡度，热水横管应有不小于0.003的坡度，以利于放气和排水。在上行下给式系统供水的最高点应设排气装置；下行上给式系统，可利用最高层的热水龙头放气；管道系统的泄水可利用最低层的热水龙头或在立管下端设置泄水丝堵。

（3）热水管道应尽量利用自然弯补偿热伸缩，直线管段过长应设置补偿器。补偿器的形式、规格和位置应符合设计要求，并按有关规定进行预拉伸。一般采用波纹管补偿器。

波纹管补偿器安装要点：

1）补偿器进场时应进行检查验收，核对其类型、规格、型号、额定工作压力是否符合设计要求，应有产品出厂合格证；同时检查外观质量，包装有无损坏，外露的波纹管表面有无碰伤。应注意在安装前不得拆卸补偿器上的拉杆，不得随意拧动拉杆螺母。

2）装有波纹补偿器的管道支架不能按常规布置，应按设计要求或生产厂家的安装说明书的规定布置；一般在轴向型波纹管补偿器的一侧应有可靠固定支架；另一侧应有两个导向支架，第一个导向支架距补偿器边应等于4倍管径。第二个导向支架距第一个导向支架的距离应等于14倍管径，再远处才可按常规布置滑动架，管底应加滑托。固定支架的做法应符合设计或指定的国家标准图的要求。

3）轴向波纹管补偿器的安装，应按补偿器的实际长度并考虑配套法兰的位置或焊接位置，在安装补偿器的管道位置上画下料线，依线切割管子，作好临时支撑后进行补偿器的焊接连接或法兰连接。在焊接连接或法兰连接时必须注意找平找正，使补偿器中心与管道中心同轴，不得偏斜安装。

4）待热水管道系统水压试验合格后，通热水运行前，要把波纹管补偿器的拉杆螺母卸去，以便补偿器能发挥补偿作用。

（4）热水管道水平干管与水平支管连接，水平干管与立管连接，立管与每层支管连接，应考虑管道相互伸缩时不受影响的连接方式（图7-9）。

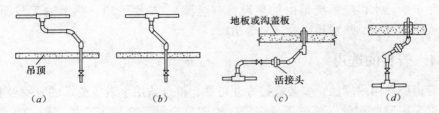

图 7-9　热水管道水平干管与水平支管连接

（5）为满足运行调节和检修要求，在下列管段上应设置阀门：

1）配水或回水环状管网的分干管。

2）各配水立管的上、下端。

3）从立管接出的支管上。

4）配水点大于等于 5 个的支管上。

5）水的加热器、热水贮水器、循环水泵、自动温度调节器、自动排气阀和其他需要考虑检修的设备进出水口管道上。

（6）热水管网在下列管段上应设止回阀：

1）闭式热水系统的冷水进水管上。

2）强制循环的回水总管上。

3）冷热混合器的冷、热水进水管上。

（7）热水管道和阀门安装的允许偏差应符合规定。

（8）管道水压试验：热水供应系统管道安装完毕，管道保温之前根据管道长度应进行强度水压试验和严密性试验。

（9）管道防腐：室内热水管道是否需要做防腐刷漆与所选择的管材有关，具体应符合设计要求。当设计未规定时可按以下规定进行：

1）需要做保温的热水管道，其管材为不镀锌钢塑复合管者，保温之前应将管道外表面的锈污清除干净，然后涂刷二道防锈漆。若管材为镀锌钢塑复合管、聚丙烯（PP-R）塑料管、铜管、镀锌钢管时，管道外表面不需涂刷防锈漆即可进行管道保温。

2）不做保温的热水管道，其管材为镀锌钢管、镀锌钢塑复合管，管外表面刷银粉，二道镀锌层被破坏部分及管道螺纹露出部分先刷防锈漆一道，然后刷银粉二道。

3）若所采用的管材，其产品说明书对管材、管件有防腐要求时，防腐涂料的品种、涂刷遍数等应符合产品说明书的有关规定。

4）管道刷漆前，应严格按照有关施工规程清除管道外表面的灰尘、污垢、锈斑等杂物。

5）管道涂刷油漆，应附着良好，无脱皮、起泡和漏涂的现象；漆膜厚度均匀，色泽一致，无流淌和污染现象。

（10）管道保温：为减少散热损失，满足水温要求，热水供应系统管道配水干管、配水管和回水管均应保温。保温材料的品种规格及保温厚度应符合设计要求，并有产品出厂合格证或分析检测报告。

1）施工条件：热水管道保温应在水压试验及防腐工程合格后进行，一般按保温层、防潮层、保护层的顺序施工。如需先做保温，应将管道的接口及焊缝处留出，待水压试验合格后再进行防腐处理。施工前，管道外表面应保持干净。

2）常用保温材料：热水管道常用的保温材料有矿渣棉、膨胀珍珠岩、岩棉、超细玻璃棉、橡塑海绵和复合硅酸盐等。

3）常用施工方法：

① 涂抹法保温层施工方法

涂抹法保温用的主材是一些颗粒状或纤维状的不定型松散材料，如膨胀珍珠岩、复合硅酸盐等。保温时需用胶粘剂（水、水泥、水玻璃、耐火黏土等），或再加促凝剂（氟硅酸钠等）按一定比例进行配料，加水搅拌均匀。成为塑性泥团待用。用六级石棉和水（或加一定量的水泥、水玻璃）调成稠浆，将其涂抹在管道表面上，保温底层涂抹厚度一般为5mm左右；等保温底层干燥后，再将待用的胶泥往上涂抹。涂抹要分层进行，每层厚度为10～15mm；前一层干燥后再进行下一层的涂抹，直至所要求的保温厚度。

施工立管段的保温层时，应先在管道上焊接托环，然后再涂抹胶泥。当管道直径小于DN50时，托环是用直径为1～1.5mm的钢丝捆扎几道而成。当管道直径较大时，托环是由2～4块宽度与保温层厚度相同的扁钢组成或用钢板环板。托环的间距应根据管道保温层的厚度要求决定，一般为2～4m，当建筑层高小于等于5m时，每层可设一个托环，当建筑层高大于5m时，每层应设不少于两个托环。

管道弯管处保温应留有伸缩缝。即在涂抹前先在弯管处放上2～3道隔环（隔环厚度应为6～10mm），做完保温层时应去除，填上柔性石棉绳。

室内热水管道的阀门、伸缩节等附件处一般不保温。管道保温应做到离这些附件70～80mm处，并应在保温端部抹成60°～70°斜坡。

② 涂抹法保护层的施工方法：

a. 油毡玻璃丝布保护层（当有防水防潮要求时）：将350号石油沥青油毡剪成宽度为保温层外圆周长加50～60mm，长度为油毡宽度的长条。将剪好的油毡条以纵横搭接长度约50mm的方式包在保温层上，横向接缝用沥青封口，纵向接缝布置在管道的侧面，并且缝口朝下。在油毡外用直径为1～1.6mm的镀锌钢丝捆绑，每隔250～300mm距离捆绑一道，不得采用缠绕。在管道弯头或三通处，油毡应特意加工成异形管套，依管形绑在管上。

将厚度为0.1～0.2mm的玻璃丝布剪成一定宽度的布带。管径小于150mm时，玻璃布带宽度可选定为100～150mm；管径为150～250mm时，其宽度为200mm。将剪好的玻璃布带以螺旋形缠绕在油毡外；缠绕时注意搭接方向，应从低位向高位缠绕；搭接应平顺，搭接宽度为10～25mm，再用直径为1mm的镀锌钢丝每隔3m绑扎一道加以固定。弯头、三通处应用窄带缠绕，应尽量减少皱褶和鼓包发生。

最后按设计要求在玻璃丝布外涂刷沥青或油漆，涂刷应均匀，无流淌、堆积现象，搭接处应涂满，不可形成孔洞。

b. 石棉水泥保护层：当设计无具体要求时，可按 70%～77%的 32.5 级以上的水泥、20%～25%的 4 级石棉、3%的防水粉（质量比），用水搅拌成胶泥。当管道保温层外径小于等于 200mm 时。可在涂抹法施工的保温层外直接抹上胶泥。形成石棉水泥保护层；当管道保温层外径大于 200mm 时，应先在保温层上包扎镀锌钢丝网（30mm×30mm），用 1.6～1.8mm 直径的镀锌钢丝捆扎，然后再抹胶泥。当设计无具体规定时，保护层厚度为 8～10mm。石棉水泥保护层表面应平整、圆滑、无明显裂纹，端部棱角应整齐。在三通弯头处应按伸缩缝的位置抹保温层；法兰和阀门处的保护层与保温层做平。

按设计要求在石棉水泥保护层外涂刷油漆或沥青。涂刷应均匀，无流淌、堆积现象。光泽一致。

c. 塑料薄膜、玻璃布保护层：塑料薄膜应采用工业用防水薄膜，厚度为 0.4～0.6mm；玻璃布采用中碱布。包装时将幅面裁成条宽 200～300mm，以螺旋状紧绕在保温层外。当管道有坡向时，由低向高绕卷，立管自下而上绕紧，前后搭接 40mm。塑料薄膜紧贴保温层表面，玻璃布紧裹在塑料薄膜外面；玻璃布两端和每隔 3～5m，用 18 号镀锌钢丝或宽 15mm、厚 0.4mm 的钢带捆扎一圈。用腻子粉和成浆状在玻璃布外刷抹，主要将布缝封严抹平，再在外面刷上防水涂料两遍。

③ 预制装配法保温：预制装配法保温是将保温材料预先制成管壳或瓦片，在管道上进行组装，一般制成半圆形管壳或瓦。目前，采取预制装配法保温的保温材料有膨胀珍珠岩、超细玻璃棉、岩棉、矿渣棉、硅酸盐、橡塑、聚氨酯等。由各生产厂家将上述保温材料加胶粘剂、憎水剂等成型后作为成品提供给工程安装单位。生产单位应以成品的技术性能来满足设计要求。

安装装配保温管壳或瓦片时不同的材质应有不同的方法。

a. 对超细玻璃棉、岩棉、矿渣棉、聚氨酯等管壳。可用直径为 1.0～1.6mm 的镀锌钢丝直接绑在管道上，按管道直径大小和管壳的长度、厚度决定绑扎的道数。

b. 对膨胀珍珠岩瓦、膨胀蛭石瓦、硅藻土瓦等保温材料，安装预制瓦前，应在已涂刷防锈漆的管道外表面上，先涂一层约 5mm 厚石棉硅藻土或碳酸镁石棉粉胶泥，然后将半圆管壳或扇形瓦片按对应规格位置装配到管道上。装配的管瓦纵向和横向缝相互错开，环形对缝应错开 100mm 以上；再用石棉硅藻土胶泥填实所有的接缝；用直径为 1.0～1.6mm 的镀锌钢丝进行捆绑。当保温层外径大于 200mm 时，应用 30mm×30mm 的镀锌钢丝网捆扎。

预制装配法式保温弯管和三通时，应按管道部件的形状裁制保温管壳或保温瓦，弯管应下成 2～3 节的虾米腰。三通应由两部分组成。装配时各片间应留出伸缩缝，缝宽为 10～30mm。直线管段上每 3～7m 也应留一道伸缩缝，缝宽 5mm。所有的伸缩缝都应填充石棉绳或玻璃棉。

预制装配法式保温立管也应设置托环，要求和具体做法与涂抹法保温相同。

c. 预制装配法保温时的保护层做法：

（a）膨胀珍珠岩瓦、石棉水泥瓦、硅藻土瓦等保温材料的保护层做法与涂抹法的保护层相同：有石棉水泥保护层、油毡玻璃丝布保护层等。

（b）玻璃棉、岩棉、硅酸盐、橡塑、聚氨酯等保温材料的保护层做法有以下几种：

a）在预制管壳时先在管壳外预先做上保护用的牛皮纸，外粘铝箔。装配后再用带铝箔的胶带纸将所有的缝隙和捆绑用的镀锌钢丝都贴严。

b）在预制管壳时先在管壳外预先做上保护用的牛皮纸。装配时用玻璃布带缠绕。再在其上面刷防火漆两遍。

c）金属保护层：即采用薄镀锌钢板（0.3～1.0mm 厚度）或薄铝皮（0.5～1.0mm 厚度）做保护层。按保温层周长下出保护层的料，用压边机压边，用滚圆机滚圆成圆筒。将圆筒套在保温层上，环向的搭接方向应与管道坡度一致。搭接长度为 30～40mm；纵向搭接缝应朝下，搭接长度不少于 30mm。金属圆筒应与保温层紧靠，不留空隙。用半圆头自攻螺钉 M4×16 固定，螺钉间距为 200～250mm，螺钉孔应用手电钻钻孔。严禁采用冲孔。弯管处做成虾米腰，顺序搭接。当用厚度为 0.75～1.0mm 镀锌薄钢板做保护层时，可以不压边而直接搭接。

d）采用与涂抹法相同的油毡玻璃丝布保护层。

d. 管道缠包法保温

（a）缠包法保温是将保温材料制成带、管或毡状，直接缠包在管道上。常用材料有玻璃棉毡、岩棉毡、矿棉毡和橡塑海绵等。

（b）先将保温棉毡按管道外圆周长加搭接长度剪成条块，缠包在相应管径的管道上。缠包时应将棉毡压紧，如一层毡厚达不到设计要求的保温厚度时可缠两层或三层。缠包时应使棉毡的横向接缝结合紧密，若有缝隙应用保温棉塞严，其纵向接缝应在管道的顶部。搭接宽度为 50～100mm。

（c）棉毡外面用 1.0mm 的镀锌钢丝包扎，间距为 150～200mm。

（d）缠包法保温时保护层的做法有以下几种：油毡玻璃丝布保护层、金属保护层、铝箔、玻璃丝布刷油漆等，具体做法与前述相同。

（e）用橡塑海绵保温时，先按管径和保温厚度选好橡塑海绵管，用利刀将其从纵向切开，在管道表面涂刷 801 胶，随即把橡塑海绵管从切缝处掰开，套在涂上胶的管道上，用手压橡塑海绵管，使其与管道相粘；再为下一段管道刷胶时，也将上一段橡胶海绵管的端部刷上胶；套下一段橡塑海绵管时，应使两段橡塑海绵管相粘。

橡塑海绵管的柔性好，可随管弯曲，不需另加保温部件，也不需要做伸缩缝；橡塑海绵的表面光滑，无特殊要求时，不必另做保护层。

（11）管道冲洗：室内热水供应管道系统竣工后或交付使用前必须进行冲洗。

7.5 其他管道系统

7.5.1 中水系统的敷设与安装

中水是由上水（给水）和下水（排水）派生出来的，是指各种排水经过物理、化学或生物处理，达到规定的水质标准，可在生活、市政、环境等范围内杂用的非饮用水，如用来冲洗便器、冲洗汽车、绿化和浇洒道路等。因其标准低于生活饮用水水质标准，所以称为中水。

建筑中水系统由中水原水收集系统、处理系统和中水供水系统三部分组成。

1. 一般规定

（1）中水水源可取自除厕所便器的生活污水外其余各种杂水，一般不用工业废水、医院污水和放射性污水作为中水水源。

（2）处理后的原水（中水）一般可用于：冲洗厕所便器、水景与绿化、洗车、扫除、空调冷却用水等。

（3）中水系统的原水管道管材及配件可使用塑料管、铸铁管和混凝土管。

（4）中水给水管道管材及配件应采用耐腐蚀的给水管管材和附件。

（5）建筑中水工程必须确保使用安全，严禁中水进入生活饮用水给水系统。

2. 中水处理设备

中水处理设备应根据中水水源和处理后水质要求而选定，一般包括有以下设备：

（1）以生活污水为原水的中水处理流程，应在建筑物排水系统末端设置化粪池。

（2）以厨房排水为原水的中水处理流程，厨房排水应经隔油池处理后，再进入调节池。

（3）中水处理系统应设置格栅，截留水中较大悬浮物。

（4）在格栅后与处理设备前应设置调节池，调节来水水量和水质。调节池应设有集水坑和排泄管及溢流管。调节池可与提升泵、吸水井合建。

（5）中水需进行生物处理时，主要构筑物为生物接触氧化池。接触氧化池由池体、填料、布水装置和曝气装置等部分组成。

（6）生物处理后的二次沉淀或物理化学处理的絮凝沉淀，均应设置沉淀池。沉淀池宜用立式沉淀池或斜板（管）沉淀池。

（7）中水经过沉淀后进入过滤池，过滤宜采用机械过滤或接触过滤。滤料一般采用石英砂、无烟煤、纤维球及陶粒等。

（8）中水处理后，在出厂前必须设有消毒设施。消毒剂一般采用液氯、次氯酸钠、漂白粉、臭氧、二氧化氯等。

3. 中水管道铺设

（1）中水管道系统分为中水原水集水系统和中水供水系统。

中水原水集水系统即为建筑室内排水系统，由支管、立管、排出管流至室外集流干管，再进入污水处理站。这一原水集水系统管道铺设要求、方法与建筑排水管道系统安装相同。

中水供水系统和室内给水供水系统相似。但因为中水含有余氯和多种盐类，具有腐蚀性，宜选用塑料管、复合管和玻璃钢管。

（2）中水管道、设备及受水器具应按规定着色，以免误引误用。

（3）管道和设备若不能用耐腐蚀材料，应做好防腐处理，使其表面光滑，易于清洗。

（4）中水给水管道不得装设取水龙头。便器冲洗宜采用密闭型设备和器具。绿化、浇洒、汽车冲洗宜采用壁式或地下式的给水栓。

（5）中水管道不宜暗装于墙体和楼板内。如必须暗装于墙体内时，必须在管道上有明显且不会脱落的标志。

（6）中水管道与生活饮用水管道、排水管道平行埋设时，其水平净距离不得小于0.5m；交叉埋设时，中水管道应位于生活饮用水管道下面，排水管道的上面，其净距离不小于 0.15m。

（7）中水供水管道严禁与生活饮用水给水管道连接，并应采取下列措施：

1）中水管道外壁应涂浅绿色标志；

2）中水池（箱）、阀门、水表及给水栓均应有"中水"标志。

（8）中水高位水箱宜与生活高位水箱分开设在不同的房间内，如条件不允许只能设在同一房间内，二者净距离应大于 2m。

4. 中水处理站设置要求

（1）处理间内设备之间间距应满足安装和维护检修要求，便于设备和药剂的进出。一般通道不小于 1.0m。

（2）处理间应设有必要的通风、供暖、给水、排水等辅助设施，其安装要求详见各专业施工质量验收规定。

（3）处理站所产生的污泥、废渣及有害废物应有妥善处置设施，防止污染环境。

（4）处理站应采取隔声防噪及防臭气污染的措施。所有转动设备的基座采取减振处理，连接振动设备的管道用减振接头，以防固体传声。

5. 中水供水系统安装

（1）供水塑料管和复合管可以采用橡胶圈接口、粘接接口、热熔连接、专用管件连接、螺纹连接等形式。塑料管和复合管与金属管件、阀门等的连接应使用专用管件连接，不得在塑料管上套丝。

（2）采用镀锌钢管，管径小于或等于 100mm 时，应采用螺纹连接，被破坏的镀锌层表面及外露螺纹部位应做防腐处理；管径大于 100mm 时。应采用法兰或卡套式专用管件连接，镀锌钢管与法兰的焊接处应二次镀锌。

（3）给水铸铁管应采用油麻石棉水泥或橡胶圈接口。

7.5.2 游泳池管道系统

游泳池的供水系统分为直流供水系统、定期换水供水系统和循环过滤供水系统。

直流供水系统：连续不断地向游泳池内供水，又连续不断地将用过后的池水排出。

定期换水供水系统：每隔 1～3d 将池内用过后的水全部排除，再重新充满新鲜水，一般不宜采用。

循环供水系统：将游泳池内的水不断流出，经过净化、消毒，符合游泳水质要求后，再送入游泳池内使用的供水系统。这是常用的供水系统。以下重点介绍此种供水系统安装及其质量要求。

1. 水的循环系统安装的一般要求

（1）游泳池内给水口、回水口布置均匀，保证池内水流均匀，无死水域和涡流。

（2）池内不产生短流和各泳道水流速度不一致等现象。

（3）游泳池的给水口、回水口、泄水口应采用耐腐蚀的铜、不锈钢、塑料等材料制造。溢流槽、格栅应为耐腐蚀材料，并为组装型。安装时其外表面应与池壁或池底面相平。

（4）游泳池循环管道应采用耐腐蚀的管材及管件。

（5）游泳池排水系统安装和检验要求应按《建筑给水排水及采暖工程施工质量验收规

范》GB 50242—2002 相关规定执行。

（6）游泳池循环水系统加药的药品溶解池、溶液池及定量投加设备应采用耐腐蚀材料。输送溶液的管道应采用塑料管、胶管或铜管。

2. 循环方式

（1）逆流式循环：全部循环水量由池底部送入池内，由池周边或两侧边的上缘溢流回水的方式。给水口在池底沿泳道标志线均匀布置。

（2）顺流式循环：全部循环水量由游泳池的两端壁或两侧壁的上部进水，由池底部回水的方式。底部回水口可与泄水口合用。

（3）混合式循环：是由上述两种方式的组合，其给水应全部由池底送入池内，池表面溢流回水量不得少于循环水量的 50%；池底的回水量不得超过循环水量的 50%。

3. 循环管道

（1）循环管道尽量选用塑料管、给水铸铁管。若采用钢管，则内壁应涂防腐漆或内衬防腐材料。

（2）管道应铺设在沿池周边的管廊或管沟内。如设管廊有困难时，可埋地铺设，但应有可靠的防腐措施。

（3）管道上的阀门，应采用明杆闸门或蝶阀。

4. 游泳池其他附属设施安装要求

（1）游泳池的毛发聚集器应采用铜或不锈钢等耐腐蚀材料制作。过滤筒（网）的孔径应不大于 3mm，其面积应为连接管截面积的 1.5～2.0 倍。

（2）游泳池的浸脚、浸腰消毒池的给水管、投药管、溢流管和泄空管应采用耐腐蚀管材。其连接和安装要求应符合设计要求和施工质量验收规定。

（3）游泳池地面冲洗用的管道和水龙头，应采取措施，避免冲洗排水流入池内。

（4）游泳池水加热系统安装、检验标准均按《建筑给水排水及采暖工程施工质量验收规范》GB 50242—2002 室内热水供应系统安装中相关内容执行。

7.5.3 氧气管道系统

安装要求：

（1）管材及附件均应进行外观检验，有重皮、裂缝的管材均不得使用。

（2）阀门安装前应以工作压力的气压进行气密性试验，用肥皂水（氧气阀门是无油肥皂水）检查，10 分钟内不降压、不渗漏为合格。

（3）在进行脱脂工作前先应对碳钢管材、附件清扫除锈。不锈钢管、铜管、铝合金管只需要将表面的泥土清扫干净即可。

（4）工业用四氯化碳、精馏酒精、工业用二氯乙烷都可作为脱脂用的溶剂。碳素钢、不锈钢及铜宜用四氯化碳，铝合金宜用工业酒精，非金属的垫片用工业四氯化碳。

（5）严禁把氧气管道与电缆安装在同一沟道内。

7.5.4 垃圾处理管道系统

该收集系统由阀门系统、管道系统、分离系统、真空动力系统、压缩系统组成。

真空管道垃圾收集系统工作原理在收集系统末端装有引风机械，当风机运转时，整个系统内部形成负压，使管道内外形成压差，空气被吸入管道；同时，垃圾也被空气带入管道，被输送至分离器，在此垃圾与空气分离；分离出的垃圾由卸料器卸出，空气则被送到除尘器净化，然后排放。

每套真空管道垃圾收集系统都包括五个部分：住宅每层垃圾投放口；楼层垂直管道；小区水平管道；城市主干道垃圾水平输送管和中央收集站。在居民楼内，每层楼都将设置一个直径 50cm 左右垃圾投放口，在每一栋楼外，紧靠着垃圾投放口，都将设立一条垂直的垃圾管道。底端设有垃圾排放阀，和预埋于地面下的水平管道相连，通往密封的中央收集站。居民每天产生的各种生活垃圾，用塑料袋装好以后，投入垃圾投放口，进入垂直垃圾管道。当垃圾达到一定的数量以后，中央控制台发出开始工作的指令，垃圾站内的抽气装置自动启动，在水平管道内产生负压气流。电脑遥控打开设置在居民楼垃圾垂直管道底部的垃圾排放阀，储存在阀顶的垃圾会以 20m/s 的速度被吸入地下输送管网，输送到中央收集站内，实施垃圾气体和固体的分离处理。其中气体部分经过高效处理后排放，而固体垃圾则被压缩输送至垃圾罐体，然后运至垃圾处理厂进行焚烧发电或者填埋处理。

7.5.5　建筑燃气系统

1. 燃气的分类

燃气是气体燃料的总称，它能燃烧而放出热量，供城市居民和工业企业使用。城镇燃气一般包括天然气、液化石油气和人工煤气。

2. 燃气管道布置与敷设

（1）管道的布置原则

1）地下燃气管道不得从建筑物和大型构筑物的下面穿越（不包括架空的建筑物和大型构筑物）。

2）地下燃气管道的地基宜为原土层。凡可能引起管道不均匀沉降的地段，其地基应进行处理。

3）地下燃气管道不得在堆积易燃、易爆材料和具有腐蚀性液体的场地下面穿越，并不宜与其他管道或电缆同沟敷设。当需要同沟敷设时，必须采取防护措施。

（2）布置形式

燃气管道布置形式与城市给水管道布置形式相似，根据用气建筑的分布情况和用气特点，室外燃气管网的布置方式有：树枝式、双干线式、辐射式、环状式等形式。

以上四种布置形式都设有放散管，以便在初次通入燃气之前排除干管中的空气，或在修理管道之前排除剩余的燃气。

（3）管道的敷设

1）地下燃气管道埋设的最小覆土厚度（路面至管顶）应符合下列要求：

① 埋设在车行道下时，不得小于 0.9m；

② 埋设在非车行道（含人行道）下时，不得小于 0.6m；

③ 埋设在庭院（指绿化地及载货汽车不能进入之地）内时，不得小于 0.3m；

④ 埋设在水田下时，不得小于 0.8m；

⑤ 当采取行之有效的防护措施后，上述规定均可适当降低。

2）输送湿燃气的燃气管道，应埋设在土壤冰冻线以下。输送湿燃气的管道应采取排水措施，在寒冷地区还应采取保温措施。燃气管道坡向凝水缸的坡度不宜小于0.003。

3）地下燃气管道穿过排水管、热力管沟、联合地沟、隧道及其他各种用途沟槽时应将燃气管道敷设于套管内。套管伸出构筑物外壁不应小于燃气管道与该构筑物的水平净距。套管两端应采用柔性的防腐、防水材料密封。

4）燃气管道穿越铁路、高速公路、电车轨道和城镇主要干道时应符合下列要求：

① 穿越铁路和高速公路的燃气管道，其外应加套管。当燃气管道采用定向钻穿越并取得铁路或高速公路部门同意时，可不加套管。

② 穿越铁路的燃气管道的套管，应符合下列要求：

套管埋设深度：铁路轨底至套管顶不应小于1.20m，并应符合铁路管理部门的要求；套管宜采用钢管或钢筋混凝土管；套管内径比燃气管道外径大100mm以上；套管两端与燃气管的间隙应采用柔性的防腐、防水材料密封，其一端应装设检漏管；套管端部距路堤坡脚外距离不应小于2.0m。

③ 燃气管道穿越电车轨道和城镇主要干道时宜敷设在套管或地沟内；穿越高速公路燃气管道的套管，穿越电车轨道和城镇主要干道的燃气管道的套管或地沟，应符合下列要求：套管内径应比燃气管道外径大100mm以上，套管或地沟两端应密封，在重要地段的套管或地沟端部宜安装检漏管；套管端部距电车道边轨不应小于2.0m，距道路边缘不应小于1.0m。

④ 燃气管道宜垂直穿越铁路、高速公路、电车轨道和城镇主要干道。

5）燃气管道通过河流时，可采用穿越河底或采用管桥跨越的形式。当条件许可也可利用道路桥梁跨越河流。并应符合下列要求：

① 利用道路桥梁跨越河流的燃气管道，其管道的输送压力不应大于0.4MPa；

② 当燃气管道随桥梁敷设或采用管桥跨越河流时，必须采取安全防护措施。

6）燃气管道穿越河底时，应符合下列要求：

① 燃气管道宜采用钢管；

② 燃气管道至规划河底的覆土厚度，应根据水流冲刷条件确定，对不通航河流不应小于0.5m；对通航的河流不应小于1.0m，还应考虑疏浚和投锚深度；

③ 稳管措施应根据计算确定；

④ 在埋设燃气管道位置的河流两岸上、下游应设立标志。

7）穿越或跨越重要河流的燃气管道，在河流两岸均应设置阀门。

8）在次高压、中压燃气干管上，应设置分段阀门，并在阀门两侧设置放散管。在燃气支管的起点处，应设置阀门。

9）室外架空的燃气管道，可沿建筑物外墙或支柱敷设。并应符合下列要求：

① 中压和低压燃气管道，可沿建筑耐火等级不低于二级的住宅或公共建筑的外墙敷设；次高压、中压和低压燃气管道，可沿建筑耐火等级不低于二级的丁、戊类生产厂房的外墙敷设；

② 沿建筑物外墙的燃气管道距住宅或公共建筑物门、窗洞口的净距，中压管道不应小于0.5m，低压管道不应小于0.3m。燃气管道距生产厂房建筑物门、窗洞口的净距不限。

10）工业企业内燃气管道沿支柱敷设时，尚应符合现行的国家标准《工业企业煤气安全规程》GB 6222—2005的规定。

7.6　防腐与绝热工程

为了延长设备及管道的使用寿命，保障安全运营，保证正常生产处于最佳温度范围，减少冷、热载体在输送、储存及使用过程中热量和冷量的损失，提高冷、热效率，降低能源消耗，控制设备及管道防腐蚀与绝热工程的施工全过程是重要手段之一。

7.6.1　防腐工程

1. 常用防腐蚀施工要求

（1）防腐蚀工程所用的原材料必须符合《建筑防腐蚀工程施工及验收规范》GB 50212—2002 的规定，并具有出厂合格证或检验资料。对原材料的质量有怀疑时，并进行复验。

（2）防腐蚀衬里和防腐蚀涂料的施工，必须按设计文件规定进行。当需变更设计、材料代用或采用新材料时，必须征得设计部门同意。

（3）对施工配合比有要求的防腐蚀材料，其配合比应经过试验确定，并不得任意改变。

（4）设备、管子、管件的加工制作，必须符合施工图及设计文件的要求。在进行防腐蚀工程施工前，应全面检查验收。

（5）在防腐蚀工程施工过程中，必须进行中间检查。防腐蚀工程完工后，应立即进行验收。

（6）设备、管子、管件外壁附件的焊接，必须在防腐蚀工程施工前完成，并核实无误。

（7）受压的设备、管道和管件在防腐蚀工程施工前，必须按有关规定进行强度或气密性检查，合格后方可进行防腐蚀工程施工。

（8）为了保证防腐蚀工程施工的安全或施工的方便，对不可拆卸的密闭设备必须设置人孔。

（9）防腐蚀工程结束后，在吊装和运输设备、管道、管件时，不得碰撞和损伤，在使用前应妥善保管。

2. 金属表面预处理技术

（1）金属表面预处理方法

1）手工和动力工具除锈

用于质量要求不高，工作量不大的除锈作业。

2）喷射除锈

是利用高压空气为动力，通过喷砂嘴将磨料高速喷射到金属表面，依靠磨料棱角的冲击和摩擦，显露出一定粗糙度的金属本色表面。

3）化学除锈

是利用各种酸溶液或碱溶液与金属表面氧化物发生化学反应，使其溶解在酸溶液或碱溶液中，从而达到除锈的目的。

4）火焰除锈

是先将基体表面锈层铲掉，再用火焰烘烤或加热，并配合使用动力钢丝刷清理加热表面。此种方法适用于除掉旧的防腐层或带有油浸过的金属表面工程，不适用于薄壁的金属设备、管道，也不能使用在退火钢和可淬硬钢除锈工程上。

实际工程中，橡胶衬里、玻璃钢衬里、树脂胶泥砖板衬里、硅质胶泥板砖衬里、化工设备内壁防腐蚀涂层、软聚氯乙烯板粘结衬里均采用喷射除锈法；搪铅或喷射处理无法进行的场合则可采用化学除锈法。

（2）金属表面预处理的质量等级

钢材表面除锈质量等级：

1）手工和动力工具除锈过的钢材表面，分两个除锈等级：

① St2—彻底的手工和动力工具除锈

钢材表面应无可见的油脂和污垢，并且没有附着不牢的氧化皮、铁锈和油漆涂层等附着物。

② St3—非常彻底的手工和动力工具除锈

钢材表面应无可见的油脂和污垢，并且没有附着不牢的氧化皮、铁锈和油漆涂层等附着物。除锈应比 St2 更为彻底，底材显露部分的表面应具有金属光泽。

2）喷射或抛射除锈过的钢材表面，有四个除锈等级：

① Sa1—轻度的喷射或抛射除锈

钢材表面应无可见的油脂和污垢，并且没有附着不牢的氧化皮、铁锈和油漆涂层等附着物。

② Sa2—彻底的喷射或抛射除锈

钢材表面会无可见的油脂和污垢，并且氧化皮、铁锈和油漆涂层等附着物已基本清除，其残留物应是牢固附着的。

③ Sa2.5—非常彻底的喷射或抛射除锈

钢材表面会无可见的油脂、污垢、氧化皮、铁锈和油漆涂层等附着物，任何残留的痕迹应仅是点状或条纹状的轻微色斑。

④ Sa3—使钢材表观洁净的喷射或抛射除锈

钢材表面应无可见的油脂、污垢，氧化皮铁锈和油漆涂层等附着物，该表面应显示均匀的金属色泽。

3）金属表面预处理方法的选择和质量要求。主要根据设备和管道的材质、表面状况以及施工工艺要求进行选取和处理。

3. 防腐蚀涂层施工方法

（1）刷涂

刷涂是传统、简单的手工涂装方法，操作方便、灵活，可涂装任何形状的物件，可使涂料渗透金属表面的细孔，加强涂膜对金属的附着力。但刷涂劳动强度大、工作效率低、涂布外观欠佳。

（2）刮涂

刮涂用于黏度较高、100%固体含量的液态涂料的涂装。

（3）浸涂

浸涂法溶剂损失较大，容易污染空气，不适用于挥发性涂料，且涂膜的厚度不易均匀，一般用于结构复杂的器材或工件。

（4）淋涂

易实现机械化生产，操作简便、生产效率高，但涂膜易出现不平整或覆盖不全的现象。淋涂比浸涂溶剂消耗量大，易造成污染。

（5）喷涂

喷涂法涂膜厚度均匀、外观平整、生产效率高。但材料消耗量较大且易造成环境污染。适用于各种涂料和各种被涂物，使用广泛。

4. 防腐蚀衬里施工方法

（1）聚氯乙烯塑料衬里

聚氯乙烯塑料衬里分为硬聚氯乙烯塑料衬里和软聚氯乙烯塑料衬里，衬里的施工方法一般为：松套衬里、螺栓固定衬里、粘贴衬里。

聚氯乙烯塑料衬里多用在硝酸、盐酸、硫酸和氯碱生产系统。如用作电解槽、酸雾排气管道和海水管道等。

（2）铅衬里

铅衬里的固定方法有搪钉固定法、螺栓固定法、压板固定法等。

铅衬里常用于常压或压力不高、温度较低和静荷载作用下工作的设备；真空操作的设备、受振动和有冲击的设备不宜采用。铅衬里常用在制作输送硫酸的泵、管道和阀等设施的衬里上。

（3）玻璃钢衬里

玻璃钢衬里的施工方法有手糊法、模压法、缠绕法和喷射法四种。

对于受气相腐蚀或腐蚀性较弱的液体介质作用的设备，一般衬贴3～4层玻璃布制作玻璃钢衬里。而条件较差的腐蚀性环境内，则衬里的厚度应大于等于3mm。

（4）橡胶衬里

橡胶衬里一般采用粘贴法施工。可采用间接硫化法或直接硫化法进行硫化。间接硫化法适用于外形尺寸较小的设备、管道、管件，可以放入硫化罐的设备或配件。直接硫化法适用于无法在硫化罐内进行硫化的大型容器或管道。

7.6.2 绝热工程

1. 绝热结构组成

（1）保冷结构的组成

保冷结构由内至外，按功能和层次由防锈层、保冷层、防潮层、保护层、防腐蚀及识别层组成。

（2）保温结构的组成

保温结构通常由保温层和保护层构成。只有在潮湿环境或埋地状况下才需要增设防潮层。

2. 设备安装工程常用绝热材料种类

（1）板材：岩棉板、铝箔岩棉板、超细玻璃棉毡、铝箔超细玻璃吊板，自熄性聚苯乙烯泡沫塑料、聚氨酯泡沫塑料，橡塑板，铝镁质隔热板等。

（2）管壳制品：岩棉、矿渣棉、玻璃棉、硬聚氨酯泡沫塑料管壳、铝箔超细玻璃棉管壳、橡塑管壳、聚苯乙烯泡沫塑料管壳、预制瓦块（泡沫混凝土、珍珠岩、蛭石、石棉瓦）等。

（3）卷材：聚苯乙烯泡沫塑料、岩棉、橡塑等。

（4）防潮层：玻璃丝布、聚乙烯薄膜、夹筋铝箔（兼保护层）等。

（5）保护层：铅丝网、玻璃丝布、铝皮、镀锌铁皮、铝箔纸等。

（6）其他材料：铝箔胶带、石棉灰、粘结剂、防火涂料、保温钉等。

3. 绝热层施工方法

（1）捆扎法施工

捆扎法是把绝热材料制品敷于设备及管道表面，再用捆扎材料将其扎紧、定位的方法。适用于软质毡、板、管壳，硬质、半硬质板等各类绝热材料制品。

（2）粘贴法施工

粘贴法是用各种粘结剂将绝热材料制品直接粘贴在设备及管道表面的施工方法。适用于各种轻质绝热材料制品，如泡沫塑料、泡沫玻璃、半硬质或软质毡、板等。

（3）浇注法施工

浇注法是将配制好的液态原料或湿料倒入设备及管道外壁设置的模具内，使其发泡定型或养护成型的一种绝热施工方法，适合异形管件的绝热、室外地面或地下管道绝热。

（4）喷涂法施工

喷涂法是利用机械和气流技术将料液或粒料输送、混合，至特制喷枪口送出，使其附着在绝热面成型的一种施工方法，适用面较广。

（5）充填法施工

充填法是用粒状或棉絮状绝热材料充填到设备及管道壁外的空腔内的施工方法。该法在缺少绝热制品的条件下使用，亦适用于对异形管件做成外套的内部充填。

（6）拼砌法施工

拼砌法是用块状绝热制品紧靠设备及管道外壁砌筑的施工方法。常用于保温，特别是高温炉墙的保温层砌筑。

4. 防潮层施工方法

（1）涂抹法

涂抹法是在绝热层表面附着一层或多层基层材料，并分层在其上方涂敷各类涂层材料的方法。

（2）捆扎法

捆扎法是把防潮薄膜与片材敷于绝热层表面，再用捆扎材料将其扎紧，并辅以粘结剂与密封剂将其封严的一种防潮层施工方法。

5. 保护层施工方法

（1）金属保护层安装方法

采用镀锌薄钢板或铝合金薄板等金属保护层紧贴在保温层或防潮层上的方法。

（2）非金属保护层安装方法

采用非金属保护层，如复合制品板紧贴在保温层或防潮层上的方法。

6. 绝热层施工技术要求

（1）设备保温层施工技术要求

1）当一种保温制品的层厚大于100mm时，应分两层或多层逐层施工，先内后外，同层错缝，异层压缝，保温层的拼缝宽度不应大于5mm；

2）用毡席材料时，毡席与设备表面要紧贴，缝隙用相同材料填实；

3）用散装材料时，保温层应包扎镀锌铁丝网，接头用以4mm镀锌铁丝缝合，每隔4m捆扎一道镀锌铁丝；

4）保温层施工不得覆盖设备铭牌。

（2）管道保温层施工技术要求

1）水平管道的纵向接缝位置，不得布置在管道垂直中心线45°范围内。

2）保温层的捆扎采用包装钢带或镀锌铁丝，每节管壳至少捆扎两道，双层保温应逐层捆扎，并进行找平和接缝处理。

3）有伴热管的管道保温层施工时，伴热管应按规定固定；伴热管与主管线之间应保持空间，不得填塞保温材料。

4）采用预制块做保温层时，同层要错缝，异层要压缝，用同等材料的胶泥勾缝。

5）管道上的阀门、法兰等经常维修的部位，保温层必须采用可拆卸式的结构。

（3）设备、管道保冷层施工技术要求

1）采用一种保冷制品层厚大于80mm时，应分两层或多层逐层施工。在分层施工中，先内后外，同层错缝，异层压缝，保冷层的拼缝宽度不应大于2mm。

2）采用现场聚氨酯发泡应根据材料厂家提供的配合比进行现场试发泡，待掌握和了解发泡搅拌时间等参数后，方可正式施工；阀门、法兰保冷可根据设计要求采用聚氨酯发做成可拆卸保冷结构。

3）聚氨酯发泡先做好模具，根据材料的配比和要求，进行现场设备支承件处的保冷层应加厚，保冷层的伸缩缝外面，应再进行保冷。

4）管托、管卡等处的保冷，支承块用致密的刚性聚氨酯泡沫塑料块或硬质木块，采用硬质木块做支承块时，硬质木块应浸渍沥青防腐。

5）管道上附件保冷时，保冷层长度应大于保冷层厚度的4倍或敷设至垫木处。接管处保冷，在螺栓处应预留出拆卸螺栓的距离。

（4）防潮层施工技术要求

设备及管道保冷层外表面应敷设防潮层，以阻止蒸汽向保冷层内渗透，维护保冷层的绝热能力和效果。防潮层以冷法施工为主。

1）保冷层外表面应干净，保持干燥，并应平整、均匀，不得有突角，凹坑现象。

2）沥青胶玻璃布防潮层分三层：第一层石油沥青胶层，厚度应为3mm；第二层中粗格平纹玻璃布，厚度应为0.1～0.2mm；第三层石油沥青胶层，厚度3mm。

3）沥青胶应按设计要求或产品要求规定进行配制；玻璃布应随沥青层边涂边贴，其环向、纵向缝搭接应不小于50mm，搭接处必须粘贴密实。立式设备或垂直管道的环向接缝应为上搭下。卧式设备或水平管道的纵向接缝位置应在两侧搭接，缝朝下。

（5）保护层施工技术要求

保护层能有效地保护绝热层和防潮层，以阻挡环境和外力对绝热结构的影响，延长绝热结构的使用寿命，并保持其外观整齐美观。

1）保护层宜用镀锌铁皮或铝皮，如采用黑铁皮，其内表面应做防锈处理；使用金属保护层时，可直接将压好边的金属卷板合在绝热层外，水平管道或垂直管道应按管道坡向自下而上施工，半圆凸缘应重叠，搭口向下，用自攻螺钉或铆钉连接。

2）设备直径大于 1m 时，宜采用波形板，直径小于 1m 以下，采用平板，如设备变径，过渡段采用平板。

3）水平管道或卧式设备顶部，严禁有纵向接缝，应位于水平中心线上方与水平中心线成 30°以内。例如：当采用金属作为保护层时，对于下列情况，金属保护层必须按照规定嵌填密封剂或在接缝处包缠密封带：

① 露天或潮湿环境中的保温设备、管道和室内外的保冷设备、管道与其附件的金属保护层；

② 保冷管道的直管段与其附件的金属保护层接缝部位和管道支、吊架穿出金属护壳的部位。

第 8 章　建筑电气安装工程施工技术

8.1　架空配电线路敷设

8.1.1　架空配电线路构造

架空配电线路是电力线路的重要组成部分。架空线路系线路架在杆塔上，其构造是由基础、电杆、导线、金具、绝缘子和拉线等组成（详见图 8-1 和图 8-2）。架空线路易于施工操作，维护检修也较方便，因此在电力电网中绝大多数线路都采用架空线路。

架空配电线路施工的主要内容包括：线路测量定位、基础施工、杆顶组装、电杆组立、拉线制作、导线架设、杆上设备安装和接户线安装等。架空配电线路的施工质量直接影响用户供电可靠性。因此，必须严格按照设计要求和施工质量验收规范的规定操作，保证施工质量和主要功能。

电杆基础包括底盘、卡盘和拉线盘。

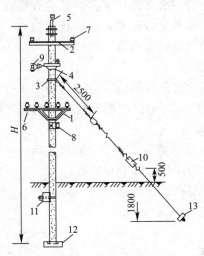

图 8-1　钢筋混凝土电杆装置示意图

1—低压五线横担；2—高压二线横担；3—拉线抱箍；4—双横担；5—高压杆顶支座；6—低压针式绝缘子；7—高压针式绝缘子；8—蝶式绝缘子；9—悬式绝缘子和高压蝶式绝缘子；10—花篮螺丝；11—卡盘；12—底盘；13—拉线盘

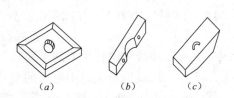

图 8-2　底盘、卡盘和拉线盘

(*a*) 底盘；(*b*) 卡盘；(*c*) 拉线盘

8.1.2　施工技术要点

1. 基坑

基坑分为杆坑和拉线坑。

（1）测量放线定位

基坑放线定位应根据设计提供线路平、断面图和勘测地形图等，确定线路的走向，再确定耐张杆、转角杆、终端杆等位置，最后确定直线杆的位置。

1）杆坑定位

架空配电线路的杆坑位置，应根据设计线路图已定的线路中心线和规定线路中心桩位进行测量放线定位。

基坑定位中心桩位置确定后，应按中心桩的标定设置辅助桩作为施工控制点，即为基坑定位的依据，如线路沿已有的道路架设，则可根据该道路的距离和走向定杆位。当线路距离不长时，可采用标杆进行测位。这种方法是用三根标杆构成一条直线，逐步向前延伸测出杆位。

杆坑应采用经纬仪测量定位，逐点测出杆位后，随即在定位点处打入主、辅标桩，并在标桩上编号。应在转角杆、耐张杆、终端杆和加强杆的杆位标桩上标明杆型，以便挖设拉线坑。

电杆埋设深度，当设计无要求时，应符合表 8-1 中埋设深度的要求。

电杆埋设深度 表 8-1

电杆高度（m）	8.0	9.0	10.0	11.0	12.0	13.0	15.0	18.0
埋设深度	1.50	1.60	1.70	1.80	1.90	2.00	2.30	2.70

杆坑复测定位。施工前必须对全线路的坑位进行一次复测，其目的是检查线路坑位的准确性，特别要检查转角坑的桩位、角度、距离、高差是否正确，以防止坑位移。经复测确定主杆基坑坑位标桩、拉线中心桩及其辅助桩的位置，并画出坑口尺寸。

2）拉线坑定位

直线杆的拉线设置与线路中心线应平行或垂直。转角杆的拉线位于转角的平分角线上（杆受力的反方向）。拉线与杆的中心线夹角一般为 45°，如受地形和建筑物的限制时其角度可减小到 30°。

拉线坑与杆的水平距离 L 可按下述方法确定：拉线坑是沿杆受力的反方向，应以杆位为起点，测量出距离 L，在此定位点处钉上标桩，为拉线坑的中心位置。

$$L =（拉线高度＋拉线坑深度）\cdot tg\varphi$$

式中　φ——拉线与电杆中心线夹角；

　　　L——拉线坑与电杆中心线的水平距离。

注：如 $\varphi=45°$，$tg\varphi=1$，则 $L=$ 拉线高度＋拉线坑深度。

拉线坑深度应根据拉线盘埋设深度而定，当工程设计无规定时，应按表 8-2 中数值确定。

拉线盘埋设深度 表 8-2

拉线棒长度（m）	拉线盘长×宽（mm）	埋深（m）	拉线棒长度（m）	拉线盘长×宽（mm）	埋深（m）
2	500×300	1.3	3	800×600	2.1
2.5	600×400	1.6			

电杆有底盘时，坑底应保持水平。底盘安装尺寸的偏差值应符合表 8-3 中数值的规定。

项　目	允许偏差（mm）	项　目	允许偏差（mm）
单杆基坑深度	+100 -50	双杆两底盘中心距离	≤30
双杆两基坑的相对高差	≤20		

配电线路的电杆要受荷载、地势和土质影响，为满足杆基的稳定性，需设置卡盘对基础进行补强。卡盘设置应符合以下要求：

① 卡盘上口距地面不应小于 500mm。

② 直线杆的卡盘应与线路平行，并应在线路电杆左、右侧交替埋设。

③ 承力杆的卡盘设置应埋设在承力的一侧。

（2）基坑开槽

杆坑有梯形和圆形两种。不带卡盘或底盘的杆坑，常规做法为圆形基坑，圆形坑土挖掘工作量小，对电杆的稳定性较好。

基坑的土工作业，对于不带卡盘或底盘的电杆，可采用螺旋钻洞器、夹铲等工具挖出圆形基坑。底盘置于基坑底时，坑底表面应保持水平，双杆两底盘中心的根开误差不应超过 30mm；两杆坑深度高差不应超过 20mm。

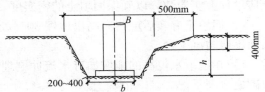

图 8-3　电杆基坑横断面

电杆基坑开挖尺寸：坑口横断面（图 8-3），坑宽 B 值根据土质情况确定，按表 8-4 的公式计算。

坑口尺寸计算公式　　　　表 8-4

土质种类	坑宽尺寸（m）	注
一般黏土、砂质黏土	$B=b+0.6+0.2h×2$	
砂砾、松土	$B=b+0.6+0.3h×2$	式中　B——坑口宽度（m）；
需用挡土板的松土	$B=b+0.6+0.6$	b——底盘宽度（m）；
松石	$B=b+0.4+0.16h×2$	h——基础埋深（m）
坚石	$B=b+0.4$	

梯形坑适用于杆身较高较重及带有卡盘的电杆，便于立杆。坑深在 1.6m 以下者应放二步阶梯形基坑，坑深在 1.8m 以上者可放三步阶梯形基坑。

拉线坑的基底底面应垂直于拉线方向，深度应符合设计要求。

坑底处理，坑底应铲平夯实。混凝土杆的坑底应设置底盘并找正。

（3）底盘安装

底盘重量小于 300kg 时，可采用人工作业，用撬棍将底盘撬入坑内，地面土质松软时，应在地面铺设木板或平行木棍，然后将底盘撬入基坑内。底盘重量超过 300kg 时，可采用吊装方式将底盘就位。

1）底盘找正

单杆底盘找正方法。底盘入坑后，采用钢丝（20 号或 22 号），在前后辅助桩中心点上连成一线，用钢尺在连线的钢丝上测出中心点，从中心点吊挂线坠，使线坠尖端对准底盘中心。如产生偏差应调整底盘，直到中心对准为止。然后用土将底盘四周填实，使底盘固定牢固。

2）拉线盘找正

拉线盘找正方法。拉线盘安装后，将拉线棒方向对准杆坑中心的标杆或已立好的电杆，使拉线棒与拉线盘成垂直，如产生偏差应找正拉线盘垂直于拉线棒（或已立好的电杆），直到符合要求为止。拉线盘找正后，应按设计要求将拉线棒埋入规定角度槽内，填土夯实固定牢固。

（4）防腐处理

凡埋入地下金属件（镀锌件除外）均应作防腐处理，防腐必须符合设计要求。

（5）回填土

1）严禁采用冻土块及含有机物的杂土。

2）回填时应将结块干土打碎后方可回填，回填应选用干土。

3）回填土时每步（层）回填壤土 500mm，经夯实后再回填下一步（上一层），松软土应增加夯实遍数，以确保回填土的密实度。

4）回填土夯实后应留有高出地坪 300mm 的防沉土台，在沥青路面或砌有水泥花砖的路面不留防沉土台。

5）在地下水位高的地域如有水流冲刷埋设的电杆时，应在电杆周围埋设立桩并以石块砌成水围子。

2. 电杆组立

（1）工艺流程

复核杆位→材料验收→横担组装→立杆→卡盘安装→校正→夯填土方

（2）复核杆位

按设计图纸和土工基坑验收记录，进行测位（基坑坐标和标高、坑深度），符合设计要求和验收结论。

（3）材料验收

1）检查钢筋混凝土电杆的混凝土强度等级和外观质量以及合格证明文件。

2）绝缘子的外观质量和瓷件与铁件的结合应紧密，铁件镀锌情况、耐压试验报告和合格证件各项技术指标符合现行技术标准。

3）横担、铁拉板和抱箍、螺栓等金具应进行外观检查，金具的表面质量和镀锌层质量，以及规格、型号等应符合现行技术标准，并有合格证明文件。

（4）横担组装

横担组装前，用支架垫起杆身的上部，用尺量出横担安装位置，按装配工序套上抱箍、穿好垫铁及横担、垫好平光垫圈、弹簧垫圈并用螺母紧固。紧固时，要控制找平、找正。然后安装连接板、杆顶支座抱箍、拉线等。

（5）立杆

1）机械立杆

吊机就位后，按计算在杆上绑扎吊绳的部位挂上钢丝绳，吊索拴好缆风绳，挂好吊钩，在专人指挥下起吊就位。

起吊后杆顶部离地面 1000mm 左右时应停止起吊，检查各部件、绳扣等是否安全，确认无误后再继续起吊使杆就位。

电杆起立后，应立即调整好杆位，架上叉木，回填一步土，撤去吊钩及吊绳。然后用经纬仪和线坠调整好杆身的垂直度及横担方向，再作回填土。填土 500mm 厚度夯实一次，夯填土方填到卡盘安装部位为止。撤去缆风绳及叉木。

杆位、杆身垂直度及横担方向应符合下列要求：

① 电杆组立位置应正确，桩身应垂直。允许偏差：直线杆横向位移不大于 50mm，杆梢偏移不大于杆梢直径的 1/2；转角杆紧线后不向内角倾斜，向外角倾斜不大于 1 个杆梢直径。

② 直线杆单横担应装于受电侧，终端杆、转角杆的单横担装于拉线侧。允许偏差：横担的上下歪斜和左右扭斜从横担端部测量均不大于 20mm。

2）人力立杆

绞磨就位。设置地锚钎子，用钢丝绳将绞磨与打好地锚钎子连接好。再组装滑轮组，穿好钢丝绳，立人字抱杆。按计算杆的适当部位牵挂钢丝绳，拴好缆风绳及前后控制横绳，挂好吊钩，在专人指挥下起吊就位。

（6）卡盘安装

1）将卡盘放在杆位，核实卡盘埋设标高及坑深，将坑底找平并夯实。

2）将卡盘放入坑内，穿上抱箍，垫好垫圈，用螺母紧固。验收合格后方可回填土。

3）卡盘安装应符合以下要求：

① 卡盘上口距地面不应小于 350mm。

② 直线杆卡盘应与线路平行，应在线杆左右侧交替埋设。

③ 转角杆应分为上、下二层埋设在受力侧；终端杆卡盘应埋设在承力侧。

（7）钢筋混凝土电杆组合

由钢圈连接的分段钢筋混凝土电杆，组焊时应符合以下要求：

1）施焊时必须由取得施焊考试合格证的焊工操作，并遵照《钢结构工程施工质量验收规范》GB 50205 有关规定进行焊接。

2）钢圈焊口上的油脂、铁锈、泥垢等物应清理洁净。

3）分段钢筋混凝土电杆组对，应按钢圈对齐找正，中间应留 2～5mm 的焊口缝隙。其错口不应大于 2mm。

4）焊口符合要求后，先点焊 3～4 处，然后对称交叉施焊。

5）钢圈厚度大于 6mm 时，应开 V 形坡口采用多层焊接，焊接中应特别注意焊缝接头和收口质量，多层焊缝的接头应错开，收口时应将熔池填满。

6）电杆的钢圈焊接接头应按设计要求进行防腐处理。

7）电杆焊接组合质量应符合以下要求：

① 焊完后的电杆弯曲度不得超过对应长度的 2/1000。

② 焊缝表面应有一定的加强面，不应有裂纹、夹渣、气孔等，咬边深度不应大于 0.5mm。

3. 拉线安装

（1）工艺流程

拉线盘→拉线下料→拉线组合制作→拉线安装

（2）拉线盘安装

1）拉线盘的埋设深度和方向，应符合设计要求，拉线棒与拉线盘应垂直，连接处应采用双螺母，其外露地面部分的长度为 500～700mm。

2）拉线坑应有斜坡，回填土应将土块打碎后夯实。拉线坑宜设防沉层。

（3）拉线下料

1）拉线下料。根据设计要求拉线的组合方式确定拉线上、中、下底把的长度及股数。每把钢丝合成的股数应不少于三股，底把股数应比上、中把多两股。

2）拉线长度计算。

拉线长度近似值计算公式：

$$AB = K(AC + BC)$$

式中　AB——拉线长度（m）；

　　　AC——拉线高度（电杆±0.000 以上高度，m）；

　　　BC——拉线距（拉线出地面处至电杆根部的水平距离，m）；

　　　K——拉线系数，取 0.71～0.73（当 AC 与 BC 相近时，取 0.71；当 AC 是 BC 的 1.5 倍左右，或 BC 是 AC 的 1.5 倍左右时取 0.72；当 AC 是 BC 的 1.7 倍或 BC 是 AC 的 1.7 倍左右时取 0.73）。

计算出来的 AB 长度，是拉线装成长度（包括下部拉线棒露出的地面部分）。

拉线下料长度＝拉线长度－（花篮螺栓长度＋拉线棒露出的地面部分长度）＋上把和中把的扎线长度（对有拉紧绝缘子的拉线，还应加上拉紧绝缘子两端的扎线长度）。

3）伸线。将成捆的 ϕ14.0mm 镀锌铁线放开拉伸，使其挺直，以便切割和束合。

4）钢绞线切割。应将钢绞线切割处的两侧用细钢丝缠绕扎死，然后下料以防止断线后散股。

（4）拉线制作

1）束合。将拉直的钢线按需股数合在一起，另用 ϕ1.6～ϕ1.8mm 镀锌钢线在适当处以一端压住一端的方式拉紧缠扎 3～4 圈，然后将两端头拧在一起成拉线节，形成束合线。拉线节在距地面 2m 以内的拉线部分间隔 600mm；在地面 2m 以上拉线部分间隔 1.2m。

2）采用镀锌钢线合股组成的拉线，其股数不应少于三股。单股直径不应小于 4.0mm，绞合应均匀、受力相等，不应出现抽筋缺陷。

3）合股组成的镀锌钢线的拉线，可采用直径不小于 3.2mm 镀锌钢线绑扎固定，绑扎应整齐紧密。缠绕长度为：拉线为 5 股及其以下者，上端缠绕长度为 200mm；中端有绝缘子的两端缠绕长度为 200mm；下缠长度为 150mm，花缠 250mm，上缠为 100mm。

当合股组成的镀锌钢线拉线采用自缠绕固定时，缠绕应整齐紧密，缠绕长度：3 股线不应小于 80mm，5 股线不应小于 150mm。

4）拉线把制作。拉线把制作方法有两种：自缠法和另缠法。对于较软性的拉线可采用自缠法；对于硬性较高的镀锌钢线或钢绞线应采取另缠法。

（5）拉线安装

1）拉线安装应符合以下规定：

① 安装后对地平面夹角与设计值的允许偏差，应符合下列规定：

a. 35kV 架空电力线路不应大于 1°；

b. 10kV 及以下架空电力线路不应大于 3°；

c. 特殊地段应符合设计要求。

② 承力拉线应与线路方向的中心线对正；分角拉线应与线路分角线方向对正；防风拉线应与线路方向垂直。

③ 跨越道路的拉线，应满足设计要求，且对通车路面边缘的垂直距离不应小于 5m。

④ 当采用 UT 形线夹及楔形线夹固定安装时，应符合下列规定：

a. 安装前丝扣上应涂润滑剂；

b. 线夹舌板与拉线接触应紧密，受力后无滑动现象，线夹凸肚在尾线侧，安装时不应损伤线股；

c. 拉线弯曲部分不应有明显松股，拉线断头处与拉线主线应固定可靠，线夹处露出的尾线长度为 300~500mm，尾线回头后与本线应扎牢；

d. 当同一组拉线使用双线夹并采用连板时，其尾线端的方向应统一；

e. UT 形线夹或花篮螺栓的螺杆应露扣，并应有不小于 1/2 螺杆丝扣长度可供调紧，调整后，UT 形线夹的双螺母应并紧。花篮螺栓应封固。

⑤ 当采用绑扎固定安装时，应符合下列规定：

a. 拉线两端应设置心形环；

b. 钢绞线拉线，应采用直径不大于 3.2mm 的镀锌钢线绑扎固定。绑扎应整齐、紧密。

⑥ 混凝土电杆的拉线当装设绝缘子时，在断拉线情况下。拉线绝缘子距地面不应小于 2.5m。

2）拉线组装

拉线组装的操作内容包括：埋设拉线盘、做拉线上把和做拉线中把。拉线组装详见表 8-5。

拉线组装工艺   表 8-5

序号	名称	图 示	技术说明
1	地锚	焊接 拉线环 U形拉环 拉线棒 拉线盘 垫圈 螺母	地锚：是由混凝土拉线盘和镀锌圆钢拉线棒组成，见左图。 地锚的组装是将镀锌圆钢拉线棒穿过拉线盘孔，放好垫圈，拧好螺母即可，见左图。 地锚组装常规是采用镀锌圆钢拉线棒取代下把拉线，因为下把拉线埋置地下容易腐蚀，施工工艺复杂。所以，采用拉线棒（下把棍），它的下端套有丝扣，上端有拉环，施工工艺简单。 下把拉线棒装好之后，将拉线盘在拉线坑内方正，使镀锌拉线棒上端的拉线环露出地面 500~700mm，然后分层填土夯实。拉线棒距地面上下 200~300mm 处，要涂沥青，以防腐蚀

4. 架空线路导线架设

架设导线主要工序包括放线、架线、紧线和绑扎等。架空配电线路所采用的导线，必须符合国家现行电线产品技术标准。适用于 10kV 及以下架空配电线路安装工程。

（1）工艺流程

放线→紧线→固定绑扎→搭接过引线、引下线

（2）放线

1）按线路长度和导线的长度计算好每盘导线就位的杆位或就位差，首先，做好线盘就位，然后，从线路首端（紧线处），用放线架架好线轴，沿着线路方向把导线从盘上放开。

2）放线方法：

常规导线施放有两种方法：一种是将导线沿杆根部放开后，再将导线吊上电杆；另一种是在横担上装好开口滑轮，施放导线时，逐档将导线吊放在滑轮内施放导线。

施放导线前，应沿线路清除障碍物，石砾地区应垫草垫等隔离物，以免损伤导线。当布线需跨越道路、河流时，应搭跨越架，并应设专人监管通过的车辆、船只，以防发生事故。

施放的导线吊升上杆时，每档之间的导线尽量避免接头，必须有接头时，接头应符合下列要求：

① 同一档距内，同一根导线上的接头不得超过一个。

② 导线接头位置与导线固定处的距离应大于 0.5m，有防振装置者应在防振装置以外。

③ 线路跨越各种设施时，档距内的导线不应有接头。

④ 不同金属、不同规格、不同绞向的导线严禁在档距内连接。

⑤ 导线连接可使用与导线配套的钳压管压接，且应符合下列要求：

a. 导线连接前应清除表面污垢，清除长度应为连接部分的两倍，导线表面及钳压管内壁均应涂刷电力复合脂。

b. 导线钳压口数及压口尺寸，应符合施工规范规定。

c. 钳压后导线端头露出长度，不应小于 20mm，导线端头绑线不应拆除。

d. 压接后的套管不应有裂纹，弯曲度不应大于管长的 2%，大于 2% 时应校直；套管两端附近的导线不应有灯笼、抽筋等现象。

e. 压接后，套管两端出口处、合缝处及外露部分应涂刷油漆。

（3）紧线

紧线前应做好以下准备工作：

1）首先，对耐张杆、转角杆和终端杆的已设好的拉线，应做全部检查，达到设计要求功能后（必要时还要设临时拉线），方可进行下道工序。

2）在线路末端将导线卡固在耐张线夹上或绑回头挂在蝶式绝缘子上。

（4）过引线、引下线安装

搭接过引线、引下线：在耐张杆、转角杆、分支杆、终端杆上搭接过引线或引下线。

（5）架空导线固定

架空导线在绝缘子常规用绑扎法固定。

（6）线路、电杆的防雷接地

1）避雷线的钢绞线质量应符合设计要求。

2）采用接续管连接的避雷线或接地线，应符合国家现行技术标准《电力金具》的规

定，连接后的握着力与原避雷线或接地线的保证计算拉断力比，应符合下列规定：

① 接续管不小于 95%。

② 螺栓式耐张线夹不小于 90%。

3) 架空线路保护接地，为了消除雷击和过电压的危害而设的接地。

5. 导线连接

（1）架空导线连接方式如下：

1) 跳线处接头，常规采用线夹连接法。

2) 其他位置接头，通常采用钳接（压接）法、单股线缠绕法和多股线交叉缠绕法。特殊地段和部位利用爆炸压接法。

（2）架空导线连接应符合以下要求：

1) 材料不同、规格不同、绞向不同的导线，严禁在档距内连接。

2) 在一个档距内，每根导线不应超过 1 个接头。跨越线（道路、河流、通信线路、电力线路）和避雷线均不允许有接头。

3) 接头距导线的固定点，不应小于 500mm。

4) 导线接头处的机械强度，不应低于原导线强度的 90%，电阻不应超过同长度导线的 1.2 倍。

6. 接户线安装

接户线安装适用于 1kV 以下架空配电线路自杆上线路引至建筑物墙外第一支持物线路。

建筑物墙外这段支持物线路，包括接户杆。接户线按电压可分为低压接户线和高压接户线。低压架空接户线自支持物之间距离（档距）不应大于 25m，超过 25m 时，应加装接户杆。

（1）工艺流程

横担、支架制作、安装→接户线架设→导线连接

（2）横担、支架制作、安装

1) 横担、支架制作

根据施工图确定的进线方式和横担、支架的构造形式，规格尺寸量出角钢的长度后，将其锯断。按图纸要求画出撖角线及孔位线，用锯在撖角线锯出豁口，夹在台钳上撖制成型。然后将豁口的对口缝焊牢。

采用埋设固定的横担、支架及螺栓、拉环的埋设端应制成燕尾。

防腐处理。除横担、支架、螺栓、拉环采用镀锌标准件之外均需做防腐处理。首先，对金属制件进行除锈后涂刷防锈涂料一道，灰色油性涂料两道。

2) 横担、支架安装

①待横担、支架的涂料干燥后，进行埋设、固定。横担、支架固定处为砖墙时，以随墙体施工预埋为宜。

②接户线的进户端固定点标高不应低于 2700mm，且应满足接户线在最大弛度情况下，对路面中心垂直距离不应小于以下规定：

a. 通车道路：6000mm。

b. 通车困难道路、胡同：3500mm。

3）根据受力情况确定横担、支架的埋置深度，但不应小于 120mm。固定螺栓为 M12。埋注时应采用高强度水泥砂浆。

4）接户线的杆上横担应安装在最下一层线路的下方。

5）接户线横担应做防雷、接地保护。

（3）接户线架设

1）绝缘子安装。按设计要求的绝缘子型号、规格选定之后，将绝缘子安装在横担、支架上。并将防水弯拧牢。

2）放线架设。放开导线，抻直后，进行导线架设、绑扎。

① 接户线架设后，在最大摆动时，不得接触其他物体和树木。

② 在档距内不应有接头。

③ 接户线严禁穿过高压引线。

④ 两个不同电源引入的接户线不宜同杆架设。

⑤ 固定端采用绑扎固定时，其绑扎长度应符合表 8-6 的规定数值。

绑扎长度   表 8-6

导线截面（mm²）	绑扎长度（mm）	导线截面（mm²）	绑扎长度（mm）
10 及以下	>50	25～50	>120
16 及以下	>80	70～120	>200

3）导线连接

① 按档距下线的长度，削出线芯，找对相序后，进行导线连接。然后做好接头处的绝缘处理。做好"倒人字"形接头，使之排列整齐。

"倒人字"形接头，常规连接方法如下：

a. 铝导线间可采用铝钳压管压接。

b. 铜导线间可采用缠绕后锡焊。

c. 铜、铝导线间可将铜导线涮锡在铝线上缠绕或采用套管压接。

② 接户线与电杆上的主导线应使用并沟线夹进行连接。铜、铝导线间应使用铜、铝过渡线夹。

③ 接户线与建筑物有关部分、线路的距离数值，详见表 8-7 的规定。

低压架空接户线在电杆上和进户第一支持物上，均应牢固地绑扎在绝缘子上，绝缘子安装在支架上或横担上，支架或横担应安装牢固，并能承受接户线的全部拉力。导线截面在 16mm² 以上时，应使用蝶式绝缘子。线间距离不应小于 150mm。

接户线长度不宜超过 25m，在偏僻的地方不应超过 40m。

4）用橡胶、塑料护套电缆作接户线应符合下列规定：

① 截面在 10mm² 及以下时，杆上和第一支持物处，应采用蝶式绝缘子固定，绑线截面应不小于 1.5mm² 绝缘线。

② 截面在 10mm² 以上时，应按钢索布线的技术规定安装。

③ 第一支持物以下各处的接线，应做接线盒。

5）楼房的第一支持物应做在首层，并应避开阳台、窗户和雨水口下方。

序号	部位名称	距离数值	序号	部位名称	距离数值
1	房屋有关部分	与上方窗户或阳台的垂直距离：800mm； 与下方窗户的垂直距离：2500mm； 与窗户或阳台的水平距离：800mm； 与建筑物突出部分的距离：150mm； 与墙壁、构架的距离：50mm； 受电端的对地距离不应小于2500mm	3	街道	跨越街道的低压接户线，至路面中心的垂直距离，不应小于下列数值： 通车街道6000mm； 通车困难的街道，人行道3500mm； 跨越人行道、巷道3000mm
2	智能化布线	在智能化布线线路上方时垂直距离：600mm； 在智能化布线线路下方的垂直距离：300mm	4	建筑物	低压接户线一般不允许跨越时，接户线在最大弧垂时，对建筑物的垂直距离不应小于2500mm

8.2 户外电缆敷设施工

8.2.1 工艺流程

工艺流程见图 8-4。

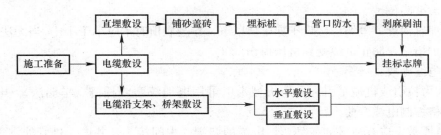

图 8-4 户外电缆敷设施工工艺流程

8.2.2 施工准备

（1）复核检查进入现场的电缆规格、型号、截面、电压等级等，均应为符合设计要求。外观质量不得有无机械损伤、扭曲、漏油、渗油等缺陷。

（2）电缆敷设之前进行绝缘测试和耐压测试。

1）绝缘测试。用 1kV 摇表测线间及对地的绝缘电阻应不低于 10MΩ。

2）电缆应做耐压和泄漏试验。

3）纸绝缘电缆应检查芯线是否受潮。首先，将芯线绝缘纸剥下一块，用火点着，如发出叭叭声音，即电缆已受潮。

4）受检油浸纸绝缘电缆应立即用焊料（铅锡合金）把电缆头封好。其他电缆用橡皮包布密封后再用黑包布包好。橡塑护套电缆应有防晒措施。

（3）施放电缆机具安装。采用机械施放时，将动力机械按施放要求就位，并安装好钢丝绳和滑轮。人力施放电缆时事先将滚轮按设计位置安装好。

（4）施工过程联络指挥系统运行正常。

（5）桥架或支架上多根电缆敷设时，应根据实际作出电缆排列表或以图的方式画出排列顺序，以防电缆的交叉和混乱。

（6）施工环境温度和电缆预热加温，应符合设计要求和规范的规定。

（7）电缆搬运及支架架设，应符合以下要求：

1）短距离搬运，常规采用滚动电缆轴的方法。运行应按电缆轴上箭头指示方向运作，以防作业错误造成电缆松弛。

2）电缆支架的架设地点应选择土质密实的原土层的地坪上便于施工的位置，一般应在电缆起止点附近为宜。架设后，应检查电缆轴的转动方向，电缆引出端应位于电缆轴的上方。

8.2.3 电缆敷设

1. 直埋电缆的敷设

电缆埋地敷设方式包括：直埋式；保护管（或排管）敷设；电缆沟敷设；电缆隧道敷设。

直埋电缆是将电缆直接埋设在地下，不需要复杂的结构设施，施工工艺简单，便于操作，而且泥土散热性好。现代城市建设，供电采用电缆埋地敷设有利于城市美观。

（1）清除沟内杂物，夯实、找平，然后铺设垫层底砂。砂垫层厚度为100mm，沟两边应预留坡度防倒坡。

（2）埋置深度。电缆应敷设于冻土层以下，穿越农田时不应小于1m。当无法深埋时，应采取保护措施，防止电缆受到机械损伤。

（3）电缆施放：

1）人力拉引或机械牵引。采用机械牵引可用电动绞磨或托撬（旱船法）。电缆敷设时，应严格控制电缆弯曲半径。

2）电缆敷设应有适量的蛇型弯，电缆的两端、中间接头、井内、过管处、垂直位差处均应留有适当余度。

3）电缆与铁路、公路、街道、厂区道路交叉时，应敷设在坚固的保护管或隧道内。电缆管的两端宜伸出道路路基两边各为2m。伸出排水沟500mm。在城市街道应伸出车道路面。

4）电缆就位。用缆绳将电缆分段捆绑住，以人力控制把电缆放于沟底就位，防止施放磨损电缆保护层或造成扭曲，就位后及时调整位置找正后，在电缆上面铺填一层不小于100mm厚的软土或细砂，并盖上预制混凝土保护板，覆盖宽度应超过电缆两侧各50mm，也可用砖代替混凝土盖板。盖板应指向受电方向。

5）埋设标准。电缆在拐弯、接头、交叉、进出建筑物等位置应设方位标桩。直线段应适当加设标桩。标桩露出地面以150mm为宜。

6）回填土。回填土前，应做好隐蔽工程检查验收，电缆敷设符合设计要求，合格后，应及时回填土并进行夯实。

7）直埋电缆进出建筑物，室内过管口低于室外地坪者，对其过管应按设计要求做好防水处理（图8-5）。

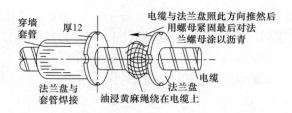

图 8-5　过管的防水处理

8）直埋电缆引至电杆及建筑物内的施工方法（图 8-6）。

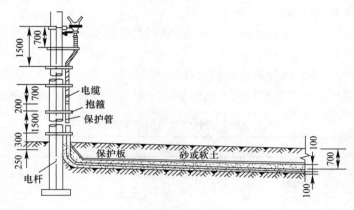

图 8-6　直埋电缆引至电杆的做法

2. 电缆沟或隧道内敷设

电缆在电缆沟或隧道敷设也是室内外常规的电缆敷设方法。

（1）电缆沟底应平整，并有1‰的坡度。排水方式应按分段（每段为50m）设置集水井，集水井盖板结构应符合设计要求。井底铺设的卵石或碎石层与砂层的厚度应依据地点的情况适当增减。地下水位高的情况下，集水井应设置排水泵排水，保持沟底无积水。

（2）电缆沟、隧道支架应平直，安装应牢固，保持横平。支架必须做防腐处理。支架或支持点的间距，应符合设计要求。

电缆支架层间的最小垂直净距：10kV 及以下电力电缆为 150mm，控制电缆为 100mm。

（3）电缆在支架敷设的排列，应符合以下要求：

1）电力电缆和控制电缆应分开排列。

2）当电力电缆与控制电缆敷设在同一侧支架上时，应将控制电缆放在电力电缆下面，1kV 及以下电力电缆应放在 1kV 以上电缆的下面（充油电缆应例外）。

3）电缆与支架之间应用衬垫橡胶垫隔开，以保护电缆。

（4）电缆在沟内需要穿越墙壁或楼板时，应穿钢管保护。

（5）电缆敷设完后，用电缆沟盖板将电缆沟盖好，必要时，应将盖板缝隙密封，以免水、汽、油等侵入。

（6）隧道桥架、支架上敷设：

1）桥架、支架安装应牢固可靠，适用于水平敷设。

2）电缆桥架结构由金属电缆托盘，梯架及金属线槽组成。桥架安装应根据设计荷载确定最佳跨距进行支撑，跨距常规为 1500～3000mm。垂直安装时其固定点间距不宜大于 2000mm。桥架固定可采用胀管螺栓或在预埋铁件上焊接的方法固定。

3）电缆桥架处于有防火要求的场所，应采取防火隔离措施。

4）电缆沿桥架、托盘敷设，必须单层敷设，排列整齐。不得有交叉，拐弯处应以最大截面电缆允许弯曲半径为准。

5）不同等级电压的电缆应分层敷设，高压电缆应敷设在上层。

6）同等级电压电缆沿桥架敷设时，水平净距不得小于 35mm。

7）电缆桥架内的电缆应在首端、尾端、转弯及每隔 50m 处设有注明电缆编号、型号、规格及起止点等标记牌。

8）桥架与配件、附件和紧固件，均应采用镀锌标准件。除此之外应采用相应的防护措施。

9）强电和弱电电缆，因受条件限制安装同一层桥架上时，应用隔板隔开。

10）电缆桥架与各种管道平行或交叉的最小净距应符合表 8-8 所列规定值。

电缆桥架与各种管道的最小净距   表 8-8

管道类别		平行净距（m）	交叉净距（m）
一般工艺管道		0.40	0.30
具有腐蚀性液体或气体管道		0.50	0.50
热力管道	有保温层	0.50	0.50
	无保温层	1.00	1.00

3. 竖井垂直敷设

（1）竖井有砌筑式和组装结构竖井（钢筋混凝土预制结构或钢结构）。其垂直偏差不应大于其长度的 2/1000；支架横撑的水平误差不应大于其宽度的 2/1000；竖井对角线角的偏差不应大于其对角线长度的 5/1000。

（2）电缆支架应安装牢固，横平竖直。其支架的结构形式、固定方式应符合设计要求。支架必须进行防腐处理。支架（桥架）与地面保持垂直，垂直度偏差不应超过 3mm。

（3）垂直敷设，有条件的最好自上而下敷设。可利用土建施工吊具，将电缆吊至楼层顶部。敷设时，同截面电缆应先敷设低层，后敷设高层，敷设时应有可靠地安全措施，特别是做好电缆轴和楼板的防滑措施。

（4）自下而上敷设时，小截面电缆可用滑轮和尼龙绳以人力牵引敷设。大截面电缆位于高层时，应利用机械牵引敷设。

（5）竖井支架距离应不大于 1500mm，沿桥架或托盘敷设时，每层最少架装两道卡固支架。敷设时，应放一根立即卡固一根。

（6）电缆穿越楼板时，应装套管，并应将套管用防火材料封堵严密。

（7）垂直敷设的电缆在每支架上或桥架上每隔 1.5m 处应加固定。

（8）缆线排列应顺直，不应溢出线架（线槽），缆线应固定整齐，保持垂直。

（9）支架、桥架必须按设计要求，做好全程接地处理。

4. 管道内电缆敷设

（1）为防止电缆受到损伤，电缆应有一定机械强度的保护管或加装保护罩。

保护管的设置应在以下地点（处）埋设：

1）电缆进入建筑物、穿越楼板、墙身及隧道、街道等处。

2）从电缆沟引至电杆、设备、内、外墙表面或屋内行人容易接近处，距地面高度 2000mm 以下的一段。

3）易受机械损伤的地方。

保护管埋入非混凝土地面的深度不应小于 100mm，伸出建筑物散水坡的长度不应小于地 250～300mm。保护罩根部不应高出地面。

（2）保护管加工预制及敷设：

1）保护管加工预制。电缆管弯制后的弯扁程度不大于管子外径的 10%，管口应作成喇叭口形或打磨光滑。

2）电缆管内径不应小于电缆外径的 1.5 倍。其他混凝土管、石棉水泥管不应小于 100mm。

3）电缆管的弯曲半径应符合所穿入电缆的弯曲半径的规定。每根管最多不应超过三个弯头，直角弯不应多于 2 个。

4）电缆管连接。金属管应采用大一级的短管套接，短管两端焊牢密封良好。

5）保护管敷设。有预埋和埋置两种，都应控制好坐标、标高、走向，安装应牢固。

6）电缆管应有小于 0.1% 的排水坡度。连接时管孔应对准同心，接缝应严密，以防止地下水和泥浆渗入。

（3）管道内部不得有毛刺，管口应安装护套。管内无积水和杂物堵塞。保护管采用非镀锌钢管时应对管壁内、外做防腐处理。

（4）电缆穿管时，不得损伤绝缘保护层，可采用无腐蚀性的润滑剂（粉）。

（5）电缆排管在敷设电缆前，首先，进行疏通，清除杂物。

（6）穿入管中电缆的数量应符合设计要求。交流单芯电缆不得单独穿入钢管内。

（7）金属电缆护管应做好全程接地处理。使用套管连接时，并应设置跨接线，焊接必须牢固，严禁采用点焊方法连接。

8.2.4 电缆头制作

电力电缆头制作是技术性较强的制作工艺，电缆头制作的构造、作业环境、绝缘性能的检测、电缆芯线的相序、连接端子相序相互吻合，所有的施工材料，以及配件的型号、规格、数量等均应符合工艺要求。

电缆头制作技术要求，见表 8-9 的规定。

电缆头制作技术要求 表 8-9

电缆头种类	制作术要求
终端（中间）头的铅封	（1）铅封的搪铅时间不宜过长，铅封未冷却不得移动电缆 （2）铝护套电缆搪铅时，应先涂刷铝焊料 （3）充油电缆的铅封应封两层，以增加铅封的密封性。铅封和铅套应予以加固
浇注胶液封闭	（1）浇注密封材料前，应将终端头或中间接头的金属（瓷）外壳预热去潮，以防浇注胶液产生气泡和空隙 （2）封闭材料为环氧树脂，应拌合均匀，浇灌时应尽量防止产生气泡

电缆头种类	制作术要求
防震终端头	按照设计要求做好象鼻式电缆张端头的防震措施
控制电缆终端头	常规为干封或用环氧树脂浇铸，其制作工序如下： (1) 按实际需要长度、确定切割尺寸、打好接地卡了，即可剥去钢带和铅包 (2) 首先将线芯间的充填物清除净，分开线芯，穿好塑料套管，在铅包切口处向上 30mm 一段线芯上，用聚氯乙烯带包缠 3～4 层，边包边涂聚氯乙烯胶，然后套上聚氯乙烯控制电缆终端套 (3) 套好聚氯乙烯终端套以后，在其上口与线芯接合处再用聚氯乙烯带包缠 4～5 层，边包边刷聚氯乙烯胶液
充油电缆头	(1) 供油系统与电缆间应装置有绝缘管接头 (2) 表针安装应牢固，要装有防水设置 (3) 调整压力油箱的油压，使其工作压力不超过电缆允许的压力位置 (4) 电缆终端头、中间接头及充油电缆供油管路均不应有渗漏

8.3　室内配电线路

建筑物室内配电线路有明配和暗配两种敷设方式。导线沿墙壁、顶棚、桁架及梁柱等布线为明配敷设；导线埋设在墙内、空心板内、地坪内和布设在顶棚内等布线方式为暗配敷设。常规穿管配线较为普遍用得最多。室内配线不仅要求安全可靠，满足使用功能，而且要求布局合理、整齐、牢固。

8.3.1　金属配管敷设

建筑电气 1kV 及以下配线敷设，金属线管的敷设适用于潮湿场所和直埋于地下的电线保护管，应采用厚壁钢管或防液型可挠金属电线保护管。干燥场所的电线保护管宜采用薄壁钢管或可挠金属电线保护管。钢管保护管的配制及敷设，应根据设计图，随土建工程逐段逐层配合施工。按土建施工顺序确定配管线路的长度及其形状，运行截料加工并与土建配合预理。这种配线方式比较安全可靠并可避免腐蚀性气体的侵蚀和受机械损伤。线管的敷设要求管路短、弯曲少，以便于穿线。

线管布线包括线管选择线管加工、线管敷设等工序。

1. 暗配厚壁金属电线管配管

厚擘金属电线管因其抗腐蚀性好，强度高，而被广泛用于直埋于土壤中或暗配于混凝土中，但有时也可用做明配。

（1）工艺流程

根据图纸要求选管→管子切断→套丝→撖弯→随土建施工进度分层分段配管→管线补偿→跨接地线的焊接→管线防腐→竣工验收

（2）管线切断

配管前根据图纸要求的实际尺寸将管线切断，大批量的管线切割时，可以采用型钢切割机。利用纤维增强砂轮片切割，操作时用力要均匀，平稳，不能过猛，以免砂轮崩裂。

管子切断后需用平锉锉平，用圆锉去除管口毛刺，刮光，使管口整齐光滑。

（3）套丝

在管线连接以及管与盒（箱）等的连接方式中有一种称为丝接，就是在线管的端部套丝，用相应的部件将管线之间或管线与盒（箱）间连接起来的方法。套丝一般采用套丝扳来进行，如图8-7所示。

图8-7 台虎钳案子与手动套丝扳子示意图

管径＜DN20的管子应分两板套成，管径≥DN25的管子应分三板套成，每次套丝的板牙应选用比上一次套丝所用板牙间距小一些的。按照上述方法再套一次，但应注意避免出现乱丝现象，最后形成的丝扣应为锥形，且长度应符合有关的要求。在套丝时还需随套丝随浇冷却液，以使丝扣光滑。进入盒（箱）的管子其套丝长度不宜小于管外径的1.5倍。管路间连接时，套丝长度一般为管箍长度的1/2加2～4扣，需要退丝连接的丝扣长度为管箍的长度加2～4扣。丝扣的长度过长或过短，都会给今后的施工带来很多不便，施工时应加以重视。

在管路敷设前，应预先根据图纸将管线撖出所需的弧度。钢管的弯曲有冷撖法和热撖法两种。

1）冷撖法

管径在DN25及其以上的管子应使用液压撖管器，根据管线需撖成的弧度选择相应的模具，将管子放入模具内，使管子的起弯点对准撖管器的起弯点，然后拧紧夹具，使管外径与弯管模具紧贴，以免出现凹瘪现象然后，撖出所需的弯度。

管径＜DN25的管子，可用手扳撖管器撖弯。

2）热撖法

热撖法顾名思义就是用加热的方法撖管，但此方法只用于黑铁管（焊接钢管），镀锌钢管是严禁使用的。撖管前将管子一端堵住，灌入事先已炒干的砂子，并随灌随敲打管壁，直到灌满时。然后将另一端堵严。撖管时将管子放在火上加热，烧红后撖出所需的角度，随撖随浇冷却液，热撖法应掌握好火候。管弯处无折皱，凹穴和裂缝等现象。

3）管路弯曲时的注意事项

管路的弯扁度应不大于管外径的10%；弯曲角度不宜小于90°，弯曲处不可有折皱凹穴和裂缝现象。暗配管时弯曲半径不应小于管外径的6倍，埋设于地下或混凝土楼板时，不应小于管外径的10倍。撖管时还需注意管子弯曲方向与钢管焊缝间的关系，一般焊缝应放在管子弯曲方向的正、侧面交角的45°线上。如图8-8所示。

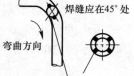

图8-8 弯曲方向与管子焊缝的关系示意

（4）管路连接

1）管与盒的连接

在配管施工中，管与盒、箱的连接一般情况采用螺母连接。采用螺母连接的管子必须先套好丝，将套好丝的管端拧上锁紧螺母，插入与管外径相匹配的接线盒的敲落孔内，管线要与盒壁垂直，再在盒内的管端拧上锁紧螺母固定。

带上锁母的管端在盒内露出锁紧螺母的螺纹应为2～4扣，不能过长或过短，如采用金属护口，在盒内可不用锁紧螺母，但入箱的管端必须加锁紧螺母。多根管线同时入箱时应注意其入箱部分的管端长度应一致，管口应平齐。预留入盒管线管口不平齐，是不符合要求的。

2）管与管的连接

① 丝接：将两根分别已套好丝的管用通丝管箍连接起来的方法称为丝接，丝接的两根管应分别拧进管箍长度的1/2，并在管箍内吻合好，连接好的管子外露丝扣应为2～3扣，不应过长，需退丝连接的管线，其外露丝扣可相应增多，但也应为5～6扣。丝扣连接的管线应顺直，丝扣连接紧密，不能脱扣。

② 套管焊接：套管焊接的方法就是选甩一段套管套在需连接的两根管线外，并把套管周边与连接管焊接起来。如图8-9所示。套管焊接的方法只可用于≥DN25管径的暗配厚壁管。套管的内径应与连接管的外径相吻合，其配合间隙以1～2mm为宜，不得过大或过小，套管的长度应为连接管外径的1.5～3倍，连接时应把连接管的对口处放在套管的中心处，应注意两连接管的管口应光滑、平齐，两根管对口应

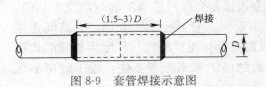

图8-9　套管焊接示意图

吻合，套管的管口也应平齐、要焊接牢固，并且没有缝隙，以免在浇筑混凝土时，会有混凝土进入管线。焊接好的管线应为一条直线，不得有弯曲现象。

（5）管路敷设

1）现浇混凝土结构中管路敷设

① 墙、柱内管路敷设

墙、柱内钢筋的敷设应与土建施工配合，在墙、柱钢筋绑扎时，根据设计图纸要求，确定盒、箱的位置，并根据盒、箱的尺寸大小以及钢筋的绑扎情况，与土建协同敷设。较大的箱体敷设时需土建断筋后进行，并应固定牢固且相应加筋，以免影响结构强度。小的盒可直接坐稳于钢筋间，并固定牢固。盒、箱与模板的定位关系应根据墙面装饰的要求来决定，墙体内的配管应在两层钢筋网中沿最近的路径敷设，并沿钢筋内侧进行绑扎固定，绑扎间距不应大于1m。柱内管线应与柱主筋绑扎牢固。当线管穿过柱时，应适当加筋，以减少暗配管对结构的影响。柱内管路需与墙连接时，伸出柱外的短管不要过长，以免碰断。墙柱内的管线并行时，应注意其管间距不可小于25mm，管间距过小，会造成混凝土填充不饱满，从而影响土建的施工质量。管线穿外墙时应加套管保护，并做防水。

② 楼板内管路的敷设

现浇混凝土楼板内的管路敷设应在模板支好后，根据图纸要求及土建放线进行画线定位，确定好管、盒的位置，待土建底筋绑好，而顶筋未铺时敷设盒、管，并加以固定。土建顶筋绑好后，应再检查管线的固定情况，并对盒进行封堵。在施工中需注意，敷设于现浇混凝土楼板中的管子，其管径应不大于楼板混凝土厚度的1/2。由于楼板内的管线较多，所以施工时，应根据实际情况，分层、分段进行。先敷设好应预埋于墙体等部位的管子，再连接与盒相连接的管线，最后连接中间的管线，并应先敷设带弯的管子再连接直管。并行的管子间距不应小于25mm，使管子周围能够充满混凝土，避免出现空洞。在敷设管线时，应注意避开土建所预留的洞。当管线需从盒顶进入时应注意管子所撅的弯不应过大，不能高出楼板顶筋，保护层厚度应不小于50mm。

254

③ 梁内的管线敷设

管路的敷设应尽量避开梁，但管线穿梁等，情况也是不可避免的。管线竖向穿梁时，应选择梁内受剪力、应力较小的部位穿过，当管线较多时需并挑敷设，且管间的间距同样不应小于 25mm，并应与土建协商适当加筋。管线横向穿梁时，也应选择从梁受剪力、应力较小的部位穿过，管线横向穿梁时，管线距底箱上侧的距离不小于 50mm，且管接头尽量避免放于梁内。灯头盒需设置在梁内时，其管线顺梁敷设时，应沿梁的中部敷设，并可靠固定，管线可撅成 90°的弯从灯头盒顶部的敲落孔进入，也可减成鸭脖弯从灯头盒的侧面敲落孔进入。如图 8-10 所示。

2) 垫层内管线敷设

需敷设于楼板混凝土垫层内的管线应注意其保护层的厚度不应小于 15mm。当楼板上为炉渣垫层时，需沿管线铺设水泥砂浆进行防腐。管线应固定牢固后再打垫层。

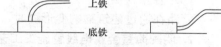

图 8-10　管入灯头盒的做法示意图

(6) 地面内管线敷设

管线在地面内敷设，应根据图纸要求及土建测出的标高，确定管线的路径，进行配管。在配管时应注意尽量减少管线的接头，采用丝接时，要缠麻抹铅油后拧紧接头，以防水气的侵蚀。如果管线敷设于土壤中，应先把土壤夯实，然后沿管路方向垫不小于 50mm 厚的小石块，管线敷好后，在管线周围浇灌素混凝土，将管线保护起来，其保护层厚度不应小于 50mm。如果管线较多时，可在夯实的土壤上，沿管路敷设路线辅设混凝土打底，然后再敷设管路，再在管路周围用混凝土保护。保护层厚度同样不小于 50mm。

地面内的管线使用金属地面出线盒时，盒口应与地面平齐，引出管与地面垂直。当敷设的管线需露出地面时，则其管口距地面的高度不应小于 200mm，当多根线管进入配电箱时，管线排列应整齐。如进入落地式配电箱，其管口应高于基础面不小于 50mm。当线管需与设备相连时，应尽量将线管直接敷设到设备内，如果条件不允许直接进入设备，则在干燥环境下，可加软管引入设备，但管口应包紧密，如在室外或较潮湿的环境下，可在管口处加防水弯头。线管进设备时，不应穿过设备基础。如穿过设备基础则应加套管保护，套管的内径应不小于线管外径的 2 倍。管线敷设时应尽量避开供暖沟、电信管沟等各种管沟。如躲避不开时，则应接实际情况与设计要求进行敷设。

1) 多孔砖墙内的管线敷设：多孔砖墙内的管线敷设，应与土建配合，在土建砌筑墙体前，根据现场放出的线，确定盒、箱的位置，并根据预留管位置确定管线路径，进行顶置加工。准备工作做好后，将管线与盒、箱连接，并与预留管进行连接，管路连接好后，可以开始砌墙，在砌墙时应调整盒、箱口与墙面的位置，使其符合设计及规范要求。管线经过部位的空心砖应改为普通砖立砌，或在管线周围浇一条混凝土带将管子保护起来。当多根管进箱时，应注意管口平齐，入箱长度小于 5mm，且应用圆钢将管线固定好。空心砖墙内管线敷设应与土建配合好，避免在已砌好的墙体上进行剔凿。

2) 加气混凝土砌块墙内管线敷设：加气混凝土砌块墙内管线敷设，除配电箱应根据设计图纸要求，进行定位预埋处，其余管线的敷设应在墙体砌好以后。根据土建放的线确定好盒（箱）的位置及管线所走的路径，然后进行剔凿，但应注意剔的洞、槽不得过大。剔槽的宽度应不大于管外径加 15mm，槽深不小于管外径加 15mm，管外侧的保护层厚度也不应小于 15mm，接好盒（箱）管路后用不小于 M10 的水泥砂浆进行填充，抹面保护。

3）在配管时应与土建施工配合，尽量避免剔凿，如果确实需剔凿墙面敷设线管，需剔槽的深度和宽度应合适，不可过大、过小，管线敷设好后，应在槽内用管卡进行固定，再抹水泥砂浆，管卡数量应依据管径大小及管线长度而定，不需太多，以固定牢固为标准。

（7）接地

焊接钢管在接线盒（过线盒）连接处采用圆钢焊接进行接地跨接，镀锌钢管连接处采用 $4m^2$ 黄绿色多股软线进行跨接，用专用接地卡连接，严禁焊接。

（8）管路补偿

管路在通过建筑物的变形缝时，应加装管路补偿装置。

2. 明配薄壁金属电线管施工工艺

（1）工艺流程

薄壁金属电线管的工艺流程：

土建湿作业完成后进行明配管→管子切断→套丝→揻弯→预制加工支架、吊架→弹线定位测定盒、箱位置及管线路径→盒、箱固定→管卡、支架、吊架固定→管线敷设、连接→管线补偿→跨接地线的连接→管线防腐→竣工验收

（2）管线预制加工

管子在进场时的搬运过程中，会产生一些小的磕碰，会产生一些小弯曲，就要相应进行调直。但大的弯扁度是不可调直的，应放弃使用。调直的方法有两种：一种为冷调法，一种为热调法。

① 冷调法

管径小于 $DN50$ 时，均可采用冷调法。当管线不长时，可将管线放在铁砧子上，让凸起部向上，用木锤子敲打凸起部位，先调整大弯，然后再调整小弯，这样反复敲打，就可以将管线调直。如果用手锤敲打，应垫上木方，不能直接敲打管子，以免管线出现凹凸不平的现象。管线较长时，可将管线放在相距一定距离的小木方或粗管上，一人在一边转动管子使其凸起部位向上，另一人将手锤顶在与所敲打的凸起部位相距 50~150mm 的凹处，然后用木锤敲打凸起部位，反复敲打，可将长管调直。如图 8-11 所示。调直管线应注意用力适当、不应破坏镀锌管的镀锌层。

② 热调法

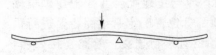

图 8-11 冷调法调直示意图

管子管径较大时，可用热调法，热调法需先找四根以上的管径相同的管子平行放在地上，将管子弯曲部位放在烘炉内加热至 600~800℃，然后放到管子组成的滚动支承架上，使烧红的部位落在管子间，滚动管子，使管子依靠自身的重量调直。但此方法不可用于镀锌管线。

（3）管线的加工

薄壁金属电线管的预制加工与厚壁金属电线管的预制加工基本相同，但在加工时应注意因管线管壁较薄，在加工时需特别注意。切断时用力均匀，套丝时用力不能过猛等，以免产生一系列不符合要求之产品。在加工时还应注意明配管的弯曲半径一般不小于管外径的 6 倍，当管线只有一个弯时，可不小于管外径的 4 倍。

（4）管线的连接

由于薄壁金属电线管严禁焊接，因此管线之间的连接以及管与盒、箱等的连接均采用丝扣连接。其连接方法与厚壁钢管的丝接相同，具体方法详见有关章节，但需说明的是管与管之间连接采用长丝连接时，应在管箍弯加锁紧螺母。管入盒、箱时，管线一定要与盒、箱壁垂直。

（5）管路安装与敷设

1）盒、箱定位及固定

明配管进户管定位安装后，应根据图纸要求，测定盒、箱位置以及管线所走路径，并按要求在墙体或顶板弹线定位，确定盒、箱的位置后将盒、箱固定。其固定方法有胀管法、木砖法、预埋铁件焊接法等方法。

① 胀管法：即在墙体或顶板上打孔，将胀管插入孔内，再用螺丝固定。

② 木砖法：即在需安装盒、箱的后砌墙上根据盒箱大小预埋木砖。然后用木螺钉将盒箱固定于木砖上的方法。

其他安装方式详见有关章节介绍，这里不再详细介绍。当盒较小时我们采用两点固定，即用两个胀管固定盒。当盒、箱较大时，采用三点固定的方法。盒箱固定应牢固，不得松动，且盒、箱的安装应横平竖直，不能偏斜。

2）管线敷设

明配管安装应以横平竖直为原则。沿管线的垂直与水平方向弹线定位后，根据所用的安装方式进行安装。如选用吊架、支架等安装方法，应确定吊架、支架等固定点的位置后进行安装，在确定路径时应考虑到明配管与其他管线的位置关系，再进行定位、安装。其安装方法如下：

① 管卡固定：将加工好的管线明装于建筑物表面时，一般采用管卡固定，管卡固定用膨胀螺栓或塑料胀管，可直接固定于墙体或顶板上，也可用马鞍墩与管卡配套使用固定于墙体或顶板上，管卡的大小应与管径相匹配，不能过大过小，否则管线固定不牢。

② 支架固定：支架固定方法可采用扁钢支架固定管路。

③ 吊架安装：多根管线并行或较大管径管线的敷设还可采用吊架安装，吊架的安装可在结构施工时预埋，要求放线定位准确，预埋件长度预留合适，不可过长过短。吊架安装也可用膨胀螺栓固定，膨胀螺栓、吊架的尺寸大小，应由吊装的管线、管径大小及根数决定。吊架安装也应弹线定位后，先固定好两端的吊架，再拉线固定中间吊架，吊架固定应垂直、牢固，同一房间内的吊架应横向，竖向均在一条直线上。不同部位的吊架，其安装方式不同。

④ 抱箍法固定：当管线需沿屋架侧面及底面敷设或沿柱敷设时，可用抱箍法。抱箍应紧贴屋架或柱，固定牢固。

⑤ 标准专用吊架：钢管在吊顶内敷设时，应根据图纸要求。弹线定位确定盒的位置，施工时应与土建施工紧密配合，在龙骨装配完成后进行管线敷设。先固定盒，吊顶内的盒应固定在主龙骨或附加龙骨上，盒口朝下，盒口与吊顶板面平齐，有防火要求的应采取相应的防火措施处理盒。

（6）薄壁管跨接地线

由于薄壁金属电线管禁止焊接，因此丝接管线的跨接地线可选用线卡子与相应截面的导线进行连接。

（7）管线防腐

明配管施工应在管线丝接部位的线头处做好防腐，以免管线锈蚀，其支、吊架，也应事先做好防腐再进行安装，并在安装完毕后对其丝扣或受损部位再刷防腐漆，补做防腐。

（8）管线补偿

明配管在穿过建筑物的伸缩缝和沉降缝时应安装管路补偿装置。

8.3.2 塑料管配管敷设

1. 工艺流程

工艺流程见图 8-12。

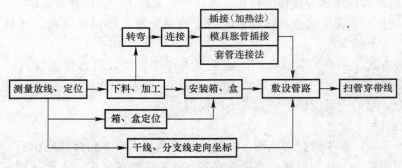

图 8-12 塑料管配管敷设工艺流程

2. 测量放线、定位

按照施工图纸用小线和水平尺测量出配电箱、开关盒、插座盒、接线盒的准确位置和各段管线的长度，并应标注出准确尺寸。

3. 下料与预制加工

（1）建筑配电配线施工要求不同，选用的塑料管材种类也不同。塑料管材加工方法应符合设计要求及规范的规定。

1）硬质塑料管应根据设计管线的位置和长度下料，切口应平整、光滑，弯曲制作半径应符合设计要求。

2）半硬塑料管或塑料波纹管，一般不需预先加工；可在施工敷设过程中进行管子敷设及管与盒（箱）的安装和连接。

（2）切割下料：

1）硬质聚氯乙烯塑料管用钢锯切割下料时，切口要求整齐、平整、光滑。切口处严禁有裂缝、马蹄口、毛刺等缺陷。

2）硬质 PVC 塑料管除用钢锯切割外，也可用专用截管器切截管材。使用专用截管器切截管时，应先边转动边切，使刀口易于切入管壁。将刀口切入管壁后应停止转动 PVC 管，而连续截切直至管子切断为止，以保证切口平整。

3）半硬塑料管及塑料波纹管下料，可用电工刀或钢锯垂直于管子切断比较方便。

（3）硬质塑料管制弯：

1）硬质塑料管制弯方法有冷揻和热揻两种。

① 冷搣法（即在常温下制弯）。管径在 25mm 及其以下 PVC 塑料管制弯，将专用弯管弹簧插入管内需要搣弯部位。两手握住管子弯曲处弯曲已插入弹簧的部位，逐渐弯出需要的弯曲半径。也可将弯曲部位顶在硬物上再用手扳，扳弯时用力点和受力点要均匀，且要逐步进行弯曲。弯曲时，常规需要弯至比设计要求的弯曲角度小一些，待弯管回弹后，再弯至达到设计要求。最后抽出管内弯曲弹簧。

用弯管器搣弯是将插好弯管弹簧的硬质塑料管子插入配套的弯管器内，手扳一次即可弯曲成型。

② 热搣制弯法。热搣加热可用电炉、热风机等加热工具。无论哪种加热方法，均应均匀加热，严格控制加热温度；严禁出现烤伤、变色等现象。当管子被加热到适当温度变成柔软状态、能随意弯曲变形时，即可用手搣弯或放入胎具内弯曲。待冷却后即成型。

③ 弯曲质量要求。冷弯硬质塑料管时，应防止管口处变形；90°弯曲的管端部应与原管垂直。但管端不应过长，应保证管盒连接后，管子在墙体中间位置上，否则将影响在墙体内固定，也不利于施工。

在管端部搣弯时，应按设计要求，一次弯成所需长度和形状，两直管箍之间的距离成平行，短管一端则不应过长。

2）半硬塑料管及塑料波纹管弯曲。

一般是在管线敷设时，根据弯曲方向要求在管路中间弯曲（管与盒（箱）连接时应由盒（箱）的四周引入，不应在盒（箱）的底部弯曲后引入），并在管的弯曲处用固定管弯。其弯曲半径不应小于管子外径的 6 倍，塑料波纹管弯曲半径不应小于管子外径的 4 倍，弯曲角度均不应小于 90°。

4. 塑料管与盒（箱）的连接

（1）管与盒（箱）等器件应采用插入法连接。连接处结合面应涂专用胶粘剂，接口应牢固密封。

管与器件连接时，插入深度宜为管外径的 1.1～1.8 倍。

1）塑料管与盒（箱）的连接方法，一般是预先进行连接，也有在随敷设管路中的稳式盒（箱）时一并进行连接的。连接时应一管一孔顺直进入盒（箱）内，管进入盒（箱）内的长度应不小于 5mm。多管进入配电箱时，应长短一致，排列间距均匀，连接固定牢固。

当管、盒在墙体内预埋时应控制好管进入盒内的长度；对预先搣制好管端带有 90°弯的管与盒的连接，应将管口进行再加工。

① 固定管子进入盒（箱）内的钢卡圈可采用专用的成品件或自行用穿线钢丝搣制而成。先在管口处相对应两侧的适当部位开口，再将钢卡圈卡在开口内。将卡圈卡在盒内管口处，可防止管口在盒口回缩脱出盒子。将卡圈卡在盒的外管口处，则可防止管口露出盒内过长。

② 也可用铁丝绑扎管口，此方法简单、方便，也即可将盒内外的管口开口，开口深度与绑线直径相同。并截取两根同一长度的铁丝由中间折回，拧出一个 10mm 左右的圆圈，然后将绑线一侧两根分开，使其一根卡入锯口内，再将绑线交叉拧两回，把它销紧。

2）将弯成 90°的弯曲管插入盒（箱）管口处，套一截面比连接管大一级的短管，使之顶住盒体，以防止进入盒的管伸进盒内过长。

为防止进入盒（箱）管管口的回缩，脱出盒子，应将弯管的管口再加热，用胎具或用螺丝刀、木柄将管扩成喇叭口状，并将盒（箱）卡住，以防管盒脱离。

在盒内管口端部应制成喇叭口，于盒外管口处套一截短管。或者在盒外管口处用铁丝绑扎固定，使盒子固定在中间，这样，管口即不能伸出过长，又不能脱出盒口，预埋时可以直接将管盒牢固地固定在墙内。

（2）硬质 PVC 塑料管与盒的连接，暗配敷设时可采用上述方法进行管与盒的连接。也可用专用的配套管接头固定管端部与盒连接，但在吊顶棚内敷设时，管与盒的连接必须使用配套的专用管接头。

（3）半硬塑料管及塑料波纹管与盒（箱）连接。暗配敷设时应把管子从盒（箱）的上下部或盒的两侧面直接入盒，即可一次到位；也可待盒（箱）固定牢固之后再切断盒（箱）内多余的管头。

塑料波纹管与盒（箱）连接，可用专用的管接头或塑料卡环固定。配管时先把管端部插入管卡头内，将管卡头插入盒（箱）内拧牢管卡头的螺母，再将管与盒（箱）固定牢固。

塑料波纹管专用的管卡环为圆型开口塑料环，把它卡在盒（箱）内外管口的波纹上，可使管与盒（箱）固定。

5. 塑料管的连接方法

（1）管与管之间的连接采用套管连接时，套管长度宜为管外径的 1.5～3 倍。管与管的对口处应位于套管的中心。

（2）硬质塑料管之间的连接一般有插接法和套接法两种方法。

1）插接法。将连接管的一端插入经加热的连接管内，也可以将连接管的一端加热，用专用胎模扩管后，再插入连接。连接插管端部应涂胶合剂封闭，管与管连接应同心。插接长度为管内径的 1.1～1.8 倍，如图 8-13 所示。

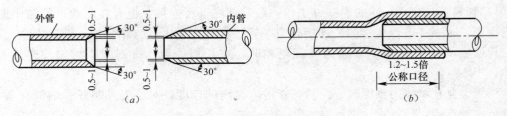

图 8-13　硬塑料管的直接插入法
(a) 管口倒角；(b) 插入连接

2）模具胀管插接法：此法适用于管径为 65mm 及以上的硬塑料管的连接。

① 管口倒角、清扫和加热外管插接段，操作方法与直插法相同。

② 扩口。当外管插接段加热软化后，立即将已加热的金属成型模具插入外管插接段进行扩口。如图 8-14（a）所示。

③ 插接。扩口后在内、外插接面上涂胶合剂，将内管插入外管。然后再加热插接段，待软化后，立即浇水，使其急速冷却，收缩变硬。也可将插接段改用焊接，将内管插入外管以后，用聚氯乙烯焊条在接口处密焊 2～3 圈，如图 8-14（b）所示。

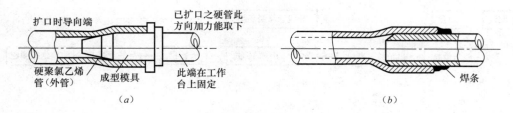

图 8-14　模具胀管插接法

(a) 成型模具插入；(b) 焊接连接

3) 套接法。取比连接管大一级管径的管做套管，套管长度为连接管内径的 1.5～3 倍。将两管端部插入套管内，连接管的对口应在套管的中心，并应连接牢固。套管连接时，连接管管端均需涂胶合剂，见图 8-15。

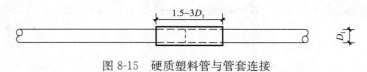

图 8-15　硬质塑料管与管套连接

4) 硬质 PVC 管的连接，采用专用成品管接头连接，连接管两端对口处要用胶合剂粘接，见图 8-16。

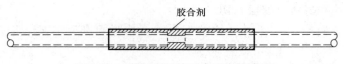

图 8-16　硬质 PVC 管用专用套管连接

5) 套管加热冷却法。常规是对外套管加热后，再浇冷水降温使套管冷却收缩，箍紧连接管。套管的长度不宜小于连接管外径的 4 倍。套管的内径与连接管的外径接触面应紧密配合，这样连接管插入后才能连接牢固，而不松动。因此连接时应采取加热冷却连接的方法。

6) 半硬塑料管的连接方法。一般采用套管连接，套管应取比连接管大一级的管子，长度不小于连接管外径的 2 倍，连接还应用胶合剂粘接牢固。

7) 塑料波纹管的连接方法。应用套管连接，用专用管接头，把两连接管从套管两端分别插到套管接头的中心，以使连接可靠又牢固。

8.3.3　管内穿线

电气配电线路管内穿线。适用于建筑物内部电气配电线路配管（钢管、阻燃型塑料管）的管内穿线。

导线穿管作业常规应由两人操作。将绝缘导线绑在线管一端的钢丝上，由一人从另一端拉引导钢丝，另一人进行送线。动作要协调一致，防止硬送硬拉。

1. 工艺流程

工艺流程见图 8-17。

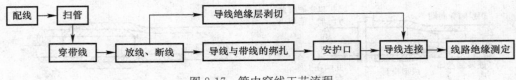

图 8-17　管内穿线工艺流程

2. 配线

（1）导线的选择必须符合设计要求。不得随意改变其规格及截面。应保证使用要求。

（2）相线、中性线及保护接地线的颜色应加以区分，中性线为淡蓝色，用黄绿色相间的导线为保护地线。

3. 清扫线管

（1）穿线之前，应对管路进行扫管。将管内的异物清扫干净．为穿线做好准备工作。

（2）作业方法。将布条的两端牢固的绑扎在带线上，进行来回拉动带线，将管内杂物排出。

4. 穿带线

（1）穿带线之前，应检查管路的走向及箱、盒的位置是否符合设计要求。

（2）带线常规是选用 $\phi1.2\sim2.0mm$ 的铁丝。先将铁丝的一端弯成不封口的圆圈，用穿线器将带线穿入管路内，在管路的两端均应留有 $100\sim150mm$ 的余量。

（3）当线路较长和转弯处较多时，可在敷设管路之前穿好带线。

5. 放线、断线和导线绝缘层剥切

（1）放线前应根据施工图对导线的型号、规格进行核对。放线时导线应置于放线架上。

（2）断线。剪切导线时，应考虑导线的预留长度。

1）盒内（接线盒、开关盒、插座盒、灯头盒）导线预留长度应为 150mm。

2）配电箱内导线的预留长度应为箱体周边长的 1/2。

3）进户线的留置长度为 1500mm。

4）公用导线在分支处，可不剪断而直接穿过。

（3）导线绝缘层剥切。绝缘导线连接前，应将导线端头的绝缘层剥掉，绝缘层的剥离长度，根据接头方式和导线截面的不同而预制。常用的剥切方法有单层剥法、分段剥法和斜削法三种。如图 8-18 所示。

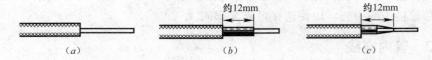

图 8-18　导线绝缘层剥切方法
(a) 单层剥法；(b) 分段剥法；(c) 斜削法

单层剥法适用于剥切硬塑料线和软塑料线的绝缘层。分段剥法适用于多层绝缘的导线，如橡皮绝缘线、塑料护套线和铅包线等。

6. 管内穿线

（1）钢管（电线管）在穿线前首先检查管口的护口是否齐整。如有遗漏和破损，均应补齐和更换。

（2）当管路较长或转弯较多时，要在穿线的同时往管内吹入适量的滑石粉。

（3）两人穿线时，拉送应配合协调。

7. 导线连接

（1）配线导线的线芯连接，一般采用焊接、压板压接或套管连接。

（2）配线导线与设备、器具的连接，应符合以下要求：

1）导线截面为 10mm^2 及以下的单股铜（铝）芯线可直接与设备、器具的端子连接。

2）导线截面为 2.5mm^2 及以下多股铜芯线的线芯应先拧紧搪锡或压接端子后再与设备、器具的端子连接。

3）多股铝芯线和截面大于 2.5mm^2 的多股铜芯线的终端，除设备自带插接式端子外，应先焊接或压接端子后再与设备、器具的端子连接。

（3）导线连接熔焊的焊缝外形尺寸应符合焊接工艺标准的规定。焊接后应清除残余焊药和焊渣。焊缝严禁有凹陷、夹渣、断股、裂缝及根部未焊合等缺陷。

（4）锡焊连接的焊缝应饱满、表面光滑。焊剂应无腐蚀性，焊接后应清除焊区的残余焊剂。

（5）压板或其他专用夹具，应与导线线芯的规格相匹配，紧固件应拧紧到位，防松装置应齐全。

（6）套管连接器和压模等应与导线线芯规格匹配。压接时，压接深度、压口数量和压接长度应符合有关技术标准的相关规定。

（7）在配电配线的分支线连接处，干线不应受到支线的横向拉力。

8.3.4 塑料护套线敷设

塑料护套线是由塑料护层的双芯或多芯构成的绝缘导线。特点是具有防潮、耐酸和防腐功能。可直接敷设在空心板内及建筑物内部明设配电线路，用铝卡片作为导线的支持物。

塑料护套线敷设工艺简单，可操作性强，布线整齐，装饰性美观，造价低廉，它将逐渐取代夹板、瓷瓶在室内明敷线路，广泛应用于电气照明及其配电线路。

1. 工艺流程

工艺流程见图 8-19。

2. 弹线定位

弹线定位应控制各部位尺寸的准确性。

（1）尺寸控制。线卡距离木台、接线盒

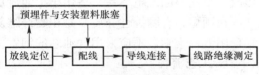

图 8-19 塑料护套线敷设流程

及转角处不得大于 50mm。线卡最大间距为 300mm，间距均匀，允许偏差 5mm。

（2）线路与其他管线的最小距离，应符合相关规定值。

3. 埋设件安装

（1）木砖与保护套管安装。根据施工图要求，在建筑结构施工中，将木砖和保护套管准确地埋设已确定位置上。预埋数量、位置要准确。

1）木砖的埋设应严格控制位置准确，主要打准水平线和垂直线。埋设的梯形术砖较小的一面应与墙面找平。

2）预埋保护套管的两端应突出墙面 5～10mm。

（2）安装塑料胀管。按弹线定位的方法来确定固定的位置，根据塑料胀管的外径和长度选用匹配的钻头进行钻孔，孔深应大于胀管的长度，下胀管后应墙面平齐。

4. 配线

根据施工图纸和已埋设的木砖和胀管的位置，弹出固定档距和布线位置粉线。首先，将铝卡片用钉子固定在木砖上，用木螺丝将各种盒固定在塑料胀管上。根据线路实际长度量出导线长度准确剪断。由线路一端开始逐段地敷设，随敷随固定。然后将导线理顺调直，确保整齐、美观。

（1）放线。放线要确保布线时导线顺直，不能拉乱或者使导线产生弯曲现象。

（2）直敷。导线直敷时应横平竖直。导线就位后。一手持导线，另一手将导线固定在铝片卡上锁紧卡纽扣。如几根导线同时布线时可采取夹板将导线收紧临时固定，然后将导线逐根扭平、扎实。用铝片卡固定扣紧。竖向垂直布线时，应自上而下作业。

（3）弯敷。必须转弯布线时，可于转弯处装设接线盒，以求得整齐、美观、装饰性强。如布线采取导线本身自然转弯时，必须保持相互垂直，弯曲角要均匀，弯曲半径不得小于塑料护套线宽度的 3～6 倍。

（4）布线的导线接头。导线接头应甩入接线盒、开关盒、灯头盒和插座盒内。

（5）暗敷布线。导线穿越墙壁和楼板时，应加保护管。在空心楼板板孔内暗配敷设时，不得损伤护套线，并应便于更换导线。在板孔内不得有接头，板孔应洁净，无积水和无杂物。

（6）塑料护套线也可穿管敷设，操作技术要求和线管配线相同。

5. 导线连接

根据接线盒的几何尺寸预留导线长度，削去绝缘层。按导线绝缘层颜色区分相线、中性线或保护地线，用万用表测试。

导线连接方式：有螺旋接线钮连接、LC 安全型压线帽连接、铜导线焊接等方法。

8.3.5 钢索配线

钢索配线是由钢索承受配电线路全部荷载，是将绝缘导线及配件和灯具吊钩在钢索上形成一个完整的配电体系。适用于工业厂房和室外景观照明等场所使用。

在潮湿、有腐蚀性介质及易积贮纤维灰尘的场所，应采用带塑料护套的钢索。配线时宜采用镀锌钢索，不应采用含油芯的钢索。

1. 工艺流程

预制加工配件→埋设预埋件→弹线定位→固定支架→组装钢索→保护地线安装→钢索配线→线路绝缘测试

2. 预制加工配（附）件

（1）预埋铁件。预埋件的几何尺寸应符合设计要求。但不应小于 120mm×60mm×6mm，焊在铁件上的锚固钢筋其直径不应小于 8mm，尾部要弯成燕尾状。

（2）根据施工图设计要求尺寸加工好预留洞口的框架及其抱箍、支架、吊架、吊钩、耳环、固定卡子等镀锌铁件。非镀锌铁件应进行除锈再做防腐处理。

（3）钢管和电线管进行调直、切断、套丝、揻弯等，为管路连接做准备。

（4）采用镀锌钢绞线或圆钢作钢索时，按实际所需长度剪切、除油污，预先抻直，以减少其伸长率。

3. 预埋件安装和预留孔洞

根据设计图标注的尺寸、位置，土建施工时配合结构施工将预埋件埋设固定准确，并将孔洞留好，注意孔洞的尺寸、形状等。

4. 弹线定位

根据施工图要求确定出固定点的位置，弹出粉线，均匀分出档距，并用色涂料标注出明显的标记。

5. 固定支架

将组装在结构上的抱箍支架固定好，将心形环穿套在耳环和花篮螺栓上用于吊装钢索。固定好的支架可做为线路的始端、中间点和终端。

6. 安装钢索

钢索是悬挂导线和灯具以及附件的承力部件，必须安装牢固、可靠。

钢索中单根钢丝的直径应小于 0.5mm，并不应有扭曲和断股。圆钢钢索在安装之前，首先。应调直、拉伸和除锈，以及涂刷防腐涂料。

钢索安装工艺要求，详见表 8-10 所示。

钢索安装应在土建工程基本结束后进行，右侧一式拉环在穿入墙体内的套管后，在外墙一侧垫上一块 120mm×75mm×5mm 的钢制垫板；二式拉环需垫上一块 250mm×100mm×6mm 的钢制垫板。然后在垫板外每个螺纹处各用一个垫圈、两个螺栓拧紧。将拉环安装牢固，使其能承受钢索在全部荷载下的拉力。

7. 保护接地

钢索就位紧固符合要求，应做整体的保护接地，接线盒的两端应有跨接地线。

8. 钢索配线

钢索配线可分为钢索吊管配线，钢索吊装瓷瓶配线，钢索吊装塑料护套线配线等；配线方法除安装钢索及固定件外，配线方法与前述配电线路配线基本相似。

钢索安装工艺要求 表 8-10

序号	安装类别	图 示	工艺要求
1	墙上安装钢索	图 8-20 墙上安装钢索 （a）安装做法一；（b）安装做法二 1—拉环；2—花篮螺栓；3—索具套环；4—钢索卡；5—钢索；6—套管；7—垫板；8—拉环	墙上安装钢索，拉环应固定牢靠，图 8-20 中右侧拉环在墙体上安装，应在土建施工中预埋钢管制作的套管，左侧拉环需在现浇混凝土过梁或圈梁中预埋。 拉环根据拉力的不同而不同，安装方法应根据具体情况而定

序号	安装类别	图　示	工艺要求
2	柱上安装钢索	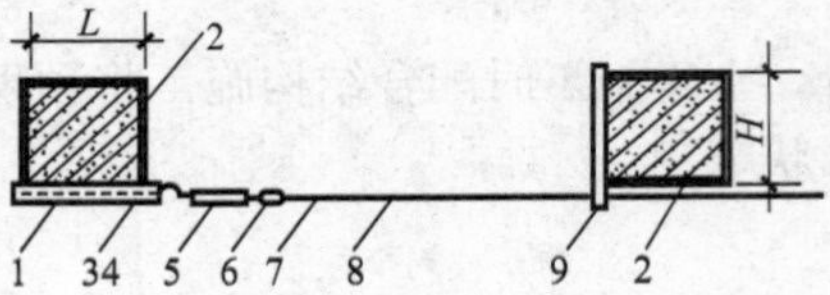 图 8-21　柱上安装钢索 1—支架；2—抱箍；3—螺母；4—垫圈；5—花篮螺栓； 6—索具套环；7—钢索卡；8—钢索；9—支架	在混凝土柱上安装钢索，采用 φ16 圆钢抱箍固定终端支架和中间支架，详见图 8-21
3	屋面梁上安装钢索	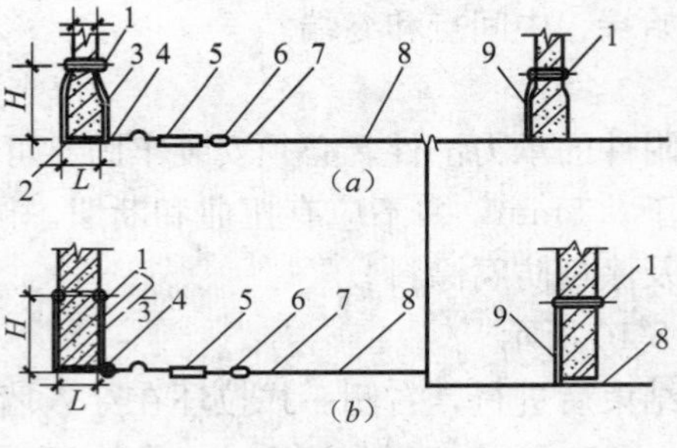 图 8-22　屋面梁上安装钢索 (a) 工字形梁上钢索安装；(b) T 形梁上钢索安装 1—螺栓 M12×(B+25)；2—支架；3—支架；4—螺栓 (M12×30A 级)；5—花篮螺栓；6—索具套环； 7—钢索卡；8—钢索；9—吊钩	屋面梁上安装钢索，详见图 8-22
4	双梁屋面梁上安装钢索	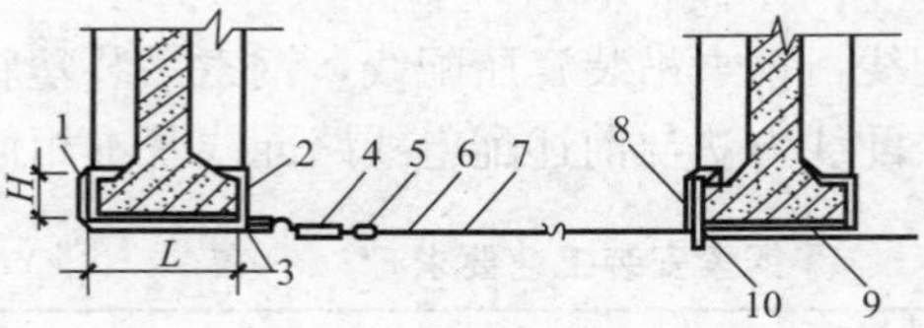 图 8-23　双梁屋面梁安装钢索 1—∟50×5 支架；2—抱箍；3—M16 螺母；4—花篮螺栓； 5—索具套环；6—钢索卡；7—钢索；8—L30×4 支架； 9—−40×4 支架；10—M10 螺栓	双梁屋面梁安装钢索，详见图 8-23
5	矩形屋架梁安装钢索	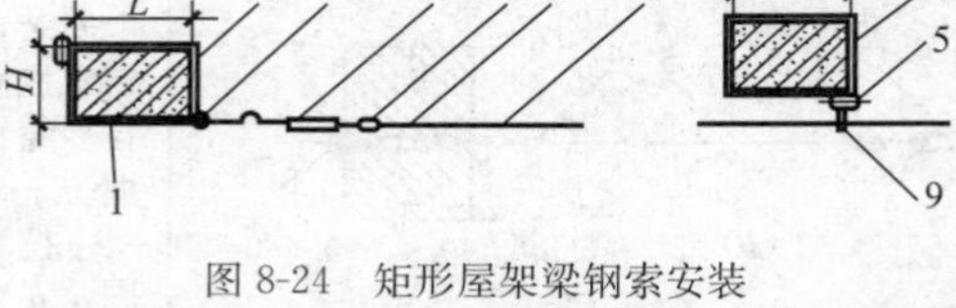 图 8-24　矩形屋架梁钢索安装 1—支架；2—支架；3—M12×40 螺栓；4—支架−25×4； 5—M6×25 螺栓；6—花篮螺栓；7—钢索套环；8—钢索卡； 9—吊钩；10—钢索；	矩形屋架梁钢索安装，详见图 8-24

8.4 低压电器安装

低压电器控制器，是在工作电压 500V 及以下的供电系统中对电能的输送、分配与应用起转换、控制、保护与调节等作用的电器设备。低压电器控制器为配电线路中必须配备的常规性控制器，主要有主令控制器、行程开关、接触器、启动器、自动开关、刀开关、熔断器、漏电保护器、电阻器与变阻器及电磁铁等低压电器控制器。

8.4.1 低压熔断器安装

熔断器是作为安全保护用的一种电器，广泛地应用于电路和用电器的保护。当供电线路或用电设备发生过载或短路时能自动切断电路。

低压熔断器是低压配电电路中作过载和短路保护用的电器。熔断器是由熔体和安装熔体的熔管（器）组成。

1. 熔体材料

熔体材料常规有两种。一种是铅锡等合金制成的低熔点材料；另一种是铜质的高熔点材料。

2. 低压熔断器安装

（1）低压熔断器的型号、规格应符合设计要求。各级熔体应与保护特性相配合。用于保护照明和热电电路：熔体的额定电流≥所有电具额定电流之和。用于单台电机保护：熔体的额定电流≥(2.5～3.0)×电机的额定电流。用于多台电机保护：熔体额定电流≥(2.5～3.0)×最大容量一台额定电流+其余各台的额定电流之和。

（2）低压熔断器安装，应符合施工质量验收规范的规定。安装的位置及相互间距应便于更换熔体。低压熔断器宜于垂直安装。

（3）低压断路器与熔断器配合使用时，熔断器应安装在电源一侧。

（4）熔断器的安装位置及相互间距离，应便于更换熔体。

（5）安装有熔断指示器的熔断器，其指示器应装在便于观察的一侧。

（6）在金属底板上安装瓷插式熔断器时，其底座应设置软绝缘衬垫。

将熔体装在瓷插件上，是最常用的一种熔断器。但由于其灭弧能力差、极限分断能力低，所以，只适用于负载不大的照明线路中。

（7）安装几种规格的熔断器在同一配电板上时，应在底座旁标明熔断器的规格。

（8）对有触及带电部分危险的熔断器，应配齐绝缘抓手。

（9）安装带有接线标志的熔断器，电源配线应按标志进行接线。

（10）螺旋式熔断器安装时，底座固定必须牢固。电源线的进线应接在熔芯引出的端子上，出线应接在螺纹壳上，以防调换熔体时发生触电事故。

（11）瓷插式熔断器应垂直安装，熔体不允许用多根较小熔体代替一根较大的熔体，否则会影响熔体的熔断时间，造成事故。瓷质熔断器安装在金属板上时应垫软绝缘垫。

8.4.2 低压断路器安装

低压断路器（自动空气开关）是一种最完善的低压控制开关。能在正常工作时带负荷通断电路，又能在电路发生短路、严重过负荷以及电源电压太低或失压时自动切断电源。还可在远方控制跳闸。

断路器开关合闸只能手动，而分闸可手动和自动。电路发生短路故障时，其过电流脱扣器动作使开关自动跳闸，切断电路。电路产生严重的过负荷，而过负荷达到一定的时间，过负荷脱扣器（热脱扣器）便会动作，使开关自动跳闸，切断电源。供电线路电源电压严重下降或电压消失时。失压脱扣器动作，使开关跳闸，切断电源。

在按脱扣按钮时，使其开关的失压脱扣器失压或使分励脱扣器通电，实施开关远程控制跳闸。

1. 低压断路器安装

低压断路器安装，应符合产品技术文件，以及施工验收规范的规定。低压断路器宜垂直安装，其倾斜度不应大于5°。

（1）低压断路器与熔断器配合使用时，熔断器应安装在电源一侧。

（2）操作机构的安装，应符合以下要求：

1）操作手柄或传动杠杆的开、合位置应正确。操作用力不应大于技术文件的规定值。

2）电动操作机构接线应正确。在合闸过程中开关不应跳跃。开关合闸后，限制电动机或电磁铁通电时间的连锁装置应及时动作。电动机或电磁铁通电时间不应超过产品的规定值。

3）开关辅助接点动作应正确可靠，接触良好。

4）抽屉式断路器的工作、试验、隔离三个位置的定位应明显，并应符合产品技术文件的规定。于空载时进行抽、拉数次应无卡阻，机械连锁应可靠。

2. 低压断路器的接线

（1）裸露在箱体外部易于触及的导线端子，必须加以绝缘保护。

（2）有半导体脱扣装置的低压断路器的接线，应符合相序要求。脱扣装置的动作应灵活可靠。

3. 断路器安装调试

（1）安装在受振动处时，应有减振装置，以防止开关的内部零件松动。

（2）常规应垂直安装，灭弧室应位于上部。

（3）操作机构安装调试应符合以下要求：

1）操作手柄或传动杠杆的开、合位置应正确，操作灵活、动作准确，操作力不应大于允许工作力值。

2）触头在闭合、断开过程中，可动部分与灭弧室的零件不应有卡阻现象。

3）触头接触应紧密可靠，接触电阻小。

（4）运行前和运行中应确保断路器洁净。防止开关触头点发热，以防止酿成不能灭弧而引起相间短路。

8.4.3　隔离开关、闸刀开关、转换开关及熔断器组合电器安装

开关为配电线路中的分合电器，开断电流。线路常规有刀开关、负荷开关、组合开关等。开关是配电线路中最普遍，最常用的电器，它起着开关、保护和控制的作用。所以，对开关的选择极为重要，必须了解它的技术性能和使用功能。

1. 隔离开关与闸刀开关安装

（1）开关应垂直安装在开关板上（或控制屏、箱上），并应使夹座位于上方。

（2）开关在不切断电流、有灭弧装置或用于小电流电路等情况下，可水平安装。水平安装时，分闸后可动触头不得自行脱落，其灭弧装置应固定可靠。

（3）可动触头与固定触头的接触应密合良好。大电流的触头或刀片宜涂电力复合脂。有消弧触头的闸刀开关，各相的分闸动作应迅速一致。

（4）双投刀开关在分闸位置时，刀片应可靠固定。不得自行合闸。

（5）安装杠杆操作机构时，应调节杠杆长度，使操作到位、动作灵活、开关辅助接点指示应正确。

（6）开关的动触头与两侧压板距离应调整均匀，合闸后接触而应压紧，刀片与静触头中心线应在同一平面内。刀片不应摆动。

（7）闸刀开关用作隔离开关时，合闸顺序为先合上闸刀开关，再合上其他用以控制负载的开关，分闸顺序则相反。

（8）闸刀开关应严格按照技术文件（产品说明书）规定的分断能力来分断负荷，无灭弧罩的刀开关常规不允许分断负载，否则，有可能导致稳定持续燃弧，使闸刀开关寿命缩短；严重的还会造成电源短路，开关烧毁，甚至酿成火灾。

2. 直流母线隔离开关安装

（1）垂直安装或水平安装的母线隔离开关，其刀片应垂直于板面。在建筑构件上安装时，刀片底部与基础间应有不小于 50mm 的距离。

（2）开关动触片与两侧压板的距离应调整均匀。合闸后，接触面应充分压紧，刀片不得摆动。

（3）刀片与母线直接连接时，母线固定端必须牢固。

3. 试运行

（1）转换开关和倒顺开关安装后，其手柄位置的指示应与相应的接触片位置相对应，定位机构应可靠。所有的触头在任何接通位置上应接触良好。

（2）带熔断器或灭弧装置的负荷开关接线完毕后经过检查，熔断器应无损伤，灭弧栅应完好，并固定可靠；电弧通道应畅通、灭弧触头各相分闸应一致。

8.4.4　漏电保护器安装

配电线路漏电时有发生。漏电极易引起火灾，而因触电而导致的人身伤亡事故也屡见不鲜。所以，配电线路必须确保供电安全和用电安全，防止发生漏电和触电事故。漏电保护器在配电线路具有重要的地位，因为漏电保护器具有漏电开关功能，灵敏度高，能及时准确地切断电源，保证供电、用电安全。

1. 漏电保护器

漏电保护器包括漏电开关和漏电继电器。按工作原理可分为：电压型漏电开关、电流型漏电开关、电流型漏电继电器。按漏电动作的电流值可分为：高灵敏型、中灵敏型和低灵敏型漏电开关。按工作动作时间可分为：高速型、延时型和反时限型。

电流型漏电开关有电磁式、电子式和中性点接地式等种类。

2. 电路配线保护技术措施

（1）三相四线制供电的配电线路中，各项负荷应应均匀分配。每个回路中的灯具和插座数量不宜超过 25 个（不包括花灯回路），且应设置 15A 及以下的熔线保护。

（2）三相四线制 TN 系统配电方式，N 线应在总配电箱内或在引入线处做好重复接地。PE（专用保护线）与 N（工作零线）应分别与接地线相连接。N（工作零线）进入建筑物（或总配电箱）后严禁与大地连接，PE 线应与配电箱及三孔插座的保护接地插座相连接。

（3）建筑物内 PE 线最小截面不应小于表 8-11 规定的数值。

专用保护（PE）线截面值　　　　　　　　　　　　　　表 8-11

相线截面 s（mm^2）	PE 线最小截面 sP（mm^2）	相线截面 s（mm^2）	PE 线最小截面 sP（mm^2）
$s \leqslant 16$	$sP \geqslant 2.5$	$s > 35$	$sP = s/2$
$16 < s \leqslant 35$	$sP \geqslant 1.6$		

3. 漏电保护器的安装、调试

（1）漏电保护器是用来对有致生命危险的人身触电进行保护，并防止电器或线路漏电而引起事故的，其安装应符合以下要求：

1）住宅常用的漏电保护器及漏电保护自动开关安装前，首先应经国家认证的法定电器产品检测中心，按国家技术标准试验合格方可安装。

2）漏电保护自动开关前端 N 线上不应设有熔断器，以防止 N 线保护熔断后相线漏电，漏电保护自动开关不动作。

3）按漏电保护器产品标志进行电源倒和负荷侧接线。

4）在带有短路保护功能的漏电保护器安装时，应确保有足够的灭弧距离。

5）漏电保护器应安装在特殊环境中．必须采取防腐、防潮、防热等技术措施。

（2）电流型漏电保护器安装后，除应检查接线无误外，还应通过按钮试验，检查其动作性能是否满足要求。

（3）火灾探测器、手动火灾报警按钮、火灾报警控制器、消防控制设备等安装，应按国家现行技术标准《火灾自动报警系统施工及验收规范》的规定执行。

8.4.5　接触器与启动器安装

接触器是通过电磁机构，频繁地远距离自动接通和分断主电路或控制大容量电路的操作控制器。

接触器分交流和直流两类。交流接触器的主触头用于通、断交流电路。直流接触器的主触头用于通、断直流电路。

接触器的结构是由电磁吸引线圈、主触头、辅助触头部分组成。主触头容量较大并盖有灭弧罩。

1. 接触器安装

（1）接触器的型号、规格应符合设计要求，并应有产品质量合格证和技术文件。

（2）安装之前，应全面检查接触器各部件是否处于正常状态，主要是触头接触是否正常，有无卡阻现象。铁芯极面应保持洁净，以保证活动部分自由灵活的工作。

（3）引线与线圈连接牢固可靠，触头与电路连接正确。接线应牢固，并应做好绝缘处理。

（4）接触器安装应与地面垂直，倾斜度不应超过 5°。

2. 启动器安装

（1）启动器应垂直安装，工作活动部件应动作灵活可靠，无卡阻。

（2）启动衔铁吸合后应无异常响声，触头接触紧密，断电后应能迅速脱开。

（3）可逆电磁启动器防止同时吸合的连锁装置动作正确、可靠。

（4）接线应正确。接线应牢固、裸露线芯应做好绝缘处理。

（5）启动器的检查、调整

1）启动器接线应正确。电动扣定子绕组的正常工作应为三角形接线法。

2）手动操作的星、三角启动器，应在电动机转速接近运行转速时进行切换。自动转换的启动器应按电机负荷要求正确调节延时装置。

8.4.6 继电器安装

继电器种类很多，有时间继电器、速度继电器、热继电器、电流继电器和中间继电器等。继电器在电路中构成自动控制和保护系统。

1. 断电器在配电线路与用电设备中的作用

（1）时间继电器。是用来控制电路动作时间。以电磁原理或机械动作原理来延时触点的闭合或断开。

（2）速度继电器。是用来反映转速和转向变化的继电器。它是由转子、定子和触点三部分组成。

（3）热继电器。主要用于电动机和电气设备的过负荷保护。

（4）电流继电器。是反映电路中电流状况的继电器。电路中的电流达到或超过整定的动作电流时，电流继电器便动作。用于保护和控制电路与电器机具。

（5）中间继电器。是将一个输入信号变成一个或多个输出信号的继电器。输入信号是线圈的通电和断电，输出信号是接点的接通或断开，用以控制电路的运行。

2. 继电器安装

（1）继电器的型号、规格应符合设计要求。因为继电器是根据一定的信号（电压、电流、时间）来接通和断开电路的电器。在电路中通常是用来接通和断开接触器的吸引线圈，以达到控制或保护用电设备的目的。所以，继电器有按电压信号动作和电流信号动作之分。电压继电器及电流继电器都是电磁式继电器。常规是按电路要求控制的触头较多，需选用一种多触头的继电器，以其扩大控制工作范围。

（2）继电器可动部分的动作应灵活、可靠。

（3）表面污垢和铁芯表面防腐剂应清除干净。

（4）安装时必须试验端子确保接线相位的准确性。固定螺栓加套绝缘管，安装继电器应保持垂直，固定螺栓应垫橡胶垫圈和防松垫圈紧固。

3. 通电调试

（1）继电器安装通电调试继电器的选择性、速动性、灵敏性和可靠性，是保证安全可靠供电和用电的重要条件之一，必须符合设计要求。

（2）继电器及仪表组装后，应进行外部检查完好无损，仪表与继电器的接线端子应完整相位连接测试，必须符合要求。

（3）所属开关的接触面应调整紧密，动作灵活、可靠。安装应牢固。

8.4.7 主令电器安装

配电线路中主令电器是用来接通和分断控制电路的电器。种类多、应用范围广泛。常规有按钮、行程开关、万能转换开关等。

按钮开关。是一种手动操作接通或分断小电流控制电路的主令电器。是利用按钮开关远距离发出指令或信号去控制接触器、继电器的触点去实现主电路的分合或电气联锁。

行程开关。是由机械运动部件上的挡铁碰撞位置开关，使其触头动作，以接通或断开控制电路。

万能转换开关。是一种多档式且能对电路进行多种转换的主令电器。适用于远距离控制操作，也可作为电气测量仪表的转换开关或用作小容量电动机的控制操作。

1. 控制器安装

（1）控制器的型号、规格、工作电压必须符合设计要求，其工作电压应与供电电压相符。

（2）凸轮控制器及主令控制器应安装在便于操作、观察和维修的位置。操作手柄或手轮的安装高度，常规为 800～1200mm。

（3）控制器操作应灵活、可靠。档位应明显、准确。带有零位自锁装置的操作手柄应能正常工作。

（4）操作手柄或手轮的动手方向应与机械装置的动作方向保持一致。

操作手柄或手轮在各个不同位置时，触头分合的顺序均应符合控制器接线图的要求。

（5）通电试验时，应按相应凸轮控制器件的位置检查电机，并应使电机运行正常。

（6）控制器触头压力应均匀，触头超行程不小于产品技术条件规定。凸轮控制器主触头的灭弧装置应完好。

（7）控制器的转动部分及齿轮减速机构应润滑良好。

2. 按钮的安装

（1）按钮的型号、规格应符合设计要求。在面板上安装时，应布置整齐，排列合理。

（2）按钮之间的距离应为 50～80mm，按钮箱之间的距离应为 50～100mm。组装应垂直，如倾斜安装时，按钮与水平面的倾斜角不宜小于 30°。

（3）集中安装的按钮应有编号或不同的识别标志；"紧急"按钮应有明显标志，并应设置保护罩。

（4）按钮安装应牢固、接线正确，接线螺丝应拧紧，使接触电阻尽量小。

（5）按钮操作应灵活、可靠，无卡阻。

3. 行程开关的安装与调整

（1）行程开关的型号、规格，应符合设计要求。

（2）安装位置应确保开关能正确动作，严禁妨碍机械部件的运动。

（3）碰块或撞杆应安装在开关滚轮或推杆的动作轴线上。

（4）碰块或撞杆对开关的作用力及开关的动作行程，均不应大于允许值。

（5）电子式行程开关应按产品技术文件要求调整可动设备的间距。

（6）限位用行程开关，应与机械装置配合调整，当确认动作可靠后，方可接入电路使用。

4. 转换开关的安装

（1）万能转换开关的型号、规格，应符合设计要求，根据控制电路的要求，选择不同额定电压、电流及触点和面板形式的转换开关。

（2）转换开关安装应牢固，接线牢靠，触点底座叠装不宜超过 6 层，面板上把手位置应正确。

8.4.8 电阻器及变阻器安装

1. 电阻器安装

（1）组装电阻器时，电阻片及电阻元件，应位于垂直面上。电阻器垂直叠装不应超过四箱。当超过四箱时，应采用支架固定并应保持一定的距离。当超过六箱时应另列一组。有特殊要求的电阻器的安装方式应符合设计规定。电阻器底部与地面之间，应保留一定的间隔，不应小于 150mm。

（2）电阻器安装与其他电器设备垂直布置时，应安装在其他电器设备的上方，两者之间应留有适当的间隔。

（3）电阻器的接线，应符合以下要求：

1）电阻器与电阻元件之间的连接，应采用铜或钢的裸导体，在电阻元件允许发热的条件下应有可靠的接触。

2）电阻器引出线的夹板或螺栓应有与设备接线图相应的标号。与绝缘导线连接时，应采取防止接头处因温度升高而降低导线绝缘强度的措施。

3）多层叠装的电阻箱和引出导线，应采用支架固定。其配线线路应排列整齐，线组标志要清晰，以便于操作和维护且不得妨碍电阻元件的调试和更换。

（4）电阻器和变阻器内部不得有断路或短路。其直流电阻值的误差应符合产品技术文件的规定。

2. 变阻器的转换调节装置，应符合以下要求

（1）变阻器滑动触头与固定触头的接触应良好。触头间应有足够压力。在滑动过程中不得开路。

（2）变阻器的转换装置：

1）转换装置的移动应均匀平滑、无卡阻，并有与移动方向对应的指示阻值变化的标志。

2）电动传动转换装置的限位开关及信号连锁接点的动作，应准确、可靠。

3）齿链传动的转换装置允许有半个节距的窜动范围。

4）由电动传动及手动传动的两部分组成的转换调节装置，应在电动及手动两种操作方式下分别进行试验。

（3）频敏变阻器的调整应符合以下要求：

1）频敏变阻器的极性和接线应正确。

2）频敏变阻器的抽头和气隙调整，应使电动机启动特性符合机械装置的要求。

3）用于短时间启动的频敏变阻器在电动机启动完毕后应短接切除。

4）频敏变阻器配合电动机进行调整过程中，连续启动次数及总的启动时间应符合产品技术文件的规定。

8.4.9 电磁铁安装

1. 电磁铁安装

（1）电磁铁安装，必须保证铁心表面清洁、无锈蚀。通电之前，首先应除去防护油脂。通电后应无异常响声及温升不超过产品规定值和设计要求允许温升的规定值。

（2）电磁铁的衔铁及其传动机构的动作应迅速、准确、可靠、无阻滞现象。

直流电磁铁的衔铁上应有隔磁措施，以消除剩磁影响。

（3）制动电磁铁的衔铁吸合时，铁芯的接触面应紧密地与固定部分接触，且不得有异常响声。

（4）对有缓冲装置的制动电磁铁，应调节其缓冲器气孔的螺丝，使其衔铁动作至最终位置时平稳而无剧烈冲击。

（5）牵引电磁铁固定位置应与阀门推杆准确配合，使动作行程符合设备要求。

（6）采用空气气隙作为剩磁间隙的直流制动电磁铁，其衔铁行程指针位置应符合产品技术文件的规定。

2. 电磁铁安装调试与检查

（1）起重电磁铁第一次通电检查时，应在空载（周围无铁磁物质）的情况下进行，空载工作电流应符合产品技术文件的规定及其设计的要求。

（2）有特殊要求的电磁铁，应测量其吸合与释放电流值，以确定其是否符合产品技术文件的规定及设计的要求。

（3）双电动机抱闸及单台电动机双抱闸电磁铁的动作应灵活一致。

8.5 电气照明装置安装

电气照明装置安装工程，包括室内灯具（普通、专用、重型）安装、室外灯具（路灯、航标灯）安装、艺术照明灯具（潜水灯、草坪灯、泛光、广告照明、景观照明等）安装以及插座、开关、风扇安装工程。

8.5.1 室内灯具安装

1. 工艺流程

工艺流程流程见图 8-25。

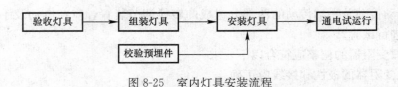

图 8-25 室内灯具安装流程

2. 灯具组装

灯具组装技术控制要点，应符合表8-12的有关规定。

灯具组装技术控制要点 表 8-12

序号	灯具种类	组装技术控制要点
1	组合式吸顶花灯	首先将灯具的托板放平，如果托板为多块拼装而成，就要将所有的边框对齐，并用螺丝固定，将其连成一体，然后按照说明书及示意图把各个灯口装好。 确定出线和走线的位置，将端子板（瓷接头）用机螺丝固定在托板上。 根据已固定好的端子板（瓷接头）至各灯口的距离掐线，把掐好的导线削出线芯，盘好圈后，进行涮锡。然后压入各个灯口，理顺各灯头的相线和零线，用线卡子分别固定，并且按供电要求分别压入端子板
2	吊顶花灯	首先将导线从各个灯口穿到灯具本身的接线盒里。一端盘圈、涮锡后压入各个灯口。理顺各个灯头的相线和零线，另一端涮锡后根据相序分别连接，包扎并甩出电源引入线，最后将电源引入线从吊杆中穿出
3	日光灯接线	日光灯接线见图 8-26。 图 8-26　日光灯接线图

3. 照明灯具接线

（1）穿入灯具的导线在分支连接处不得承受额外压力和磨损，多股软线的端头应挂锡、盘圈，并按顺时针方向弯钩，用灯具端子螺丝拧固在灯具的接线端子上。

（2）螺口灯头接线时，相线应接在中心触点的端子上，零线应接在螺纹的端子上。

（3）荧光灯的接线应正确，电容器应并联在镇流器前侧的电路配线中，不应串联在电路内。

（4）灯具内导线应绝缘良好，严禁有漏电现象，灯具配线不得外露，并保证灯具能承受一定的机械力和可靠地安全运行。

（5）灯具线不许有接头，在引入处不应受机械力。

（6）灯具线在灯头、灯线盒等处应将软线端作保险扣，防止接线端子不能受力。

4. 通电试运行

灯具安装完毕，各支线线路的绝缘电阻测试合格后，方允许通电试运行。通电后应进行巡视检查，检查内容有灯具的控制是否灵活、准确。开关与灯具控制顺序相对应，如果在试运行中出现问题必须先断电，然后查找原因进行修复后再通电运行，达到正常工作状态进行认证。

8.5.2 室外灯具安装

1. 工艺流程
工艺流程见图 8-27。

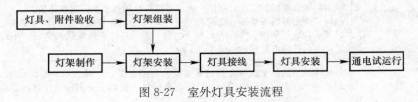

图 8-27 室外灯具安装流程

2. 灯架制作与组装
（1）钢材的品种、型号、规格、性能等，必须符合设计要求和国家现行技术标准的规定。并应有产品质量合格证。

（2）切割。按设计要求尺寸测尺画线要准确，必须采取机械切割的切割面应平直，确保平整光滑，无毛刺。

（3）焊接应采用与母材材质相匹配焊条施焊。焊缝表面不得有裂纹、焊瘤、气孔、夹渣、咬边、未焊满、根部收缩等缺陷。

（4）制孔。螺栓孔的孔壁应光滑、孔的直径必须符合设计要求。

（5）组装。型钢拼缝要控制拼接缝的间距，确保形体的规整、几何尺寸准确，结构和造型符合设计要求。

3. 灯架安装
（1）灯架的联结件和配件必须是镀锌件，各部结构件规格应符合设计要求。非镀锌件必须经防腐处理。

（2）承重结构的定位轴线和标高、预埋件、固定螺栓（锚栓）的规格和位置、紧固应符合设计要求。

（3）安装灯架时，定位轴线应从承重结构体控制轴线直接引上，不得从下层的轴线引上。

（4）紧固件连接时，应设置防松动装置，紧固必须牢固可靠。

4. 灯具接线
配电线路导线绝缘检验合格后才能与灯具连接；导线相位与灯具相位必须相符，灯具内预留余量应符合规范的规定；灯具线不许有接头，绝缘应良好，严禁有漏电现象，灯具配线不得外露；穿入灯具的导线不得承受压力和磨损，导线与灯具的端子螺栓拧牢固。

5. 灯具安装
（1）路灯（庭院灯）安装

每套路灯应在相线上装设熔断器。由架空线引入路灯的导线，在灯具入口处应做防水弯。路灯照明器安装的高度和纵向间距是道路照明设计中需要确定的重要数据。参考数据见表 8-13 的规定。

灯 具	安装高度	灯 具	安装高度
125～250W 荧光高压汞灯	≥5	60～100W 白炽灯或	≥4～6
250～400W 高压钠灯	≥6	50～80W 荧光高压汞灯	

灯具的导线部分对地绝缘电阻值必须大于 2MΩ。灯具的接线盒或熔断器盒，其盒盖的防水密封垫应完整。金属结构支托架及立柱、灯具，均应做可靠保护接地线，连接牢固可靠。接地点应有标识。灯具供电线路上的通、断电自控装置动作正确，每套灯具熔断器盒内熔丝齐全，规格与灯具适配。

装在架空线路电杆上的路灯，应固定可靠，紧固件齐全、拧紧、灯位正确。每套灯具均配有熔断器保护。

（2）障碍标志灯安装

航空障碍灯是一种特殊的预警灯具，已广泛应用于高层建筑和构筑物。除应满足灯具安装的要求外，还有它特殊的工艺要求。安装方式有侧装式和底装式，都应通过联结件固定在支承结构件上，根据安装板上定位线，将灯具用 M12 螺栓固定牢靠。

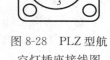

图 8-28　PLZ 型航空灯插座接线图

接线方法：接线时采用专用三芯防水航空插头及插座，详见图 8-28。其中的 1、2 端头接交流 220V 电源，3 端头接保护接零线。

障碍照明灯应属于一级负荷，应接入应急电源回路中。灯的启闭应采用露天安装光电自动控制器进行控制，以室外自然环境照度为参量来控制光电元件的导通以启闭障碍灯。也有采用时间程序来启闭障碍灯的。为了有可靠的供电电源，两路电源的切换最好在障碍灯控制盘处进行。

8.5.3　景观照明灯具安装

景观照明包括建筑物的立面照明、庭园照明、水下照明、霓虹灯等。

1. 工艺流程

工艺流程见图 8-29。

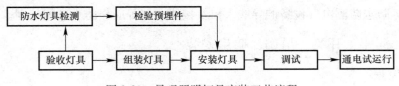

图 8-29　景观照明灯具安装工艺流程

2. 校验预埋件

景观照明灯具安装之前，应根据设计图纸放线定位确定灯位的位置，校验预埋件位置，是否符合设计要求。灯位的准确性是保证景观照明投影效果的重要工序之一。

3. 组装灯具

首先，将灯具拼装成整体，并用螺丝固定连成一体，然后按设计要求把各个灯口装好。根据已确定的出线和走线的位置，将端子用螺丝固定牢靠。根据已固定好的端子至各灯口的距离放线，把放好的导线削出线芯，进行涮锡。然后压入各个灯口，理顺各灯头的相线和零线，用线卡子分别固定，并按供电相序要求分别压入端子进行连接紧固牢固。

4. 灯具安装

（1）建筑物彩灯安装

彩灯安装均位于建筑物的外部和顶部，彩灯灯具必须是具有防雨性能的专用灯具。安装时应将灯罩拧紧；配线管路应按明配管敷设，并应具有防雨功能。垂直彩灯悬挂挑臂安装。挑臂的槽钢型号、规格及结构形式应符合设计要求，并应做好防腐处理，挑臂槽钢如是镀锌件应采用螺栓固定连接，严禁焊接。

吊挂钢索应采用直径≥10mm 的开口吊钩螺栓。地锚（水泥拉线盘和镀锌圆钢拉线棒组成）应为架空外线用拉线盘，埋置深度应大于 1500mm。底把采用 ϕ16mm 圆钢或者采用花篮螺栓，应是镀锌制品件。垂直彩灯应采用防水吊线灯头，下端灯头距离地面应高于 3000mm。

（2）景观照明灯具安装

景观灯具安装。灯具落地式的基座的几何尺寸必须与灯箱匹配。其结构形式和材质必须符合设计要求。每套灯具坐落的位置，应根据设计图纸而确定。投光的角度和照度应与景观协调一致。其导电部分对地绝缘电阻值必须大于 2MΩ。

景观落地式灯具安装在人员密集流动性大的场所时，应设置围栏防护。如条件不允许，无围栏防护，安装高度应距地面 2500mm 以上。

金属结构架和灯具及金属软管，应做保护接地线，连接牢固可靠，标识明显。

（3）水下照明灯具安装

水下照明灯具及配件的型号、规格和防水性能，必须符合设计要求。水下照明设备安装必须采用防水电缆或导线。压力泵的型号、规格应符合设计要求。根据设计图纸的灯位，放线定位必须准确，确保投光的准确性。位于灯光喷水池或音乐灯光喷水池中的各种喷头的型号、规格，必须符合设计要求，并应有产品质量合格证。水下导线敷设应采用配管布线。严禁在水中有接头，导线必须甩在接线盒中。各灯具的引线应由水下接线盒引出，用软电缆相连。灯头应固定在设计指定的位置（是指已经完成管线及灯头盒安装的位置）。灯头线不得有接头，在引入处不受机械力。安装时应将专用防水灯罩拧紧。灯罩应完好，无碎裂。喷头安装按设计要求，控制各个位置上喷头的型号和规格。安装时，必须采用与喷头相适应的管材，连接应严密，不得有渗漏现象。压力泵安装牢固，螺栓及防松动装置齐全。防水防潮电气设备的导线入口及接线盒盖等应作防水密闭处理。

8.5.4 插座、开关、吊扇、壁扇安装

1. 工艺流程

验收→清理→接线→安装

2. 材料验收

3. 清理

在器具安装之前将预埋盒子内残存的灰块、杂物剔掉清除干净，再用湿布将盒子内的灰尘擦净。

4. 接线

（1）单相双孔插座接线

应根据插座的类别和安装方式而确定接线方法。横向安装时，面对插座的右极接线柱

278

应接相线，左极接线柱应接中性线。竖向安装时，面对插座的上极接线柱应接相线，下极接线柱应接中性线。

(2) 单相三孔及三相四孔插座安装

单相三孔插座时，面对插座上孔的接线柱应接保护接地线，面对插座的右极的接线柱应接相线，左极接线柱应接中性线。三相四孔插座时，面对插座上孔的接线柱应接保护地线，下孔极和左右两极接线柱分别接相线。接地或接零线在插座处不得串联连接。插座箱是由多个插座组成，众多插座导线连接时，应采用 LC 型压接帽压接总头后，然后再作分支线连接。

5. 插座安装

插座应采用安全型插座，其安装的标高应符合设计要求和规范的规定。托儿所、幼儿园及小学校不小于 1.8m。同一场所安装的插座高度应一致。车间及试验室的插座安装高度，距地面不宜小于 300mm，特殊场暗装的插座不应小于 150mm。落地式插座应具有牢固可靠的保护盖板。地插座面板与地面齐平、紧贴地面、盖板固定牢固密封良好。

6. 开关接线

开关接线应符合以下要求：相线应经开关控制。接线时应仔细辨认，识别导线的相线与零线，严格做到开关控制（即分断或接通）电源相线，应使开关断开后灯具上不带电。

扳把开关通常为两个静触点，分别由两个接线柱连接；连接时除应把相线接到开关上外，并应接成扳把向上为开灯，扳把向下为关灯。接线时不可接反，否则维修灯具时，易造成意外的触电或短路事故。接线后将开关芯固定在开关盒上，将扳把上的白点（红点）标记朝下面安装；开关的扳把必须安正，不得卡在盖板上；盖板与开关芯用机螺丝固定牢固，盖板应紧贴建筑物表面。

双联及以上的暗扳把开关，每一联即为一只单独的开关，能分别控制一盏电灯。接线时，应将相线连接好，分别接到开关上与动触点连通的接线柱上，而将开关线接到开关静触点的接线柱上。

暗装的开关应采用专用盒。专用盒的四周不应有空隙，盖板应端正，并应紧贴墙面。

7. 吊扇安装

(1) 安装吊扇主要预埋好连接件。吊扇的挂钩应安装牢固，挂钩的直径不应小于吊扇悬挂锁钉的直径，且不得小于 8mm，并应装设防振橡胶垫。

(2) 吊扇底座应采用尼龙塞或膨胀螺栓固定。尼龙塞或膨胀螺栓的数量不应少于两个，直径不应小于 8mm。吊扇底座应固定牢固。

8. 壁扇安装

安装壁扇的连接件。壁扇底座安装常规采用尼龙塞或膨胀螺栓固定。每一底座不得少于 2 个螺栓，其直径不小于 8mm。底座应固定牢固可靠。

壁扇的安装应使其下侧边缘距地面高度不小于 1800mm，且底座平面的垂直偏差不宜大于 2rnm。涂层应完整，表面无划痕，无污染，防护罩无变形。

壁扇防护罩应扣紧，固定可靠；壁扇运转时扇叶和防护罩均不应有明显的颤动和异常声音。

8.6 电气设备安装

8.6.1 成套配电柜（盘）安装

1. 工艺流程

工艺流程见图 8-30。

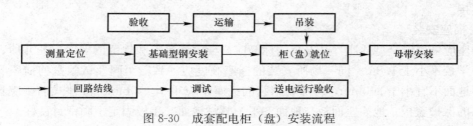

图 8-30 成套配电柜（盘）安装流程

2. 柜（盘）安装

（1）基础测量放线

按设计施工图纸所标定位置及坐标方位、尺寸进行测量放线，确定设备安装的底盘线和中心线。

（2）基础型钢安装

预制加工基础型钢架。型钢的型号、规格应符合设计要求。按施工图纸要求进行下料和调直后，组装加工成基础型钢架，并应刷好防锈涂料。

基础型钢架安装。按测量放线确定的位置，将已预制好的基础型钢架稳放在预埋铁件上，用水准仪或水平尺找平、找正。找平过程中，需用垫铁垫平，但每组垫铁不得超过三块。然后，将基础型钢架、预埋件、垫铁用电焊焊牢。基础型钢架的顶部应高出地面 5～10mm。

基础型钢架接地。将引进室内的地线扁钢，与型钢结构基架的两端焊牢，焊接面为扁钢宽度的二倍。然后，将基础型钢架涂刷二道灰色油性涂料。

（3）柜（盘）吊装就位

1）运输。保证运输通道平整畅通。水平运输应由起重工作业，电工配合。应根据设备实体采用合适的运输方法，确保设备安全到位。

2）就位。首先，应严格控制设备的吊点，柜（盘）顶部有吊环者，应充分利用吊环将吊索穿入吊环内。无吊环者，应将吊索挂在四角的主要承重结构处。然后，试吊检查受力吊索力的分布是否均匀一致，以防柜体受力不均产生变形或损坏部件。起吊后必须保证柜体平稳、安全、准确就位。

3）柜（盘）安装。应按施工图纸依次将柜坐落在基础型钢架上。单独的柜（盘）应控制柜面和侧面的垂直度。成排柜（盘）就位之后，先找正两端的柜，再由距柜的上下端20mm 处绷上通线，逐台找正，使成排柜（盘）正面平顺为准。找正时采用 0.5mm 铁片进行调整，每组垫片不能超过三片。调整后及时做临时固定，按柜固定螺孔尺寸，用手电钻在基础型钢架上钻孔，分别用 M12、M16 镀锌螺栓固定。紧固时受力要均匀，并应有防松措施。

4）固定。柜（盘）就位，找正、找平后，应将柜体与柜体、柜体与侧挡板均用镀锌螺丝连接为整体。

5）接地。柜（盘）接地，应以每台柜（盘）单独与基础型钢架连接，严禁串联连接接地。

（4）母带安装

柜（盘）骨架上方母带安装，必须符合设计要求。绝缘端子排列有序，间隔布局合理，端子规格应与母带截面相匹配。母带与配电柜（盘）骨架上方端子和进户电源线端子连接牢固，应采用镀锌螺栓紧固，并应有防松措施。母带连接固定应排列整齐，间隔适宜，便于维修。母带绝缘电阻必须符合设计要求。橡胶绝缘护套应与母带匹配，严禁松动脱落和破损酿成漏电缺陷。柜上母带应设防护罩，以防止上方坠落金属物而使母带短路的恶性事故。

（5）二次回路接线

按柜（盘）工作原理图逐台检查柜（盘）上的全部电器元件是否相符，其额定电压和控制、操作电压必须一致。控制线校线后，将每根芯线撅成圆，用镀锌螺丝、垫圈、弹簧垫连接在每个端子板上。并应严格控制端子板上的接线数量，每侧一般一端子压一根线，最多不得超过两根，必须在两根线间应加垫圈。多股线应涮锡，严禁产生断股缺陷。

8.6.2 裸母线、封闭插接母线安装

1. 工艺流程

工艺流程见图8-31。

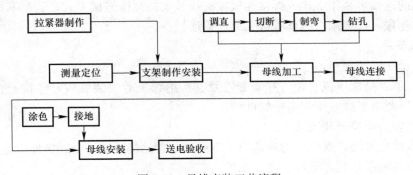

图 8-31　母线安装工艺流程

2. 测量定位

按设计施工图和配电柜（盘）内安装母线以及设备上其他部件安全控制的距离，进行测量定位，确定布线的方向、布线长度和固定点位置。

测量出各段母线加工尺寸和支架尺寸，并确定给出支架安装距离及洞口、预埋件安装的位置。

3. 支架及拉紧装置制作安装

（1）支架制作要求。材料下料一定采用机械切割，严禁气焊切割；支架焊接应满焊，焊接处焊渣清理干净，做好防腐处理。支架制孔应采取机械（台钻或手电钻）钻孔，孔径不得大于固定螺栓直径2mm。严禁采取气焊割孔。

（2）母线拉紧装置制作。按设计图纸要求的材料型号、规格、量好尺寸下料制作，应采用机械切割和制孔。钢夹板和钢连接板必须平整、接触面光滑洁净。

4. 支架安装

封闭插接母线的拐弯处以及与柜（盘）连接处必须加支架。直段支架的距离不应大于 2m。

支架安装固定方式，预埋在承载结构中，也可采用膨胀螺栓固定，或者用射钉法固定在混凝土结构上，砖砌体结构严禁使用射钉法。支架安装固定常规通用为膨胀螺栓固定支架不少于两条吊杆。一个吊架应用两根吊杆，固定牢固，螺扣外露 2～4 扣，膨胀螺栓应加平垫和弹簧垫，吊架应用双螺母夹紧。

支架与预埋件焊接处应做防腐处理，涂刷防腐涂料应均匀、无漏刷，不污染设备和建筑物。

5. 母线预制加工

母线预制加工系指裸母线而言，是根据母线材料的材质确定。

（1）母线下料要求。弯曲不平的母线调直应采用母带调直器进行调直。手工作业时，下面垫木质材料，使用木制手锤进行击打平整顺直。严禁使用铁锤，母线下料应采用手锯或砂轮切割锯进行切割，严禁用电焊或气焊进行切割。

（2）母线的弯曲。冷弯法：母线制弯应用专用工具（母线撅弯器），弯曲处不得有裂纹及显著的皱折。弯曲半径：母线平弯和立弯的弯曲半径（R）值，应符合有关规定。母线扭转部分的长度不得小于母线宽度的 2.5～5 倍。

6. 母线连接

硬母线的连接可采用螺栓或焊接连接或夹板及夹持螺栓搭接方式；管形和棒形母线应用专用线夹连接，严禁用内螺丝管接头或焊锡连接。

7. 母线安装

（1）裸母线安装规定

1）变压器、高低压成套柜、穿墙套管及支持绝缘子等安装就位，经检查合格后，才能安装由变压器引至高低压配电柜的母线。

2）母线安装应符合相关规定。

3）母线搭接连接，螺栓受力应均匀，不应使电器的接线端子受到额外应力。

4）母线的相序排列必须符合设计要求。安装应平整、整齐、美观。

5）涂刷涂料应均匀、涂膜平整、洁净，不得流坠或沾污设备。

设备接线端，母线搭接或卡子、夹板处，明设地线的接线螺栓处等两侧 10mm 处均不得涂刷涂料。

（2）封闭插接母线安装

1）封闭、插接式母线组对接续之前，应进行绝缘电阻测试，绝缘电阻值应大于 20MΩ，合格后方可进行组对安装。

2）母线槽，固定距离不得大于 2500mm，水平敷设距地高度不应小于 2200mm。

3）母线槽的端头应装封闭罩，外壳间应有跨接线，两端应设置可靠保护接地。

4）母线的紧固螺栓应是配套镀锌标准件，应用力矩扳手紧固。

5）母线槽安装方式。沿墙水平安装高度应符合设计要求。母线应可靠固定在支架上；

悬挂吊装的吊杆直径应与母线槽重量相适应，并应做承载检验。螺母应能调节；母线落地安装高度应符合设计要求。立柱可采用钢管或型钢制作；母线垂直安装，沿墙或柱安装时，应做固定支架，穿越墙、楼板处应加防振装置，并做防水台。垂直安装距地 1800mm 以下应采取保护措施。

6）母线敷设应规定设置伸缩节，设计无规定时，铝母线宜每隔 20～30m 设 1 个，铝母线宜每隔 30～50m 设 1 个。穿越变形缝应采取相应的技术措施，确保变形缝工作不损伤母线。

7）插接箱安装必须可靠固定，垂直安装时，标高应以插接箱底口为准。

（3）母线在支柱绝缘子上固定

1）母线固定金具与支柱绝缘子间的固定应平整牢固，母线不得受到额外应力。

2）母线平置时，母线支持夹板的上部压板与母线保持 1～1.5mm 的间隙。当母线立置时，上部压板应与母线保持 1.5～2mm 的间隙。

3）母线在支柱绝缘子上的固定点，每段应设置一个，设置于全长或两母线伸缩节中点。

8. 接地

母线支架和封闭、插接式母线的外壳，必须做保护接地（PE）或接（PEN）地线，其接地电阻值应符合设计要求和规范的规定。

9. 试运行验收

母线进行绝缘电阻测试和交流工频耐压试验合格后，母线才能通电。封闭插接母线的接头连接紧密，相序正确，外壳接地良好。绝缘测试符合设计要求。送电程序为先高压、后低压；先干线、后支线；先隔离开关、后负荷开关。停电时与上述顺序相反。试运行需送电空载运行 24h，无异常现象为合格，方可办理验收手续。

8.6.3 配电箱（盘）安装

1. 工艺流程

工艺流程见图 8-32。

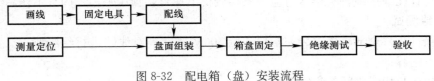

图 8-32 配电箱（盘）安装流程

2. 配电箱（盘）安装

（1）测量定位

根据设计施工图要求找出配电箱（盘）的位置，按箱（盘）的外形尺寸进行测量放线定位。并按已确定位置线，校核预埋件（木砖和铁件）的标高、中心线，以便于准确的控制预埋件，或者确定金属胀管螺栓的位置。

（2）盘面组装

1）画线。按照实物排列位置确定后，用方尺找正，画出水平线，分均孔距。根据所确定的电具、仪表的位置，进行钻孔。

2）固定电具。涂膜干后装上绝缘嘴，并将全部电具、仪表对号就位，摆平、找正，用螺丝固定牢固。

3）配线。根据电具、仪表的规格、容量和位置，选好导线的截面和长度，进行组装配线。盘内配线应符合以下要求：引线孔应光滑无毛刺；导线引出面板应装设绝缘保护套。配线应根据电器元件规格、容量和所在位置及设计要求，配制导线的截面和长度。盘面配线应按组配线绑扎成束，采用线夹固定排列整齐、美观和安全可靠。配电箱盘面内装有计量仪表和电感互感器时，二次测量的导线应使用截面积不小于 2.5mm² 的铜芯绝缘导线。在照明配电箱（盘）内，应分别设置零线和保护接地线（PE 线）汇流排，零线和保护线应在汇流排上连接，不得绞接，并应有编号。配电箱（板）内装设的螺旋熔断器，其电源线应接在中间触点的端子上，负荷线应接在螺纹的端子上。

（3）箱（盘）固定

1）配电箱（板）的安装应牢固，其垂直偏差不应大于 3mm。暗装箱（板）根据预留洞口尺寸，首先找好箱体标高和水平尺寸，并将箱体稳固好，然后用水泥砂浆填实抹平，四周应无空隙，箱体的四周边缘应紧贴墙面。待砂浆凝固后安装贴脸。箱体与建筑物、构筑物接触部位应涂防腐涂料。

2）配电箱底边距地面高度宜为 1500mm。照明配电板底边距地面高度不宜小于 1800mm。

3）配电箱（盘、板）的安装位置应正确，部件齐全，箱体开孔合适，切口整齐。暗配式配电箱箱盖紧贴墙面，开闭灵活。接地线经汇流排（接地线端子）连接，无绞接现象。箱体（盘、板）涂料完整。

（4）配电箱导线与器具的连接

1）配电箱导线与器具的连接指导线与针孔式接线桩的连接。连接时应把导线线芯插入接线桩头针孔内。芯线线头要露出针孔 1～2mm。线芯绝缘层距接线桩末端外露不应大于 2mm。

2）接线桩头针孔直径较大时，将导线的芯线折成双股或在针孔内垫铜皮，也可以在多股芯线上缠绕一层导线以增大芯线直径使芯线与针孔直径相适应。

导线与针孔或接线桩头连接时应拧紧接线桩上螺钉，顶压平稳牢固且不伤芯线。

3. 绝缘测试

配电箱（盘）全部电器安装完毕后，用 500V 兆欧表对线路进行绝缘测试。测试项目应包括以下内容：

（1）相线与相线之间的绝缘电阻值。

（2）相线与中性线之间的绝缘电阻值。

（3）相线与保护地线之间的绝缘电阻值。

（4）中性线与保护地线之间的绝缘电阻值。

绝缘电阻测试时应做好记录，作为质量控制资料组卷归档。

8.6.4 配电板及户表板安装

1. 工艺流程

测量定位→闸具组装→固定点测定→表板固定

2. 配电板及户表板安装

（1）测量定位

根据设计图纸要求配电（户表）板的位置，按板面外形尺寸进行测量放线定位。找出预定位置埋设的预埋件，校核标高和中心线，以便准确地控制配电（户表）板安装位置，或者确定膨胀螺栓固定点的位置。

（2）闸具组装

1）实物排列。按设计要求器件的规格、数量在表板上作实物排列，预留出电表的位置。量好间距，画出水平线，确定均分线孔位置，然后画出固定器件和表板的孔径。

2）钻孔。按器具成型的孔定位进行钻孔，钻孔时，首先，用尖錾子准确点冲凹窝，无偏斜后，再施钻成孔。使螺帽与板面平齐，再用与螺丝帽直径相同钻头，进行二次扩孔，应控制其深度以螺丝帽入面板表面平齐为准。

3）固定器具。将已检测合格且完整无损的电气器具就位固定端正。将配线引出表板出线孔，并套上绝缘嘴，剥去导线的绝缘层，并按相序与器具的接线柱压牢。

（3）固定点测定

表板安装之前，在测量定位的位置用尺量好标高，再用水平尺画出底平线找准木砖上的固定点。采用膨胀螺栓固定时，应在定位点的位置上先进行钻孔，埋下的膨胀管与墙面平齐。

（4）表板固定

将电源配线及支路线正确地引出表板的出线孔，并套好绝缘嘴。导线应预留适当余量。将表板稳定在安装的位置上做临时固定，再用线坠进行平直校正。找正找平后固定其各点，表板应固定牢固。固定后，将进户线端头削好、压牢。并将明露配线顺直，按相序排列整齐。

8.6.5 变压器安装

变压器安装系为油浸式电力变压器和树脂浇铸干式变压器的落地安装。

1. 工艺流程

二次搬运→变压器就位→附件安装→吊芯检查→交接试验→送电前检查→运行验收

2. 落地式变压器安装

（1）二次搬运

1）二次搬运应由起重工作业，电工配合。吊装和水平运输机具，必须满足吊装和运输条件的需要，在吊装和运输全过程中，核对变压器高低压侧方向，并应确保运行平稳，尽量减少振动。

2）吊装。变压器吊装时，索具必须符合吊装的要求。钢丝绳必须挂在油箱的吊钩上，严禁挂在上盘的吊环上（吊环仅作吊芯用）。

3）保护措施。变压器在吊装和运输过程中应对瓷瓶绝缘件加以保护，最好是用木箱将瓷瓶罩住，以防止遭受机械损伤。

4）运输。变压器运输时，应严格控制着力点，以防倾斜，运输倾角不得超过 15°，防止内部结构变形。

5）千斤顶的使用。用千斤顶顶升变压器时，应将千斤顶放置在油箱专设部位。

（2）变压器就位

1）核验变压器基础的强度和轨道安装的牢固性、可靠性。基础轨距应与变压器轮距相吻合。

2）因为，变压器基础台面高于室外地坪，所以，在变压器就位时，应在室外搭设一个与室内基础台面等高的平台。平台必须牢固可靠，具有一定的刚度和强度，确保平台的稳定性，变压器就位之前，应将变压器平稳地吊到平台上，然后缓慢地将变压器推入室内至就位的位置。

3）变压器就位符合要求后，对于装有滚轮的变压器应将滚轮用可以拆卸的制动装置加以固定。

4）在变压器的接地螺栓上均需可靠地接地。低压侧零线端子必须可靠接地。变压器基础轨道应和接地干线可靠连接，确保接地可靠性。

5）变压器的安装应设置抗地震装置。

（3）附件安装

1）气体继电器安装

① 气体继电器安装之前，要先对气体继电器进行校验，鉴定合格后，方可安装。

② 气体继电器应水平安装，观察窗应装在便于检查一侧。箭头方向应指向油枕，与连通连接应密封良好。截油阀应位于油枕和气体继电器之间。

③ 操作电源为直流时，其电源正极必须接到水银侧的接点上，以防止接点断开时产生飞弧。

2）防潮呼吸器的安装

① 防潮呼吸器安装之前，应检查硅胶是否失效，如已失效，应进行烘烤干燥，使其复原或更新。

② 安装时，必须将呼吸器盖子上橡皮垫去掉，使其通畅，在隔离器具中装适量变压器油，起滤尘作用。

3）温度计安装

① 套管式温度计安装。将温度计直接安装在变压器上盖的预留孔内，并在孔内加入适量的变压器油。温度计的刻度方向应便于检查。

② 电接点温度计安装之前应进行校验，合格后方可安装。

a. 油浸变压器一次元件应安装在变压器顶盖上的温度计套筒内，并加入适量的变压器油。二次仪表应挂在变压器一侧的预留板上。

b. 干式变压器一次元件应按技术说明书位置安装，二次仪表安装应装在便于观测的变压器护网栏上。软管严禁产生变形或弯曲半径小于50mm，富余部分应盘圈并固定在温度计附近。

③ 干式变压器的电阻温度计，一次元件应预埋在变压器内，二次仪表应安装在操作台上。导线应符合仪表要求，并加以适当的附加电阻校验调试后方可使用。

4）电压切换装置安装

① 变压器电压切换装置各分接点与线圈的连线应紧固正确，并接触紧密牢固。转动点应正确停留在各个位置上，并与指示位置一致。

② 电压切换装置的传动机构应固定牢靠，操作动作灵活、可靠。其电压切换装置的拉杆、分接头的凸轮、小轴销子等确保完整无损。转动盘应动作灵活，密封良好。

③ 有载调压切换装置的调换开关的触头及铜辫子敬线应完整无损，触头间应有足够的压力（常规为 8~10kg）。

④ 连锁安装。有载调压切换装置转动到极限位置时，应装有机械连锁与带有限位开关的电气连锁。

⑤ 有载调压切换装置的控制箱常规应安装在操作台上. 连线应正确无误，并应调整好，手动、自动工作正常，档位指示正确。

（4）变压器连线

1）变压器的一、二次连线、地线、控制管线均应符合相应有关规定。

2）变压器一、二次引线的施工，不应使变压器的套管直接承受应力。

3）变压器中性点的接地回路中，靠近变压器处，应做一个可拆卸的连接点。

4）变压器工作零线与中性点接地线，应分别敷设。工作零线宜用绝缘导线。

（5）吊芯检查

1）变压器吊芯检查时，在条件允许的情况之下，应位于洁净的室内进行作业。吊芯检查应在气温不低于 0℃，芯子温度不低于周围空气温度、空气相对湿度不大于 75% 的条件下进行（器身暴露在空气中的时间不得超过 16h）。

2）紧固件。所有螺栓应紧固，并应有防松措施。铁芯无变形，表面涂膜层良好，铁芯应接地良好。

3）绝缘层。线圈的绝缘层应完整，表面无变色、脆裂、击穿等缺陷。高低压线圈无移动变位情况。线圈间、线圈与铁芯、铁芯与轭铁间的绝缘层应完整无松动。

4）引出线。引出线绝缘良好，包扎紧固无破裂情况，引出线固定应牢固可靠，其固定支架应紧固，引出线与套管连接牢靠，接触良好紧密，引出线接线正确。

5）绝缘电阻。所有能触及的穿心螺栓应连接紧固。用摇表测量穿心螺栓与铁芯及轭铁以及铁芯与轭铁之间的绝缘电阻，并做 1000V 的耐压试验。

6）油路、油箱。油路应畅通，油箱底部清洁无油垢杂物，油箱内壁无锈蚀。

7）芯子冲洗。芯子检查完毕后，应用合格的变压器油冲洗，并从箱底油堵将油放净。吊芯过程中，芯子与箱壁不应碰撞。

8）注油。吊芯检查后如无异常，应立即将芯子复位并注油至正常油位。吊芯、复位、注油必须在 16h 内完成。

9）封闭。吊芯检查完成后，要对油系统密封进行全面仔细检查，不得有渗漏油的现象。

8.6.6 箱式变电站安装

箱式变电站是由高压配电装置、电力变压器和低压配电装置三部分组成。其特点是使变配电系统融为一体。结构紧凑，移动方便，适用于高压电压为 6~35kV，低压 0.4kV/0.23kV。要求箱体应具有足够的机械强度，便于安装且不应变形。箱式变电站适用于城市建筑、生活小区、中小型工厂、铁路及油田等供电。

箱式变电所安装的步骤如下：

（1）测量定位

按设计施工图纸所标定位置及坐标方位、尺寸进行测量放线，确定箱式变电所安装的底盘线、中心轴线和地脚螺栓的位置。

（2）基础型钢安装

1）预制加工基础型钢的型号、规格应符合设计要求。按设计尺寸进行下料和调直，做好防锈处理。根据地脚螺栓位置及孔距尺寸，进行制孔。制孔必须采用机械制孔。

2）基础型钢架安装。按放线确定的位置、标高，中心轴线尺寸，控制准确的位置固定好型钢架，用水平尺或水准仪找平、找正，与地脚螺栓连接牢固。

3）基础型钢与地线连接，将引进箱内的地线扁钢，与型钢结构基架的两端焊牢。然后涂二遍防锈涂料。

（3）箱式变电所就位与安装

1）就位。要确保作业场地洁清、通道畅通。将箱式变电所运至安装的位置，吊装时，应严格吊点，应充分利用吊环将吊索穿入吊环内，然后，做试吊检查，受力吊索力的分布应均匀一致，确保箱体平稳、安全、准确地就位。

2）按设计布局的顺序组合排列箱体。找正两端的箱体，然后挂通线。找准调正，使其箱体正面平顺。

3）组合的箱体找正、找平后，应将箱与箱用镀锌螺栓连接牢固。

4）接地。箱式变电所接地，应以每箱独立与基础型钢连接，严禁进行串联。接地干线与箱式变电所的 N 母线和 PE 母线直接连接，变电箱体、支架或外壳的接地应用带有防松装置的螺栓连接。所以，连接均应紧固可靠，紧固件齐全。

5）箱式变电所的基础应高于室外地坪，周围排水通畅。

6）箱式变电所，用地脚螺栓固定的螺帽应齐全，拧紧牢固，自由安放的应垫平放正。

7）箱壳内的高、低压室均应装设照明灯具。

8）箱体应有防雨、防晒、防锈、防尘、防潮、防凝露的技术措施。

9）箱式变电所安装高压或低压电度表时，必须接线相位准确，安装应便于查看位置。

（4）接线

1）高压接线应尽量简单，但要求既有终端变电站接线，也有适应环网供电的接线。

成套变电所各部分一般在现场进行组装和接线，通常采用下列形式的一种。适合电力系统中应用的单线系统图。

① 放射式：一回一次馈电线接一台降压变压器，其二次侧接一回或多回放射式馈电线。

② 一次选择系统和一次环形系统。每台降压变压器通过开关设备接到两个独立的一次电源上，以得到正常和备用电源。在正常电源有故障时，则将变压器换接到另一电源上。

二次选择系统。两台降压变压器各接一独立一次电源。每台变压器的二次侧通过合适的开关和保护装置连接各自的母线。两段母线间装设联络开关与保护装置，联络开关正常是断开的，每段母线可供接一回或多回二次放射式馈电线。

二次点状网络。两台降压变压器各接一独立一次电源。每台变压器二次侧通过特殊形式的断路器都接到公共母线上。该断路器叫做网络保护器（Networkprotector）。网络保护器装有继电器，当逆功率流过变压器时，断路器即被断开，并在变压器二次侧电压、相角和相序恢复正常时再行重合。母线可供接一回或多回二次放射式馈电线。

配电网络。单台降压变压器二次侧通过叫做网络保护器的特殊型断路器接到母线上。网络保护器装有继电器，当变压器二次侧电压、相角、相序恢复时，断路器断开。母线可供接一回或多回二次放射式馈电线，和接一回或多回联络线，与类似的成套变电站相连。

双回路（一个半断路器方案）系统。两台降压变压器各接一独立一次电源。每台变压器二次侧接一回放射式馈电线。这些馈电线电力断路器的馈电侧用正常断开的断路器连接在一起。电力公司一次配电系统基本上都采用这种方式。

2）接线的接触面应连接紧密，连接螺栓或压线螺丝紧固必须牢固；与母线连接紧固螺栓时应采用力矩扳手紧固，其紧固力矩值应符合相关的规定。

3）相序排列准确、整齐、平整、美观。相序应涂色。

4）设备接线端，母线搭接或卡子、夹板处，明设地线的接线螺栓处等两侧 10～15mm 处均不得涂刷涂料。

8.6.7 电容器安装

1. 工艺流程

设备验收→基础制作与安装→二次搬运→安装→送电前检查→试运行验收

2. 电容器安装

（1）设备验收

1）开箱验收。依据装箱单，核对电容器、备件的型号、规格及数量，必须与装箱单相符。随带技术文件应完整、齐全，并应有产品质量出厂合格证。

2）受检的电容器、备件的型号、规格必须符合设计要求，并应完好无损。

3）绝缘电阻测试。对 500V 以下电容器，应用 1000V 摇表进行绝缘测试，3～10kV 的电容器应采用 2500V 绝缘摇表进行测试，并应做好记录。

（2）基础制作安装

1）型钢基础制作、安装必须符合设计要求。

2）组装式电容器安装之前，首先，按施工图纸要求预制好框架，设备分层安装时，其框架的层间不应加设隔板，构架应采用阻燃材料制作、分层布局常规不宜超过三层。底部距地坪不应小于 300mm。架间的水平距离不小于 500mm，母线对上层构架的距离不应小于 200mm，每台电容器之间的距离不应小于 50mm。上述安装数据系为参考数据，施工过程应按设计要求和随带的技术文件相关的规定执行。

3）基础型钢及构架，必须按设计要求涂刷涂料和做好接地。

（3）二次搬运

电容器搬运全过程应轻拿轻放，要对瓷瓶加以保护，壳体不得遭受任何机械损伤。确保设备、配件完整性。

（4）电容器安装

1）电容器通常安装在干燥、洁净的专用电容器室内，不应安装在潮湿、多尘、高温、易燃、易爆及有腐蚀气体场所。

2）电容器的额定电压应与电网电压相符。一般应采用角形连接。

3）电容器组应保持三相平衡电流，三相不平衡电流不大于5%。

4）电容器必须设置有放电环节，以保证停电后迅速将储存的电能放掉。

5）电容器安装时铭牌应向通道一侧。

6）电容器的金属外壳必须有可靠接地。

（5）接线

1）电容器连接线采用软导线的型号、规格必须符合设计要求，接线应对称一致，整齐美观，线端应加线鼻子，并压接牢固可靠。

2）电容器组用母线连接时，不要使电容器套管（接线端子）受机械应力。压接应严密可靠。紧固时应采用力矩扳手。母线排列整齐，并应涂刷好相色。

3）电容器组控制导线的连接应符合盘柜配线设计要求，二次回路配线应符合随带文件安装配线的要求。

8.7　备用电源安装

备用电源系统有柴油发电机和蓄电池组，系为应急电源。适用于高层建筑、医院、公共场所、科研单位等，以保证特殊的要求（指在供电系统断电时仍需保证供电）。高层建筑中常用的备用电源有柴油发电机组。

8.7.1　柴油发电机组安装

1. 工艺流程

机组基础→机组就位→调校机组→安装地线→安装附属设备→机组接线→机组检测→试运行

2. 机组安装

（1）机组基础

柴油发电机组的混凝土基础标高、几何尺寸必须符合设计要求。基础上安装机组地脚螺栓孔，应采用二次灌浆，其孔距尺寸应根据机组外形安装图确定。基座的混凝土强度等级必须符合设计要求。

（2）机组就位

1）柴油发电机就位之前，首先，应对机组进行复查、调整和准备工作。

2）发电机组各联轴节的连接螺栓，机座地脚螺栓和底脚螺栓应紧固。

3）所设置的仪表应完好齐全，位置应正确。操纵系统的动作应灵活可靠。

（3）调校机组

1）机组就位后，首先，调整机组的水平度，找正找平，紧固地脚螺栓牢固、可靠，并应设有防松措施。

2）调校油路、传动系统、发电系统（电流、电压、频率）、控制系统等。

3）发电机、发电机的励磁系统、发电机控制箱调试数据，应符合设计要求和技术标准的规定。

（4）接地线

1）发电机中性线（工作零线）应与接地母线引出线直接连接，螺栓防松装置齐全，有接地标识。

2）发电机本体和机械部分的可接近导体均应保护接地（PE）或接地线（PEN）且有标识。

（5）安装附属设备

发电机控制箱（屏）是同步发电机组的配套设备，主要是控制发电机送电及调压。小容量发电机的控制箱一般（经减振器）直接安装在机组上，大容量发电机的控制屏则固定在机房的地面上或安装在与机组隔离的控制室内。

开关箱（屏）或励磁箱，各生产厂家的开关箱（屏）种类较多、型号不一，一般500kW以下的机组有柴油发电机组相应的配套控制箱（屏），500kW以上机组可向机组厂家提出控制屏的特殊订货要求。

（6）机组接线

1）发电机及控制箱接线应正确可靠。馈电出线两端的相序必须与电源原供电系统的相序一致。

2）发电机随机的配电柜和控制柜接线应正确无误，所有紧固件应紧固牢固，无遗漏脱落。开关、保护装置的型号、规格必须符合设计要求。

3. 机组检测

发电机的检测试验必须符合设计要求和相关技术标准的规定。

4. 试运行

（1）柴油机的废气可用外接排气管引至室外，引出管不宜过长，管路转弯不宜过急，弯头不宜多于3个。外接排气管内径应符合设计技术文件规定，一般非增压柴油机不小于75mm，增压型柴油机不小于90mm，增压柴油机的排气背压不得超过6kPa，排气温度约450℃，排气管的走向应能够防火，安装时尤应注意。调试运行中要对上述要求进行核查。

（2）受电侧的开关设备、自动或手动切换装置和保护装置等试验合格后，应按设计的备用电源使用分配方案进行负荷试验。机务和电气装置连续运行12h无故障方可进行交接验收。

8.7.2 蓄电池安装

1. 工艺流程

设备验收→母线、电缆及台架安装→池组安装→配液、充放电→送电、验收

2. 蓄电池安装

（1）设备验收

1）开箱验收。依据装箱单查验设备的型号规格、品种、数量进行清点。

2）随带技术文件应齐全。

3）设备、附件的型号、规格必须符合设计要求，附件应齐全，部件完好无损。

4）蓄电池外观质量检查。蓄电池应符合以下要求：外形无变形，外壳无裂纹、损伤，槽盖板应密封良好。正、负端柱必须极性正确。防酸栓、催化栓等配件应齐全无损伤。滤气帽的通气性能良好。

5）连接条、螺栓及螺母应齐全，无锈蚀。

（2）母线、电缆及台架安装

1）台架安装，应符合以下要求：

① 台架、基架的型号、规格和材质应符合设计要求，其数量间距应符合设计要求。

② 台架防腐处理。安装之前应涂刷耐酸碱的涂料或焦油沥青。

③ 高压蓄电池架应用绝缘子或绝缘垫与地面绝缘。

④ 台架安装必须平整、不得歪斜，并应做好接地线的连接。

2）母线、电缆安装，应符合设计要求：

① 配电室内的母线支架安装应符合设计要求。支架（吊架）以及绝缘子铁脚均应做防腐处理涂刷耐酸涂料。

② 引出电缆敷设应符合设计要求。宜采用塑料护套电缆并标明正、负极性。正极为赭色、负极为蓝色。

③ 所采用的套管和预留洞孔处，均应用耐酸、碱材料密封。

④ 母线安装除应符合相关规定外，尚应在连接处涂电力复合脂并进行防腐处理。

（3）蓄电池组安装

1）蓄电池组安装。应按设计图纸及相关技术文件进行施工。

2）电池组安装应平稳、间距应符合设计要求，保持间距均匀。同一排列的电池组应高度一致，排列整齐、洁净。

3）应有防振技术措施，并应牢固可靠。

4）温度计，液面线应放在易于检查一侧。

（4）配液与充放电

1）配液前应符合以下要求：

① 硫酸应是蓄电池专用电解液硫酸，并应有产品出厂合格证；

② 蒸馏水应符合国家现行技术标准要求；

③ 蓄电池槽内应清理干净；

④ 做好充电电源的准备工作，确保电源可靠供电；

⑤ 准备好配液用器具、测试设备及劳保用品。

2）调配电解液：

① 配液是一项细致的操作工作，操作人员应经培训考核持证上岗，要严格按技术标准的规定及注意事项进行，以防错误操作；

② 在调配电解液时，将蒸馏水放到已准备好的配液容器中，然后将浓硫酸缓慢地倒入蒸馏水中，同时用玻璃棒搅拌以便混合均匀，迅速散热；严禁将蒸馏水往硫酸内倒，以防发生剧热爆炸。

3）电解液调配好的密度应符合产品说明书的技术规定。

4）注入蓄电池的电解液，其温度不宜高于30℃，当室温高于30℃时，不得高于室温。注入液面高低度应在高低液面线之间。

5）固定型开口式蓄电池隔板在注入电解液前24h内插入，注入电解液应高出极板上部10～20mm。

6）蓄电池充电要在电解液注入3～5h（一般不宜超过12h）、液温低于30℃以下时进行，充电时液温不宜高于45℃。

7）防酸隔爆式铅蓄电池的防酸隔爆栓在注酸完后装好，防止充电时酸气大量外泄。

8）蓄电池在充电时要严格按技术标准要求进行。

9）蓄电池充电符合下列条件可认为已充足：

① 在正、负极板上发生强烈气泡；

② 电解液的比重增加到产品说明规定值，一般为 1.20～1.21（温度为＋15℃时）而 3h 内保持不变；

③ 每个电池的电压增加到 2.5～2.75V，而且 3h 内保持不变；

④ 极板的颜色正极板变成褐红或暗褐色，负极板变成灰色。

10）充电结束后，电解液的比重、液面高度需调整时，调后再进行半小时的充电。

11）蓄电池的放电应按技术标准规定的要求进行，不应过放。

12）蓄电池具有以下特征时符合放电已完成的要求：

① 电池电压降至 1.8V；

② 极板的颜色，正极板为褐色，负极板发黑；

③ 电解液的比重，一般降至 1.17～1.15。

13）温度在 25℃时，放电容量应达到额定容量的 85％以上，当温度不在 25℃时，其容量可按下式换算：

$$C_{25} = \frac{C_t}{1 + 0.008(t - 25)}$$

式中　t——放电过程中，电解液平均温度（℃）；

C_t——在液温为 t℃时实际测得容量（A·h）；

C_{25}——换算成标准温度（25℃）时容量（A·h）；

0.008——容量温度系数。

14）蓄电池放电后应立即充电，间隔不宜超过 10h。

15）充放电全过程，按规定时间作好电压、电流、比重、温度记录及绘制充放电特性曲线图。

（5）碱性蓄电池充放电

1）碱性蓄电池配液及充放电要按产品说明书和有关技术资料进行。

2）电解液的注入：

① 清洗电池，擦去油污。

② 注入电解液需用玻璃漏斗或瓷漏斗。注入后 2h 进行电压测量，如测不出可等 8～10h，再测一次，还测不出电压或电压过低，说明电池已坏，需更换电池。

③ 电解液注入后 2h 还要检查液面高度，液面必须高出极板 10～15mm。

④ 在电解液中注入少量的火油或凡士林油，使其漂浮在液面上，隔绝空气，防止空气中二氧化碳与电解液接触。

3）充、放电：

① 蓄电池的充、放电应按说明书的要求进行。

② 如果没有注明，充、放电电流可按以下方法计算：电池的额定容量除以 4（或乘以 25％），即额定容量为 100A·h 的蓄电池可用 25A 进行充电。

③ 镉镍蓄电池充电先用正常充电电流充 6h，1/2 正常充电电流继续充 6h，接着用 8h

放电率放电 4h，如此循环，充、放电要进行三次。

④ 对铁镍蓄电池用正常充电电流充 12h，再用 8h 放电率放电。当两极电压降压 1. IV 时，再用 12h 充电率 $\left(\frac{1}{3}正常充电电流\right)$ 充电一次。

4）注意事项：

① 配制碱性电解液的容器应用铁、钢、陶瓷或珐琅制成。

② 严禁使用配制过酸性电解液的容器。

③ 配制溶液的保护用品和配酸性溶液相同。

④ 配制好的电解液必须密封，不能与空气接触，以防产生碳酸盐。

8.8 电动机安装

电动机是用来被驱动机械拖动的，以电动机为原动机，通过传动机构产生符合人们要求的机械运动以完成所需要的任务。通过控制设备控制电动机的运转，就能完成工作过程的自动化。电动机及其控制电器是产生机械效能中极为重要的动力设备，安装质量直接影响到工作性能，因此，在电机的造型、安装、校正、调试工作中必须一丝不苟、精心操作，确保安装质量。

8.8.1 电动机安装

1. 工艺流程

工艺流程见图 8-33。

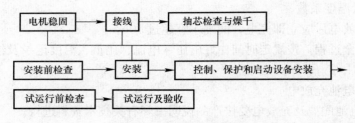

图 8-33 电动机安装流程

2. 电动机安装

（1）安装前检查

1）机体应完好无机械损伤，盘动转子应轻快、灵活，不应有卡阻及异常声响。

2）铁心转子和轴颈应完好无锈蚀缺陷。

3）电动机的附件、备件应齐全、完好，不应有机械损伤。

4）接线端子齐全完好，无锈蚀现象。

（2）电动机安装

1）中小型电动机的安装根据设计要求和工作需要可安装在墙体的角钢架上、地基的钢架上或混凝土的机座上。安装在钢架上的电动机可用螺栓把电动机紧固在钢架上，后者是紧固在埋入混凝土基础内的地脚螺栓上，并应设置防松动装置。

2）混凝土机座应符合以下要求：

① 机座尺寸。应按设计要求或电动机底盘尺寸、每边加 150～250mm 确定。基座埋置深度为电机底脚螺栓长度的 1.5～2 倍,埋深应超过当地冻结深度,500～1500mm。

② 机座构造。机座应坐落在原土层上,基底的持力层严禁挠动。如果处在易受振动的地方。机座底盘还应做成锯齿形,以增加抗震性。

机座常规采用混凝土浇筑,其强度等级为 C20。如果电动机重量超过 1t,应采用钢筋混凝土机座。

③ 地脚螺栓。按电动机地脚螺栓孔眼间距的标准尺寸,放在机座木板架上,将螺栓按线板架上的位置标志点距进行组装固定牢固,再浇固在混凝土机座中,待混凝土强度达到设计强度等级后,才能将螺栓拧紧。

④ 待混凝土机座达到设计强度等级后,按设计要求的标高,进行抄平放线,标注出标准标高和中心线。再用 1∶1 水泥砂浆平涂一层,并应压光,确保机座的顶面光滑、平整。

3)电动机机座应符合以下要求:

① 首先应按机座设计要求或电动机外形的平面几何尺寸、底盘尺寸、基础轴线、标高、地脚螺栓(螺孔)位置等,弹出宽度中心控制线和纵横中心线,并根据这些中心线放出地脚螺栓中心线。

② 按电机底座和地脚螺栓的位置,确定垫铁放置的位置,在机座表面画出垫铁尺寸范围,并在垫铁尺寸范围内砸出麻面,麻面面积必须大于垫铁面积;麻面呈麻点状,凹凸要分布均匀,表面成水平,最后应用水平尺检查。

③ 垫铁应按砸完的麻面标高配制,每组垫铁总数常规不应超过三块,其中包含一组斜垫铁。

a. 垫铁加工。垫铁表面平整,无氧化皮,斜度一般为 1/10、1/12、1/15、1/20。

b. 垫铁位置及放法。垫铁布置的原则为:在地脚螺栓两侧各放一组,并尽量使垫铁靠近螺栓。斜垫铁必须斜度相同才能配合成对。将垫铁配制完后要编组作标记,以便对号入座。

c. 垫铁与机座、电机之间的接触面积不得小于垫铁面积的 50%;斜铁应配对使用,一组只有一对。配对斜铁的搭接长度不应小于全长的 3/4,相互之间的倾斜角不大于 30°。垫铁的放置应先放厚铁,后放薄铁。

④ 地脚螺栓的长度及螺纹质量必须符合设计要求,螺帽与螺栓必须匹配。每个螺栓不得垫两个以上的垫圈,或用大螺母代替垫圈,并应采用防松动垫圈。螺栓拧紧后,外露丝扣应不少于 2～3 扣并应防止螺帽松动。

⑤ 中小型电机用螺栓安装在金属结构架的底板或导轨上。金属结构架、底板及导轨的材料的品种、规格、型号及其结构形式均应符合设计要求。金属构架、底板、导轨上螺栓孔的中心必须与电动机机座螺栓孔中心相符。螺栓孔必须是机制孔。严禁采用气焊割孔。

4)电动机安装应符合以下要求:

① 电动机安装前,应按设计要求和电动机安装有关标准规范规程等技术文件的规定,核对机座、地脚螺栓(孔)的轴线、标高、地脚螺栓(孔)位置,机座的沟道、孔洞,电缆管的位置、尺寸及其质量,确认符合要求后,方可进行下道工序。

② 电动机的就位，按弹出的机座底盘中心线，以底盘中心线控制电动机就位的位置。电动机就位后应及时准确地校正电动机和所驱动机器的传动装置，必须使它们共同位于同一中心线以保持电动机轴与被驱动机械轴的平行。

③ 在基础上放置楔形垫铁和平垫铁，垫铁应沿地脚螺栓的边沿和集中负载的地方放置并尽可能放在电动机底板支承肋下面。

④ 校正电机的标高及水平度，用楔形垫铁调整电动机达到所需的位置、标高及水平度。电动机安装的水平度可用水平仪找正。

⑤ 二次灌浆应符合以下要求：

a. 对电动机及地脚螺栓进行校正验收后，进行二次灌浆，灌浆的配合比根据设计要求的强度等级以试验为准。其强度等级应高于机座强度的一个等级。

b. 灌浆前要处理好机座预留孔，孔内不能有杂物，地脚螺栓与孔壁距离须大于15mm。用水刷洗孔壁使其干净湿润。地脚螺栓杆不能有油污。

c. 浇灌的混凝土应采用细石混凝土。

d. 浇灌时采用人工捣固，并应固定好地脚螺栓以防止螺栓位移，发现位移，应随时扶正。对地脚螺栓的四周应均匀捣实，并确保地脚螺栓垂直地位于地脚螺栓孔中心，对垂直度的偏移不得超过 10/1000。

e. 施工作业时应做好记录，并应做好养护。

⑥ 凡电动机有以下作业情况者应装设过载保护装置。

a. 生产过程中可能发生过载的电动机。

b. 启动频繁的电动机。

c. 连续工作的电动机。

（3）电动机接线

1）电动机接线前，首先应用摇表进行检查，电动机及电动执行机构绝缘电阻值不应低于 0.5MΩ。

2）接线时应检查电动机的额定电压和线路使用电压，两者必须相符合。

3）电动机的额定电压为 220/380V，配电线路电压是 380V，则需将电动机的三相绕组接成星形 380V 使用. 如图 8-34（a）所示。若配电线路电压为 220V，则应接成三角形使用，如图 8-34（b）所示。

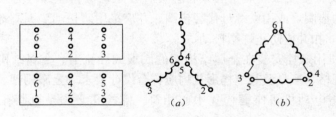

图 8-34 电动机接线

(a) 星形接法；(b) 三角形接法

三相鼠笼式异步电动机的三相绕组共有六个端头，各相的始端用 1、2、3 表示，终端用4、5、6 表示，或者始端用 C1、C2、C3 表示，终端用 C4、C5、C6 表示，有时始端用 A、B、

C表示，终端用 x、y、z 表示。标号 1—4 为第一相，2—5 为第二相，3—6 为第三相。

4）使用铜接头和铝接头接线时，必须保证紧密的接触。

5）配电线路靠近电动机的一段导线，应用金属软管或塑料管加以保护。

6）防爆型电动机接线时应密封在管口及电动机接线盒内，塞上麻丝或纱布带，再浇上沥青封口。

7）电动机及电动执行机构的可接近导体应严格做好有效接地（或接零），接地线应连接固定在电动机的接地螺栓上，不得接在电动机的底架上。

电动机、控制设备和开关等不带电的金属外壳，应作良好的保护接地或接零。接地（或接零）严禁串联。

8）电动机及其控制设备的引出线应焊接或压接牢固，且编号齐全。

（4）电动机抽芯检查

1）线圈绝缘层完好，无伤痕，端部绑线不松动，槽楔固定、无断裂，引线焊接饱满、内部清洁、通风孔道无堵塞。

2）轴承无锈斑，注油（脂）的型号、规格和数量正确。转子平衡块紧固。平衡螺丝紧锁，风扇叶片无裂纹。

3）连接用紧固件的防松装置完整齐全。

4）其他技术指标均应符合相关技术标准的规定。

① 电动机的铁芯、轴颈、滑环和换向器应清洁，无伤痕，锈蚀现象。

② 磁极及铁轭固定良好，励磁线圈紧贴磁极，不应松动。

③ 电动机绕组连接正确，焊接牢固。

（5）电动机干燥

1）电机干燥烘干法。其烘干温度应缓慢上升，铁芯和线圈受热的最高温度应控制在 $70\sim80℃$ 的范围之内。

2）烘干工作应根据作业环境和电机受潮的程度而确定，选择干燥方法。可分别采用循环热风干燥、灯泡干燥、电流干燥等方法。

① 采用循环热风干燥室进行烘干。

② 灯泡干燥法。灯泡可采用红外线灯泡或一般灯泡使灯光直接照射在绕组上，温度高低的调节可用改变灯泡瓦数来实现。

③ 电流干燥法。采用低电压，用变阻器调节电流，其电流大小宜控制在电机额定电流的 60% 以内。并应设置测温计，随时监视干燥温度。

（6）控制、保护和启动设备安装

1）电机的控制和保护设备安装前应检查其型号、规格、性能是否与电机容量相匹配。

2）控制和保护设备的安装应按设计要求和相关技术标准的规定进行。一般应装在电机附近便于操作的位置。

3）电动机、控制设备和所拖动的设备应对应编号就位。

4）引至电动机接线盒的明敷导线长度应小于 0.3m，并应加强绝缘，易受机械损伤的地方应套保护管。高压电动机的电缆终端头应直接引进电动机的接线盒内。达不到上述要求时应在接线盒处加装保护措施。

5）直流电动机、同步电机与调节电阻回路及励磁回路的连接，应采用铜导线。导线不应有接头。调节电阻器应接触良好，调节均匀。

6）电动机应装设过流和短路保护装置，并应根据设备需要装设相序断相和低电压保护装置。

7）电动机保护元件的选择：

① 采用热元件时，热元件一般按电动机额定电流的 1.1～1.25 倍来选。

② 采用熔丝（片）时，熔丝（片）一般按电动机额定电流的 1.5～2.5 倍来选。

（7）电动机的控制系统应符合以下要求：

① 电动机的控制设备可采用铁壳开关、自动开关、交流接触器、电磁开关；其中铁壳开关可用于 4.5kW 及以下不频繁操作的鼠笼式电动机的直接启动。

② 如操作人员不能确切判断控制开关是否切断或投入的，应装设投切的灯光信号。

③ 在电动机的控制设备上应有明显表示开、合位置的标志。

3. 试运行前检查

（1）电机本体安装检查结束后，工作现场要保持洁净。

（2）冷却、调速、润滑等附属系统安装完毕，验收合格，机组单元试运行情况良好。

（3）电机的保护、控制、测量、信号、励磁等回路的调试达到动作正常，符合相关技术标准规定的要求。

（4）电动机应做下列试验：

1）测定绝缘电阻应符合以下规定：

① 1kV 以下电动机使用 1kV 摇表摇测，绝缘电阻值不低于 1MΩ；

② 1kV 及以上电动机，使用 2.5kV 摇表摇测绝缘电阻值在 75℃时，定子绕组不低于 1MΩ/kV，转子绕组不低于 0.5MΩ/kV，并做吸收比试验。

2）1kV 及以上电动机应作交流耐压试验。

3）1000V 以上或 1000kW 以上、中性关连线已引出至出线端子板的定子绕组应分项作直流耐压及泄漏试验。

（5）电刷与换向器或滑环的接触应相关技术文件的要求。

（6）盘动电机转子应转动灵活，无碰卡缺陷。

（7）电机引出线应相位正确，连接紧密，固定牢固。

（8）电机外壳保护接地良好。

（9）照明、通信、消防装置应齐全。

4. 运行与验收

（1）电动机试运行一般应在空载的情况下进行，空载运行时间为 2h，并做好电动机空载电流电压记录。

（2）电机试运行接通电源后，如发现电动机不能启动和启动时转速很低或声音不正常等现象，应立即切断电源检查原因。

（3）启动多台电动机时，应按容量从大到小逐台启动，不能同时启动。

（4）电机试运行中应进行下列检查：

1）电机的旋转方向符合要求，声音正常。

2）换向器、滑环及电刷的工作情况正常。

3）电动机的温度不应有过热现象。

4）滑动轴承温升不应超过 80℃，滚动轴承温升不应超过 95℃。

5）电动机的振动应符合规范要求。

（5）交流电动机带负荷启动次数应尽量减少，如产品无规定时按在冷态时可连续启动 2 次；在热态时，可启动 1 次。

（6）电机验收时，应提交下列资料和文件：

1）设计变更洽商。

2）产品说明书、试验记录、合格证等技术文件。

3）安装记录（包括电机抽芯检查记录、电机干燥记录等）。

4）调整试验记录。

5）试验报告。

6）材料产品合格证及试验报告、检验记录。

7）分项工程施工质量验收记录。

8.8.2 电动机试验

1. 试验方法

（1）电动机试验用测试仪表的规定：

1）额定电压在 1kV 及以下的电动机，应用 1kV 兆欧表测试电阻。

2）额定电压在 10kV 以上的电动机，应用 2.5kV 兆欧表测试电阻。

（2）在电动机运行前进行核查绝缘电阻时，定子绕组可与所连接的电缆一起测试，转子绕组则可与启动设备一起测试。

（3）测试范围是：定子绕组对外壳，转子绕组对铁芯和绑线。每相的终端分别引出时，则应分别测试每相对外壳及其相互间的绝缘电阻。电动机装有埋置温度计时则应同时测量其绝缘电阻（使用 250V 摇表测量）。

（4）电动机绝缘电阻值应符合以下规定：

1）额定电压 1kV 及以下的电动机的绝缘电阻不应小于 0.5MΩ。

2）额定电压 1kV 以上的电动机，在折算至运行温度时，定子绕组不低于每 1MΩ/kV，转子绕组不低于 0.5MΩ/kV。

电动机在发热状态下（电机温度接近于工作温度时），绕组在正常工作温度时，绝缘电阻的数值不应低于按下式计算所得的值。

$$绝缘电阻 = \frac{绕组额定电压(V)}{\dfrac{电机额定功率(kW)}{100} + 1000} MΩ$$

2. 电动机工频交流耐压的测试

（1）定子绕组的交流耐压标准见表 8-14 的规定值。

定子绕组的交流耐压标准（kV） 表 8-14

额定电压	3	6	10
试验电压	5	10	16

（2）绕线式异步电动机转子的交流耐压值：对不可逆者为转子额定电压的 1.5 倍，但

不低于1000V。对可逆者则为3倍，但不低于2000V。

（3）转子绑线对绕组和外壳的交流耐压值为1000V。

（4）1000V以上或500kW以上电动机定子绕组的直流耐压值：交接及大修时为2.5倍额定电压，泄漏电流无规定标准。

3. 直流电阻的测试

（1）1000V以上或100kW以上的电动机各相绕组直流电阻的相互差别不应超过最小值的2%。测量绕线式异步电动机转子电阻时，最好在绕组连接到滑环上的接线螺柱上进行，如不可能，则在滑环上进行；不能测得各相绕组的电阻时，则所测线间直流电阻的相互差别不应超过1%。

（2）对于多速或有两种工作电压的电动机，例如6/3kV，则应分相分组来测试定子绕组的直流电阻。

8.8.3 电动机控制电器安装

电动机控制系统是由开关（刀开关、开启式负荷开关、铁壳开关、组合开关）、低压断路器、熔断器、接触器、继电器、主令电器等构成。

电动机控制系统的电器型号、规格，必须符合设计要求。电器安装应牢固、平整、操作灵活、动作准确。其接零、接地连接可靠，电阻值必须符合设计要求。

1. 刀开关安装

应垂直安装在开关板上，并要使静触头应在上方。接线时静触头接电源，动触头接负载。

2. 开启式负荷开关安装

手柄向上合闸，不得倒装或平装。以防止闸刀在切断电流时，刀片和夹座间产生电弧。

接线时，应把电源接在开关的上方进线接线座上，电动机的引线接下方的出线座。

安装时应使刀片和夹座成直线接触，并应接触紧密，支座应有足够压力，刀片或夹座不应歪扭。

3. 铁壳开关安装

（1）铁壳开关安装应垂直安装。安装的位置应便于操作和安全为原则。

（2）铁壳开关外壳应做可靠接地和接零。

（3）铁壳开关进出线孔均应有绝缘垫圈或护帽。

（4）接线。电源线与开关的静触头相连，电动机的引出线与负荷开关熔丝的下桩头相连，开关拉断后，闸刀与熔丝不带电，便于维修和更换熔丝。

4. 组合开关安装

应使组合开关的手柄保持水平旋转位置。

5. 低压断熔器安装

不宜安装在容易振动的地方，以防止因受振动使开关内部零件松动。并应垂直安装，灭弧室应位于上部，裸露在箱体外部，易触及的导线端子应加绝缘保护。

低压断熔器操作机构安装调整应符合以下要求：

（1）操作手柄或传动杆的开、合位置应正确，操作力不应大于技术标准规定值。

（2）电动操作机构的接线应正确。在合闸过程中开关不应跳跃。开关合闸后，限制电动机或电磁铁通电时间的联锁装置应及时动作，使电磁铁或电动机通电时间不超过产品技术标准的规定值。

（3）触头在闭合、断开过程中，可动部分与灭弧室的零件不应有卡阻现象。

（4）触头的接触面应平整，合闸后接触应紧密，脱扣器电磁铁工作面的防锈油脂应清除洁净。

6. 熔断器安装

熔断器及熔体的容量应符合设计要求。安装位置及相邻的位置间距应便于操作和维修。带有熔断指示器的安装时指示器的方向应装在便于观察侧。瓷质熔断器的金属底座应垫软绝缘衬垫。

7. 接触器安装

接触器的型号、规格应符合设计要求。接触器的活动部分应无卡阻和歪扭现象，各触头应接触良好。接触器应与地面垂直。倾斜度应控制在5°以内。铁芯极面上的防锈油脂应擦洁净，以防止影响接触器运行。

8. 继电器安装

（1）热继电器安装。热继电器的型号、规格应符合设计要求。安装时应先清除触头表面尘污，以免因接触电阻太大或电路不通而影响动作性能。

热继电器出线端子的连接导线的截面必须符合设计要求，以确保热继电器动作准确。

（2）时间继电器安装。首先，应进行整定时间范围取得精确的延时。对断电延时继电器，调节整定延时时间必须在接通离合电磁铁线圈电源时才能进行。安装位置应符合设计要求，固定点应完整齐全，牢固可靠。

（3）中间继电器安装。中间继电器的型号、规格应根据控制电路的电压等级，所需触头数量、种类、容量等选定。根据中间继电器的工作原理，它的输入信号为线圈的通电和断电，它的输出信号是触头的动作。不同动作状态的触头分别去控制各个电路。因此，在安装之前，应进行调定触头确保触头到位，活动部件应无卡阻、动作灵活准确，各触点应接触良好。

安装的位置应符合设计要求，中间继电器安装牢固、稳定。出线端子的连接导线相位准确。安装时应清除触头表面尘污，以防影响动作的功能。

（4）速度继电器安装。速度继电器的型号、规格选择，必须符合机械转速需要。安装应控制速度继电器的轴用联轴器与受控制电动机的轴联接和弹性联轴垫圈的间隙，并应整定准确的额定工作转速。确保触头动作灵活、准确、可靠，使其被驱动机械设备工作正常。

9. 主令电器安装

（1）按钮开关安装。按钮开关的型号、规格和性能必须符合设计要求。安装在面板上时，应布置整齐，排列合理，便于操作和维修。相邻按钮间距为50～100mm。按钮安装应牢固，接线相位准确，接线螺丝应紧固。按钮操作应灵活、可靠、无卡阻。主控按钮应有鲜明的标记（红色按钮）安装在显目而便于操作的位置。

（2）位置开关安装。位置开关的型号、规格，应符合设计要求。安装应控制以下要点：

1）控制滚轮的方向不能装反，挡铁碰撞的位置必须符合控制电路要求。

2）调整挡铁的碰撞的压力要适中。要使挡铁（碰块）对开关的作用力及开关的动作行程，必须符合设计要求的允许值。

3）安装的位置不得影响机械部件的运作，并能使开关正常准确动作。

8.9 建筑物的防雷与接地装置

建筑物的防雷与接地系统，对于建筑物的安全性、稳定性，以及设备和人员的安全都具有重要的保证作用。所以，必须采取有效措施进行防护。

通过防雷、接地系统。将雷电（直击雷、感应雷、雷电波）放电，强大的雷电流接收输入接地体，施放地中。

防雷装置是用来接受雷电放电的金属导体称为接闪器。接闪器的组成有避雷针、避雷线、避雷带、避雷网等。所有的接闪器都要经过接地引下线与接地体相连，可靠地接地。其接地电阻要求不超过 10Ω。

8.9.1 接地装置安装

在电气装置中电气设备的金属外壳、金属构架、金属配线管路及其金属配件、电缆保护管、电缆金属护套等非带电的裸露金属部分，均应做保护接地或接零。其作用是使带电体的电流引入大地，以避免侵入人体给人们带来灾难. 导致人身伤亡。

接地线的连接方式是：与接地体连接的接地线应采取焊接方式连接；接地线应与设备内的接地螺栓连接；钢带及金属外壳应与设备外的接地螺栓连接。

接地用的螺栓应有防松动装置。接地线紧固前，其接地端子及上述紧固件均应涂电力复合脂，以防紧固件锈死。

（1）中性点不接地的低压配电网路上的电气设备接地线截面积，应按相线的长时间允许载流量来确定。

1）接地干线的允许载流量，按发热要求不应小于供电网路中最大容量线路的相线载流量的50%。

2）单独受电设备接地线的载流量不应小于供电分支回路相线载流量的1/3。

按上述条件选用的接地线截面一般不小于下列数值：钢——$100mm^2$；铜——$25mm^2$；铝——$35mm^2$。

（2）中性点直接接地的低压配电网路上电气设备接中性线的阻抗. 应保证回路中任何一点相线接地时故障段能自动切断，即短路电流应超过最近熔断器可熔元件额定电流的3倍或相应自动开关脱扣器最大动作电流整定值的1.3倍。

按上述条件选用的接地线截面一般不宜大于下列数值：钢——$300mm^2$；铜——$50mm^2$；铝——$70mm^2$。

（3）低压电气装置电气设备接地线的最小截面积，应符合表8-15的规定。

接地线的最小截面积 表8-15

装置的相线截面（s）	接地线的最小截面（mm^2）	装置的相线截面（s）	接地线的最小截面（mm^2）
$s \leqslant 16$	s	$s > 35$	$s/2$
$16 < s \leqslant 35$	16		

注：低压电气设备与接地线的连接，采用多股铜芯软绞线，其铜芯线最小截面积不得小于 $4mm^2$。

（4）在低压电气装置的配电线路上，严禁用铝线、铅皮、蛇皮管及保温管的金属网作接地体或接地线。

（5）接地线的安装，应符合以下要求：

1）接地线一般采用扁钢或圆钢。用扁钢连接接地体的连接方式，应采用搭接法焊接，其焊接长度为：

① 圆钢接地线与接地体连接的焊接长度为圆钢直径的 6 倍，并应采用双面焊。

② 扁钢接地线与接地体的连接焊接长度为扁钢宽度的 2 倍，并应对扁钢进行围焊，即对三个棱边进行焊接。

③ 圆钢与扁钢连接时，其焊接长度应为圆钢直径的 6 倍，并应采用两面焊接。

④ 扁钢与钢管（或者角钢）焊接时，应将扁钢弯成弧形（或直角形）与钢管（或角钢）焊接，焊接应在接触部位的两侧进行施焊。

2）接地线裸露部位应设置保护装置，以防止机械损伤。凡易遭受损伤部位应用角钢加以保护。接地线穿越墙壁时应预留明孔及预埋钢管作保护套管。

3）明敷设的接地线应用螺栓或卡子牢固地固定在支持件上。支持件的距离：水平敷设时为 1000～1500mm；垂直敷设时为 1500～2000mm；转弯部分为 500mm。

4）明敷设的接地线应装在便于检查的地方，且不应妨碍其他设备的操作与检修。

5）在接地线引向建筑物的入口处，应用黑色涂料标⊥的记号作为标志。在临时接地点则应涂白色油性涂料再标黑色的"⊥"记号。中性点与接地网的明敷设接地线连接处应涂紫色带黑色的条文作标志。

（6）携带式和移动式电气设备的接地，应符合以下要求：

1）接地线应用截面不小于 $1.5mm^2$ 的铜绞线。

2）应用专用的芯线进行接地，严禁采用作为接地的芯线同时用来通过工作电流。严禁利用其他用电设备的中性线接地，中性线和保护接地线应在同一点上与接地网相连接。

3）由固定的电源或移动式发电设备供电的移动机械，应和这些电源设备的接地装置金属部分连接。在中性点不接地的电网中，可在移动式机械附近装设若干接地体。并应充分利用附近所有的自然接地体。

（7）人工接地体是采用钢管、圆钢及扁钢等制成。常规人工接地体宜采用镀锌钢材，其金属接地体和接地线的导体截面积要符合设计要求。钢质接地线及接地体的规格，见表 8-16 中的规定数值。

钢质接地线及接地体的规格

表 8-16

材料种类及单位		地上		地 下
		室内	室外	
圆钢、直径（mm）		5	6	8（10）
扁钢	截面（mm²）	25	40	40
	厚度（mm）	4	4	4（6）
角钢厚度（mm）		2	2.5	4（6）
钢管壁厚（mm）		2.5	2.5	3.5（4.5）

（8）铜、铝接地线的最小截面见表 8-17 的规定值。

铜、铝接地线的最小截面（mm²）   表 8-17

材料种类	裸导体	绝缘导体
铜	4	1.5
铝	6	2.5

（9）人工接地体应垂直埋设，垂直接地体埋置深度以 2500mm 左右为宜。接地体通常不少于两根，相互间的距离以 2500～3000mm 为宜。在多岩石地区，接地体可以水平埋设，埋设深度通常不应小于 600mm。在地下的接地体严禁涂刷防腐涂料。

在地下，不得采用裸铝导体作接地体、接地线。

8.9.2 均压环安装

高层建筑物均按要求设置均压环。自 30m 起，向上环间垂直距离不宜大于不 12m。沿建筑物四周外墙的圈梁内用扁钢作"均压带"并与引下线焊接。均压环不仅防范侧向雷击，更重要的是将楼内圈梁、楼板的钢筋及引下线连成等电位体，使房间的等电位更可靠。避免房间内产生过高电位差酿成人或设备事故。

采用均压环，是指建筑物每隔三层楼沿建筑物四周圈梁内的主筋焊接起来，并与引下线焊接构成均压环体系。均压环系统因有电容，也可减少引下线的电感，从而降低泄流阻抗。

（1）建筑物高于 30m 以上的部位，每隔 3 层应沿建筑物四周敷设一道避雷带并与各根引下线相焊接。

（2）金属门窗制品与避雷装置连接。在金属门窗加工制作时应按规定的要求甩出 300mm 的一25×4mm 的扁钢 2 处，如框边长超过 3m 时，就需要做 3 处连接，以便于进行压接或焊接。

（3）圈梁内各点引出线（钢筋头），焊完之后，用圆（扁）钢敷设在四周，圈梁内焊接好各点，并与周围各引下线连接后形成环形。

（4）建筑物的外金属门窗、金属栏杆处甩出 300mm 长 φ12mm 镀锌圆钢备用，与均压环引出线连接成一体。

（5）利用结构圈梁里的主筋与预先准备好的约 200mm 的连接钢筋焊接成一体，并与柱筋中引下线焊成一个整体。

（6）钢筋与钢筋或门窗框等建筑金属构件焊接长度不小于 100mm。

（7）搭接板应预埋，具体部位应按照设计要求确定，与门、窗框连接件的连接可用螺栓连接或焊接。

（8）均压环的引出线应屋面上避雷网的引下线连接牢固。可采用螺栓连接或焊接。

8.9.3 等电位联结

等电位是将建筑钢结构和混凝土结构的钢筋互相连接作为防雷装置。等电位联结是将整体建筑金属管道、金属构件、金属线槽、铠装电缆、金属网架等全部焊成一个整体，可以防止雷击，是一个完整的等电位体。

混凝土结构的金属地板、金属墙体和室内的金属管道（线）的等电位联结。为了保证建筑物内部不产生反击和危险的接触电压、跨步电压，是使建筑物的地面、墙体和金属管、线路都处于同一个电位。有利于防止雷电波的干扰。

有水房间和浴室、游泳池等电位联结，以及医院手术室局部等电位联结，为防电击的特殊要求具有重要性。在游泳池边地面下无钢筋时，应敷设电位均衡导线，间距约为600mm，最少在两处作横向连接，且与等电位联结端子板连接，如在地面下敷设供暖管线电位均衡导线应位于供暖管线的上方。电位均衡导线也可敷设网格为 500mm×150mm，$\phi 3$ 的铁丝网，相邻铁丝网之间应互相焊接。

1. 总等电位联结系统工艺流程（图 8-35）

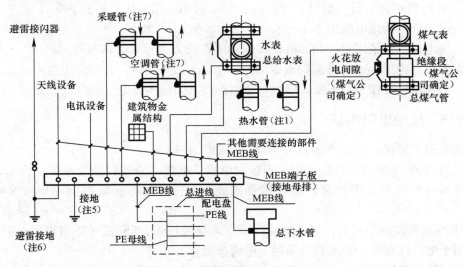

图 8-35　总等电位联结系统工艺流程

（1）端子板应采用紫铜板，根据设计要求的规格尺寸加工。端子箱尺寸及箱顶、底板孔规格和孔距应符合设计要求。

（2）MEB 线截面应符合设计要求。相邻近管道及金属结构允许用一根 MEB 线连接。

（3）利用建筑物金属体做防雷及接地时，MEB 端子板宜直接短捷地与该建筑物用作防雷及接地的金属体连通。

2. 有防水要求房间等电联结系统工艺流程（图 8-36）

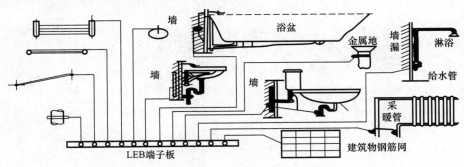

图 8-36　有防水要求房间等电位联结系统工艺流程

（1）首先，应将地面内钢筋网和混凝土墙内钢筋网与等电位联通。

（2）预埋件的结构形式和尺寸，埋设位置标高应符合设计要求。

（3）等电位联结线与浴盆、地漏、下水管、卫生设备的连接，详见图 8-34。

（4）等电位端子板安装位置应方便检测。端子箱和端子板组装应牢固可靠。

（5）LEB 线均应采用 BV～1×4mm² 的铜线，应暗设于地面内或墙内穿入塑料管布线。

8.9.4　烟囱的防雷装置

烟囱避雷针引下线截面，采用圆钢时直径为 10mm；采用扁钢时为 30mm×4mm。当烟囱低于 40m 时可只装设一根引下线；高于 40m 时则必须装设二根引下线。

烟囱避雷针的接地电阻应小于 30Ω。

烟囱顶上避雷针采用直径 25mm 镀锌圆钢或直径为 40mm 镀锌钢管。

避雷环用直径 12mm 镀锌圆钢或截面为 100mm² 镀锌扁钢，其厚度应为 4mm。

烟囱的铁爬梯可作为引下线，但所有金属部件之间应连成电气通路。

8.9.5　接地电阻测试

接地电阻测量仪，常用的有 ZC-8 型和 MODEL4012 型。

常规用的 ZC-8 型测量仪，主要由手摇发电机、电流互感器、滑线电阻及检流计等组成，其全部机构组装在铝合金铸造的携带式表壳内。外形与普通摇表相似故又叫接地摇表。

ZC-8 型测量仪的附件有：接地探测针两支，导线三条：5m 长一条用于接地极，20m 长一条用于电位探测针，40m 长一条用于电流探测针。

对防雷接地装置进行接地电阻测试时，先将需要测试的接地连接线与引下线连接卡上的断接卡子紧固螺栓拧开，然后进行连接测试。

第9章 通风与空调工程施工技术

创造良好的空气环境条件（如温度、湿度、空气流速、洁净度等），对保障人们的健康、提高劳动生产率、保证产品质量是必不可少的。这一任务的完成，就是由通风和空气调节来实现的。

9.1 金属风管、部件的加工制作

9.1.1 风管的板材厚度和连接方式

（1）制作风管和管件的薄钢板厚度应符合施工质量验收规范要求，如表 9-1 所列。

表 9-1

风管和管件厚度达式

厚度 类别 长边尺寸 b 直径 D	通风管	矩形风管		除尘风管
		中低压	高压	
$D(b) \leqslant 320$	0.5	0.5	0.75	1.5
$320 < D(b) \leqslant 450$	0.6	0.6	0.75	
$450 < D(b) \leqslant 630$	0.75	0.6	0.75	2.0
$630 < D(b) \leqslant 1000$		0.75	1.0	
$1000 < D(b) \leqslant 1250$	1.0	1.0	1.0	按设计
$1250 < D(b) \leqslant 2000$	1.2		1.2	
$2000 < D(b) \leqslant 4000$	按设计	1.2	按设计	

注：1. 螺旋风管的钢板厚度可适当减少 10%～15%。
　　2. 排烟系统风管钢板厚度可按高压系统。
　　3. 特殊除尘系统风管厚度应符合设计要求。
　　4. 不适用于地下人防与防火隔墙的预埋管。

（2）金属薄板的连接：用金属薄板制作的风管、管件及部件，可根据板材的厚度及设计要求，采用咬口连接、铆钉连接及焊接等方法对板材之间进行连接。其不同连接方式的界限如表 9-2 所列。

表 9-2

薄金属风管的咬接与焊接界限

板厚 δ（mm）	材 质		
	钢板和镀锌钢板	不锈钢板	铝材
$\delta \leqslant 1.0$	咬接	咬接	咬接
$1.0 < \delta \leqslant 1.2$			
$1.2 < \delta \leqslant 1.5$	焊接（电弧焊）	焊接（氩弧焊及电弧焊）	焊接（氩弧焊及电弧焊）
$\delta > 1.5$			

1) 咬口连接的种类如图 9-1 所示。

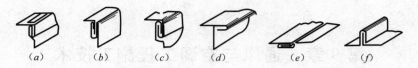

图 9-1 咬口的种类

(a) 联合角咬口；(b) 按扣式咬口；(c) 转角咬口；(d) 单角咬口；(e) 单平咬口；(f) 立式咬口

① 单平咬口：用于板材的拼接缝、圆形风管或部件的纵向闭合缝。

② 单立咬口：用于圆形弯头、来回弯及风管的横向缝。

③ 转角咬口：用于矩形风管或部件的纵向闭合缝及矩形弯头、三通的转角缝。

④ 按扣式咬口：用于矩形风管或部件的纵向闭合缝及矩形弯头、三通的转角缝。

⑤ 联合角咬口：使用的范围与转角咬口、按扣式咬口相同。

2) 焊接连接时，可采用氧气—乙炔焊、电弧焊及接触焊等形式。应根据其具体情况来确定焊接方法。焊缝的形式如图 9-2 所示。

3) 铆钉连接，简称为铆接。它是将两块要连接的板材，使其板边相重叠，并用铆钉穿连铆合在一起的方法，如图 9-3 所示。

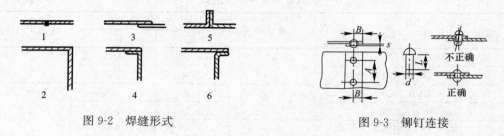

图 9-2 焊缝形式   图 9-3 铆钉连接

9.1.2 风管的制作

制作风管时，画线、下料要正确，板面应保持平整。咬口缝应紧密，防止风管与法兰尺寸不匹配，而使风管起皱或扭曲翘角。咬口缝宽度均匀，纵面接缝应错开一定距离，以不降低风管质量为准。焊接的风管，其焊缝不应有气孔、砂眼及裂纹等缺陷，焊接后的变形应进行校正。

空气洁净工程的风管咬口缝不但要严密，而且板材应减少拼接。矩形风管大边超过900mm，应尽量减少纵向接缝，900mm 以内的不应有拼接缝，防止风管内集尘。在加工制作过程中，应保持风管内的清洁，选择远离尘源或上风侧清洁场地；制作的风管两端应进行封口，防止灰尘进入管内。空气洁净度等级为 1～5 级的洁净系统风管不能采用按扣式咬口。

圆形风管的管段长度，应根据实际需要和板材的规格而定，一般管长为 1800～4000mm。矩形风管的管段长度与圆形风管相同，在制作时，应严格控制四边的角度，防止咬口后产生扭曲、翘角等现象。

风管制作后要做好质量检验工作。风管的外径或外边长允许偏差为负偏差，其偏差值为：对于小于或等于300mm为-1mm；大于300mm为-2mm。但偏差不能过大，否则将影响风管与法兰的套接。

1. 圆形风管的加工

圆形风管的展开比较简单，可直接在板材上画线。

展开时，根据图纸给定的直径 D，管节长度 L，然后按风管的圆周长 πD 及 L 的尺寸作矩形，为了保证风管的质量，应对展开过程中矩形的四个边严格角方。这个矩形的一边为圆周长 πD，另一边为 L，并应根据板厚留出咬口留量 M 和法兰翻边量（一般为10mm）。风管如采用对接焊时可不放咬口留量。法兰与风管采用焊接时，也不再放翻边量。

风管的管段长度，应按现场的实际需要和板材规格来决定。一般可接至3～4m 设置一副法兰。当拼接板材纵向和横向咬口时，应把咬口端部切出斜角，避免咬口处出现凸瘤。

展开好的板材，可用手工或机械进行剪切、咬口，在拍制圆形风管闭合缝时，应注意两边的咬口，应一正一反。拍制好咬口，可进行卷圆并把咬口压实，就成风管。

2. 矩形风管的加工

矩形风管的展开方法与圆形风管相同，是将圆周长改为矩形风管的四个边长或四个边长之和，即 $2(A+B)$，根据咬口的形式而确定。在展开过程中，应对矩形的四个边严格角方，否则风管制成后，会出现扭曲、翘角现象。

矩形风管的管段长度一般以板长1800、2000mm 作为管段长度。如采用卷板，其管段根据实际使用情况，也可加长。

矩形风管的纵向闭合缝应设置在四个边角上，以加强风管的机械强度。

画线时，应注意咬口的留量。画好线后，可用手工或机械进行剪切，然后进行咬口或折方，将咬口合缝后即成矩形风管。

3. 风管的加固

对于管径或边长较大的风管，为避免风管断面变形和减少管壁在系统运转中由于振动而产生的噪声，就需要对风管进行加固。

圆形风管一般不做加固处理。当直径大于700mm 时，每隔1500mm 加设一个扁钢加固圈，并用铆钉固定在风管上。

为了防止咬口在运输或吊装过程中裂开，圆形风管的直径大于500mm 的，其纵向咬口两端用铆钉或点焊固定。

矩形风管和圆形风管相比，易于变形，一般对于边长大于或等于630mm、保温风管边长大于或等于800mm，并且风管长度在1200mm 以上的，应采取加固措施。风管加固一般应采取如图9-4所示的加固措施。

9.1.3 风管管件的制作

1. 变径管的加工

变径管是用以连接不同断面的通风管，也可在通风管尺寸变更的部位使用。如设计图纸无明确规定时，变径管的扩张角应在25°～30°之间，长度可按现场安装的需要而定。

变径管有：圆形变径管、矩形变径管及圆形断面变成矩形断面的变径管（天圆地方）。

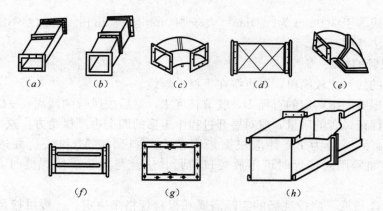

图 9-4 风管的加固形式

(a) 角钢加固；(b) 角钢框加固；(c) 角钢加固弯头；(d) 风管壁校线；
(e) 角钢框加固弯头；(f) 风管内壁滚槽；(g) 风管内壁加固；(h) 起高接头

（1）圆形变径管的加工

圆形变径管可分为正心圆形变径管和偏心圆形变径管。而正心圆形变径管又分为可以得到顶点的和不易得到顶点的两种。

可以得到顶点的正心变径管的展开，可用放射线法做出，其画法如图 9-5 所示。

不易得到顶点的正心圆形变径管，其大口直径和小口直径相差很少，其顶点相交在很远处，展开的方法不可能采用放射线法作展开图，一般采用近似的画法来展开，其画法如图 9-6 所示。

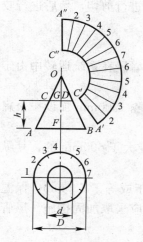

图 9-5　正心变径管的展开

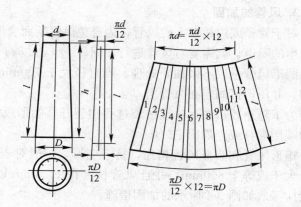

图 9-6　不易得到顶点的正心圆形变径管的展开

偏心圆形变径管的展开可用三角形法，其画法如图 9-7 所示。根据已知的大口直径 D、小口直径 d 及偏心距和高度 h，先画出主视图和俯视图，然后再按三角形法进行展开。

圆形变径管展开图绘制后，应放出咬口留量，并根据选用的法兰，留出法兰的翻边

310

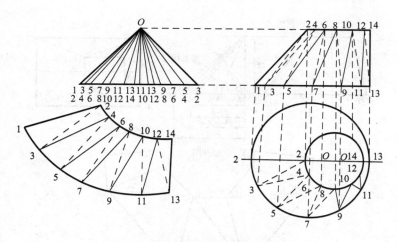

图 9-7　偏心圆形变径管的展开

量后方能下料。当采用角钢法兰，大口直径和小口直径相差很少时，对法兰与变径管组装影响不大；当大口与小口直径相差较大时，就会出现小口法兰套不进去，而大口法兰又不能和风管贴紧的现象。因此，在下料时应将与法兰接触部分的短直管的尺寸留出，以免返工。

对于管径较小的圆形变径管采用扁钢法兰时，因扁钢厚度一般为 4～5mm，对于组装影响不大，在下料时稍加注意，把小口稍缩小些，把大口稍放大些，法兰套入后，经翻边敲平，就能得到符合尺寸要求、表面平整的变径管。

（2）矩形变径管的加工

矩形变径管是用以连接两个不同口径的矩形风管。矩形变径管有正心和偏心两种。

正心矩形变径管的展开，可用三角形法进行展开。根据已知大口管边尺寸、小口管边尺寸和变径管的高度尺寸，做出主视图和俯视图，再按三角形法进行展开，其画法如图 9-8 所示。

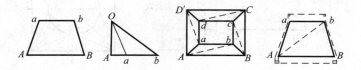

图 9-8　正心矩形变径管的展开

偏心矩形变径管的展开方法与正心矩形变径管基本相同，仍采用三角形法进行展开，其画法如图 9-9 所示。

矩形变径管形式较多，它根据施工现场的具体情况而定，还有两侧平直的偏心变径管、上下口扭转不同角度偏心且不平行的变径管及上口矩形、下口梯形且两日不平行的变径管等。其展开方法与正心矩形变径管相似，按三角形法展开。

展开后，应留出咬口留量，并考虑与圆形变径管相同的一段短直管，以与法兰紧密地连接。矩形变径管一般分四块板料做成。四个角采用直管相同的咬口缝连接。

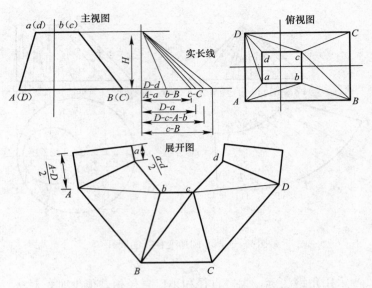

图 9-9 偏心矩形变径管的展开

（3）天圆地方的加工

天圆地方用于通风管与通风机、空调器、空气加热器等设备的连接，以及由圆形断面变为矩形断面部位的连接。天圆地方有正心和偏心两种。

正心天圆地方的展开方法较多，可用三角形法，也可用近似的圆锥体展开法展开。采用三角形法是根据已知的圆管直径 D，矩形风管管边尺寸 $A—B$、$B—C$ 和高度 h，画出主视图和俯视图，并将上部圆形管口等分编号，再用三角法划展开图，其画法如图 9-10 所示。采用圆锥体法展开的画法如图 9-11 所示，此方法比较简便，圆口和方口尺寸正确，但高度比规定高度稍小，一般加工制作时可在加长法兰的短直管上进行修正。

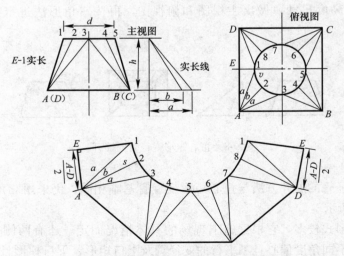

图 9-10 三角形法天圆地方的展开方法

偏心天圆地方和偏心斜口天圆地方的展开，是采用三角形法的，其画法如图 9-12 和图 9-13 所示。

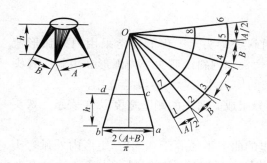

图 9-11 圆锥体法天圆地方的展开方法

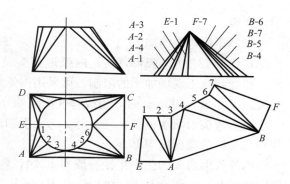

图 9-12 偏心天圆地方的展开

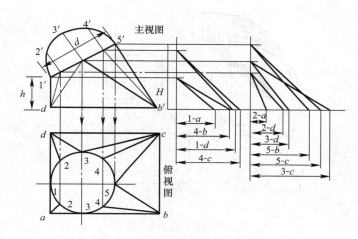

图 9-13 偏心斜口天圆地方的展开

天圆地方展开后，应放出咬口量和法兰留量。

天圆地方咬口折边后，应在工作台的槽钢边上凸起相应的棱线，然后再把咬口钩挂、打实，最后找圆、平整。

2. 弯头的加工

弯头是用来改变气流在通风管道内流动方向的配件。根据其断面形状可分为圆形弯头和矩形弯头两种。

（1）圆形弯头的加工

圆形弯头采用平行线法展开，根据已知弯头直径、弯曲角度及确定的曲率半径和节数，先画出主视图，然后进行展开。其画法如图 9-14 所示。

在实际加工过程中，可不必画不同规格弯头的展开图，可根据《全国通用通风管道配件图表》的弯头构造图和展开图进行查表

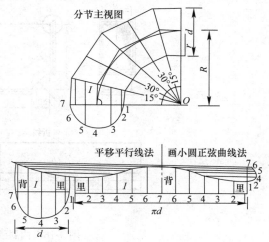

图 9-14 大小圆法对任意角弯头的展开

制作样板。

（2）矩形弯头的加工

矩形弯头有内外弧形弯头、内弧形弯头及内斜线弯头。工程上经常采用内外弧形弯头；如受到施工现场加工的限制，可采用内弧形弯头和内斜线弯头。内弧形和内斜线弯头的大边尺寸 $A \geqslant 500\text{mm}$ 时，为改善气流流动分布的均匀性，弯头应设导流片。

矩形弯头由两块侧壁、弯头背、弯头里四部分组成。弯头的侧壁宽度以 A 表示，弯头背和弯头里的宽度以 B 表示。

内外弧形弯头的曲率半径一般为 $1.5A$，弯里的曲率半径等于 $0.5A$。矩形内外弧弯头侧壁的展开，由图 9-15 所示的 R_1 和 R_2 画出，并加单折边的咬口留量。为避免法兰套在圆弧上，可另放法兰留量 M，M 为法兰角钢的边宽再加 10mm 翻边。

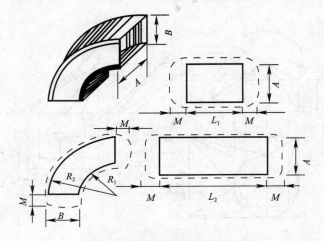

图 9-15　内外弧形弯头的展开

内斜线形矩形弯头的展开如图 9-16 所示。由两块侧壁板、一块弯头背板（中间折方）和一块弯头里的斜板组成。各板下料前必须根据咬口形式放出咬口留量和法兰翻边留量。

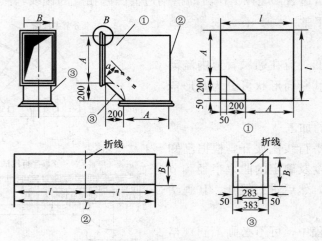

图 9-16　内斜线形矩形弯头的展开

内圆弧形矩形弯头的展开与内斜线形矩形弯头相似，如图 9-17 所示。

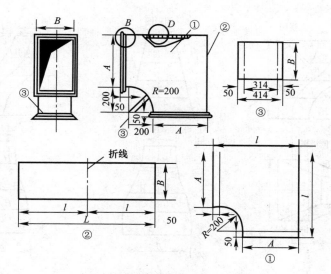

图 9-17　内圆弧形矩形弯头的展开

3. 来回弯的加工

来回弯在通风、空调风管系统中，是用来跨越或躲让其他管道、设备及建筑物等的管件。

（1）圆形来回弯的加工

圆形来回弯实际可看成是由两个不够 90° 的弯头转向组成。展开时应根据来回弯的长度 L 和偏心距 h 画如图 9-18 所示的主视图，然后可按加工弯头的方法，对来回弯进行分节，展开和加工成型。

（2）矩形来回弯的加工

矩形来回弯是由两个相同的侧壁和相同的上壁、下壁四部分组成。侧壁可按圆形来回弯的方法展开；上下壁长度 L_1 可用钢卷尺按侧壁边量出。矩形来回弯和方变矩形来回弯的展开如图 9-19 和图 9-20 所示。

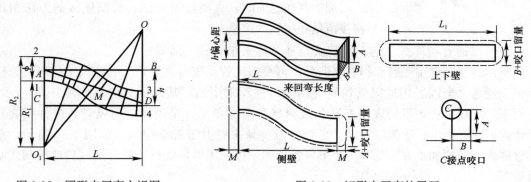

图 9-18　圆形来回弯主视图　　　　　　图 9-19　矩形来回弯的展开

4. 三通的加工

三通是通风、空调风管系统分岔或汇集的管件。三通的形式、种类较多，有斜三通、

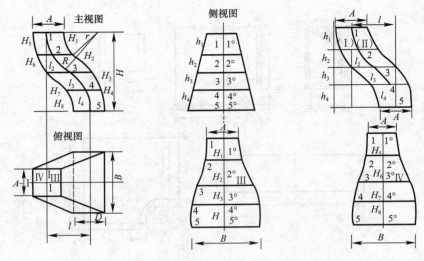

图 9-20 方变矩形来回弯的展开

直三通、裤衩三通、弯头组合式三通等。为使制作三通标准化，应尽量采用《全国通用通风管道配件图表》中规定的各种三通。

三通的交角 a 应根据三通断面大小来确定，一般为 15°～60°。交角 a 较小时，三通的高度较大；反之，高度则较小。在加工断面较大的三通，为不使三通高度过大，应采用较大的交角。一般通风系统的交角，可采用 15°～60°；除尘系统可采用 15°～30°。

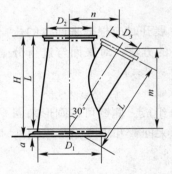

图 9-21 壶式三通
各部分尺寸

主管和支管边缘之间的距离，应能保证安装法兰，并应能便于上紧法兰螺丝。

圆形壶式三通是《全国通用通风管道配件图表》推荐的三通形式，其各部位的尺寸和展开如图 9-21 和图 9-22 所示。

圆形 V 形裤衩三通的展开如图 9-23 所示。

加工制作三通时，先画好展开图，根据连接的方法留出连接留量和法兰的留量。

矩形三通有整体式三通、插管式三通及弯头组合式三通等。

整体式三通有正三通和斜三通两种，可根据风管系统的需要，而确定加工的形式。整体正三通是《全国通用通风管道配件图表》推荐采用的，其外形和构造如图 9-24 所示。为便于工厂化生产，不同规格三通和板料展开尺寸参见《全国通用通风管道配件图表》。整体式斜三通由上、下侧壁和前、后侧壁及一块夹壁共五部分组成，如图 9-25 所示。矩形整体式三通的加工方法基本与矩形风管相同，可采用单角咬口、联合角咬口或按扣式咬口连接。

插管式三通是在风管的直管段侧面连接一段分支管，其特点是灵活、方便，而且省工省料。分支管与风管直管段的连接有两种做法，一种是如图 9-26 所示的《全国通用通风管道配件图表》推荐的咬口连接，另一种是连接板式插入管板边连接。后一种插管形式，

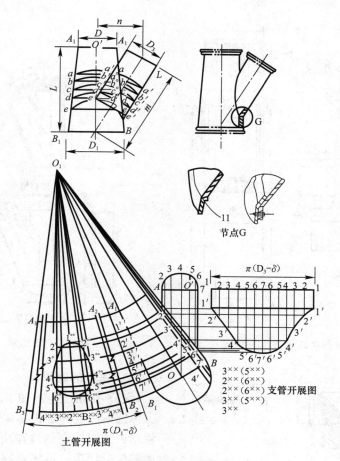

图 9-22　圆形壶式三通的展开

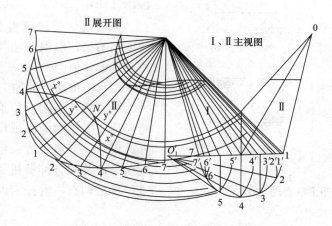

图 9-23　圆形 V 形裤衩三通的展开

应将分支管连接板与风管接触部分，特别是分支管的四个角用密封胶带等密封材料进行密封，以减少连接处的漏风量。

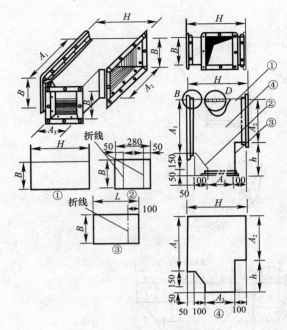

图 9-24　整体式正三通的展开

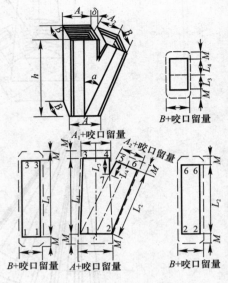

图 9-25　矩形斜三通的展开

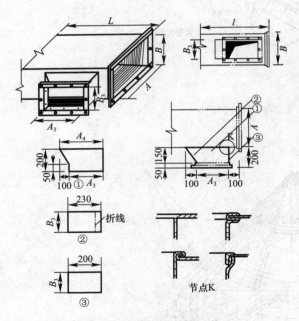

图 9-26　矩形插管式三通构造

5. 法兰的制作

（1）圆形法兰的加工

圆形法兰的加工多采用机械加工。先将整根角钢或扁钢放在法兰卷圆机上，卷成螺旋形状后，再将卷好的角钢或扁钢画线切割，再在平台上找平找正及调整后的焊接、冲孔。

为使法兰与风管组合时严密而不紧，适度而不松，应保证法兰尺寸偏差为正偏差，其偏差值为＋2mm。

（2）矩形法兰的加工

矩形法兰由四根角钢组焊而成。画线时应注意焊成后的内框尺寸不小于风管的外边尺寸。下料一般采用电动切割机、角钢切断机及联合冲剪机等。角钢切断后应进行找正调直，磨掉两端的毛刺，再进行冲或钻铆钉孔及螺栓孔。

6. 无法兰连接件的加工

无法兰连接与法兰连接的区别，在于不采用角钢或扁钢制作，而是利用薄钢板加不同形式的连接件，与风管两端折成不同形式的折边与连接件连接。因此，采用无法兰连接其风管制作工艺稍有变动，即增加风管两端折边的工艺。

318

无法兰连接的形式较多，而且新的形式不断出现，按其结构形式可分为承插、插条、咬合、薄钢板法兰和混合式等连接方式。

无法兰连接适用于通风空调中圆形或矩形风管的连接。对于 C、S 形插条连接的矩形风管其大边不应大于 630mm；对于其他连接形式，其风管大边长现行规范无明确规定，可控制在 1000mm 左右。

9.1.4　风管部件及消声器制作

通风、空调系统的部件包括各类风阀，各类送、回（排）风口、排气罩、风帽及柔性短管等，是系统的重要组成部分。

1. 风阀的加工

通风、空调系统中的风阀主要是用来调节风量，平衡各支管或送、回风口的风量及启动风机等；另外，还在特别情况下关闭和开启，起到防火、排烟的作用。

常用的风阀有蝶阀、多叶调节阀、插板阀、三通调节阀、光圈式调节阀、防烟防火阀等。

（1）蝶阀

一般用于分支管或空气分布器（风口）前，作风量调节用。这种风阀是以改变阀板的转角来调节风量。蝶阀由短管、阀板、调节装置等三部分组成。组装蝶阀时，其轴应严格放平，并应转动灵活，手柄位置应能正确反映阀门的开关，以顺时针方向旋转为关闭，其调节范围及角度指示应与阀板开启角度相一致。

（2）多叶调节阀

为保证通风、空调系统的总风量、各支管及送风口风量达到设计给定值，应对系统进行测定和调整，采用多叶调节阀进行调节。多叶调节阀在制作时应符合下列要求：

1）风阀的结构应牢固，启闭应灵活，法兰应与相应材质的风管相一致；

2）叶片的搭接应贴合一致，与阀体缝隙应小于 2mm；

3）截面积大于 $1.2m^2$ 的风阀应采用分组调节。

（3）止回阀

止回阀又叫单向阀。在通风、空调系统中，特别在空气洁净系统中，为防止通风机停止运转后气流倒流，常用止回阀。止回阀在制作时应符合下列要求：

1）启闭灵活，关闭应严密；

2）阀板的转轴、铰链应采用不易锈蚀的材料制作，保证转动灵活、耐用；

3）阀板的强度应保证在最大负荷压力下不弯曲变形；

4）水平安装的止回阀应有可靠的平衡调节机构。

（4）三通调节阀

三通调节阀在通风、空调系统中，用来调节总风管对各支管的风量调节，通过改变三通处阀板的位置来实现。在制作时应符合下列要求：

1）拉杆或手柄的转轴与风管的结合处应严密；

2）拉杆可在任意位置上固定，手柄开关应标明调节的角度；

3）阀板调节方便、灵活，不与风管相碰擦。

（5）插板风阀

插板风阀在通风、除尘系统中，用来调节各支管风量。插板风阀制作时应符合下列要求：

1）壳体应严密，内壁应作防腐处理；

2）插板应平整、启闭灵活，并有可靠的定位固定装置；

3）斜插板风阀的上下接管应成一直线。

2. 排气罩的加工

排气罩是通风系统的局部排气装置。排气罩在制作时应符合下列要求：

（1）各部位下料的尺寸正确，咬接或焊接牢固，形状规则。表面平整光滑，其外壳不应有尖锐边角。

（2）槽边侧吸罩、条缝排风罩尺寸应正确，转角处弧度均匀，形状规则，吸入口平整，罩口加强板分隔间距应一致。

（3）厨房炉灶排烟罩应采用不易锈蚀材料制作，其下部集水槽应严密不漏水，并坡向排放口，罩内油烟过滤器应便于拆卸和清洗。

3. 风口的加工

风口又叫空气分布器。用来向房间内送入空气或排出空气。在通风管上设置各种形式的送风口、回风口及排风口，并调节送入或排出的空气量。

各类风口在制作时应符合下列要求：

（1）钢制风口的焊接可选用氧气-乙炔焊或电弧焊，铝制风口应采用氩弧焊；其焊缝均应在非装饰面处进行。

（2）风口表面平整、一无划痕，四角方正。

（3）风口的转动调节部分应灵活，叶片应平直，与边框不能碰擦。

（4）百叶风口的叶片间距应均匀，两端轴中心应在同一直线上；风口叶片与边框铆接应松紧适度。如风口规格较大，应在适当部位叶片及外框采取加固措施。

（5）散流器的扩散环和调节环应同轴，轴向间距分布均匀。

（6）孔板式风口的孔口不应有毛刺，孔径和孔距应符合设计要求。

4. 柔性短管的制作

为了防止风机的振动通过风管传到室内引起噪声，一般常在通风机的入口和出口处装设柔性短管。在空气洁净系统中，高效过滤器送风口与支管连接，也常用柔性短管在其中间过渡。柔性短管的长度一般为150～300mm。设于结构变形缝的柔性短管，其长度应为变形缝宽度加100mm。柔性短管不应作为找正、找平的异径连接管。

一般通风、空调系统的柔性短管用帆布制作，空气洁净系统用挂胶帆布制作，输送腐蚀性气体的通风系统宜用耐酸橡胶板或0.8～1mm厚的聚氯乙烯布制作。对于高层建筑的空调系统的柔性短管，其材质应采用不燃材料。

5. 消声器的制作

（1）片式和管式消声器制作要点

消声片的填料覆面层的玻璃丝布必须拉紧后在钉距加密的条件下装钉，并按100×100（mm）的间距用尼龙线，分别将两个面层拉紧并保持消声片原厚度不变。管式消声器的消声孔在冲压过程中应注意孔分布要均匀。开孔的孔径和开孔面积必须符合国家标准图的要求。

（2）弧形声流式消声器制作要点

消声片的穿孔孔径和穿孔面积及穿孔的分布应严格按设计图纸或国家标准图进行加

工，一般孔径为 9mm、穿孔面积为 22%、孔与孔的中心距离为 12mm。为防止孔口的毛刺将玻璃纤维布擦破而使矿棉漏出，消声片的钻孔或冲孔后，应将孔口上的毛刺锉掉。

（3）阻抗复合式消声器制作要点

制作消声器时，先用圆钉将制成的吸声片组装成吸声片组，并用铆钉将横隔板与内管分段铆接牢固。再用半圆头木螺钉将各段内管与吸声片组固定，外管与横隔板、外管与消声器两端盖板、盖板与内管分别用半沉头自攻螺钉固定，最后再安装两端法兰。对于尺寸较大的 7～10 号消声器，内管各分段及其与隔板的连接均用半圆头带帽螺钉紧固。

（4）微穿孔板消声器的制作要点

微穿孔板消声器分单腔和双腔两种。双腔微穿孔板消声器的消声性能更好一些。消声微穿孔板是由镀锌薄钢板或铝合金板按规定的孔径和穿孔率冲孔制成内腔，并固定在外管壳钢板上。消声微穿孔板的穿孔孔径和穿孔率必须符合设计图纸的要求。微穿孔板的穿孔孔径必须准确；分布要均匀。一般应采用专用的模具冲孔，穿孔板不应有毛刺。

9.2　风管和部件的安装

风管系统安装前，应进一步核实风管及送回（排）风口等部件的轴线和标高是否与设计图纸相符，并检查土建预留的孔洞、预埋件的位置是否符合要求。根据施工方案确定的施工方法组织劳动力进场，并将预制加工的支、吊、托架、风管按安排好的施工顺序运至现场。同时，将施工辅助用料（螺栓、螺母、垫料及胶粘剂、密封胶等）和必要的安装工具准备好，根据工程量大小及系统的多少分段进行安装。

9.2.1　支、吊架的安装

对于相同管径的支、吊、托架应等距离排列，但不能将支、吊、托架设置在风口、风阀、检视门及测定孔等部位。矩形保温风管不能直接与支、吊、托架接触，应垫上坚固的隔热材料，其厚度与保温层相同，防止产生"冷桥"，造成冷（热）量的损失。

9.2.2　通风与空调系统风管的安装

施工现场已满足安装条件时，应将预制加工的风管、管件按照安装的顺序和不同的系统运至施工现场，再将风管和管件按照加工时的编号组对，复核无误后即可进行连接和安装。

1. 风管的连接

风管的连接长度，应按风管的壁厚、法兰与风管连接方法、安装的建筑部位和吊装方法等因素决定。为了安装方便，在条件允许的情况下，尽量在地面上进行连接，一般可连接至 10～12m 长。在风管连接时不允许将可拆卸的接口，设在墙或楼板内。

风管连接时，用法兰连接的一般通风、空调系统，接口处应加垫料，其法兰垫料厚度为 3～5mm。在上法兰螺栓时，应十字交叉地逐步均匀地拧紧。连接好的风管，可把两端的法兰作为基准点，以每副法兰为测点，拉线检查风管连接得是否平直。如在 10m 长的范围内，法兰和线的差值在 7mm 以内，每副法兰相互间的差值在 3mm 以内时，就为合格。如差值太大，应把风管的法兰拆掉，把板边修正后，重铆法兰进行纠正。

2. 风管系统的安装

风管安装前应检查吊架、托架等固定件的位置是否正确，是否安装牢固。风管安装时找正找平可用吊架上的调节螺钉或托架上加垫的方法。水平干管找正找平后，就可进行支、立管的安装。

风管安装后，可用拉线和吊线的方法进行检查。一般只要支架安装得正确，风管接得平直，风管就能保持横平竖直。除尘系统的风管宜垂直或倾斜敷设，与水平风管的夹角应大于或等于45°，小坡度和水平管应尽量减少。对于含有凝结水或其他液体的风管，坡度应符合设计要求，并在最低处设排液装置。

当风管敷设在地沟内时，地沟较宽便于上法兰螺栓，可在地沟内分段进行连接。不便于上螺栓时，应在地面上连接得长些，用麻绳把风管绑好，慢慢放入地沟的支架上。地沟内的风管与地面上的风管连接时，或穿越楼层时，风管伸出地面的接口距地面的距离不应小于200mm，以便于和地面上的风管连接。

9.2.3　一般风阀与风口及其他部件的安装

1. 一般风阀的安装

风管系统上安装蝶阀、多叶调节阀等各类风阀的安装应注意以下各点：

（1）应注意风阀安装的部位，使阀件的操纵装置要便于操作。

（2）应注意风阀的气流方向，不得装反，应按风阀外壳标注的方向安装。

（3）风阀的开闭方向、开启程度应在阀体上有明显和准确的标志。

（4）安装在高处的风阀，其操纵装置应距地面或平台1～1.5m。

（5）输送灰尘和粉屑的风管，不应使用蝶阀，可采用密闭式斜插板阀。斜插板阀应顺气流方向与风管成45°角，在垂直管道上（气流向上）的插板阀以45°角顺气流方向安装。

（6）余压阀是保证洁净室内静压能维持恒定的重要部件。它安装在洁净室的墙壁的下方，应保证阀体与墙壁连接后的严密性，而且注意阀板的位置处于洁净室的外墙，以使室内气流当静压升高时而流出。并且应注意阀板的平整和重锤调节杆不受撞击变形，使重锤调整灵活。

2. 风口的安装

各类风口安装应横平、竖直、严密、牢固，表面平整。在无特殊要求情况下，露于室内部分应与室内线条平行。各种散流器的风口面应与顶棚平行。有调节和转动装置的风口，安装后应保持原来的灵活程度。为了使风口在室内保持整齐，室内安装的同类型风口应对称分布；同一方向的风口，其调节装置应在同一侧。

3. 局部排气的部件安装

局部排气系统的排气柜、排气罩、吸气漏斗及连接管等，必须在工艺设备就位并安装好以后，再进行安装，以满足工艺的要求。安装时各排气部件应固定牢固，调整至横平竖直，外形美观，外壳不应有尖锐的边缘，安装的位置应不妨碍生产工艺设备的操作。

（1）风帽的安装

风帽可在室外沿墙绕过檐口伸出屋面，或在室内直接穿过屋面板伸出屋顶。

穿过屋面板安装的风管必须完好无损，不能有钻孔或其他创伤，以免使用时雨水漏入室内。风管安装好后，应装设防雨罩，防雨罩与接口应紧密，防止漏水。

不连接风管的筒形风帽可用法兰固定在屋面板上的混凝土或木底座上。当排送湿度较大的空气时，为了避免产生的凝结水滴漏入室内，应在底座下设有滴水盘并有排水装置。

风帽装设高度高出屋面 1.5m 时，应用镀锌钢丝或圆钢拉索固定，防止被风吹倒。拉索不应少于 3 根，拉索可加花篮螺钉拉紧。

（2）柔性短管的安装

柔性短管的安装应松紧适当，不能扭曲。安装在风机吸入口的柔性短管可安装得绷紧一些，防止风机启动后被吸入而减小截面尺寸。在连接柔性短管时应注意，不能把柔性短管当成找平找正的连接管或异径管。

9.2.4 防火阀安装

防火阀是防火阀、防火调节阀、防烟防火阀、防火风口的总称。防火阀与防火调节阀的区别在于叶片的开度可在 0°～90°范围能否调节。

防火阀的安装要点：

1. 风管穿越防火墙时防火阀安装

风管穿越防火墙时其安装方法除防火阀单独设吊架外，穿墙风管的管壁厚度要大于 1.6mm，防火分区的两侧的防火阀距墙表面应不大于 200mm，安装后应在墙洞与防火阀间用水泥砂浆密封。

2. 变形缝处防火阀安装

在变形缝两端均设防火阀，穿越变形缝的风管中间设有挡板，穿墙风管一端设有固定挡板；穿墙风管与墙之间应保持 50mm 距离，其间用柔性不燃烧材料密封，保持有一定的弹性。

3. 风管穿越楼板时防火阀的安装

穿越楼板的风管与防火阀由固定支架固定。固定支架采用 $\delta=3$ 钢板和∟50×50×5 的角钢制作，穿越楼板的风管与楼板的间隙用玻璃棉或矿棉填充，外露楼板上的风管用钢丝网水泥砂浆抹保护层。

9.2.5 排烟口与送风口安装

1. 竖井墙上安装

排烟口与送风口在竖井墙上安装前，在混凝土框内应预埋 40×40×4 的角钢框。排烟口与送风口安装时应先制作钢板安装框，安装框与预留混凝土角钢框连接，最后将排烟风口与送风口插入安装框中，并固定。排烟口与送风口如与风管连接时，钢板安装框一侧应将风管法兰钻空后连接。

2. 排烟口在吊顶内安装

排烟口在吊顶内安装如图 9-27 所示。

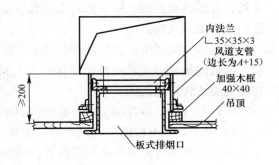

图 9-27 排烟口在吊顶内安装

9.3 通风与空调设备的安装

9.3.1 组合式空调器和新风机组的安装

组合式空调器的特点是预制的中间填充保温材料的壁板,其中间的骨架有 Z 形、U 形、I 形等。各段之间的连接常采用螺栓内垫海绵橡胶板的紧固形式,也有的采用 U 形卡兰内垫海绵橡胶板的紧固形式。国外生产的空气调节机也有用插条连接。组合式空调器的安装,应按各生产厂家的说明书进行。在安装过程中应注意下列问题:

(1) 组合式空调器各段在施工现场组装时,坐标位置应正确并找正找平,连接处要严密、牢固可靠。喷水段不得渗水。喷水段的检视门不得漏水。凝结水的引流管应该畅通,凝结水不得外溢。凝结水接头应安装水封,防止空气调节器内空气外漏或室外空气进入空气调节器内。

(2) 空气调节器设备基础应采用混凝土平台基础,基础的长度及宽度应按照设备的外形尺寸向外各加大 100mm,基础的高度应考虑到凝结水排水管的坡度,即大于 A+B,不小于 100mm。

设备基础平面必须水平,对角线水平误差应不超过 5mm。有的空气调节器可直接平放在垫有 3~5mm 橡胶板的基础上。也有的空气调节器平放在垫有橡胶板的 10 号工字钢或槽钢上。即在基础上敷设三条工字钢,其长度等于空气调节器选用各段的总长度。

(3) 设备安装前应检查各零部件的完好性,对有损伤的部件应修复,对破损严重的要予以更换。对表冷器、加热器中碰歪碰扭的翅片应予校正,各阀门启闭灵活,阀叶应平直。对各零部件上防锈油脂,积尘应擦除。

(4) 表冷器或加热器应有合格证书,在技术文件规定期限内外表面无损伤,安装前可不做水压试验,否则应做水压试验。

(5) 为减少空气调节器的过水量,挡水板与喷淋段壁板间的连接处应严密,使壁板面上的水顺利下流。应在挡水板与喷淋段壁板交接处的迎风侧和分风板与喷淋段壁板交接处设有泛水。挡水板的片距应均匀,梳形固定板与挡水板的连接应松紧适度。挡水板的固定件应做防腐处理。挡水板和喷淋水池的水面如有一定缝隙,将会使挡水板分离的水滴吹过,增大过水量。因此,挡水板不允许露出水面,挡水板与水面接触处应设伸入水中的挡水板。分层组装的挡水板分离的水滴容易被空气带走,每层应设排水装置,使分离的水滴沿挡水板流入水池。

(6) 空气喷淋室对空气处理的效果,还取决于喷嘴的排列形式。喷嘴安装的密度和对喷、顺喷的排列形式,应符合设计要求。同排喷淋管上的喷嘴方向必须一致,分布均匀,并保证溢水管高度正确。

(7) 空气调节器现场组装,必须按照下列的程序进行:

1) 对于有喷淋段的空气调节器,首先应按照水泵的基础为准,先安装喷淋段,然后左右两边分组同时对其他各功能段进行安装。

2) 对于有表冷段的空气调节器,也可由左向右或由右向左进行组装。

3）在风机单独运输的情况下，先安装风机段空段体，然后再将风机装入段体内。

4）现场组装的组合式空调器组装后，应做漏风量的检测，其漏风量必须符合国家标准 GB/T 14294 的规定。

（8）表冷器或加热器与框架的缝隙，及表冷器或加热之间的缝隙，应用耐热垫片拧紧，避免漏风而短路。

（9）对于现场浇筑的混凝土空气调节器，预埋在混凝土内的供回水短管应焊有方肋板，防止漏水或渗水，并避免维修时使混凝土松动。管端应配上法兰或螺纹，距空气调节器墙面为 100～150mm。

9.3.2 风机的安装

防排烟风机是建筑物内安全的重要保证。正压送风的防烟风机多采用通用的离心风机或轴流风机，排烟风机采用专用风机。

1. 离心式通风机的安装

离心式通风机在混凝土基础上安装时，应先按图纸和风机实物，对土建施工的基础进行核对，检查基础标高和坐标及地脚螺栓的孔洞位置是否正确。然后清除基础上的杂物，特别是螺栓孔中的木盒板要清除干净，按施工图在基础上放出通风机的纵横中心线。

（1）安装小型整体式的通风机时，先将风机的电动机放在基础上。使电动机底座的螺栓孔对正基础上预留螺栓孔，把地脚螺栓一端插入基础的螺栓孔内，带丝扣的一端穿过底座的螺栓孔并挂上螺母，丝扣应高出螺母 1～1.5 扣的高度。用撬杠把风机拨正。

小型的直联式风机，应保持机壳壁垂直、底座水平，叶轮与机壳和进气短管不得相碰。

（2）安装大型整体式和散装风机时，可按下列程序进行：

1）先把机壳吊放在基础上，穿上地脚螺栓，把机壳摆正，暂不固定。

2）把叶轮、轴承箱和皮带轮的组合体也吊放在基础上，并把叶轮穿入机壳内，穿上轴承箱地脚螺栓。装好机壳侧面圆孔的盖板，再把电动机吊装在基础上。

3）首先对轴承箱组合件进行找正找平。找正可用大平尺按中心线量取平行线进行检查，偏斜的可用撬杠拨正；找平可用方水平放在皮带轮上检查，低的一面可加斜垫铁垫平，应使传动轴保持在允许偏差范围以内。轴承箱的找正找平后作为机壳和电动机找正找平的标准，因此它的轴心不能低于机壳的中心。联轴器的轴心不能低于电动机中心。找平找正后就不要再动，最好先灌浆进行固定。

4）叶轮按联轴器组合件找正中心后，机壳即以叶轮为标准进行找正找平。要求机壳的壁面和叶轮面平行，机壳轴孔中心和叶轮中心重合，机壳支座的法兰面保持水平。

一般在机壳下加垫铁和微动机壳来进行找平找正，加垫铁时不得使机壳和吸气短管与叶轮摩擦相碰。

5）进行电动机的找正找平。当风机采用联轴器传动时，电动机应按已装好的风机进行找正，找正找平可利用联轴器来进行。

6）当风机机壳和叶轮轴承箱结合件及电动机找正找平后，可用水泥砂浆浇筑地脚螺栓孔，同时，在机座下填入水泥砂浆。待水泥砂浆凝固后，再上紧地脚螺栓，地脚螺栓应带有垫圈和防松螺母。

最后，再次进行平正的检查工作，如有不平正时，一般稍加调整就能满足要求。

2. 轴流式风机的安装

轴流式通风机常用于纺织厂的空调系统或一般的局部排风系统中。轴流式通风机可分为整体机组和现场组装的散装机组两种安装形式。

整体机组直接安装在基础上的方法与离心式通风机基本相同。用成对斜垫铁找正找平，最后灌浆。安装在无减振器的支架上，应垫上厚度为 4～5mm 的橡胶板。找正找平后固定。并注意风机的气流方向。排风采用的轴流式通风机，大多数是安装在风管中间和墙洞内，其方法如下：

（1）在风管中间安装轴流式通风机时，通风机可装在用角钢制作的支架上。支架应按设计图纸要求位置和标高安装，并用水平尺找正找平，螺孔尺寸应与风机底座的螺孔的尺寸相符。安装前，在地坪上按实物核对后，再埋设支架。

支架安装牢固后，再将风机吊起放在支架上，垫上厚度为 4～5mm 的橡胶板，穿上螺栓，稍加找正找平，最后上紧螺母。

连接风管时，风管中心应与风机中心对正。为了检查和接线方便起见，应设检查孔。

（2）在墙洞内安装的轴流式风机，应在土建施工时，配合土建留好预留孔，并预埋挡板框和支架。安装时，把风机放在支架上，上紧地脚螺栓的螺母，连接好挡板，并装上防雨防雪的弯头。

9.3.3　消声器的安装

消声器的安装与风管的连接方法相同，应该连接牢固、平直、不漏风。但在安装过程应注意下列几点：

（1）消声器在运输和吊装过程中，应力求避免振动，防止消声器的变形，影响消声效果。特别对于填充消声多孔材料的阻、抗式消声器，应防止由于振动而损坏填充材料，不但降低消声效果，而且也会污染空调环境。

（2）消声器在系统中应尽量安装在靠近使用房间的部位，如必须安装在机房内，应对消声器外壳及消声器之后位于机房内的部分风管采取隔声处理。当为空调系统时，消声器外壳应与风管做保温处理。

（3）消声器安装前应将杂物等清理干净，达到无油污和浮尘。

（4）消声器安装的位置、方向应正确。与风管的连接应严密，不能有损坏和受潮。

（5）组合式消声器消声组件的排列、方向和位置应符合设计要求。单个消声器组件的固定应牢固。

（6）消声器、消声弯头应设置独立的支、吊架，以保证安装的稳固。

9.3.4　粗、中效过滤器的安装

金属网格浸油过滤器用于一般通风、空调系统，常采用 LWP 型过滤器。安装前应用热碱水将过滤器表面附着物清洗干净，晾干后再浸以 12 号或 20 号机油。安装时应将空调

器内外清扫干净。并注意过滤器的方向。将大孔径金属网格朝向迎风面，以提高过滤效率。

自动浸油过滤器用于一般通风、空调系统，不能在空气洁净系统中采用，以防止将油雾（即灰尘）带入系统中。安装时应清除过滤器表面附着物，并注意装配的转动方向，使传动机构灵活。过滤器与框架或并列安装的过滤器之间应进行封闭。防止从缝隙中将污染的空气带入系统中，而形成空气短路的现象，从而降低过滤效果。

自动卷绕式过滤器是用化纤卷材为过滤滤料，以过滤器前后压差为传感信号进行自动控制更换滤料的空气过滤设备，常用于空调和空气洁净系统。安装前应检查框架是否平整，过滤器支架上所有接触滤材表面处不能有破角、毛边、破口等。滤料应松紧适当，上下箱应平行，保证滤料可靠地运行。滤料安装要规整，防止自动运行时偏离轨道。多台并列安装的过滤器，用同一套控制设备时，压差信号使用过滤器前后的平均压差值，要求过滤器的高度、卷材轴直径以及所用的滤料规格等有关技术条件一致，以保证过滤器的同步运行。特别需注意的是电路开关必须调整到相同的位置，避免其中一台过早报警，而使其他过滤器的滤料也中途更换。

中效过滤器的安装方法与粗效过滤器相同，它一般安装在空调器内或特制的过滤器箱内。安装时应严密，并便于拆卸和更换。

9.3.5 空气净化设备的安装

1. 高效过滤器安装

安装方法：高效过滤器安装时，应保证气流方向与外框上箭头标志方向一致。用波纹板组装的高效过滤器在竖向安装时，波纹板必须垂直地面，不得反向。

高效过滤器与组装高效过滤器的框架，其密封一般采用顶紧法和压紧法两种。对于洁净度要求严格的 5 级以上洁净系统，有的采用刀架式高效过滤器液槽密封装置。

2. 空气吹淋室的安装

空气吹淋室的安装应根据设备说明书进行，一般应注意下列事项：

（1）根据设计的坐标位置或土建施工预留的位置进行就位。

（2）设备的地面应水平、平整，并在设备的底部与地面接触的平面，应根据设计要求垫隔振层，使设备保持纵向垂直、横向水平。

（3）设备与围护结构连接的接缝，应配合土建施工做好密封处理。

（4）设备的机械、电气连锁装置，应处于正常状态，即风机与电加热、内外门及内门与外门的连锁等。

（5）吹淋室内的喷嘴的角度，应按要求的角度调整好。

3. 洁净工作台的安装

洁净工作台是使局部空间形成无尘无菌的操作台，以提高操作环境的洁净要求。洁净工作台是造成局部洁净空气区域的设备。

洁净工作台安装时，应轻运轻放，不能有激烈的振动，以保护工作台内高效过滤器的完整性。洁净工作台的安放位置应尽量远离振源和声源，以避免环境振动和噪声对它的影响。使用过程中应定期检查风机、电机，定期更换高效过滤器，以保证运行正常。

4. 风口机组的安装

风口机组也叫风机过滤单元,是把高效过滤器和风口做成一个部件,再加上风机而构成过滤单元。它方便了设计、安装和使用,特别适用于改建的非单向流洁净室,显得简单易行。

风口机组安装中应注意风机箱体与过滤器之间的连接及风口机组与吊顶框架之间应有可靠的密封措施。安装中除方向正确外,并应考虑便于检修的位置。

5. 单元式空气调节机的安装

单元式空气调节机又称为空调机组或风柜。它是将处理空气用的冷、热和加湿设备及风机和自动控制设备组装在一个箱体内。

空调机除按设计要求定位、找平外,其管路的连接方法,对于水冷式机组的冷却水管道的连接参见本书后继章节;对于风冷式机的管路安装应进行下列工作:

(1)根据室内机组接管的位置,来确定墙上的钻孔位置,按照说明书上要求的钻孔尺寸钻孔,并将随机带来的套管插入墙上钻出的孔洞内,套管应略长于墙孔 10mm 为宜。

(2)展开连接管:连接管随机整盘带来。安装前必须将连接管慢慢地一次一小段地展开,不能猛拉连接管。应防止由于猛拉而将连接管损坏。

(3)按预定管路走向来弯曲连接管,并将管端对准室内外机组的接头。弯曲时应小心操作,不得折断或弄弯管道,管道弯曲半径应尽量要大一些,其弯曲半径不小于 100mm。

(4)室内外机组的连接管采用喇叭口接头形式。连接前应在喇叭口接头内滴入少量的冷冻油,然后连接并紧固。

(5)室内外机组连接后应排除管道内的空气,排除空气时可利用室内机组或室外机组截止阀上的辅助阀。

(6)连接管内的空气排除后,可开足截止阀进行检漏。确认制冷剂无泄漏,再用制冷剂气体检漏仪进行检漏;在无检漏仪的情况下也可使用肥皂水涂在连接部位处进行检漏。

(7)以上工作完成后,即可在管螺母接头处包上保温材料。

6. 诱导器的安装

诱导式空调系统是将空气集中处理和局部处理结合起来的混合式空调系统中的一种形式。诱导器安装要求如下:

(1)按设计要求的型号就位安装,并注意喷嘴的型号。

(2)诱导器与一次风管连接处要密闭,必要时应在连接处涂以密封胶或包扎密封胶带,防止漏风。

(3)诱导器水管接头方向和回风面朝向应符合设计要求。立式双面回风诱导器,应将靠墙一面留 50mm 以上的空间,以利回风;卧式双回风诱导器,要保证靠楼板一面留有足够的空间。

(4)诱导器的出风口或回风口的百叶格栅有效通风面积不能小于 80%;凝结水盘要有足够的排水坡度,保证排水畅通。

(5)诱导器的进出水管接头和排水管接头不得漏水;进出水管必须保温,防止产生凝结水。

7. 风机盘管的安装

风机盘管和诱导器一样,都是空调系统的末端装置。与诱导器的区别在于风机盘管是由风机和盘管组成的机组设在空调房间内，靠开动风机，把室内空气（回风）和部分新风吸进机组，经盘管冷却或加热后又送入房间，使之达到空调的目的。

风机盘管的安装方法与诱导器基本上相同，在安装过程中应注意下列事项：

（1）风机盘管就位前，应按照设计要求的形式、型号及接管方向进行复核，确认无误。各台应进行电机的三速运转及水压检漏试验后才能安装。试验压力为系统工作压力的1.5倍，试验时间为 2min，不渗漏为合格。

（2）对于暗装的风机盘管，在安装过程中应与室内装饰工作密切配合，防止在施工中损坏装饰的顶棚或墙面。

（3）机组应设独立支、吊架，安装的位置、高度及坡度应正确、固定牢固。

（4）机组的电气接线盒离墙的距离不应过小，应考虑便于维修。

8. 除尘器的安装

除尘器的种类较多，按作用于除尘器的外力或作用原理可分为机械式除尘、过滤式除尘器、洗涤式除尘器及电力除尘器等四个类型。

（1）机械式除尘器

机械式除尘器是利用气、尘二相流在流动过程中，由于速度或方向的改变，对气体和尘粒产生不同的离心力、惯性力或重力，而达到分离尘粒的目的。

机械式除尘器安装时应注意下列要求：

1）组装时，除尘器各部分的相对位置和尺寸应准确，各法兰的连接处应垫石棉垫片，并将螺栓拧紧。

2）除尘器应保持垂直或水平，并稳定牢固，与风管连接必须严密不漏风。

3）除尘器安装后，在联动试车时应考核其气密性，如有局部渗漏应进行修补。

（2）过滤式除尘器

过滤式除尘器是利用过滤材料对尘粒的拦截与尘粒对过滤材料的惯性碰撞等原理实现分离的。过滤器的安装应注意下列要求：

1）外壳、滤材与相邻部件的连接必须严密，不能使含尘气流短路。

2）脉冲袋式除尘器的喷吹孔，应对准管中心，同心度允许偏差为 2mm。

3）振动杠杆上的吊梁应升降自如，不应出现滞动现象。

4）吸气阀与反吹阀的启闭应灵活，关闭时必须严密，脉冲控制系统动作可靠。

（3）洗涤式除尘器

洗涤式除尘器，是利用含尘气体与液膜、液滴间的惯性碰撞、拦截及扩散等作用达到除尘的目的。安装时应注意以下问题：

1）水膜除尘器的喷嘴应同向等距离排列；喷嘴与水管连接要严密；液位控制装置可靠。

2）旋筒式水膜除尘器的外筒体内壁不得有突出的横向接缝。

3）对于水浴式、水膜式除尘器，要保证液位系统的准确。

4）对于喷淋式的洗涤器，喷淋均匀无死角，液滴细密，耗水量少。

（4）电除尘器

电除尘器是利用电极电晕放电使尘粒带电，然后在电场力的作用下驱向沉降而达到灰尘分离的目的。在安装时应符合下列要求：

1) 阳极板组合后的阳极排平面度允许偏差为 5mm，其对角线允许偏差为 10mm。

2) 阴极小框架组合后主平面的平面度允许偏差为 5mm。其对角线允许偏差为 10mm。

3) 阴极大框架的整体平面度允许偏差为 15mm，整体对角线允许偏差为 10mm。

4) 阳极板高度小于或等于 7m 的电除尘器，阴、阳极间距允许偏差为 5mm。阳极板高度大于 7m 的电除尘器，阴、阳极间距允许偏差为 10mm。

5) 电除尘器必须具有良好的气密性，不能有漏气现象；高压电源必须绝缘良好。

6) 不属于电晕部分的外壳、安全网等，均有可靠的接地。

9.4 空调制冷系统安装

9.4.1 制冷压缩机的安装

1. 基础的检查验收

压缩机的基础是承受设备本身质量的静载荷和设备运转部件的动载荷，并吸收和隔离动力作用产生的振动。压缩机的基础要有足够的强度、刚度和稳定性，不能有下沉、偏斜等现象。

2. 上位找正和初平

根据施工图纸等用墨线按建筑物的定位轴线对设备的纵横中心线放线，定出设备安装的准确位置。设备找正应使设备的纵横中心线与基础上的中心线对正。设备初平是初步将设备的水平度调整到接近要求的程度，待设备的地脚螺栓灌浆并清洗后再进行精平。

3. 精平和基础抹面

精平是设备安装的重要工序，是在初平的基础上对设备水平度的精确调整，使之达到质量验收规范或设备技术文件的要求。

4. 拆卸和清洗

对于整体安装的制冷压缩机，一般仅进行外表清洗，内部零件不进行拆卸和清洗。但如超过设备出厂后的保质期或有明显缺陷时，应进行清洗。

9.4.2 换热设备的安装

1. 冷凝器的安装

冷凝器是承受压力的容器，安装前应检查出厂检验合格证，安装后要进行气密性试验。

（1）立式冷凝器安装在浇制的钢筋混凝土集水池顶部时，为避免预埋的螺栓与冷凝器底座螺孔偏差过大而影响安装，可在预埋螺栓的位置预埋套管，待吊装冷凝器后，将地脚螺栓和垫圈穿入套管中，冷凝器找正、找平后，再拧紧螺母定位。

立式冷凝器安装在集水池顶的工字钢或槽钢上时，应将工字钢或槽钢与集水池顶预埋的螺栓固定在一起，再将冷凝器吊装安放在工字钢或槽钢上。

立式冷凝器安装在集水池顶上钢板上时，钢板与钢筋混凝土池顶的钢筋应焊接在一起。安装冷凝器时，先按冷凝器底座螺孔位置，将工字钢或槽钢置于预埋的钢板上。待冷凝器找平找正后，将工字钢或槽钢与预埋的钢板焊牢。

（2）卧式冷凝器。卧式冷凝器一般安装在室内。为使冷凝器的冷却水系统正常运转，应在封头盖顶部装设排气阀，便于冷却水系统运转时排除空气。为了在设备检修时能将冷却水排出，应在封头盖底部设排水阀门。

2. 蒸发器的安装

（1）立式蒸发器（或螺旋管式蒸发器）的安装。立式蒸发器安装前应对水箱进行渗漏试验。盛满水保持 8～12h，以不渗漏为合格。安装时先将水箱吊装到顶先作好的上部垫有绝热层的基础上，再将蒸发器管组放入箱内。蒸发器管组应垂直，并略倾斜于放油端。各管组的间距应相等。基础绝缘层中应放置与保温材料厚度相同、宽 200mm 经防腐处理的木梁，保温材料与基础间应作防水层。蒸发器管组组装后，且在气密性试验合格后，即可对水箱保温。

（2）卧式蒸发器安装方式与卧式冷凝器相同，是安装在已浇制好而且干燥后的混凝土基础或钢制支架上，在底脚与支架间垫 50～100mm 厚的经防腐处理的木块并保持水平。待制冷系统压力试验及气密性试验合格后，再进行保温。

9.4.3　冷水机组的安装

1. 活塞式冷水机组的安装

活塞式冷水机组是将压缩机、冷凝器及蒸发器组装在一个公共底座上。机组安装较为简单，仅需按规定的基础位置将机组就位找平、找正、稳好，接通电源和冷却水、冷冻水管道后，即能启动运转。

2. 螺杆式冷水机组的安装

螺杆式冷水机组的基础要求和上位、找平找正的方法，与活塞式冷水机组相同。机组的纵、横向水平度小于 1/1000。机组上位后，应将联轴器孔内橡胶传动芯子拆卸，使电动机与压缩机脱离，安装电器部分并接通电动机的电源，点动电动机，确认电动机的旋转方向与机组技术文件相吻合。

3. 离心式冷水机组的安装

离心式冷水机组的安装方法与活塞式压缩机基本相同，可参照进行。应注意下列事项：

（1）拆箱应按自上而下的顺序进行。拆箱时应注意保护机组的管路、仪表及电器设备不受损坏，拆箱后清点附件的数量及机组充气有无泄漏等现象。机组充气内压应符合设备技术文件规定的压力。

（2）机组吊装就位后，设备中心应与基轴线重合。对于两台以上并列的机组，应在同一基准标高线上，允许偏差为±10mm。

（3）机组应在与压缩机底面平行的其他加工面上找正找平，纵横向水平度均不应超过 1/1000；压缩机在机壳中分面上找正找平，横向的水平度不应超过 1/1000。

4. 溴化锂吸收式冷（热）水机组的安装

溴化锂吸收式冷（热）水机组可分为蒸汽或热水型溴化锂吸收式冷水机组、燃油或燃气型直燃式溴化锂冷、热水机组。

机组上位前，可根据施工现场的实际条件确定采用吊装的方法。机组在吊装上位过程中要确保不能损坏机组的任一部分，如吊索和容易损坏的部件接触时，应调整吊索的长度或用包软垫来保护，要特别当心细管、接线和仪表不被损坏。

机组上位后的初平及精平的方法与活塞式制冷压缩机相同。

9.4.4　制冷管道的安装

1. 管道的除锈及切割

（1）管道的除锈

制冷管道在安装前必须对其内外壁除锈，内壁的除锈、清洗及干燥等工序更为重要，使管道安装后能够基本具备系统运转的条件。

（2）管道的切割

管道的切割的方法较多，如锯割、刀割、磨切及氧—乙炔焰切割等，应根据施工现场的条件来选择。钢管和铜管切口质量应符合下列要求：

1）切口表面平整，不应有裂纹、毛刺、凸凹、缩口、铁屑等；

2）切口平面倾斜偏差为钢管直径的 1％，但不得超过 3mm。

2. 管道连接

制冷系统的管道连接方法有焊接、法兰连接、螺纹连接及扩口连接。

（1）焊接。焊接的特点是有很高的强度和严密性，是普遍采用的连接形式。在施工现场多采用手工电弧焊和气焊。

（2）法兰连接。用法兰将管子和管件等连接组成系统，是管道安装经常采用的连接方法，常用于管道与阀门或其他附属设备的连接。法兰的形式较多，在制冷系统中的平焊法兰为最多。

（3）螺纹连接。螺纹连接是通过外螺纹和内螺纹相互啮合，达到管子与管件或管子与阀门、设备间的连接。为使接头严密，内外螺纹间加密封填料。

（4）扩口连接。扩口连接常用于铜管道上的可拆连接。铜管通过专用的螺纹接头和锁母连接成管路，管子扩口连接前管端应加工成喇叭口。

3. 管道的敷设和阀门的安装

（1）制冷管道的敷设分为架空敷设和地下敷设

1）架空敷设。架空管道敷设除设置专用支架外，一般应沿墙、柱、梁布置。对于人行通道，不应低于 2.5m。制冷系统的吸气管与排气管布置在同一支架，吸气管应布置在排气管的下部。多根平行的管道间应留有一定的间距，一般间距不小于 200mm。

敷设制冷剂的液体管道，不能有局部向上凸起的管段，气体管道不能有局部向下凹陷的管段，避免产生"气囊"和"液囊"，增加管路阻力，影响系统的正常运转。从液体主管接出支管时，一般应从主管的上部接出。

制冷管道的三通接口，不能使用 T 形三通，应制成顺流三通。如支管与主管的管径相同且 $DN<50mm$ 时，主管应局部加大一个规格制成扩大管后，再开顺流三通。

制冷管道的弯管应采用冷揻弯，防止热揻弯生成氧化皮或嵌在管壁上的砂子增加系统的污物。弯管的曲率半径一般不小于管子的外径 3.5 倍。制冷管道不能采用焊接弯管、皱褶弯管及压制弯管。

2）地下敷设分为通行地沟敷设、半通行地沟敷设及不通行地沟敷设。

通行地沟一般净高不小于 1.8m。如地沟为多管敷设时，低温管道应敷设在远离其他管道并在其下部位置。

半通行地沟净高一般为 1.2m。不能冷热管同沟敷设。

不通行地沟常采用活动式地沟盖板，低温管道单独敷设。

（2）阀门的安装

安装前除制造厂铅封的安全阀外，必须对各种阀门拆卸清洗，清除掉油污、铁锈。阀门安装前要进行压力试验。阀门的压力试验分为强度试验和严密性试验。

浮球阀、电磁阀及浮球式液面指示器等，安装前应做单体动作灵敏度的试验，并检验其密封性。安全阀安装前应检查铅封及出厂合格证，不得随意拆卸。安全阀平时应铅封呈开启状态，不得关闭。

所有阀门必须安装平直、阀门的手柄严禁朝下。安装阀门必须注意介质的流动方向。立式止回阀的介质流动方向应自下而上，防止装反。

4. 测量仪表的安装

（1）弹簧管压力计安装。弹簧管压力计的安装，应使表盘垂直于地面。如安装位置高于视平线，可使表盘稍向前倾斜，以便观测。弹簧管压力计的接头是公制螺纹，如与英制螺纹阀门连接时，中间应增加压力计过渡接头。

（2）温度计的安装。常用的温度计是工业内式玻璃温度计。在管道上安装时，温包部分应在管道的中心线上，即温度计的下体长度为管道的半径加温度计接头的有效长度。温度计应插入插座内，插座内应灌充机油。

9.5 空调水系统的安装

空调水系统由冷（热）源、冷却塔、水泵、管道以及附属设备等组成。

9.5.1 冷（热）水泵及冷却水泵的安装

空调水系统中一般使用小型整体式离心水泵，主要用于冷热介质（冷水、热水）及冷却水系统循环。常用的水泵有单级单吸清水泵和管道泵及流量大时采用的单级双吸泵。

1. 水泵安装流程

水泵基础定位→基础制作→隔振器安装→水泵就位安装→配管安装→单机试运转→管道系统

2. 无隔振要求的水泵安装

（1）水泵基础混凝土强度等级一般为 C20，通常混凝土基座在地坪上的高度为 150mm，深入地坪以下的尺寸应符合设计要求。

（2）水泵安装前清理混凝土基础上的污物。应再次检查基础尺寸、位置、标高等是否符合设计要求；校对水泵底座尺寸与混凝土基础尺寸、底座地脚螺栓孔与基础地脚螺栓预留孔尺寸、位置是否一致；基础平面的水平度是否符合有关规范的要求。

（3）吊装水泵就位于基础上，装上地脚螺栓，用平（斜）垫铁找平、找正后将螺母拧上，进行二次灌浆（灌浆混凝土的强度等级不低于 C25）。

（4）每个地脚螺栓旁要有一组垫铁，每一组垫铁组不应超过 5 块，每组垫铁均要压紧，水泵调平后垫铁相互间要焊牢。水泵调平后垫铁要露出底座外缘 10～30mm，垫铁组插入水泵底座的长度要过地脚螺栓的中心。

3. 有隔振要求的水泵安装

有隔振要求的水泵安装时，需在水泵进出管上设有橡胶挠性接头，管道支架也需采用弹性支、吊架，在水泵基座下还需装上隔振垫、减振器等。其余安装步骤同无隔振要求的水泵安装。

9.5.2 冷却塔的安装

1. 冷却塔的安装工艺流程

冷却塔基础定位→冷却塔基础制作→冷却塔及附件检查→冷却塔安装→冷却塔配管安装→冷却塔试运转→系统调试

2. 冷却塔安装要求

安装前应根据施工图纸的要求浇筑基础。基础浇筑前要放线定位。放线定位以建筑轴线为准，结合屋面场地和其他设备，冷却进、回水管的排列布置统一考虑。

（1）混凝土基础表面要平整，各立柱支腿基础标高在同一水平标高度上，高度允差±20mm，分角中心距误差±2mm。

（2）冷却塔的出水管口及喷嘴的方向、位置要正确。布水系统的水平管路安装应保持水平。连接喷嘴的支管要求垂直向下，喷嘴底盘应保持在同一水平面内。

（3）在冷却水系统管道上应装滤网装置。

（4）冷却塔本体及附件安装过程中的焊接，要有防火安全措施；尤其是装入填料后，一般禁止再焊接。

（5）冷却塔安装后，单台冷却塔的水平度、铅垂度允许为 2/1000 的偏差。多台冷却塔水面高度应一致，其高差应不大于 30mm。

9.5.3 水处理设备的安装

1. 水处理设备安装工艺流程

水处理设备基础制作→设备进场检查→水处理设备就位安装→水处理设备配管安装→水处理设备系统调试

2. 水处理设备的安装

（1）水处理设备的各种罐安装在地坪或混凝土基础上，混凝土基础制作要根据设备的尺寸浇筑。浇筑基础时可按罐的支腿立柱埋设地脚螺栓，也可埋设钢板。基础表面要求要平整，同类罐的基础高度要一致。混凝土基础达到承重强度的 75% 以上时再安装。

（2）在软水设备吊装时要注意保护设备的仪表。设备就位后可用薄垫铁找平后拧紧地脚螺栓固定。

（3）在软水设备附近的地面上要设有排水口。盐罐安装时要尽量靠近树脂罐。

（4）与软水设备相连接的管道，要在试压、冲洗完毕后再连接。

9.5.4 空调水系统管道的安装

1. 管道安装流程

安装准备→预留预埋→材料进场检查→支、吊架制安→管道安装→强度性严密性试验→管道冲洗→绝热→系统调试

2. 套管的安装

套管安装应在混凝土结构浇筑或墙体砌筑时进行。

（1）混凝土墙上的套管配合钢筋扎绑时预埋，按设计要求的位置用点焊或用钢丝捆扎在钢筋上。

（2）混凝土楼板的套管在底模板支上后，将套管固定在模板上。

（3）砖墙的套管配合墙体砌筑时将套管固定在预定的位置上。

9.6 非金属风管的制作安装

9.6.1 硬聚氯乙烯塑料风管的制作安装

1. 硬聚氯乙烯塑料风管的加工制作

（1）板材画线

硬聚氯乙烯塑料板制作风管或部件时，其展开画线的方法和金属风管相同。放样时，应用红铅笔进行画线，不要用锋利的金属划针或锯条，以免板材表面形成伤痕，发生折裂。

风管的纵缝应交错设置，圆形风管可在组配焊接时再考虑。矩形风管在展开画线时，应注意焊缝避免设在转角处，因为四角要加热折方。在画折线时，要注意相邻的管段的纵缝要交错设置。

（2）板材切割

硬聚氯乙烯塑料板可用剪床、圆盘锯或普通木工锯进行切割。

使用剪床进行剪切时，5mm厚以下的板材可在常温下进行。5mm厚以上或冬天气温较低时，应事先把板材加热到30℃左右，再用剪床进行剪切，以免发生碎裂现象。

锯割时，应将板材贴在锯床表面上，均匀地沿锯割线移动，锯割的线速度为3m/min左右。在接近锯完时，应减小进锯压力，避免材料碎裂。

（3）板材坡口

焊接硬聚氯乙烯塑料时，为了使板材间有很好的结合，并具有较高的焊接强度，下料后的板材应按板材的厚度及焊缝的形式进行坡口，坡口的角度和尺寸应均匀一致。可用锉刀、木工刨床或普通木工刨进行坡口，也可用砂轮机或坡口机进行坡口。

（4）加热成型

硬聚氯乙烯塑料板为热塑性塑料，当加热到100～150℃时就形成柔软状态，可在不大的压力下，按需要加工成各种形状的管件。硬聚氯乙烯塑料的加热可用电加热、蒸汽加热和热空气加热等方法，施工现场一般常使用电热箱来加热塑料板。

（5）法兰的制作加工

圆形法兰加工制作，是将塑料板在锯床上锯成条形板，在坡口机上开出内圆的坡口，放到电热箱内加热到柔软状态，然后取出加热好的条形塑料板放到胎具上撖成圆形。

塑料条形板撖成圆形后，应用平钢板或其他重物把撖好的法兰压平，待冷凝定型后，再取出进行焊接和钻孔。

直径较小的圆形法兰，可在车床上车制。

矩形法兰加工制作，是将塑料板锯成条形，开好坡口，在平板上焊接。

（6）风管的组配

为避免腐蚀介质对风管法兰金属螺栓螺母的腐蚀和自法兰间隙中泄漏，管道安装尽量采用无法兰连接。当硬聚氯乙烯风管的连接采用焊接时，每一管段在安装前可连接至 4m 左右，再设置一副法兰。其风管的连接长度也可根据风管管径的大小、运输条件等适当地增减。

风管组配采取焊接方式，风管的纵缝必须交错，交错的距离应大于 60mm。圆形风管管径小于 500mm，矩形风管大边长度小于 400mm，其焊缝形式可采用对接焊缝；圆形风管管径大于 560mm，矩形风管大边长度大于 500mm，应采用硬套管或软套管连接后，风管与套管再进行搭接焊接。

2. 硬聚氯乙烯塑料风管的安装

和金属风管安装的方法基本相同。但由于硬聚氯乙烯塑料的特性，在支架敷设、风管连接及受热膨胀的补偿等方面应在安装时加以考虑。

（1）塑料风管的架设

硬聚氯乙烯塑料风管，多数沿墙、柱和在楼板下敷设。安装时一般以吊架为主，也可用托架，具体可参照金属风管的支架制作；但风管与支架之间，应垫入厚度为 3～5mm 软的或硬的塑料垫片，并用胶粘剂进行胶合。由于硬聚氯乙烯塑料风管可能受到管内外温度的影响而使风管下垂，因此塑料风管的支架间距应比金属风管要小，一般间距为 1.5～3m。另外又由于硬聚氯乙烯塑料风管比金属风管轻，支架所用的钢材比金属风管要小一号。

（2）热延伸的补偿和振动的消除

通风管路的直管段较长时，由于硬聚氯乙烯塑料的线膨胀系数较大，当工作温度与周围温度差异较大时，应每隔 15～20m 设置一个伸缩节，以便于补偿其伸缩量。

通风管路的直管段可能产生伸缩情况，应将直管与支管的连接处设置软接头。

伸缩节和软接头可用厚度为 2～6mm 的软聚氯乙烯塑料板制成。伸缩节的两端与风管外壁采用焊接连接。当风管伸缩时，由于软塑料具有良好的弹性，当风管受热产生延伸时，能够起补偿作用。

通风机或其他有振动的设备与风管连接时，为了避免风机的振动引起噪声和风管振裂现象，应在连接处设置柔性短管，柔性短管可用 0.8～1.0mm 厚的软塑料布制成。

（3）风管穿过墙壁和楼板的保护

当硬聚氯乙烯塑料风管穿过墙壁时，应用金属套管加以保护，套管和风管之间，应留有 5～10mm 的间隙，可使塑料风管能沿轴向自由移动。墙壁与套管之间可用耐酸水泥砂浆填塞。

硬聚氯乙烯塑料风管穿过楼板时，楼板处应设置保护圈，防止楼板与风管的间隙向下渗水，并保护塑料风管免受意外撞击。

9.6.2　有机玻璃钢风管的制作安装

有机玻璃钢又叫玻璃纤维增强塑料，它是以玻璃纤维及其制品为增强材料，以各种不同树脂为胶粘剂，经过成型工艺制作而成复合材料的有机玻璃钢风管或管件。有机玻璃钢有阻燃型和非阻燃型两种。

1. 有机玻璃钢风管制作

有机玻璃钢按生产工艺的特点，可分为手糊成型、模压成型、机械缠绕成型、层压成型等方法制作风管。

2. 有机玻璃钢风管的安装

有机玻璃钢风管的安装应参照硬聚氯乙烯板风管。对于采用套管连接的风管，其套管厚度不能小于风管的壁厚。

9.6.3 无机玻璃钢风管的制作安装

无机玻璃钢风管主要是用氯氧镁水泥添加氯化镁胶结料等，用玻璃纤维布作增强材料而制得的复合材料风管。

1. 无机玻璃钢风管的制作

无机玻璃钢风管的制作工艺多采用手糊成型的方法。其具体制作方法可参照有机玻璃钢风管，其区别是氯化镁、菱苦土（氯氧镁）等代替有机玻璃钢的树脂胶粘剂。

2. 无机玻璃钢风管的安装

无机玻璃钢风管的安装方法与金属风管安装基本相同。由于自身的特点，在安装过程中应注意下列问题：

（1）因无机玻璃钢风管发生损坏或变形不易修复，必须重新加工制作，故而在吊装或运输过程中应特别注意不能强烈碰撞，不能在露天堆放，避免雨淋日晒，以避免造成不应有的损失。

（2）无机玻璃钢风管的自身重量与薄钢板风管相比重得多。在选用支、吊架时不能套用现行的标准，应根据风管的重量等因素详细计算确定型钢的尺寸。

（3）进入安装现场的风管应认真检验，防止不合格的风管进入施工现场。对风管各部位的尺寸必须达到要求的数值，否则组装后造成过大的偏差。

（4）在吊装时不能损伤风管的本体，不能采用钢丝绳捆绑，可用棕绳或专用托架吊装。

9.6.4 复合风管的制作安装

复合风管有复合玻纤板风管和发泡复合材料风管两种。

1. 风管制作

（1）矩形铝箔复合保温风管的四面板材可由一块板上切去 90°豁口折合而成，也可由两块板边各切去 45°拼合而成。

（2）由于板材面宽为 1.2m，所以当风管每面宽度不超过 1120mm 或风管两面之和小于等于 1160mm，或三边（四边长度）之和小于 1080mm（1040mm）时，风管尽量做成每节 4m 长，以减少风管接口。

（3）当复合风管组合后，非同块板折合形成的角外部，需贴铝箔胶带封合铝箔外壳面。

（4）风管每边允许误差：当边长小于等于 300mm 时允许差为 1mm；当边长大于 300mm 时允许差为 1.5mm（这个误差可指两相对接管的边长之差）。

（5）制作好的风管、三通、弯头、大小头的管口须上连接件附件。当管口小于等于 630mm 时，这些口的相同材料连接可直接采用胶粘接，这时接口做成 45°对应切口粘接；当长边小于等于 1250mm 时，可采用 UPVC 连接插条；当长边大于 1250mm 时，必须采用铝合金法兰插条连接。

（6）当低压矩形风管边长超过 1000mm，风管长度又大于 1200mm 时，风管应进行加固。在复合风管加固点上穿一根 $\phi6$ 的圆钢，两头套丝。风管内加一根 DN15 的穿线管，在风管内外壁支撑点各垫一块垫片，以增大接触面，保护风管复合保温板。当风管边长大于 2000mm 时，风管每隔 1200mm 要横向做两个支撑加固。

2. 风管的安装

（1）风管的连接

1）风管和带法兰的阀件、镀锌风管等连接见图 9-28，这里用到专用连接件。图 9-28 中 2 为铝合金制成的型材。

2）风管和风口连接一般在风口内侧壁用自攻螺丝连接。风管管端或风管开口端应镶上口形连接条，然后用自攻螺钉将其连接。

3）主风管上开口连接支风管（图 9-29）。先用 art313 铝合金条镶嵌在开口处，开口尺寸要平直，尺寸误差在 1mm，支风管管头和主风管连接端镶上普通铝合金法兰条 art303 和主风管铝合金法兰条 ardl3 对上后，插入铝合金插条 ard03。

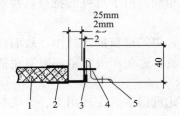

图 9-28　复合风管与金属风管的连接
1—复合风管；2—铝合金法兰连接件；3—密封垫；4—连接螺栓；5—被连接风管法兰

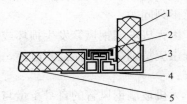

图 9-29　主管与支管的连接
1—主风管；2—插条；3—主风管镶嵌 art313 铝合金法兰条；4—支风管镶嵌普通风管连接法兰条 art303；5—支风管

4）风管连接插入插条后，应注意风管连接的四个角所留下的孔洞，应用密封胶将其封堵死。

（2）风管的吊装

1）风管吊装一般均用角钢做横担，用圆钢作吊杆吊装。风管吊架的间距：当风管长边小于等于 400mm 时为 4m；当风管长边大于 400mm 时为 3m。

2）吊架横担规格：当矩形风管长边小于等于 630mm，为∟25×3；当矩形风管长边大于 630mm 而又小于等于 1250mm 时，为∟30×4；当矩形风管长边大于 1250mm 时，应为∟40×4 角钢横担。对应三种规格圆钢吊杆分为别为 $\phi6$、$\phi8$、$\phi10$。吊杆对应的膨胀螺栓分别为 M6、M8、M10。

3）当风管长边小于等于 1250mm 时，风管吊装可用专用的吊装卡 art504，为了防止吊装卡角脱开风管而使风管掉下去，在卡角横向串一根 $\phi6$ 圆钢。两头均套丝，将吊装的一对卡角连起来。注意：吊装卡角分左、右，用时须一对一对用。

（3）风管安装的其他要求

1）明装风管水平安装时，水平度偏差每米不应大于 3mm，总偏差不应超过 20mm；

垂直安装时，垂直度偏差每米不应大于 2mm，总偏差不应超过 10mm。暗装风管位置应准确，无明显偏差。

2) 风管的三通、四通一般采用分隔式或分叉式；若采用垂直连接时，其迎风面应设置挡风板。挡风板应和支风管连接口等长。其挡风面投影面积应和未被挡除面积之比与支风管、直通之风管面积之比相等。

3) 风管严密性质量要求：由于铝箔风管的拼接组合均采用粘接，所以漏风的缝隙较少。根据检测，铝箔复合风管的漏风量仅为镀锌风管的 1/7，所以一般制作水平就能达到规范中的中压风管标准要求。根据以上情况，施工中如无明显的施工工艺上的不当，低压风管可以不做漏风测试。但对该材料做的中、高压系统风管仍需按规范要求的标准，作相应的检测。

9.7 通风与空调、空气洁净系统的试运转及试验调整

根据国家规定的施工程序和质量验收规范的要求，施工单位对所安装的通风、空调工程，必须进行单体设备试运转、系统联合试运转及系统的试验调整，使单体设备能达到出厂性能，使系统能够协调地动作，使系统各设计参数达到预计的要求。

9.7.1 试运转、调试应具备的条件

为保证试运转和调试工作顺利地进行，必须制定试运转和调试方案，并报送监理部门经专业监理工程师审核批准后，方可实施。方案中必须明确试运转和调试的程序及项目。根据方案做好试运转和调试前的准备工作。

（1）通风、空调工程及空调电气、空调自动控制等工程安装结束后，各分部、分项工程经建设单位与施工单位对工程质量检查后，必须达到质量验收规范的要求。

（2）制定试运转、调试方案及日程安排计划，并明确建设单位、监理部门和施工单位试运转、调试现场负责人。同时，还应明确现场的各专业技术负责人，便于工作的协调和解决试运转及调试过程中的重大技术问题。

（3）与试运转、调试有关的设计图纸及设备技术文件必须齐全，并熟悉和了解设备的性能及技术文件中的主要参数。

（4）在试运转、调试期间所需要的水、电、天然气、蒸汽等动力及气动调节系统的压缩空气等应具备使用条件。

（5）通风、空调设备及附属设备所在场地的土建施工应完工，门、窗齐全，场地应清扫干净。不允许在机房门、窗不能封闭及场地脏乱的情况下进行。

（6）在试运转、调试期间所需要的各专业工作人员及仪器、仪表设备能够按计划进入现场。

9.7.2 试运转、调试方案的编制

通风、空调工程的单体设备试运转、系统联合试运转及系统试验调整工作，必须根据工程的具体情况编制的单体设备的试运转内容、方法及达到有关的规范的标准等，并且确定系统联合试运转的程序及系统试验调整的内容及方法，制定出综合的时间安排，使之形成一个完整的方案，来指导试运转、调试工作能够顺利地进行。

9.7.3 试运转、调试的程序

空调系统和空气洁净系统的试运转和调试的程序如图 9-30 和图 9-31 所示。

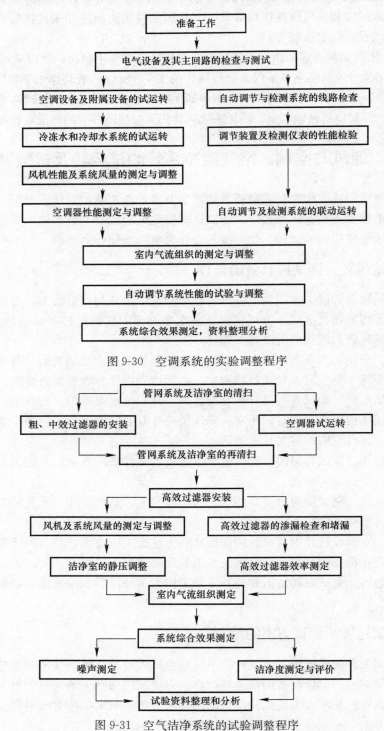

图 9-30 空调系统的实验调整程序

图 9-31 空气洁净系统的试验调整程序

9.7.4 系统试验调整

1. 系统的风量测定和调整

系统风量测定和调整的内容，包括总送风量，新风量，一、二次回风量，排风量及各干、支风管风量和送（回）风口风量等。测定的方法：风管的风量采用毕托管—微压计或热球风速仪测量；送（回）风口的风量采用热球风速仪或叶轮风速仪测量。

2. 风管内风量的测定和计算

通过风管截面积的风量可按下式计算：

$$L = 3600Av(\mathrm{m^3/h})$$

式中　A——风管截面积（$\mathrm{m^2}$）；

　　　v——测定截面内平均风速（m/s）。

（1）测定方法：在选择的测点上采用毕托管和微压计或热球风速仪进行测定。在采用微压计测量全压、静压时，应防止将酒精吸入（或压出）橡皮管中。

为了检验测定截面选择的正确性，同时测出所在截面上的全压、静压和动压，并用全压＝静压＋动压来检验测定结果是否吻合。如发现三者关系不符，若操作没有错误，则说明气流不稳定，测点需重新选择。

（2）计算方法：

$$P_{\mathrm{db}} = \frac{P_{\mathrm{d}_1} + P_{\mathrm{d}_2} + P_{\mathrm{d}_3} \cdots + P_{\mathrm{d}_n}}{n} \quad (\mathrm{Pa})$$

如果各测点相差较大，其平均动压值应按均方根计算：

$$P' = \frac{\sqrt{P_{\mathrm{d}_1}} + \sqrt{P_{\mathrm{d}_2}} + \cdots \sqrt{P_{\mathrm{d}_n}}}{n} \quad (\mathrm{Pa})$$

式中的 P_{d_1}、P_{d_2}、$\cdots$、P_{d_n} 指测定截面上各测点的动压值。

已知测定截面的平均动压后，平均风速可按下式计算：

$$v = \sqrt{\frac{2P_{\mathrm{db}}}{\rho}} \quad (\mathrm{m/s})$$

式中　P_{db}——平均动压（Pa）；

　　　ρ——空气密度。

3. 送（回）风口风量的测定

（1）辅助风管法：当空气从带有格栅或网格及散流器等形式的送风口送出，将出现网格的有效面积与外框面积相差很大或气流出现贴附等现象，很难测出准确的风量。对于要求较高的系统，为了测出风口的准确风速，可在风口的外框套上与风口截面相同的套管，使其风口出口风速均匀。辅助风管的长度一般以 500～700mm 为宜。

（2）静压法：在洁净系统中采用的扩散孔板风口较多。如果直接测量风口的风量极为困难，除在高效过滤器安装前测量或在安装后用辅助风管法测量外，也可采用孔板静压法。其工作原理是扩散板的风量是决定于孔板内静压值的。因此可取一个扩散孔板先测其孔板内的静压，然后再测定其扩散孔板连接的支管风速（即可换算出风量），可绘制静压与风管的风速曲线，只要扩散孔板风口的规格相同，则测出各个扩散孔板内的静压，即可按曲线查出各风口对应的风量。

4. 送（回）风系统风量的调整

空调系统风量的调整又称作风量平衡，是空调和洁净系统调试的重要环节。经调整后的主干管、支干管及支管和送风口的风量能够达到设计要求，为空调、洁净房间建立起所要求的温、湿度及洁净度提供了最重要的保证。

系统风量的测定和调整的顺序为：①按设计要求调整送风和回风各干、支风管，各送（回）风口的风量；②按设计要求调整空调器内的风量；③在系统风量经调整达到平衡之后，进一步调整通风机的风量，使之满足空调系统的要求；④经调整后在各部分、调节阀不变动的情况下，重新测定各处的风量作为最后的实测风量。

系统风量调整的方法，常用的有流量等比分配法和基准风口调整法。由于每种方法都有各自的适应性，在风量调整过程中可根据管网系统的具体情况，选用相应的方法。

5. 室内正压的测定和调整

（1）正压的测定：测定前，首先用尼龙丝或薄纸条（或点燃的香），放在稍微开的门缝处，观察飘动的方向来确定空调房间所处的状态。

为保证室内达到规定的正压值的准确性，应采用补偿式微压计来测定。将微压计放在室内，微压计的"一"端与大气相通，从微压计读取室内静压值，即是室内所保持的正压值。

（2）正压的调整：为了保持空调房间内的正压，系统中除保证有一定的新风外，一般靠调节室内回风量大小来实现。如果房间内有两个以上的回风口，在调节回风量时，要考虑各回风口风量的均匀性，不要影响气流组织。如果室内还有排风系统，必须先进行排风系统的风量平衡，排风量应准确；否则，空调房间的正压不易调整。

9.7.5 空调、洁净房间内气流组织的测定与调整

气流组织就是合理地布置送风口和回风口，使送入房间内经过处理的冷风或热风到达工作区域（一般是指离地面 2m 以下的工作范围）后，能造成比较均匀而稳定的温度、湿度、气流速度和洁净度，以满足生产工艺和人体舒适的要求。

当空调房间工作区有区域温差要求时，气流组织测定内容包括：气流流型、速度分布和温度分布。若空调房间无区域温差的要求时，就不需要进行气流组织的测定，但应把各送风口的叶片角度进行必要的调整。

气流组织的测定是在空调系统风量调整到符合设计要求，并保证各送风口的风量达到均匀分配以及空调器运转正常条件下进行的。

1. 气流流型的测定

恒温房间气流流型，将直接影响到速度和温度的分布，通过气流流型的测定可判断工艺设备的布置是否合理，同时可看出射流与室内空气的混合情况及能否满足室温允许波动的范围。

（1）烟雾法：将蘸上发烟剂（如四氯化钛、四氯化锡等）的棉球绑在测杆上，放在需要测定的部位上，观察气流流型。这种方法虽然比较快，但准确性较差，只能在粗测中采用。由于发烟剂具有腐蚀性，在已经投产或工艺设备已经安装好的房间不能使用。

（2）逐点描绘法：将很细的纤维丝或点燃的香绑在测杆上，放在已事先布置好的测定断面各测点的位置上，观察丝线或烟的流动方向，并记录图上逐点描绘出气流流型。此法

比较接近实际，现场测试广为采用。

2. 气流速度分布的测定

气流速度分布的测定，主要是确定射流在进入工作区前，其速度是否衰减好，以及考核恒温区内气流速度是否符合生产工艺和劳动卫生的要求。测定工作是在气流流型测定之后进行，射流区和回流区内的测点布置与流型测定相同。测点的方法将测杆头部绑上风速仪的测头和一条纤维丝，在风口直径倍数的不同断面上从上至下逐点进行测量。在测量时的气流方向靠纤维丝飘动的方向来确定，并将测定的结果用面积图形表示。

3. 温度分布的测定

温度分布的测定主要确定射流的温度在进入恒温区之前是否衰减好，以及恒温区的区域温差值。温度分布的测定一般采用铜—镰铜热电偶逐点测量。温度分布的测定包括射流区温度衰减测定和恒温区域内温度分布测定。

9.7.6　空调系统综合效果测定

室温允许波动范围要求较小的恒温恒湿空调系统综合效果测定，是检验系统联动运行的综合指标能否满足设计与生产工艺要求而进行的一次全面考核。

测定的内容，通常根据空调房间室温允许波动范围的大小和设计的特殊要求，具体地确定需要测定的内容。对于一般舒适性空调系统，测定的内容可简化。下面是以恒温恒湿空调系统为例的测定内容：

（1）为了考核空调设备的工作能力，并复核制冷系统和供热系统在综合效果测定期间所能提供的最大制冷量和供热量，需要测量空气处理过程中各环节的状态参数，以便作出空调工况分析，特别是要分析各工况点参数的变化对室内温、湿度的影响。

综合效果的测定应在夏季工况或冬季工况进行，也就是尽可能选择在新风参数达到或接近于夏、冬季设计参数的条件下进行较好，但一般空调系统难以做到。

（2）检验自动调节系统投入运行后，房间工作区域内温、湿的变化。

（3）自动调节系统和自动控制设备和元件，除经长时间的考核能安全可靠运行外，应在综合效果测定期间继续检查各环节工况的调节精度能否达到设计要求。如达不到要求，仍需做适当的调整。

温、湿度的测定。一般应采用足够精度的玻璃水银温度计、热电偶及电子温、湿度测定器，测定间隔不大于 30min。其测点的布置：

1）送、回风口处；

2）恒温工作区具有代表点的部位（如沿着工艺设备周围或等距离布置）；

3）恒温房间和洁净室中心；

4）测点一般应布置在距外墙表面大于 0.5m，离地面 0.8～1.2m 的同一高度的工作区；也可以根据恒温区大小和工艺的特殊要求，分别布置在离地不同高度的几个平面上。

9.7.7　噪声测定

空调系统的噪声测定，主要是测量计权网络 A 档声压，必要时测量倍频程频谱进行噪声的评价，测量的对象一般是指通风机、水泵、制冷压缩机、消声器和空调、洁净房间等。测量一般在夜间进行，排除环境噪声的影响。

1. 测点的选择

测点的选择应注意传声器放置在正确的位置上，提高测量的准确性。对于风机、水泵、制冷压缩机等空调设备的测点，应选择在距离设备 1m、高 1.5m 处。对于消声器前后的噪声可在风管内测量。对于空调、洁净房间的测点，一般选择在房间中心距地面 1.1m 处。

2. 测量时应注意事项

（1）测量记录要标明测点位置，说明使用的仪器型号及被测设备的工作状态。

（2）避免本底噪声（即环境噪声）对测量的干扰，如声源噪声与本底噪声相差不到 10dB，则应扣除因本底噪声干扰的修正量，其扣除量为：当二者相差 6～9dB 时，从测量值中减去 1dB；当二者相差 4～5dB 时，从测量值中减去 2dB；当二者相差 3dB 时，从测量值中减去 3dB。

（3）注意反射声的影响。传声器应尽量离开反射面 2～3m。

（4）注意风、电磁及振动等影响，防止带来测量误差。

9.7.8 通风、空调系统试验调整后对系统的技术评价

通风、空调系统经过各单体设备的试运转及系统联合运转试验调整后。各项技术参数应满足设计和工艺的要求。

1. 空调系统

舒适性空调系统和恒温恒湿系统应达到下列要求：

（1）系统总风量测试结果与设计风量的偏差不应大于 10%；各风口风量经平衡调整后的实测值与设计风量不应大于 15%。

（2）有压差要求的房间、厅堂与其他相连房间之间的压差，应符合下列要求：

1）舒适性空调房间的最大正压不应大于 25Pa；

2）工艺性的应符合设计的规定。

（3）空调房间的气流组织应符合设计或工艺要求。

（4）空调房间的温、湿度的实测值，对于舒适性空调系统，其空调房间的温度应稳定在设计的舒适性范围内；对于恒温恒湿空调系统，其室温波动范围按各自测点的各次温度中偏差控制点温度的最大值占测点总数的百分比整理成累积统计曲线。如 90% 以上测点偏差在室温波动范围内，为符合设计要求。反之，为不合格。

（5）防排烟系统的性能检测符合设计及消防的要求。

2. 空气洁净系统

单向流和非单向流洁净室应达到下列要求：

（1）非单向流洁净室的风量检测结果应符合下列要求：

1）系统的实测风量应大于或等于各自的设计风量，但不应超过 20%；

2）实测新风量和设计新风量的偏差不大于 10%；

3）室内各风口的实测风量和设计风量的偏差不大于 15%。

（2）单向流洁净室的风量和风速检测结果应符合下列要求：

1）实测新风量和设计新风量的偏差不大于 10%；

2）实测室内截面平均风速应大于或等于设计风速，但不应超过 20%；

3）截面风速的不均匀度不应大于 0.25。

（3）洁净室的压差控制应符合下列要求：

1）相邻不同级别的洁净室之间和洁净室与非洁净室之间静压差不小于 5Pa；

2）洁净室与室外静压差不小于 10Pa；

3）洁净度高于等于 5 级的单向流洁净室在门开启状态下，在出入口的室内侧 0.6m 处不能测出超过室内洁净度等级上限的浓度。

（4）洁净度等级高于等于 5 级的洁净室，单向气流流线平行度的检测，在工作区内气流流向偏离规定方向的角度不大于 15°。

（5）室内洁净度等级必须符合设计规定的等级或在商定验收状态下的等级要求。在洁净度的测试中，必须计算每个测点的平均粒子浓度 C_i 值、全部采样的平均粒子浓度（N）及其标准差，导出 95％ 置信上限值；采样点超过 10 点时，可采用算术的平均粒子浓度（N）作为置信上限值。

第 10 章　智能建筑工程施工技术

智能建筑是现代建筑技术和通信技术、计算机网络技术、信息处理技术、自动控制技术相结合的产物。其分为两大类：一类是以公共建筑为主的智能大厦，如写字楼、综合楼、宾馆、饭店、医院、机场航站、城市轨道交通车站、体育场馆和电视台等；另一类就是住宅智能化小区。近年来，随着 IT 技术的发展，多媒体宽带网络进入建筑智能化系统，智能建筑正在向智能化系统集成发展。

10.1　通信网络系统

建筑的智能化有赖于通信技术的现代化。从应用和实用的角度，对于现代楼宇的通信系统，其选型、安装、维护、使用等问题，越来越被人们重视，本书将就这些问题进行叙述，以便于电气工作者在进行实际工作时参考。

10.1.1　现代楼宇通信网络系统的安装和施工技术

通信系统的安装和施工的质量，直接影响使用，影响到所选择的通信设备能否正常、安全、可靠地运行，以及通信设备能否充分地发挥其各种功能。也是从理论变成现实的重要环节。

1. 程控交换机及配套设备的安装和施工技术

（1）立架前的准备工作

1）工具准备

安装施工前应准备高凳、人字梯、橡皮锤子、活动扳手、固定扳、旋具、钢皮尺、水平尺、吊锤、圆锉、手虎钳、钢卷尺、角尺、钢锯、电冲击钻、手电钻、漆工刀和油麻线等。

2）布置场地

准备一张装有台虎钳的工作台。将施工用的工具按种类排放整齐。将各种构件、材料搬至机房，分类依次放好。

（2）机房测量定位

1）机房测量定位的工作

① 用 10m 以上的钢皮尺测量机房四周尺寸（不可只量两边）和电缆下线孔、墙洞、房柱、地槽、门窗等位置，并逐项与设计图纸核对，如发现与设计图纸不符合处。应立即在图纸上修改，如果差别很大。应与建设单位和设计单位研究处理。

② 测机房前、后墙的中点，并做好标记，用麻线贯通两个中点，即为机房的中心线。

③ 机房中心线要根据房柱的对称情况作适当调整，目测无明显偏斜。中心线定出以后，可按要求推算出第一列列架与墙面的距离，标注在设计图纸上，作为立架时的依据。

④ 分两边排列的列架，列架与房柱的相对位置不应影响施工和维护。

⑤ 列架应以将来不扩充的一侧（即通常安装信号设备的一侧）为准分两边排列。其首列应取齐，其余各列根据施工图纸规定的列距予以取定。

⑥ 防振加固应不影响门、窗的开、关和房屋的美观。

⑦ 根据机房中心线确定首、末列以外各列的列线，见图 10-1。

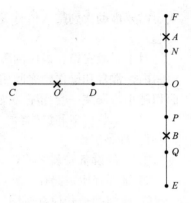

图 10-1　确定机房列线示意图

设 EF 为机房中心线。按施工图规定的列距及直线 EF 和墙面的交点或房柱中心线交点，在 EF 线上画出 N、O、P、Q 各点（列中心线与机房中心线的交点），然后按照以下的方法找出通过 N、O、P、Q 各点的列中心线。以 O 点为例，先在 EF 上取 A、B 两点，使 OA＝OB（长度适中），用麻线以 A、B 为中心，并以适当长度为半径，做两小弧线相交于点 O′连接并延长 OO′线，即为列中心线，按规定的中间走道宽度列架。

宽度和列长，即可在 OO′线上找出 CD 的列架位置。首、末列的列线应以测出的列线为准画出。

有的程控交换机机柜占地面积小，柜箱数量不多，则其安装就比较简单。

2）机房地面水平测量

先确定机房安装机架、立柱的位置，然后参考下列方法测量：将一平直的角钢放在地面上。再把水平尺放在角钢上检验地面水平。如发现不平。应在角钢的低端加垫片，直至水平为止。其所加垫片的厚度即为地面水平的差。如有条件时，应尽量用水平仪测量。

3）预测墙上的防震加固位置

① 以机房中心线为准，按图找出防震支架中心线的并行线。

② 将防震支架中心线延长至端墙，然后以吊锤的方法确定加固螺栓在墙上的位置。

③ 计算加固螺栓中心点的高度 H 时，应注意加固螺栓所固定的小段角钢的尺寸，若设计规定上梁高度为 h，施工所用小段角钢的边为 a，则加固螺栓中心点的高度为：

$$H = h - \frac{a}{2}$$

④ 注意地面的水平误差，计算高度时应将水平误差计算在内。

4）用冲击钻钻孔埋膨胀螺栓

① 熟悉操作方法，钻头中心必须对准十字线中心并与墙垂直，钻孔深度要适当。

② 钻头直径与膨胀螺栓要配合紧密，使膨胀螺栓需要有一定的力时才能敲入。

③ 钻孔完成后，将膨胀螺栓的螺母退回到头部，垂直放入，用锤子轻轻敲入墙面，以防止螺纹被敲损坏。

（3）组立列架

通信设备分为交换设备和传输设备，在大型通信局（站），它们所安装地点和安装方式是不同的，交换设备安装在交换设备机房，传输设备安装在传输设备机房。程控交换机一般由机架安装在机架底座上，然后各机架互相之间用螺栓连接加固，并用防震架与建筑物墙面连接固定。传输设备因为生产厂家的不同其机架尺寸也不同。一般采取上走线方式，需要借助大列架（俗称龙门架）以用于传输设备上部的加固以及上部电缆行线架的安装。

对于一般宾馆、饭店的程控交换机没有那么复杂，机柜占地面积小，一般安装在一个房间内，常常和操作台之间用玻璃框隔开。而且技术水平越高、越先进的程控交换机占地面积越小，安装一套程序交换机像安装一套控制柜一样。

（4）安装机架和操作台

1）准备工作

① 硬件设备安装之前，应将机房彻底清洁。

② 选择好搬运路径，并清除沿途通道上的障碍物。

③ 仔细准备并检查所用工具，如绳、杠棒等是否牢固，严禁使用强度不够或有危险迹象的工具。

④ 确定安装次序，一般是先远后近，按次序开箱搬运。

⑤ 装机前，机房地面不得上油或打蜡，以免搬运机架时滑到。

2）开箱

① 开箱时要用开箱钳把钉子拔尽，不可用撬棍或其他工具将盖板撬下。以保持木箱完整，箱板、钉子及其他杂物应堆放好，以免伤人。

② 尽可能按照规定的立架开箱，机箱只允许从箱盖打开，一般有毛毡露出的一面或玻璃杯口、箭头所指的一面为箱盖。

③ 开启附件箱或备件箱时应特别小心，不可大力敲击，以免振坏附件、备件。

④ 开箱后取出开箱单，与实物进行核对（应邀请建设单位参加）。并应检查机件是否受潮、锈蚀，其影响程度，机架、机盘是否完整，有无受振变形，布线损坏和螺钉零件脱落等现象；还应检查机架、机台号码、零件数量、规格、各种机盘、插板等与装箱单是否一致，主机抬出后要仔细检查零部件、附件是否完整。

3）搬运机架、机台并稳装

① 搬运机架、机台时应稳妥注意安全，防滑。

② 机架、机台进入机房后，应立即竖直、就位，可用橡皮锤敲击机架底部以调整垂直和水平，可用吊线锤、水平尺进行测量。

③ 调整工作应逐架、逐台地进行，调整好后，即行固定，其固定方式应按设计和说明书进行。

④ 组装配线架时，应注意间距均匀，跳线环及各种零配件正确牢固，不能反装或装接错误。

2. 敷设光纤和电缆施工

（1）质量要求和注意事项

1）电缆绝缘、规格、布放路由、位置和接口等应符合设计和施工图纸要求。电缆外皮应完整、不扭曲、不破损、不折皱。

2）捆绑电缆要牢固、松紧适度、平直、端正、捆扎线扣要整齐一致；转弯要均匀、圆滑，曲率半径应大于电缆直径的15倍，同一类型的电缆弯度要一致。槽道内电缆要顺直，无大团扭绞和交叉，电缆不溢出槽道。

3）电源电缆和通信电缆宜分开走道敷设，合用走道时应将它们分别在电缆走道的两边敷设。以免由于电耦合、磁耦合、电磁耦合，以及近区场感应耦合及远区场辐射耦合所引起的电磁干扰效应，产生电磁兼容性故障。

4）软光纤应采用专用塑料线槽敷设，与其他缆线交叉时应采用塑料穿管保护，敷设光纤时不得产生小圈。在设备上施工时，有时其光纤内可能有激光光束，故其端面不得正对眼睛，以免灼伤。光纤和电缆两端成端后应按照设计做好标记。

5）布放电缆时。应复查布放电缆路由上的电缆走道是否全部垂直和水平，装置是否牢固，电缆由盘上脱离盘体时不能硬拉，应根据需要缓慢放盘。

（2）电缆长度的确定和量剪

1）确定电缆长度有拉放法和计算法两种。拉放法是将电缆直接上架，比量两端长度留长后剪断。在电缆根数少、长度较长时，宜采用此种方法。计算法是将电缆经过长度计算后再布放，在电缆较短、根数又多的情况下，宜采用计算法，因为计算较为准确，可节约电缆。架下编扎的电缆，必须经过计算，复核后才能量剪。

计算方法是将整个机房排列用一张大坐标纸以一定的比例（如1∶10）画出，在坐标纸上进行电缆长度的计算。为了便于核对，可画好表格并将图上各段长度填入表格，然后考虑增加转弯长度，再汇总得出电缆总长度。计算过程中，可由一个人计算，另一个人进行复核后确定。

2）电缆转弯时由于层数不同而产生的长度差异，可以用一个常数 K 表示。当第一条电缆为内层时，外层第二条电缆比第一条在转弯处长出 K。第三条电缆又比第二层电缆长出 K，K 的计算式为：$K=1.57x$（x 为电缆的外皮直径）。

3）采用长度计算法量剪电缆前。应核对电缆的规格、程式，并用250V兆欧表进行线对之间、组与组之间、芯线与铝皮之间的绝缘测试，并做好测试记录。电缆在大批量剪断时应先量剪一段进行试放，核对计算有无错误，并确定起止长度。

4）量剪时，一人看尺寸，另一个人读长度数据。看准尺寸无误后方可剪断，并在电缆两端适当部位贴上标签。

（3）布放电缆的方法和形式

1）布放电缆前要充分了解布线路由。布放前应先复核电缆的规格、程式及段长，以免发生差错。

2）布放电缆时应按排列顺序放上走道，以免交叉或布线后再变更位置。布放时要尽量考虑发展位置，对于按照设计规定预留的空位应垫以短电缆头或涂电缆外皮色漆的木块，布放电缆时要避免电缆扭绞。

3）布放的电缆应互相平行靠拢、无空隙。麻线在横铁或支铁上要并拢平行、不交叉、不歪斜、排列整齐，线扣应成一直线，位置在横铁的中心线上。

4）电缆在走道上拐平弯时。转弯部分不可选在横铁上，以免捆绑困难，应将转弯部分选在邻近两横铁之间，并力求对称。

5）大堆电缆分成几堆下线时，应尽可能将上面的电缆捆成一直线。电缆弯度应均匀圆滑，起弯点以外应保持平直，电缆曲率半径。63芯以下的应不小于60mm，63芯以上的应不小于电缆直径的5倍。上下走道间的电缆在距起弯点10mm处应空绑，如垂直的一段长度在100mm以下可仅在中间进行空绑。配线架端子板电缆编扎（或分、穿线）后，其出线前面一段应绑扎在配线架的支铁上。布放槽道时可以不捆扎，槽内电缆应顺直，尽量不交叉，电缆不溢出槽道，在电缆进出槽道部位和电缆转弯处应绑扎或用塑料卡捆扎固定。

（4）电缆作弯和捆绑

1）电缆作弯时应用双手握住电缆侧面，从电缆线的起弯点开始，缓缓的顺次将电缆弯作好，一般先弯小一些，然后将电缆的两端直线部分向外反弯一下，以防电缆在绑好后变形。成堆电缆作弯时，应采用木模（俗称电缆枕头），以保证质量，也便于施工。作弯时，应尽可能一次将作弯作好，避免多次改变使电缆芯线绝缘受损；应多次从上下左右前后各个侧面观察作弯质量。电缆弯好后，可用废芯线将电缆临时绑好，但不可用裸铜线捆绑，以免勒伤电缆外皮。

2）机架电缆下线，最好在一处下线。若电缆较多时，可考虑两处下线。先弯好最里面的一条电缆（即离机架最近的一条电缆），并将它绑在列走道横铁上，再一次将其他电缆作弯。已绑好的电缆，应将线把与作成端的端子板对齐，用废芯线将电缆捆在电缆支铁上。

3）在大走道上下电缆作弯时，电缆在直走道上绑至距作弯1～2根横铁时。应先将电缆弯作好后再继续绑下去，不应将电缆绑到起弯点时才开始作弯。

4）先按规定位置做好第一条电缆弯，并以此为准作其他各条电缆弯。靠近电缆弯的1～2根横铁，应绑得稍紧一些。在每层转弯处不宜压得过紧，以免电缆弯将被压拓下来，致使电缆弯不成型。

5）捆绑电缆前应检查核对每根电缆的起始部位、路由和电缆截面图的位置是否符合设计，而且设计预留的空位不得遗漏。

6）捆绑电缆可根据不同情况采用单根捆绑法或成组捆绑法。捆绑前一般先从配线架一端开始整理。将电缆位置对准，然后在支铁上作临时捆绑，经检查两端留长都能满足成端需要后，即可正式捆绑。正式捆绑可从一端开始向另一端顺序进行，如果电缆两头不编线时，也可从中间向两端捆绑，但不得从两端向中间捆绑。电缆在捆绑过程中和捆绑后都应进行整理。

3. 综合布线和跳线技术

通信系统的布线是综合布线系统的重要组成部分。跳线工作是程控交换机安装完毕和每个用户电话机连通的重要环节。

（1）综合布线系统

建筑与建筑群综合布线系统的英文名词是 generic cabling system for building and campus。建筑物或建筑物群内的传输网络，它既使话音和数据通信设备、交换设备和其他信息管理系统彼此相连，又使这些设备与外部通信网路相连接。

配线子系统由信息插座、配线电缆或光缆、配线设备和跳线等组成，国外称之为水平子系统（Horizontal subsystem）。干线子系统由配线设备、干线电缆或光缆、跳线等组成，国外称之为垂直子系统（backone subsystem）。建筑群子系统（campus subsystem）由配线设备、建筑物之间的干线电缆或光缆、跳线等组成。

综合布线系统（GCS）应能支持电话、数据、图文、图像等多媒体业务的需要。由工作区、配线子系统、干线子系统、设备间、管理、建筑群子系统六个部分组成。综合布线系统应采用开放式星型拓扑结构，该结构下的每个分支子系统都是相对独立单元。对每个分支单元系统改动都不影响其他子系统。只要改变结点连接就可以使网络的星型、总线、环形等各种类型网络间进行转换。综合布线系统的开放式星型拓扑结构应能支持当前普遍采用的各种局部网络及计算机系统：主要有星型网（Star）、局域网/广域网（LAN/WAN）、王安网（wang OIS/VS）、令牌网（Token Ring）、以太网（Ethernet）、光缆分布数据接口（FDDI）等。

综合布线系统组成从产品的构成来说，又有传输介质、交叉/直通连接设备、介质连接设备、插座、适配器等组成。由水平子系统、干线子系统、工作区子系统、管理区子系统，以及与电话系统之间的连接构成，见表10-1。

系统的工程应根据实际需要，选择适当配置。最低配置适用于综合布线系统中配置标准较低的场合。用铜芯对绞电缆组网；基本配置适用于综合布线系统中中等配置标准的场合，用铜芯对绞电缆组网；综合配置适用于综合布线系统中配置标准较高的场合。用光缆和铜芯对绞线混合组网。对于配线设备交接硬件，用于电话的配线设备，宜选用11312卡接式模块；用于计算机网络的配线设备，宜选用 RJ45 或 IDC 插接式模块。综合布线系统应满足所支持的电话、数据、图文、图像等多媒体业务的分级要求，并应选用相应等级的缆线和连接硬件设备。

综合布线系统的组成图例　　　　　　　　　　　　　　表 10-1

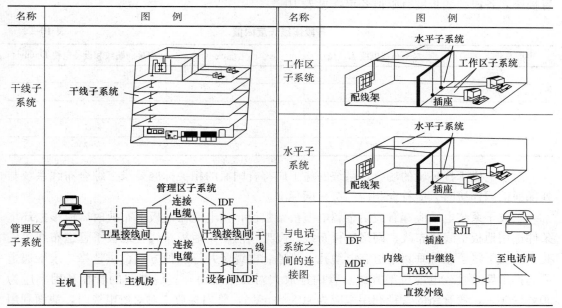

综合布线系统的组网和各段缆线的长度有一定的限值，见图10-2。

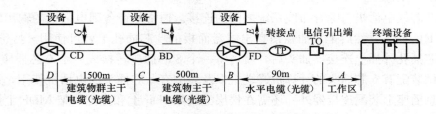

图 10-2　综合布线系统组网和缆线长度限制

注：A、B、C、D、E、F、G 表示相关区段缆线或跳线的长度。其中 $A+B+E \leqslant 10m$；C 和 $D \leqslant 20m$；F 和 $G \leqslant 30m$

综合布线系统选用的电缆、光缆、各种连接电缆、跳线，以及配线设备等所有硬件设施，均应符合相关标准的各项规定。

综合布线系统宜设置中文显示的计算机信息管理系统。人工登录与综合布线系统相关的硬件设施的工作状态信息：设备和缆线的用途，使用部门，组成局域网的拓扑结构，传输信息速率，终端设备配置状况，占用硬件编号、色标，链路的功能和各项主要特征参数。链路的完好状况，故障记录等内容。还应登录设备位置和缆线走向等内容。所选的配线电缆、连接硬件、跳线、连接线等类别必须相一致。如采用屏蔽系统时，则全系统必须全部按屏蔽设计要求进行施工。

对于写字楼、综合楼等商用建筑物，由于其对象不确定和流动等因素，宜采用开放办公综合布线结构。采用集合点时。集合点应安装在离 FD 不小于 15m 的墙面或柱子等固定结构上；集合点是水平电缆的转接点，不设跳线，也不接有源设备，同一个水平电缆路由不允许超过一个集合点（CP）或同时存在转接点（TP），从集合点引出的水平电缆必须终接于工作区的信息插座或多用户信息插座上。采用多用户信息插座时，多用户插座应安装在墙面或柱子等固定结构上，每一多用户插座包括适当的备用量在内，最多包含 12 个信息插座，各段缆线长度有限值要求，见表 10-2。

各段缆线长度限值 表 10-2

电缆总长度（m）	水平布线电缆 H（m）	工作区电缆 W（m）	交接间跳线和设备电缆 D（m）
100	90	3	7
99	85	7	7
98	80	11	7
97	75	15	7
97	70	20	7

对于电磁干扰环境的场合，系统的施工应符合国家的相关标准要求。综合布线系统与外部通信网连接时。应符合相应的接入网标准。

配线子系统电缆应穿管或沿金属电缆桥架敷设，当电缆在地板下布放时，应根据环境条件选用地板下线槽布线、网络地板布线、高架（活动）地板布线、地板下管道布线等安装方式。干线子系统垂直通道有电缆孔、管道、电缆竖井等三种方式可供选择，水平通道可选择预埋暗管或电缆桥架方式。管内穿放大对数电缆时，直线管路的管径利用率应为 50%～60%，弯管路的管径利用率应为 40%～50%，管内穿放 4 对对绞电缆时，截面利用率应为 25%～30%，线槽的截面利用率不应超过 50%。

（2）跳线工序

传统 2 芯线电话机与综合布线系统之间的连接。通常是在各部电话机的输出线端头上装配一个 RJ$_{11}$ 插头，然后把它插在信息出线盒面板的 8 芯插孔上就可使用。特殊情况下，有时在 8 芯插孔外插上连接器插头后，就可将一个 8 芯插座转换成一个 6 芯插座和一个 2 芯插座，供装配有 6 芯插头的计算机终端机以及装配有 2 芯插头的电话机使用。这时，系统除在信息插座上装配连接器外，还需在楼层配线架 IDF 上和主配线架 MDF 上进行交叉连接，构成终端设备对内或对外传输信号连接线路。

数字用户交换机（PABX）与综合布线之间的连接，当地电话局中继线引入建筑物后经系统配线架外侧上保护装置（过电流、过电压）后跳接至内侧配线架与用户交换机设备连接。用户交换机与分机电话之间的连接是由系统配线架上经几次交叉连接后，构成分机电话线路。

建筑物内直拨外线电话与综合布线系统之间的连接，一般是当地电话局直拨外线引入建筑物后，经配线架外侧上保护装置和经各配线架上几次交叉连接，构成直拨外线电话的线路，见综合布线系统的组成图例（表 10-1）中的与电话系统之间的连接图。

这些连接的施工是非常重要的。俗称跳线。通过跳线，电话用户机才能接通，整个的电话系统才能正常运行。在施工中，常用专用工具进行操作，若跳线方法不对就不能保证跳线质量，也直接影响电话系统的运行质量，若跳线线号搞错，严重时整个电话系统乱号，就会造成非常混乱而讨厌的结果，所以跳线要求施工人员很仔细，有条不紊地一点一点地工作。

10.1.2 卫星电视及有线电视系统安装调试

1. 卫星电视系统

利用人造地球同步卫星，人们解决了直接进行大面积传播电视和全球范围内的通讯问题。同步卫星通常分为通信卫星和广播卫星。通信卫星主要用于通讯目的，在传送电话、传真的同时也能一路或若干路的电视转播信号。广播卫星则主要用于电视广播，广播卫星像浮在宇宙中的电视塔，为了一般家庭能直接接收，它的辐射功率必须比通信卫星高数百倍，用户可用小尺寸的天线（直径 0.6~1.8m）和简单价廉的设备就能收看。

2. 卫星电视系统安装调试

（1）天线安装概述

安装卫星天线，就是把卫星天线对准卫星。以亚洲二号卫星为例，该卫星位于经度为 100.5°的赤道上空，此经度附近的城市有西宁（101.74°）和昆明（102.73°）。在这两座城市东面的地区安装卫星天线，卫星的指向为南偏西；而在这两座城市西面的地区安装卫星天线，卫星的指向为南偏东。

卫星接收天线的安装最大的难点在天线的方位、仰角和高频头的位置及极化角度的调整，需要一定的经验。

天线的安装顺序为：

① 场地选择；

② 计算天线的仰角、方位角和高频头的极化角；

③ 组合天线；

④ 安装高频头、粗略调整极化角；

⑤ 调整天线的仰角、方位角；

⑥ 精确调整、固定天线。

（2）场地选择

天线安装场地的选择尤为关键，关系到以后的安装、调试、维护、保养和安全。安装天线的场地应选择结构坚实、地面平整的场所，应充分考虑安装的地点要便于架设铁塔、钢架、水泥基座等天线支撑物，并保证长期稳定可靠。众所周知，我国大多数地区风雨雷电的天气较多，所以从防风、防雷的角度出发，接收天线应该建于地面或背风处。

天线在天线指向卫星的方向上（朝南和朝南偏西、偏东方向）没有树木、房屋、铁截、高压线及高山等明显遮挡物。一般认为，天线指向周围遮挡物的连线与天线指向卫星的连线之间的平角应大于5°。要求有足够视野的空旷地面或楼顶上，地面应平整，并有牢靠的地基和可靠的接地装置。另外，天线与卫星接收微机之间的距离要尽可能的近，馈线的长度最好不要超过30m。

天线最好不要装在最高的楼顶上（防止雷击和大风的损坏，以便于运输、安装调试及日后维护保养），最好在一个旁边有高楼的矮楼或平房顶上，选择一个背风处。在屋顶上选择没有防水层的屋梁来固定天线。如果屋顶都是防水层，要在合适的地方先铲开防水层，固定好天线后再重新铺防水层，或者在防水层上用水泥、砂子、石子砌一个一米见方、高25cm左右的水泥平台（最好用水平仪测试是否水平），在该平台上安装天线。

（3）天线指向的确定

天线方向的调试，具体地说就是根据事先算出的仰角和方位角，将天线的这两个角度分别调到这两个数值上，使之对准所要接收的卫星。接收到电视信号，这就是粗调。然后进行细调，使所收的信号最佳。

卫星接收天线在实施安装之前，须根据卫星的经度和接收站的地理经纬度确定天线的仰角、方位角（即天线的指向），以便选择站址，并使天线迅速对准卫星。要计算接收天线的仰角与方位角，除需知道卫星的定点位置（经度 Ψ_s，亚洲二号的经度为东经100.5°）外，还要知道接收点的地理位置（经度 Ψ_r 和纬度 θ）。仰角、方位角的计算公式如下：

仰角
$$EL = \tan^{-1} \frac{\cos(\Psi_r - \Psi_s)\cos\theta - 0.1512}{\sqrt{1 - [\cos(\Psi_r - \Psi_s)\cos\theta]^2}}$$

方位角
$$A_z = 180° - \tan^{-1} \frac{\mathrm{tg}(\Psi_r - \Psi_s)}{\sin\theta}$$

（4）天线的安装

将天线连同支架安装在天线座架上。天线的方位通常有一定的调整范围，应保证在接收方向的左右有足够的调整余地。对于具有方位度盘和俯仰度盘的天线，应使方位度盘的0°与正北方向、俯仰度盘的0°与水平面保持一致。正北方向的确定，一般采用指北针测出地磁北极，再根据当地的磁偏角值进行修正，也可利用北极星或太阳确定。

较大的天线一般都采用分瓣包装运输，故在安装时，应将各部分重新组装起来。天线组装后。型面的误差、主面与副面之间的相对位置、馈源与副面的相对位置，均应用专用工具进行校验，保证误差在允许的范围内。校验完毕后，应固紧螺栓。

（5）天线的维护

当接收系统投入使用后，就应抓好维护工作。但实际上，人们对天线的维护往往有些忽视，总认为天线是机械结构，不会发生故障，其实这种看法是错误的。由于振动、风都会造成天线支架各部分支撑点受力不均或人为原因导致天线转动、仰角变化，这些变化可能是突然的，也可能是极细微的慢慢变化，都会导致接收信号的信噪比下降，效果变差。

应该对天线每隔半年进行校验检查一次，注意抛物面的型面是否受到破坏而变形，防止副反射面与馈源主反射面偏心，检查波导是否进入雨水而使波导壁生锈，螺丝是否松动，销钉、机械部分是否生锈等。只有把这些工作做好，并纳入月检、季检和年检计划，才能保证天线的正常使用。

另外，每当下雨或下雪后，要及时把天线上的雨、雪、脏物擦去。保证接收的质量。尤其要注意风的破坏。

每次遇到六级以上的大风，必须检查天线外观。必要时重新调整方位角和仰角。如果有硬件上的损坏，必须及时更换。

每次遇到八级以上的大风时，必须将天线口面朝天，防止损坏。

10.1.3　有线电视系统的安装调试

1. 有线电视系统综述

有线电视是相对于无线电视（开路电视）而言的一种新型的广播电视传播方式。它是用高频电缆、光缆和微波等来传输，并在一定的用户中分配和交换声音、图像、数据及其他信号的电视系统。有线电视（CATV）网大多采用同轴电缆，各局部 CATV 网之间的互连用光缆比较理想。因此，混合光纤同轴网（HFC）技术成为研究开发的热点，利用 HFC 技术已经实现了将 PC 接入 Internet。由此可见，HFC 网络很有可能发展成为宽带通信网的主体，并且可与多媒体计算机结合而实现多媒体通信。

2. 有线电视系统的构成

有线电视系统是指为完成传输高质量的电视信号而由具有多频道、多功能、大规模、双向传输和高可靠、长寿命等特性的各种相互联系的部件设备组成的整体。通常，有线电视系统由前端设备、干线传输和用户分配三部分组成，见图 10-3。

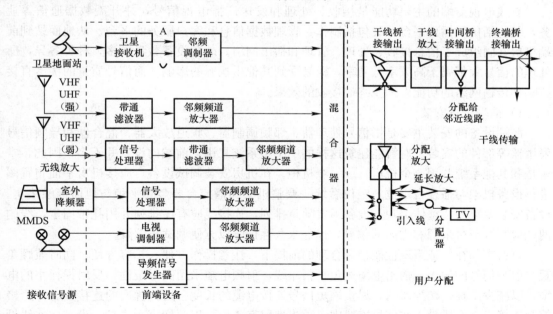

图 10-3　有线电视系统组成方框图

前端设备是指用以处理由卫星地面站以及由天线接收的各种无线广播信号和自办节目信号的设备，是整个系统的心脏。包括天线放大器、频道放大器、频道变换器、频率处理器、混合器以及需要分配的各种信号发生器等。来自各种不同信号源的电视信号须经再处理为高品质、无干扰杂波的电视节目。它们分别占用一个频道进入系统的前端设备，并分别进行处理。最后在混合器中被合成一路含有多套电视节目的宽带复合信号，再经同轴电缆或光发射机传送出去。

传输部分是一个传输网，其作用是把前端送出的宽带复合电视信号传输到用户分配系统。干线传输有三种方式，即电缆、光缆和微波。在技术手段上有全同轴电缆网、光纤电缆混合网（HFC）、多路微波分配和电缆混合网三种形式。使用的设备主要有干线放大器、干线电缆、光缆、光接收机、多路微波分配系统和调频微波中继等。

用户分配网络是整个系统的最后部分，它以最广的分布直接把来自干线传输系统的信号，分配传送到千家万户的电视机（用户终端）。设备主要有分配放大器、分支器、分配器、分支线、用户线及用户终端盒等。

3. 系统安装调试

有线电视系统安装施工应以设计图纸为依据，并遵守《有线电视系统工程技术规范》的规定。施工单位必须有当地县级以上（含县级）广播电视行政管理部门发给《有线电视站、共用天线系统设计（安装）许可证》或由省级广播电视行政管理部门发给《有线电视台设计（安装）许可证》。有线电视工程设计施工方案，应符合当地广播电视覆盖网的整体规划要求。共用天线系统的设计施工方案，应报当地县级以上（含县级）广播电视行政管理部门审查同意后方可施工。

系统安装施工前，应进行现场情况调查，还应对系统使用的材料、部件进行检查。

（1）前端设备的安装与调试

有线电视前端的主要功能是接收、处理和发送广播电视信号，并开展数据通信等业务，既包括优质播出平台，又包括制作、管理数据信息和客户服务的平台。从地面站到前端机房共同组成了信息接收、处理、管理和播出网络。前端设备数量较多，种类各异，所处理的信号大都属于高频率低功率，极易受到其他干扰源的影响。而信号质量的优劣直接影响到传输网络的功能发挥及终端接收的效果。

1）前端设备安装

前端设备的安装主要是指信号处理器、邻频调制器、频道放大器、混合器和导频信号发生器等部件的安装。对智能建筑这样的中小型系统来讲，前端的设备并不多，因此，常常是和其他系统共用一个机房，或一个机柜。在机房安装调试设备，应按机房平面布置图进行设备机架与播控台定位。定位后统一调整机架和播控台要竖直平稳与地面接触垫实。设备安装要牢固、整体美观，设备不要随意排列，连接线应有序排列并用扎带固定，线的两端应写好节目来源和去向的编号，作好永久性记号以方便调试与维修。

设备布局在保证系统性能指标合理的前提下，注意操作方便、扩容方便，同时兼顾美观。射频信号的输入、输出电缆避免平行布线，射频电缆采用高屏蔽性、反射损耗小的电缆，以减少干扰，减少泄漏。尽量缩短信号连接电缆的长度。选择优质的连接头。并严格控制连接头制作质量。在信号连线中，适当地留有备份，以便增容和维护。设备、连线设置标识，以方便调试和维修。合理捆扎连线。保证可靠性，增加美观。电源线、信号线做到分开布置。

另外，在接地线处理上，应注意到前端机房的地线直接从接地总汇集线上单独引入，距离不是太远，采用扁钢、铜线。机房内地线结构以一点接地，星型连接。连接到设备机架上的地线选用截面积 $6mm^2$ 以上的多股铜线，并保证接触良好。

2）前端设备统调

对于 CATV 来说，传输的质量关键在于系统的前端。因此，作好系统的前端统调工作是解决 CATV 质量的关键。

只要认真核算系统指标占用系数，就可以找出降低指标占用系数的办法，通过降低系统指标占用系数，使有线电视的质量指标得以大幅度地提高。

（2）干线传输系统的施工调试

1）光缆敷设

光缆敷设时，要求布放光缆的牵引力应不超过光缆允许张力的 80％，一般为 150～200kg，瞬时最大牵引力不得大于光缆允许张力，主要牵引力应加在光缆的加强构件上，光纤不应直接承受拉力。

光缆弯曲时不能低于最小曲率半径，施工过程中弯曲半径应不小于光缆外径的 20 倍，在安装敷设完工后，容许的最小曲率半径应不小于光缆外径的 15 倍。

施工前要对光缆的端别予以判定并确定 AB 端，A 端应是朝着网络枢纽的方向，B 端是用户一侧，敷设时端别方向应一致。

架空光缆经过十字形吊线连接或丁字形吊线连接处，光缆的弯曲应圆顺，并符合最小曲率半径的要求，光缆的弯曲部分应穿放聚乙烯管加以保护，其长度约为 30cm。架空光缆在配盘时，应将架空光缆的接头点放在电杆上或邻近电杆 1m 左右处，以利于施工和维护。接头处每侧预留长度 6～10m，如接有设备终端时，在设备侧应预留 10～20m。

光纤接头的固定和光纤余长收容盘放应注意以下几点：第一，光纤接续应按顺序排列整齐。布置合理，并将光纤接头固定。光纤接头部位应平直排放不应受力。第二，根据光缆接头盒的结构不同，按工艺要求将接续后的光纤收容，余长盘放在骨架上，光纤的盘绕方向应一致，松紧适度。第三，光纤余长盘绕时的曲率半径应大于厂家规定的要求，一般收容的曲率半径应不小于 4cm，收容的余长应不小于 1.2m。第四，光纤盘留后，按顺序收容，不应有扭绞受压现象，应用海绵等缓冲材料压住光纤形成保护层。

2）对干线的调试

干线传输系统是由供电器、干线放大器、同轴电缆等器材组成。它的作用是将前端系统输出的各种信号，不失真，且稳定可靠地传输到分配系统。传输到各用户。

对干线调试的程序是：先调试供电系统，后调试放大器的电平。

调整供电系统的目的是保证对放大器正常供电，只有供电正常，放大器才能正常工作，所以不能忽视对供电系统的调整。

对供电的调试，先安装调整好供电器和电源插入器。特别要注意供电器功率，后调试每个放大器的本身供电部分。目前市面所使用放大器的供电电源有两种，一种是开关电源，一种是档位电源。对使用开关电源的放大器，不存在调整问题。对于档位电源的放大器必须对放大器的电源进行调整。用电缆传输的距离越远，对放大器电源的调整工作越显得突出，越应仔细。对放大器的电源调试需有前提，那就是按设计一台供电器所供的放大器台数都安装完毕通电后，才能对每台放大器的供电部分进行调试。否则安装一台调试一台，调试的结果是不准确的，会使干线系统产生干扰。

供电调试后，从前端出口第一台放大器开始逐级调试放大器的输入电平、输出电压和斜率。在调试过程中对输入、输出、斜率三个量掌握不好，会使系统指标劣化。因此，在调试干线放大器时一定要严格，认真按设计和放大器的标称额定输入、输出电平调试。因各厂家给定的标称输入、输出电平值，是保证各厂放大器工作在最佳状态。

（3）分配网络的安装和施工

1）电缆线路敷设

架空电视电缆应用钢绳线敷设，采用挂钩时，其挂钩一般不小于 0.5m，挂钩要均匀。架空时中间不应有接头，不能打圈或用力过猛导致电缆受损。沿墙敷设电缆线路应横平竖直，电缆距地面应大于 2.5m，转弯处半径不得小于电缆外径的 6 倍。跨越距离不得大于 35m。沿墙水平走向电缆线卡距离一般为 0.4～0.5m，竖直线的线卡距离一般为 0.5～0.6m。电缆的接头应严格按照步骤和要求进行，放大器与分支器、分配器的安装要有统一性、稳固、美观、便于调试。整个电缆敷设应做到横平竖直、间距均匀、牢固、美观、调试方便等。

2）放大器、分配器和分支器的安装

在每栋楼房的进线处设有一个放大器箱，箱内用来安装均衡器、衰减器、分配器、放大器等部件。各分支电缆通过暗装的穿线管通向每个用户终端。

3）用户终端盒的安装

用户终端盒是系统向用户提供信号的装置，通过电缆与有线电视网络终端设备如电视机、机顶盒、PC 接收卡等的有线电视信号输入端相连。这样用户就可享受到有线电视系统提供的电视、数据等多媒体信息。用户终端盒分面板和底座两部分，底座是一种标准间，一般预埋在墙体内。面板又分单孔、双孔和三孔等。但所有面板的外形尺寸都是一样的，面板接好分配电缆就可以安装在底盒上了。

（4）系统总调试

在前端、干线系统、分配网络进行调试结束之后对系统全面进行调整，调整各部分的电平，称为系统总调试。调试的顺序是从前端开始，逐条干线、逐台放大器进行调试。建成一个 CATV 系统较短的时间也得用近半年时间，这近半年时间温度变化很大。温度不同，设备所使的各种元件的性能、数据就会稍有不同，电缆衰减的数值也不相同，有的放大器可能是最低温度条件下调试的。鉴于以上因素，就一定造成有的放大器输入、输出电平有变化（与前边安装调试时的输入、输出电平比较），电平变化会使放大器的性能指标发生变化，可能会造成干线传输指标变劣，影响传输质量。因此，需要对干线进行统调。

10.1.4　广播音响系统

1. 民用建筑工程设计中的广播音响系统分类

（1）面向公众区和停车场等的公共广播（PA）系统；

（2）面向宾馆客房的广播音响系统；

（3）以礼堂、剧场、体育场为代表的厅堂扩声系统；

（4）面向歌舞厅、宴会厅、卡拉 OK 厅等的音响系统；

（5）面向会议室报告厅等的广播音响系统。

对于各种大楼、宾馆及其他民用建筑的广播音响系统，基本上可以归纳为三种类型：一是公共广播（PA）系统，如上述（1）、（2）类，都是这种有线广播系统。它包括背景音乐、紧急广播功能，通常结合在一起，平时播放背景音乐或其他节目，出现火灾等紧急事故时，强切转换为报警广播。这种系统中的广播用传声器（话筒）与向公众广播的扬声器一般不处在同一房间内，故无声反馈的问题，并以定压式传输方式为其典型系统；二是厅堂扩声系统，如上述（3）、（4）类，这种系统使用专业音响设备并要求有大功率的扬声器系统和功放，由于演讲和演出用的传声器与扩声用的扬声器同处于一个厅堂内，故存在反馈乃至啸叫的问题，且因其距离较短。所以系统一般采用低阻直接传输方式；第三种类型是专用的会议系统，它虽也属于扩声系统，但有其特殊要求，如同声传译系统等。

2. 广播音响系统的组成

不管哪一种广播音响系统，都可以画成如图 10-4 所示的基本组成方框图，它基本可分四个部分：节目源设备、信号的放大和处理设备、传输线路和扬声器系统。

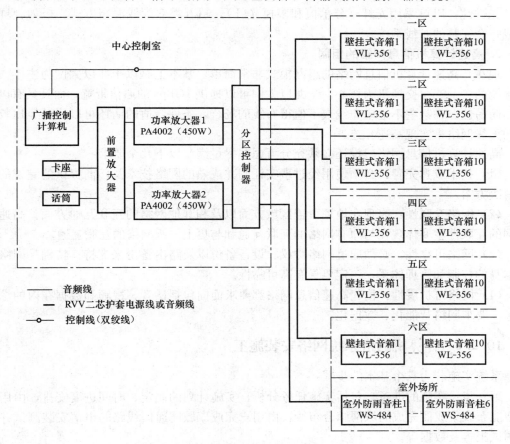

图 10-4　公共广播拓扑图

10.2　信息网络系统

10.2.1　信息网络系统基本要求

1. 网络综合布线的特点

目前，国内外在设计建筑物内的计算机网络系统时，一般采用网络结构化综合布线系统，和通信系统及其他布线系统统一考虑安排，以方便网络互联的变化及网络的管理网络结构化。综合布线需满足以下特点：

兼容性：PDS 是一套全开放的布线系统，具有一整套全系列的标准适配器，可将不同厂商设备的不同传输介质全部转换成相同的非屏蔽双绞线连接或光纤连接。

灵活性：所有设备的开通及更改均不需要改变系统布线，只需增加相应的网络设备做必要的跳线管理即可。改变跳线方式可组成不同的网络拓扑结构。

可靠性：系统布线全部采用物理星型拓扑，点到点端接，任何一条线路故障均不影响其他线路的运行。若系统需要增加环路冗余备份。只需通过跳线连接即可。由于各系统采用相同传输介质，因而可互为备用，减少了了备用冗余。

先进性：PDS 采用光纤（分单模和多模光纤）、超五类双绞线混布方式。极为合理地构成一套完整的布线系统。

2. 高速计算机信息网络的组网

现在，高速计算机信息网络的组网模式非常简单，基本上是以千兆以太网为主干。以高性能的二、三层交换机为核心。千兆以太网可以提供 1Gbps 的通信带宽，而且具有以太网的简易性。在某些不适应布线或不值得布线的场合，条件合适的话还可以用已经比较成熟的无线网络来实现高速互连。

高速计算机信息网络建设还必须充分考虑并尽量满足以下几个要求：

（1）技术成熟完善：必须使用经过事实证明并成熟的网络技术及厂商提供的完善的产品解决方案。

（2）网络互联性：表现在地理覆盖区域方面以及和其他网络的互联互通方面。高速局域网的互联性主要体现在与原有网络的互联互通和与更上一级网络的互联互通。

（3）网络可靠性：必须通过网络协议、设备备份以及路由备份来支持。特别是网络协议本身的控制和管理体系，一定要具有高可靠性。

（4）网络可扩展性：构建高速信息网络都要求面向包括话音、视频和数据在内的综合业务，要求网络智能化、数据化。

10.2.2　计算机网络系统网络安装施工

系统实施分为三个基本的步骤：

第一步：实施的准备。包括实施任务分析、实施计划的制定、时间进度安排，由用户或智能布线集成商完成局域网综合布线，由用户完成广域网通信线路的申请安装测试并提供测试报告及数据等。

第二步：网络系统的集成。包括局域网设备安装调试、广域网设置和系统联调等。

第三步：网络系统的试运行。在网络系统集成以后。进行网络系统的试运行，完成工程验收前的各项准备工作。

以下为项目实施的具体步骤、要求及注意事项：

1. 局域网综合布线工程实施

2. 广域网线路申请和安装到位

在工程开始实施前，用户必须完成线路申请、安装和测试工作，并提交线路测试报告及测试数据。达到设计要求后，才能实施互联网络工程。

连接设备的要求：

用户详细列出与此项工程网络设备相互连接的设备名单表。比如：PBX，LAN等等。内容应包括设备放置的地点，设备的名称、型号规格，设备的用途，设备接入的接口等。并以书面形式交系统集成商项目实施小组。

3. 到货验收与设备分发

设备验收主要包括以下方面的主要内容：检查产品的外形和包装，检查网络产品的型号和产地；检查网络产品的基本配置是否正确，检查文档资料是否齐全，包括装箱单、保修单、随箱介质和文档等；检查连接各电缆和电源线是否短缺，是否接口有误；按所需配置安装各模块，连接电源，进行加电测试；对无法加电的设备进行仔细的检查，进行产品性能测试和检查；测试机构能够提供性能指标的不再进行测试，以测试机构的数据为准；软件载体（版本）和文档资料的验收和软件许可证的验收；软件的安装和功能的简单测试。

设备验收工作由用户和系统集成商严格按照设备验收标准进行。设备验收清单参考设备订货合同，制定标准格式每方各一份。设备验收完成后，由系统集成商和用户双方负责人共同签字认可网络设备的软硬件初步到货验收，制成验收报告，附设备清单。

4. 系统集成商设备安装内容

安装网络设备及连线。帮助用户协调所有安装工程，报告在安装工程中损坏的设备。帮助用户监管和调试设备；帮助用户追讨短缺的物资和设备。单点现场验收测试；参与传输测试。与用户共同签收单点现场测试文件。安排送回损坏的设备。用户需在以下方面与集成商进行密切合作：保留部分木/纸箱，用于运送损坏（返修）的设备。机房和机柜及安装配件应在设备安装前按要求准备完毕。

5. 设备调试测试

在设备验收完成后开始进行设备的安装和调试，硬件设备的客户化配置。

首先应确定网络地址的分配。试验调试应集中在一个试验环境。模拟整个网络环境进行设备安装和调试工作，可以事先发现许多问题，缩短工程实施周期。

6. 设备安装就位

所有网络设备采用集中调试的方法进行统一的调试和参数的设置。硬件设备在调试好并经过互联测试以后，统一安装到各具体设备间，所有硬件设备在标书中所规定的地点和环境下，应该能够正常运行，达到产品技术规格中的性能。

7. 设备的联调

局域网联调主要包括的内容有：①局域网IP地址的规划，做出相应的表格双方确认；②和其他局域网设备的集成：规定互连参数；③和其他局域网应用系统的集成：如语音电话系统、电视会议系统等；④网络安全、加密系统的集成。

广域网联调包括广域网IP地址的规划和端口参数确定、与其他广域网产品的集成等。具体的工作如下：通信线路的申请测试，其他线路的安装测试，此项工作由用户完成；广域网IP地址的规划和广域网端口参数的确定，由集成商和用户双方共同协商确定；设备的设置与调试，与其他广域网设备的互联和集成；广域网整体调试。

8. 系统试运行

在软硬件的集成完成之后，为了检验系统的稳定性和可靠性，将进行一定时间的试运行。试运行期间集成商将提供检验和测试方案，由用户对系统中硬件设备各重要模块和功能以及软件系统的功能和互连性进行简单的检验和测试。

9. 设备操作维护与管理

用户指定每台设备的管理人员、维护人员，并制定出相应的操作权限、密码，以书面形式由用户保存。

10. 系统实施的管理

在项目实施之前，我们应该对实施要求进行定义、制定项目实施计划，按照项目实施计划进行项目实施，定期向项目经理和项目单位负责机构报告实施进度。项目实施规划小组将按照项目实施报告修改项目实施计划。

在项目的实施过程中，我们将定期对实施计划进行检讨。包括周期性的检查和专案检查。技术方面检查工作内容是否按照原定计划执行，进度方面检查是否与计划的进度相符合，成本方面检查至当时为止，人力与相关资源的支出是否超出预算，在实施计划的检讨之后，项目管理小组将采取措施解决项目实施中存在的问题并纠正项目实施中的偏差。

11. 工程技术培训

为了保证项目单位在网络系统建成以后能够了解系统的结构和性能，进行熟练的操作和正常的维护，同时能够协助系统集成商进行系统集成，在设备到货以后必须进行技术和使用人员的集中培训，重点解决集成中出现的各种问题。包括理论培训和实践技能培训，主要是实践技能的培训。尽量提高参加培训人员的实际操作和故障处理能力，现场培训主要使用户掌握实施工程师的现场调试和排错经验。

12. 费用估算

费用估算是为了更好更顺利地把项目按进度正常进行下去，避免费用不足延误工程进度。

总之，由项目经理和用户方负责人指挥工程实施人员和协作人员共同完成整个系统集成项目的计划、实施和验收。

10.2.3　信息平台及办公自动化应用软件

服务器操作系统是服务器上各种应用软件运行的基础，它的性能和可靠性直接关系整个网络服务的性能和稳定性。目前服务器操作系统可以分成 Windows 系列（Windows NT Server 3.51，Windows NT Server 4.0Windows 2000 Servet | Advanced Sevrer | Data-Center Server）、UNIX 系列（IBMAIX，SUN So1aris，LiPHP-UX）、Linux 系列（Red-Hat，红旗 Linux 等）以及专有操作系统这几类。

10.2.4　信息安全系统

1. 信息安全系统

因为信息安全是一个涉及面非常广的概念，所以如何来科学地分析系统存在的安全威胁、如何建立一个理论上和实践上都非常完善的信息安全系统，一直是一个难以解决的问题。通过分析信息网络的层次关系，提出科学的安全体系和安全框架，并根据安全体系分析存在的各种安全风险，就可以最大限度地解决可能存在的安全问题。

全面的安全管理是信息网络安全的一个基本保证，只有通过切实的安全管理，才能够保证各种安全技术能够真正起到其应有的作用。安全管理包括的范围很广，包括对人员的安全意识教育、安全技术培训，对各种网络设备、硬件设备、应用软件、存储介质等的安全管理。对各项安全管理制度的贯彻执行的保障和监督措施等。

常言说："三分技术，七分管理"，安全管理是保证网络安全的基础，安全技术只是配合安全管理的辅助措施。

2. 物理平台安全

物理安全的目的是保护路由器、交换机、工作站、各种网络服务器、打印机等硬件实体和通信链路免受自然灾害、人为破坏和搭线窃听攻击；验证用户的身份和使用权限、防止用户越权操作；确保网络设备有一个良好的电磁兼容工作环境；建立完备的机房安全管理制度，妥善保管备份磁带和文档资料；防止非法人员进入机房进行偷窃和破坏活动。抑制和防止电磁泄漏是物理安全的一个主要问题。目前主要防护措施有两类：一类是对传导发射的防护，主要采取对电源线和信号线加装性能良好的滤波器，减小传输阻抗和导线间的交叉耦合。另一类是对辐射的防护，这类防护措施又可分为以下两种：一是采用各种电磁屏蔽措施，如对设备的金属屏蔽和各种接插件的屏蔽，同时对机房的下水管、暖气管和金属门窗进行屏蔽和隔离；二是干扰的防护措施，即在计算机系统工作的同时，利用干扰装置产生一种与计算机系统辐射相关的伪噪声向空间辐射来掩盖计算机系统的工作频率和信息特征。

3. 网络平台安全

网络平台安全主要是保证网络层上的安全，防范来自内、外部网络的安全威胁，尽早发现安全隐患和安全事件，把它们控制在一个比较小的网络范围内。

（1）网络设备安全配置

为了保障网络设备的安全性，我们要考虑以下几个方面的因素（以 CISCO 路由器产品为例）：

1）安全的控制台/Telnet 访问：

对于 CISCO 路由器的用户可以设置两种用户权限。可赋予其"非特权"和"特权"两种访问权限，非特权访问权限允许用户在路由器上查询某些信息但无法对路由器进行配置；特权访问权限则允许用户对路由器进行完全的配置。

对路由器访问的控制可使用以下几种方式：①控制台访问控制；②限制访问空闲时间；③口令的加密；④对 Telnet 访问的控制；⑤多管理员授权级别。

2）控制 SNMP 访问：通过对路由器设备的配置，使得只能由某个指定 IP 地址的网管工作站才能对路由器进行网络管理，对路由器或网络设备进行读写操作。

3）安全的路由器配置文件：保护路由器配置文件不被人非法获取，对路由器的配置文件要进行安全管理。

为了防范网络设备本身被非法访问，建议在网络实施过程中对路由器进行合理配置以防范常见的非法攻击。

① 在接其他局域网的路由器广域端口设置访问列表，过滤掉以内部网络地址进入路由器广域端口的 IP 包。这样可以防范 IP 地址欺骗。

② 在路由器上使用访问列表进行过滤，缺省关闭 HTTP 访问，只让特定 IP 地址的主机可以访问 HTTP。

③ 在路由器上进行配置，关闭 Echo（7）、Discard（9）、Daytime（13）、Chargen（19）、Finger（79）等端口，可以防止各种拒绝服务攻击。

④ 在路由器上配置静态 ARP，以防止非法服务器接入内部网。

⑤ 关闭路由器的源路由功能，以防止非法用户通过源路由技术进入内部网。

上面介绍的是针对路由器的配置，同样的对于交换机也有类似的配置方法。比如对允许登录到交换机上的 IP 地址进行限制，用户的登录口令必须严格保密等。另外对于交换机的配置还可以用 VlAN 的方式分离不同的网段，也可以将 PC 的 MAC 地址和交换机的端口绑定起来以防止非法的 PC 接到交换机上面。还可以在交换机上设置一个端口允许的MAC 地址个数，以防止非法用户采用 HUB 接到交换机上。

目前对于公司其他网络设备（比如北电设备），也可以采用类似的方法以防止非法的访问网络设备，从而在网络基础设备上断绝安全的隐患。

（2）防火墙的安装调试

目前防火墙产品的制造厂商很多，国外有 NetScreen、CheckPoint、Cisco 等，国内有清华得实、天融信、东软等。从工作原理来分有包过滤、应用网关、状态检测三种，从系统平台分硬件防火墙和软件防火墙。下面先介绍防火墙的工作原理，然后从硬件防火墙和软件防火墙中各选出一种，详细地进行介绍。

1）防火墙基础：

为保护用户内部网络的安全，抵御内部或外部的各种非法网络攻击，用户需要采取相关的措施来对内部网络进行保护，最常用的方法就是使用防火墙，它将内部网络和外部网络分开。对内部网络起到过滤和保护作用。

防火墙主要可分成两种：包过滤（packet filtering）和应用网关（application gateway）。

防火墙安装配置的特点如下：

由于防火墙在网络中的重要位置，其网络配置和安全策略一般与整个网络系统的规划有密切的关系，您可以咨询您的系统集成商或服务商获得有关信息。

① 根据用户具体情况，规划内网的环境，必要时使用多个网段；

② 确定是否需要向外部 Internet 提供服务以及何种服务，由此确定是否需要 DMZ 网段以及 DMZ 网段的具体结构；

③ 根据内网、DMZ 网的结构确定防火墙的具体连接方式，防火墙位置一般放在外部路由器之后，内网、DMZ 网之前；

④ 防火墙至少配置两块网卡，各网卡接口必须连接到不同的交换机（路由器）上，以防止各网段之间的通信绕过防火墙而使防火墙失效；

⑤ 设计系统的路由和访问控制规则，使防火墙起作用。

在配置防火墙之前必须了解整个网络的拓扑结构，包括：路由器内部口的 IP 地址，防火墙的外网 IP 地址（合法 IP）和网络掩码，防火墙的内网 IP 地址和掩码，需要设置地址转换的服务器，如 Web 服务器、Mail 服务器的内网 IP 地址和合法 IP 地址。

在安装防火墙前要确认在没有防火墙的情况下已经可以访问互联网，保证通往外网的线路是通的。

2）硬件防火墙：

所谓硬件防火墙，是指采用专用的经过优化的系统硬件平台和专用的操作系统（嵌入式操作系统）以及管理控制接口的防火墙。

4. 应用平台安全

通过网络安全子系统、主机安全子系统的配置，可以防范对网络的各种系统攻击，避免因为病毒传播对应用服务器造成的破坏。但是应用系统的统一的安全管理等需求并未得到满足，需要在应用安全子系统中解决。应用安全子系统的安全风险主要有：

（1）用户身份假冒：非法用户假冒合法用户的身份访问应用资源，如攻击者通过各种手段取得应用系统的一个合法用户的账号访问应用资源，或是一个内部的合法用户盗用领导的用户账号访问应用资源。用户身份假冒的风险来源主要有两点：一是应用系统的身份认证机制比较薄弱，如把用户信息（用户名、口令）在网上明文传输，造成用户信息泄漏；二是用户自身安全意识不强，如使用简单的口令，或把口令记在计算机旁边。

（2）非授权访问：非法用户或者合法用户访问在其权限之外的系统资源。其风险来源于两点：一是应用系统没有正确设置访问权限，使合法用户通过正常手段就可以访问到不在权限范围之内的资源；二是应用系统中存在一些后门、隐通道、陷阱等，使非法用户（特别是系统开发人员）可以通过非法的途径进入应用系统。

（3）数据窃取、篡改、重放攻击、抵赖。攻击者通过侦听网络上传输的数据，窃取网上的重要数据。或以此为基础实现进一步的攻击。包括：1）攻击者利用网络窃听工具窃取经由网络传输的数据包，通过分析获得重要的信息；2）用户通过网络侦听获取在网络上传输的用户账号，利用此账号访问应用资源；3）攻击者篡改网络上传输的数据包，使信息的接收方接收到不正确的信息，影响正常的工作；4）信息发送方或接收方抵赖曾经发送过或接收到了信息。

对于这些安全需求，应该从以下几个方面解决：

1）加强应用系统自身的安全特性，如对应用系统的代码进行安全性分析；
2）采用应用安全平台技术，加强对各个应用系统的统一的安全管理；
3）加强安全管理，特别是对应用系统的用户，要加强安全教育和培训。

10.3 综合布线系统

10.3.1 系统组成

建筑物与建筑群综合布线系统（generic cabling system for building and campus）是建筑物或建筑群内的传输网络，是建筑物内的"信息高速公路"。它既使话音和数据通信设备、交换设备和其他信息管理系统彼此相连，又使这些设备与外部通信网络相连接。它包括建筑物到外部网络或电话局线路上的连线点与工作区的话音和数据终端之间的所有电缆及相关联的布线部件。综合布线系统由七个子系统组成：工作区（终端）子系统、配线子系统（水平子系统）、干线子系统（垂直子系统）、设备间子系统、管理子系统、建筑群子系统、设备室子系统。

工作区（终端）子系统由终端设备连接到信息插座的连线组成。

配线子系统（水平子系统）由信息插座、配线电缆或光缆、配线设备和跳线等组成，它将电缆从楼层配线架连接到各用户工作区上的信息插座上。

干线子系统（垂直子系统）由配线设备、干线电缆或光缆、跳线等组成，它将主配线架系统与各楼层配线架系统连接起来。

设备间子系统由设备间中的电缆、连接器和相关支撑硬件组成。设备间是安装各种进出线设备、网络互联设备的房间。

管理子系统设置在楼层配线间内，由交连、互连和 I/O 设备等组成，它是针对设备间、交接间、工作区的配线设备、缆线、信息插座等设施，按一定模式进行标识和记录。

建筑群子系统由配线设备、建筑物之间的干线电缆或光缆、跳线等组成，它将主建筑物内的缆线延伸到建筑群中的另外一些建筑物内的通信设备和装置上。

设备室子系统主要是由设备间中的电缆、连接器和有关的支撑硬件组成，作用是将计算机、PBX、摄像头、监视器等弱电设备互连起来并连接到主配线架上。

10.3.2　施工准备

在安装工程开始以前应对交接间、设备间的建筑和环境条件进行检查，在设备材料进场后必须进行现场检测验收，具备下列条件方可开工。

（1）房屋预留的地槽、暗管、孔洞的位置、数量、尺寸应符合设计要求。

（2）设备间、分配线间，工作区土建工程已全部竣工，房屋地面平整、光洁，门的高度和宽度应不妨碍设备和器材的搬运。

（3）设备间、配线间的面积、环境温度、湿度、清洁度均应符合国家标准《综合布线系统工程设计规范》GB/T 50311—2007 中有关规定，设备间、配线间应提供可靠的施工电源和接地装置，门锁和钥匙齐全时方可安装设备。

（4）中心机房的环境应符合国家标准《电子信息系统机房设计规范》GB 50174—2008 和《民用建筑电气设计规范》JGJ 16—2008 的要求，对中心机房铺设的活动地板应专门检查。

（5）交接间、设备间应提供 220V 单相三孔插座。

10.3.3　电缆传输系统

1. 缆线的敷设连接施工

（1）路由选择

两点间最短的距离是直线，但对于敷设线缆来说，它不一定就是最好、最佳的路径。要选择最容易的路径。路由选择之前，要先彻底了解建筑物的结构再确定路由。

（2）缆线处理

1）剥 PVC 线缆步骤：使用斜口钳在塑料外衣上切开一条缝；用手指找出尼龙的扯绳；将缆线紧握在一手中，用尖嘴钳夹紧尼龙扯线的一端，并把它从缆线的一端拉开。

2）剥单根的导线步骤：将剥线器或针口钳牙放在要剥去绝缘层的点上；轻轻地但牢固地挤压钳子，切割导线的绝缘层，但不能切断导线，切割要围绕着导线进行；将绝缘层拉去。

3）线缆弯曲：在线缆路由中允许弯曲，但安装者应尽量避免不必要的转弯，绝大多数的安装要求少于三个直角弯。一般对弯曲半径的要求是 15 倍于线缆的直径，并应避免下列的情况：避免弯曲超过直角、避免过紧地缠绕电缆、避免损坏线缆的外皮、不要切坏线缆内的导线。

（3）线缆牵引

用一条拉线或一条拉绳将线缆牵引穿过墙壁管路、吊顶和地伴管路，所采用的方法取决于要完成作业的类型、线缆的重量、布线路由的难易和管道中要穿过的线缆的数目有关。不管在哪种场合都应遵循一条规则：使拉线与线缆的连接点应尽量平滑，所以要采用电工胶带紧紧地缠绕在连接点外面，以保证平滑和牢固。

1）牵引 4 对线缆方法：标准的 4 对线缆很轻，只要将它们用电工带子与拉绳捆扎在一起就行了。为牵引多条（如 4 条或 5 条）4 对线缆穿过一条路由，可采用下列方法：将多条线缆聚集成一束，并使它们的末端对齐；用电工带紧绕在线缆束外面，在末端外绕 5~8cm 长；将拉绳穿过电工带缠好的线缆，并打好结。如果在拉线缆过程中，连接点散开了，则要收回线缆和拉绳并制作更牢固的连接，可采用下面方法：除去绝缘层以暴露出 5cm 的裸线；将裸线分成两条，将两条导线互相缠绕起来形成环；将拉绳穿过此环并打结，然后将电工带缠到连接点周围，要缠得结实和平滑。

2）牵引单条 25 对线缆方法：将线缆向后弯曲以便建立一个环。直径约 15~30cm，并使缆线末端与线缆本身绞紧；用电工带紧紧地缠在绞好的线缆上，以加固此环；把拉绳连接到缆环上，用电工带紧紧地将连接点包扎起来。

3）牵引多条 25 对线缆方法：剥除约 30cm 的缆护套，包括导线上的绝缘层；使用针口钳将线切去。留下十二根（一打）；将导线分成两个绞线组，将两组绞线交叉地穿过拉绳的环，在缆的那边建立一个闭环；将线缆一端的线缠绕在一起以使环封闭；用电工带紧紧地缠绕在线缆周围覆盖长度约 7cm，然后继续再绕上一段。

（4）建筑物内主干电缆布线

主干电缆从设备间敷设至竖井，再从竖井敷设至各层配线间。在竖井中敷设主干缆有两种选择：向下垂放或向上牵引。通常向下垂放比向上牵引容易，但如果将线缆卷轴抬到高层上去很困难，则只能由下向上牵引。

1）向下垂放线缆方法：首先把线缆卷轴放到顶层，在竖井楼板预留空洞附近安装线缆卷轴。并从卷轴顶部馈线；在线缆卷轴处安排所需要的布线施工人员（数目视卷轴尺寸及线缆重量而定），每层上要有一个工人以便引导下垂的线缆；开始旋转卷轴，将线缆从卷轴上拉出；将拉出的线缆引导进竖井中的孔洞，慢速地从卷轴上放缆并进入孔洞向下垂放；继续放线，直到下一层布线工人能将线缆引到下一孔洞；按前面的步骤，继续慢速地放线，并将线缆引入各层的孔洞。

2）向上牵引线缆方法：按照线缆的重量选定电动牵引绞车型号，并按照绞车制造厂家的说明书进行操作。首先往绞车中穿一条绳子，启动绞车并往下垂放拉绳直到安放线缆的底层；将绳子连接到电缆拉眼上，再次启动绞车慢速地将线缆通过各层的孔向上牵引；当缆的末端到达顶层时停止绞车，用夹具将线缆固定；当所有的连接制作好之后，从绞车上释放线缆的末端。

（5）建筑群间电缆布线：一般有电缆沟敷设、直埋敷设和架空敷设等三种方法。

（6）建筑物内水平布线：可以通过吊顶、地板、墙及三种的组合来布线。

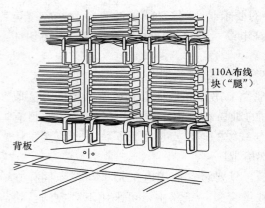

图 10-5　110A 装置

2. 缆线的连接

布完线缆后，安装者还要对线缆进行各种连接。线缆连接硬件用于端接和直接连接电缆，构成一个完整的布线系统。这些连接可以分为两类：一类是 110 连接器系统，另一类是信息插座及连接块。

（1）连接系统的硬件和材料

在综合布线系统中，常用的连接结构有互相连接和交叉连接。互相连接比交叉连接结构简单，我们侧重讨论交叉连接结构。交叉连接有夹接线（110A）方式（图 10-5）和插接线（110P）方式（图 10-6）。110A 为 3 类产品，支持 10Mbps 传输速率；110P 可支持 100Mbps 传输速率。它们均用来在设备间、交接间端接或连接线缆，二者还可使用一些相同的部件。110A 硬件的特点是具有"支撑腿"这些支撑腿使配线架离开墙，在配线模块后面建立走线的空间。110P 硬件与专门用来提供线缆走线空间的背板一起使用。

为了构造一个 110A 和 110P 类型的交叉连接系统，需要有下列的硬件和材料：

1）对于 110A 交叉连接：110 或 300 对的具有"支撑腿"的配线模块；3、4 或 5 对的 110C 连接快；用于交叉连接的跳线；88A 托架；188132 背板。

2）对于 110P 交叉连接：由用来走快接式跳线的水平过线槽分开的 100 对布线块构成，可用于区域端接的有预先组装好的 300 对和 900 对终端块；3，4 或 5 对的 110C 连接快；背板、110P 终端块与用来固定的金属背板；快接式跳线；电源适配器软线；110 跳线过线槽。

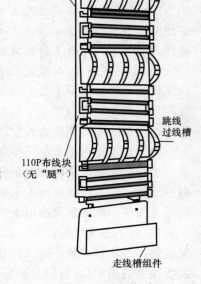

图 10-6　110P 装置

3）下列的器件用于 110A 和 110P 两种类型的交叉连接：188 标示条；接续线夹和接续线；F 线夹终端绝缘体；D 测试线。

（2）安装夹接线连接器系统的步骤

1）将配线模用金属螺杆块安装到设备间或配线间合适的墙面上，注意配线模块的位置；

2）如果两个区需用一个管道分开，则直接在布线块下面安装一个背板；

3）切断线缆，并剥除缆上的一段外护套或外皮，切断缆时要留有足够长的缆（约超过 18881 背板）；

4）两个连接夹分别夹到馈线器的末端和分布线处，以提供电气连通性。然后把连接线加到连接夹上；

5）如果采用的缆多于 25 对，则要小心地保持这些 25 对的束组，将每一 25 对束组的末端用带子捆扎起来并用缆带将其固定在配线板的后面；

6）将固定配线模块顶部的螺丝去掉，将底部螺丝放松，将一个个捆好的 25 对束组穿过线槽；

7）当所有的束组都穿过布线板上的合适的槽以后，将布线块用螺丝拧回固定到胶合板上去；

8）在其他的配线模块上重复同样的过程，将 25 对束组馈送到配线模块的后面后，再按照编码顺序将束组穿过布线块上合适的槽；

9）开始把束组中的线对放到布线块的索引条中去，先将每一线对放入，然后用手指将线对轻压到索引条的夹中去，然后再用工具将放好的线对冲压进去；

10）使用 788J1 工具将线对压入布线块并将伸出的导线头切断，然后用锥形钩清除切下的碎线头；

11）用手指将连接块加到配线模块的索引条上去，安放时灰条向下，从索引条的左边开始，一块块的向右将连接块加上去；

12）使用 788J1 工具将所有的连接块压入，直到整个配线模块全填满连接块为止；

13）将带有标签的标签保持器插到配线模块中去以标识此区域；

14）将 88A 托架安装到配线模块顶部和底部的"支撑腿"上，用来保持交叉连接线。

（3）安装接插线连接器系统的步骤

1）在架子上安装终端块配线板：①首先在墙上标出两条位置线，一条在地板上方 172.7cm 处，另一条在 44.4cm 处为安装 900 对终端块标记水平位置线，或在 125.6cm 处及 120.6cm 处为 300 对终端块标记水平位置线；②在每一位置处安装 110 固定托架；安装终端块配线板以使其固定横卧在 110A 安装托架上。

2）安装配线模块和跳线过线槽：①先将配线模块放到终端块配线板上，对准其上的螺丝孔并用两个螺丝钉将配线模块固定到配线板上，依此方法将所有的配线模块都装完为止；②切割电缆并剥除其外皮以暴露出导线，长度要足够以便于打捆；③当电缆外皮去掉后。要立即对导线分组并用电工带打捆以防止线对错乱，应保持线对与未除去外皮前的状况一致；④将捆好的导线束组穿过配线模块两边的缆槽；⑤开始把束组中的线对放到布线块的索引条中去。先将每一线对放入，然后用手指将线对轻压到索引条的夹中去。然后再用工具将放好的线对冲压进去；⑥使用 788J1 工具将线对压入布线块并将伸出的导线头切断，然后用锥形钩清除切下的碎线头；⑦安放上一块 110 连接块，并用 788J1 工具使其就位，放连接块时要使其上的灰面向下；⑧在终端块配线板之间安装一个快捷式跳线过线槽；⑨在所有终端块配线板、配线模块、连接块和跳线过线槽全部安装好后，在终端块底部安装上过线槽组件；⑩最后将标签纸滑到标签保持器中，然后将标签保持器嵌入到配线模块中去。

（4）交叉连接方法

1）制作 110A 交叉连接：①将交叉连接线插入到包含指定线对的 110 连接块槽中去。用手指轻轻地将交叉连接线压下，施工人员可在用户所需的任何点上完成此工作；②使用冲压工具将交叉连接线对压入连接器并切去无用的导线头；③将交叉连接线拾起并使其穿过一个扇槽，用手指伸入线圈中以建立交叉连接线的松弛部分；④然后将末端接的一端引到要端接的扇形槽中，同样用手指在另一端建立交叉连接线的松弛环，将交叉连接线的此端置于指定的"对"位置的连接块上，再用手指将交叉连接线压入连接块以便于保持住交叉连接线；⑤最后再使用冲压工具将交叉连接线对压入连接器并切去无用的导线头。

2）制作110P交叉连接：①选择一合适长度的跳线（插头有1、2、3、4对的，长度有0.6-21m）；②将跳线压到终端块配线板的连接块上，以产生交叉连接。

3）建立多重连接：在110连接块的夹片末端，只能容纳一条导线，通常当连接块被插入到110接线块中去时，导线间的连接就产生了。交叉连接或快捷式跳线连接是在110型连接块的顶部产生的。粗看起来，110连接系统不能容纳"线对"的多重连接。实际上并不是这样。有两种方式可提供线对的多重连接：一种是被多重连接的"线对"在布线块左上角外进行捆扎，导线在每个牵引条中就位，但在插入连接块前，只在最下面的（最后的）一个牵引条上切断导线头；另一种是，被多重连接的"线对"在同一牵引条中通过相邻的槽，以螺旋方式进行，导线在所有槽中就位，但在加上连接块以前，只在最后位置上切断。

4）解开交叉连接线方法：使用尖嘴钳夹住交叉连接线，直拉交叉连接线直到拉出为止。

5）连接块的维护：①当连接块损坏时，需要取出更换，先拆下交叉连接线，并用透明胶带缠到其上，用笔在透明胶带上记下其位置；②取下标签保护器，将788K1工具放在要拆下的连接块下面；③用钳子夹住连接块的中心处，轻轻地向上、向下晃动连接块并同时将它拉出；④更换新的连接块并用788J1工具将其重新安装。将标签保持器重新插入；⑤最后测试连线的接续性。

（5）接插式配线架的端接

1）第一个110布线块上要端接的24条线缆牵到位，每个配线槽中放6条。

2）在配线板的内边缘处松弛地将线缆捆起来，以保证单条的线缆不会滑出配线板槽，避免缆束的松弛与不整齐。

3）用尖的标记器在配线板边缘处的每条线缆上标记一个新线的位置，便于下一步能准确的在配线板的边缘处剥除线缆的外皮。

4）拆开线束并握住它，在每条缆的标记处刻痕，然后将刻好痕的缆束放回去。

5）当所有的4个缆束都刻好痕并放回原处后，安装110布线块并开始进行端接。从第一条缆开始，按下列的步骤进行端接。

6）在刻痕点之外最少15cm处切割线缆，并将刻痕的外皮剥掉。

7）沿着：110布线块的边缘拉4对线缆，拉进前面的线槽中。

8）拉紧并弯曲每一线对使其进入牵引条的位置中去。用牵引条上的高齿来将一对线缆分开，在牵引条最终弯曲处提供适当的压力以使线对变形最小。

（6）模块化配线板的端接

1）在端接线对之前，首先要整理线缆。

2）从右到左穿过背面，按数字的顺序端接线缆。

3）对每条线缆切去所需长度的外皮，进行线对的端接。

3. 机柜、机架和配线架的安装

（1）机柜、机架安装要求

1）机柜、机架安装完毕后，垂直度偏差应不大于3mm。机柜、机架安装位置应符合设计要求。

2）机柜、机架上的各种零件不得脱落或碰坏，漆面如有脱落应予以补漆，各种标志应完整、清晰。

3）机柜、机架的安装应牢固，如有抗震要求时，应按施工图的抗震设计进行加固。

4）机柜不宜直接安装在活动地板上，宜按设备的底平面尺寸制作底座，底座直接与地面固定，机柜固定在底座上，底座高度应与活动地板高度相同，然后铺设活动地板。

5）安装机架面板，架前应预留有 800mm 空间，机架背面离墙距离应大于 600mm，背板式配线架可直接由背板固定于墙面上。

6）壁挂式机拒底距地面不小于 300mm。

（2）配线架的安装要求

1）卡入配线架连接模块内的单根线缆色标应和线缆的色标一致，大对数电缆按标准色谱的组合规定进行排序。

2）端接于 RJ45 口的配线架的线序及排列方式按有关国际标准规定的两种端接标准之一（T568A 或 T568B）进行端接，但必须与信息插座模块的线序排列使用同一种标准。

3）各直列垂直度误差不应大于 3mm，底座水平度误差每米不应大于 2mm。

4）接线端子各种标志应齐全。

5）背夹式跳线架应经配套的金属背板及线管理架安装在可靠的墙壁上，金属背板与墙壁应紧固。

4. 信息插座的安装

（1）将信息插座上的螺丝拧开，然后将端接夹拉出来拿开。

（2）从墙上的信息插座安装孔中将线缆拉出来一段。

（3）用斜口钳从线缆上剥除外皮。

（4）将导线穿过信息插座底部的孔。

（5）将导线压到合适的槽中去。

（6）使用斜口钳将导线的末端割断。

（7）将端接夹放回，并用拇指稳稳地压下。

（8）重新组装好信息插座，将分开的盖和底座扣在一起，再将连接螺丝扣上。

（9）将装好的信息插座压到墙上去，用螺丝拧到墙上并固定好。

10.3.4 光缆传输系统

1. 光缆的敷设

（1）光缆基础知识

光缆是通过玻璃而不是通过铜来传播信号的。由于有些光缆的缆芯是玻璃纤维，与铜缆相比是易碎的，因此在敷设光缆时有以下许多特殊要求：弯曲光缆时不能小于最小的弯曲半径；敷设光缆的牵引力不要超过最大的敷设张力。

铜线连接是电接触式的，连接容易；光纤连接就比较困难，它不仅要求接触，而且还必须使两个接触端完全地对准。否则将会产生较大的损耗。因此，必须学会光纤接续的技巧以使光纤损耗为最小。

光缆传输系统使用光缆连接各种设备，如果连接不好或光缆断裂，会使人们暴露在波辐射之中；如果偶然地用肉眼去观察无端接头或损坏的光纤，距离大于 12.7～15.24cm，则不会造成眼睛的损坏。用肉眼观察无端接头的已通电的连接器或一根已损坏的光纤端口，当距离大于 30cm 时不会造成对眼睛的伤害。决不能用显微镜、放大镜等光学仪器去观察已通电的连接器或一根已损坏的光纤端口，否则对眼睛一定会造成伤害，可以通过光电转换器去观察光缆系统。

在一般操作条件下，光缆传输系统是全封闭的系统。但是还要遵守下列保护措施：技术人员不要断开光缆、进行断头拼接和凝视光缆终端连接器；未受过严格培训的人员不能去操作已安装好的光缆传输系统，只有指定的受过严格培训的人员才允许去完成维修、维护和重建的任务；不要去检查或凝视已破裂、断开的或互联的光缆，只有在所有光源都处于断电的情况下，才能去查看光纤末端，并进行连接操作。

（2）建筑物内主干光缆布线方法

1）向下垂放电缆：在离竖井槽孔 1~1.5m 处安放光缆卷轴。放置卷轴时要使光缆的末端在其顶部，然后从卷轴顶部牵引光缆；使光缆卷轴开始转动，将光缆从其顶部牵出，牵引光缆时要保证不超过最小弯曲半径和最大张力的规定；引导光缆进入槽孔中去。如果是一个小孔，则首先要安装一个塑料导向板，以防止光缆与混凝土边侧产生摩擦导致光缆的损坏，如果通过大的开孔下放光缆，则在孔的中心安装上一个滑轮，把光缆拉出绕到滑轮上去；慢慢地从光缆卷轴上牵引光缆，直到下一层楼上的人能将光缆引入下一个槽孔中去；在每一层楼要重复上述步骤，当光缆达到最底层时，要使光缆松弛地盘在这里。

2）利用绞车牵引光缆的步骤：将拉绳穿过绞车，启动绞车上的发动机，通过楼层的开孔向下放绳子直到楼底；关掉绞车，将光缆连到拉绳的拉眼上去，慢慢地将光缆向上拉；当光缆末端牵引到顶层时，关掉牵引的机器；根据需要，利用分离缆夹或缆带来将光缆固定到顶部楼层和底部楼层；当所有的连接完成后，从绞车上释放光缆的末端。

（3）建筑群间光缆布线方法主要有电缆沟、直埋和架空三种敷设方式，架空敷设方式不提倡采用。

2. 光缆的连接

（1）光纤交叉连接：光纤交叉连接与铜线交叉连接相似，它为设备传输管理提供一个集中的场所（图10-7）。交叉连接模块允许用户利用光纤跳线（两头有端接好的连接器）来为线路重新安排路由，增加新的线路和拆去老的线路。当进行路由的重新安排时，均不会扰乱在交叉连接模块上已端接好的永久性光缆（如馈入光缆、主干光缆）（图10-8）。

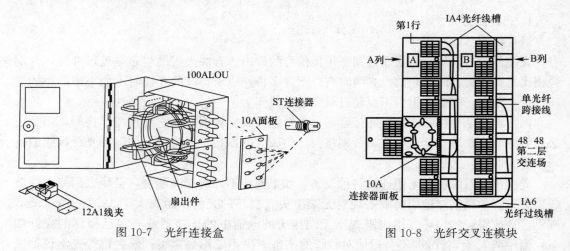

图 10-7　光纤连接盒　　　　　　　　图 10-8　光纤交叉连模块

（2）光纤互连：是直接将来自不同光缆的光纤互连起来而不必通过光纤跳线，当主要需求不是线路的重新安排，而是要求适量的光能量的损耗时，就使用互连模块（图 10-9）。互连的光能量损耗比交叉连接要小，这是由于在互连中光信号只通过一次连接。而在交叉连接中光信号要通过两次连接。

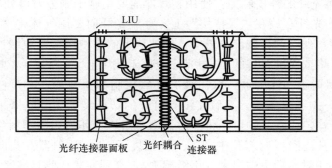

图 10-9　光纤到连模块

（3）光缆端接架的安装：光纤端接架是光纤线路的端接和交连的地方，所有的光纤架均可安装在标准框架上，也可直接挂在设备间或配线间的墙壁上。在光纤端接架的正面（前面）通道中可安装上塑料保持环以引导光纤跳线并减少跳线的张强，在前面板处提供有格式化的标签纸用来记录光纤的端接位置。

（4）光缆连接件制作：

1）光缆连接件分类

用于光导纤维的连接器有 STII 连接器、SC 连接器，还有 FDDI 介质界面连接器（MIC）和 ESCON 连接器（图 10-10）。光纤连接器的制作工艺基本相同，下面侧重介绍 STII 连接器的制作方法。

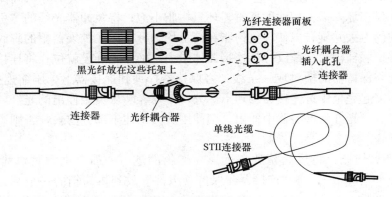

图 10-10　光纤连接

2）光纤连接器制作工艺

金属圈制作：光纤连接器使用的金属圈有铝质和锆质两种材料，铝比锆坚硬。在磨光铝质金属圈的连接器时，当磨到金属圈部分还可继续再磨。在磨光锆质材料连接器时，由于锆较铝软，只需使用适当的程序，如使用钻石纸去摩擦锆金属圈，就可擦去金属上的污点。不同材料的金属圈。需要使用不同的磨光程序和不同的擦亮纸。

3）组装标准连接器的方法

① 光缆的准备：剥掉外护套，套上扩展器帽及缆支持管。

② 采用规定的长度对需要安装插头的光纤作标记。

③ 用剥线器将光纤的外皮剥掉；使用剥线器前要用刷子刷去刀口处的粉尘。

④ 将准备好的光纤存放在"保持块"上；存放光纤前要用气体将"保持块"吹干净；将光纤存放在槽中，裸露的光纤部分悬空，保持块上的小槽用来存放缓冲层的光纤，大槽存放单光纤光缆；将依次准备好的 12 根光纤全存于此块上。

⑤ 准备好环氧树脂和注射器：取出装有环氧树脂的塑料袋（有黄白两色的胶体，中间用分隔器分开），撤下分隔器，然后在没有打开的塑料袋上用分隔器来回摩擦，以使两种颜色的胶体混合均匀成同一颜色；将注射器塞拉出，将环氧树脂塑料袋剪去一角，并将混合好的环氧树脂从注射器后部孔中加入（挤压袋子）；将注射器针头向上，压后部的塞子，使环氧树脂从注射器针头中出来（用纸擦去），直到环氧树脂是清澈的为止。

⑥ 在缓冲层的光纤上安装 STII 连接器插头：从连接器袋中取出连接器，对着光亮处从后面看连接器中的光纤孔通还是不通，如果通过这孔不能看到光，则用专用线从前方插入并推进，把阻塞物推到连接器后边的打开的膛孔中去；将准备好的光纤从连接器的后部插入，并轻轻旋转连接器，若光纤能通过整个连接器的洞孔，则撤出光纤，并将其放回到保持块上去；将装有环氧树脂的注射器针头插入 STII 连接器的背后，直到其底部，压注射器塞，慢慢地将环氧树脂注入连接器，直到一个大小合适的泡出现在连接器陶瓷尖头上平滑部分为止，立即释放在注射器塞上的压力并拿开注射器；用注射器针头给光纤和连接器筒的头部涂上一层薄的环氧树脂外层，通过连接器的背部插入光纤，轻轻地旋转连接器，仔细地感觉光纤与孔（尖后部）的关系；当光纤被插入并通过连接器尖头伸出后，从连接器后部轻轻地往回拉光纤以检查它的运动（这个运动用来检查光纤有没有断，且是否位于连接器孔的中央），检查后重把光纤插好；观察连接器的尖头部分以确保环氧树脂泡未被损坏，如果损坏，需要用注射器重建环氧树脂小泡；将缓冲器光纤的"引导"滑动到连接器后部的筒上去并旋转以使环氧树脂在筒上均匀分布；往扩展器帽的螺纹上注射一滴环氧树脂，将扩展器帽通过螺纹拧到连接器体中去，确保光纤已就位；将连接器尖端底部定位的小突起与保持器的槽对成一条线，将保持器拧锁到连接器上，压缩连接器的弹簧，直到保持器的突起完全锁进连接器的切下部分；不要弄断从尖端伸出的光纤，如果保持器与连接器装好后。光纤从保持器中伸出，则使用剪刀把伸出部分剪去，否则当将保持器及连接器放入烘烤炉时会把光纤弄断。

⑦ 烘烤环氧树脂：将烘烤箱放在远离易燃物的地方，插上电源将烘烤箱加温直到 READY 灯亮（约 5min）；将"连接器和保持器组件"放到烘烤箱的一个端孔中去，切勿将光纤拉出连接器；在烘烤箱中烤 10min 后，拿住连接器的"引导"部分（切勿拿光纤）将连接器组件从烘烤箱上撤出，再将其放入保持块的端孔中进行冷却。

⑧ 切断光纤：确定连接器保持器组件已冷却，从连接器上对保持器解锁，并取下保持器；对着灯光用切断工具在连接器尖上伸出光纤的一面上来回刻痕；轻轻直拉将连接器尖外的光纤拉去，如果光纤不能很容易地被拉开，则重新刻痕并再试。

⑨ 除去连接器尖头上的环氧树脂：如果在连接器尖上发现有环氧树脂，则可用一个干净的单边剃须刀片除去它，轻轻地小角度向前移动刀片除去所有环氧树脂的痕迹，切勿

刻和抓连接器的尖。

⑩磨光步骤：

a. 准备工作：用一块沾有酒精的纸或布将工具、磨光盘表面擦净，用气体将磨光纸两面、连接器表面和尖吹干净，用沾有酒精的棉花签将磨光工具的内部擦拭干净；

b. 初始磨光阶段：将一张磨光纸放在磨光盘的 1/4 位置上，轻轻地将连接器尖插到磨光工具中去，将工具放在磨光纸上，开始使用非常轻的压力采用 8 字形进行磨光，逐步增加压力，磨光的时间根据环氧树脂泡的大小而不同；

c. 初始检查：进行检查前，必须确定光纤上没有接上光源，以免损坏眼睛；从磨光工具上拿下连接器，用一块沾有酒精的磨光工具清洗连接器尖及磨光工具；用一个眼睛放大器检查连接器尖上平滑区的磨光情况，当初始磨光满足要求后，从磨光工具上取下连接器，并用沾有酒精的纸或布清洗连接器及磨光工具，再用罐装气吹干，并在工具中置换连接器；对于陶瓷尖的连接器。初始磨光的完成标志是：在连接器尖的中心部分保留有一个薄的环氧树脂层，且连接器尖平滑区上有一个陶瓷的外环暴露出来；对于塑料尖的连接器，初始磨光的完成标志是：直到磨光的痕迹刚刚从纸上消失为止。并且在其尖上保留有一层薄的环氧树脂层；

d. 最终磨光：先用酒精和罐装气对工具和纸进行清洁工作，磨光多模陶瓷尖的连接器直到所有的环氧树脂被除掉，磨光多模塑料尖的连接器直到尖的表面与磨光工具的表面平齐；

e. 最终检查：进行检查前，必须确定光纤上没有接上光源，以免损坏眼睛；从磨光工具上拿下连接器，用一块沾有酒精的磨光工具清洗连接器尖、被磨光的末端及磨光工具；将连接器扭锁到显微镜的底部，打开显微镜的镜头管（接通电源）以照亮连接器的尖，并用边轮去聚焦，用高密度的光回照光纤的相反的一端，尽量照亮核心区域以便更容易发现缺陷；一个可接收或可采纳的光纤末端是在核心区域中没有"裂开的口"、"空隙"或"深的抓痕"，或在包层中的深的缺口。

4) 光纤连接器的互连

① 互连的概念：对于互连模块，要进行互连的两条半固定的光纤通过其上的连接器与此模块嵌板上的耦合器互连起来，做法是将两条半固定光纤上的连接器从嵌板的两边插入其耦合器中。对于交叉连接模块，一条半固定光纤上的连接器插入嵌板上耦合器的一端中，此耦合器的另一端中插入的是光纤跳线的连接器，然后将光纤跳线另一端的连接器插入要交叉连接的耦合器的一端，该耦合器的另一端中插入要交叉连接的另一条半固定光纤的连接器，交叉连接就是在两条半固定的光纤之间使用跳线作为中间链路，使管理员易于管理或易于对线路进行重布线。

② 互连的步骤：清洁连接器和耦合器；使用罐装气，吹去耦合器内部的灰尘；将连接器插到一个耦合器中；重复以上步骤，直到所有的连接器都插入耦合器为止。

10.4 火灾自动报警及消防联动控制系统

10.4.1 火灾自动报警系统的基本组成

火灾自动报警系统一般由触发器件、火灾报警装置、消防控制设备、火灾警报装置和电源四部分组成。复杂系统还包括消防控制设备。

1. 触发器件

在火灾自动报警系统中，自动或手动产生火灾报警信号的器件称为触发器件，主要包括火灾探测器和手动火灾自动报警按钮。

手动火灾报警按钮是用手动方式产生火灾报警信号、启动火灾自报警系统的器件，也是火灾自动报警系统中不可缺少的组成部分之一。

2. 火灾报警装置

在火灾自动报警系统中，用以接收、显示和传递火灾报警信号，并能发出控制信号和具有其他辅助功能的控制指示设备称为火灾报警装置。火灾探测器就是其中最基本的一种。火灾报警控制器具备为火灾探测器供电，接收、显示和传输火灾报警信号，并能对自动消防设备发出控制信号的完整功能，是火灾自动报警系统中的核心组成部分。近年来，随着火灾探测报警技术的发展和模拟量、总线制、智能化火灾探测报警技术逐渐应用，在许多场合，火灾报警控制器已不再分为区域、集中和通用三种类型，而统称为火灾报警控制器。

在火灾报警装置中，还有一些如中继器、区域显示器、火灾显示盘等功能不完整的报警装置。它们可视为火灾报警控制器的演变或补充，在特定条件下应用，与火灾的报警控制器同属火灾报警装置。

3. 消防控制设备

在火灾自动报警系统中，当接收到来自触发器件的火灾报警信号时，能自动或手动启动相关消防设备及显示其状态的设备，称为消防控制设备。主要包括火灾报警控制器，自动灭火系统的控制装置，室内消火栓系统的控制装置，防烟排烟系统及空调通风系统的控制装置，常开防火门、防火卷帘门的控制装置，电梯回降控制装置，以及火灾应急广播，火灾报警装置，火灾应急照明与疏散指示标志的控制装置十类控制装置中的部分或全部。消防控制设备一般设置在消防控制中心，以便于实行集中统一控制。也有的消防控制设备调协在被控消防设备所在现场，但其动作信号则必须返回消防控制室，实行集中与分散相结合的控制方式。

4. 电源

火灾自动报警系统属于消防用电设备，其主要电源应采用消防电源，备用电源采用蓄电池。系统电源除为火灾报警控制器供电外，还为与系统相关的消防控制设备等供电。

10.4.2 火灾自动报警系统的基本形式

火灾自动报警系统的基本保护对象是工业与民用建筑。各种保护对象的具体特点千差万别，对火灾报警系统的功能要求也不尽相同。从设计技术的角度来看，火灾自动报警系统的结构形式可以做到多种多样。但从标准化的基本要求来看，系统结构形式应尽可能简化、统一，避免五花八门，脱离规范。根据现行国家标准（火灾自动报警系统设计规范）规定，火灾自动报警系统的基本形式有三种，即：区域报警系统、集中报警系统和控制中心报警系统。

1. 区域报警系统

由区域火灾报警控制器（火灾报警控制器）和火灾探测器组成，功能简单的火灾自动报警系统被称为区域报警系统。

2. 集中报警系统

由集中火灾报警器、区域火灾报警控制器、区域显示器（灯光显示装置）和火灾探测器等组成，功能较复杂的火灾自动报警系统称为集中报警系统。

3. 控制中心报警系统

由消防控制室的消防控制设备、集中火灾报警控制器、区域火灾报警控制器和火灾控制器和火灾控制器组成，或由消防控制室的消防控制设备、火灾报警控制器、区域显示器（灯光显示装置）和火灾控制器等组成。功能复杂的火灾自动报警系统被称为控制中心报警系统。

10.4.3 火灾自动报警系统主要设备的选择及安装要求

为了提高施工质量，确保火灾自动报警系统正常运行，提高其可靠性，不仅要合理设计，还需要正确合理地安装、操作使用和经常性地维护。否则，不管设备如何先进，设计如何完善，设备选择如何正确，假如施工安装不合理，管理不善或操作不当，仍然会经常发生误报或漏报，不能充分发挥其应有的效能。

一般规定要求

1. 施工技术文件及安装队伍的资格

（1）安装单位应按设计图纸施工，如需修改应征得原设计单位同意，并有文字批准手续。

（2）施工单位在施工前应具有设备布置平面图、系统图、安装尺寸图、接线图、设备技术资料等一些必要的技术文件。

（3）火灾自动报警系统的施工安装专业性很强。为了确保施工安装质量，确保安装后能投入正常运行，施工安装必须经有批准权限的公安消防监督机构批准，并由具有许可证的安装单位承担。

2. 系统施工安装应遵守的规定

（1）火灾自动报警系统的施工安装应符合国家标准《火灾自动报警系统施工验收规范》的规定，并满足设计图纸和设计说明书的要求。

（2）火灾自动报警系统的设备应选用经国家消防电子产品质量监督检验测试中心检测合格的产品（检测报告应在有效期内）。

（3）火灾自动报警系统的探测器、手动报警按钮、控制器及其他所有设备，安装前均应妥善保管，防止受潮，受腐蚀及其他损坏；安装时应避免机械损伤。

3. 系统施工安装后应注意的问题

系统安装完毕后，施工安装单位应提交下列资料和文件：

（1）竣工图。

（2）设计变更的证明文件（文字记录）。

（3）施工技术记录（包括隐蔽工程验收记录）。

（4）检验记录（包括绝缘电阻、接地电阻的测试记录）。

（5）变更设计部分的实际施工图。

（6）施工安装竣工报告。

10.4.4 消防控制室和消防联动控制系统

1. 消防控制室

消防控制室是火灾自动报警系统的控制和信息中心，也是火灾时灭火作战的指挥和信息中心，具有十分重要的地位和作用。国家标准《高层民用建筑设计防火规范》和《建筑设计防火规范》等规范对消防控制室设置范围、位置、建筑耐火性能都作了明确规定，并对其主要功能提出原则要求。而在国家标准《火灾自动报警系统设计规范》中，则进一步对消防控制室的设备组成、安全要求、设备功能、设备布置、联动控制要求等作了具体规定。

消防控制室是火灾自动报警系统的控制和信息中心，也是火灾时灭火作战的指挥与信息中心。因此其本身的安全尤为重要。为保证其自身安全、保证系统设备正常可靠工作、消防控制室应符合下列要求：

（1）消防控制室的门应向疏散方向开启，且入口处应设置明显的标志。

（2）消防控制室的送、回风管在其穿墙处应设防火阀。

（3）消防控制室的室内严禁有与其无关的电气线路及管路穿过。

（4）消防控制室周围不应布置电磁场干扰较强及其他影响消防控制设备工作的设备用房。

2. 消防联动控制设备的施工安装

（1）消防控制室内的设备及布置要求

消防控制室的设备应集中布置、排列整齐。主要设备应包括以下内容：

1）集中报警控制器。

2）室内消火栓系统的控制装置。

3）自动喷水灭火系统的控制装置。

4）泡沫、干粉灭火系统的控制装置。

5）卤代烷（1211、1301）、二氧化碳等管网灭火系统的控制装置。

6）电动防火门、防火卷帘的控制装置。

7）通风空调、防烟排烟设备及其电动防火阀的控制装置。

8）普通电梯的控制装置。

9）火灾事故广播设备的控制装置。

10）消防通信设备等。

（2）消防控制设备的布置应符合下列要求

1）设备面盘前的操作距离：单列布置时不应小于 1.5m，双列布置时不应小于 2m。

2）在值班人员经常工作的一面，设备面盘与墙的距离不应小于 3m。

3）设备面盘后的维修距离不应小于 1m。

4）控制盘的排列长度大于 4m 时，控制盘两端应设宽度不小于 1m 的通道。

5）集中火灾报警控制器（火灾报警控制器）安装在墙上时。其底边距地高度宜为 1.3～1.5m，其靠近门轴的侧面距墙不应小于 0.5m，正面操作距离不应小于 1.2m。

（3）消防控制室内设备的安装要求

1）消防控制设备的控制盘（箱）、柜应加装 8 号槽钢基础。基础应高出室内地坪 100～120mm，基础型钢应接地可靠。

2）消防控制设备应在控制盘上显示其动作信号。

3）消防控制设备的盘、箱、柜等在搬运和安装时应采取防振、防潮、防止框架变形和漆面受损等措施，必要时可将易损元件卸下，当产品有特殊要求时。须符合其要求。

4）设备安装用的紧固件，除地脚螺栓外应用镀锌制品。盘、柜元件及盘、柜与设备或与各构件间连接应牢固。消防报警控制盘、模拟显示盘、自动报警装置盘等不宜与基础型钢焊接固定。

5）盘、箱、柜单独或成列安装时，其垂直度、水平度，以及盘面、柜面、平直度与盘、柜间接缝的允许偏差应小于1.5～5.0mm，即用肉眼观察，无明显偏差。

（4）控制设备的接线要求

1）消防控制室内的进出电源线、控制线或控制电缆宜在地沟内敷设，垂直引上引下的线路应采用竖井或封闭式线槽内敷设。进入设备地沟或地坑内应留有适当的余线。

2）消防控制盘内的配线应采用截面积不小于1.5mm²、电压不低于250V的铜芯绝缘导线，对于电子元件回路、弱电回路采用锡焊连接时，在满足载流量和电压降及有足够的机械强度的情况下，可使用较小截面积的绝缘导线。

用于晶体管保护，控制逻辑回路的控制电缆，当采用屏蔽电缆时，其屏蔽层应接地；如不采用屏蔽电缆时，则其备用芯线应有一根接地。

3）火灾自动报警、自动灭火控制、联动等的设备盘、柜的内部接线应符合以下要求：

① 按施工图进行施工，正确接线；

② 电气回路的连接（螺栓连接、插接、焊件等）应牢固可靠；

③ 电缆线芯和所配导线的端部均应标明其回路的编号，编号应正确，字体清晰、美观、不易脱色；

④ 配线整齐、导线绝缘良好、无损伤；

⑤ 控制盘、柜内的导线不得有接头；

⑥ 每个端子板的每侧接线一般为一根，不得超过两根。

4）消防控制设备在安装前，应进行功能检查，不合格者，不得安装。

5）消防控制设备的外接导线，当采用金属软管作套管时，其长度不宜大于1.0m。并应采用管卡固定，其固定点间距不应大于0.5m。金属软管与消防控制设备的接线盒（箱），应采用锁母固定，并应根据配管规定接地。

6）消防控制设备外接导线的端部，应有明显的标志。

7）消防控制设备盘（柜）内不同电压等级、不同电流类别的端子，应分开，并有明显的标志。

（5）消防控制室内的消防通信设备

消防控制室内的消防通信设备应符合下列要求：

1）消防控制室与值班室、配电室、消防水泵房、通风空调机房、电梯机房、通信机房等处，应设置固定的对讲电话。

2）由消防控制室内应设置向当地公安消防部门直接报警的外线电话。

（6）消防控制室内系统接地装置的施工安装

1）工作接地线应采用铜芯绝缘导线或电缆，不得利用镀锌扁钢或金属软管。

2）由消防控制室引至接地体的工作接地线，通过墙壁时，应穿入钢管或其他坚固的保护管。

3）工作接地线与保护接地线，必须分开，保护接地导体不得利用金属软管。

4）接地装置施工完毕后，应及时作隐蔽工程验收。验收应包括下列内容：

① 测量接地电阻，并作记录；

② 查验应提交的技术文件；

③ 审查施工质量。

10.5 安全防范系统

10.5.1 安全防范系统的主要内容

安全防范是指在建筑物内（含周边）通过采用人力防范、技术防范和物理防范等方式综合实现对人员、建筑、设备的安全防范。而通常所说的安全防范主要是指技术防范，是指通过采用安全技术防范设备和防护设施实现的安全防范。

安全防范系统包括视频（电视）监控系统、入侵报警系统、出入口控制（门禁）系统、巡更管理系统、停车场（库）管理系统等子系统。子系统的设立是根据建筑物的性质、安全防范管理的需要确定的。

1. 视频（电视）监控系统

也称闭路电视监视和控制系统。是对建筑物内及周边的公共场所、通道和重要部位进行实时监视、录像。通常和入侵报警系统和出入口控制系统实现联动。

2. 入侵报警系统

它通常包括周界防护、建筑物内区域及空间防护和对实物目标的防护。

3. 出入口控制系统

也称门禁系统，它是指在建筑物内采用现代电子与信息技术，对人员的进、出实施放行、拒绝、记录和报警等操作的一种电子自动化系统。

4. 巡更管理系统

巡更管理系统是人防和技防相结合的系统。它通过预先编制的巡逻软件，对保安人员巡逻的运动状态（是否准时、遵守顺序等）进行记录、监督，并对意外情况及时报警。

5. 停车场（库）管理系统

对停车库（场）内车辆的通行实施出入控制、监视，以及行车指示、停车计费等的综合管理。

6. 安全检查系统

它是对出入建筑物或建筑物内一些特定通道（如机场、码头等）实现 X 射线安全检查、磁检查，以保障建筑物、公共活动场所等的安全。

早期的安全防范系统大都是以各子系统独立的方式工作，其特点是子系统单独设置，独立运行，子系统间通过硬件连接实现彼此之间的联动管理，如电视监控系统与入侵报警系统、出入口控制系统与入侵报警系统、巡更管理系统与入侵报警系统等，可以在中央控制室进行集中监控。目前由于计算机技术、通信技术和网络技术的发展，开始采用综合安全防范系统，也称集成化安全防范系统。集成化安全防范系统的特点是采用标准的通信协议，通过统一的管理平台和软件将各子系统联网，从而实现对全系统的集中管理、集中监视和集中控制，甚至可通过因特网进行远程监视和远程控制。

集成化安全防范系统使建筑物的安全防范系统成为一个有机整体，并可方便地接入建筑智能化集成管理系统。从而可有效地提高建筑物抗事故、灾害的综合防范能力和发生事故、灾害时的应变能力，增强调度、指挥、疏散的管理手段等。

随着数字化城市的发展，建筑物的安全防范系统已不再是一个独立的封闭系统，它已成为城市安全防范系统的一个节点，通过与110报警中心联网和网络访问等手段，将建筑物的监视信号和报警信号传输到市报警中心。

10.5.2 安全防范系统的工程实施

1. 安全防范系统施工

安全防范系统的施工包括采购、制作、运输、施工与安装、调试、试运行、检测、验收、技术培训等内容。

安全防范系统的工程实施由系统集成商负责，实施过程应严格执行国家和地方有关施工质量检验的规定，建设单位、监理单位应加强过程控制和质量检查。确保工程质量。

（1）安全防范系统工程实施步骤

1）系统深化设计，也称系统优化设计、二次设计

要求系统集成商按计划任务书、投标书及建设方最后确认的需求对安全防范系统提交可供施工的安全防范系统工程施工设计，即系统深化设计。设计应包括技术设计说明、系统图、接线图、设备材料清单、主要设备技术说明书、综合管线布线施工图等。

系统深化设计应得到建设方和地方行业主管部门的批准，按已批准的设计文件进行施工。实施过程中如有修改，应经原设计单位同意，重大修改需经原设计批准的主管部门批准，方可进行。

2）编制统一的施工进度计划

工程总包方应根据工程施工进度，结合系统集成商的施工进度计划。编制安全防范系统的施工进度计划。工程施工进度计划应明确开工期、设备材料的订货与到货日期、设备安装与系统调试日期，在工程进展过程中。要根据设计变更、设备材料的供应情况等对进度计划及时调整，保证工程顺利进行。

现场施工的过程如图10-11所示。

3）设备安装工程前期准备工作

安装工程的前期准备工作包括：管、件的预埋和预留、设备材料的验收等。施工过程中所用的设备、器材的采购、运输和保管，应符合国家现行标准的规定。对产品有特殊要求时，应符合产品技术文件的规定。设备、器材的采购应严格按经批准的设备型号、厂家/产地进行采购。

设备、器材到达现场后，应由建设单位、监理单位和系统集成商及时验收，设备和器材的进场验收结论应有记录，经确认符合规定，才能在工程中使用。

施工现场应设立临时库房，作为设备和器材安装前的保管，库房应由专人管理。临时库房应符合产品存放环境的技术要求。

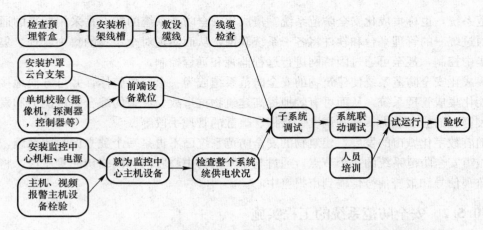

图 10-11　安全防范系统现场施工过程示意图 ［以视频（电视）监控系统为例］

4）安全防范系统的施工安装

安全防范系统施工安装前，建筑工程应具备下列条件：

① 预埋管、预留件、桥架等的安装符合设计要求；

② 机房、弱电竖井的施工基本结束；

③ 提供必要的施工用房、用电、材料和设备的存放场所。

安全防范系统安装前，系统集成商应周密进行施工组织设计，并有施工安全技术措施，应符合《建设工程施工现场供用电安全规范》GB 50194—1993 和《施工现场临时用电安全技术规范》JGJ 46—2005 中的有关规定。

安全防范系统的电缆桥架、电缆沟、电缆竖井、电线导管的施工，及电缆、电线在其内的敷设。应遵照规范执行。如有特殊要求应在设计文件中注明。

现场设备，包括各类探测器、摄像机、控制器、控制盘柜以及监控中心的设备在现场工程师的指导下进行安装。

5）安全防范系统的调试

6）安全防范系统的检测

7）安全防范系统的验收

（2）安全防范系统工程施工管理措施

要对施工进度、质量、安全、技术设备材料供应、运输仓储、成品、加工、成品保护、资料归档等环节，制定与之相应的、行之有效的管理措施。并对施工过程进行强化管理。

1）强化施工计划管理，对编制的施工进度计划必须严格执行，情况变化时及时采取变更措施，避免拖延工期。

2）对施工方案、物资机具准备及施工标准的检查要落实到人，并重点对施工责任人进行检查。

3）建立工程例会制度，及时协调、解决施工中出现的各种问题。

4）强化施工过程中的安全施工、安全生产、文明施工管理。制定相应的技术安全保证措施、安全施工用电制度、消防保障措施、成品保护制度等，确保严格执行操作规程，不违章施工和违章指挥。

5）施工过程中的设计变更和洽商需由建设单位、监理单位、设计单位、施工单位四方签署，并报总承包方备案。方可生效。

6）对隐蔽工程的隐检应有报告。

（3）安全防范系统施工管理的组织

一个典型的安全防范系统的过程进度计划如图 10-12 所示。具体过程的进度计划应根据工程的规模和工程的总体进度要求制定，并进行细化。其内容将包括图 10-12 中所列各部分。

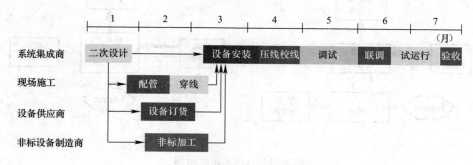

图 10-12　工程进度计划示意图

10.5.3　视频（电视）监控系统

1. 视频（电视）监控系统

电视监视和控制系统是对建筑物内主要公共场所、通道和重要部位，以及建筑物周边进行监视、录像的系统。它除具有实时监视功能外，还具有图像复核功能、与防盗报警系统、出入口控制系统等的联动功能。

系统的前端设备是各种类型的摄像机（或视频报警器）及其附属设备；传输方式一般采用同轴电缆或光缆传输；系统的终端设备是显示/记录/控制设备，它一般设在安防监控中心。安防监控中心的视频监控控制台还对报警系统、出入口控制系统等进行集中管理和监控。

模拟式视频（电视）监控系统为传统的电视监视系统，如图 10-13 所示。前端为 CCD 摄像机，图像信息以模拟信号传输、不压缩；采用视频矩阵、画面分割器等进行视频信号的切换处理，记录设备为录像机，显示设备为显示器/电视机。

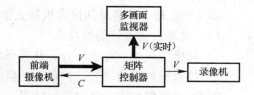

图 10-13　模拟式视频（电视）监控系统结构

数字式视频（电视）监控系统，也称数字视频录像（DVR）系统。系统的前端设备可以是数字摄像机，但大多仍为一般 CCD 摄像机；摄像机信号经视频服务器进行处理后变成数字信号，数字图像信号以帧的格式存储下来，可由计算机进行各种处理；记录设备采用硬盘记录；显示设备可由 VGA 格式显示，或仍通过显示器/电视机显示，以适应操作者的习惯。

数字式视频监控系统利用计算机的高速处理能力实现图像的压缩/解压缩等处理，并可方便地实现多种功能，如通过视频切换技术实现多视窗、视频报警、视频捕捉、图像存盘、特别是视频信号的网络传输、远端监视和控制等功能，使监视系统更直观，数字录像也极大地方便了对图像记录的检索。

在数字式监控系统中根据实现的方式不同通常又可分成两大类：一类是采用专用硬件实现的 DVR 系统；另一类是采用基于微机技术实现的 DVR 系统。系统结构如图 10-14 所示。

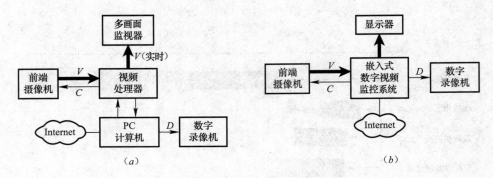

图 10-14　DVR 系统结构

(a) 基于 PC 机的视频显示、数字录像式 DVR 系统；(b) 嵌入式计算机的 DVR 系统

2. 视频（电视）监控系统的安装施工

视频（电视）监控系统的前端设备为各类摄像机，摄像机根据其功能、使用场合的不同可有不同的选择：

按使用环境区分，可分成室内、室外、防水、防爆等；按图像色彩区分，可分成黑白、彩色两大类；按摄像机的焦距区分，有定焦和变焦两大类；按摄像机的分辨率区分，有一般和高清晰度之分；按摄像机的信息处理方式区分，可分成模拟式（一般采用 CCD）、数码式（采用 DSP）；按对环境照度的要求．可分成普通、低照度、超低照度；按采用的护罩形式又可分成枪机、半球罩、球罩、飞碟等；按结构形式区分，有单体式、一体化机、一体化球机、针孔摄像机等类型，在一体化球机中又有普通一体化球机、高速一体化球机等。

图 10-15 是一些常见的摄像机和支架、护罩。

（1）前端设备安装前的检查

1）将摄像机逐一加电检查，并进行粗调，在摄像机工作正常时才能安装。

2）检查室外摄像机的防护罩套、雨刷等功能是否正常。

3）检查摄像机在护罩内紧固情况。

4）检查摄像机与支架、云台的安装孔径和位置。

5）在搬动、架设摄像机过程中，不应打开摄像机镜头盖。

（2）前端设备的安装

1）安装原则

① 应安装在监视目标附近不易受外界损伤、无障碍遮挡的地方，安装位置不影响现场设备工作和人员的正常活动。

② 摄像机安装对环境的要求：

a. 在带电设备附近架设摄像机时，应保证足够的安全距离

384

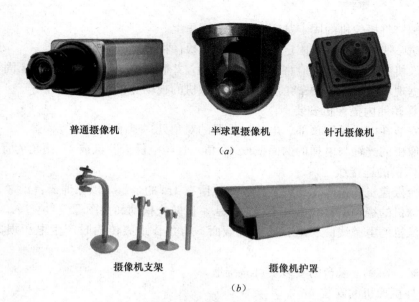

普通摄像机　　　　　半球罩摄像机　　　　针孔摄像机

(a)

摄像机支架　　　　　　　摄像机护罩

(b)

图 10-15　各类摄像机和摄像机安装的附件

(a) 各类摄像机；(b) 摄像机安装的附件

b. 摄像机镜头应从光源方向对准监视目标，应避免逆光安装。否则易造成图像模糊或产生光晕；必须进行逆光安装时，应将监视区域的对比度压缩至最低限度。

c. 室内安装的摄像机不得安装在有可能淋雨或易沾湿的地方；室外使用的摄像机必须选用相应的型号。

d. 不要将摄像机安装在空调机的出风口附近或充满烟雾和灰尘的地方，易因温度的变化而使镜头凝结水气，污染镜头。

e. 不要使摄像机长时间对准暴露在光源下的地方。如射灯等点光源。

③ 安装高度：室内以 2.5~5m 为宜；室外以 3.5~10m 为宜，不得低于 3.5m。

④ 摄像机安装时露在护罩外的线缆要用软管包裹，不得用电缆插头去承受电缆自重。

2）护罩摄像机的安装

摄像机的结构因品牌不同而各异，图 10-16 是一种典型的结构。

摄像机安装的注意事项有：

① 一般在天花板上顶装，要求天花板的强度能承受摄像机的 4 倍重量。

② 将摄像机接好视频输出线和电源线，并固定在防护罩内，再安装在护罩支架上。

③ 根据现场条件选择摄像机的出线方式，通常有从侧面引出（通过装饰盖板缺口）、或从顶面引出（需在顶棚上开孔）两种方式。

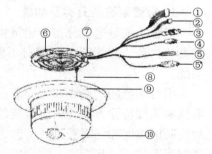

图 10-16　半球罩摄像机的结构

①—报警输入插头；②—报警输出插头；③—视频输出插头；④—数据端口；⑤—AC220V 电源线；⑤—AC24V 电源线（视型号选用⑤或⑤）；⑥—摄像机角度定位器；⑦—摇动起始点；⑧—防坠落保护弹簧；⑨—装饰盖板；⑩—半球形顶罩

385

④ 用螺钉将摄像机的固定基座固定在顶棚顶上。

⑤ 将防坠线钩在摄像机固定基座上，以防摄像机意外坠落。

⑥ 摄像机安装完毕后，应将安装螺钉拧紧，并确认摄像机的安装是否牢固和安全。

⑦ 根据现场情况调节护罩角度，以使摄像机的视场和视角最佳。

3）电梯轿厢内摄像机安装

① 应安装在电梯轿厢顶部、电梯操作器的对角处；要求隐蔽安装。

② 摄像机的光轴与电梯的两面壁成45°角，且与电梯天花板成45°俯角为宜。

4）摄像机的连接线

① 云台摄像机的视频输出线、控制线应留有1m的余量，以保证云台正常工作。

② 摄像机的视频输出线中间不得有接头，以防止松动和使图像信号衰减。

③ 摄像机的电源线应有足够的导线截面，防止长距离传输时产生电压损失而使工作不可靠。

④ 支架、球罩、云台的安装要可靠接地。

5）户外摄像机的安装

户外安装的摄像机除按上述规定施工外，要特别注意避免摄像机镜头对着阳光和其他强光源方向安装；此外还要对视频信号线、控制线、电源线分别加装不同型号的避雷器。

（3）监控中心设备的安装

1）监控中心设备的安装原则参照《计算机场地通用规范》GB/T 2887—2011执行。

2）监控中心设备的连接

按设计的系统图连接。

图10-17为一个典型的模拟式视频监控系统的连接图。

图10-18为一个典型的嵌入式数字视频监控系统的连接图。

10.5.4 报警系统

1. 报警系统的分类及功能

报警系统是通过分布于建筑物各种不同功能区域、针对不同防范需要而设置的各种探测器的自动监测管理，实现对不同性质的入侵行为的探测、识别、报警以及报警联动的系统。

报警系统的前端设备为安装在重点地区的各种类型的报警探测器；探测器的信号通过有线和无线传输方式传输；系统的末端是显示/控制/通信设备，或报警中心控制台，实现对设防区域的非法入侵进行实时、可靠和正确无误的报警和复核。系统应设置紧急报警装置和留有与110接警中心联网的接口。

报警系统的分类：根据其防范的目的、采用的探测器不同，报警系统通常包括入侵报警和对周围环境情况报警等两类。

入侵报警有：周界入侵报警和室内入侵报警。周界入侵报警除常用的主动红外探测器外，还有感应电缆和电子围栏（同时具有报警和阻挡功能）等；室内入侵报警通常包括被动红外探测器、双鉴（复合）探测器、振动探测器、玻璃破碎探测器、门磁开关等。

周围环境情况报警主要是指周围环境空气中的异常报警，通常有：烟雾、超温、燃气泄漏以及CO等的超标报警。其中有些纳入《火灾报警及消防联动控制系统》，也有的

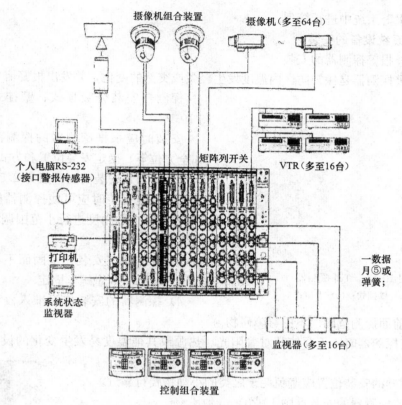

图 10-17　视频监控系统的连接图

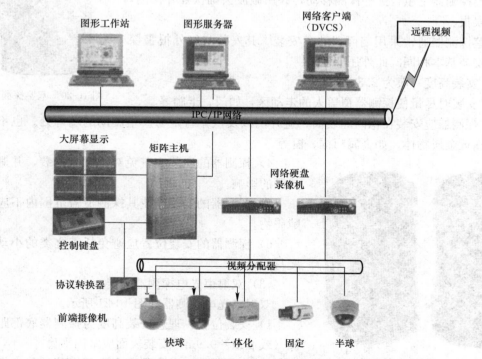

图 10-18　嵌入式数字视频监控系统的连接图

纳入建筑的报警系统中进行管理。

2. 报警系统设备的安装

（1）红外报警探测器的安装

红外报警探测器是探知防区内温度发生轻微或突然的变化，并发出报警信号。

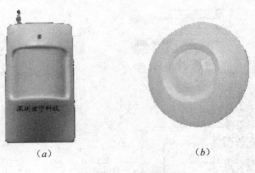

（a）　　　　　　　　　（b）

图 10-19　红外探测器

（a）壁挂式；（b）吸顶式

探测器安装分吸顶式、壁挂式两类。见图 10-19。

安装时应根据探测器的探测范围和方向（如全方位等）确定安装位置和方式。

1）吸顶式安装高度一般为 2.5～6m。

2）壁挂安装时应可使探测器能在水平方向和垂直方向的角度进行小范围调节，以获得最佳探测效果。

3）探测器应安装在坚固而不易振动的墙面上，要用 2～3 个螺丝固定。

4）探测器的安装应对准入侵者移动的方向，并使其前面探测范围内不应有障碍物。

5）安装探测器时，不要使其对着阳光、热源或其他温度易发生变化的设备，如空调机、加热器等。

6）探测器的安装位置应避免耗子之类的小动物爬行靠近。

（2）双鉴探测器的安装（图 10-20）

双鉴探测器是组合红外探测移动，并用微波去确认红外探测，以减少误报。

双鉴探测器通常采用墙面或墙角安装。其安装与红外报警探测器的安装基本相同。此外还应注意：

1）安装高度一般为 2.3m 左右。

2）安装时尽量使探测器覆盖人的走动区，如门、走廊等。

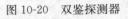

图 10-20　双鉴探测器

3）探测器应安装在稳固的表面，避开门以及汽车行走易产生震动的墙等处。也不要安装在靠近金属物体，如金属门框、窗等。

4）探测器的安装应避免对着阳光安装，并避开热源的影响。

5）探测器的安装应使其探测覆盖范围内不应有障碍物。

6）探测器的安装位置应避免耗子之类的小动物爬行靠近。

（3）双射束光电探测器安装

双射束光电探测器如图 10-21 所示。

1）安装位置：理想安装高度为探测器底部距地面（或墙顶）0.9m，安装表面应坚固平稳。

2）安装距离：安装距离应小于推荐的最大探测

图 10-21　双射束光电探测器

距离。

3）在室外安装时，必须按以下要求安装：

① 立杆式安装，并应使用防水外罩，远离可能被水淹没的地方或有腐蚀性液体及喷雾的地方。

② 应选择视线空旷处安装，不能让树、杂草及其他植物等遮挡物遮挡发射器与接收器之间的红外射束。

③ 如有必要，使用防虫罩遮挡蚊虫从底座安装槽进入探测器内部的可能。

④ 接收器不能安装在面向强光源（如日出、日落之太阳光）或太阳光能直接照射入接收器镜片的地方。

4）发射器与接收器不能安装在活动平面或受强烈震动干扰的地方。

（4）门磁开关的安装

1）门磁开关应尽量装在门的里面，以防破坏；安装应牢固、整齐、美观。

2）门磁开关的固定组件和活动组件的距离应小于下列数值：

① 木门安装时应小于 5mm；

② 卷闸门安装时应小于 20mm。

10.5.5 出入口控制（门禁）系统

出入口控制系统，是指采用现代电子与信息技术，对建筑物、建筑物内部的区域、房间的出入口对人员的进、出．实施放行、拒绝、记录和报警等操作的一种电子自动化系统。控制器能根据事先的登录情况对该卡号作出判断：合法有效的卡放行；非法卡或无效卡拒绝，同时向系统发出报警。

出入口控制（门禁）系统由出入口目标识别系统、出入口信息管理系统、出入口控制执行机构等三部分组成。系统的组成如图 10-22 所示。

系统的前端设备为各种出入口目标的识别装置（如读卡机、指纹识别机等）和出入口控制执行机构（门锁启闭装置，如出门按钮、电锁等），如图 10-23 所示。信息传输一般采用专线或网络传输；系统的终端为显示/控制/通信设备。

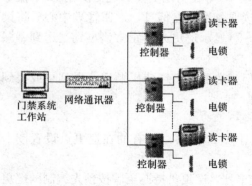

图 10-22　门禁系统结构

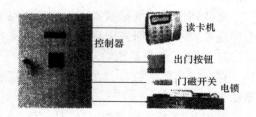

图 10-23　门禁系统前端设备组成

出入口控制（门禁）系统的控制器有单门控制器（一个控制器控制一把锁）、双门控制器（一个控制器控制 2 把锁）、4 或 8 甚至 16 门控制器等；门禁控制器的工作方式可以是独立的控制器，也可以通过网络对各门禁控制器实施集中监控的联网式控制。

出入口控制（门禁）系统如对出门无限制时，可采用出门按钮开门；如对出门有限制要求时（如要求记录时间等），则要在出门处安装出门读卡机，而不是装出门按钮。

出入口控制（门禁）系统一般都与入侵报警系统、视频（电视）监控系统和消防系统等联动。通常入侵报警系统的报警信息传输给出入口控制（门禁）系统，并联动门禁；出入口控制（门禁）系统的报警信号应联动视频（电视）监控系统，对报警点进行监视和录像；消防系统的火警信号则联动出入口控制（门禁）系统，使发生火警相关区域出入口的门禁处于释放状态。

10.5.6 巡更系统

巡更系统的功能是加强对巡更工作的管理，防止巡更的差错和保护巡更人员的安全。系统应具有设定多条巡更路线的功能，可对巡更路线和巡更时间进行预先编程。

巡更系统的分类

巡更系统通常分离线式巡更系统和在线式巡更系统两大类。

1. 离线式巡更系统（图 10-24）

信息钮　　　　巡更棒　　　　　　通信器

图 10-24　离线式巡更系统组件

（1）接触式：采用巡更棒作巡更器，信息钮作为巡更点，巡更员携巡更棒按预先编制的巡更班次、时间间隔、路线巡视各巡更点，读取各巡更点信息，返回管理中心后将巡更棒采集到的数据下载至电脑中，进行整理分析，可显示巡更人员正常、早到、迟到、漏检的情况。

（2）非接触式：采用 IC 卡读卡器作为巡更器，IC 卡作为巡更点，巡更员携 IC 卡读卡器，按预先编制的巡更班次、时间间隔、路线，读取各巡更点信息，返回管理中心后将读卡器采集到的数据下载至电脑中，进行整理分析，可显示巡更人员正常、早到、迟到、漏检的情况。

离线式巡更系统投资省、增加巡更点方便，但当巡更中出现违反顺序、报到早或报到迟等现象时不能实时发出报警信号。

2. 在线式巡更系统

在线式巡更系统有的在巡更点设置巡更开关图 10-25（a），也有的在巡更点设置读卡器图 10-25（b）。

采用 IC 卡作为巡更牌，在巡更点安装 IC 卡读卡器，巡更员持巡更牌按预先编制的巡更班次、时间间隔、路线巡视各巡更点，通过读卡器将巡更牌的信息实时上传至管理中心，在管理主机的电子地图上有相应显示和记录。在巡更中不按预定的路线和时间就发出报警。

在线式巡更系统应可设定多条巡更路线，这些路线能按设定的时间表自动启动或人工

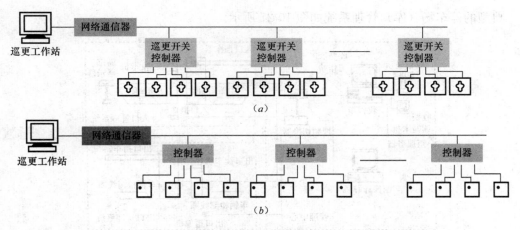

图 10-25 在线式巡更系统

(a) 巡更开关；(b) 读卡机

启动，被启动的巡更路线能人工暂停或中止。巡更中出现的违反顺序、报到早或报到迟都会发生警报，能及时得到监控中心的帮助和支援，它保证及时巡更、并保障了巡更人员的安全。

10.5.7 停车场（库）管理系统

停车场（库）管理系统将计算机技术、自动控制、智能卡技术和传统的机械技术结合起来对出入停车库（场）车辆的通行实施管理、监视以及行车指示、停车计费等综合管理。

系统通常由入口管理系统、出口管理系统和管理中心等部分组成。入口管理系统则由读卡机、发卡机、控制器、车辆检测器、电动挡车器（自动栏杆、道闸）、满位指示器等组成；出口管理系统则由读卡机、控制器、车辆检测器、自动栏杆（挡车器、道闸）等组成；管理中心由管理工作站、管理软件、计费、显示、收费等部分组成。

典型的停车场（库）系统如图 10-26 所示。

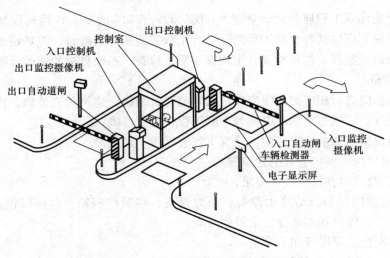

图 10-26 一入一出、单车道停车场组成图

典型的停车场（库）管理系统如图 10-27 所示。

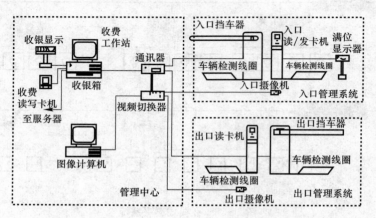

图 10-27 停车库（场）管理系统结构示意图

10.6 建筑设备自动监控系统

10.6.1 建筑设备监控系统概念

建筑设备监控系统（简称 BAS）是以微计算机为中心工作站，由符合工业标准的控制网络，对分布于监控现场的区域控制器和智能型控制模块进行连接，通过特定的末端设备，实现对建筑物或建筑群内的机电设备监控和管理的自动化控制，是具有分散控制功能和集中操作管理的综合监控系统。

建筑设备监控系统的监控范围为空调与通风系统、变配电系统、照明系统、给排水系统、热源和热交换系统、冷冻和冷却系统、电梯和自动扶梯系统等各子系统。

10.6.2 建筑设备监控系统工程施工

依据《智能建筑工程质量验收规范》GB 50339—2013 的要求，建筑设备监控系统工程实施和质量控制应包括与前期工程的交接、工程实施条件的准备、进场设备和材料的验收、隐蔽工程检查验收、过程检查、工程安装质量检查、系统自检和试运行等。

1. 施工准备

工程实施前应进行相应的工序交接，做好与建筑结构、建筑装饰装修、建筑给排水及供暖、建筑电气、通风与空调、电梯等分部工程程的接口确认。

（1）建筑设备监控系统安装前，建筑工程应具备下列条件：

1）已完成机房、弱电竖井的建筑施工；

2）预埋管及预留孔符合设计要求；

3）空调与通风设备、给排水设备、动力设备、照明控制箱、电梯等设备安装就位，并应预留好设计文件中要求的控制信号接入点。

（2）工程实施前应做好如下准备：

1）检查工程设计文件及施工图的完备性。建筑设备监控系统工程必须按已审批的施工图设计文件实施；工程中出现的设计变更，应按《智能建筑工程质量验收规范》GB 50339—2013附录中表B.0.3的要求填写设计变更审核单。

2）完善施工现场质量管理检查制度和施工技术措施：主要是指现场质量管理检查制度、施工安全措施、施工技术标准、主要专业工种操作上岗证书检查、分包方确认与管理制度、施工组织设计和施工方案的审批、工程质量检验制度等。

3）按照合同技术文件和工程设计文件的要求。对设备、材料和软件进行进场验收。进场验收应有书面记录和参加人签字，并经监理工程师或建设单位验收人员签字。未经进场验收合格的设备、材料和软件不得在工程上使用和安装。经进场验收的设备和材料应按产品的技术要求妥善保管。

2. 工程施工方法

施工中按先"预埋、预留"、"先暗后明"、"先主体后设备"的原则，具体实施按以下顺序进行：装修内隐蔽的管预埋、盒预埋→桥架、明配管支吊架制作安装→桥架、明配管安装→设备支吊架制作安装→线路敷设→设备安装→校接线→单体调试→系统调试→试运行→运行、竣工验收。

（1）主要施工项目和方法

1）配管施工：施工前应根据施工图按线路短、弯曲少的原则确定线路，测量定位。暗配管、盒、铁件在现有工作面上剔槽安装，管路保护层不小于15mm。管弯曲时应注意曲率半径符合规范要求。当配管超过以下长度时，其中间应加接线盒：

① 没有弯曲管长超过30m；

② 一个弯曲管长超过20m；

③ 两个弯曲管长超过12m；

④ 三个弯曲管长超过8m。

明配管的支架间距不大于2m，间距均匀，距盒间距一般不大于200mm。配管采用KBG扣压式薄壁镀锌管。

2）桥架施工：按设计要求定位画线，确定桥架走向，固定桥架支架。支架间距自桥架末端和拐弯点500mm，然后间距在1.5～2m间平均分配。接地必须符合设计及规范要求，桥架连接处内外均须有连接片，螺栓丝头端朝外，桥架与支架固定。桥架不变形，盖扣齐全完好，弯曲处符合线路敷设要求。

3）线路敷设：管内、桥架内线路敷设除执行现有的规范外，还应就其特点注意以下几个方面：

① 牵引时拉力的大小；

② 不能有硬弯、死结；

③ 线缆、光纤的弯曲半径；

④ 不同频率、电压线路间避免干扰；

⑤ 线缆的预留长度要适宜；

⑥ 做好敷设完线路的成品保护；

⑦ 因线路不允许做接头，布放前必须测量单根长度合理使用原材料，避免浪费。

4）设备安装：管理间设备安装，在土建湿作业及内粉刷作业完工，门窗安装完的情况下开始安装。机柜安装执行开关箱安装的有关标准，内部安装接线必须符合设计及规范要求，符合工业标准和行业标准。安装完的设备必须做好成品保护。

5）调试准备及调试：校线→接线→线路连接测试→单体调试→系统调试。校对好所敷线缆的规格型号、路由路径、位置、编好线路端头号码，按设计要求连接好，再进行系统线路的测试，最后进行调试。

（2）施工中要注意的问题

1）220V 交流电源线与信号线、控制电缆应分槽、分管敷设。

2）计算机、现场控制器、输入/输出控制模块、网络控制器、网关和路由器等电子设备的保护接地应连接在弱电系统的单独的接地线上，应防止混接在强电接地干线上。

3）屏蔽电缆的屏蔽层必须一点接地。

4）特殊设备安装施工应注意遵照生产制造厂家的技术要求。

5）输入装置安装施工要点：

安装位置应选在能正确反映其性能的和便于调试和维护的地方，不同类型的变送器应按设计和产品的技术要求和现场的实际情况确定其位置。

水管温度变送器、水管压力变送器、蒸汽压力变送器、水管流量计、水流开关不宜在管道焊缝及其边缘上开孔焊接。

风道型温度变送器、风道型湿度变送器、风道压力变送器、室内温度变送器、室内湿度变送器、空气质量变送器应避开出风口。

水管温度变送器、水管压力变送器、蒸气压力变送器、水流开关的安装应在工艺管道安装时同时进行。

风道压力、温度、湿度、压差开关的安装应在风道保温完成后进行。

6）输出装置安装施工要点：

风阀执行器和电动阀门执行器的指示箭头应与风门、电动阀门的开闭和水流方向一致。

安装前宜进行模拟动作。电动阀的口径与水管口径不一致时，应采用渐缩管件。但阀门口径一般不应低于管道口径二个档次，并应经计算确定满足设计要求。

电动调节阀和电磁阀一般应安装在回水管道上。

10.7 住宅（小区）智能化

10.7.1 住宅（小区）智能化概念

住宅（小区）智能化包括火灾自动报警及消防联动系统、安全防范系统、通信网络系统、信息网络系统、监控与管理系统、家庭控制器、综合布线系统、电源和接地、环境、室外设备及管网等各子系统。住宅（小区）智能化体系结构框图见图 10-28，检测验收项目见表 10-3。

（1）火灾自动报警及消防联动系统包括的内容在本章节规定的基础上，增加家居可燃气体泄漏报警子系统。

（2）安全防范系统包括的内容在本章节规定的基础上，增加访客对讲子系统。根据建设方、设计的要求，可将访客对讲子系统的室内机和家庭控制器合为一体。

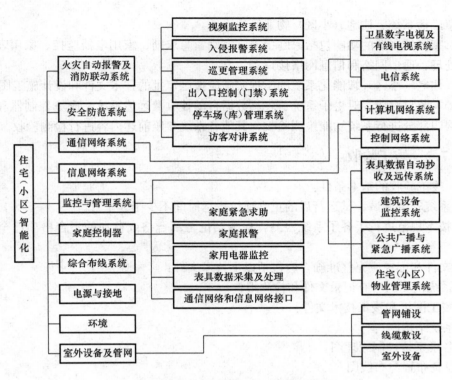

图 10-28　住宅（小区）智能化体系结构框图

住宅（小区）智能化检测项目表　　　　　　　　表 10-3

项　目	检测内容	项　目	检测内容
1. 火灾自动报警及消防联动系统	报警装置	5. 监控与管理系统	建筑设备监控
	灭火装置		公共广播与紧急广播
	疏散装置		住宅（小区）物业管理系统
	可燃气体报警	6. 家庭控制器	家庭报警
2. 安全防范系统	视频监控系统		家用电器监控
	入侵报警系统		家用表具数据采集及处理
	巡更管理系统		家庭紧急求助
	出入口控制（门禁）系统		通信网络和信息网络接口
	停车场（库）管理系统	7. 综合布线系统	综合布线系统
	访客对讲系统	8. 电源与接地	电源质量、等级
3. 通信网络系统	卫星接收系统		系统接地
	有线电视系统		系统防雷
	电话系统	9. 环境	机房环境指标
4. 信息网络系统	计算机网络系统		
	控制网络系统		

（3）通信网络系统包括通信系统、卫星数字电视及有线电视系统等子系统。

（4）信息网络系统包括计算机网络系统、控制网络系统等子系统。

（5）监控与管理系统包括表具数据自动抄收及远传系统、建筑设备监控系统、公共广播与紧急广播系统、住宅（小区）物业管理系统。

（6）家庭控制器的功能包括家庭报警、家庭紧急求助、家用电器监控、家用表具数据采集及处理、通信网络和信息网络接口等。

（7）住宅（小区）智能化系统的工程实施应按已审批的技术文件和设计施工图进行。

（8）本节只对访客对讲子系统、表具数据自动抄收及远传系统、家庭控制器和室外设备及管网四部分进行系统功能检测验收，其他各系统参照前述内容进行检测验收。

10.7.2 竣工验收

（1）竣工验收的基本条件：

1）系统安装调试、试运行后的正常连续投运时间不少于 3 个月。

2）按本规范进行了各子系统检测，检测结论全部合格或存在的不合格项已全部整改完成。

3）文件和记录应完整准确，应包括以下技术文件：

① 系统检测的所有记录文件和检测报告；

② 竣工图纸和竣工技术文件：

a. 系统结构图；

b. 各子系统控制原理图；

c. 设备布置与布线图；

d. 相关动力配电箱电气原理图；

e. 管理控制中心设备布置图；

f. 监控设备安装施工图；

g. 监控设备电气端子接线图；

h. 工程变更文件；

i. 设备清单等。

③ 技术、使用和维护手册；

④ 其他文件包括：

a. 工程合同及技术文件；

b. 设备出厂测试报告及开箱验收记录；

c. 施工质量检查记录；

d. 隐蔽工程验收报告；

e. 相关工程质量事故报告；

f. 系统试运行记录。

⑤ 子系统已进行了系统管理人员和操作人员的培训，并有培训记录，系统管理人员和操作人员已可以独立工作。

（2）按规范相关的规定实施竣工验收。

（3）各子系统可以分别验收，应作好验收记录，签署验收意见。

（4）竣工验收管理办法。

住宅（小区）智能化系统在通过竣工验收后方可正式交付使用，未经正式工程竣工验收的住宅（小区）智能化系统不应投入正常运行。当验收不合格时，应由责任单位整修返工，直至自检合格后再重新组织验收。

10.8 智能化系统集成

10.8.1 智能化系统集成

随着科学技术的进步，智能化系统集成（ISI，Intelligent System Intergration）在智能建筑中得到了长足的发展。智能化系统集成一般分为两个层次。其第一层次为建筑设备监控系统（BAS）、安全防范系统（SAS）和火灾自动报警及消防联动系统（FAS）等智能化子系统的集成，形成楼宇管理系统（BMS）。这个层面上的系统集成的特点是将智能建筑中以实时数据为基础的监控系统集成在一起，形成楼宇的综合实时监控和管理系统。智能化系统集成的更高层次则是将 BMS 与信息网络系统（INS）、通信网络系统（CNS），以及 MIS 等进行进一步的系统集成，形成建筑物的内部网络。并在此基础上，将智能建筑与网络联接，开展各种网络应用。这种系统集成被称为智能化楼宇管理系统（IBMS）。

1. 智能化系统集成的定义

智能化系统集成是将建筑物或建筑群中的各种不同功能的、分离的智能化子系统，以及构成这些智能化子系统的设备、功能和信息，借助于信息网络和综合布线，用系统集成的方式在物理上、逻辑上连接在一起而形成的一个有机的、既相互关联、又统一协调的系统，即 IBMS。通过 IBMS 满足建筑物的监控功能、管理功能和资源及信息的共享，实现优化决策和协同工作，达到资源的优化管理和对建筑用户提供最佳服务的目标。使智能建筑具备投资合理、适应信息化快速发展的需求，为用户提供一个安全、舒适、高效、环保的建筑环境。

2. 智能化系统集成的递阶层次结构及组成

通常，将智能建筑划分为一个四层递阶层次结构的体系。

其基础层由建筑设施和建筑设备组成。包括建筑物本体、组成建筑物的各种功能区、电气工程、供暖与空调通风系统、给水排水系统、电梯及自动扶梯系统、照明系统、消防及安防设施等。

基本监控层由就地仪表（传感器、变送器、执行器等）、I/O 装置、自控系统（DCS/PLC/FCS/SCADA 等）、火灾自动报警及消防联动系统以及安全防范系统组成。

优化监控与管理层是 BMS 系统集成的核心，在这一层上将安装协调调度与综合优化控制、故障检测与诊断等系统软件。并以这些软件为基础，建立整个智能建筑的设备管理、能源管理、安全管理和物业管理等系统。

最顶层为信息管理层。这一层的核心应是一个异构化的嵌入式信息平台，这是一个在应用服务器上运行的基础软件，其主要用途是将来自各应用系统的异构化数据转换为用 XML 等统一语言表示的数据，实现不同用户之间的信息共享，同时将可对内对外发布的公开信息存入中心数据库，并完成身份认证（CA）和访问控制。应用系统包括企业的因特网主页和企业内部网站、办公自动化系统（人事、财务、公文的审批和流转、文档管理等）、综合业务系统（因建筑物的不同而异，如酒店、写字楼、综合楼等，为特定用户所使用的应用软件系统）、CRM/ERP/GIS 及各种用于经营决策的专家系统、数据仓库及其网络应用等。智能化系统集成的递阶层次结构体系如图 10-29 所示。

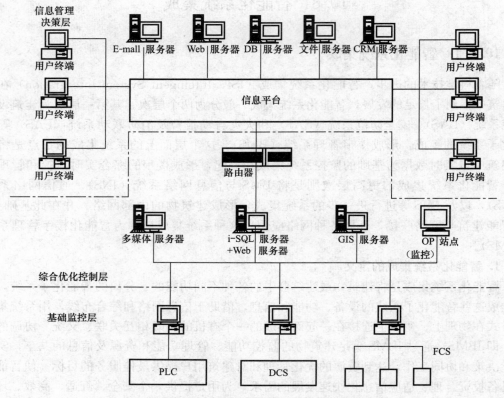

图 10-29　智能化系统集成的递阶层次结构体系

　　智能建筑一般由通信网络系统（电话交换系统、电视电话会议系统、移动通信系统、卫星及闭路电视系统、公共广播及紧急广播系统）、信息网络系统（计算机网络、交换机、服务器等主机设备、软件设施及信息安全系统）、建筑设备监控系统、火灾自动报警及消防联动系统和安全防范系统组成，综合布线、电源与接地系统及机房设施等构成了这些系统的支撑系统。

　　智能建筑的体系结构如图 10-30 所示。

3. 系统集成中的网络集成

　　要实现系统集成，首先遇到的是网络集成。在现代智能建筑中都敷设了许多网络系统，如用于信息管理的局域网（LAN 通常是 10/100Mbps，1000Mbps 的以太网）、用于 CATV 的同轴电缆网络或 HFC 网络、公共广播和紧急广播用的广播线路、无线网络、电话通信网络、BAS 控制网络、消防法规要求独立设置的 FAS 网络、安全防范系统（SAS）网络（通常由 RS-485/422 总线或 LAN 组成）、电视监控系统用的同轴电缆网络等不下 10 余种，要将这些网络系统集成起来就必须使用大量的诸如路由器、网关、网桥等接口系统。使得系统集成变得十分复杂而又困难。

　　要想做好智能建筑的网络集成，就必须对上述存在于智能建筑中的网络进行认真的分

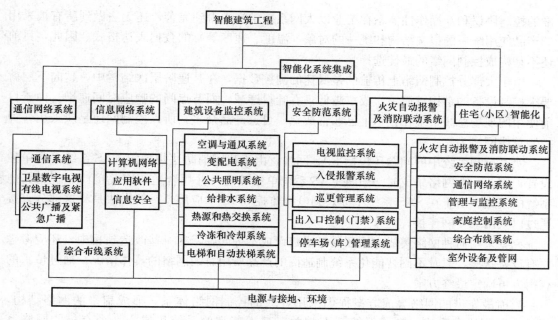

图 10-30　智能建筑的体系结构图

析，在对需求和网络性能很好地把握的基础上，才能设计出合理的适用于智能建筑系统集成的网络系统。

首先是那些可以采用 TCP/IP、UDP/IP 协议通信的设备，原则上应尽量使用 LAN 网络。除了信息管理层几乎无一例外地使用计算机网络外，通过采用多业务平台技术可以做到将电话通信、电视电话会议、甚至 CCTV 及广播系统等都融合到 LAN 内，形成多媒体网络。但必须慎重考虑多媒体网络的带宽和突发数据流量的网络管理等问题。同时，由于是数字化了的视频和语音传输，CCTV 系统和广播系统需采用数字设备或在使用模拟系统时通过编解码器、机顶盒（STB）等完成系统集成，其成本和可靠性问题都不容忽视。

另外，BAS、FAS、SAS 要求实时性高。尽管在理论上这些系统均可以借助 TCP/IP 协议通信，这也符合技术进步的发展方向。已经开始在工业上应用的分布式的嵌入式 IC（有的带内置式的 TCP/IP 通信协议和 Web Server）为工业以太网的发展提供了基础。表面上看，大有形成以工业以太网为主的控制网络将取代其他控制网络的趋势。但迄今为止在工业以太网的实际应用中仍存在着不少问题。首先是因为以太网的数据链路层采用 CS-MA/CD 实现介质层的访问控制（MAC），采用 64 字节的大帧长度。这就导致了以太网在用于实时控制网络时的"通信不确定性"和较大的网络开销。尤其在多媒体通信情况下，这些问题就更难解决。目前采用将以太网通信的接收器和发送器分开设置将带宽翻倍，用以增加带宽、使用组播协议以及设置优先级等措施使得在克服以太网的"通信不确定性"和保证网络的实时性等问题得到了较好的解决。但由于这种工业以太网一般要求星型拓扑结构和 C/S 或 B/S 工作方式，且不能使用带电双绞线网络，必须在输入端加装浪涌抑制器、EMS/ESD 等设备，这会给需要连接成千上万节点的控制网络布线造成几乎是无法克服的困难。而使用总线结构在多媒体通信时又容易产生广播风暴。另外。符合有关国际标准的控制协议和互操作性体系在工业以太网系统中尚未得到完善，还无法做到所有被采用的产品使用统一的报文结构和统一的对象（温度、速度等）的数据表达格式。因此，目前还不是构成控制网络的最佳选择。

由于大部分控制网络上传输的是低速的测控数据，在其递阶层次结构中，越向下层就要求控制设备的结构越简单、成本越低，吞吐量递减，而节点间的响应时间递增。由于目前使用的现场总线系统在技术上已非常成熟。可选产品众多，所以控制网还是应采用各种控制总线网络为宜。

实时控制系统中的问题还包括 FAS 网络，由于我国消防法规规定 FAS 系统必须单独设置，因此，在网络集成时一般将 FAS 系统单独处理，并用合适的网关接口实现与其他系统的集成。由于在 SAS 系统中涉及到电视监控和 IC 卡应用，一般做法是将这部分直接通过以太网或专网连接。

究竟采用何种网络集成方案还需考虑建设成本等问题，在一些改造项目中，还应考虑原有设备状况，以及不同智能化系统制造商的产品所用总线网络的具体情况，通过慎重的权衡方可确定最终方案。

当前最先进的网络集成方案提倡采用开放的控制网络体系，形成扁平的网络结构。将过去所用的多重的、各子系统互不相关、互不兼容的系统集成为一个有机的网络系统。构成基于信息而不再是基于命令的控制系统。这种开放的网络要求可与 LAN（TCP/IP 或 UDP/IP）实现无缝透明连接，各节点间对等通信，不用或尽量少用定制接口（如网关等）。使用通用工具（指开发、调试、维护用工具），开放的前端（如 MMI）等。从而使得用户能从市场上多个设备制造商处选择设备，可自行维护和扩展系统，极大地提高了系统集成的机动性，便于系统规模的扩展，有利于保证投资寿命和延长设备的使用寿命。

由于网关的主要功能是将数据从一种通信协议映射到另一种通信协议上，其先天性质决定了网关仅能传输有限的数据，往往会造成通信瓶颈。由于无法共享系统的故障信息，也就无法在系统故障时及时做出实时反应。当子系统有所更改时，必须同时修改网关设计，使系统的修改和扩展变得非常困难。同时，网关也是集成系统中最易出问题的装置。所以，在网络集成时应慎重使用。

接入网系统的选择是网络集成的另一个问题。现在，大多数智能建筑选取公共通信网络，通过租用线路的方式形成其连接 Internet 的接入网系统，如 ADSL/ISDN/DDN/FR 等。由于受线路租用费的限制和对网络流量估计不足的影响，常常会遇到通信瓶颈问题。VPN 技术则是近来备受企业重视的接入网方案；在接入网技术方面，另外的新技术包括以空分复用为基础的多业务平台技术，集成化语音、视频和数据体系结构（AWlD）技术等在提高接入网的利用率、防止 IP 网的广播风暴和加强网络安全等方面正受到广大用户的高度重视。

4. 系统集成的参考模型

图 10-31 为一个推荐的智能建筑系统集成参考模型。

企业信息门户（EIP，Enterprise Information Portal）为系统集成的用户界面。包括企业网站/主页、内部公共信息发布、领导子系统、分公司/职能部门子系统、供应商/销售商子系统及客户子系统等。

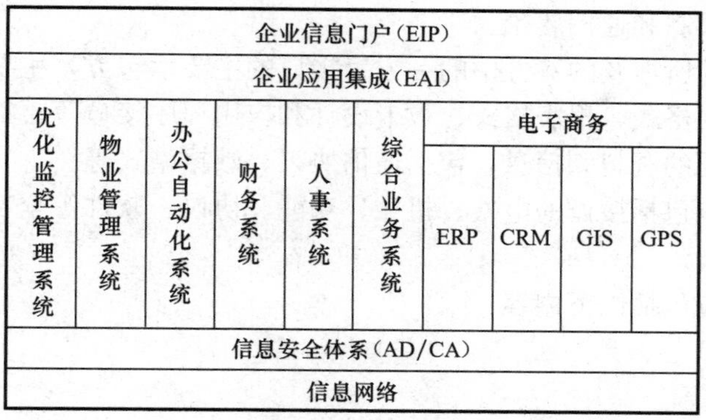

图 10-31 智能建筑系统集成参考模型

应用系统由楼宇的优化监控系统、物业管理系统、办公自动化系统（OA）、财务、人事、综合业务系统（如酒店管理系统、医院信息系统等，因建筑物的用途不同而异）、电子商务系统（ERP、CRM 等）等各类应用系统。

企业应用集成（EAI，Enterprise Application Integration）由数据集成平台、数据仓库和决策支持系统（DSS）组成，其中数据集成平台是一个异构化的信息平台，负责完成与各应用系统的数据接口，从各应用系统采集数据，完成数据动态目录的编辑。数据和目录的更新，并将其存入数据库或数据仓库中；决策支持系统完成对数据的分析，提供决策支持，为企业信息门户的各种用户提供服务。

信息安全体系的核心是一个动态目录系统（AD，Active Dictionary），除用于数据的分类和检测外，它的另一功能是用于访问控制。不同角色能访问不同的动态目录类别。信息安全的身份认证（CA）可采用密码、数字签名和 IC 卡数字安全技术，以及第三方信息安全体系等。

信息网络系统、各种标准规范、硬件设备、基础软件设施和楼宇监控系统是建筑智能化系统集成的基础。

10.8.2 智能化系统集成的开发和安装调试

智能化系统集成有多种集成模式，而且涉及全部楼宇自动化系统、楼宇的管理信息系统，所以不可能对每一集成模式都做详细描述。系统集成的重点为系统的集成功能、各子系统之间的协调控制能力、信息共享和综合管理能力、运行管理与系统维护的可实施性以及使用的安全性和方便性等。因此，在系统集成安装调试时。应注重系统集成中各接口功能、数据格式的一致性、信息安全和应用软件系统的诸功能。

1. 系统集成中的软硬件接口

系统集成中的接口主要是指与各子系统之间的接口。根据《智能建筑工程质量验收规范》GB 50339 的要求，当与各子系统之间采用定制的（custom-buih）接口时。系统承包商应提交接口规范，接口规范应在合同签订时由合同签订机构负责审定。系统承包商应根据接口规范制定接口测试方案，接口测试方案经检测机构批准后实施。承包商必须通过召开设计联络会、联合设计及图纸会签等方式完善其与第三方系统的接口设计，接口规范应包括接口的设计、制造、安装和调整以及修改等全过程，以实现系统的兼容性，减少因接口导致的数据通信限制和通信瓶颈。

应规定接口设计所涉及的双方中的一方为接口的主要承包方，主要承包方负责制定统一的文件格式、数据格式、报表格式、板卡设计和应用程序接口等。次要承包方必须提供主要承包方认为需要的资料和信息，包括通信协议、数据格式等。

接口规范一般应包括接口的电气、机械、功能、协议、软件等全部接口设计内容和接口测试方案。

接口规范最少应包括以下内容：

接 口 规 范

1. 目的
2. 参考文件
3. 术语表
4. 接口说明
    4.1 接口图表
    4.2 物理接口
        4.2.1 环境、位置和数量
        4.2.2 电器描述
        4.2.3 机械描述
    4.3 功能接口
    4.4 协议
    4.5 软件和数据接口
    4.6 命名协议
    4.7 设计约束
    4.8 电磁兼容
5. 执行和安装
6. 质量保证
    6.1 接口要求参考
    6.2 查证和确认
附录和图纸
    附录一 详细的设计接口表
    附录二 电缆终端表/图
    附录三 系统启动参数

接口测试方案一般应包括以下内容：

接 口 测 试 方 案

1. 目的
2. 参考文件
3. 术语表
4. 测试方法
5. 接口测试说明

5.1 测试 S/W ECS-XXX-IT-01

    5.1.1 测试的目的

    5.1.2 参考说明和其他功能性要求

    5.1.3 测试配置

    5.1.4 测试用设备

    5.1.5 有输入和期望输出（格式化的）的测试程序

5.2 TEST S/W ECS-XXX-IT-02

    5.2.1 测试的目的

    5.2.2 参考说明和其他功能性要求

    5.2.3 测试配置

    5.2.4 测试用设备

    5.2.5 有输入和期望输出（格式化的）的测试程序

所有的测试重复以上内容

6. 逻辑顺序和接口的独立性（能用鱼骨型表说明）

7. 质量保证

    7.1 接口要求参考

附录和图纸

当系统集成使用开放式系统或必须进行互联的双方使用成熟的专用网关连接时，上述接口规范和接口测试方案可以不做，但系统集成承包商应提供详细的接口文件，在安装调试时必须对这些接口逐一进行测试。

在 IBMS 系统集成中，一般采用 B/C/S 机制，通过 Web Server 实现数据共享，基于 J2EE 的中间件软件系统可提供异构化数据跨平台运行功能，为各种应用软件的连接带来了极大的方便。采用 ODBC 链接的系统集成必须注意数据的一致性，其测试须提交软件接口测试方案。

2. 应用软件

智能建筑的系统集成涉及的应用软件系统十分复杂。从软件来源分：包括操作系统、数据库、网管软件、网络计算机管理软件、监控系统开发工具及监控软件、信息安全软件、应用软件中的财务管理、办公自动化软件、GIS、CRM 及 ERP 等商品化软件系统，还包括监控系统的用户组态软件、优化监控软件、故障检测与诊断软件、BMS 软件系统及大量的 IBMS 用应用软件系统，因用户的不同需求而异，其中部分软件是由集成商或用户根据应用需求定制的专用软件。

在智能化系统集成中，无论采用何种集成模式，都必须保证系统集成的基本功能。出操作系统、数据库、网管及监控系统、信息管理系统等基础软件外。还应配备 BMS 的优化监控软件、故障检测与诊断软件、物业管理软件、设备管理软件及能源管理软件等。

3. 信息安全系统

随着信息技术的广泛应用，信息安全越来越受到智能建筑用户的重视。智能建筑信息安全除应保证信息网络系统的安全外，还关系到信息能否充分共享，即解决信息孤岛问题。在这里值得特别强调的是，为了保证监控设施的安全。一般应设置身份认证和访问控制手段，实现管理信息系统与实时监控系统之间的信息安全保障。有条件的地方应采用

VPN 技术、各种物理隔离技术、IC 卡等安全措施，保证不会出现对实时监控系统的非法操作和误操作。

4. 系统集成的寿命周期模型

一般情况下，建议采用寿命周期模型进行系统集成。寿命周期模型包括系统寿命周期模型、开发寿命周期模型和交叉寿命周期模型。

对于智能建筑的系统集成来说，建立系统寿命周期模型是非常重要的。通常，寿命周期是指系统从开始的需求定义起，经过开发和检验阶段来制作一个完善的集成系统，然后系统投入试运行，直到系统交付用户使用为止的整个过程。

所有在寿命周期内的行为都必须在一个符合 IS09001 规定的质量计划中被定义了的质量系统的控制下进行。

在系统检测和验证过程中，最终的运行系统必须被独立地测试，以确定是否符合需求规范和系统总体设计。寿命周期应在开始就制定一个检测和验证计划，在寿命周期的每个阶段。都应验证其输出结果。

最后的鉴定评估主要用来确认所有规范要求在系统寿命周期的全过程中已经都得到了满足。鉴定评估报告是系统可以交付使用的基础证明文件。

5. 系统集成的可靠性、可用性和可维护性（RAM）

提高系统集成的可靠性、可用性和可维护性是一个非常复杂的系统工程，贯穿从需求分析到竣工验收的全过程。既要为用户提供一个高可靠的、经常有效的和易于维护管理的系统，又要尽量减少系统的开发、建设和运行维护成本。这就要求系统集成的设计必须在二者之间找到合理的平衡点。

第11章 电梯安装工程技术

11.1 电梯安装工程技术

11.1.1 井道测量施工

井道测量施工工艺流程：搭设样板架→测量井道，确定基准线→样板就位，挂基准线→机房放线→使用激光准直定位仪确定基准线。

1. 搭设样板架

在井道顶板下面 1m 左右处用膨胀螺栓将角钢支架水平固定于井道壁上，水平度误差不大于 3/1000（图 11-1）。样板架宜采用不小于 50mm×50mm 角钢制作。所用材料应经过挑选与调直，锈蚀严重或变形扭曲的角钢不应使用（图 11-2）。样板与支架端部应垫实找平，水平度误差不大于 3/1000，为防止位移，在井道测量与放线结束后，应将样板与支架点焊。

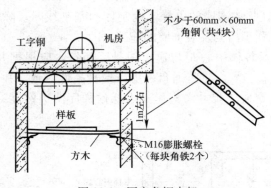

图 11-1 固定角钢支架

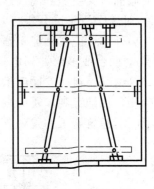

图 11-2 变形的角钢

2. 测量井道，确定基准线

1）预放两根厅门口线测量井道，一般两线间距为门口净宽。

2）根据井道测量法来确定基线时应注意的问题。

① 井道内安装的部件对轿厢运行有无妨碍。同时必须考虑到门上滑道及地坎等与井壁距离。对重与井壁距离，必须保证在轿厢及对重上下运行时其运动部分与井道内静止的部件及建筑结构净距离不小于 50mm。

② 确定轿厢轨道线位置时，要根据道架高度要求。考虑安装位置有无问题。道架高度计算方法如下（图 11-3）：

$$H = L - A - B - C$$

式中　H——道架高（左）；

L——轿厢中心至墙面（左）距离；

A——轿厢中心至安全钳内表面距离；

B——安全钳与导轨面距离（3~4mm）；

C——导轨高度及垫片厚度之和。

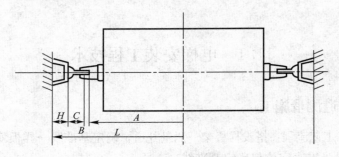

图 11-3　道架高度计算图

③ 对重导轨中心线确定时应考虑对重宽度（包括对重块最突出部分）。距墙壁及轿厢应有不小于 50mm 的间隙。

④ 对于贯通门电梯，并道深度≥厅门地坎宽度×2＋厅门地坎与轿厢地坎间隙×2＋轿厢深度，并考虑井壁垂直度是否满足安装要求。

⑤ 各层厅门地坎位置确定，应根据厅门线测出每层牛腿与该线距离，做到既要少剔牛腿或墙面，又要做到离墙最远的地坎稳装后，门立柱与墙面间隙小于 30mm。

⑥ 对于厅门建筑上装有大理石门套以及装饰墙的电梯，确定厅门基准线时，除考虑以上 5 项外，还应参阅建筑施工图，考虑利于门套及装饰墙的施工。

⑦ 对两台或多台并列电梯安装时注意各梯中心距与建筑图是否相符，应根据井道、候梯厅等情况，对所有厅门指示灯、按钮盒位置、进行通盘考虑，使其高低一致，并与建筑物协调，保证美观。还应根据建筑及门套施工尺寸考虑做到电梯候梯厅两边宽度一致。以保证门套建筑施工的美观要求（图 11-4）。

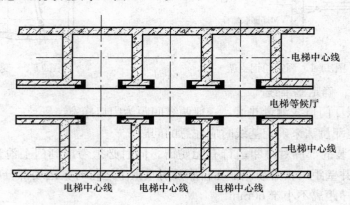

图 11-4　多台相对电梯平面图

⑧ 确定基准线时，还应复核机房平面布置。保证曳引机、限速器等设备布局无问题，以方便今后维修。

3. 样板就位，挂基准线

（1）基准线共计 10 根。其中：

① 轿厢导轨基准线 4 根；

② 对重导轨基准线 4 根；

③ 厅门地坎基准线 2 根（贯通门 4 根）。

（2）按前面所述注意事项通盘考虑后，确定出梯井中心线、轿厢架中心线、对重中心线。进而确定出各基准垂线的放线点。画线时使用细铅笔，核对无误后再复核各对角线尺寸是否相等。偏差不应大于 0.3mm。样板的水平度偏差在平面内不大于 3mm。

（3）从样板处将钢丝一端悬一较轻物体，缓缓放下至底坑。垂线在放线过程中不能与脚手架或其他物体接触，并不能使钢丝有死结。

（4）在放线点处用锯条垂直锯 V 形小槽，使 V 形槽顶点为放线点，将线放入。以防基准线移位造成误差。并在放线处注明此线名称，把尾线固定在角钢上绑牢。

（5）线放到底坑后用 5～8kg 的线坠替换悬挂物，再以桶盛水。将线坠置于其中以使其快速静止。

（6）在底坑上 800～1000mm 处用木方支撑固定下样板，待基准线静止后用 V 形卡钉将线固定于样板上，然后复核各尺寸无误后可进行下道工序（图 11-5）。

4. 机房放线

（1）通过机房放线，可核对机房设备各预留孔洞的位置。用线坠通过机房预留孔洞，将井道样板上的轿厢导轨轴线、轨距中心线（门中线）等引至机房地面。

（2）以各轴线、中心线及其垂直交叉点为基准，按图纸尺寸要求弹画出各绳孔的准确位置（图 11-6）。

（3）根据画线的准确位置，修正各预留孔洞，并确定承重钢梁（墩）及曳引机的位置。

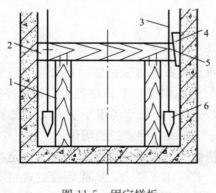

图 11-5　固定样板

1—撑木；2—底坑样板架；3—铅垂线；
4—木楔；5—U 形钉；6—线坠

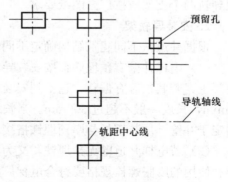

图 11-6　绳孔画线

5. 使用激光准直定位仪确定基准线

（1）井道测量

使用激光仪进行井道形位误差检测时，首先将激光仪利用三脚架架设在井道顶端的机房地面上并调水平、调垂直，按照需要，先后在几个控制点上，通过地面的孔洞向下打出激光束。逐层对井道进行测量。对测量数据综合分析后按实际净空尺寸在最合理的位置安置稳固上样板。

（2）确定基准线

当上样板位置确定后，在其上方约 500mm 两根轿厢导轨安装位置处的墙面上，临时安装两个支架用于放置激光仪。首先固定好激光仪，调整检查仪器顶部圆水泡上的气泡在刻度范围内，调整仪器使光斑与孔的十字刻线对正，将光斑中心在下样板作标记。在其他支架处重复上述步骤，再按传统工艺进行检验无误后，基准线确定。

（3）施工中安全注意事项

1）作业时防止物体坠落伤人。

2）各层厅门防护栏保持良好。

3）进入井道施工应做好防护，防止坠落。

11.1.2　导轨支架和导轨的安装

施工工艺流程：确定导轨支架位置→安装导轨支架→安装导轨→调校导轨。

1. 确定导轨支架的安装位置

没有导轨支架预埋铁的电梯井道，要按照图纸要求的导轨支架间距尺寸及安装导轨支架的垂线来确定导轨支架在井道壁上的位置。当图纸上没有明确规定最下、最上一排导轨支架的位置时应按以下方法确定：最下一排导轨支架安装在底坑地面以上 1000mm 的位置；最上一排导轨支架安装在井顶板以下不大于 500mm 的位置。在确定导轨支架位置的同时，还应考虑导轨连接板（接道板）与导轨支架不能相碰，错开的净距离不小于 30mm。若图纸没有明确规定，则以最下层导轨支架为基点，往上每隔 2000mm 设一排支架，如遇到接道板可适当放大间距，但最大不应大于 2500mm。导轨支架的布置应满足每根导轨两个支架或按厂方图纸要求。

2. 安装导轨架

根据井道壁不同建筑结构确定不同的安装方法。

（1）电梯井壁有预埋铁：按安装导轨支架的垂线检查预埋铁位置，并清除预埋铁表面混凝土，若其位置有偏移，达不到安装位置要求，可在预埋铁上补焊钢板。钢板厚度 $\delta \geqslant$ 16mm，长度一般不超过 300mm。当长度超过 200mm 时，端部用不小于 $\phi 16$ 的膨胀螺栓固定于井壁，加装钢板与厚预埋铁搭接长度不小于 50mm，要求三面满焊。

（2）若电梯井道壁无预埋铁，又为混凝土现浇结构，则采用膨胀螺栓直接固定导轨支架。使用的膨胀螺栓规格要符合电梯厂图纸要求。若厂家无要求，膨胀螺栓的规格不小于 $\phi 16$mm，打膨胀螺栓孔时位置要准确且要垂直于墙面，深度要适当。遇到墙内钢筋时，可适当调整打孔位置。一般以膨胀螺栓被固定后，护套外端面和墙壁表面相平为宜。若墙面垂直误差较大，可局部剔凿，使之和导轨支架接触面间隙不大于 1mm，然后用薄垫片垫实。待导轨支架就位，并找平找正，将膨胀螺栓紧固。

（3）若电梯井道壁为砖墙结构，不宜采用膨胀螺栓固定导轨支架，一般采用剔孔洞，用混凝土灌注导轨支架的办法；或采用穿钉螺栓在井道壁内外侧固定钢板（$\delta \geqslant$16mm），将导轨支架焊接在钢板上。

3. 安装导轨

从样板上放基准线至底坑，基准线距导轨端面中心 2～3mm，并进行固定。底坑固定好导轨底座，并找平垫实，其水平度偏差不大于 1/1000。采用油润滑的导轨，需在立基础导轨前将接油盘放置好。检查导轨的直线度偏差应不大于 1/6000，且单根导轨全长偏差不大于 0.7mm，不符要求的导轨可用导轨校正器校正或更换。导轨端部的榫头连接部位加工面的油污毛刺、尘渣等均应清除干净后，才能用于安装。在梯井顶层楼板下挂一滑轮并固定牢固，在顶层厅门口安装并固定一台 0.5t 的卷扬机。在每根符合要求的导轨榫头端上装好连接板，吊装导轨时要采用 U 形卡或双钩勾住导轨连接板。若导轨较轻且提升高度不大，可采用人力，且用≥φ16 的尼龙绳代替卷扬机吊装导轨。若采用人力提升导轨，须由下而上逐根立直。若采用小型卷扬机提升，可将导轨提升到一定高度，与另一根导轨连接，安装导轨时应注意，每节导轨的凸榫头应朝上，并清洁干净，以保证导轨接头处的缝隙符合规范的要求。导轨吊运时应扶正导轨，避免与脚手架碰撞。导轨在逐根立起时就用连接板相互连接牢固，并用导轨压板将其与导轨支架略加压紧，待调轨校正后再紧固。

4. 调整导轨

（1）用钢板尺检查导轨端面与基准线的间距和中心距离，如不符合要求，应调整导轨前后距离和中心距离，然后再用导轨尺进行调整。将导轨尺端平，并使两指针尾部侧面和导轨侧工作面贴平、贴严，两端指针尖端指在同一水平线上，说明无扭曲现象（图 11-7）。

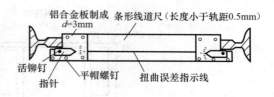

图 11-7　导轨尺

（2）如贴不严或指针偏离相对水平线，说明导轨存在扭曲现象，则用专用垫片调整导轨支架与导轨之间的缝隙，使之符合要求。导轨支架和导轨背面间的衬垫以 3mm 以下为宜，超过 3～7mm 时，要在衬垫间点焊；当超过 7mm 时，要垫入与导轨支架宽度相等的钢板垫片后，再用较薄的衬垫调整。调整导轨使其端面中心与基准线相对，并保持规定间隙，同时也要调整两导轨间距。两导轨端面间距偏差在导轨整个高度上应符合轿厢导轨 0～+2mm，对重导轨 0～+3mm 的要求。修正导轨接头处的工作面，可用钢板尺或刀口尺靠在导轨接头处工作面，用塞尺检查 a、b、c、d 处水平度偏差（图 11-8）。要求导轨接头处的全长不应有连续缝隙，局部缝隙不大于 0.5mm（图 11-9）。两导轨的侧工作面和端面接头处的台阶应不大于 0.05mm，对台阶应沿斜面用手砂轮或油石进行磨平。修整长度应大于 150mm 的要求（图 11-10）。

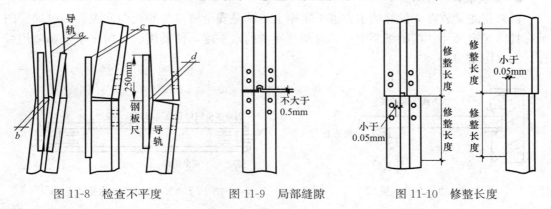

图 11-8　检查不平度　　　图 11-9　局部缝隙　　　图 11-10　修整长度

5. 施工中安全注意事项

（1）井道施工特别是吊运导轨时，应仔细检查吊具、卷扬机等设备，防止意外发生。

（2）井道中施工人员戴好安全帽，系好安全带。

11.1.3 轿厢及对重安装

施工工艺流程：准备工作→安装底梁→安装立柱→安装上梁→安装轿底→安装导靴→安装轿壁、轿顶→安装轿门装置及开门机构→安装轿厢其他装置→对重框架吊装就位→对重导靴安装调整→安放对重块并固定。

1. 准备工作

（1）在顶层门口对面的混凝土井道壁相应位置上安装两个角钢托架，每个托架用 3 个 M16 膨胀螺栓固定，在厅门口牛腿处横放一根木方，在角钢托架和横木上架设两根 200mm×200mm 木方或 20 号工字钢。两横梁的水平度偏差不大于 2/1000，然后把木方端部固定（图 11-11）。

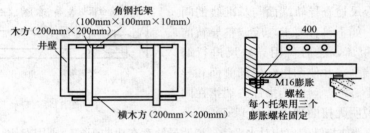

图 11-11 固定木方端部

（2）若井道壁为砖结构，又赶不上水泥圈梁，则在厅门门口对面的井壁相应的位置上剔出两个与木方大小相适应，深度超过墙体中心 20mm 且不小于 75mm 的洞，用以支撑木方的另一端（图 11-12）。

（3）在机房承重钢梁上相应位置横向固定一根直径不小于 $\phi50$ 的圆钢或规格为 $\phi75\times4$ 的钢管，由轿厢中心绳孔处放下钢丝绳扣（不小于 $\phi13$）并挂一个 3t 的倒链，以备安装轿厢使用。

2. 安装底梁

（1）将底梁放在架设好的木方或工字钢上，调整安全钳口与导轨面间隙，如电梯厂图纸有具体规定尺寸。按图纸要求；同时调整底梁的水平度，使其横、纵向水平度偏差均≤1/1000（图 11-13）。

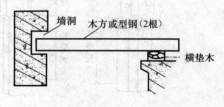

图 11-12 木方的支撑

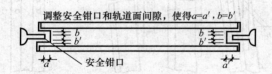

图 11-13 调速底梁的水平度

410

（2）安装安全钳楔块，楔齿距导轨侧工作面的距离调整到 3～4mm（安装说明书有明确规定者按产品要求执行），且 4 个楔块距导轨侧工作面间隙应一致，然后用厚垫片塞于导轨侧面与楔块之间，使其固定。

3. 安装轿厢立柱

将轿厢立柱与底梁连接，连接后使立柱垂直，其垂直度偏差在总高上≤1.5mm，不得有扭曲，若达不到要求应用垫片进行调整，也可在安装上梁后调整（图 11-14）。

4. 安装上梁

用倒链将上梁吊起与立柱相连接，装上所有的连接螺栓。调整上梁的横、纵向水平度，使水平度偏差≤1/2000，同时再次校正立柱，保证垂直度偏差不大于 1.5mm。装配完的轿厢框架不应有扭曲应力存在，然后分别紧固螺栓。

5. 安装轿底

（1）用倒链将轿厢底盘吊起。然后放于相应位置。将轿底与立柱、底梁用螺栓连接但不用把螺栓拧紧。安装上斜拉杆，并进行调整，使轿底水平度偏差≤2/1000，然后将斜拉杆用双螺母锁紧，把各连接螺栓紧固（图 11-15）。

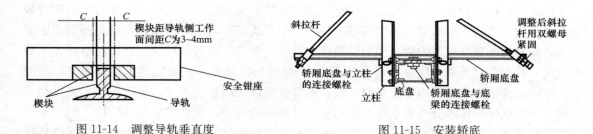

图 11-14 调整导轨垂直度   图 11-15 安装轿底

（2）若轿底为活动结构时，先按上述要求将轿厢底盘托架安装调好，并将减振器及称重装置安装在轿厢底盘托架上，用倒链将轿厢底盘吊起，缓缓就位，使减振器上的螺栓逐个插入轿底盘相应的螺栓孔中，然后调整轿底的水平度，使其水平度偏差≤2/1000。

（3）安装调整安全钳拉杆，拉起安全钳拉杆，使安全钳楔块轻轻接触导轨时，限位螺栓应略有间隙，以保证电梯正常运行时。安全钳楔块与导轨不致相互摩擦或误动作。同时，应进行模拟动作试验，保证左右安全钳拉杆动作同步。其动作应灵活无阻。达到要求后，拉杆顶部用双螺母紧固。

6. 安装导靴

（1）安装导靴要求上下导靴中心与安全钳中心 3 点在同一条垂线上，不能有歪斜偏扭现象（图 11-16）。

（2）固定式导靴要调整其间隙一致，内衬与导轨两工作侧面间隙各为 0.5～1mm，与导轨端面间隙两侧之和为 2.5～1mm。弹性导靴应随电梯的额定载重量不同而调整，使其内部弹簧受力相同，保持轿厢平衡。滚轮导靴安装平正。两侧滚轮对导轨的初压力应相同，压缩尺寸按制造厂规定调整。若厂家无明确规定，则根据实际情况调整，各滚轮的限位螺栓，使侧面方向两滚轮的水平移动量为 1mm，顶面滚轮水平移动量为 2mm，允许导轨顶面与滚轮外圆间保持间隙不大于 1mm，并使各滚轮轮缘与导轨工作面相互平行无歪斜和均匀接触（图 11-17）。

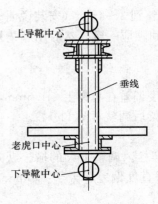

图 11-16　安装导靴

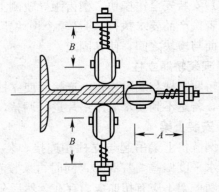

图 11-17　滚轮轮缘与导轨工作面的接触

7. 安装轿壁、轿顶

首先将轿壁底座与轿厢底盘连接，连接螺栓要加弹簧垫圈，以防止因电梯的振动而松动。轿底局部不平而使轿壁底座下有缝隙时，要在缝隙处加调整垫片垫实。安装轿壁，可逐扇安装，也可根据情况将几扇先拼在一起再安装。安装轿壁应先安装轿壁与井道间隙最小的一侧，再依次安装其他各侧轿壁。待轿壁全部装完后，紧固轿壁间及轿底间的固定螺栓，同时将各轿壁板间的镶条和与轿顶接触的胶垫整平。轿壁和轿顶间穿好的螺栓先不要紧固，待调整轿壁垂直度满足不大于 1/1000 时再加以紧固。安装完要求接缝紧密，间隙一致，嵌条整齐，轿厢内壁应平整一致，各部位螺栓垫圈必须齐全，紧固牢靠，无晃动歪斜。一般电梯的轿顶分为若干块独立的框架结构进行拼装，也有做成整体结构，但无论采用哪种形式，都应安装牢固，不要忘记安装衬垫及减振材料。先将轿顶组装好用倒链悬挂在轿厢架上梁下方，作临时固定。待轿壁全部装好后再将轿顶放下，按图纸设计要求与轿壁定位固定，客梯轿顶通常还有装饰结构，用于安装装饰板及灯光，对于粘贴物应仔细检查是否松脱活动。轿顶接线盒、线槽、电线管、安全保护开关等要按厂家安装图安装，若无安装图则根据便于安装和维修的原则进行布置。

8. 安装轿门装置及开门机构

轿门安装基本同于厅门安装，要保证门扇的垂直度和运动自如。安全触板安装后要进行调整，使之垂直。轿门全部打开后安全触板端面和轿门端面应在同一垂直平面上，安全触板的动作应灵活，功能可靠，其碰接力不大于 5N。在关门行程 1/3 之后，阻止关门的力不应超过 150N。安装、调整开门机构和传动机构使门在启闭过程中有合理的速度变化，而又能在起止端不发生冲击。并符合厂家的有关设计要求。若厂家无明确规定则按其传动灵活。功能可靠的原则进行调整。一般开关门的平均速度 0.3m/s，关门时限 3.0～5.0s，开门时限 2.5～4.0s。在安装轿门扇和开门机构后，安装开门刀。开门刀调整完端面和侧面的垂直偏差全长均不大于 0.5mm。并且达到厂家规定的尺寸位置要求。

9. 安装轿厢其他附属装置

轿厢的其他附属装置包括轿顶护栏、平层感应器、限位开关碰铁，满载起载开关以及轿厢内的扶手、装饰镜、灯具、风扇、应急灯、到站钟、踢脚板等。安装时应按照厂家图纸要求准确安装，确认安装牢固，功能有效。

10. 对重框架吊装就位

（1）在电梯底层脚手架的相应位置拆除局部脚手管，以便于吊装配重框架和装入配重块。在适当高度的对重导轨支架上拴上钢丝绳扣，在钢丝绳口中央悬挂一倒链。钢丝绳扣应拴在导轨支架上。不可直接拴在导轨上，以免导轨受力后移位或变形。在对重缓冲器两侧各支一根方木，如图 11-18 所示。撑木高度 $C = A + B +$ 越程距离，其中 A 为缓冲器底座高度，B 为缓冲器高度。

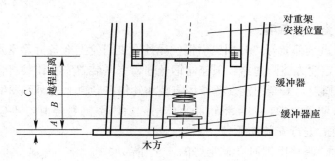

图 11-18　缓冲器两侧撑木

越程距离见表 11-1。

越程距离 表 11-1

电梯额定速度（m/s）	缓冲器形式	越程距离（mm）
0.5～1.0	弹簧	200～350
1.5～2.5	液压	150～400

（2）若导靴为弹簧式或固定式的，要将同一侧的两导靴拆下。若导靴为滚轮式的，要将四个导靴都拆下。将对重框运至井道，用钢丝绳扣将对重绳头板和倒链钩连在一起。操作倒链将对重框吊起到预定高度，对于一侧装有弹簧式或固定式导靴的对重框架。移动对重框架使其导靴与该侧导轨吻合并保持接触，然后放松倒链，使对重框架平稳牢固地安放在事先支好的方木上。应使未装导靴的框架两侧面与导轨端面距离相等。

11. 对重导靴安装调整

固定式导靴安装时要保证内衬与导轨端面间隙上、下一致，若达不到要求用垫片进行调整。在安装弹簧式导靴前将调整螺母紧到最大限度，使导靴和导靴架之间没有间隙，这样便于安装。若导靴滑块内衬上、下与导轨端面间隙不一致，则在导靴座和对重框架间用垫片进行调整，调整方法同固定式导靴。滚轮式导靴安装要平整，两侧滚轮对导轨的初压力应相等，压缩尺寸应按制造厂家规定。如无规定则根据使用情况调整压力适中，正面滚轮与道面压紧，轮中心对准导轨中心。

12. 安放对重块并固定

（1）装入对重块的数量应由下列公式决定：

块数＝[轿厢自重＋额定载荷×（0.4～0.5）－对重框架重]÷每块配重的重量

这只是一个估算值。具体数量应在做完平衡载荷实验后确定。装入配重块后应按厂家要求装上对重块压紧装置，并上紧螺母，防止对重块在电梯运行时发出撞击声。

（2）如果有滑轮固定在对重装置上，应设置有效装置以避免伤害人体、悬挂绳松弛时脱离绳槽、绳与绳槽之间落入杂物。这些装置的结构应不妨碍对滑轮的检查维护。对重装置如设有安全钳。应在对重装置未进入井道前，将有关安全钳的部件装妥。对重在底坑的安全栅栏的底部距底坑地面应为 500mm，安全栅栏的顶部距底坑地面应为 2500mm，一般用扁铁制作。在同一井道有多台电梯时。应设安全护栅隔离，其高度从轿厢或对重行程的最低点延伸至底坑地面以上 2.5m。如两部电梯部件水平间距小于 0.3m 时，则护栅应贯穿整个井道。

13. 施工中安全注意事项：

（1）当轿厢对重全部装好，并用曳引钢丝绳挂在曳引轮上准备拆除支承轿厢的横梁和对重的支撑之前，一定要先将限速器、限速器钢丝绳、张紧装置安全钳拉杆安装完成，防止万一发生电梯失控打滑时，安全钳能发挥作用将轿厢轧住在导轨上，而不发生坠落危险。

（2）在安装轿厢过程中，如需将轿厢整体吊起后用倒链悬停时，不应长时间停滞，且禁止人员站在轿箱上进行安装作业。

（3）严禁私拆、调整出厂时已整定好的安全钳部件。

11.1.4　厅门安装

施工工艺流程：稳装地坎→安装立柱、门头、门套→安装门扇、调整厅门→锁具安装。

1. 稳装地坎

（1）当导轨安装调整完毕，以样板架上悬放的厅门安装基准线和导轨确定厅门位置。

（2）若地坎牛腿为混凝土结构，将地脚爪装配在地坎上，用 32.5 级及其以上水泥砂浆固定在各层牛腿上，灌注混凝土时，应捣实无空鼓，同时注意地坎水平度和与基准线的对应关系。地坎安装完毕应高于最终楼板装修地面 2～5mm，并与地平面抹成斜坡，防止液体流入井道（图 11-19）。

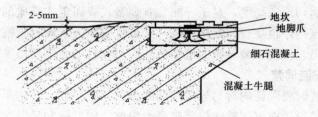

图 11-19　地坎安装效果

（3）若厅门土建结构无牛腿时，要采用钢牛腿来稳装地坎。从预埋铁件上焊支架，或以 M16 以上膨胀螺栓固定牛腿支架。支架数量视电梯额定载重量确定，1000kg 以下不少于 3 个。1000kg 以上不少于 5 个，进出叉车。电瓶车等运载工具的货梯还应考虑车轮的位置，进行特别加固（图 11-20）。

2. 安装立柱、门头、门套

（1）等待灌注地坎的水泥完全干结后，安装门立柱、门头。要保证门立柱与墙体连接可靠。有预埋铁的可直接将连接件焊接于其上；无预埋铁的应利用膨胀螺栓、角钢等替代（图 11-21）。

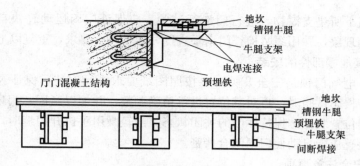

图 11-20 地坎的加固

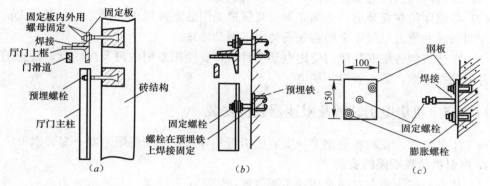

图 11-21 安装门立柱、门头

（2）要保证门立柱垂直度和门头的水平度。如侧开门。两根滑道上端面应在同一水平面上，并用线坠检查上滑道与地坎滑槽两垂面水平距离和两者之间的平行度。

（3）安装厅门门套时，应先将上门套与两侧门套连接成整体后，与地坎连接，然后用线坠校正垂直度，固定于厅门口的墙壁上。钢门套安装调整后，用细钢筋将门套内筋与墙内钢筋焊接固定，加固用钢筋应具有一定松弛度的弓形，防止焊接时变形影响门套位置的保持。为防止浇灌混凝土或门口装修时影响门套位置，可在门套相关部位加木楔支撑或挡板，待混凝土固结后再拆除（图 11-22）。

3. 安装门扇、调整厅门

（1）先将门底滑块、门滑轮装在门扇上，然后将门扇挂到门滑道上。在门扇与地坎间垫上适当支撑物，用专用垫片调整门滑轮架与门扇的位置，达到安装要求后，用连接螺栓加以紧固（图 11-23）。

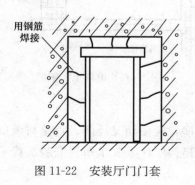

图 11-22 安装厅门门套

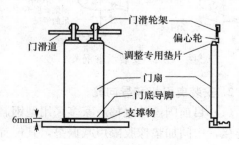

图 11-23 安装门滑轮

（2）撤掉门下所垫支撑物，进行门滑行试验，应保证门扇运动轻快自如，无剐蹭摩擦、冲击、跳动现象，并用线坠检查门扇垂直度，如不符合要求，重复以上调整步骤。

4. 锁具、其他零部件的安装

机械门锁、电气门锁（安全开关）要按照图纸要求进行安装，保证灵活有效，无撞击、无位移。待慢车试验时，再对其位置进行精确调整，并加以紧固。门扇安装完后，应立即将强迫关门位置装上，保持厅门的关闭状态。当轻微用手扒开门缝时，在无外力作用下，强迫关门装置应能自动使门扇闭合严密。

5. 施工中安全注意事项

（1）井道内施工注意安全保护，防止坠落，施工人员系好安全带、佩戴安全帽。

（2）各层厅门在安装后，必须立刻安装强迫关门装置及机械门锁，防止无关人员随意打开厅门坠入井道。电气安全回路未安装完不得动慢车。

（3）在建筑物各层安装厅门使用电动工具时，要使用专用电源及接线盘，禁止随意从就近各处私拉电线，防止触电、漏电。

11.1.5 机房曳引装置及限速器装置安装

施工工艺流程：安装承重钢梁→安装曳引机和导向轮→安装限速器→安装钢带轮。

1. 曳引机承重钢梁的安装

（1）依据机房土建布置图及现场实测数据，安装承重钢梁。其两端施力点必须置于井道承重墙或承重梁上，一般要求埋入承重墙内并会同有关人员作隐蔽工程检查记录。要求承重钢梁支承长度超过墙中心 20mm，且不应小于 75mm，在承重钢梁与承重墙（或梁）之间垫一块 $\delta \geqslant 16$mm 的钢板，以加大接触面积（图 11-24）。

（2）受条件所限和设计要求，一些电梯承重钢梁并非贯穿整个机房作用于承重墙或承重梁上，而有一端架设于楼板上的混凝土台。这时要求机房楼板为加厚承重型楼板，或混凝土台位置有反梁设计＋混凝土台必须按设计要求加钢筋，且钢筋通过地脚螺栓等方式与楼板相连生根，与钢梁接触面加垫 $\delta \geqslant 16$mm 的钢板（图 11-25）。

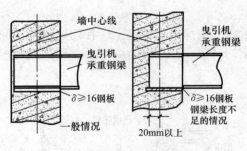

图 11-24 安装承重钢梁

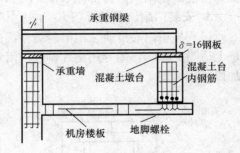

图 11-25 电梯承重钢梁

2. 安装曳引机和导向轮

（1）目前国内外电梯厂家多采用型钢制作曳引机底座，轻便而又经济，直接与承重钢梁连接，中间加垫橡胶隔声减振垫，其位置及数量应严格按照厂家要求布置安装，找平垫实（图 11-26）。

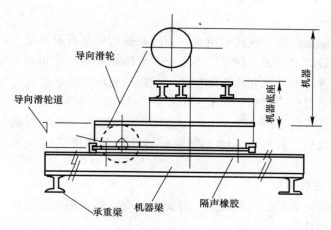

图 11-26　中间加垫橡胶隔声减振垫的找平垫实

（2）利用机房吊钩和倒链，将曳引机和底座（多数设备在出厂时已连接在一起）置于承重钢梁上。吊装曳引机时，应严格按照设备吊装示意图或吊装标记进行吊装，防止设备损坏或人身安全事故，吊装钢丝绳应定位于设备底座最下部的吊装孔内，尤其注意不要吊在电动机和减速器外壳上的吊环上（图 11-27）。

（3）于曳引轮及导向轮的绳槽处悬挂铅垂线，通过样板架或放线图确定曳引机的整体位置，保证与轿厢中心和对重中心的尺寸要求，在曳引轮挂绳承重后，检测调整曳引机的水平度和曳引轮、导向轮的垂直度及端面平行度。

3. 限速器安装

（1）限速器安装于机房地板上，按照机房设备布置图找到预留孔，适当进行剔凿，用 $\delta \geqslant 12mm$ 的钢板制做限速器底板，其上加工绳孔和安装孔（图 11-28），并用 M16 膨胀螺栓固定于楼板，将限速器和底座用螺栓连接；或用角钢与楼板钢筋焊接生根，沿预留孔边洞形成安装基础，其上放置限速器。

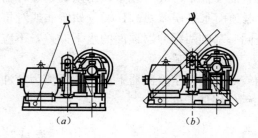

图 11-27　吊装曳引机
（a）曳引机组正确的起吊方式；（b）曳引机组错误的起吊方式

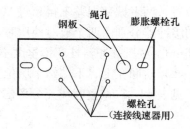

图 11-28　限速安装器的加工绳孔和安装孔

（2）根据机房设备布置图，由限速器轮槽中心向轿厢安全钳拉杆绳头中心悬挂铅垂线。并沿限速轮另一侧绳槽中心向限速绳张紧装置的绳槽中心吊一垂线，借此调整并确定限速器位置。通过在限速器和底座之间的已预安装的垫片，来保证限速器水平度和限速轮垂直度。当限速器安装就位后，绳孔要求穿钢管固定，并高出楼板 50mm，同时找正后，钢丝绳和导管间隙要求均匀一致，间隙大于 5mm。

4. 钢带轮安装

（1）若电梯采用钢带轮反映轿厢位置，则应根据轿厢架或对重架上选层器钢带固定装置的位置来确定钢带轮的位置。用厚度不小于12mm的钢板或型钢制成钢带轮底座，在底座相应位置上打钢带轮安装孔和膨胀螺栓孔，把钢带轮用螺栓固定在底座上。

（2）根据安装布置图位置将钢带轮就位，同时用线坠测量钢带轮切点、张紧轮切点、轿厢固定点，保证三点位于同一垂线；同时也要保证钢带轮和张紧轮的另一侧切点位于同一垂线。确定位置以后，在机房地面上打膨胀螺栓，对钢带轮加以固定，并再一次检查调整。

5. 施工中安全注意事项

（1）起吊重物时，为防止意外发生，起重人员应远离重物下落范围，并严格检查起吊设备的可靠性和耐用性。

（2）当井道和机房同时有施工人员作业时。要防止物品坠落，井道中施工人员必须系好安全带、佩戴安全帽。

（3）机房内若不具备正式电源，临时用电应严格按照安全规范进行施工，防止触电、漏电发生。

11.1.6　井道机械设备安装

施工工艺流程：安装缓冲器底座→安装缓冲器→安装限速绳张紧装置、挂限速绳→安装选层器下钢带轮、挂钢带→安装曳引补偿装置。

1. 安装缓冲器底座

首先测量底坑深度，按布置安装图全面考虑，检查缓冲器底座与缓冲器是否配套，并进行试组装，确定与轿厢或对重撞板的位置关系。将缓冲器底座安装就位，调整水平度时可适当加金属垫片。需要地面生根并浇灌混凝土的一定要切实做好，并请有关人员检查。

2. 安装缓冲器

（1）缓冲器底座安装完毕后，从轿厢或对重的撞板中心放一线坠，用以确定缓冲器中心位置，两者偏移误差不得超过20mm。缓冲器顶面水平误差≤4/1000。如轿厢或对重采用的缓冲器分别由两个成对使用时，还应检查同一基础两缓冲器顶面的水平误差，不应大于2mm。液压缓冲器柱塞铅垂度不大于0.5%，充液量正确。

（2）轿厢在上、下端站平层位置时，轿厢或对重撞板至缓冲器上平面的距离为缓冲距离，见表11-2。调整时应充分考虑载重情况和钢丝绳伸长问题。

缓冲距离　　　　　　　　　　　　　　　　　　　　　　　　　　　　　表 11-2

电梯额定速度（m/s）	缓冲器形式	缓冲距离（mm）
≤1	蓄能形缓冲器	200～350
≥1.0	耗能形缓冲器	150～400

3. 安装限速器绳索张紧装置，装限速绳

（1）设定限速器张紧轮的悬臂，使其保持水平状态，保证张紧轮对重下部与电梯井道底面的尺寸符合表11-3。

张紧轮对重下部距电梯井道底面尺寸　　　　　　　　　　表 11-3

电梯额定速度（m/s）	≥2	1.5～1.75	0.25～1
距底坑尺寸（mm）	750±50	550±50	400±50

（2）由轿厢拉杆下绳头中心向其对应的张紧轮绳槽中心悬挂铅垂线 A，同时由限速器绳槽中心向张紧轮另一端绳槽中心悬挂铅垂线 B。据此调整张紧轮位置。使垂线 B 与其对应中心点误差小于 10mm。垂线 A 与其对应中心点误差小于 5mm（图 11-29）。

（3）直接由机房将限速绳挂在限速轮和张紧轮上进行测量。根据所需长度断绳做绳头，然后将绳头与轿厢安全钳拉杆固定。限速器张紧装置的悬臂会随着安装后的限速绳延伸有所下降，此时应调整悬臂安装板，将悬臂调整成水平，若已严重超出上表的要求，则应剪短钢丝绳。安装限速器张紧轮的导向防跳装置。并调整安全钳的止动距离。

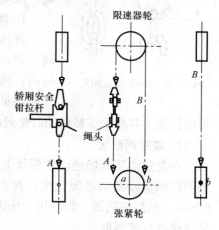

图 11-29　限速绳的安装

4. 安装选层器下钢带轮

将下钢带轮固定支架安装在轿厢轨道上，其重坨架下边距底坑地面调整为 450±50mm。从轿厢固定钢带点的中心位置挂铅垂线。调整下钢带轮轴向位置，最大误差≤2mm。从机房上钢带轮处缓慢向井道放钢带，不能使钢带扭转拧花或弯折，使钢带通过下钢带轮后和轿厢上的钢带固定卡固定后，再放另一侧钢带与轿厢固定卡固定。

5. 安装曳引补偿装置

首先将平衡链一端安装固定于轿底，按图 11-30 仔细施工以保证安全，而后将轿厢慢车运行到最高楼层，使补偿链末端离开底坑地面，自然悬挂松劲后，在对中上进行安装固定如图 11-31 所示。当电梯轿厢在最高位置时补偿链距离底坑地面要求在 150mm 以上。

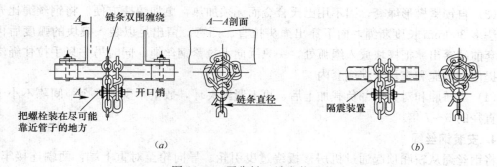

图 11-30　平衡链一端安装固定

6. 施工中安全注意事项

（1）井道内穿挂钢丝绳应注意绑扎牢靠，防止意外坠落打击。

（2）应仔细检查平衡链环质量情况，防止断裂坠落，伤及人员设备。

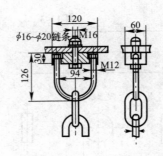

图 11-31　对中安装固定

11.1.7　钢丝绳安装

施工工艺流程：确定钢丝绳长度→放、断钢丝绳→挂钢丝绳、做绳头→安装钢丝绳→调整钢丝绳。

1. 确定钢丝绳长度

将轿厢置于顶层位置，对重架置于底层缓冲器以上缓冲距离之处，采用无弹性收缩的铅丝或铜制电线由轿架上梁穿至机房内，绕过曳引轮和导向轮至对重上部的钢丝绳锥套组合处做实际测量，应考虑钢丝绳在锥套内的长度及加工制作绳头所需要的长度。并加上安装轿厢时垫起的超过顶层平层位置的距离。

2. 截断钢丝绳

在宽敞清洁的场地放开钢丝绳束盘，检查钢丝绳有无锈蚀、打结、断丝、松股现象。按照已测量好的钢丝绳长度，在距截绳处两端 5mm 处用铅丝进行绑扎，绑扎长度最少 20mm。然后用钢凿、切割机、压力钳等工具截断钢丝绳，不得使用电气焊截断，以免破坏钢丝绳机械强度。

3. 做绳头、挂钢丝绳

（1）绳头依电梯产品有各种形式，常用的有灌注巴氏合金的锥套、自锁紧楔形绳套、绳夹环套等。

（2）制做绳头前应将钢丝绳擦拭干净，并悬挂于井道内消除内应力。计算好钢丝绳在锥套内的回弯长度，用铅丝绑扎牢固。将钢丝绳穿入锥套，将绳头截断处的绑扎铅丝拆去，松开绳股、除去麻芯，用汽油将绳股清洗干净，按要求尺寸弯成麻花状回弯，用力拉入锥套，钢丝不得露出锥套。用黑胶布或牛皮纸围扎成上浇口，下口用棉丝系紧扎牢。灌注巴氏合金前，应先将绳头锥套油污杂质清除干净，并加热锥套至一定温度。巴氏合金在锡锅内加热熔化后，用牛皮纸条测试温度，以立即焦黑但不燃烧为宜。向锥套内浇注巴氏合金时，应一次完成，并轻击锥套使内部灌实，未完全冷却前不可晃动。

（3）自锁紧楔形绳套，因不用巴氏合金而无须加热，更加快捷方便。将钢丝绳比充填绳套法多 300mm 长度断绳，向下穿出绳头拉直、回弯。留出足以装入楔块的弧度后再从绳头套前端穿出。把楔块放入绳弧处，一只手向下拉紧钢丝绳，同时另一只手拉住绳端用力上提使钢丝绳和楔块卡在绳套内

（4）当轿厢和对重全部负载加上后，再上紧绳夹环，数量不少于 3 个，间隔不小于钢丝绳直径的 6～7 倍。

4. 安装钢丝绳

将钢丝绳从轿厢顶起通过机房楼板绕过曳引轮、导向轮至对重上端，两端连接牢靠。挂绳时注意多根钢丝绳间不要缠绕错位，绳头组合处穿二次保护绳。

5. 调整钢丝绳

调整绳头弹簧高度，使其高度保持一致。用拉力计将钢丝绳逐根拉出同等距离。其相互的张力差不大于 5%。钢丝绳张力调整后，绳头上双螺母必须拧紧，穿好开口销，并保证绳头杆上丝扣留有必的调整量。

6. 施工中安全注意事项

（1）填充式绳头灌注巴氏合金需要动用明火，因此无论采用气焊加热，还是喷灯加热，都应遵守安全操作要求，远离易燃易爆物品，并在施工现场配备灭火装置。

（2）重要部位和有防火特殊规定的场所进行明火作业前，应通知消防安全部门现场检查或监护，取得批准文件或用火证后才能进行施工。

（3）钢丝绳未最终安装完成时或调整钢丝绳时，严禁撤去轿厢底部托梁和保护垫木，防止轿厢坠落。

11.1.8 电气装置安装

施工工艺流程：安装控制柜→配置线槽、线管→放电缆、配线→安装电气开关→安装指示灯、按钮操作盘→导线的接、焊、包压头→安装井道照明。

1. 安装控制柜

（1）根据机房布置图及现场情况确定控制柜的具体位置，要求与门窗、墙的距离不小于 600mm，与设备的距离不宜小于 500mm。控制柜的底座按安装图的要求用膨胀螺栓固定在机房地面上。通常用 10 号槽钢或混凝土制作控制柜的底座，为便于配线，其高度为 50～100mm（图 11-32）。

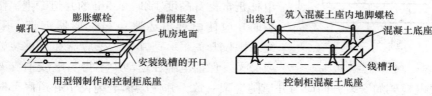

图 11-32 控制柜底座的安装

（2）控制柜与槽钢底座采用镀锌螺栓连接固定，控制柜与混凝土底座采用地脚螺栓连接固定，多台柜并列安装时，其间应无明显间隙，且柜面应在同一平面上。

2. 配置线槽、线管

（1）机房和井道内的配线，都应使用线管、线槽保护。不易受机械损伤和较短分支处可用蛇皮软管保护，金属电线槽沿机房地面明设时，其壁厚不得小于 1.5mm。机房内配线槽应尽量沿墙、梁或楼板下面敷设，线槽的规格依据敷设导线的数量决定，线槽内敷设导线总截面积（包括绝缘层）不应超过线槽总截面积的 60%。敷设电线槽应横平竖直，无扭曲变形，内壁无毛刺。线槽采用射钉和膨胀螺栓固定，每根线槽固定不应少于 2 点。底脚压板螺栓应稳固，露出线槽不宜大于 10mm，安装后其水平和垂直偏差不应大于 2/1000，全长最大偏差不应大于 20mm。并列安装时，应使线槽盖便于开启，接口应平直，接板应严密，槽盖应齐全，盖好后无翘面，出线口无毛刺，位置准确。梯井线槽引出分支线，如果距指示灯、按钮盒较近，可用金属软管敷设；若距离超过 2m，应用钢管敷设；电线槽、箱和盒要用开孔器开孔，孔径不大于管外径 1mm。机房和井道内的电线槽、电线管、随缆架、箱盒与可移动的轿厢、钢绳、电缆的距离：机房内不得小于 50mm。井道内不得小于 20mm。切割线槽需用锯操作，拐弯处不允许锯直口。应沿穿线方向弯成 90°保护口，以防损伤电线电缆。线槽应有良好的保护，线槽接头应严密并作明显可靠的跨接地线。但电线槽不得作为保护线使用。镀锌线槽可利用线槽连接固定螺栓跨接地线。应采用黄绿双色绝缘铜芯导线（1.5mm² 以上）；除镀锌线槽外，在安装完线槽后都应补刷防腐漆。

（2）安装金属蛇皮软管不得有机械损伤、松散，敷设长度不应超过 2m。金属软管安装尽量平直，弯曲半径不应小于管外径的 4 倍。金属软管安装固定点均匀，间距不大于1m，不固定端头长度不大于 0.1m，固定点要用管卡子固定。管卡子要用膨胀螺栓或塑料胀塞等方法固定，不允许用塞木楔的方法来固定管卡子。金属软管与箱、盒、槽连接处，宜使用专用管接头、护口连接。金属软管安装在轿箱上应防止振动和摆动，与机械配合的活动部分。其长度应满足机械部分的活动极限，两端应可靠固定。轿顶上的金属软管，应有防止机械损伤的措施。金属软管内电线电压大于 36V 时。要用截面不小于 1.5mm² 的多股铜芯、黄绿双色绝缘软导线焊接保护地线。

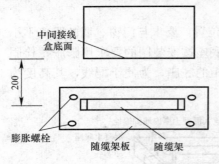

图 11-33　随缆架的固定

3. 放电缆、配线

（1）首先用两条以上规格不小于 M16 的膨胀螺栓（视随缆重量而定）固定随缆架，以保证其牢固（图 11-33）。

（2）若电梯无中间接线盒时，并道随缆架应装在电梯正常提升高度 1/2＋1.5m 的井道壁上。随缆架安装时，应使电梯电缆避免与选层器钢带、限速器钢绳、限位开关、缓速开关、感应器和对重装置等接触或交叉，保证电缆在运动中不得与电线槽支架等发生卡阻。轿底电缆架的安装方向应与井道随缆架一致，并使电梯电缆位于井道底部时，能避开缓冲器且保持不小于 200mm 的距离。轿底电缆支架和井道随缆架的水平距离不小于：8芯电缆为 500mm，16～24 芯的电缆为 800mm。若多种规格电缆共用时，应按最大移动弯曲半径为准。随行电缆的长度应根据中线盒及轿厢底线盒实际位置，加上两头电缆支架绑扎长度及接线余量确定。保证在轿厢蹲底和撞顶时不使随缆拉紧，在正常运行不蹭轿厢和地面，蹲底时随缆距地面 100～200mm 为宜。在挂随缆前应将电缆自由悬垂。使其内应力消除。安装后不应有打结和波浪扭曲现象。多根电缆安装后长度应一致，且多根随缆宜绑扎成排。用塑料绝缘导线将随缆牢固地绑扎在随缆支架上（图 11-34、图 11-35）。

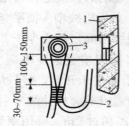

图 11-34　井道内随行电缆绑扎
1—扎道壁；2—随行电缆；3—电缆架钢管

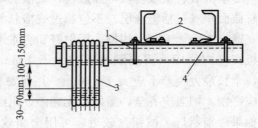

图 11-35　轿底随行电缆绑扎
1—轿底电缆架；2—电梯底梁；3—随行电缆；4—电缆架网管

（3）其绑扎应均匀、可靠，绑扎长度为 30～70mm。不允许用铁丝和其他裸导线绑扎，绑扎处应离开电缆架钢管 100～150mm。扁平型随行电缆可重叠安装，重叠根数不宜超过 3 根，每两根之间应保持 30～50mm 的活动间距．扁平型电缆的固定应使用楔形插座或专用卡子。

（4）电缆接入线盒应留出适当余量，压接牢固，排列整齐。电缆的不运动部分（提升高度 1/2＋1.5m）每个楼层要有一个固定电缆支架，每根电缆要用电缆卡子固定牢固。当随缆距导轨支架过近时，为了防止随缆损坏，可自底坑向上每个导轨支架外角处至高于井道中部 1.5m 处采取保护措施。

4. 安装电气开关

（1）电梯常见电气开关包括电子式选层器（井道信息系统）、缓速开关、限位开关、感应开关以及安全回路中一些保护开关。如：限速器动作开关：安全钳动作保护开关、限速器张紧轮下落保护开关、缓冲器动作保护开关、轿厢超满载开关、厅门轿门关闭开关、轿厢安全窗保护开关等。电气选层器系统是由双稳态开关与相应的继电器逻辑电路组成。双稳态磁开关装置是由装在轿顶上的磁性开关和装于井道内对应每个层站的各永久磁钢或磁条所组成

（2）当轿厢运动时，产生反映轿厢位置的信号。永久磁性材料安装在非导磁材料制成的井道信息架上，其极性应按选层器的各个不同功能而安置。对于不同的电梯控制系统，起选层作用的双稳态磁开关装置的布置是不尽相同的，只有显示电梯位置的层楼信号部分基本相同。由于运行速度、制动距离和测试距离均不同，实际值必须根据现场情况决定。

（3）缓速开关和限位开关在正常换速点相应位置动作，以保证电梯有足够的换速距离。一般交流低速电梯（1m/s 及以下），开关的第一级作为强迫减速，将快速转换为慢速运行。第二级应作为限位用，当轿厢因故超过上下端站 50～100mm 时，即切断顺方向控制电路。快高速电梯在短距离单层运行时，因未有足够的距离，需在端站强迫减速开关之后加设一级或多级短距离减速开关。这些开关的动作时间略滞后于同级正常减速动作时间。当正常减速失效时，该装置按照规定级别进行减速。各种安全保护开关的固定必须牢固可靠，且不得采用焊接，安装后要进行调整。缓速开关、限速开关应使其碰轮与碰铁可靠接触，开关触点可靠动作，碰轮沿碰铁全长移动不应有卡阻，且碰轮略有压缩余量，当碰铁脱离碰轮后，其开关应立即复位，碰轮距碰铁边不小于 5mm。

5. 安装指示灯、按钮、操纵盘

指示灯盒安装应横平竖直，其误差不大于 1mm。指示灯盒中心与门中心偏差不大于 5mm。埋入墙内的按钮盒、指示灯盒其盒口不应突出装饰面，盒面板与墙面间隙应均匀，且不大于 1mm。厅外层楼指示灯盒应装在外厅门口上 0.15～0.25m 的厅门中心处（指示灯在按钮盒中或钢门套中的除外）；呼梯按钮盒应装在厅门距地 1.2～1.4m 的墙上。盒边距厅门 0.2～0.3m；群控、集选电梯的召唤盒应装在两台电梯的中间位置。在同一候梯厅有 2 台及以上电梯并列或相对安装时，各层门指示灯盒的高度偏差不应大于 5mm；各召唤盒的高度偏差不应大于 2mm，与层门边的距离偏差不应大于 10mm；相对安装的当层指示灯盒和各召唤盒的高度偏差均不应大于 5mm。具有消防功能的电梯，必经在基站或撤离层设置消防开关。消防开关盒应装于召唤盒的上方，其底边距地面高度为 1.6～1.7m。各层门指示灯、召唤按钮及开关的面板安装后应与墙壁饰面贴实，不得有明显的凹凸变形和歪斜，并应保持洁净，无损伤。操纵盘面板的固定方法有用螺钉固定和搭扣夹住固定的形式。操纵盘面板与操纵盘轿壁间的最大间隙应在 1mm 以内。指示灯、按钮，操纵盘的

指示信号应清晰明亮准确，遮光罩良好，不应有漏光和串光现象。按钮及开关应灵活可靠，不应有阻卡现象。

6. 导线的敷设及接、焊、包、压头

穿线前将电线管或线槽内清扫干净，不得有积水、污物。电线管要检查各个管口的护口是否齐全，如有遗漏和破损，均应补齐和更换。电梯电气安装中的配线应使用耐压不低于 500V 的铜芯导线。穿线时不能出现损伤线皮、扭结等现象。并留出适当备用线，其长度应与箱、盒、柜内最长的导线相同。导线要按布线图敷设，电梯的供电电源必须单独敷设。动力和控制线路应分别敷设，微信号及电子线路应按产品要求单独敷设或采取抗干扰措施，若在同一线槽中敷设，其间要加隔板。在线槽的内拐角处要垫橡胶板等软物，以保护导线。导线在线槽的垂直段，用尼龙扎扣扎成束，并固定在线槽底板下。出入电线管或电线槽的导线无专用保护时，导线应有保护措施。导线截面为 6mm² 及以下的单股铜芯线和 2.5mm² 及以下的多股铜芯线与电气器具的端子可直接连接，但多股铜芯线的线芯应先拧紧，涮锡后再连接，超过 2.5mm² 的多股铜芯线的终端，应焊接或压接端子后。再与电气器具的端子连接。导线接头包扎时首先用橡胶（或自粘塑料带）绝缘带从导线接头处始端的完好绝缘层开始，缠绕 1～2 个绝缘带宽度，再以半幅宽度重叠进行缠绕。在包扎过程中尽可能收紧绝缘带，最后在绝缘层上缠绕 1～2 圈后，再进行回缠，而后用黑胶布包扎，以半幅宽度边压边进行缠绕，在包扎过程中收紧胶布，导线接头处两端应用黑胶布封严密。引进控制盘柜的控制电缆、橡胶绝缘芯线应外套绝缘管保护。控制盘柜压线前应将导线沿接线端子方向整理成束，排列整齐，用小线或尼龙卡子分段绑扎，做到横平竖直，整齐美观。绑扎导线不能用金属裸导线和电线进行绑扎。导线终端应有清晰的线路编号，保护线和电压 220V 及以上线路的接线端子应有明显的标记。导线压接要严实，不能有松脱，虚接现象。

7. 安装井道照明

井道照明在井道最高和最低点 0.5m 以内各装设一盏灯。中间每隔 7m（最大值）装设一盏灯，井道照明电压宜采用 36V 安全电压。井道照明装置暗配施工时，在井道施工过程中将灯头盒和电线管路随井道施工将灯头盒和电线管预埋在所要求的位置上，待井道施工完和拆除模板后要进行清盒和扫管工作。明配施工时，按设计要求在井道壁上画线，找好灯位和电线管位置，用 φ6 塑料胀塞及 φ4 的自攻木螺钉分别将灯头盒固定在井道壁的灯位上，按配管要求固定好电线管。若采用 220V 照明，灯头盒与电线管按要求分别做好跨接地线，焊点要刷防腐漆。电线管管口上好护口。导线绝缘电压不得低于交流 500V，按设计要求选好电线型号、规格。从机房井道照明开关开始。给电线管穿线，灯头盒内导线按要求做好导线接头，并将相线、零线做好标记。将圆木台固定在灯头盒上，将接灯线从圆木台的出线孔中穿出。将螺口平灯底座固定在圆木台上，分别给灯头压接线，相线接在灯头中心触点的端子上，零线接在灯头螺纹的端子上。用 500V 摇表测量回路绝缘电阻大于 0.5MΩ，确认绝缘摇测无误后再送电试灯。

8. 施工中安全注意事项

（1）施工中严格遵守各种安全规章制度，防止打击，坠落、触电事故的发生。

（2）操作人员应持证上岗，并经过相关安全培训。

（3）使用明火或电气焊时。要注意防火。有看护人员和消防措施，并向工地消防保卫部门登记，开具用火证。

11.1.9　电梯调试、试验运行

1. 调试运行前的检查准备工作

（1）整机检查

1）整机应具备《电梯制造与安装安全规范》GB 7588—2008 规定的全部安全装置。

2）整机安装应符合《电梯安装验收规范》GB/T 10060—2011 的规定。

（2）机房内安装运行前检查

1）检查机房内所有电气线路的配置及接线工作是否均已完成，各电气设备的金属外壳是否均有良好接地装置，且接地电阻不大于 4Ω。

2）机房内曳引绳与接板孔洞每边间隙应为 20～40mm，通向井边的孔洞四周应筑有 50mm 以上、宽度适当的防水台阶。

3）机房内应有足够照明，并有电源插座，通风降温设备。

4）机房门是防火门，并且向外开门，门口应有"机房重地、闲人免进"的警示标志。

（3）井道内的检查工作

1）清除井道内余留的脚手架和安装电梯时留下的杂物。

2）清除轿厢内、轿顶上、轿厢门和厅门地坎槽中的杂物。

（4）安全检查

1）轿厢或配重侧的安全钳是否已安装到位，限速器应灵活可靠，要确保限速器与安全钳联动动作可靠。

2）确保各层厅门和轿门关好，并锁住，保证非专业人员不能将厅门打开。

（5）润滑工作

1）按规定对曳引机轴承、减速箱、限速器等传动机构注油。起润滑保护作用。

2）对导轨自动注油器、门滑轨、滑轮进行注油润滑。

3）对缓冲器（液压型）加注液压油。

（6）调试通电前的电气检查

1）测量电网输入电压应正常，电压波动范围应在额定电压值的±7％范围内。

2）检查控制柜及其他电气设备的接线是否有错接、漏接、虚接。

3）检查各熔断器容量是否匹配。

4）环境空气中不应有含有腐蚀性和易燃性气体及导电尘埃存在。

（7）调试通电前的安全开关装置检查

1）厅门、轿门的电气联锁是否可靠。

2）检查门、安全门及检修的活动门关闭后的联锁触点是否可靠。

3）检查断绳开关的可靠性。

4）检查限速器达到 115％额定速度时应动作可靠。

5）检查缓冲器动作开关应可靠有效。

6）检查端站开关，限位开关应灵活有效。

7）检查各急停开关应灵活可靠。

8）检查各平层开关及门区开关是否灵活有效。

（8）调试前的机械部件检查

1）制动器的调整检查

① 制动力矩的调整：根据不同型号的电梯进行调整。（在没有打开抱闸的情况下，人为扳动盘车轮，不转动为标准）。

② 制动闸瓦与制动轮间隙调整：制动器制动后，要求制动闸瓦与制动轮接触可靠，面积大于 80%；松闸后制动闸瓦与制动轮完全脱离，无摩擦，无异常声音，且间隙均匀，最大间隙不超过 0.7mm。

2）自动门机构调查检查

① 厅门应开关自如、无异常声音。

② 轿厢运行前应将厅门有效地锁紧在关门位置上，只有在锁紧元件啮合至少为 7mm，且厅门辅助电气锁点同时闭合时轿厢才能启动。

③ 厅门自动关闭：当厅门无论因为任何原因而开启时，应确保该层厅门自动关闭。

2. 电梯的整机运行调试

（1）电梯的慢速调试运行

在电梯运行前，应检查各层厅门确保已关闭。井道内无任何杂物。并做好人员安排。不得擅自离岗。一切听从主调试人员的安排。

1）检测电机阻值，应符合要求。

2）检测电源、电压、相序应与电梯相匹配。

3）继电器动作与接触器动作及电梯运转方向，应确保一致。

4）应先机房检修运行后才能在轿顶上使电梯处于检修状态，按动检修盒上的慢上或慢下按钮，电梯应以检修速度慢上或慢下。同时清扫井道和轿厢以及配重导轨上的灰沙及油坏，然后加油使导轨润滑。

5）以检修速度逐层安装井道内的各层平层及换速装置，以及上、下端站的强迫减速开关、方向限位开关和极限开关，并使各开关安全有效。

（2）自动门机调试

1）电梯仍处在检修状态。

2）在轿内操纵盘上按开门或关门按钮，门电机应转动，且方向应与开关门方向一致。若不一致。应调换门电机极性或相序。

3）调整开、关门减速及限位开关，使轿厢门启闭平稳而无撞击声，并调整关门时间约为 3s。而开门时间小于 2.5s 左右，并测试关门阻力（如有该装置时）。

（3）电梯的快速运行调试

在电梯完成了上述调试检查项目后，并且安全回路正常，且无短接线的情况下，在机房内准备快车试运行。

1）轿内、轿顶均无安装调试人员。

2）轿内、轿顶、机房均为正常状态。

3）轿厢应在井道中间位置。

4）在机房内进行快车试验运行。继电器、接触器与运行方向完全一致。且无异常声音。

5）操作人员进入轿内运行，逐层开关门运行，且开关门无异常声音。并且运行舒适。

6）在电梯内加入 50% 的额定载重量，进行精确平层的调整。使平层均符合标准，即可认为电梯的慢、快车运行调试工作已全部完成。

3. 试验运行

（1）试验条件

1）海拔高度不超过 1000m。

2）试验时机房空气温度应保持在 5～40℃之间。

3）运行地点的最湿月月平均最高相对湿度为 90％，同时该月月平均最低温度不高于 25℃。

4）试验时电网输入电压应正常，电压波动范围应在额定电压值的±7％范围内。

5）环境空气中不应含有腐蚀性和易燃性气体及导电尘埃存在。

6）背景噪声应比所测对象噪声至少低 10dB（A）。如不能满足规定要求应修正，测试噪声值即为实测噪声值减去修正值。

（2）安全装置试验及电梯整机功能试验

电梯整机性能试验前的安全装置检验应符合《电梯技术条件》GB/T 10058—2009 中的规定，如有任一个安全装置不合格，则该电梯不能进行试验。供电系统断相、错相保护装置应可靠有效，当电梯运行与相序无关时，不要求错相保护。

1）限速器—安全钳装置试验

① 对瞬时式安全钳装置，轿厢应载有均匀分布的额定载重量，以检修速度向下运行。进行试验。对渐进式安全钳装置，轿厢应载有均匀分布的 125％ 的额定载重量，安全钳装置的动作应在减低的速度（即平层速度或检修速度）进行试验。

② 在机房内，人为动作限速器，使限速器开关动作，此时电机停转；短接限速器的电气开关，人为动作限速器，使限速器钢丝绳制动并提拉安全钳装置。此时安全钳装置的电气开关应动作。使电机停转；然后，再将安全钳装置的电气开关短接，再次人为动作限速器，安全钳装置应动作。夹紧导轨，使轿厢制停（也有在机房检修短接限速器、安全钳开关的电梯，这样就不用再单独短接限速器、安全钳开关了）。

③ 试验完成以后，各个电气开关应恢复正常，并检查导轨，必要时要修复到正常状态。

2）缓冲器试验蓄能型缓冲器：轿厢以额定载重量。对轿厢缓冲器进行静压 5min，然后轿厢脱离缓冲器，缓冲器应回复到正常位置。耗能型缓冲器：轿厢或对重装置分别以检修速度下降将缓冲器全部压缩。从轿厢或对重开始离开缓冲器瞬间起，缓冲器柱塞复位时间不大于 120s。检查缓冲器开关，应是非自动复位的安全触点开关，电气开关动作时电梯不能运行。

3）极限开关试验：电梯以检修速度点动向上和向下运行，当电梯超越上、下极限工作位置并在轿厢或对重接触缓冲器前，极限开关应起作用。使电梯停止运行。

4）层门与轿厢门电气联锁装置试验：当层门或轿门没有关闭时，操作运行按钮，电梯应不能运行。电梯运行时，将层门或轿门打开，电梯应停止运行。

5）紧急操作装置试验停电或电气系统安全故障时应有轿厢慢速移动的措施，检查措施是否齐备和可用。

6）急停保护装置试验机房、轿顶、轿内、底坑应装有急停保护开关，逐一检查开关的功能。

7）运行速度和平衡系数试验：

① 对电梯运行速度，使轿厢载有 50％ 的额定载重量下行或上行至行程中段时。记录

电流，电压及转速的数值。

② 对平衡系数，宜在轿厢以额定载重量的 0％、25％、40％、50％、75％、100％、110％时作上、下运行。当轿厢与对重运行到同一水平位置时，记录电流、电压及转速的数值（测量电流，用于交流电动机。当测量电流并同时测量电压时。用于直流电动机）。

③ 平衡系数的确定，平衡系数用绘制电流—负荷曲线，以向上、向下运行曲线的交点来确定。

8）起制动加、减速度和轿厢运行的垂直、水平振动加速度的试验方法：

① 在电梯的加、减速度和轿厢运行的垂直振动加速度试验时，传感器应安放在轿厢地面的正中，并紧贴地板。传感器的敏感方向应与轿厢地面垂直。

② 在轿厢运行的水平振动加速试验时。传感器应安放在轿厢地面的正中。并紧贴地板，传感器的敏感方向应分别与轿厢门平行或垂直。

9）噪声试验方法：

① 运行中轿厢内噪声测试：传感器置于轿厢内中央距轿厢地面高 1.5m。取最大值为依据。

② 开关门过程噪声测试：传感器分别置于层门和轿门宽度的中央距门 0.24m，距地面高 1.5m，取最大值为依据。

③ 机房噪声测试：当电梯正常运行时，传感器距地面 1.5m，距声源 1m 外进行测试，测试点不少于 3 点，取最大值为依据。

10）轿厢平层准确度检验方法：

① 在空载工况和额定载重量工况时进行试验：当电梯的额定速度不大于 1m/s 时。平层准确度的测量方法为轿厢自底层端站向上逐层运行和自顶层端站向下逐层运行。

② 当轿厢在两个端站之间直驶：按上述两种工况测量当电梯停靠层站后，轿厢地坎上平面对层门地坎上平面在开门宽度 1/2 处垂直方向的差值。

11）外观质量检验：检查轿厢、轿门、层门及可见部分的表面及装饰是否平整，涂漆是否达到标准要求。信号指示是否正确。焊缝、焊点及紧固件是否牢固。

12）部件试验：

① 限速器、安全钳、缓冲器应符合规定。

② 曳引机应符合《电梯曳引机》GB/T 24478—2009 中的试验方法的规定。门和开门机的机械强度试验和门运行试验。

13）整机可靠性试验要求和工况应符合的规定，整个可靠性试验 3000 次应在 60 日内完成（从电梯每完成一个全过程运行为一次，即启动—运行—停止，包括开、关门）。

14）把电梯运行的试验结果记录完整，并保护好成品。

11.2 自动扶梯安装工程

11.2.1 自动扶梯的土建测量方法

1. 提升高度测量

方法一：以上支撑面预埋钢板为上测点，下支撑面预埋钢板所在水平面为下测点，用钢卷尺测量上测点至下测点间的垂直距离。

方法二：用经纬仪或全站仪测量上、下支撑面预埋钢板间的高差。

2. 跨度测量

方法一：从上支撑面预埋钢板边沿垂下一线坠，甩钢卷尺测量该垂线与下支撑面预埋钢板内沿的水平距离。安装口左右两侧各测一次。

方法二：用全站仪测量上、下支撑面预埋钢板间的水平距离，安装口左右两侧各测一次。

安装口宽度：用钢卷尺测量。安装口基坑深度、拐点位置：用钢卷尺测量。自动扶梯梯级上空垂直净高度：钢卷尺测量。运输通道尺寸：钢卷尺测量。

3. 施工中安全注意事项

（1）每台扶梯安装口四周必须设有保证安全的栏杆或屏障，其高度严禁小于 1.2m，且应在明显位置悬挂危险警示牌。

（2）电源零线和接地线应始终分开，接地装置的接地电阻值不应大于 4Ω。

11.2.2 桁架的组装方法

1. 桁架的水平运输

用 φ13mm 的钢丝绳将卷扬机牢牢固定在土建结构的柱子上。扶梯段下使用运输滚轮，用卷扬机等用两组三轮起重滑车复绕式牵引，将扶梯段拉入楼内准备拼装、吊装。

2. 桁架组装

桁架组装可在地面上进行，也可悬吊于半空进行。组装时可用两个以上定位销将相邻两个金属桁架段定位（定位销安装在桁架连接螺栓孔上其中部直径尺寸与桁架上的螺栓孔尺寸一致）。定位后在其余螺栓孔插入高强度螺栓，然后将尜形定位销取出并装上连接用高强度螺栓，用测力扳手拧紧。整个桁架拼装螺栓的紧固力矩应达到设计要求。

3. 桁架吊装

（1）承重受力点选择

吊装时吊挂的受力点只能在自动扶梯两端的支承角钢上的起吊螺栓或吊装脚上。拉动、抬高自动扶梯时一律不得使其他部位受力和受到撞击。使用固定钢丝绳套环的步骤如下：拧出安全固定螺钉→拔出吊挂螺栓→嵌进 1~2 个绳头固定套环→推入吊挂螺栓→拧紧安全固定螺钉。

（2）吊装顺序

以设备地面运输进场所在楼层为基准，向上向下分别起吊。

1）向上：起吊最高层扶梯→起吊次高层扶梯→依次减低楼层直至基准层的上一层为止。

2）向下：起吊最底层扶梯，然后依次增加楼层吊装（即 B4→B3→B2→B1…）。

3）最后吊装基准层扶梯。

4. 施工中安全注意事项

（1）核对各起重用具与被起重设备重量是否相符，起重用具的额定起重量应大于被起重设备重量且应考虑冲击载荷。

（2）起吊前仔细检查各吊装用具是否完好。

（3）起吊由专职起重工、信号工操作。

（4）起吊过程中注意设备不要与其他物体刮碰。

（5）起吊现场周围做好防护、标识，严禁非工作人员进入。

11.2.3 桁架的定中心

（1）以上下楼层土建提供的基准线为基准，在上下支撑面钢板上标识清楚中心基准位置。

（2）将自动扶梯吊起移至安装口内使之就位。再在扶梯两端支承角钢与支撑面预埋钢板之间各放一个滚子（滚子用钢管制作）。用来校正自动扶梯桁架中心线与支撑钢板上所标基准中心。当桁架中心线与支撑钢板上所标识的中心线调到同一直线时。用自动扶梯调整螺钉将自动扶梯顶起并取出滚子。

（3）调整调整螺钉，使自动扶梯两端升降平台上的楼面盖板与装修好的楼面平齐，然后垫入垫片，松开调整螺钉，复查扶梯楼面盖板与装饰后楼面的高差，合格后将垫片点焊在支撑面钢板上。

（4）用 L45 角钢制作两个支架。分别置于机头、机尾。将 0.4～0.5mm 钢丝固定在支架上，用花篮螺栓调紧。钢丝左右位置与支撑钢板上的中心线一致。然后各安装尺寸以此线为基准线。

11.2.4 减速机的安装

1. 施工中安全注意事项

（1）搬运减速机时，搬运人员应共同配合，防止减速机坠落伤人。

（2）稳装减速机就位时人员间应配合好，防止手、脚挤压受伤事故发生。

2. 成品保护

（1）驱动装置存放过程中应上盖下垫，避免水泡水淋。

（2）驱动装置安装调整完毕后，不得蹬踏驱动链、驱动主轴。

11.2.5 导轨类的安装

1. 施工方法

（1）以钢丝基准线为中心，调整两个主轨及两个副轨的轨间距。

（2）用调整垫片及水平尺分别调整两主轨及两副轨的水平度。

（3）调整各轨道间的上下距离。

2. 施工中安全注意事项

（1）防止导轨段、工具等坠落伤人。

（2）防止人员滑落碰伤、摔伤。

（3）在钢丝基准线上每隔 1.5～2m 系一明显标志，防止施工中不注意而被钢丝刮伤。

3. 成品保护

（1）散装导轨及其他附件在露天放置必须有防雨、防雪措施。设备的下面应垫起，以防受潮。

（2）导轨运输、存放、安装过程中应防止其变形。

（3）导轨安装完毕后要防止蹬踏变形。

11.2.6 扶手的安装

1. 施工方法

(1) 有支撑扶手安装（图 11-36）

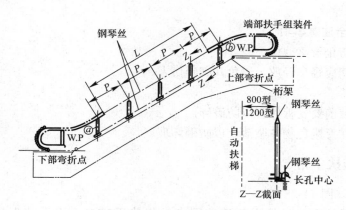

图 11-36　有支撑扶手的安装

在前面所述的作为基准中心线的钢丝上左右平行引出 2～4 条钢丝，然后按尺寸安装左右扶手的支柱，最后装上规定的面板。但在装内侧板之前必须先完成挂扶手带的作业。

(2) 全透明无支撑扶手安装（图 11-37）

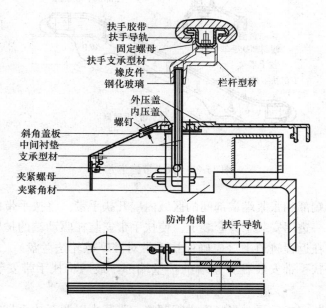

图 11-37　全透明无支撑扶手的安装

1) 松开夹紧螺母，放入中间衬垫，按夹紧螺母和支承型钢的所在位置放置。

2) 将钢化玻璃徐徐地插入支承型材，初步拧紧螺母。

3) 继续装入玻璃，并在相邻的玻璃之间装入玻璃充填片。待全部玻璃插入支承型材后，小心地将全部夹紧螺母拧紧。

4）将橡皮件装在玻璃板上端．同时，在玻璃的全长范围内以适当的力张紧以使橡皮件变薄。

5）在橡皮件上涂少量滑石粉，装上扶手支撑型材，并用橡皮锤砸实。

6）装入扶手导轨。

2. 施工中安全注意事项

（1）施工中防止滑落摔伤。

（2）搬运玻璃应轻拿轻放，避免其破碎伤人。

3. 成品保护

（1）玻璃安装前要妥善保管以防破碎。

（2）施工中注意避免物体坠落，以防砸坏玻璃。

11.2.7 挂扶手带

1. 施工方法（图11-38）

（1）在扶手导轨和扶手带内侧清擦干净后将扶手带自上而下装上导轨并使它嵌入导轨。

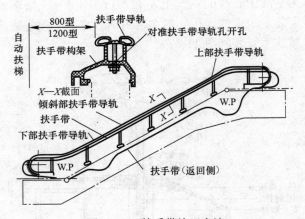

图11-38 扶手带施工方法

（2）在驱动端端部和张紧端端部间的区域内展开扶手带。将扶手带的一边套装在扶手带导轨型材上，另一边用安装工具套装上。使扶手带安装在驱动端的护壁端部。从驱动端开始将扶手带安装在返程轨道上（应确保扶手带对准摩擦轮法兰盘），并安装上摩擦轮和侧向导轮。然后将扶手带安装在张紧端的护壁端部，最后将扶手带安装在扶手带导轨型材上。

（3）扶手带安装完毕后要对张紧度进行调整，张紧力以调至扶手带与转向端滑轮群接触为准，同时扶手带应具有一定的弹性。

2. 施工中安全注意事项

（1）扶手带抬运过程中用力要统一，以防因抬运过程中扶手带滑落造成扭伤。

（2）安装时防止挤夹手指。

3. 成品保护

扶手带存放中不能有不可恢复的变形及划伤。

11.2.8 裙板的组装

1. 施工方法

在安装完扶手带后安装斜角盖板,注意靠裙板的橡皮垫,用螺钉固定。内压盖板则固定于斜角盖板上。安装过程中对于尺寸不合适的裙板可用曲线锯将裙板多余部分锯下,用板锉将毛茬锉平齐后安装。安装后裙板与梯级边缘的间隙全长不得超过 2~4mm 的范围,而且必须一致。因此,组装时必须时常检查与中心线之间的尺寸。这时还必须在导轨的弯曲部分(桁架的弯折部分附近)设裙板安全装置开关。

2. 施工中安全注意事项

(1)曲线锯使用前应仔细检查,以防漏电伤人。

(2)曲线锯使用过程中不可用力过猛,以免造成锯条折断伤人。

(3)站在桁架上安装时要注意脚下,以免踩空踩滑摔伤。

11.2.9 梯级链的引入

1. 施工方法

(1)对于梯级链为散装发货的自动扶梯,引入梯级链时可将 2~3 个梯级长度的梯级链一齐送入,将此动作持续进行,最终可完成循环状态。梯级链引入一定长度后自重增大。人力引入困难,可用钢丝绳套和紧线器配合使用,以辅助链条的引入。

(2)对于牵引链条已装好的分段运输的自动扶梯,运至安装现场,拼接金属桁架,吊装定位后,拆除用于临时固定牵引链条和梯级的钢丝绳,将两段链条对接并将链销轴铆入(铆入时用铜棒顶入,不许用铁锤直接敲击销轴),用钢丝销(也有用开口弹簧档圈的)将牵引链条销轴连接(图 11-39)。

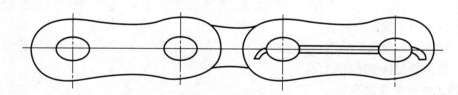

图 11-39 钢丝销

2. 施工中安全注意事项

(1)引入梯级链时辅助牵引工具应使用钢丝绳,不得使用铁丝、绳子等,以防止牵引时因链条自重增大而造成牵引工具断裂,使链条滑下伤人。

(2)对接链条铆入销轴时,应将链条垫实垫稳,防止滑脱砸伤手指。

3. 成品保护

(1)散装链条存放运输时应有防雨、防腐蚀措施。

(2)对装好的梯级链禁止蹬踏。

11.2.10 配管、配线

1. 施工方法

配管配线主要是解决电源与控制柜、控制柜与驱动马达、操纵板及各种安全装置的开关与控制柜之间连接及照明式扶手的灯具电源供给。施工中按照随机接线图所示在桁架上的线槽内布线并与各装置连接。

2. 施工中安全注意事项

(1) 在桁架上布线时防止脚下打滑摔伤。

(2) 与电源接线时应先确认电源是否断开，防止触电事故发生。

3. 成品保护

(1) 施工现场要有防范措施，以免设备被盗或被破坏。

(2) 安装口周围干净无杂物，以免落入安装口砸伤设备或影响电气设备功能。

11.2.11 梯级梳齿板的安装

1. 施工方法

(1) 梯级装拆一般在张紧装置处进行。将需要安装梯级的空隙部位运行至转向壁上的装卸口，在该处徐徐将待装的梯级装入。然后。将梯级的两个轴承座推向梯级主轴轴套，并盖上轴承盖，拧紧螺钉。安装梯级时，要用手转动减速装置，边送过一段梯级链边装上一个梯级。

(2) 当大部分梯级装好后，开车上、下试运转，检查梯级在整个梯路中的运行情况。检查时应注意梯级踢板齿与相邻梯级踏板齿间是否有恒定的间隙，梯级应能平稳地通过上下转向部分；梯级辅轮通过两端的转向壁及与转向壁相连的导轨接头处时所产生的振动与噪声应符合要求。停车后，应检查梯级辅轮在转向壁的导轨内有无间隙。方法可以用手拉动梯级。如果有间隙，则表示准确性好；若无间隙，则可用手转动梯级辅轮。如果不能转动，则必须调整。然后逐一检查下一个梯级。如果梯级略偏于一侧，则可对梯级轴承与梯级主轴轴肩间的垫圈进行调整。

(3) 最后的梯级装好后将梳齿板装在上、下两个升降口的地板上，然后将梳齿板的位置调好。梳齿应与梯级槽相吻合。

2. 施工中安全注意事项

(1) 梯级搬运过程中应防止落下砸伤人。

(2) 试运转前应相互呼应，防止运转伤人。

(3) 试运转时应采取措施，禁止非施工人员进入安装现场。

(4) 安装及调整梯级和梳齿板时应断开驱动主机电源并有专人看护。防止自动扶梯误动伤人。

3. 成品保护

(1) 梯级码放整齐且不宜过高，防止倒塌将梯级摔坏。

(2) 存放梯级处四周不可放置易倒的硬质物品，防止倒后将梯级砸坏。

(3) 不准用铁锤等物敲击梯级踏板。

（4）试运转前清除梯级缝内杂物，防止运转中挤坏齿槽。

（5）梯级及梳齿板调整完毕后不可随意调整，防止动车时撞坏梯级或梳齿板。

11.2.12 调试、调整

1. 施工方法

（1）准备工作

1）仔细检查所有接线与图纸是否相符。

2）检查各部位的装配是否准确。清扫状态及润滑情况是否良好。

3）用手稍作转动，确认扶梯一切正常。

（2）试运转

1）调整所有梯级，使其顺利通过梳齿板。不得发生摩擦现象，并且运行平稳、无异常声音发出。

2）用控制柜上的检修开关手动一点一点地试转动后，作长达十多个梯级距离的试运转，仍然没有异常时方可转入正式运行。

3）调整扶手带的运行速度，使其相对于梯级的速度误差为 $0 \sim +2\%$。

4）对各种安全装置和开关的作用逐个进行检查，动作应灵活可靠。

5）调整制动器间隙，制动距离符合要求。

2. 施工中安全注意事项

（1）调试前要作好现场保护工作，必要时用绳子将调试现场围起来，并作明确标识。防止非工作人员进入。

（2）工作人员在调试中防止高空坠落。

（3）在对自动扶梯各部位及开关进行清扫调整时，应断开主电源，防止扶梯误动伤人。

11.2.13 试验运行

（1）在点动试运行正常无误情况下，进行空载运行，连续正反运行 2h，减速器温升及各部件运行正常后，可进行满负荷运行。

（2）自动扶梯应进行空载制动试验，制停距离规定。

（3）自运扶梯应进行载有制动载荷的制停距离试验（除非制停距离可以通过其他方法检验），制动载荷应符合规定，制动距离规定。

（4）自动扶梯要作满负荷运行试验是极其困难的，但由于其上行或下行几乎都是同样的力驱动。因此，只要确认马达容量的确比这个力大得多。便可以转入普通的乘客运载。

作满负荷试验时无法使用标准砝码做试验，可用每级梯级上站人来进行试验。

（5）复查驱动主机状态，各连接件、紧固件，停机后，油封漏油情况等。

11.3 电梯维修工程

电梯作为一种垂直运输交通工具，从其安装验收、投入运行开始。就基本是连续运行的了。电梯运行的特点是：启动、制动频繁，上行与下行过程中负载变化较大。电梯本身是较复杂的机电部件组合的大型特种设备。因此涉及到人身安全，它是国家规定的特种设备之一。周围环境与季节的不同、温度、湿度的变化，运动部件的磨损，电气元件的老化、电源电压波动等，使得电梯维修具有复杂性和特殊性共存的特点。因此，电梯必须要有一套特定的、完整的维修及保养制度。才能保证电梯安全运行和向用户提供优良的服务。

对检验合格交付使用的电梯和经定期检验交付使用的电梯，要提高电梯的使用效益，关键在于电梯投入运行后的日常维护保养，当电梯发生故障时能及时排除。使电梯停机修理的时间减小到最低程度。

1. 电梯维修保养安全操作要求

（1）进行电梯维修保养必须落实相应的安全措施，每个维修人员必须正确使用个人的防护用品，进入现场须两人以上。维修保养人员必须熟悉所维修保养电梯的机械结构和电气原理。

（2）在电梯机房进行检修工作时，应首先切断电梯主电源开关，挂上"有人作业。严禁合闸"的警示牌。必须带电作业时，操作者应穿好自己的防护用品并应有人监护。清理电气设备时不得用金属工具清理，应使用绝缘工具。在进行高空作业时应系好安全带，高挂低用，挂钩处应安全可靠。操作者站立处应稳固。

（3）在轿顶进行检修保养时，进入轿顶的方法应正确。用三角钥匙打开层门时应看清轿厢位置，开启轿顶照明灯，断开轿顶安全开关和轿顶检修开关后方能进入轿顶。检修或保养完毕退出轿顶时。维修人员应先退出轿顶，合上安全开关和检修开关，关上层门。确认层门锁是否可靠锁紧。

（4）在轿顶维修保养时，严禁开快车，慢车运行时维保人员应密切配合，相互呼应方可启动电梯，电梯运行中维保人员和工具均不得超出轿厢外沿，以防发生危险。停车后应立即断开安全开关或急停按钮，以保证安全。

（5）进入底坑检修前，开启层门后应先打开底坑照明，断开底坑安全开关。使用爬梯进入底坑。发现底坑有积水时．要及时排除待干燥后。再进行底坑维修工作。

（6）在施工中严禁站在电梯内外门之间，防止电梯失控时发生危险。

（7）维修保养必须使用36V以下的安全电压作照明。电工工具绝缘良好，小型电动机具必须有良好的接地，引线外皮不得破损，长度在5m之内，绝缘电阻大于$2M\Omega$。

（8）检修需停电或送电时。应通知到所有参加检修人员，待有应答后，全部撤离安全处方可实施。

（9）在未切断有关电源前不得更换电器元件或插拔电子板，更换电气元件必须使用相同规格的元件。

（10）严禁在井道内上、下方向同时进行检修作业。当井道或底坑有人作业时，作业人员上方不得进行任何操作，机房也不得进行操作。

（11）检修时无关人员不准进入现场，检修人员离开机房必须锁住房门，施工中如需离开轿厢必须切断电源，关好内外门，挂"禁止使用"警示标志，防止他人扒门用梯。

（12）停机检修时，各层厅门口和轿厢操纵盘处必须挂贴"正在维修，暂停使用"字样的标志。维修结束后全部收回。

（13）动用明火时必须征得有关安全部门的同意，办好手续，做好消防准备工作。

（14）拆换整体对重装置，更换曳引绳、拆修蜗轮、蜗杆时，应将轿厢提升到最高层。

用足够强度的方木在对重装置底部顶住。用抗拉强度大于轿厢自重的钢丝绳和经检验合格的手拉葫芦配套装置将轿厢吊在承重梁上，要制定防轿厢坠落措施。

（15）用绳扎头做绳索的钢丝绳与钢丝绳扎头的规格必须相匹配，扎头压板应在钢丝绳受力的一边，对 $\phi16mm$ 以下的钢丝绳所使用的钢丝绳扎头不少于 3 只，被夹绳的长度应大于钢丝绳直径的 15 倍，最短长度不小于 300mm，每个扎头的间距应大于钢丝绳直径的 6 倍，只准将两根相同规格的钢丝绳用扎头扎住，严禁将三根或不同规格的钢丝绳用扎头扎在一起。

（16）电梯厅门拆除后或厅门安装前，厅门口必须设置合格的安全护栏，并挂有醒目的防坠落标志。

（17）门锁发生故障的应及时修复，严禁采用短接门锁继续使用。检修人员为了检修方便必须短接门锁时，应断开开门机电路，不得使厅门轿门自动打开。

（18）在曳引轮两侧清洗曳引绳，必须用长柄刷，清洗时不得开快车。清洗对重侧的曳引绳电梯应上行，清洗轿厢侧曳引绳轿厢应下行。

（19）当手动移动轿厢时，首先断开电梯总电源开关，用手动松闸装置松闸。不得采用其他方式松闸。

（20）轿顶检修电梯失控，急停按钮不起作用，应用手拉住稳固的物体，踮起脚尖，保持身体下蹲。

2. 电梯维修保养技术要求

（1）基本要求

1）电梯的安全保护装置必须灵活可靠，当安全保护装置失效时，电梯应无法投入正常运行。

2）电梯所有部件、机房、井道、底坑应清洁，所有部件不应有锈蚀现象。

3）润滑部件应保持润滑良好，活动部位应灵活无卡阻。蓄油装置内应有足够的油量，油质应符合标准。

4）各部件与部件之间的连接紧固可靠，无松动现象。

5）各部件与装置的罩盖完整齐全。

6）各种显示应清晰、正确、完好无损。

（2）技术要求

1）机房

机房温度应在 $5\sim40℃$ 之间；机房照明照度不应小于 200lx；机房内应有固定的单相三线电源插座；通往机房的通道应畅通；机房应有适应电梯特点的气体灭火消防设施；制动器开闸扳手涂成红色挂在易接近的墙上；机房门应为向外开的防火门、应有"机房重地，闲人免进"标志；电源开关、控制柜、曳引机编号一致。

2）减速箱

润滑油清洁、无杂质。定期更换相应品牌的齿轮油，油位在规定的范围之内。运行时油温不得高于 85℃，减速箱应无异常声音和振动、无渗油，蜗杆伸出端渗油面积应不超过 $150cm^2/h$。

3）蜗轮、蜗杆

其轴承应保持合理的轴向游隙，间隙过小会增加电梯运行的阻力，使减速器传动效率降低，推力轴承容易发热损坏或过度磨损。过度磨损会使电梯在换向时出现明显窜动，应采取措施减小轴承的游隙。增减轴承端盖及端面的垫片能调整轴向间隙，当无法调整时应更换轴承。如不及时更换轴承将会影响电动机，使电动机轴承过热和碎裂。也会使联轴器弹圈在孔内窜动而损坏。

4）齿侧间隙

减速箱使用年久，蜗轮蜗杆的齿因磨损过大，在工作中会出现很大换向冲击，应调整中心距或交换蜗轮蜗杆。调整中心距有四种方法，即垫片法、偏心套法、偏心轴法和升降箱体端盖法。

5）制动器

制动器应灵活可靠，无撞击声。闸瓦与制动轮工作面贴实并表面光滑。闸瓦磨损过量应及时更换。抱闸间隙应不大于 0.7mm，四角均匀。制动器线圈温升不超过 60℃，最高温度不超过 80℃。有关部位应定期润滑。调整制动器弹簧压缩量．可调整制动器的制动力矩。制动力矩大影响电梯平层精度，制动力小则制动力矩不足。应精调细调。

6）电动机与底座

电动机与底座连接应紧固，蜗杆轴通过联轴器连接后的不同轴度偏差：刚性连接应不大于 0.02mm，弹性连接应不大于 0.10mm。为了取得较好的制动效果，联轴器的外圆应有良好的表面粗糙度，要求不低于 $\frac{1.6}{\sqrt{}}$。同时安装后外圆上的径向跳动不应超过直径的 1/3000。电动机应经常清除内部灰尘，使其风机工作正常。电动机定子和转子的温升不超过 25℃，油标齐全，油位显示清晰不渗油，轴承温度不超过 80℃，电动机线组绝缘电阻不小于 0.5MΩ。

7）曳引轮

绳槽清洁，不得对绳槽注油。绳槽磨损至切口深度小于 2mm 时，绳槽应重车，但必须保证切口下面应有足够的强度。曳引轮垂直度偏差小于 2mm。

8）导向轮和复绕轮

其活动部分应保持清洁，运转时无异常声音和明显跳动。挡绳装置应有效。

9）轿厢

轿顶应保持清洁，不堆放杂物。反绳轮防护罩和挡绳装置应有效，运转时无异常声音和明显跳动，润滑良好，反绳轮的铅垂度不大于 1mm。

轿顶检修装置各按钮、开关灵活可靠，功能符合标准要求，标识齐全。轿顶检修功能优先，急停按钮应为蘑菇状非自动复位红色停止开关，只能点动操作电梯运行。

轿厢架安装的限位开关碰铁垂直度偏差不大于 3mm。

轿厢门扇与门扇、轿厢门扇与门柱、门扇下端与地坎之间的间隙，客梯为 1～6mm，货梯为 1～8mm，阻止关门力不超过 150N，轿门锁接触应良好，动作可靠。开门刀动作灵活，与门锁装置滚轮的间隙匀称，轿门关闭时应顺畅，无明显异常声音，门缝紧闭不超过 2mm，电梯运行时不能手动扒开轿门，门的垂直度不大于 1/1000。安全触板和光电保护有效可靠，该装置可在每扇门最后 50mm 的行程中被解除。

轿厢内操纵盘上的按钮动作灵活，信号清晰，功能正常。

称重装置工作灵活、准确可靠，显示准确。大于 100％ 载荷时，断开控制电路，不关门、不启动，声讯和显示起作用。

导靴座应紧固，不得松动。靴衬与导轨工作面应有润滑，导靴衬侧面磨损量不得超过其厚度的 25％（两面计算），滑动导靴应保持对导轨的压紧力，滚动导靴的各滚轮应保证一定的弹簧压力。滚轮轴承应有润滑。

对重块应可靠紧固，压板压实。对重架上的反绳轮防护罩及防跳装置均可靠有效，反绳轮转动灵活，润滑良好。运转时无异常声音和明显跳动。

10）层门

层门地坎应保持清洁，开关门时无卡阻。当层门滑块磨损量达 20％时应及时更换层门滑块。

层门地坎水平度偏差应在 2/1000 以内。

层门地坎与轿厢地坎水平距离偏差为 0～3mm。

层门地坎高出最终装饰地面 2～5mm。

层门扇应平整，自闭灵活，无噪声。

层门扇与门扇，门扇与门套，门扇下端与地坎的间隙为：客梯 1～6mm，货梯 1～8mm。门刀与层门地坎 5～10mm；门锁滚轮与轿厢地坎 5～10mm。

层门的水平度偏差不大于 1mm，中分门门缝不大于 2mm，门滑轮上的偏心轮与导轨下端的间隙不大于 0.5mm。

层门锁的锁钩、锁臂及动接点应灵活，在电锁装置动作之前。锁紧元件的最小啮合长度为 7mm。

电门锁必须动作可靠、接触良好，罩壳完好。

当门完全打开时，门扇不应凸出轿厢门套和层门套。

11）开关门装置

开门机传动机构的链条或皮带不应松弛，保证有足够的张力，减速或限位开关位置正确、动作可靠，开门速度符合规定。

门机与轿门连杆的联动部件动作应灵活可靠，无卡阻现象，传动部位应保持清洁与润滑，开关门过程中无撞击声，开关的定位挡块应正确。

门电机轴承应保持润滑，绕组与接线端子连接牢固，绕组的绝缘电阻应大于 0.5MΩ，直流门机转子电刷应每季检查一次。

12）超速保护装置

限速器转动部分应保持润滑，无卡阻现象，绳轮应保持清洁，绳轮垂直度不大于 0.5mm，限速器封记应完好，每两年对限速器检验一次。轿厢安全钳装置的限速器动作速度至少等于电梯额定速度的 115％，但应小于下列值：

对于除了不可脱落滚柱式以外的瞬时式安全钳装置为 0.8m/s，对于不可脱落滚柱式安全钳装置为 1m/s。

对于额定速度小于或等于 1m/s 的渐进式安全钳装置为 1.5m/s。

对于额定速度大于 1m/s 的渐进式安全钳装置为 $(1.25v+0.25/v)$ m/s。

对重安全钳装置的限速器动作速度应大于轿厢安全钳装置的限速器动作速度，但不得超过 10％。

限速器钢丝绳在正常运行时不应触及夹绳卡口，活动部位应保持润滑，限速器开关动作应可靠。

限速器张紧轮距底坑地面的距离：梯速小于 1m/s 为 350～450mm；梯速大于 1m/s 为 500～600mm，制造厂有设计要求的按制造厂设计范围，要求运行稳定。

安全钳拉杆组件系统动作时应灵活可靠、无卡阻。应保持清洁，不锈蚀。

安全钳楔块面与导轨侧面间隙为 2～3mm，两侧间隙均匀。其差值≤0.5mm，安全钳动作灵活可靠。

安全钳开关触点应良好，安全钳工作时。安全钳开关率先动作，切断安全电路，安全钳动作后应修磨光滑导轨上留有的卡痕。

13）悬挂装置

曳引绳绳头组合应安全可靠，每个绳头均应装有双螺母与开口销。组头组合的形式有两种，鸡心环套绳卡法与自锁紧楔形绳套法。

曳引绳表面应保持清洁，不粘杂物，不锈蚀，曳引绳如有打滑现象电梯应停止使用。

曳引绳受力应均匀，其张力偏差值应不大于 5%。如有不均匀情况可调整曳引绳绳头上的螺母。

曳引绳出现下列情况时应更换新绳，原绳报废：①出现断丝；②单丝磨损或腐蚀造成实际直径为原直径的 90%。

补偿链导向装置转动应灵活，长度应适当，补偿链最低点距底坑地平面的距离应大于 100mm。补偿链与轿厢和对重的联接应牢固，安全钩应完好，二次保护安装合理，运行中补偿链不应有异常声音。

补偿绳受力应均匀，张紧装置的转动部位应灵活，安全开关应可靠有效，上下移动应适当。

14）导轨

导轨支架焊缝应无松动、无焊渣，应做防腐处理，导轨压板应无松动。连接螺栓应紧固无松动。导轨应无灰尘和锈斑。

轿厢导轨垂直度偏差应小于 0.6/5000，对重导轨垂直度偏差应小于 1/5000。

轿厢导轨接头台阶应不大于 0.05mm，对重导轨接头台阶应不大于 0.15mm。

轿厢导轨工作面接头处不应有连续缝隙，局部缝隙不大于 0.5mm，对重导轨工作面接头处局部间隙应不大于 1mm。

轿厢导轨顶面间的距离偏差为 0～2mm，对重导轨顶面间的距离偏差为 0～3mm。

导轨接头的修光长度（一侧）不小于 150mm。

对于带有滑动导靴的导轨应定期给油杯注油，保持良好的润滑。

15）缓冲器

轿厢（对重）装置的撞板与缓冲器顶面间的距离：①耗能型缓冲器：150～400mm；②蓄能型缓冲器：200～350mm。

耗能缓冲器油标清晰，油量不低于油标刻度线。

耗能缓冲器开关为非自动复位开关，开关动作有效；耗能缓冲器的复位时间不大于 120s。

耗能缓冲器的柱塞垂直度偏差应小 0.5%。

缓冲器安装应牢固、可靠、相对高差不超过 2mm。

16）端站保护装置

极限开关应在缓冲器动作之前动作；强迫减速开关位置按厂家随机文件确定；限位开

关动作距离一般不超过 50mm。

17）选层器

选层器应灵敏可靠。

18）控制柜

控制柜及电气元件上应清洁无灰尘；熔丝选择应符合图纸要求，不得用其他导线替代熔丝；接触器应无异常响声，各种接线应无松动；各种元件和接线端子标志清晰；各种开关、按钮动作灵活，接触良好；各种显示正常清晰，各种元件标识齐全。控制柜安装牢固。

19）消防

消防开关装饰完好、功能有效。

20）照明

一切照明灯具完好。轿内照度不低于 50lx。

21）通信报警

轿内与机房通信报警装置可靠有效。

22）随行电缆

随行电缆两端固定牢固，电缆无波浪扭曲现象。运行中不得与电线槽管、井道壁、轿厢、导轨支架卡阻，保护层损坏应及时更换。

23）线槽

线槽（线管）、金属软管、接线盒等设备应安装牢固，导线出入口应加护口保护。

24）接地

所有电气设备的金属外壳均应保证良好接地。保护接地电阻值应小于 4Ω。保护接地线应分别直接接到接地端子排上，不得串联后接地，接地线必须使用黄绿双色导线。

25）电梯整机性能

① 电梯起制动平稳。运行中不抖动。运行速度不得大予额定速度的 105%，不得小于额定速度的 92%。

② 客梯启动加速度和制动减速度最大值均不得大于 1.5m/s^2。额定速度（v）为 $1.0\text{m/s} < v \leqslant 2.0\text{m/s}$ 时，平均加减速度不应小于 0.48m/s^2，额定速度（v）为 $2.0\text{m/s} < v \leqslant 2.5\text{m/s}$ 时，平均加减速度不应小于 0.65m/s^2。

③ 平层准确度。

对于 $v \leqslant 0.63\text{m/s}$ 的交流双速电梯，应在 $\pm 15\text{mm}$ 之内。

对于 $0.63\text{m/s} < v \leqslant 1.0\text{m/s}$ 的交流双速电梯，应在 $\pm 30\text{mm}$ 之内。

对于 $1.0\text{m/s} < v \leqslant 2.5\text{m/s}$ 的调速电梯，应在 $\pm 15\text{mm}$ 之内。

④ 电梯的噪声值（dB）见表 11-4。

电梯噪声值（dB）   表 11-4

项　目	机　房	轿厢内	开关门过程中
	平均值		最大值
噪声值	≤80	≤55	≤65

⑤ 平衡系数。乘客电梯的平衡系数为 0.4～0.5。

3. 电梯日常维修保养内容

电梯是以人或货物为服务对象的起重运输设备之一，要做到服务良好并且避免发生事故，必须对电梯进行定期维护。要使电梯能正常运行、减少故障、避免发生事故，延长电梯的使用寿命，电梯的日常检查保养工作就显得十分重要，日常检查保养是确保电梯安全运行的重要条件。

电梯的日常检查保养应建立日、周、月、季、年检查保养制度，并由电梯维修工执行。

电梯的维修人员每日工作前对自己负责维护的电梯作准备性的试车，并应每日对机房内的机械和电气设备作巡视性检查。

（1）电梯的日检查保养

1）检查电动机温升、油位、油色和电动机的声音是否正常，有无异味、异常响声和振动，风机是否运转良好，做好外部清洁工作。

2）检查减速器传动有无异常声音和振动，联结轴是否渗油，做好外部清洁工作。

3）检查制动器线圈温升，检查制动轮、闸瓦、传动臂是否工作正常。

4）检查继电器、接触器动作是否正常，有无异味及异常响声。

5）检查曳引轮、曳引绳、限速器、导向轮、抗绳轮、反绳轮、涨绳轮运行是否正常，有无异常声响，有无曳引绳断丝等。

6）检查变压器、电阻器、电抗器有无过热。

7）检查机房温度是否符合规定需求，保持机房清洁状况良好，机房不得堆放易燃和腐蚀性物品，消防器材齐备良好，去往进房的通道应畅通。通信设施良好，机房照明是否正常。

如有不正常现象应立即停梯进行修理，调整或更换。暂时不能处理而又允许暂缓处理的应跟踪运行，观察其发展情况，防止发生事故；若发现严重现象应立即报告主管部门进行停车修理。

（2）电梯的周检查保养

1）检查抱闸间隙，抱闸间隙应保证在 0.7mm 之内且均匀，间隙过大时应予以调整，紧固连接螺栓。

2）检查安全装置的工作情况，发现问题及时处理。

3）检查调整电梯的平层装置应正常。

4）检查轿内按钮动作情况。

5）检查轿内信号（指示器、蜂鸣器等）。

6）检查轿门开关工作情况及完好性。

7）检查轿内风扇及照明工作情况及完好性。

8）检查曳引绳的工作情况及连接情况是否正常。

（3）电梯的月检查保养

1）对电梯减速器作一次仔细检查。

2）对限速器作一次仔细检查。

3）对安全钳作一次仔细检查。

4）对缓冲器作一次仔细检查。

5) 对厅门锁作一次仔细检查。

6) 对自动门重新开启进行检查。

7) 对门的导轨进行检查清洗。

8) 对曳引机、电动机油位进行检查。

9) 检查接触器触头，衔接是否良好。

10) 检查导向轮、反绳轮、选层器的润滑情况。

11) 对井道设施做一次检查。

12) 对各润滑系统进行一次检查。

13) 对各安全开关操作检查一次。

(4) 电梯的季检查保养

1) 蜗轮蜗杆减速箱及电动机轴承是否有油。

2) 制动器动作是否正常，制动瓦与制动盘之间的间隙是否正常。

3) 曳引绳是否渗油，是否打滑。

4) 限速器钢丝绳，选层器钢带是否正常。

5) 继电器、接触器、选层器工作是否正常，触头是否清洁，固定是否牢固。

6) 检查门的操作、调节及清洁门驱动装置部件。

7) 清洁轿门、厅门地坎和门导轨。

8) 检查全部门滚轮与开门刀之间的间隙。

9) 调整全部厅门及附件。

10) 清洁全部厅门锁开关触点。

11) 检查补偿链是否完好。

12) 检查轿厢及对重导靴磨损情况。

13) 检查安全钳与导轨间隙。

14) 检查曳引绳的张力。

15) 检查轿厢操纵盘和各按钮的工作情况。

16) 检查轿厢紧急照明工作情况。

17) 检查自动门的重新开启是否正常。

18) 检查轿厢照明、信号、指示、蜂鸣器等功能是否正常。

19) 检查电梯启动、运行、减速和制停。

20) 检查电梯平层准确度。

21) 检查厅外呼梯按钮和指示器工作情况。

22) 电梯消防功能的检查。

(5) 电梯的年维修保养

1) 建立组织，选择有经验的专业技术人员负责带领维修人员进行检验。

2) 检验标准按国标进行检验。

3) 质量、安检人员做检验记录。

4) 年维修保养内容：

① 检查、调整、更换、开关门继电器的触头。

② 检查、调整、更换上下方向接触器的触头。

③ 检查、调整、更换控制柜内所有继电器、接触器。

④ 检查调整曳引绳的张紧度。

⑤ 检查限速器动作速度是否准确。

⑥ 检查安全钳是否能可靠动作。

⑦ 检查、调整或更换厅门滚轮。

⑧ 检查、调整或更换开关门机构的零部件。

⑨ 系统地、仔细地检查调整安全回路中的各开关及触点。

⑩ 检查调整电梯平衡系数。

第四篇

设备安装工程施工项目管理

第 12 章　设备安装工程施工项目进度管理

施工项目管理是指建筑企业运用系统的理论和方法对施工项目进行计划、组织、指挥、协调和控制等全过程的管理。施工项目管理的内容具体表现为：施工项目组织管理、施工项目进度管理、施工项目质量管理、施工项目成本管理、施工项目安全管理、施工项目合同管理、施工项目信息管理等。本书重点介绍施工项目进度、质量和安全管理。

12.1.1　横道图进度计划的编制方法

横道图是一种最简单并运用最广的传统的计划方法，在建设领域中的应用非常普遍。

通常横道图的表头为工作及其简要说明，项目进展表示在时间表格上，见表 12-1 所示。按照所表示工作的详细程度，时间单位可以为小时、天、周、月等。

横道图　　　　　　　　　　　　　表 12-1

工作编号	工作名称	工衬数	施工进度									
			10月	11月	12月	1月	2月	3月	4月	5月	6月
1	土方工程	1470			70%						
2	基础工程	7730			28%						
3	主体工程	7330			20%						
4	钢结构工程	3770									
5	围护工程	2640									
6	管道工程	4250			10%						
7	防火工程	3220									
8	机电安装	3470			8%						
9	屋面工程	3150									
10	装修工程	8470									
	总计	45500		12.5%							

注：▭ 计划进度　　　　　　实际完成：12.5%
　　■ 实际进度　　　　　　检查时间11月

横道图的另一种可能的形式是将工作简要说明直接放在横道上，这样，一行上可容纳多项工作，这一般运用在重复性的任务上。横道图也可将最重要的逻辑关系标注在内，如果将所有逻辑关系均标注在图上，则横道图的简洁性的最大优点将丧失。

横道图用于小型项目或大型项目子项目上或用于计算资源需要量、概要预示进度，也可用于其他计划技术的表示结果。

横道图计划表中的进度线（横道）与时间坐标相对应，这种表达方式较直观，易看懂计划编制的意图。但是，横道图进度计划法也存在一些问题，如：

（1）工序（工作）之间的逻辑关系可以设法表达，但不易表达清楚。

（2）适用于手工编制计划。

（3）没有通过严谨的进度计划时间参数计算，不能确定计划的关键工作、关键路线与时差。

（4）计划调整只能用手工方式进行，其工作量较大。

（5）难以适应大的进度计划系统。

12.1.2 双代号网络计划

双代号网络图是以箭线及其两端节点的编号表示工作的网络图，如图 12-1 所示。

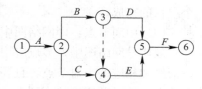

图 12-1 双代号网络图

1. 箭线（工作）

工作是泛指一项需要消耗人力、物力和时间的具体活动过程，也称工序、活动、作业。双代号网络图中，每一条箭线表示一项工作。箭线的箭尾节点 i 表示该工作的开始，箭线的箭头节点 j 表示该工作的完成。工作名称标注在箭线的上方，完成该项工作所需要的持续时间标注在箭线的下方，如图 12-2 所示。由于一项工作需用一条箭线和其箭尾和箭头处两个圆圈中的号码来表示，故称为双代号表示法。

在双代号网络图中，任意一条实箭线都要占用时间、消耗资源（有时，只占时间，不消耗资源，如混凝土养护）。在建筑工程中，一条箭线表示项目中的一个施工过程，它可以是一道工序、一个分项工程、一个分部工程或一个单位工程，其粗细程度、大小范围的划分根据计划任务的需要来确定。

在双代号网络图中，为了正确地表达图中工作之间的逻辑关系，往往需要应用虚箭线。虚箭线是实际工作中并不存在的一项虚设工作，故它们既不占用时间，也不消耗资源，一般起着工作之间的联系、区分和断路三个作用。

联系作用是指应用虚箭线正确表达工作之间相互依存的关系。

区分作用是指双代号网络图中每一项工作都必须用一条箭线和两个代号表示，若两项工作的代号相同时，应使用虚工作加以区分，如图 12-3 所示。

图 12-2 双代号网络图工作的表示方法　　　　图 12-3 虚箭线区分作用

断路作用是用虚箭线断掉多余联系，即在网络图中把无联系的工作连接上了时，应加上虚工作将其断开。

在无时间坐标限制的网络图中，箭线的长度原则上可以任意画，其占用的时间以下方标注的时间参数为准。箭线可以为直线、折线或斜线，但其行进方向均应从左向右。在有时间坐标限制的网络图中，箭线的长度必须根据完成该工作所需持续时间的大小按比例绘制。

在双代号网络图中，通常将被研究的工作用 $i—j$ 工作表示。紧排在本工作之前的工作称为紧前工作；紧排在本工作之后的工作称为紧后工作；与之平行进行的工作称为平行工作。

2. 节点（又称结点、事件）

节点是网络图中箭线之间的连接点。在时间上节点表示指向某节点的工作全部完成后该节点后面的工作才能开始的瞬间，它反映前后工作的交接点。网络图中有三个类型的节点。

（1）起点节点：即网络图的第一个节点，它只有外向箭线，一般表示一项任务或一个项目的开始。

（2）终点节点：即网络图的最后一个节点，它只有内向箭线，一般表示一项任务或一个项目的完成。

（3）中间节点：即网络图中既有内向箭线，又有外向箭线的节点。

双代号网络图中，节点应用圆圈表示，并在圆圈内编号。一项工作应当只有唯一的一条箭线和相应的一对节点，且要求箭尾节点的编号小于其箭头节点的编号，即 $i<j$。网络图节点的编号顺序应从小到大，可不连续，但不允许重复。

3. 线路

网络图中从起始节点开始，沿箭头方向顺序通过一系列箭线与节点，最后达到终点节点的通路称为线路。在一个网络图中可能有很多条线路，线路中各项工作持续时间之和就是该线路的长度，即线路所需要的时间。一般网络图有多条线路，可依次用该线路上的节点代号来记述。

在各条线路中，有一条或几条线路的总时间最长，称为关键路线，一般用双线或粗线标注。其他线路长度均小于关键线路，称为非关键线路。

4. 逻辑关系

网络图中工作之间相互制约或相互依赖的关系称为逻辑关系，它包括工艺关系和组织关系，在网络中均应表现为工作之间的先后顺序。

（1）工艺关系

生产性工作之间由工艺过程决定的、非生产性工作之间由工作程序决定的先后顺序叫工艺关系。

（2）组织关系

工作之间由于组织安排需要或资源（人力、材料、机械设备和资金等）调配需要而规定的先后顺序关系称为组织关系。

网络图必须正确地表达整个工程或任务的工艺流程和各工作开展的先后顺序及它们之间相互依赖、相互制约的逻辑关系。因此，绘制网络图时必须遵循一定的基本规则和要求。

5. 双代号网络计划的绘图规则如下：

（1）双代号网络图必须正确表达已定的逻辑关系。

（2）双代号网络图中，严禁出现循环回路。所谓循环回路是指从网络图中的某一个节点出发，顺着箭线方向又回到了原来出发点的线路。

（3）双代号网络图中，在节点之间严禁出现带双向箭头或无箭头的连线。

（4）双代号网络图中，严禁出现没有箭头节点或没有箭尾节点的箭线。

（5）双代号网络图中应只有一个起点节点和一个终点节点（多目标网络计划除外），而其他所有节点均应是中间节点。

（6）双代号网络图应条理清楚，布局合理。例如，网络图中的工作箭线不宜画成任意方向或曲线形状，尽可能用水平线或斜线；关键线路、关键工作安排在图面中心位置，其他工作分散在两边；避免倒回箭头等。

12.1.3　关键工作和关键路线的概念

关键工作指的是网络计划中总时差最小的工作。当计划工期等于计算工期时，总时差为零的工作就是关键工作。

在双代号网络计划和单代号网络计划中，关键路线是总的工作持续时间最长的线路。一个网络计划可能有一条，或几条关键路线，在网络计划执行过程中，关键路线有可能转移。

当计算工期不能满足要求工期时，可通过压缩关键工作的持续时间以满足工期要求。在选择缩短持续时间的关键工作时，宜考虑下述因素：

（1）缩短持续时间对质量和安全影响不大的工作。

（2）有充足备用资源的工作。

（3）缩短持续时间所需增加的费用最少的工作等。

第13章　设备安装工程项目施工质量管理

13.1　施工质量管理和施工质量控制

13.1.1　施工质量管理

施工质量管理是指工程项目在施工安装和施工验收阶段指挥和控制工程施工组织关于质量的相互协调的活动，使工程项目施工围绕着产品质量满足不断更新的质量要求，而开展的策划、组织、计划、实施、检查、监督和审核等所有管理活动的总和。

（1）计划 P（Plan）。是质量管理的首要环节，通过制定计划，确定质量管理的方针、目标，以及实现方针、目标的措施和行动方案。

（2）实施 D（Do）。包括计划行动方案的交底和按计划规定的方法及要求落实的施工作业技术活动。首先，要根据质量管理计划进行行动方案交底和落实。其次，计划的执行，要依靠质量保证工作体系，也就是要依靠思想工作体系，做好教育工作；依靠组织体系，即完善组织机构、责任制、规章制度等项工作；依靠产品形成过程的质量控制体系，做好质量控制工作，以保证质量计划的执行。

（3）检查 C（Check）。指对计划实施过程进行的各项检查，包括作业者的自检、互检和专职管理者专检。检查执行的情况和效果，及时发现计划执行过程中的偏差和问题。

（4）处理 A（Action）。对于质量检查所发现的质量问题或质量不合格，及时进行原因分析，采取必要措施加以纠正。

质量管理的全过程就是反复按照 PDCA 的循环周而复始地运转，每运转一次，工程质量就提高一步。PDCA 循环具有大环套小环、互相衔接、互相促进、螺旋式上升、形成完整的循环和不断推进等特点。

13.1.2　施工质量控制

施工质量控制是在明确的质量方针指导下，通过对施工方案和资源配置的计划、实施、检查和处置，进行施工质量目标的事前控制、事中控制和事后控制的系统过程。

1. 事前质量控制

在正式施工前进行的事前主动质量控制，可以通过编制施工质量计划，明确质量目标，制定施工方案，设置质量管理点，落实质量责任，分析可能导致质量目标偏离的各种影响因素。针对这些影响因素可制定有效的预防措施，防患于未然。

2. 事中质量控制

指在施工质量形成过程中，对影响施工质量的各种因素进行全面的动态控制。事中控制首先是对质量活动的行为约束，其次是对质量活动过程和结果的监督控制。事中控制的关键是坚持质量标准，控制的重点是工序质量、工作质量和质量控制点的控制。

3. 事后质量控制

也称为事后质量把关，以使不合格的工序或最终产品（包括单位工程或整个工程项目）不流入下道工序、不进入市场。事后控制包括对质量活动结果的评价、认定和对质量偏差的纠正。控制的重点是发现施工质量方面的缺陷，并通过分析提出施工质量改进的措施，保持质量处于受控状态。

以上三大环节不是互相孤立和截然分开的．它们共同构成有机的系统过程，实质上也就是质量管理 PDCA 循环的具体化，在每一次滚动循环中不断提高，达到质量管理和质量控制的持续改进。

13.1.3 施工质量的影响因素

1. 人

这里讲的"人"，是指直接参与施工的决策者、管理者和作业者。人的因素影响主要是指上述人员个人的质量意识及质量活动能力对施工质量形成造成的影响。作为控制对象，人的作用应避免失误；作为控制动力，应充分调动人的积极性，发挥人的主导作用。必须有效控制参与施工的人员素质，不断提高人的质量活动能力，才能保证施工质量。

2. 材料

材料包括工程材料和施工用料，又包括原材料、半成品、成品、构配件等。各类材料是工程施工的物质条件，材料质量是工程质量的基础，材料质量不符合要求，工程质量就不可能达到标准。所以加强对材料的质量控制，是保证工程质量的重要基础。

3. 机械

机械设备包括工程设备、施工机械和各类施工工器具。工程设备是指组成工程实体的工艺设备和各类机具，如各类生产设备、装置和辅助配套的电梯、泵机，以及通风空调、消防、环保设备等等，它们是工程项目的重要组成部分，其质量的优劣，直接影响到工程使用功能的发挥。施工机械设备是指施工过程中使用的各类机具设备，包括吊装设备、运输设备、操作工具、测量仪器、计量器具以及施工安全设施等。施工机械设备是所有施工方案和工法得以实施的重要物质基础，合理选择和正确使用施工机械设备是保证施工质量的重要措施。

4. 方法

施工方法包括施工技术方案、施工工艺、工法和施工技术措施等。从某种程度上说，技术工艺水平的高低，决定了施工质量的优劣。

5. 环境

环境的因素主要包括现场自然环境因素、施工质量管理环境因素和施工作业环境因素。环境因素对工程质量的影响，具有复杂多变和不确定性的特点。

13.1.4 施工项目质量控制

1. 技术准备

技术准备是指在正式开展施工作业活动前进行的技术准备工作。这类工作主要在室内进行，例如：熟悉施工图纸，进行详细的设计交底和图纸审查；进行工程项目划分和编号；细化施工技术方案和施工人员、机具的配置方案，编制施工作业技术指导书，绘制各种施工详图（如测量放线图、大样图及配筋、配板、配线图表等），进行必要的技术交底和技术培训。技术准备的质量控制，包括对上述技术准备工作成果的复核审查，检查这些成果是否符合相关技术规范、规程的要求和对施工质量的保证程度；制订施工质量控制计划，设置质量控制点，明确关键部位的质量管理点。

2. 技术交底

技术交底工作是保证施工质量的重要措施之一。项目开工前应由项目技术负责人向承担施工的负责人或分包人进行书面技术交底，技术交底资料应办理签字手续并归档保存。每一分部工程开工前均应进行作业技术交底。技术交底书应由施工项目技术人员编制，并经项目技术负责人批准实施。技术交底的内容主要包括：任务范围、施工方法、质量标准和验收标准，施工中应注意的问题，可能出现意外的措施及应急方案，文明施工和安全防护措施以及成品保护要求等。

13.2 设备安装工程施工质量验收

13.2.1 施工过程的工程质量验收

施工过程的工程质量验收是在施工过程中，在施工单位自行质量检查评定的基础上，参与建设活动的有关单位共同对检验批、分项、分部、单位工程的质量进行抽样复验，根据相关标准以书面形式对工程质量达到合格与否做出确认。

13.2.2 施工项目竣工质量验收

施工项目竣工质量验收是施工质量控制的最后一个环节，是对施工过程质量控制成果的全面检验，是从终端把关方面进行质量控制。未经验收或验收不合格的工程，不得交付使用。

1. 施工项目竣工质量验收的要求

施工项目竣工质量验收应按下列要求进行：

（1）建筑工程施工质量应符合《建筑工程施工质量验收统一标准》GB/T 50300—2013和相关专业验收规范的规定。

（2）建筑工程施工应符合工程勘察、设计文件的要求。

（3）参加工程施工质量验收的各方人员应具备规定的资格。

（4）工程质量的验收均应在施工单位自行检查评定的基础上进行。

（5）隐蔽工程在隐蔽前应由施工单位通知有关单位进行验收，并应形成验收文件。

（6）涉及结构安全的试块、试件以及有关材料，应按规定进行见证取样检测。

（7）检验批的质量应按主控项目和一般项目验收。

（8）对涉及结构安全和使用功能的重要分部工程应进行抽样检测。

（9）承担见证取样检测及有关结构安全检测的单位应具有相应资质。

（10）工程的观感质量应由验收人员通过现场检查，并应共同确认。

2. 施工项目竣工质量验收程序

工程项目竣工验收工作，通常可分为三个阶段，即竣工验收的准备、初步验收和正式验收。

（1）竣工验收的准备

参与工程建设的各方均应做好竣工验收的准备工作。其中建设单位应完成组织竣工验收班子，审查竣工验收条件，准备验收资料，做好建立建设项目档案、清理工程款项、办理工程结算手续等方面的准备工作；监理单位应协助建设单位做好竣工验收的准备工作，督促施工单位做好竣工验收的准备；施工单位应及时完成工程收尾，做好竣工验收资料的准备（包括整理各项交工文件、技术资料并提出交工报告），组织准备工程预验收；设计单位应做好资料整理和工程项目清理等工作。

（2）初步验收

当工程项目达到竣工验收条件后，施工单位在自检合格的基础上填写工程竣工报验单，并将全部资料报送监理单位，申请竣工验收。监理单位根据施工单位报送的工程竣工报验申请，由总监理工程师组织专业监理工程师，对竣工资料进行审查，并对工程质量进行全面检查，对检查中发现的问题督促施工单位及时整改。经监理单位检查验收合格后，由总监理工程师签署工程竣工报验单，并向建设单位提出质量评估报告。

（3）正式验收

项目主管部门或建设单位在接到监理单位的质量评估和竣工报验单后，经审查，确认符合竣工验收条件和标准，即可组织正式验收。

竣工验收由建设单位组织，验收组由建设、勘察、设计、施工、监理和其他有关方面的专家组成，验收组可下设若干个专业组。建设单位应当在工程竣工验收7个工作日前将验收的时间、地点以及验收组名单书面通知当地工程质量监督站。

第 14 章　设备安装工程安全管理

14.1　设备安装工程施工安全管理的概念

14.1.1　施工安全管理实施的基本要求

（1）必须取得《安全生产许可证》后方可施工；

（2）必须建立健全安全管理保障制度；

（3）各类施工人员必须具备相应的安全生产资格方可上岗；

（4）所有新工人（包括新招收的合同工、临时工、农民工及实习和代培人员）必须经过三级安全教育，即：施工人员进场作业前进行公司、项目部、作业班组的安全教育；

（5）特种作业（指对操作者本人和其他工种作业人员以及对周围设施的安全有重大危险因素的作业）人员，必须经过专门培训，并取得特种作业资格；

（6）对查出的事故隐患要做到整改"五定"的要求；

（7）必须把好安全生产的"七关"标准；

（8）必须建立安全生产值班制度，并有现场领导带班。

14.1.2　施工安全管理体制

完善安全生产管理体制，建立健全安全管理制度、安全管理机构和安全生产责任制是安全管理的重要内容，是实现安全生产目标管理的组织保证。

安全生产管理体制是："企业负责、行业管理、国家监察、群众监督、劳动者遵章守纪"，这样的安全生产管理体制符合社会主义市场经济条件下安全生产工作的要求。

14.1.3　施工安全技术措施

施工安全技术措施是在施工项目生产活动中，根据工程特点、规模、结构复杂程度、工期、施工现场环境、劳动组织、施工方法、施工机械设备、变配电设施、架设工具以及各项安全防护设施等，针对施工中存在的不安全因素进行预测和分析，找出危险点，为消除和控制危险隐患，从技术和管理上采取措施加以防范，消除不安全因素，防止事故发生，确保施工项目安全施工。

1. 施工安全技术措施的审批

（1）一般工程施工安全技术措施在施工前必须编制完成，并经过项目经理部的技术部门负责人审核，项目经理部总工程师审批，报公司项目管理部、安全监督部门备案。

（2）对于重要工程或较大专业工程的施工安全技术措施，由项目（或专业公司）总工程师审核，公司项目管理部、安全监督部复核，由公司技术部或公司总工程师委托技术人员审批．并在公司项目管理部、安全监督部备案。

（3）分包单位编制的施工安全技术措施，在完成报批手续后报项目经理部的技术部门备案。

2. 施工安全技术措施变更

（1）施工过程中若发生设计变更时，原安全技术措施必须及时变更，否则不准施工。

（2）施工过程中由于各方面原因所致，确实需要修改原安全技术措施时，必须经原编制人同意，并办理修改审批手续。

14.1.4 施工安全技术交底

施工安全技术交底是在建设工程施工前，项目部的技术人员向施工班组和作业人员进行有关工程安全施工的详细说明，并由双方签字确认。安全技术交底一般由技术管理人员根据分部分项工程的实际情况、特点和危险因素编写，它是操作者的法令性文件。

大型或特大型工程项目，由总承包公司的总工程师组织有关部门向项目经理部和分包商进行安全技术措施交底。

一般工程项目，由项目经理部技术负责人和现场经理向有关施工人员（项目工程部、商务部、物资部、质量和安全总监及专业责任工程师等）和分包商技术负责人进行安全技术措施交底。

分包商技术负责人要对其管辖的施工人员进行详细的安全技术措施交底。

施工班组长在每天作业前，应将作业要求和安全事项向作业人员进行交底，并将交底的内容和参加交底的人员名单记入班组的施工日志中。

14.1.5 安全文明施工措施

1. 现场大门和围挡设置

（1）施工现场设置钢制大门，大门牢固、美观。高度不宜低于 4m，大门上应标有企业标识。

（2）施工现场的围挡必须沿工地四周连续设置，不得有缺口。围挡要坚固、平稳、严密、整洁、美观。

（3）围挡的高度：市区主要路段不宜低于 2.5m；一般路段不低于 1.8m。

（4）围挡材料应选用砌体、金属板材等硬质材料，禁止使用彩条布、竹笆、安全网等易变形材料。

（5）建设工程外侧周边使用密目式安全网（2000 目/100cm^2）进行防护。

2. 现场封闭管理

（1）施工现场出入口设专职门卫人员，加强对现场材料、构件、设备的进出监督管理。

（2）为加强对出入现场人员的管理，施工人员应佩戴工作卡以示证明。

（3）根据工程的性质和特点，出入大门口的形式，各企业各地区可按各自的实际情况确定。

3. 施工场地布置

（1）施工现场大门内必须设置明显的五牌一图（即工程概况牌、安全生产制度牌、文明施工制度牌、环境保护制度牌、消防保卫制度牌及施工现场平面布置图），标明工程项目名称、建设单位、设计单位、施工单位、监理单位、工程概况及开工、竣工日期等。

（2）对于文明施工、环境保护和易发生伤亡事故（或危险）处，应设置明显的、符合国家标准要求的安全警示标志牌。

（3）设置施工现场安全"五标志"，即：指令标志（佩戴安全帽、系安全带等），禁止标志（禁止通行、严禁抛物等），警告标志（当心落物、小心坠落等），电力安全标志（禁止合闸、当心有电等）和提示标志（安全通道、火警、盗警、急救中心电话等）。

（4）现场主要运输道路尽量采用循环方式设置或有车辆调头的位置，保证道路通畅。

（5）现场道路有条件的可采用混凝土路面，无条件的可采用其他硬化路面。现场地面也应进行硬化处理，以免现场扬尘，雨后泥泞。

（6）施工现场必须有良好的排水设施，保证排水畅通。

（7）现场内的施工区、办公区和生活区要分开设置，保持安全距离，并设标志牌。办公区和生活区应根据实际条件进行绿化。

（8）各类临时设施必须根据施工总平面图布置，而且要整齐、美观。办公和生活用的临时设施宜采用轻体保温或隔热的活动房，既可多次周转使用，降低暂设成本，又可达到整洁美观的效果。

（9）施工现场临时用电线路的布置，必须符合安装规范和安全操作规程的要求，严格按施工组织设计进行架设，严禁任意拉线接电。而且必须设有保证施工要求的夜间照明。

（10）工程施工的废水、泥浆应经流水槽或管道流到工地集水池统一沉淀处理，不得随意排放和污染施工区域以外的河道、路面。

4. 现场材料、工具堆放

（1）施工现场的材料、构件、工具必须按施工平面图规定的位置堆放，不得侵占场内道路及安全防护等设施。

（2）各种材料、构件堆放应按品种、分规格整齐堆放．并设置明显标牌。

（3）施工作业区的垃圾不得长期堆放，要随时清理，做到每天工完场清。

（4）易燃易爆物品不能混放，要有集中存放的库房。班组使用的零散易燃易爆物品，必须按有关规定存放。

（5）对于楼梯间、休息平台、阳台临边等地方不得堆放物料。

5. 施工现场安全防护布置

根据建设部有关建筑工程安全防护的有关规定，项目经理部必须做好施工现场安全防护工作。

（1）施工临边、洞口交叉、高处作业及楼板、屋面、阳台等临边防护，必须采用密目式安全立网全封闭，作业层要另加防护栏杆和18cm高的踢脚板。

（2）通道口设防护棚，防护棚应为不小于5cm厚的木板或两道相距50cm的竹笆，两侧应沿栏杆架用密目式安全网封闭。

（3）预留洞口用木板全封闭防护，对于短边超过1.5m长的洞口，除封闭外四周还应设有防护栏杆。

（4）电梯井口设置定型化、工具化、标准化的防护门，在电梯井内每隔两层（不大于10m）设置一道安全平网。

（5）楼梯边设 1.2m 高的定型化、工具化、标准化的防护栏杆，18cm 高的踢脚板。

（6）垂直方向交叉作业，应设置防护隔离棚或其他设施防护。

（7）高空作业施工，必须有悬挂安全带的悬索或其他设施，有操作平台，有上下的梯子或其他形式的通道。

6. 施工现场防火布置

（1）施工现场应根据工程实际情况，订立消防制度或消防措施。

（2）按照不同作业条件和消防有关规定，合理配备消防器材，符合消防要求。消防器材设置点要有明显标志，夜间设置红色警示灯，消防器材应垫高设置，周围 2m 内不准乱放物品。

（3）当建筑施工高度超过 30m（或当地规定）时，为防止单纯依靠消防器材灭火不能满足要求，应配备有足够的消防水源和自救的用水量。扑救电气火灾不得用水，应使用干粉灭火器。

（4）在容易发生火灾的区域施工或储存、使用易燃易爆器材时，必须采取特殊的消防安全措施。

（5）现场动火，必须经有关部门批准，设专人管理。五级风及以上禁止使用明火。

（6）坚决执行现场防火"五不走"的规定，即：交接班不交代不走、用火设备火源不熄灭不走、用电设备不拉闸不走、可燃物不清干净不走、发现险情不报告不走。

7. 施工现场临时用电布置

（1）施工现场临时用电配电线路

1）按照 TN-S 系统要求配备五芯电缆、四芯电缆和三芯电缆。

2）按要求架设临时用电线路的电杆、横担、瓷夹、瓷瓶等，或电缆埋地的地沟。

3）对靠近施工现场的外电线路，设置木质、塑料等绝缘体的防护设施。

（2）配电箱、开关箱

1）按三级配电要求，配备总配电箱、分配电箱、开关箱三类标准电箱。开关箱应符合一机、一箱、一闸、一漏。三类电箱中的各类电器应是合格品。

2）按两级保护的要求，选取符合容量要求和质量合格的总配电箱和开关箱中的漏电保护器。

（3）接地保护：装置施工现场保护零线的重复接地应不少于三处。

8. 施工现场生活设施布置

（1）职工生活设施要符合卫生、安全、通风、照明等要求。

（2）职工的膳食、饮水供应等应符合卫生要求。炊事员必须有卫生防疫部门颁发的体检合格证。生熟食分别存放，炊事员要穿白工作服，食堂卫生要定期清扫检查。

（3）施工现场应设置符合卫生要求的厕所，有条件的应设水冲式厕所，并有专人清扫管理。现场应保持卫生，不得随地大小便。

（4）生活区应设置满足使用要求的淋浴设施和管理制度。

（5）生活垃圾要及时清理，不能与施工垃圾混放，并设专人管理。

（6）职工宿舍要考虑到季节性的要求，冬季应有保暖、防煤气中毒措施；夏季应有消暑、防虫叮咬措施，保证施工人员的良好睡眠。

（7）宿舍内床铺及各种生活用品放置要整齐，通风良好，并要符合安全疏散的要求。

（8）生活设施的周围环境要保持良好的卫生条件，周围道路、院区平整，并要设置垃圾箱和污水池，不得随意乱泼乱倒。

9. 施工现场综合治理

（1）项目部应做好施工现场安全保卫工作，建立治安保卫制度和责任分工，并有专人负责管理。

（2）施工现场在生活区域内适当设置职工业余生活场所，以便施工人员工作后能劳逸结合。

（3）现场不得焚烧有毒有害物质，该类物质必须按有关规定进行处理。

（4）现场施工必须采取不扰民措施，要设置防尘和防噪声设施，做到噪声不超标。

（5）为适应现场可能发生的意外伤害，现场应配备相应的保健药箱和一般常用药品及应急救援器材，以便保证及时抢救，不扩大伤势。

（6）为保障施工作业人员的身心健康，应在流行病发生季节及平时，定期开展卫生防疫的宣传教育工作。

（7）施工作业区的垃圾不得长期堆放，要随时清理，做到每天工完场清。

（8）施工现场应设置密闭式垃圾站，施工垃圾、生活垃圾应分类存放。施工垃圾必须采用相应容器或管道运输。

14.1.6　施工安全检查

1. 施工安全检查的内容

施工安全检查应根据企业生产的特点，制定检查的项目标准，其主要内容是：查思想、查制度、查安全教育培训、查措施、查隐患、查安全防护、查劳保用品使用、查机械设备、查操作行为、查整改、查伤亡事故处理等主要内容。

2. 施工安全检查的方式

施工安全检查通常采用经常性安全检查、定期和不定期安全检查、专业性安全检查、重点抽查、季节性安全检查、节假日前后安全检查、班组自检、互检、交接检查及复工检查等方式。

14.1.7　安全生产的管理制度

现阶段已经比较成熟的安全生产管理制度有：安全生产责任制度；安全教育制度；安全检查制度；安全措施计划制度；安全监察制度；伤亡事故和职业病统计报告处理制度；"三同时"制度；安全预评价制度。

1. 安全生产责任制度

安全生产责任制是按照安全生产管理方针和"管生产必须管安全"的原则，将各级负责人员、各职能部门及其工作人员和各岗位生产工人在安全生产方面应做的事情及应负的责任加以明确规定的一种制度。

其内容大体分为两个方面：纵向方面是各级人员的安全生产责任制，即各类人员（从最高管理者、管理者代表到项目经理）的安全生产责任制；横向方面是各个部门的安全生产责任制，即各职能部门（如安全环保、设备、技术、生产、财务等部门）的安全生产责任制。只有这样，才能建立健全安全生产责任制，做到群防群治。

2. 安全教育制度

根据原劳动部《企业职工劳动安全卫生教育管理规定》（劳部发〔1995〕405号）和建设部《建筑业企业职工安全培训教育暂行规定》的有关规定，企业安全教育一般包括对管理人员、特种作业人员和企业员工的安全教育。

3. 安全检查制度

安全检查制度是清除隐患、防止事故、改善劳动条件的重要手段，是企业安全生产管理工作的一项重要内容。通过安全检查可以发现企业及生产过程中的危险因素，以便有计划地采取措施，保证安全生产。

14.2　建设工程职业健康安全事故处理

14.2.1　按安全事故类别分类

根据《企业职工伤亡事故分类》GB 6441—1986 中，将事故类别划分为 20 类，即物体打击、车辆伤害、机械伤害、起重伤害、触电、淹溺、灼烫、火灾、高处坠落、坍塌、冒顶片帮、透水、放炮、瓦斯爆炸、火药爆炸、锅炉爆炸、容器爆炸、其他爆炸、中毒和窒息、其他伤害。

14.2.2　按生产安全事故造成的人员伤亡或直接经济损失分类

按照中华人民共和国国务院令第 493 号《生产安全事故报告和调查处理条例》第三条规定：根据生产安全事故（以下简称事故）造成的人员伤亡或者直接经济损失，事故一般分为以下等级：

（1）特别重大事故，是指造成 30 人以上死亡，或者 100 人以上重伤（包括急性工业中毒，下同），或者 1 亿元以上直接经济损失的事故；

（2）重大事故，是指造成 10 人以上 30 人以下死亡，或者 50 人以上 100 人以下重伤，或者 5000 万元以上 1 亿元以下直接经济损失的事故；

（3）较大事故，是指造成 3 人以上 10 人以下死亡，或者 10 人以上 50 人以下重伤，或者 1000 万元以上 5000 万元以下直接经济损失的事故；

（4）一般事故，是指造成 3 人以下死亡，或者 10 人以下重伤，或者 1000 万元以下 100 万元以上直接经济损失的事故（其中 100 万元以上，是中华人民共和国建设部建质〔2007〕257 号《关于进一步规范房屋建筑和市政工程生产安全事故报告和调查处理工作的若干意见》中规定的）。

本等级划分所称的"以上"包括本数，所称的"以下"不包括本数。

14.2.3　生产安全事故报告和调查处理原则

根据国家法律法规的要求，在进行生产安全事故报告和调查处理时，要坚持实事求是、尊重科学的原则，既要及时、准确地查明事故原因，明确事故责任，使责任人受到追究；又要总结经验教训，落实整改和防范措施，防止类似事故再次发生。因此，施工项目一旦发生安全事故，必须实施"四不放过"的原则：①事故原因未查明不放过；②事故责任者和员工未受到教育不放过；③事故责任者未处理不放过；④整改措施未落实不放过。

14.2.4　事故报告

生产安全事故发生后，受伤者或最先发现事故的人员应立即用最快的传递手段，将发生事故的时间、地点、伤亡人数、事故原因等情况，向施工单位负责人报告；施工单位负责人接到报告后，应当在1小时内向事故发生地县级以上人民政府建设主管部门和有关部门报告。

情况紧急时，事故现场有关人员可以直接向事故发生地县级以上人民政府建设主管部门和有关部门报告。

实行施工总承包的建设工程，由总承包单位负责上报事故。

14.2.5　事故调查

事故调查处理应当坚持实事求是、尊重科学的原则，及时、准确地查清事故经过、事故原因和事故损失，查明事故性质，认定事故责任，总结事故教训，提出整改措施，并对事故责任者依法追究责任。

（1）施工单位项目经理应指定技术、安全、质量等部门的人员，会同企业工会、安全管理部门组成调查组，开展调查。

（2）建设主管部门应当按照有关人民政府的授权或委托组织事故调查组，对事故进行调查。

（3）事故调查报告的内容

1）事故发生单位概况；

2）事故发生经过和事故救援情况；

3）事故造成的人员伤亡和直接经济损失；

4）事故发生的原因和事故性质；

5）事故责任的认定和对事故责任者的处理建议；

6）事故防范和整改措施。

事故调查报告应当附具有关证据材料，事故调查组成员应当在事故调查报告上签名。

14.2.6　事故处理

事故现场处理是落实"四不放过"原则的核心环节。当事故发生后，事故发生单位应当严格保护事故现场，做好标识，排除险情，采取有效措施抢救伤员和财产，防止事故蔓延扩大。

事故现场是追溯判断发生事故原因和事故责任人责任的客观物质基础。因抢救人员、疏导交通等原因，需要移动现场物件时，应当做出标志，绘制现场简图并做出书面记录，妥善保存现场重要痕迹、物证，有条件的可以拍照或录像。

第五篇

设备安装工程信息化技术管理

第 15 章　信息化技术管理概述

　　我国的设备安装工程项目管理建设，从 20 世纪 80 年代起开始了数字化、信息化进程。目前，随着超高层建筑高度的不断攀升，工业项目及公建项目规模的越来越大、产能越来越高、单体设备越来越重，给设备安装工程在技术、管理、效率、成本控制、信息化管理等方面提出了更高的要求。我国相对欧美发达国家在信息技术应用领域还有一定差距，在国内各地区之间也存在数字鸿沟，而信息化建设正是消除或减少国与国之间、地区与地区之间、产业与产业之间数字鸿沟的最佳途径。

15.1　设备安装工程施工项目管理的特点与信息化管理的必要性

1. 设备安装工程的特点

　　设备安装工程是建筑工程中不可或缺的重要组成部分，它包括建筑中的各类设备、给水排水、电气、供暖、通风、消防、通信及自动化控制系统的安装。其施工活动从设备采购开始，涉及安装、调试、生产运行、竣工验收各个阶段，最终是以满足建筑物的使用功能为目标。而现代化设备安装工程项目则表现出高、大、精、尖、难等特点，系统性强，功能齐全，自动化程度高，安装施工难度大。

2. 设备安装工程项目管理的特点

　　针对建设项目的全寿命周期，设备安装工程项目管理采用集成化管理理念，是涉及项目工期、造价、质量、安全、环境等要素的集成管理。全寿命周期管理思想是通过工程项目的策划、建设、运营等环节的充分结合，使工程项目面向运营最终功能，创造最大的经济效益、社会效益和资源环境效益。此外，还应考虑项目组织管理体系一体化。全过程工程项目集成和全要素工程项目集成属于全新的项目管理理念，需要与之相适应的项目管理组织结构作为依托，最根本的做法是把注意力集中在项目执行的过程上，集中在各种活动的相互关系和影响上，从全局对项目执行的过程进行合理的计划和控制，进行集成化管理，从根本上减少和避免突发事件的发生。针对现代设备安装工程项目的复杂和难度大的特点，一个公司甚至一个国家都不可能对一个工程所有系统的技术完全掌握和控制。而国际化合作是做好设备安装工程项目管理的最好方式，任何一项大型的设备安装工程项目，都是国际化先进技术和国际先进产品的结合体。国内市场国际化，国内外市场全面融合，使得设备安装工程项目管理国际化趋势加强，使得设备安装工程项目管理上升到知识经济高度，成为高知识、高技能的活动。可是，在传统的设备安装工程项目管理模式中，项目上各种信息的存储主要是基于表格或单据等纸面形式，信息的加工和整理完全由大量的单独分散计算来完成，信息的交流则绝大部分依赖于人与人之间的手工传递甚至口头传递，信息的检索则完全依赖于对文档资料的翻阅和查看。信息从它的产生、整理、加工、传递到检索和利用，都在以一种较为缓慢的速度在运动，这容易影响信息作用的及时发挥而造成项目管理工作中的失误。

3. 设备安装工程信息化管理的必要性

随着现代工程建设项目规模的不断扩大，施工技术的难度与质量的要求不断提高，各部门和单位交互的信息量不断扩大，信息的交流与传递变得越来越频繁，建设施工项目管理的复杂程度和难度越来越突出。应该看到建设施工项目的信息化管理不仅仅意味着在建筑施工项目内部的管理过程中使用计算机，它具有更广泛更深刻的内涵。设备安装工程信息化管理基于信息技术提供的可能性，对管理过程中需要处理的所有信息进行高效地采集、加工、传递和实时共享，减少部门之间对信息处理的重复工作。

15.2　施工项目信息化管理

随着知识经济和网络信息时代的到来，机电工程项目管理的信息化已成为必然趋势。由于施工管理的多样性和多变性，各个部门和单位需要交互的信息量不断扩大，信息的交流与传递频度也在增加，相应地对信息管理的要求越来越高。目前市场上有着各种各样关于进度、合同、材料、预结算、工程资料等的项目管理软件，通过这些软件将项目部的各个职能部门变成一个端口。也就是将各种信息化技术引入项目的管理工作中，利用互联网将各端口相互连接并汇总到一个终端。使设备安装工程管理既有信息的互通又有集中管理的功能，使项目运行的每一环节符合规范化、科学化、标准化。

1. 施工项目相关信息的收集和整理

（1）收集整理相关公共信息，包括：法律、法规和部门规章信息，自然条件信息，市场信息。法律、法规和部门规章信息采用编目管理存入计算机，市场信息包括：机械设备供应商表，机械设备价格表，材料供应商表，材料价格表。

自然条件信息包括：施工类别，交通条件，环保信息及天气、气温等。

（2）收集工程概况信息。如建筑工程的工程名称、设计说明、工程编号、工程实体信息场地环境概况和建设单位、造价、设计单位、施工单位、监理单位等。

（3）整理相关施工信息：施工记录信息、技术资料信息等。

（4）项目管理信息：施工合同，工程进度控制、协调信息，工程成本信息，材料计划信息，安全文明施工及行政管理信息，竣工验收信息等。

（5）工程协调信息：日施工计划表、工程统计表、材料消耗和现金台账等。

（6）工程进度控制信息：施工进度计划表、资源计划表、完成工作分析表等。

（7）工程成本信息：承包成本表，目标成本表，实际成本表，和成本分析包括计划偏差表、实际偏差表、目标偏差表及成本分析表。

（8）材料计划信息：劳动力需要量计划、原材料计划、施工机械计划、设备需要量计划、资金计划等。

（9）商务计划：施工图预算、中标投标书、合同、工程款及索赔等。

（10）安全文明施工信息包括：安全交底、安全设施验收、安全教育、安全措施、安全处罚、安全事故、安全检查、复查整改记录等。

（11）项目竣工验收信息：施工项目质量合格证书、单位工程交工质量核定表、交工验收证明书、施工技术资料移交表、施工项目结算、保修书等。

2. 设备安装工程文件信息化管理

设备安装工程文件是反映建设工程质量和工作质量状况的重要依据，施工文档资料是建设工程档案的重要组成部分，是建设工程进行竣工验收的必要条件，是全面反映建设工程质量状况的重要文档资料。施工文件档案管理的内容主要包括：工程施工技术管理资料、工程质量控制资料、工程施工质量验收及竣工图四大部分。

（1）工程施工技术管理资料主要内容

1）施工图设计会审、技术交底。开工前，建设单位组织有关单位对施工图设计文件会审，填写会审记录；设计单位作技术交底，并作交底纪要。

2）施工单位在施工前进行施工技术交底，并留有双方签字的交底文字记录。

3）施工组织设计。施工前，施工单位编制施工组织设计，大中型工程需根据施工组织设计编制分部位、分阶段的施工组织设计。

4）施工日志记录文件。

5）设计变更和工程洽商记录文件。

6）工程测量记录文件。工程测量记录是施工过程中形成的确保建设工程定位、尺寸、高程、位置等满足设计要求和规范规定的资料。

7）施工记录文件。

8）工程质量事故记录文件。

9）工程竣工文件。

（2）工程质量控制资料

工程质量控制资料是设备安装工程施工全过程全面反映工程质量控制和保证的依据性证明资料，包括工程项目原材料、构配件、成品、半成品和设备的出厂合格证及进场检验报告；施工实验记录和见证检测报告；隐蔽工程验收记录文件，交接检查记录。

（3）工程施工质量验收资料

具体内容为：施工现场质量管理检查记录；单位工程质量竣工验收记录；分部工程质量验收记录；分项工程质量验收记录；检验批质量验收记录。

（4）竣工图

竣工图是真实、准确、完整反映和记录各种地下和地上、隐蔽项目等安装项目的真实写照，是完工项目详细情况的技术文件，是维修和改扩建的依据，必须长期妥善保存和进行备案。

15.3 设备安装工程领域典型的计算机信息化技术及软件

15.3.1 计算机辅助制图

1. AutoCAD 绘图软件

AutoCAD 是美国 Autodesk 公司首次于 1982 年生产的自动计算机辅助设计软件，用于二维绘图、详细绘制、设计文档和基本三维设计。现已经成为国际上广为流行的绘图工具。.dwg 文件格式成为二维绘图的事实标准格式。

AutoCAD 有着良好的用户界面，它的多文档设计环境，让非计算机专业人员也能非常快的学会使用。AutoCAD 拥有广泛的适应性和良好的兼容性，可以在各种 PC 系统和工作站上运行，并支持分辨率由 320×200 到 2048×1024 的各种图形显示设备 40 多种，以及数字仪和鼠标器 30 多种，绘图仪和打印机数十种，这就为 AutoCAD 的普及创造了条件。

2. 天正建筑 CAD 软件

天正公司应用先进的计算机技术，研发了以天正建筑为龙头的包括暖通、给排水、电气、结构、日照、市政道路、市政管线、节能、造价等专业的建筑 CAD 系列软件。

3. MicroStation 软件

MicroStation 是国际上和 AutoCAD 齐名的二维和三维 CAD 设计软件。其专用格式是 DGN，并兼容 AutoCAD 的 DWG/DXF 等格式。

MicroStation 是 Bentley 工程软件系统有限公司在建筑、土木工程、交通运输、加工工厂、离散制造业、政府部门、公用事业和电讯网络等领域解决方案的基础平台。MicroStation 具有很强大的兼容性和扩展性，可以通过一系列第三方软件实现诸多特殊效果。例如用 TurnTool 等第三方插件，即可直接用 MicroStation 发布在线三维展示案例。

4. BIM，信息化建筑设计软件

建筑信息模型（Building Information Modeling）是利用数字模型对项目进行设计、施工和运营的过程。从建筑的设计、施工、运营，直至建筑全寿命周期的终结，BIM 可以帮助实现建筑信息的集成。BIM 使各种信息始终整合于一个三维模型信息数据库中，设计团队、施工单位、设施运营部门和业主等各方面人员可以基于 BIM 进行协同工作，极大提高工作效率、节省资源、降低成本，以实现可持续发展。

设备安装工程范围较广，涉及民用、公用以及其他工程中的各类设备，涉及电气、照明、空调水暖、通信、网络、消防、给水排水等各个专业。包括成套配电柜、照明配电箱（盘）安装，电线导管、电缆导管和线槽敷设及电线、电缆和线槽敷线，开关插座，防雷接地，火灾报警及消防管道、空调设备及通风风管，防腐与绝热，智能建筑工程等。利用 BIM 技术，可有效解决设计和施工之间的衔接，避免管线碰撞，合理布置各专业管线，提升空间利用，实现多专业间穿插施工，充分使用多专业公用固定安装支架，提高工程质量并创造可观的经济效益。就设备安装工程管线综合方面，通过搭建建筑结构和设备安装各专业的模型，施工方能够查看各个构件之间的空间关系以及发现碰撞的问题，并及时加以解决，从而大大提高在管线综合方面的施工能力及工作效率。

15.3.2 计算机辅助进度控制

进度计划的软件都是在工程网络计划原理的基础上编制的。应用这些软件可以实现计算机辅助建设工程项目进度计划的编制和调整，以确定工程网络计划的时间参数。

计算机辅助工程网络计划编制的意义如下：

（1）确保工程网络计划计算的准确性；

（2）有利于工程网络计划及时调整；

（3）有利于编制资源需求计划等。

正如前述，进度控制是一个动态编制和调整计划的过程，初始的进度计划和在项目实施过程中不断调整的计划，以及与进度控制有关的信息应尽可能对项目各参与方透明，以便各方为实现项目的进度目标协同工作。为使业主方各工作部门和项目各参与方便快捷地获取进度信息，可利用项目信息门户作为基于互联网的信息处理平台辅助进度控制。

1. Primavera P6 系列软件

Primavera 项目管理软件已经成为工程建设行业的行业标准，在世界银行及一些国外项目的建设过程中，招标文件就明确指出：参与投标的公司必须承诺使用 Primavera 软件来进行管理。

Primavera P6 可以在项目实施的五个阶段中发挥作用（图 15-1）。能够为工程项目提供全局优先次序排列、进度计划、项目管控、执行管理及多项目、组合管理等功能。

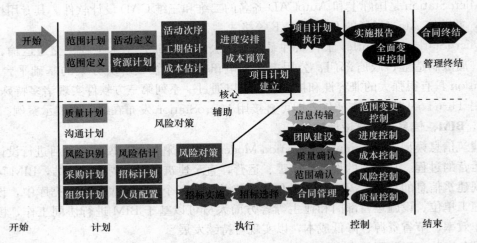

图 15-1　Primavera P6 软件在项目实施的五个阶段中发挥的作用

2. Microsoft Project 软件

Microsoft Project（或 MSP）是由微软开发销售的项目管理软件程序。软件设计目的在于协助项目经理发展计划、为任务分配资源、跟踪进度、管理预算和分析工作量。其表现方式可以是单代号网络图，并自动生成横道图。目前的版本是 Microsoft Project2010。

3. 梦龙 Morrowsoft 软件

梦龙智能项目管理系统软件，具有屏幕图形编辑灵活自如、瞬间即可生成流水网络图、多种图式转换方便快捷、子母网络系统随意分并、各种统计功能丰富多样、施工进度情况随时展现等功能。通过该软件可以实现资源、费用的优化控制。

15.3.3　计算机辅助档案管理

计算机辅助档案管理亦称档案管理自动化。指使用计算机输入、贮存、处理、检索、输出、传递档案信息，实现档案自动编目和检索，对档案存储环境进行监测和控制，以及对档案行政管理数据进行处理等等。主要设备是具有文字、图像处理功能的计算机系统，包括根据系统的不同规模、不同目标配置的数据贮存、通讯、检索和环境监测、控制等设备。计算机辅助档案管理能显著提高工作效率和工作质量，进而全面提高档案管理水平和服务水平。

档案管理应用计算机技术的主要方面，是在检索语言一定程度规范化的基础上，使用计算机进行档案信息处理，建立、维护档案信息的计算机文档和数据库，实现不同水平的档案自动编目和检索。目前，由于微型计算机技术和大容量信息贮存技术的迅速发展，世界范围内计算机辅助档案管理日益普及，并有两个显著的趋势：一是档案信息处理标准化不断取得进展，逐步适应网络化技术的应用，从而能够实现档案信息的远距离传输；二是存储技术与计算机技术相结合，能够实现档案全文的自动化或半自动化存取。随着计算机技术的进一步发展，不同水平的人工智能检索技术也将在档案管理中得到试验和应用。

机电工程信息化管理是专业发展的必然趋势。通过实现信息的共和互访，为所有项目参与者提供一个良好的协同工作环境，减少由于信息传递障碍造成的管理和决策失误，对提高项目管理的工作效能和经济效益有着重要意义。

第六篇

法律基础与职业道德

第 16 章　工程建设相关的法律基础知识

16.1　建　筑　法

《中华人民共和国建筑法》（以下简称《建筑法》）于 1997 年 11 月 1 日由中华人民共和国第八届全国人民代表大会常务委员会第二十八次会议通过，于 1997 年 11 月 1 日发布，自 1998 年 3 月 1 日起施行，根据 2011 年 4 月 22 日第十一届全国人大常委会第 20 次会议《关于修改〈中华人民共和国建筑法〉的决定》进行修正，并于 2011 年 7 月 1 日起施行。

16.1.1　从业资格的规定

《建筑法》的立法目的在于加强对建筑活动的监督管理，维护建筑市场秩序，保证建筑工程的质量和安全，促进建筑业健康发展。这里主要介绍从业资格的有关规定、建筑工程承包的有关规定、建筑工程监理的内容。

《建筑法》第 14 条规定："从事建筑活动的专业技术人员，应当依法取得相应的执业资格证书，并在执业资格证书许可的范围内从事建筑活动"。

从事建筑活动的施工建筑企业、勘测单位、设计单位和工程监理单位，应当具备下列条件：

（1）有符合国家规定的注册资本。

（2）有与其从事的建筑活动相适应的具有法定执业资格的专业技术人员。

（3）有从事相关建筑活动所应有的技术装备。

（4）法律、行政法规规定的其他条件。

从事建筑活动的建筑施工企业、勘测单位、设计单位和工程监理单位，按照其拥有的注册资本、专业技术人员、技术装备和已完成的建筑工程业绩等资质条件，划分不同的资质等级，经资质审查合格，取得相应等级的资质证书后，方可在其资质等级许可的范围内从事建筑活动。

从事建筑活动的专业技术人员，应当依法取得相应的执业资格证书，并在执业资格证书许可范围内从事建筑活动。

16.1.2　建筑工程承包的规定

1. 工程发包制度

建设工程的发包方式主要有两种：招标发包和直接发包。《建筑法》第 19 条规定："建筑工程依法实行招标发包，对不适用于招标发包的可以直接发包"。

建筑工程实行公开招标的，发包单位应当依照法定程序和方式，在具备相应资质条件的投标者中，择优选定中标者。建筑工程实行招标发包的，发包单位应当将建筑工程发包给依法中标的承包单位。建筑工程实行直接发包的，发包单位应当将建筑工程发包给具有相应资质条件的承包单位。

《建筑法》第 24 条第 1 款规定，"提倡对建筑工程实行总承包"。

禁止将建设工程肢解发包和违法采购。

（1）禁止发包单位将建设工程肢解发包

肢解发包指的是建设单位将应当由一个承包单位完成的建设工程分解成若干部分发包给不同的承包单位的行为。

肢解发包的弊端在于：

1）肢解发包可能导致发包人变相规避招标；

2）肢解发包会不利于投资和进度目标的控制；

3）肢解发包也会增加发包的成本；

4）肢解发包增加了发包人管理的成本。

（2）禁止违法采购

按照合同约定，小规模的建筑材料、建筑构配件和设备由工程承包单位采购的，发包单位不得指定承包单位购入用于工程的建筑材料、建筑构配件和设备或者指定生产厂、供应商。大规模材料设备的采购，必须通过招标选择货物供应单位。

2. 工程承包制度

（1）关于资质管理及其纠纷处理的规定

承包建筑工程的单位应当持有依法取得的资质证书，并在其资质等级许可的业务范围内承揽工程。禁止建筑施工企业超越本企业资质等级许可的业务范围或者以任何形式用其他建筑施工企业的名义承揽工程。禁止建筑施工企业以任何形式允许其他单位或者个人使用本企业的资质证书、营业执照，以本企业的名义承揽工程。

2005 年 1 月 1 日开始实行的《最高人民法院关于审理建设工程施工合同纠纷案件适用法律问题的解释》第 1 条规定："建设工程施工合同具有下列情形之一的，应当根据合同法第 52 条第（5）项的规定，认定无效。

承包人未取得建筑施工企业资质或者超越资质等级的，没有资质的实际施工人借用有资质的建筑施工企业名义的，建设工程必须进行招标而未招标或者中标无效的。"

上面的三种情形违反了《建筑法》关于发承包的规定，依据《合同法》属于无效的合同。对该合同按照以下办法处理：

建设工程施工合同无效，但建设工程经竣工验收合格，承包人请求参照合同约定支付工程价款的，应予支持。建设工程施工合同无效，且建设工程经竣工验收不合格的，按照以下情形分别处理：修复后的建设工程经竣工验收合格，发包人请求承包人承担修复费用的，应予支持；修复后的建设工程经竣工验收不合格，承包人请求支付工程价款的，不予支持。

因建设工程不合格造成的损失，发包人有过错的，也应承担相应的民事责任。

承包人超越资质等级许可的业务范围签订建设工程施工合同，在建设工程竣工前取得相应资质等级，当事人请求按照无效合同处理的，不予支持。

（2）联合承包

《建筑法》第27条规定："大型建筑工程或者结构复杂的建筑工程，可以由两个以上的承包单位联合共同承包"。

1）联合体中各成员单位的责任承担

组成联合体的成员单位投标之前必须要签订共同投标协议，明确约定各方拟承担的工作和责任，并将共同投标协议连同投标文件一并提交招标人。依据《工程建设项目施工招标投标办法》，联合体投标未附联合体各方共同投标协议的，由评标委员会初审后按废标处理。

《建筑法》第27条同时规定："共同承包的各方对承包合同的履行承担连带责任"。

2）联合体资质的认定

联合体作为投标人也要符合资质管理的规定，因此，也必须要对联合体确定资质等级。

《建筑法》第27条对如何认定联合体资质作出了原则性规定：两个以上不同资质等级的单位实行联合共同承包的，应当按照资质等级较低的单位的业务许可范围承揽工程。

3）转包

转包指的是承包单位承包建设工程后，不履行合同约定的责任和义务，将其承包的全部建设工程转给他人或者将其承包的全部建设工程肢解以后以分包的名义分别转给其他单位承包的行为。

禁止承包单位将其承包的全部建筑工程转包给他人，禁止承包单位将其承包的全部建筑工程肢解以后以分包的名义分别转包给他人。

承包人非法转包、违法分包建设工程或者没有资质的实际施工人借用有资质的建筑施工企业名义与他人签订建设工程施工合同的行为无效。

3. 工程分包制度

分包，是指总承包单位将其所承包的工程中的专业工程或者劳务作业发包给其他承包单位完成的活动。

分包分为专业工程分包和劳务作业分包。

（1）对分包单位的认可

《建筑法》第29条规定："除总承包合同中约定的分包外，必须经建设单位认可"。这条规定实际上赋予了建设单位对分包商的否决权。即没有经过建设单位认可的分包商是违法的分包商。

然而，认可分包单位与指定分包单位是不同的。指定分包商在我国是违法的。

（2）违法分包

《建筑法》明确规定："禁止总承包单位将工程分包给不具备相应资质条件的单位。禁止分包单位将其承包的工程再分包"。

具体包括以下几种情形：

1）总承包单位将建设工程分包给不具备相应资质条件的单位的；

2）建设工程总承包合同中未有约定，又未经建设单位认可，承包单位将其承包的部分建设工程交由其他单位完成的；

3）施工总承包单位将建设工程主体结构的施工分包给其他单位的；

4）分包单位将其承包的建设工程再分包的。

（3）总承包单位与分包单位的连带责任

《建筑法》第 29 条第 2 款规定："建筑工程总承包单位按照总承包合同的约定对建设单位负责；分包单位按照分包合同的约定对总承包单位负责。总承包单位和分包单位就分包工程对建设单位承担连带责任"。

16.1.3　建筑工程监理的规定

1. 工程监理的含义

建设工程监理是指工程监理单位接受建设单位的委托，代表建设单位进行项目管理的过程。

根据《建筑法》的有关规定，建设单位与其委托的工程监理单位应当订立书面委托合同。工程监理单位应当根据建设单位的委托，客观、公正地执行监理业务。建设单位和工程监理单位之间是一种委托代理关系，适用《民法通则》有关代理的法律规定。

2. 实行强制监理的建设工程范围

国务院可以规定实行强制监理的建筑工程的范围。

（1）国家重点建设项目

国家重点建设项目是指依据《国家重点建设项目管理办法》所确定的对国民经济和社会发展有重大影响的骨干项目。

（2）大中型公用事业工程

大中型公用事业工程是指项目总投资额在 3000 万元以上的下列工程项目：

1）供水、供电、供气、供热等市政工程项目；

2）科技、教育、文化等项目；

3）体育、旅游、商业等项目；

4）卫生、社会福利等项目；

5）其他公用事业项目。

（3）成片开发建设的住宅小区工程

建筑面积在 5 万 m² 以上的住宅建设工程必须实行监理；5 万 m² 以下的住宅建设工程，可以实行监理，具体范围和规模标准，由省、自治区、直辖市人民政府建设行政主管部门规定。

（4）利用外国政府或者国际组织贷款、援助资金的工程

1）使用世界银行、亚洲开发银行等国际组织贷款资金的项目；

2）使用国外政府及其机构贷款资金的项目；

3）使用国际组织或者国外政府援助资金的项目。

（5）国家规定必须实行监理的其他工程

1）项目总投资额在 3000 万元以上关系社会公共利益、公众安全的下列基础设施项目：

① 煤炭、石油、化工、天然气、电力、新能源等项目；

② 铁路、公路、管道、水运、民航以及其他交通运输业等项目；

③ 邮政、电信枢纽、通信、信息网络等项目；

④ 防洪、灌溉、排涝、发电、引（供）水、滩涂治理、水资源保护、水土保持等水利建设项目；

⑤ 道路、桥梁、地铁和轻轨交通、污水排放及处理、垃圾处理、地下管道、公共停车场等城市基础设施项目；

⑥ 生态环境保护项目；

⑦ 其他基础设施项目。

2）学校、影剧院、体育场馆项目。

3. 工程监理的依据、内容和权限

（1）工程监理的依据

根据《建筑法》、《建设工程质量管理条例》、《建设工程安全生产管理条例》的有关规定，工程监理的依据包括：

1）法律、法规

施工单位的建设行为是受很多法律、法规制约的。例如，不可偷工减料等。工程监理在监理过程中首先就要监督检查施工单位是否存在违法行为。

2）有关的技术标准

技术标准分为强制性标准和推荐性标准。强制性标准是各参建单位都必须执行的标准，而推荐性标准则是可以自主决定是否采用的标准。通常情况下，建设单位如要求采用推荐性标准，应当与设计单位或施工单位在合同中予以明确约定。经合同约定采用的推荐性标准，对合同当事人同样具有法律约束力，设计或施工未达到该标准，将构成违约行为。

3）设计文件

施工单位的任务是按图施工，也就是按照施工图设计文件进行施工。如果施工单位没有按照图纸的要求去修建工程就构成违约，如果是擅自修改图纸更构成了违法。

4）建设工程承包合同

建设单位和承包单位通过订立建设工程承包合同，明确双方的权利和义务。合同中约定的内容要远远大于设计文件的内容。例如，进度、工程款支付等都不是设计文件所能描述的，而这些内容也是当事人必须履行的义务。工程监理单位有权利也有义务监督检查承包单位是否按照合同约定履行这些义务。

（2）工程监理的内容

工程监理在本质上是项目管理，是代表建设单位而进行的项目管理。其内容包括三控制、三管理、一协调：即进度控制、质量控制、成本控制、安全管理、合同管理、信息管理和沟通协调。

但是由于监理单位是接受建设单位的委托代表建设单位进行项目管理的，其权限将取决于建设单位的授权。因此，其监理的内容也将不尽相同。

因此，《建筑法》第33条规定："实施建筑工程监理前，建设单位应当将委托的工程监理单位、监理的内容及监理权限，书面通知被监理的建筑施工企业"。

（3）工程监理的权限

《建筑法》第32条第2款、第3款分别规定了工程监理人员的监理权限和义务：

工程监理人员认为工程施工不符合工程设计要求、施工技术标准和合同约定的，有权要求建筑施工企业改正。工程监理人员发现工程设计不符合建筑工程质量标准或者合同约定的质量要求的，应当报告建设单位要求设计单位改正。

4. 工程监理任务的承接

（1）不能超越资质许可范围

承揽工程的工程监理单位应当在其资质等级许可的监理范围内，承担工程监理业务。

（2）不得转让工程监理业务

不得转让不仅仅指不得转包，也包括不得分包。

5. 履行监理合同

监理单位必须要按照委托监理合同的约定去履行监理义务，对应当监督检查的项目不检查或者不按照规定检查，给建设单位造成损失的，应当承担相应的赔偿责任。同时，在监理的过程中还要注意：

（1）独立监理

工程监理单位与被监理工程的承包单位以及建筑材料、建筑构配件和设备供应单位不得有隶属关系或者其他利害关系。

（2）公正监理

工程监理单位应当根据建设单位的委托，客观、公正地执行监理任务。工程监理单位与承包单位串通，为承包单位谋取非法利益，给建设单位造成损失的，应当与承包单位承担连带赔偿责任。

6. 法律责任

（1）与建筑施工单位串通的法律责任

工程监理单位与建设单位或者建筑施工企业串通，弄虚作假、降低工程质量的，责令改正，处以罚款，降低资质等级或者吊销资质证书；有违法所得的，予以没收；造成损失的，承担连带赔偿责任；构成犯罪的，依法追究刑事责任。

（2）转让工程监理业务的法律责任

工程监理单位转让监理业务的，责令改正，没收违法所得，可以责令停业整顿，降低资质等级；情节严重的，吊销资质证书。

16.1.4 关于工伤保险和意外伤害保险

《建筑法》2011 年修正实施的条款只有一条，现介绍如下：

第四十八条建筑施工企业应当依法为职工参加工伤保险缴纳工伤保险费。鼓励企业为从事危险作业的职工办理意外伤害保险，支付保险费。

16.2 安全生产法

《中华人民共和国安全生产法》（以下简称《安全生产法》）由中华人民共和国第九届全国人民代表大会常务委员会第二十八次会议于 2002 年 6 月 29 日通过，自 2002 年 11 月 1 日起施行。

《安全生产法》的立法目的在于为了加强安全生产监督管理，防止和减少生产安全事故，保障人民群众生命和财产安全，促进经济发展。《安全生产法》对生产经营单位的安全生产保障、从业人员的权利和义务、安全生产的监督管理、生产安全事故的应急救援与调查处理四个主要方面做出了规定。

16.2.1　生产经营单位的安全生产保障措施

1. 组织保障措施

（1）建立安全生产保障体系

矿山、建筑施工单位和危险物品的生产、经营、储存单位，应当设置安全生产管理机构或者配备专职安全生产管理人员。

其他生产经营单位，从业人员超过 300 人的，应当设置安全生产管理机构或者配备专职安全生产管理人员；从业人员在 300 人以下的，应当配备专职或者兼职的安全生产管理人员，或者委托具有国家规定的相关专业技术资格的工程技术人员提供安全生产管理服务。

（2）明确岗位责任

生产经营单位的主要负责人的职责：

1）建立、健全本单位安全生产责任制；

2）组织制定本单位安全生产规章制度和操作规程；

3）保证本单位安全生产投入的有效实施；

4）督促、检查本单位的安全生产工作，及时消除生产安全事故隐患；

5）组织制定并实施本单位的生产安全事故应急救援预案；

6）及时、如实报告生产安全事故。

同时，《安全生产法》第 42 条规定："生产经营单位发生重大生产安全事故时，单位的主要负责人应当立即组织抢救，并不得在事故调查处理期间擅离职守"。

（3）生产经营单位的安全生产管理人员的职责

生产经营单位的安全生产管理人员应当根据本单位的生产经营特点，对安全生产状况进行经常性检查；对检查中发现的安全问题，应当立即处理；不能处理的，应当及时报告本单位有关负责人。检查及处理情况应当记录在案。

（4）对安全设施、设备的质量负责的岗位

1）对安全设施的设计质量负责的岗位

建设项目安全设施的设计人、设计单位应当对安全设施设计负责。

矿山建设项目和用于生产、储存危险物品的建设项目的安全设施设计应当按照国家有关规定报经有关部门审查，审查部门及其负责审查的人员对审查结果负责。

2）对安全设施的施工负责的岗位

矿山建设项目和用于生产、储存危险物品的建设项目的施工单位必须按照批准的安全设施设计施工，并对安全设施的工程质量负责。

3）对安全设施的竣工验收负责的岗位

矿山建设项目和用于生产、储存危险物品的建设项目竣工投入生产或者使用前，必须依照有关法律、行政法规的规定对安全设施进行验收；验收合格后，方可投入生产和使用。验收部门及其验收人员对验收结果负责。

4）对安全设备质量负责的岗位

生产经营单位使用的涉及生命安全、危险性较大的特种设备，以及危险物品的容器、运输工具，必须按照国家有关规定，由专业生产单位生产，并经取得专业资质的检测、检验机构检测、检验合格，取得安全使用证或者安全标志，方可投入使用。检测、检验机构对检测、检验结果负责。

涉及生命安全、危险性较大的特种设备的目录由国务院负责特种设备安全监督管理的部门制定，报国务院批准后执行。

2. 管理保障措施

（1）人力资源管理

1）对主要负责人和安全生产管理人员的管理

生产经营单位的主要负责人和安全生产管理人员必须具备与本单位所从事的生产经营活动相应的安全生产知识和管理能力。

危险物品的生产、经营、储存单位以及矿山、建筑施工单位的主要负责人和安全生产管理人员，应当由有关主管部门对其安全生产知识和管理能力考核合格后方可任职。考核不得收费。

2）对一般从业人员的管理

生产经营单位应当对从业人员进行安全生产教育和培训，保证从业人员具备必要的安全生产知识，熟悉有关的安全生产规章制度和安全操作规程，掌握本岗位的安全操作技能。未经安全生产教育和培训合格的从业人员，不得上岗作业。

3）对特种作业人员的管理

生产经营单位的特种作业人员必须按照国家有关规定经专门的安全作业培训，取得特种作业操作资格证书，方可上岗作业。

（2）物力资源管理

1）设备的日常管理

生产经营单位应当在有较大危险因素的生产经营场所和有关设施、设备上，设置明显的安全警示标志。

安全设备的设计、制造、安装、使用、检测、维修、改造和报废，应当符合国家标准或者行业标准。

生产经营单位必须对安全设备进行经常性维护、保养、并定期检测，保证正常运转。维护、保养、检测应当作好记录，并由有关人员签字。

2）设备的淘汰制度

国家对严重危及生产安全的工艺、设备实行淘汰制度。生产经营单位不得使用国家明令淘汰、禁止使用的危及生产安全的工艺、设备。

3）生产经营项目、场所、设备的转让管理

生产经营单位不得将生产经营项目、场所、设备发包或者出租给不具备安全生产条件或者相应资质的单位或者个人。

4）生产经营项目、场所的协调管理

生产经营项目、场所有多个承包单位、承租单位的，生产经营单位应当与承包单位、承租单位签订专门的安全生产管理协议，或者在承包合同、租赁合同中约定各自的安全生产管理职责；生产经营单位对承包单位、承租单位的安全生产工作统一协调、管理。

3. 经济保障措施

（1）保证安全生产所必需的资金

生产经营单位应当具备的安全生产条件所必需的资金投入，由生产经营单位的决策机构、主要负责人或者个人经营的投资人予以保证，并对由于安全生产所必需的资金投入不足导致的后果承担责任。

（2）保证安全设施所需要的资金

生产经营单位新建、改建、扩建工程项目（以下统称建设项目）的安全设施，必须与主体工程同时设计、同时施工、同时投入生产和使用（即"三同时"制度）。安全设施投资应当纳入建设项目概算。

（3）保证劳动防护用品、安全生产培训所需要的资金

生产经营单位必须为从业人员提供符合国家标准或者行业标准的劳动防护用品，并监督、教育从业人员按照使用规则佩戴、使用。

生产经营单位应当安排用于配备劳动防护用品、进行安全生产培训的经费。

（4）保证工伤社会保险所需要的资金

生产经营单位必须依法参加工伤保险，为从业人员缴纳保险费。

4. 技术保障措施

（1）对新工艺、新技术、新材料或者使用新设备的管理

生产经营单位采用新工艺、新技术、新材料或者使用新设备，必须了解、掌握其安全技术特性，采取有效的安全防护措施，并对从业人员进行专门的安全生产教育和培训。

（2）对安全条件论证和安全评价的管理

矿山建设项目和用于生产、储存危险物品的建设项目，应当分别按照国家有关规定进行安全条件论证和安全评价。

（3）对废弃危险物品的管理

生产、经营、运输、储存、使用危险物品或者处置废弃危险物品的，由有关主管部门依照有关法律、法规的规定和国家标准或者行业标准审批并实施监督管理。

生产经营单位生产、经营、运输、储存、使用危险物品或者处置废弃危险物品，必须执行有关法律、法规和国家标准或者行业标准，建立专门的安全管理制度，采取可靠的安全措施，接受有关主管部门依法实施的监督管理。

（4）对重大危险源的管理

生产经营单位对重大危险源应当登记建档，进行定期检测、评估、监控，并制订应急预案，告知从业人员和相关人员在紧急情况下应当采取的应急措施。

生产经营单位应当按照国家有关规定将本单位重大危险源及有关安全措施、应急措施报有关地方人民政府负责安全生产监督管理的部门和有关部门备案。

（5）对员工宿舍的管理

生产、经营、储存、使用危险物品的车间、商店、仓库不得与员工宿舍在同一座建筑物内，并应当与员工宿舍保持安全距离。

生产经营场所和员工宿舍应当设有符合紧急疏散要求、标志明显、保持畅通的出口。禁止封闭、堵塞生产经营场所或者员工宿舍的出口。

（6）对危险作业的管理

生产经营单位进行爆破、吊装等危险作业，应当安排专门人员进行现场安全管理，确保操作规程的遵守和安全措施的落实。

（7）对安全生产操作规程的管理

生产经营单位应当教育和督促从业人员严格执行本单位的安全生产规章制度和安全操作规程；并向从业人员如实告知作业场所和工作岗位存在的危险因素、防范措施以及事故应急措施。

（8）对施工现场的管理

两个以上生产经营单位在同一作业区域内进行生产经营活动，可能危及对方生产安全的，应当签订安全生产管理协议，明确各自的安全生产管理职责和应当采取的安全措施，并指定专职安全生产管理人员进行安全检查与协调。

16.2.2　从业人员安全生产的权利和义务

生产经营单位的从业人员，是指该单位从事生产经营活动各项工作的所有人员，包括管理人员、技术人员和各岗位的工人，也包括生产经营单位临时聘用的人员。

1. 安全生产中从业人员的权利

（1）知情权

生产经营单位的从业人员有权了解其作业场所和工作岗位存在的危险因素、防范措施及事故应急措施，有权对本单位的安全生产工作提出建议。

（2）批评权和检举、控告权

从业人员有权对本单位安全生产工作中存在的问题提出批评、检举、控告。

（3）拒绝权

从业人员有权拒绝违章指挥和强令冒险作业。生产经营单位不得因从业人员对本单位安全生产工作提出批评、检举、控告或者拒绝违章指挥、强令冒险作业而降低其工资、福利等待遇或者解除与其订立的劳动合同。

（4）紧急避险权

从业人员发现直接危及人身安全的紧急情况时，有权停止作业或者在采取可能的应急措施后撤离作业场所。

生产经营单位不得因从业人员在前款紧急情况下停止作业或者采取紧急撤离措施而降低其工资、福利等待遇或者解除与其订立的劳动合同。

（5）请求赔偿权

因生产安全事故受到损害的从业人员，除依法享有工伤社会保险外，依照有关民事法律尚有获得赔偿的权利的，有权向本单位提出赔偿要求。

依法为从业人员缴纳工伤社会保险费和给予民事赔偿，是生产经营单位的法定义务。生产经营单位必须依法参加工伤社会保险，为从业人员缴纳保险费；生产经营单位与从业人员订立的劳动合同，应当载明依法为从业人员办理工伤社会保险的事项。

发生生产安全事故后，受到损害的从业人员首先按照劳动合同和工伤社会保险合同的约定，享有请求相应赔偿的权利。如果工伤保险赔偿金不足以补偿受害人的损失，受害人还可以依照有关民事法律的规定，向其所在的生产经营单位提出赔偿要求。为了切实保护从业人员的该项权利，《安全生产法》第44条第2款还规定："生产经营单位不得以任何形式与从业人员订立协议，免除或者减轻其对从业人员因生产安全事故伤亡依法应承担的责任"。

（6）获得劳动防护用品的权利

生产经营单位必须为从业人员提供符合国家标准或者行业标准的劳动防护用品，并监督、教育从业人员按照使用规则佩戴、使用。

（7）获得安全生产教育和培训的权利

生产经营单位应当对从业人员进行安全生产教育和培训，保证从业人员具备必要的安全生产知识，熟悉有关的安全生产规章制度和安全操作规程，掌握本岗位的安全操作技能。

2. 安全生产中从业人员的义务

（1）自律遵规的义务

从业人员在作业过程中，应当严格遵守本单位的安全生产规章制度和操作规程，服从管理，正确佩戴和使用劳动防护用品。

（2）自觉学习安全生产知识的义务

从业人员应当接受安全生产教育和培训，掌握本职工作所需的安全生产知识，提高安全生产技能，增强事故预防和应急处理能力。

（3）危险报告义务

从业人员发现事故隐患或者其他不安全因素，应当立即向现场安全生产管理人员或者本单位负责人报告；接到报告的人员应当及时予以处理。

16.3　建设工程安全生产管理条例

16.3.1　施工单位的安全责任的有关规定

1. 主要负责人、项目负责人和专职安全生产管理人员的安全责任

（1）主要负责人

加强对施工单位安全生产的管理，首先要明确责任人。《建设工程安全生产管理条例》第21条第1款的规定，"施工单位主要负责人依法对本单位的安全生产工作全面负责"。

在这里，"主要负责人"并不仅限于施工单位的法定代表人，而是指对施工单位全面负责，有生产经营决策权的人。

根据《建设工程安全生产管理条例》的有关规定，施工单位主要负责人的安全生产方面的主要职责包括：

1）建立健全安全生产责任制度和安全生产教育培训制度；

2）制定安全生产规章制度和操作规程；

3）保证本单位安全生产条件所需资金的投入；

4）对所承建的建设工程进行定期和专项安全检查，并做好安全检查记录。

（2）项目负责人

《建设工程安全生产管理条例》第21条第2款规定，施工单位的项目负责人应当由取得相应执业资格的人员担任，对建设工程项目的安全施工负责。

项目负责人（主要指项目经理）在工程项目中处于核心地位，对建设工程项目的安全全面负责。根据《建设工程安全生产管理条例》第 21 条的规定，项目负责人的安全责任主要包括：

1）落实安全生产责任制度，安全生产规章制度和操作规程；

2）确保安全生产费用的有效使用；

3）根据工程的特点组织制定安全施工措施，消除安全事故隐患；

4）及时、如实报告生产安全事故。

（3）安全生产管理机构和专职安全生产管理人员

根据《建设工程安全生产管理条例》第 23 条规定，"施工单位应当设立安全生产管理机构，配备专职安全生产管理人员"。

1）安全生产管理机构的设立及其职责

安全生产管理机构是指施工单位及其在建设工程项目中设置的负责安全生产管理工作的独立职能部门。

根据建设部《建筑施工企业安全生产管理机构设置及专职安全生产管理人员配备办法》（建质〔2004〕213 号）规定，施工单位所属的分公司、区域公司等较大的分支机构应当各自独立设置安全生产管理机构，负责本企业（分支机构）的安全生产管理工作。施工单位及其所属分公司、区域公司等较大的分支机构必须在建设工程项目中设立安全生产管理机构。

安全生产管理机构的职责主要包括：落实国家有关安全生产法律法规和标准、编制并适时更新安全生产管理制度、组织开展全员安全教育培训及安全检查等活动。

2）专职安全生产管理人员的配备及其职责

专职安全生产管理人员的配备。《建设工程安全生产管理条例》第 23 条规定，"专职安全生产管理人员的配备办法由国务院建设行政主管部门会同国务院其他有关部门制定"。建设部《建筑施工企业安全生产管理机构设置及专职安全生产管理人员配备办法》（建质〔2004〕213 号）对专职安全生产管理人员的配备做出了具体规定。

专职安全生产管理人员的职责。专职安全生产管理人员是指经建设主管部门或者其他有关部门安全生产考核合格，并取得安全生产考核合格证书在企业从事安全生产管理工作的专职人员，包括施工单位安全生产管理机构的负责人及其工作人员和施工现场专职安全生产管理人员。

专职安全生产管理人员的安全责任主要包括：对安全生产进行现场监督检查。发现安全事故隐患，应当及时向项目负责人和安全生产管理机构报告；对于违章指挥、违章操作的，应当立即制止。

2. 总承包单位和分包单位的安全责任

（1）总承包单位的安全责任

《建设工程安全生产管理条例》第 24 条规定，"建设工程实行施工总承包的，由总承包单位对施工现场的安全生产负总责"。为了防止违法分包和转包等违法行为的发生，真正落实施工总承包单位的安全责任，《建设工程安全生产管理条例》进一步强调："总承包单位应当自行完成建设工程主体结构的施工"。这也是《建筑法》的要求，避免由于分包单位的能力的不足而导致生产安全事故的发生。

（2）总承包单位与分包单位的安全责任划分

《建设工程安全生产管理条例》第24条规定，"总承包单位依法将建设工程分包给其他单位的，分包合同中应当明确各自的安全生产方面的权利、义务。总承包单位和分包单位对分包工程的安全生产承担连带责任"。

但是，总承包单位与分包单位在安全生产方面的责任也不是固定的，要根据具体的情况来确定责任。《建设工程安全生产管理条例》第24条规定："分包单位应当服从总承包单位的安全生产管理，分包单位不服从管理导致生产安全事故的，由分包单位承担主要责任"。

16.3.2 安全生产教育培训

1. 管理人员的考核

施工单位的主要负责人、项目负责人、专职安全生产管理人员应当经建设行政主管部门或者其他有关部门考核合格后方可任职。

2. 作业人员的安全生产教育培训

（1）日常培训

施工单位应当对管理人员和作业人员每年至少进行一次安全生产教育培训，培训情况计入个人工作档案。安全生产教育培训考核不合格的人员，不得上岗。

（2）新岗位培训

作业人员进入新的岗位或者新的施工现场前，应当接受安全生产教育培训。培训或者教育培训考核不合格的人员，不得上岗作业。

施工单位在采用新技术、新工艺、新设备、新材料时，也应当对作业人员进行相应的安全生产教育培训。

（3）特种作业人员的专门培训

垂直运输机械作业人员、安装拆卸工、爆破作业人员、起重信号工、登高架设作业人员等特种作业人员，必须按照国家有关规定经过专门的安全作业培训，并取得特种作业操作资格证书后，方可上岗作业。

16.3.3 施工单位应采取的安全措施

1. 编制安全技术措施、施工现场临时用电方案和专项施工方案

（1）编制安全技术措施

《建设工程安全生产管理条例》第26条规定："施工单位应当在施工组织设计中编制安全技术措施"。

（2）编制施工现场临时用电方案

《建设工程安全生产管理条例》第26条还规定，"施工单位应当在施工组织设计中编制安全技术措施和施工现场临时用电方案"。临时用电方案直接关系到用电人员的安全，应当严格按照《施工现场临时用电安全技术规范》JGJ 46—2005进行编制，保障施工现场用电安全，防止触电和电气火灾事故发生。

（3）编制专项施工方案

对下列达到一定规模的危险性较大的分部分项工程编制专项施工方案，并附具安全验算结果，经施工单位技术负责人、总监理工程师签字后实施，由专职安全生产管理人员进行现场监督：

基坑支护与降水工程；土方开挖工程；模板工程；起重吊装工程；脚手架工程；拆除、爆破工程；国务院建设行政主管部门或者其他有关部门规定的其他危险性较大的工程。

对前款所列工程中涉及深基坑、地下暗挖工程、高大模板工程的专项施工方案，施工单位还应当组织专家进行论证、审查。

2. 安全施工技术交底

施工前的安全施工技术交底的目的就是让所有的安全生产从业人员都对安全生产有所了解，最大限度避免安全事故的发生。因此，建设工程施工前，施工单位负责项目管理的技术人员应当对有关安全施工的技术要求向施工作业班组、作业人员作出详细说明，并由双方签字确认。

3. 施工现场安全警示标志的设置

施工单位应当在施工现场入口处、施工起重机械、临时用电设施、脚手架、出入通道口、楼梯口、电梯井口、孔洞口、桥梁口、隧道口、基坑边沿、爆破物及有害危险气体和液体存放处等危险部位，设置明显的安全警示标志。安全警示标志必须符合国家标准。

4. 施工现场的安全防护

施工单位应当根据不同施工阶段和周围环境及季节、气候的变化，在施工现场采取相应的安全施工措施。施工现场暂时停止施工的，施工单位应当做好现场防护，所需费用由责任方承担，或者按照合同约定执行。

5. 施工现场的布置应当符合安全和文明施工要求

施工单位应当将施工现场的办公、生活区与作业区分开设置，并保持安全距离；办公、生活区的选址应当符合安全要求。职工的膳食、饮水、休息场所等应当符合卫生标准。施工单位不得在尚未竣工的建筑物内设置员工集体宿舍。

施工现场临时搭建的建筑物应当符合安全使用要求。施工现场使用的装配式活动房屋应当具有产品合格证。临时建筑物一般包括施工现场的办公用房、宿舍、食堂、仓库、卫生间等。

6. 对周边环境采取防护措施

施工单位对因建设工程施工可能造成损害的毗邻建筑物、构筑物和地下管线等，应当采取专项防护措施。施工单位应当遵守有关环境保护法律、法规的规定，在施工现场采取措施，防止或者减少粉尘、废气、废水、固体废物、噪声、振动和施工照明对人和环境的危害和污染。在城市市区内的建设工程，施工单位应当对施工现场实行封闭围挡。

7. 施工现场的消防安全措施

施工单位应当在施工现场建立消防安全责任制度，确定消防安全责任人，制定用火、用电、使用易燃易爆材料等各项消防安全管理制度和操作规程，设置消防通道、消防水源，配备消防设施和灭火器材，并在施工现场入口处设置明显标志。

8. 安全防护设备管理

施工单位采购、租赁的安全防护用具、机械设备、施工机具及配件，应当具有生产（制造）许可证、产品合格证，并在进入施工现场前进行查验。

施工现场的安全防护用具、机械设备、施工机具及配件必须由专人管理，定期进行检查、维修和保养，建立相应的资料档案，并按照国家有关规定及时报废。

作业人员应当遵守安全施工的强制性标准、规章制度和操作规程，正确使用安全防护用具、机械设备等。

9. 起重机械设备管理

施工单位在使用施工起重机械和整体提升脚手架、模板等自升式架设设施前，应当组织有关单位进行验收，也可以委托具有相应资质的检验检测机构进行验收；使用承租的机械设备和施工机具及配件的，由施工总承包单位、分包单位、出租单位和安装单位共同进行验收。验收合格的方可使用。

《特种设备安全监察条例》规定的施工起重机械，在验收前应当经有相应资质的检验检测机构监督检验合格。

施工单位应当自施工起重机械和整体提升脚手架、模板等自升式架设设施验收合格之日起30日内，向建设行政主管部门或者其他有关部门登记。登记标志应当置于或者附着于该设备的显著位置。

依据《特种设备安全监察条例》第2条，作为特种设备的施工起重机械指的是"涉及生命安全、危险性较大的"起重机械。

10. 办理意外伤害保险

《建设工程安全生产管理条例》第38条规定："施工单位应当为施工现场从事危险作业的人员办理意外伤害保险。

意外伤害保险费由施工单位支付。实行施工总承包的，由总承包单位支付意外伤害保险费。意外伤害保险期限自建设工程开工之日起至竣工验收合格止"。

16.3.4　施工单位的法律责任

1. 挪用安全生产费用的法律责任

施工单位挪用列入建设工程概算的安全生产作业环境及安全施工措施所需费用的，责令限期改正，处挪用费用20%以上50%以下的罚款；造成损失的，依法承担赔偿责任。

2. 违反施工现场管理的法律责任

施工单位有下列行为之一的，责令限期改正；逾期未改正的，责令停业整顿，并处5万元以上10万元以下的罚款；造成重大安全事故，构成犯罪的，对直接责任人员，依照刑法有关规定追究刑事责任：

（1）施工前未对有关安全施工的技术要求作出详细说明的；

（2）未根据不同施工阶段和周围环境及季节、气候的变化，在施工现场采取相应的安全施工措施，或者在城市市区内的建设工程的施工现场未实行封闭围挡的；

（3）在尚未竣工的建筑物内设置员工集体宿舍的；

（4）施工现场临时搭建的建筑物不符合安全使用要求的；

（5）未对因建设工程施工可能造成损害的毗邻建筑物、构筑物和地下管线等采取专项防护措施的。

施工单位有前款规定第（4）项、第（5）项行为，造成损失的，依法承担赔偿责任。

3. 违反安全设施管理的法律责任

施工单位有下列行为之一的，责令限期改正；逾期未改正的，责令停业整顿，并处10万元以上30万元以下的罚款；情节严重的，降低资质等级，直至吊销资质证书；造成重大安全事故，构成犯罪的，对直接责任人员，依照刑法有关规定追究刑事责任；造成损失的，依法承担赔偿责任：

（1）安全防护用具、机械设备、施工机具及配件在进入施工现场前未经查验或者查验不合格即投入使用的；

（2）使用未经验收或者验收不合格的施工起重机械和整体提升脚手架、模板等自升式架设设施的；

（3）委托不具有相应资质的单位承担施工现场安装、拆卸施工起重机械和整体提升脚手架、模板等自升式架设设施的；

（4）在施工组织设计中未编制安全技术措施、施工现场临时用电方案或者专项施工方案的。

4. 管理人员不履行安全生产管理职责的法律责任

施工单位的主要负责人、项目负责人未履行安全生产管理职责的，责令限期改正；逾期未改正的，责令施工单位停业整顿；造成重大安全事故、重大伤亡事故或者其他严重后果，构成犯罪的，依照刑法有关规定追究刑事责任。

施工单位的主要负责人、项目负责人有前款违法行为，尚不够刑事处罚的，处2万元以上20万元以下的罚款或者按照管理权限给予撤职处分；自刑罚执行完毕或者受处分之日起，5年内不得担任任何施工单位的主要负责人、项目负责人。

5. 作业人员违章作业的法律责任

作业人员不服管理、违反规章制度和操作规程冒险作业造成重大伤亡事故或者其他严重后果，构成犯罪的，依照刑法有关规定追究刑事责任。

6. 降低安全生产条件的法律责任

施工单位取得资质证书后，降低安全生产条件的，责令限期改正；经整改仍未达到与其资质等级相适应的安全生产条件的，责令停业整顿，降低其资质等级直至吊销资质证书。

7. 其他法律责任

施工单位有下列行为之一的，责令限期改正；逾期未改正的，责令停业整顿，依照《中华人民共和国安全生产法》的有关规定处以罚款；造成重大安全事故，构成犯罪的，对直接责任人员，依照刑法有关规定追究刑事责任：

（1）未设立安全生产管理机构、配备专职安全生产管理人员或者分部分项工程施工时无专职安全生产管理人员现场监督的；

（2）施工单位的主要负责人、项目负责人、专职安全生产管理人员、作业人员或者特种作业人员，未经安全教育培训或者经考核不合格即从事相关工作的；

（3）未在施工现场的危险部位设置明显的安全警示标志，或者未按照国家有关规定在施工现场设置消防通道、消防水源、配备消防设施和灭火器材的；

（4）未向作业人员提供安全防护用具和安全防护服装的；

（5）未按照规定在施工起重机械和整体提升脚手架、模板等自升式架设设施验收合格后登记的；

（6）使用国家明令淘汰、禁止使用的危及施工安全的工艺、设备、材料的。

16.4　建设工程质量管理条例

《建设工程质量管理条例》于 2000 年 1 月 10 日经国务院第 25 次常务会议通过，2000年 1 月 30 日实施。

《建设工程质量管理条例》的立法目的在于为了加强对建设工程质量的管理，保证建设工程质量，保护人民生命和财产安全。分别对建设单位、施工单位、工程监理单位和勘查、设计单位质量责任和义务作出了规定。

《建设工程质量管理条例》第 2 条规定："凡在中华人民共和国境内从事建设工程的新建、扩建、改建等有关活动及实施对建设工程质量监督管理的，必须遵守本条例"。

16.4.1　施工单位的质量责任和义务的有关规定

1. 依法承揽工程的责任

施工单位应当依法取得相应等级的资质证书，并在其资质等级许可的范围内承揽工程。

禁止施工单位超越本单位资质等级许可的业务范围或者以其他施工单位的名义承揽工程。禁止施工单位允许其他单位或者个人以本单位的名义承揽工程。施工单位不得转包或者违法分包工程。

2. 建立质量保证体系的责任

施工单位对建设工程的施工质量负责。施工单位应当建立质量责任制，确定工程项目的项目经理、技术负责人和施工管理负责人。

建设工程实行总承包的，总承包单位应当对全部建设工程质量负责；建设工程勘察、设计、施工、设备采购的一项或者多项实行总承包的，总承包单位应当对其承包的建设工程或者采购的设备的质量负责。

3. 分包单位保证工程质量的责任

总承包单位依法将建设工程分包给其他单位的，分包单位应当按照分包合同的约定对其分包工程的质量向总承包单位负责，总承包单位与分包单位对分包工程的质量承担连带责任。

4. 按图施工的责任

《建设工程质量管理条例》第 28 条规定："施工单位必须按照工程设计图纸和施工技术标准施工，不得擅自修改工程设计，不得偷工减料。施工单位在施工过程中发现设计文件和图纸有差错的，应当及时提出意见和建议"。

建设单位、施工单位、监理单位不得修改建设工程勘察、设计文件；确需修改建设工程勘察、设计文件的，应当由原建设工程勘察、设计单位修改。经原建设工程勘察、设计单位书面同意，建设单位也可以委托其他具有相应资质的建设工程勘察、设计单位修改。

修改单位对修改的勘察、设计文件承担相应责任。施工单位、监理单位发现建设工程勘察、设计文件不符合工程建设强制性标准、合同约定的质量要求的，应当报告建设单位，建设单位有权要求建设工程勘察、设计单位对建设工程勘察、设计文件进行补充、修改。

建设工程勘察、设计文件内容需要作重大修改的，建设单位应当报经原审批机关批准后，方可修改。

5. 对建筑材料、构配件和设备进行检验的责任

《建设工程质量管理条例》第 29 条规定："施工单位必须按照工程设计要求、施工技术标准和合同约定，对建筑材料、建筑构配件、设备和商品混凝土进行检验，检验应当有书面记录和专人签字；未经检验或者检验不合格的，不得使用"。

6. 对施工质量进行检验的责任

施工单位必须建立、健全施工质量的检验制度，严格工序管理，作好隐蔽工程的质量检查和记录。隐蔽工程在隐蔽前，施工单位应当通知建设单位和建设工程质量监督机构。

7. 见证取样的责任

施工人员对涉及结构安全的试块、试件以及有关材料，应当在建设单位或者工程监理单位监督下现场取样，并送具有相应资质等级的质量检测单位进行检测。

8. 保修的责任

施工单位对施工中出现质量问题的建设工程或者竣工验收不合格的建设工程，应当负责返修。

在建设工程竣工验收合格前，施工单位应对质量问题履行返修义务；建设工程竣工验收合格后，施工单位应对保修期内出现的质量问题履行保修义务。《合同法》第 281 条对施工单位的返修义务也有相应规定："因施工人原因致使建设工程质量不符合约定的，发包人有权要求施工人在合理期限内无偿修理或者返工、改建。经过修理或者返工、改建后，造成逾期交付的，施工人应当承担违约责任"。返修包括修理和返工。

16.4.2　施工单位的法律责任

1. 超越资质承揽工程的法律责任

施工单位超越本单位资质等级承揽工程的，责令停止违法行为，对施工单位处工程合同价款 2% 以上 4% 以下的罚款，可以责令停业整顿，降低资质等级；情节严重的，吊销资质证书；有违法所得的，予以没收。

未取得资质证书承揽工程的，予以取缔，依照前款规定处以罚款；有违法所得的，予以没收。

以欺骗手段取得资质证书承揽工程的，吊销资质证书，依照本条第一款规定处以罚款；有违法所得的，予以没收。

2. 出借资质的法律责任

施工单位允许其他单位或者个人以本单位名义承揽工程的，责令改正，没收违法所得，对施工单位处工程合同价款 2% 以上 4% 以下的罚款；可以责令停业整顿，降低资质等级；情节严重的，吊销资质证书。

3. 转包或者违法分包的法律责任

承包单位将承包的工程转包或者违法分包的，责令改正，没收违法所得，对施工单位处工程合同价款 0.5％以上 1％以下的罚款；可以责令停业整顿，降低资质等级；情节严重的，吊销资质证书。

4．偷工减料，不按图施工的法律责任

施工单位在施工中偷工减料的，使用不合格的建筑材料、建筑构配件和设备的，或者有不按照工程设计图纸或者施工技术标准施工的其他行为的，责令改正，处工程合同价款 2％以上 4％以下的罚款；造成建设工程质量不符合规定的质量标准的，负责返工、修理，并赔偿因此造成的损失；情节严重的，责令停业整顿，降低资质等级或者吊销资质证书。

5．未取样检测的法律责任

施工单位未对建筑材料、建筑构配件、设备和商品混凝土进行检验，或者未对涉及结构安全的试块、试件以及有关材料取样检测的，责令改正，处 10 万元以上 20 万元以下的罚款；情节严重的，责令停业整顿，降低资质等级或者吊销资质证书；造成损失的，依法承担赔偿责任。

6．不履行保修义务的法律责任

施工单位不履行保修义务或者拖延履行保修义务的，责令改正，处 10 万元以上 20 万元以下的罚款，并对在保修期内因质量缺陷造成的损失承担赔偿责任。

16.5　劳动法及劳动合同法

在《劳动法》的基础上，《中华人民共和国劳动合同法》对劳动合同的订立、履行、终止等做出了更为详尽的规定。《中华人民共和国劳动合同法》已由中华人民共和国第十届全国人民代表大会常务委员会第二十八次会议于 2007 年 6 月 29 日通过，自 2008 年 1 月 1 日起施行。

16.5.1　劳动合同的订立

劳动合同是劳动者与用人单位确立劳动关系、明确双方权利和义务的协议。《劳动法》第 16 条规定："建立劳动关系应当订立劳动合同。"

1．劳动合同当事人

劳动合同的当事人为用人单位和劳动者。《中华人民共和国劳动合同法实施条例》进一步规定了，劳动合同法规定的用人单位设立的分支机构，依法取得营业执照或者登记证书的，可以作为用人单位与劳动者订立劳动合同；未依法取得营业执照或者登记证书的，受用人单位委托可以与劳动者订立劳动合同。

2．订立劳动合同的时间限制

已建立劳动关系，未同时订立书面劳动合同的，应当自用工之日起一个月内订立书面劳动合同。

（1）因劳动者的原因未能订立劳动合同的法律后果

自用工之日起一个月内，经用人单位书面通知后，劳动者不与用人单位订立书面劳动合同的，用人单位应当书面通知劳动者终止劳动关系，无需向劳动者支付经济补偿，但是应当依法向劳动者支付其实际工作时间的劳动报酬。

（2）因用人单位的原因未能订立劳动合同的法律后果

用人单位自用工之日起超过一个月不满一年未与劳动者订立书面劳动合同的，应当依照劳动合同法第 82 条的规定向劳动者每月支付两倍的工资，并与劳动者补订书面劳动合同；劳动者不与用人单位订立书面劳动合同的，用人单位应当书面通知劳动者终止劳动关系，并依照劳动合同法第 47 条的规定支付经济补偿。

这里，用人单位向劳动者每月支付两倍工资的起算时间为用工之日起满一个月的次日，截止时间为补订书面劳动合同的前一日。

用人单位自用工之日起满一年未与劳动者订立书面劳动合同的，自用工之日起满一个月的次日至满一年的前一日应当依照劳动合同法的规定向劳动者每月支付两倍的工资，并视为自用工之日起满一年的当日已经与劳动者订立无固定期限劳动合同，应当立即与劳动者补订书面劳动合同。

3. 劳动合同的生效

劳动合同由用人单位与劳动者协商一致，并经用人单位与劳动者在劳动合同文本上签字或者盖章生效。

劳动合同文本由用人单位和劳动者各执一份。

16.5.2 劳动合同的类型

劳动合同分为固定期限劳动合同、无固定期限劳动合同和以完成一定工作任务为期限的劳动合同。

1. 固定期限劳动合同

固定期限劳动合同，是指用人单位与劳动者约定合同终止时间的劳动合同。用人单位与劳动者协商一致，可以订立固定期限劳动合同。

2. 无固定期限劳动合同

无固定期限劳动合同，是指用人单位与劳动者约定无确定终止时间的劳动合同。

用人单位与劳动者协商一致，可以订立无固定期限劳动合同。有下列情形之一，劳动者提出或者同意续订、订立劳动合同的，除劳动者提出订立固定期限劳动合同外，应当订立无固定期限劳动合同：

（1）劳动者在该用人单位连续工作满 10 年的；

（2）用人单位初次实行劳动合同制度或者国有企业改制重新订立劳动合同时，劳动者在该用人单位连续工作满 10 年且距法定退休年龄不足 10 年的；

（3）连续订立两次固定期限劳动合同，且劳动者没有本法第 39 条（即用人单位可以解除劳动合同的条件）和第 40 条第 1 项、第 2 项规定（即劳动者患病或者非因工负伤，在规定的医疗期满后不能从事原工作，也不能从事由用人单位另行安排的工作的；劳动者不能胜任工作，经过培训或者调整工作岗位，仍不能胜任工作的）的情形，续订劳动合同的。

若劳动者依据此处的规定提出订立无固定期限劳动合同的，用人单位应当与其订立无固定期限劳动合同。对劳动合同的内容，双方应当按照合法、公平、平等自愿、协商一致、诚实信用的原则协商确定。

对于这里的"10 年"的计算，《中华人民共和国劳动合同法实施条例》作出了详细的规定：连续工作满 10 年的起始时间，应当自用人单位用工之日起计算，包括劳动合同法施行前的工作年限。

劳动者非因本人原因从原用人单位被安排到新用人单位工作的，劳动者在原用人单位的工作年限合并计算为新用人单位的工作年限。原用人单位已经向劳动者支付经济补偿的，新用人单位在依法解除、终止劳动合同计算支付经济补偿的工作年限时，不再计算劳动者在原用人单位的工作年限。

16.5.3　劳动合同的条款

劳动合同应当具备以下条款：

（1）用人单位的名称、住所和法定代表人或者主要负责人；

（2）劳动者的姓名、住址和居民身份证或者其他有效身份证件号码；

（3）劳动合同期限；

（4）工作内容和工作地点；

（5）工作时间和休息休假；

（6）劳动报酬；

（7）社会保险；

（8）劳动保护、劳动条件和职业危害防护；

（9）法律、法规规定应当纳入劳动合同的其他事项。

劳动合同除前款规定的必备条款外，用人单位与劳动者可以约定试用期、培训、保守秘密、补充保险和福利待遇等其他事项。

劳动合同对劳动报酬和劳动条件等标准约定不明确，引发争议的，用人单位与劳动者可以重新协商；协商不成的，适用集体合同规定；没有集体合同或者集体合同未规定劳动报酬的，实行同工同酬；没有集体合同或者集体合同未规定劳动条件等标准的，适用国家有关规定。

16.5.4　试用期

1. 试用期的时间长度限制

劳动合同期限 3 个月以上不满 1 年的，试用期不得超过 1 个月，劳动合同期限 1 年以上不满 3 年的，试用期不得超过 2 个月；3 年以上固定期限和无固定期限的劳动合同，试用期不得超过 6 个月。

2. 试用期的次数限制

同一用人单位与同一劳动者只能约定一次试用期。

以完成一定工作任务为期限的劳动合同或者劳动合同期限不满 3 个月的，不得约定试用期。试用期包含在劳动合同期限内。劳动合同仅约定试用期的，试用期不成立，该期限为劳动合同期限。

3. 试用期内的最低工资

《劳动合同法》规定，劳动者在试用期的工资不得低于本单位相同岗位最低档工资或者劳动合同约定工资的 80%，并不得低于用人单位所在地的最低工资标准。

2008 年 9 月 3 日公布实施的《中华人民共和国劳动合同法实施条例》对此进一步解释

道：劳动者在试用期的工资不得低于本单位相同岗位最低档工资的 80% 或者不得低于劳动合同约定工资的 80%，并不得低于用人单位所在地的最低工资标准。

4. 试用期内合同解除条件的限制

在试用期中，除劳动者有本法第 39 条（即用人单位可以解除劳动合同的条件）和第 40 条第 1 项、第 2 项（即劳动者患病或者非因工负伤，在规定的医疗期满后不能从事原工作，也不能从事由用人单位另行安排的工作的；劳动者不能胜任工作，经过培训或者调整工作岗位，仍不能胜任工作的）规定的情形外，用人单位不得解除劳动合同。用人单位在试用期解除劳动合同的，应当向劳动者说明理由。

16.5.5 服务期

用人单位为劳动者提供专项培训费用，对其进行专业技术培训的，可以与该劳动者订立协议，约定服务期。劳动合同期满，但是用人单位与劳动者依照劳动合同法的规定约定的服务期尚未到期的，劳动合同应当续延至服务期满；双方另有约定的，从其约定。

劳动者违反服务期约定的，应当按照约定向用人单位支付违约金。违约金的数额不得超过用人单位提供的培训费用。用人单位要求劳动者支付的违约金不得超过服务期尚未履行部分所应分摊的培训费用。

《劳动合同法实施条例》对于这里的培训费用进一步做出了规定：包括用人单位为了对劳动者进行专业技术培训而支付的有凭证的培训费用、培训期间的差旅费用以及因培训产生的用于该劳动者的其他直接费用。

用人单位与劳动者约定了服务期，劳动者依照劳动合同法第 38 条的规定（即下文 2Z201183 中"劳动者可以解除劳动合同的情形"）解除劳动合同的，不属于违反服务期的约定，用人单位不得要求劳动者支付违约金。

有下列情形之一，用人单位与劳动者解除约定服务期的劳动合同的，劳动者应当按照劳动合同的约定向用人单位支付违约金：

（1）劳动者严重违反用人单位的规章制度的；

（2）劳动者严重失职，营私舞弊，给用人单位造成重大损害的；

（3）劳动者同时与其他用人单位建立劳动关系，对完成本单位的工作任务造成严重影响，或者经用人单位提出，拒不改正的；

（4）劳动者以欺诈、胁迫的手段或者乘人之危。使用人单位在违背真实意思的情况下订立或者变更劳动合同的；

（5）劳动者被依法追究刑事责任的。

用人单位与劳动者约定服务期的，不影响按照正常的工资调整机制提高劳动者在服务期间的劳动报酬。

16.5.6 劳动合同的无效

下列劳动合同无效或者部分无效：

（1）以欺诈、胁迫的手段或者乘人之危，使对方在违背真实意思的情况下订立或者变更劳动合同的；

（2）用人单位免除自己的法定责任、排除劳动者权利的；

（3）违反法律、行政法规强制性规定的。

对劳动合同的无效或者部分无效有争议的，由劳动争议仲裁机构或者人民法院确认。

劳动合同部分无效，不影响其他部分效力的，其他部分仍然有效。

劳动合同被确认无效，劳动者已付出劳动的，用人单位应当向劳动者支付劳动报酬。劳动报酬的数额，参照本单位相同或者相近岗位劳动者的劳动报酬确定。

16.5.7 劳动合同的履行

用人单位与劳动者应当按照劳动合同的约定，全面履行各自的义务。

用人单位应当按照劳动合同约定和国家规定，向劳动者及时足额支付劳动报酬。

用人单位拖欠或者未足额支付劳动报酬的，劳动者可以依法向当地人民法院申请支付令，人民法院应当依法发出支付令。

用人单位应当严格执行劳动定额标准，不得强迫或者变相强迫劳动者加班。用人单位安排加班的，应当按照国家有关规定向劳动者支付加班费。

劳动者拒绝用人单位管理人员违章指挥、强令冒险作业的，不视为违反劳动合同。

劳动者对危害生命安全和身体健康的劳动条件，有权对用人单位提出批评、检举和控告。

16.5.8 劳动合同的变更

用人单位变更名称、法定代表人、主要负责人或者投资人等事项，不影响劳动合同的履行。用人单位发生合并或者分立等情况，原劳动合同继续有效，劳动合同由承继其权利和义务的用人单位继续履行。

用人单位与劳动者协商一致，可以变更劳动合同约定的内容。变更劳动合同，应当采用书面形式。

变更后的劳动合同文本由用人单位和劳动者各执一份。

16.5.9 劳动合同的解除和终止

用人单位与劳动者协商一致，可以解除劳动合同。用人单位向劳动者提出解除劳动合同并与劳动者协商一致解除劳动合同的，用人单位应当向劳动者给予经济补偿。

劳动者提前 30 日以书面形式通知用人单位，可以解除劳动合同。劳动者在试用期内提前 3 日通知用人单位，可以解除劳动合同。

1. 劳动者可以解除劳动合同的情形

《劳动合同法》规定，用人单位有下列情形之一的，劳动者可以解除劳动合同，用人单位应当向劳动者支付经济补偿：

（1）未按照劳动合同约定提供劳动保护或者劳动条件的；

（2）未及时足额支付劳动报酬的；

（3）未依法为劳动者缴纳社会保险费的；

（4）用人单位的规章制度违反法律、法规的规定，损害劳动者权益的；

（5）因本法第 26 条第 1 款（即：以欺诈、胁迫的手段或者乘人之危，使对方在违背真实意思的情况下订立或者变更劳动合同的）规定的情形致使劳动合同无效的；

（6）法律、行政法规规定劳动者可以解除劳动合同的其他情形。

用人单位以暴力、威胁或者非法限制人身自由的手段强迫劳动者劳动的，或者用人单位违章指挥、强令冒险作业危及劳动者人身安全的，劳动者可以立即解除劳动合同，不需事先告知用人单位。

在此基础上，《劳动合同法实施条例》进一步规定，具备下列情形之一的，劳动者可以与用人单位解除固定期限劳动合同、无固定期限劳动合同或者以完成一定工作任务为期限的劳动合同：

（1）劳动者与用人单位协商一致的；

（2）劳动者提前 30 日以书面形式通知用人单位的；

（3）劳动者在试用期内提前 3 日通知用人单位的；

（4）用人单位在劳动合同中免除自己的法定责任、排除劳动者权利的；

（5）用人单位违反法律、行政法规强制性规定的。

2. 用人单位可以解除劳动合同的情形

用人单位单方解除劳动合同，应当事先将理由通知工会。用人单位违反法律、行政法规规定或者劳动合同约定的，工会有权要求用人单位纠正。用人单位应当研究工会的意见，并将处理结果书面通知工会。

除用人单位与劳动者协商一致，用人单位可以与劳动者解除合同外，下列情形，用人单位也可以与劳动者解除合同。

（1）随时解除

劳动者有下列情形之一的，用人单位可以解除劳动合同：

1）在试用期间被证明不符合录用条件的；

2）严重违反用人单位的规章制度的；

3）严重失职，营私舞弊，给用人单位造成重大损害的；

4）劳动者同时与其他用人单位建立劳动关系，对完成本单位的工作任务造成严重影响，或者经用人单位提出，拒不改正的；

5）因本法第 26 条第 1 款第 1 项（即：以欺诈、胁迫的手段或者乘人之危，使对方在违背真实意思的情况下订立或者变更劳动合同的）规定的情形致使劳动合同无效的；

6）被依法追究刑事责任的。

（2）预告解除

有下列情形之一的，用人单位提前 30 日以书面形式通知劳动者本人或者额外支付劳动者 1 个月工资后，可以解除劳动合同，用人单位应当向劳动者支付经济补偿：

1）劳动者患病或者非因工负伤，在规定的医疗期满后不能从事原工作，也不能从事由用人单位另行安排的工作的；

2）劳动者不能胜任工作，经过培训或者调整工作岗位，仍不能胜任工作的；

3）劳动合同订立时所依据的客观情况发生重大变化，致使劳动合同无法履行，经用人单位与劳动者协商，未能就变更劳动合同内容达成协议的。

用人单位依照此规定，选择额外支付劳动者 1 个月工资解除劳动合同的，其额外支付的工资应当按照该劳动者上 1 个月的工资标准确定。

（3）经济性裁员

有下列情形之一，需要裁减人员 20 人以上或者裁减不足 20 人但占企业职工总数 10% 以上的，用人单位提前 30 日向工会或者全体职工说明情况，听取工会或者职工的意见后，裁减人员方案经向劳动行政部门报告，可以裁减人员，用人单位应当向劳动者支付经济补偿：

1）依照企业破产法规定进行重整的；

2）生产经营发生严重困难的；

3）企业转产、重大技术革新或者经营方式调整，经变更劳动合同后，仍需裁减人员的；

4）其他因劳动合同订立时所依据的客观经济情况发生重大变化，致使劳动合同无法履行的。

裁减人员时，应当优先留用下列人员：

与本单位订立较长期限的固定期限劳动合同的；

与本单位订立无固定期限劳动合同的；

家庭无其他就业人员，有需要抚养的老人或者未成年人的。

用人单位依照本条第 1 款规定裁减人员，在六个月内重新招用人员的，应当通知被裁减的人员，并在同等条件下优先招用被裁减的人员。

（4）用人单位不得解除劳动合同的情形

劳动者有下列情形之一的，用人单位不得依照本法第 40 条、第 41 条的规定解除劳动合同：

1）从事接触职业病危害作业的劳动者未进行离岗前职业健康检查，或者疑似职业病病人在诊断或者医学观察期间的；

2）在本单位患职业病或者因工负伤并被确认丧失或者部分丧失劳动能力的；

3）患病或者非因工负伤，在规定的医疗期内的；

4）女职工在孕期、产期、哺乳期的；

5）在本单位连续工作满 15 年，且距法定退休年龄不足 5 年的；

6）法律、行政法规规定的其他情形。

3. 劳动合同终止

《劳动合同法》规定，有下列情形之一的，劳动合同终止。用人单位与劳动者不得在劳动合同法规定的劳动合同终止情形之外约定其他的劳动合同终止条件：

（1）劳动者达到法定退休年龄的，劳动合同终止。

（2）劳动合同期满的。除用人单位维持或者提高劳动合同约定条件续订劳动合同，劳动者不同意续订的情形外，依照本项规定终止固定期限劳动合同的，用人单位应当向劳动者支付经济补偿。

（3）劳动者开始依法享受基本养老保险待遇的；

（4）劳动者死亡，或者被人民法院宣告死亡或者宣告失踪的；

（5）用人单位被依法宣告破产的；依照本项规定终止劳动合同的，用人单位应当向劳动者支付经济补偿。

（6）用人单位被吊销营业执照、责令关闭、撤销或者用人单位决定提前解散的；依照本项规定终止劳动合同的，用人单位应当向劳动者支付经济补偿。

(7) 法律、行政法规规定的其他情形。

劳动合同期满，有本法第 42 条（即用人单位不得解除劳动合同的规定）规定情形之一的，劳动合同应当续延至相应的情形消失时终止。但是，本法第 42 条第 2 项规定丧失或者部分丧失劳动能力劳动者的劳动合同的终止，按照国家有关工伤保险的规定执行。

4. 终止合同的经济补偿

(1) 经济补偿的情形

1) 以完成一定工作任务为期限的劳动合同终止的补偿

以完成一定工作任务为期限的劳动合同因任务完成而终止的，用人单位应当依照劳动合同法第 47 条（即下文的补偿标准）的规定向劳动者支付经济补偿。

2) 工伤职工的劳动合同终止的补偿

用人单位依法终止工伤职工的劳动合同的，除依照劳动合同法第 47 条（即下文的补偿标准）的规定支付经济补偿外，还应当依照国家有关工伤保险的规定支付一次性工伤医疗补助金和伤残就业补助金。

3) 违反劳动合同法的规定解除或者终止劳动合同的补偿

用人单位违反劳动合同法的规定解除或者终止劳动合同，依照本法第 47 条规定的经济补偿标准的 2 倍向劳动者支付赔偿金的，不再支付经济补偿。赔偿金的计算年限自用工之日起计算。

(2) 补偿标准

《劳动合同法》第 47 条规定了终止劳动合同的补偿标准，具体标准为：

经济补偿按劳动者在本单位工作的年限，每满 1 年支付 1 个月工资的标准向劳动者支付。6 个月以上不满 1 年的，按 1 年计算；不满 6 个月的，向劳动者支付半个月工资的经济补偿。

劳动者月工资高于用人单位所在直辖市、设区的市级人民政府公布的本地区上年度职工月平均工资 3 倍的，向其支付经济补偿的标准按职工月平均工资 3 倍的数额支付，向其支付经济补偿的年限最高不超过 12 年。

本条所称月工资是指劳动者在劳动合同解除或者终止前 12 个月的平均工资。按照劳动者应得工资计算，包括计时工资或者计件工资以及奖金、津贴和补贴等货币性收入。劳动者在劳动合同解除或者终止前 12 个月的平均工资低于当地最低工资标准的，按照当地最低工资标准计算。劳动者工作不满 12 个月的，按照实际工作的月数计算平均工资。

5. 违约与赔偿

用人单位违反本法规定解除或者终止劳动合同，劳动者要求继续履行劳动合同的，用人单位应当继续履行；劳动者不要求继续履行劳动合同或者劳动合同已经不能继续履行的，用人单位应当依照本法第 87 条 [用人单位违反本法规定解除或者终止劳动合同的，应当依照本法第 47 条（即经济补偿额的计算）规定的经济补偿标准的 2 倍向劳动者支付赔偿金] 进行处理。

16.5.10　集体合同

集体合同是指企业职工一方与用人单位就劳动报酬、工作时间、休息休假、劳动安全卫生、保险福利等事项，通过平等协商达成的书面协议。集体合同实际上是一种特殊的劳动合同。

1. 集体合同的当事人

集体合同的当事人一方是由工会代表的企业职工，另一方当事人是用人单位。

集体合同草案应当提交职工代表大会或者全体职工讨论通过。集体合同由工会代表企业职工一方与用人单位订立，尚未建立工会的用人单位，由上级工会指导劳动者推举的代表与用人单位订立。

2. 集体合同的分类

集体合同可分为专项集体合同、行业性集体合同和区域性集体合同。

企业职工一方与用人单位可以订立劳动安全卫生、女职工权益保护、工资调整机制等专项集体合同。

在县级以下区域内，建筑业、采矿业、餐饮服务业等行业可以由工会与企业方面代表订立行业性集体合同，或者订立区域性集体合同。

3. 集体合同的效力

（1）集体合同的生效

集体合同订立后，应当报送劳动行政部门；劳动行政部门自收到集体合同文本之日起十五日内未提出异议的，集体合同即行生效。

（2）集体合同的约束范围

依法订立的集体合同对用人单位和劳动者具有约束力。行业性、区域性集体合同对当地本行业、本区域的用人单位和劳动者具有约束力。

（3）集体合同中劳动报酬和劳动条件条款的效力

集体合同中劳动报酬和劳动条件等标准不得低于当地人民政府规定的最低标准；用人单位与劳动者订立的劳动合同中劳动报酬和劳动条件等标准不得低于集体合同规定的标准。

（4）集体合同的维权

用人单位违反集体合同，侵犯职工劳动权益的，工会可以依法要求用人单位承担责任；因履行集体合同发生争议，经协商解决不成的，工会可以依法申请仲裁、提起诉讼。

16.5.11　劳动安全卫生

用人单位必须建立、健全劳动安全卫生制度，严格执行国家劳动卫生规程和标准，对劳动者进行劳动安全卫生教育，防止劳动过程中的事故，减少职业危害。

劳动安全卫生设施必须符合国家规定的标准。

新建、改建、扩建工程的劳动安全卫生设施必须与主体工程同时设计、同时施工、同时投入生产使用。

用人单位必须为劳动者提供符合国家规定的劳动安全卫生条件和必要的劳动防护用品，对从事有职业危害作业的劳动者应当定期进行健康检查。

从事特种作业的劳动者必须经过专门培训并取得特种作业资格。

劳动者在劳动过程必须严格遵守安全操作规程。劳动者对用人单位管理人员违章指挥、强令冒险作业，有权拒绝执行，对危害生命安全和身体健康的行为，有权提出批评、检举和控告。

国家建立伤亡事故和职业病统计报告和处理制度。县级以上各级人民政府劳动行政部门、有关部门和用人单位应当依法对劳动者在劳动过程中发生的伤亡事故和劳动者的职业病状况，进行统计、报告和处理。

第 17 章 职 业 道 德

17.1 建设行业从业人员的职业道德

对于建设行业从业人员来说,一般职业道德要求主要有忠于职守、热爱本职,质量第一、信誉至上,遵纪守法、安全生产,文明施工、勤俭节约,钻研业务、提高技能等内容,这些都需要全体人员共同遵守。对于建设行业不同专业、不同岗位从业人员,还有更加具有针对性和更加具体的职业道德要求。

17.1.1 一般职业道德要求

1. 忠于职守,热爱本职

一个从业人员不能尽职尽责,忠于职守,就会影响整个企业或单位的工作进程。严重的还会给企业和国家带来损失,甚至还会在国际上造成不良影响。因此,应当培养高度的职业责任感,以主人翁的态度对待自己的工作,从认识上、情感上、信念上、意志乃至习惯上养成"忠于职守"的自觉性。

(1) 忠实履行岗位职责,认真做好本职工作

岗位责任一般包括:岗位的职能范围与工作内容;在规定的时间内完成的工作数量和质量。忠实履行岗位职责是国家对每个从业人员的基本要求,也是职工对国家、对企业必须履行的义务。

(2) 反对玩忽职守的渎职行为

玩忽职守,渎职失责的行为,不仅影响企事业单位的正常活动,还会使公共财产、国家和人民的利益遭受损失,严重的将构成渎职罪、玩忽职守罪、重大责任事故罪,而受到法律的制裁。作为一个建设行业从业人员,就要从一砖一瓦做起,忠实履行自己的岗位职责。

2. 质量第一、信誉至上

"质量第一"就是在施工时要对建设单位(用户)负责,从每个人做起,严把质量关,做到所承建的工程不出次品,更不能出废品,争创全优工程。建筑工程的质量问题不仅是建筑企业生产经营管理的核心问题,也是企业职业道德建设中的一个重大课题。

(1) 建筑工程的质量是建筑企业的生命

建筑企业要向企业全体职工,特别是第一线职工反复地进行"百年大计,质量第一"的宣传教育,增强执行"质量第一"的自觉性,同时要"奖优罚劣",严格制度,检查考核。

(2) 诚实守信、实践合同

信誉,是信用和名誉两者在职业活动中的统一。一旦签订合同,就要严格认真履行,

不能"见利忘义","取财无道",不守信用。"信招天下客,誉从信中来",企业生产经营要真诚待客,服务周到,产品上乘,质量良好,以获得社会肯定。

建设行业职工应该从我做起,抓职业道德建设,抓诚信教育,使诚实守信成为每个建筑企业的精神,成为每个建筑职工进行职业活动的灵魂。

3. 遵纪守法,安全生产

遵纪守法,是一种高尚的道德行为,作为一个建筑业的从业人员,更应强调在日常施工生产中遵守劳动纪律。自觉遵守劳动纪律,维护生产秩序,不仅是企业规章制度的要求,也是建筑行业职业道德的要求。

严格遵守劳动纪律,要求做到:听从指挥,服从调配,按时、按质、按量完成上级交给的生产劳动任务;保证劳动时间,不迟到、不早退、不旷工,遵守考勤制度;认真执行岗位责任制和承包责任制,坚守工作岗位,不玩忽职守,在施工劳动中精力要集中,不"磨洋工",不干私活,不拉扯闲谈开玩笑,不做与本职工作无关的事;要文明施工、安全生产,严格遵守操作规程,不违章指挥、违章作业;做遵纪守法、维护生产秩序的模范。

4. 文明施工、勤俭节约

文明施工就是坚持合理的施工程序,按既定的施工组织设计,科学地组织施工,严格地执行现场管理制度,做到经常性的监督检查,保证现场整洁,工完场清,材料堆放整齐,施工秩序良好。

勤俭就是勤劳俭朴,节约就是把不必使用的节省下来。换句话说,一方面要多劳动、多学习、多开拓、多创造社会财富;另一方面又要俭朴办企业,合理使用人力、物力、财力,精打细算,节省开支、减少消耗、降低成本、提高劳动生产率,提高资金利用率,严格执行各项规章制度,避免浪费和无谓的损失。

5. 钻研业务,提高技能

当前,我国建立了社会主义市场经济体制,建筑企业要在优胜劣汰的竞争中立于不败之地,并保持蓬勃的生机和活力,从内因来看,很大程度上取决于企业是否拥有现代化建设所需要的各种适用人才。企业要实现技术先进、管理科学、产品优良,关键是要有人才优势。企业的职工素质优劣(包括文化、科学、技术、业务水平的高低,政治思想、职业道德品质的好坏)往往决定了企业的兴衰。科学技术越进步,人才在生产力发展中的作用也就越大,作为建设行业从业人员,要努力学习先进技术和专业知识,了解行业发展方向,适应新的时代要求。

17.1.2 个性化职业道德要求

在遵守一般职业道德要求的基础上,建设行业从业人员还应遵守各自的特殊、详细职业道德要求。为进一步加强建筑业社会主义精神文明建设,提高全行业的整体素质,树立良好的行业形象,一九九七年九月,中华人民共和国建设部建筑业司组织起草了《建筑业从业人员职业道德规范(试行)》,并下发施行。其中,重点对项目经理、工程技术人员、管理人员、工程质量监督人员、工程招标投标管理人员、建筑施工安全监督人员、施工作业人员的职业道德规范提出了要求。

对于项目经理,重点要求有:强化管理,争创效益,对项目的人财物进行科学管理。加强成本核算,实行成本否决,厉行节约,精打细算,努力降低物资和人工消耗。讲求质量，重视安全，加强劳动保护措施，对国家财产和施工人员的生命安全负责，不违章指挥，及时发现并坚决制止违章作业，检查和消除各类事故隐患。关心职工，平等待人，不拖欠工资，不敲诈用户，不索要回扣，不多签或少签工程量或工资，搞好职工的生活，保障职工的身心健康。发扬民主，主动接受监督，不利用职务之便谋取私利，不用公款请客送礼。用户至上，诚信服务，积极采纳用户的合理要求和建议，建设用户满意工程，坚持保修回访制度，为用户排忧解难，维护企业的信誉。

对于工程技术人员，重点要求有：热爱科技，献身事业，不断更新业务知识，勤奋钻研，掌握新技术、新工艺。深入实际，勇于攻关，不断解决施工生产中的技术难题提高生产效率和经济效益。一丝不苟，精益求精，严格执行建筑技术规范，认真编制施工组织设计，积极推广和运用新技术、新工艺、新材料、新设备，不断提高建筑科学技术水平。以身作则，培育新人，既当好科学技术带头人，又做好施工科技知识在职工中的普及工作。严谨求实，坚持真理，在参与可行性研究时，协助领导进行科学决策；在参与投标时，以合理造价和合理工期进行投标；在施工中，严格执行施工程序、技术规范、操作规程和质量安全标准。

对于管理人员，重点要求有：遵纪守法，为人表率，自觉遵守法律、法规和企业的规章制度，办事公道。钻研业务，爱岗敬业，努力学习业务知识，精通本职业务，不断提高工作效率和工作能力。深入现场，服务基层，积极主动为基层单位服务，为工程项目服务。团结协作，互相配合，树立全局观念和整体意识，遇事多商量、多通气，互相配合，互相支持，不推、不扯皮，不搞本位主义。廉洁奉公，不谋私利，不利用工作和职务之便吃拿卡要。

对于工程质量监督人员，重点要求有：遵纪守法，秉公办事，贯彻执行国家有关工程质量监督管理的方针、政策和法规，依法监督，秉公办事，树立良好的信誉和职业形象。敬业爱岗，严格监督，严格按照有关技术标准规范实行监督，严格按照标准核定工程质量等级。

提高效率，热情服务，严格履行工作程序，提高办事效率，监督工作及时到位。公正严明，接受监督，公开办事程序，接受社会监督、群众监督和上级主管部门监督，提高质量监督、检测工作的透明度，保证监督、检测结果的公正性、准确性。严格自律，不谋私利，严格执行监督、检测人员工作守则，不在建筑业企业和监理企业中兼职，不利用工作之便介绍工程进行有偿咨询活动。

对于工程招标投标管理人员，重点要求有：遵纪守法，秉公办事，在招标投标各个环节要依法管理、依法监督，保证招标投标工作的公开、公平，公正。敬业爱岗，优质服务，以服务带管理，以服务促管理，寓管理于服务之中。接受监督，保守秘密，公开办事程序和办事结果，接受社会监督、群众监督及上级主管部门的监督，维护建筑市场各方的合法权益。

廉洁奉公，不谋私利，不吃宴请，不收礼金，不指定投标队伍，不准泄露标底，不参加有妨碍公务的各种活动。

对于建筑施工安全监督人员，重点要求有：依法监督，坚持原则，宣传和贯彻"安全第一，预防为主"的方针，认真执行有关安全生产的法律、法规、标准和规范。敬业爱岗、忠于职守，以减少伤亡事故为本，大胆管理。实事求是，调查研究，深入施工现场，提出安全生产工作的改进措施和意见，保障广大职工群众的安全和健康。努力钻研，提高水平，学习安全专业技术知识，积累和丰富工作经验，推动安全生产技术工作的不断发展和完善。

对于施工作业人员，重点要求有：苦练硬功，扎实工作，刻苦钻研技术，熟练掌握本工作的基本技能，努力学习和运用先进的施工方法，练就过硬本领，立志岗位成才。热爱本职工作，不怕苦、不怕累，认认真真，精心操作。精心施工，确保质量，严格按照设计图纸和技术规范操作，坚持自检、互检、交接检制度，确保工程质量。安全生产，文明施工，树立安全生产意识，严格执行安全操作规程，杜绝一切违章作业现象。维护施工现场整洁，不乱倒垃圾，做到工完场清。不断提高文化素质和道德修养。遵守各项规章制度，发扬劳动者的主人翁精神，维护国家利益和集体荣誉，服从上级领导和有关部门的管理，争做文明职工。

17.2　建设行业职业道德的核心内容

17.2.1　爱岗敬业

爱岗敬业，顾名思义就是认真对待自己的岗位，对自己的岗位职责负责到底，无论在任何时候，都尊重自己的岗位职责，对自己的岗位勤奋有加。

爱岗敬业是人类社会最为普遍的奉献精神，它看似平凡，实则伟大。一份职业，一个工作岗位，都是一个人赖以生存和发展的基本保障。同时，一个工作岗位的存在，往往也是人类社会存在和发展的需要。所以，爱岗敬业不仅是个人生存和发展的需要，也是社会存在和发展的需要。爱岗敬业是一种普遍的奉献精神。只有爱岗敬业的人，才会在自己的工作岗位上勤勤恳恳，不断地钻研学习，一丝不苟，精益求精，才有可能为社会为国家做出崇高而伟大的奉献。

热爱本职工作、热爱自己的单位。职工要做到爱岗敬业，首先应该热爱单位，树立坚定的事业心。只有真正做到甘愿为实现自己的社会价值而自觉投身这种平凡，对事业心存敬重，甚至可以以苦为乐、以苦为趣才能产生巨大的拼搏奋斗的动力。我们的劳动是平凡的，但要求是很高的。人的一生应该有明确的工作和生活目标，为理想而奋斗虽苦然乐在其中，热爱事业，关心单位事业发展，这是每个职工都应具备的。

爱岗敬业需要有强烈的责任心。责任心是指对事情能敢于负责、主动负责的态度；责任心，是一种舍己为人的态度。一个人的责任心如何，决定着他在工作中的态度，决定着其工作的好坏和成败。如果一个人没有责任心，即使他有再大的能耐，也不一定能做出好的成绩来。有了责任心，才会认真地思考，勤奋地工作，细致踏实，实事求是；才会按时、按质、按量完成任务，圆满解决问题；才能主动处理好分内与分外的相关工作，从事业出发，以工作为重，有人监督与无人监督都能主动承担责任而不推卸责任。

17.2.2　诚实守信

诚实守信就是指言行一致，表里如一，真实无欺，相互信任，遵守诺言，信守约定，践行规约，注重信用，忠实地履行自己应当承担的责任和义务。诚实守信作为社会主义职业道德的基本规范，是和谐社会发展的必然要求，对推进社会主义市场经济体制建立和发展具有十分重要的作用。它不仅是建筑行业职工安身立命的基础，也是企业赖以生存和发展的基石。

在公民道德建设中，把"诚实守信"融入职业道德的各个领域和各个方面，使各行各业的从业人员，都能在各自的职业中，培养诚实守信的观念，忠诚于自己从事的职业，信守自己的承诺。对一个人来说，"诚实守信"既是一种道德品质和道德信念，也是每个公民的道德责任，更是一种崇高的"人格力量"，因此"诚实守信"是做人的"立足点"。对一个团体来说，它是一种"形象"，一种品牌，一种信誉，一个使企业兴旺发达的基础。对一个国家和政府来说，"诚实守信"是"国格"的体现，对国内，它是人民拥护政府、支持政府、赞成政府的一个重要的支撑；对国际，它是显示国家地位和国家尊严的象征，是国家自立自强于世界民族之林的重要力量，也是良好"国际形象"和"国际信誉"的标志。

"以诚实守信为荣，以见利忘义为耻"，是社会主义荣辱观的重要内容。市场经济是交换经济、竞争经济，又是一种契约经济。保证契约双方履行自己的义务，是维护市场经济秩序的关键。而"诚实守信"对保证市场经济沿着社会主义道路向前发展，有着特殊的指向作用。一些企业之所以能兴旺发达，在世界市场占有重要地位，尽管原因很多，但"以诚信为本"，是其中的一个决定的因素；相反，如果为了追求最大利润而弄虚作假、以次充好、假冒伪劣和不讲信用，尽管也可能得利于一时，但最终必将身败名裂、自食其果。在前一段时期，我国的一些地方、企业和个人，曾以失去"诚实守信"而导致"信誉扫地"，在经济上、形象上蒙受了重大损失。一些地方和企业，"痛定思痛"，不得不以更大的代价，重新铸造自己"诚实守信"形象，这个沉痛教训，是值得认真吸取的。

一个行业、一个企业的信誉，也就是它们的形象、信用和声誉，是指企业及其产品与服务在社会公众中的信任程度，提高企业的信誉主要靠产品的质量和服务质量，而从业人员职业道德水平高是产品质量和服务质量的有效保证。如江苏省的建筑队伍，由于素质过硬、吃苦耐劳、能征善战，狠抓工程质量、工程进度和安全生产，在全国建造了众多荣获鲁班奖的地标建筑，被誉为江苏建筑铁军。这支队伍在世博会的建设上再展风采，江苏建筑铁军凭借过硬的质量、创新的科技、可靠的信誉和一流的素质，成为世博会场馆建设的主力军。江苏建筑企业承接完成了英国馆、比利时馆、奥地利馆、阿曼馆、俄罗斯馆、沙特馆、爱尔兰馆、意大利馆和震旦馆、万科馆、气象馆、航空馆、H1世博村酒店等14个世博会展馆和附属工程的总包项目，63个分包项目，合同额计28.8亿元。江苏是除上海以外，承担场馆建设项目最多、工程科技含量最大、施工技术要求最高的省份，江苏铁军为国家再立新功。

17.2.3 安全生产

近年来，建筑工程领域对工程的要求由原来的三"控"（质量，工期，成本）变成"四控"（质量，工期，成本，安全），特别增加了对安全的控制，可见安全越来越成为建筑业一个不可忽视的要素。

安全，通常是指各种（指天然的或人为的）事物对人不产生危害、不导致危险、不造成损失、不发生事故、运行正常、进展顺利等状态，近年来，随着安全科学（技术）学科的创立及其研究领域的扩展，安全科学（技术）所研究的问题已不再仅局限于生产过程中的狭义安全内容，而是包括人们从事生产、生活以及可能活动的一切领域、场所中的所有安全问题，即称为广义的安全。这是因为，在人的各种活动领域或场所中，发生事故或产生危害的潜在危险和外部环境有害因素始终是存在的，即事故发生的普遍性不受时空的限制，只要有人和危害人身心安全与健康的外部因素同时存在的地方，就始终存在着安全与否的问题。换句话说，安全问题存在于人的一切活动领域中，伤亡事故发生的可能性始终存在，人类遭受意外伤害的风险也永远存在。

虽然目前我国已经建立了一套较为完整的建筑安全管理组织体系，建筑安全管理工作也取得了较为显著的成绩，但整体形势依然严峻。近十年来我国建筑业百亿元产值死亡率一直呈下降趋势，然而从绝对数上看死亡人数和事故发生数却一直居高不下。因此安全第一、预防为主、综合治理就成了建设行业一项十分重要的工作。

文明生产是指以高尚的道德规范为准则，按现代化生产的客观要求进行生产活动的行为，具体表现为物质文明和精神文明两个方面。在这里物质文明是指为社会生产出优质的符合要求的建筑或为住户提供优质的服务。精神文明体现出来的是建筑员工的思想道德素质和精神面貌。安全施工就是在施工过程中强调安全第一，没有安全的施工，随时都会给生命带来危害、给财产造成损失。文明生产、安全施工是社会主义文明社会对建筑行业的要求，也是建筑行业员工的岗位规范要求。

要达到文明生产、安全施工的要求，一些最基本的要求首先必须做到：

（1）相互协作，默契配合。在生产施工中，各工序、工种之间、员工与领导之间要发扬协作精神，互相学习，互相支援。处理好工地上土建与水电施工之间经常会出现的进度不一、各不相让的局面，使工程能够按时按质的完成。

（2）严格遵守操作规程。从业人员在施工中要强化安全意识，认真执行有关安全生产的法律、法规、标准和规范，严格遵守操作规程和施工程序，进入工地要戴安全帽，不违章作业，不野蛮施工，不乱堆乱扔。

（3）讲究施工环境优美，做到优质、高效、低耗。做到不乱排污水，不乱倒垃圾，不遗撒渣土，不影响交通，不扰民施工。

17.2.4　勤俭节约

勤俭节约是指在施工、生产中严格履行节省的方针，爱惜公共财物和社会财物以及生产资料。降低企业成本是指企业在日常工作中将成本降低，通过技术、提高效率、减少人员投入、降低人员工资或提高设备性能或批量生产等方法，将成本降低。作为建筑施工企业的施工员，必须要做到杜绝资源的浪费。资源是有限的，但人类利用资源的潜力是无限的，我们应该杜绝不合理的浪费资源现象的发生。在当今建筑施工企业竞争日益激烈的局面中，勤俭节约，降低成本是每一个从业人员都应该努力做到的。我们与公司的关系实质上是同舟共济，并肩前进的关系，只有每个员工都从自身做起，严格要求自己，我们的建筑施工企业才能不断发展壮大。

人才也是重要的社会资源，建筑企业要充分发挥员工的才能，让员工在合适的岗位上做出相应的业绩。企业更应当采取各种措施培养人才，留住人才，避免人才流动频繁。每一个员工也都应该关心本企业的发展，以积极向上的精神奉献社会。

17.2.5 钻研技术

技术、技巧、能力和知识是为职业服务的最基本的"工具",是提高工作效率的客观需要,同时也是搞好各项工作的必要前提。从业人员要努力学习科学文化知识,刻苦钻研专业技术,精通本岗位业务。创新是人类发展之本,从业人员应该在实际中不断探索适于本职工作的新知识,掌握新本领,才能更好地获得人生最大的价值。

17.3 建设行业职业道德建设的加强措施

17.3.1 建设行业职业道德建设现状

质量安全问题频发,敲响职业道德建设警钟。从目前我国建筑业总的发展形势来看,总体上各方面还是好的,无论是工程规模、业绩、质量、效益、技术等都取得了很大突破。虽然行业的主流是好的,但出现的一些问题必须引起人们的高度重视。因为,作为百年大计的建筑物产品,如果质量差,则损失和危害无法估量。例如 5.12 汶川大地震中某些倒塌的问题房屋,杭州地铁坍塌,上海、石家庄在建楼房倒楼事件,以及由于其他一些因为房屋质量、施工技术问题引发的工程事故频发,对建设行业敲响了职业道德建设警钟。

营造市场经济良好环境,急切呼唤职业道德。众所周知,一座建筑物的诞生需要有良好的设计、周密的施工、合格的建筑材料和严格的检验与监督。然而,在一段时间内许多设计不仅结构不合理、计算偏差,而且根本不考虑相关因素,埋下很大隐患;施工过程中秩序混乱;建筑材料伪劣产品层出不穷,人情关系和金钱等因素严重干扰建筑工程监督的严肃性。这一系列环节中的问题,使我国近几年的建筑工程质量事故屡见不鲜。影响建筑工程质量的因素很多,但是道德因素是重要因素之一,所以新形势下的社会主义市场经济急切呼唤职业道德。

面对市场经济大潮,建筑企业逐渐从传统的计划经济体制中走了出来。面对市场竞争,人们要追求经济效益,要讲竞争手段。我国的建筑市场竞争激烈,特别是我国各省市发展不平衡,建筑行业的法规不够健全,在竞争中引发出一些职业道德病。每当我国大规模建设高潮到来时,总伴随着工程质量问题的增加。一些建筑企业为了拿到工程项目,使用各种手段,其中手段之一就是盲目压价,用根本无法完成工程的价格去投标。中标后就在设计、施工、材料等方面做文章,启用非法设计人员搞黑设计;施工中偷工减料;材料上买低价伪劣产品,最终,使建筑物的"百年大计"大大打了折扣。

搞社会主义市场经济,不仅要重视经济效益,也要重视社会效益,并且,这两种效益密不可分。一个建筑企业如果只重视经济效益,而不重视社会效益,最终必然垮台。实践证明,许多企业并不是垮在技术方面,而是垮在思想道德方面。我国的建筑业要振兴,必须大力加强建筑行业职业道德建设。否则,有可能给中华大地留下一堆堆建筑垃圾,建筑业的发展和繁荣最终成为一句空话。一个企业不仅要在施工技术和经营管理方面有发展,在企业员工职业道德建设方面也不可忽视,两个品牌建设都要创。我国的建筑业要振兴,必须大力加强建筑行业职业道德建设。否则,将会严重影响我们国家的社会主义经济建设的发展。

17.3.2 建设行业职业道德建设的特点

开展建设行业职业道德建设，要注意结合行业自身的特点。以建筑行业为例，职业道德建设具有以下几个方面特点：

1. 人员多、专业多、岗位多、工种多

我国建筑行业有着逾千万人员，40多个专业，30多个岗位，100多个职业工种。且众多工种的从业人员中，80%左右来自广大农村，全国各地都有，语言不一，普遍文化程度较低，基本上从业前没有受过专门专业的岗位培训教育，综合素质相对不高。对这些员工来讲应该积极参加各类教育培训、认真学习文化、专业知识、努力提高职业技能和道德素质。

2. 条件艰苦，工作任务繁重

建筑行业大部分属于露天作业、高空作业，有些工地差不多在人烟荒芜地带，工人常年日晒雨淋，生产生活场所条件艰苦，作业人员缺乏必要的安全作业生产培训，安全作业存在隐患，安全设施落后和不足，安全事故频发。随着经济社会的不断发展和国家社会越来越注重以人为本的理念，经济发达地区的企业对于现场工地人员的生活条件有了明显改善。同时对建筑行业中房屋的质量、工期、人员安全要求也更高，加强职业道德建设成为一项必要的内容。

3. 施工面大，人员流动性大

建筑行业从业人员的工作地点很难长期固定在一个地方，人员来自全国各地又流向全国各地，随着一个施工项目的完工，建设者又会转移到别的地方，可以说这些人是四海为家，随处奔波，很难长期定点接受一定的职业道德教育培训教育。

4. 各工种之间联系紧密

建筑行业职业的各专业、岗位和工种之间有一种承前启后的紧密联系。所有工程的建设，都是由多个专业、岗位、工种共同来完成的。每个职业所完成的每项任务，既是对上一个岗位的承接，也是对下一个岗位的延续，直到工程竣工验收。

5. 社会性

一座建筑物的完工，凝聚了多方面的努力，体现了其社会价值和经济价值。同时，建筑行业随着国民经济的发展，其行业地位和作用也越来越重要，行业发展关乎国计民生。建筑工程项目生产过程中，几乎与国民经济中所有部门都有协作关系，而且一旦建成为商品，其功能应满足社会的需要，满足国民经济发展的需要。建筑物只有在体现出自身的社会价值之后才能体现出自身的经济价值。

因此，开展建筑行业的职业道德建设，一定要联系上述特点，因地制宜地实施行业的职业道德建设。要以人为本，遵守职业道德规范，一切为了社会广大人民和子孙后代的利益，坚持社会主义、集体主义原则，发挥行业人员优秀品质，严谨务实，艰苦奋斗、团结协作，多出精品优质工程，体现其社会价值和经济价值。

17.3.3 加强建设行业职业道德建设的措施

职业道德建设是塑造建筑行业员工行业风貌的一个窗口，也是提高行业竞争力和发展势头的重要保证。职业道德建设涉及政府部门、行业企业、职工队伍等方方面面，需要齐抓共管，共同参与，各司其职，各负其责。

发挥政府职能作用，加强监督监管和引导指导。政府各级建设主管部门要加强监督和引导，要重视对建设行业职业道德标准的建立完善，在行政立法上约束那些不守职业道德规范的员工，建立健全建设行业职业道德规范和制度。坚持"教育是基础"，编制相关教材，开展骨干培训，积极采用广播电视网络开展宣传教育。不但要努力贯彻实施建设部制定颁布的行业职业道德准则，有条件的可以下企业了解并制定和健全不同行业、工种、岗位的职业道德规范，并把企业的职业道德建设作为企业年度评优的重要参考内容。

发挥企业主体作用，抓好工作落实和服务保障。企业要把员工职业道德建设作为自身发展的重要工作来抓，领导班子和管理者首先要有对职业道德建设重要性的充分认识，要起模范带头作用。企业领导应关注职业道德建设的具体工作落实情况，企业的相关部门要各负其责，抓好和布置具体活动计划，使企业的职业道德建设工作有序开展。

改进教学手段，创新方式方法。由于目前建设行业特别是建筑行业自身的特点，建筑队伍素质整体上文化水平不是很高，大部分职工接受文化教育的能力有限。因此，在教育时要改进教学手段，创新方式方法，尽量采用一些通俗易懂的方法，防止生硬、呆板、枯燥的教学方式，努力营造良好的学习教育氛围，增加职工对职业道德学习的兴趣。可以采用报纸、讲演、座谈、黑板报、企业报、网络新闻电视传媒等多种有效的宣传教育形式，使职工队伍学习到更多的施工技术、科学文化、道德法律等方面知识。可以充分利用工地民工学校这样便捷教育场地，在时间和教育安排上利用员工工作的业余时间或集中专门培训；岗位业务培训和职业道德教育培训相结合；班前班后上岗针对性安全技术教育培训等。使广大员工受到全面有效的职业技能和职业道德教育学习，从而为行业员工队伍建设打好坚实基础。

结合项目现场管理，突出职业道德建设效果。项目部等施工现场作为建设行业的第一线，是反映建设行业职业道德建设的窗口，在开展职业道德建设中要认真做好施工现场管理工作，做到现场道路畅通，材料堆放整齐，防护设备完备，周围环境整洁，努力创建安全文明样板工地，充分展示建设工地新形象。把提高项目工程质量目标、信守合同作为职业道德建设的一个重要一环，高度注重：施工前为用户着想；施工中对用户负责；完工后使用户满意。把它作为建设企业职业道德建设工作实践的重要环节来抓。

开展典型性教育，发挥奖惩激励机制作用。在职业道德教育中，应当大力宣传身边的先进典型，用先进人物的精神、品质和风格去激发职工的工作热情。此外，应当在项目建设中建立奖惩激励机制。一个品质项目的诞生，离不开那些有着特别贡献的员工，要充分调动广大员工的积极性和主动性，激发其创新潜能和发挥其奉献精神，对优秀施工班组和先进个人实行物质精神奖励，作为其他员工的学习榜样。同时，对于不遵章守规、作风不良的应该曝光、批评，指出缺点错误，使其在接受教育中逐步改变原来的陈规陋习，得到正确的职业道德教育。

倡导以人为本理念，改善职工工作生活环境。随着经济社会的发展，政府和社会对人的关心、关怀变的更加重视，确保广大职工有一个良好的工作生活环境，为他们解决生产生活方面的困难，如夏季的降温解暑工作，冬天供热保暖工作，每年春节、中秋等节假日的慰问、团拜工作，以及其他一些业余文化活动，使广大职工感觉到企业和社会对他们的关爱，更加热爱这份职业，更能在实现自身价值中充分展现职业道德风貌。

参 考 文 献

[1] 陈妙芳. 建筑设备 [M]. 上海：同济大学出版社，2002.

[2] 张金和. 管道安装工程手册 [M]. 北京：机械工业出版社，2006.

[3] 蒋金生. 安装工程施工工艺标准 [M]. 上海：同济大学出版社，2006.

[4] 本书编委会. 建筑施工手册（第四版）[M]. 北京：中国建筑工业出版社，2003.

[5] 本书编委会. 建筑施工手册（第五版）[M]. 北京：中国建筑工业出版社，2012.

[6] 侯君伟. 建筑设备施工便携手册 [M]. 北京：机械工业出版社，2009.

[7] 李联友. 建筑设备安装工程施工技术手册 [M]. 北京：中国电力出版社，2007.

[8] 中华人民共和国国家标准. 建筑给水排水及采暖工程施工质量验收规范 GB 50242—2002 [S]. 北京：中国标准出版社，2002.

[9] 中华人民共和国国家标准. 通风与空调工程施工质量验收规范 GB 50243—2002 [S]. 北京：中国计划出版社，2004.

[10] 中华人民共和国国家标准. 建筑电气工程施工质量验收规范 GB 50303—2002 [S]. 北京：中国计划出版社，2004.

[11] 中华人民共和国国家标准. 智能建筑设计标准 GB/T 50314—2006 [S]. 北京：中国计划出版社，2007.

[12] 中华人民共和国国家标准. 电梯工程施工质量验收规范 GB 50310—2002 [S]. 北京：中国建筑工业出版社，2004.

[13] 于英. 建筑力学 [M]. 北京：中国建筑工业出版社，2013.

[14] 本书编委会. 建设工程施工管理 [M]. 北京：中国建筑工业出版社，2013.

[15] 本书编委会. 建设工程法规及相关知识 [M]. 北京：中国建筑工业出版社，2013.

[16] 中华人民共和国行业标准. 建筑与市政工程施工现场专业人员职业标准 JGJ/T 250—2011 [S]. 北京：中国建筑工业出版社，2011.

参考文献